WPS Office 高效办公应用与技巧大全（案例·视频）

何国辉◎编著

·北京·

内容提要

WPS（Workspace Platform Service）致力于打造一个集协作工作空间、开放平台、云服务于一体的办公环境，迎合云办公的现代化办公需求，因而受到了众多用户的喜爱。其主推的WPS Office是其自主研发出品的一款办公软件套装，可以实现日常办公中常用的文字、表格、演示等多种功能。

《WPS Office高效办公应用与技巧大全（案例 · 视频）》全书共5篇，从实际工作应用出发，全面并系统地讲解了文字、表格、演示文稿、PDF文件、流程图、脑图、图片、表单等组件的应用技巧。本书最大的特点是，不仅指导读者"会用"WPS Office软件，而且教会读者如何"用好"WPS Office软件，以达到高效办公的目的。

《WPS Office高效办公应用与技巧大全(案例 · 视频)》以技巧应用的形式进行内容上的编排，非常适合读者阅读与查询使用，是不可多得的办公必备速查工具书。本书不仅适合初学者自学使用，也可作为高等院校和大中专职业院校相关专业的教学参考用书。本书是在WPS Office 2019版本基础上编写的，适用于WPS Office 2016和2019版本。

图书在版编目（CIP）数据

WPS Office 高效办公应用与技巧大全：案例 · 视频：即用即查实战精粹 / 何国辉编著 . —北京：中国水利水电出版社，2021.8 (2022.6重印)

ISBN 978-7-5170-9545-3

Ⅰ . ① W… Ⅱ . ①何… Ⅲ . ①办公自动化—应用软件 Ⅳ . ① TP317.1

中国版本图书馆 CIP 数据核字 (2021) 第 070426 号

丛 书 名	即用即查　实战精粹
书　　名	WPS Office 高效办公应用与技巧大全（案例 · 视频） WPS Office GAOXIAO BANGONG YINGYONG YU JIQIAO DAQUAN
作　　者	何国辉　编著
出版发行	中国水利水电出版社 （北京市海淀区玉渊潭南路 1 号 D 座 100038） 网址：www.waterpub.com.cn E-mail：zhiboshangshu@163.com 电话：（010）62572966-2205/2266/2201（营销中心）
经　　售	北京科水图书销售有限公司 电话：（010）68545874、63202643 全国各地新华书店和相关出版物销售网点
排　　版	北京智博尚书文化传媒有限公司
印　　刷	河北文福旺印刷有限公司
规　　格	185mm×260mm　16 开本　21.25 印张　575 千字　1 插页
版　　次	2021 年 8 月第 1 版　2022 年 6 月第 4 次印刷
印　　数	13001—18000 册
定　　价	89.80 元

PREFACE

前 言

➡ 你知道吗?

工作任务堆积如山，既要写文档，又要分析数据，还要制作明天的PPT。天天加班，感觉总是做不完！而别人的工作很高效、很专业，我怎么不行?

使用WPS Office处理工作时，总是遇到各种各样的问题，百度搜索很多遍，依然找不到需要的答案。

想成为职场中的精英，想获得领导与同事的认可，想把工作及时高效、保质保量地做好，不懂一些WPS Office办公技巧能行吗?

工作方法有讲究，提高效率有捷径。懂一些办公技巧，可提高你的工作效率；懂一些办公技巧，可解除你工作中的烦恼；懂一些办公技巧，可让你少走许多弯路！

➡ 本书内容

本书适合想提高办公效率、成为职场精英以及想学会WPS Office办公实用技巧的人群学习。

本书从工作实际应用出发，通过5篇内容来讲解WPS Office软件办公实用技巧。第1篇(第1章)讲解了WPS Office软件的通用技巧；第2篇(第2~5章)讲解了使用WPS 文字进行办公文档编辑、图文混排、页面布局与打印、文档的审阅与保护等相关技巧；第3篇(第6~11章)讲解了使用WPS表格进行电子表格数据处理、数据统计与分析、公式与函数应用、图表制作与编辑、数据透视表和透视图应用等相关技巧；第4篇(第12~14章)讲解了使用WPS 进行演示文稿创建、内容设计、动画设置及放映输出等相关技巧；第5篇(第15章)讲解了使用WPS制作PDF、流程图、脑图、图片设计、表单制作等相关技巧。

通过本书的学习，你将获得由“菜鸟”变“高手”的机会。如果你以前只会简单地运用WPS Office软件，那么现在你可以：

√ 5分钟搞定专业文档排版。图文混排、添加目录页码、插入流程图、设计封面、打印文档等，统统不是问题。

√ 10分钟制作出专业报表。熟练使用公式函数、图表、透视表等进行数据分析，要多高效就多高效。

√ 2小时设计出专业的PPT。灵活使用图片、文字、表格、图表、动画，用PPT说服领导和客户，就是这么简单。

➡ 本书特色

你花一本书的钱，买的不仅仅是一本书，而是一套超值的综合学习套餐。包括“图书+同步学习素材+同步视频教程+办公模板+电脑入门必备技能手册+ WPS Office办公应用快捷键速查手册”。多维度学习套餐，真正超值实用！

❶ 同步视频教程。配有与本书同步的高质量、超清晰的多媒体视频教程，扫描书中知识标题旁边的二维码，即可手机同步学习。

❷ 同步学习素材。提供了书中所有案例的素材文件，方便读者跟着书中讲解同步练习操作。

❸ 赠送1000个Office商务办公模板文件。包括文档模板、表格模板、PPT模板，拿来即用，不用再去花时间与精力收集整理。

❹ 赠送《电脑入门必备技能手册》电子书，即使你不懂电脑，也可以通过本手册的学习掌握电脑入门技能，更好地学习WPS Office办公应用技能。

❺ 赠送《WPS Office办公应用快捷键速查表》电子书，帮助你快速提高办公效率。

温馨提示

通过以下步骤来获取学习资源。

	步骤 01　打开手机微信，单击【发现】→单击【扫一扫】→对准此二维码扫描→成功后进入【详细资料】页面，单击【关注】。
	步骤 02　进入公众号主页面，单击左下角的【键盘】按钮→在右侧输入 WPS9059→单击【发送】按钮，即可获取对应学习资料的“下载网址”及“下载密码”。
	步骤 03　在计算机中打开浏览器窗口→在【地址栏】中输入上一步获取的“下载网址”，并打开网站→提示输入密码，输入上一步获取的“下载密码”→单击【提取】按钮。
	步骤 04　进入下载页面，单击书名后面的【下载】按钮，即可将学习资源包下载到计算机中。若提示是【高速下载】还是【普通下载】，请选择【普通下载】。
	步骤 05　下载完成后，有些资料若是压缩包，请通过解压软件（如 WinRAR、7-zip 等）进行解压即可使用。

本教程适合

- 有办公软件基础，却常常被应用技巧困住的职场新人。
- 经常加班处理文档，渴望提升效率的职场人士。
- 需要掌握一门核心技术的大学毕业生。
- 需要用WPS Office来提升核心竞争力的行政文秘、人力资源、销售、财会、库管等岗位人员。

作者简介

何国辉，Office办公效率培训师，微软全球有价值专家（MVP），精通微软Office和金山WPS Office，拥有多年的职场经验和丰富的Office实战经验，对Office软件在行政文秘、市场销售、人力资源、财务会计等方面的应用有着丰富的经验，擅长Office工具在日常办公中的实用、巧用、妙用并有独到的见解。

读者学习交流群：774775812（如遇群满，请按相关提示另加群）

Contents 目录

第1篇 WPS Office操作技巧篇

第1章 WPS Office通用操作技巧

第2篇 WPS 文字处理技巧篇

第2章 文档内容录入与编辑技巧

第 3 章

图文排版技巧

Contents 目录

第 5 章 文档的审阅与保护技巧

第3篇 WPS 电子表格应用技巧篇

第 6 章 电子表格的基本操作技巧

第 7 章 电子表格数据录入与编辑技巧

Contents 目录

第 9 章

公式与函数应用技巧

第 10 章

图表制作与编辑技巧

第 11 章

数据透视表和数据透视图应用技巧

Contents 目录

第4篇 WPS 演示文稿应用技巧篇

第12章 演示文稿的编辑技巧

第13章

演示文稿的布局、交互与动画设置技巧

第14章

幻灯片放映与输出技巧

Contents 目录

第5篇 WPS Office 其他应用技巧篇

第15章 WPS Office的其他应用技巧

第1篇 WPS Office操作技巧篇

WPS Office是由金山软件股份有限公司自主研发出品的一款办公软件套装，包含文字、表格、演示等多个组件，可以满足日常办公中最常见的应用需求。WPS Office 2019更是将所有组件集成到一个界面，使用户操作起来更加便捷。本篇就来学习WPS Office的通用操作技巧，如果熟练地使用这些技巧，通过简单的设置，就可以让WPS Office的操作环境更符合个人需求，使以后的文档制作更加得心应手。

通过本篇内容的学习，读者将学会以下WPS Office应用的技能与技巧。

- WPS Office的基本设置技巧
- 文件的基本操作技巧
- WPS Office云文档使用技巧
- WPS Office特色功能应用技巧

第 1 章 WPS Office 通用操作技巧

在使用WPS Office进行办公文档的处理时，首先需要学会并掌握WPS Office的通用操作技巧，这些技巧在WPS Office所有组件中都通用，掌握这些技巧，不仅可以更好地了解WPS Office的操作模式和改善办公文档的制作环境，而且能掌握一些特色功能实现特殊的文档制作需求。这也是高效使用WPS Office办公的第1步。

下面是日常办公中常见问题，请检测你是否会处理或已掌握。

√ 还在不停地切换选项卡，寻找命令按钮，不如为常用命令按钮换个位置或建个新家。
√ WPS Office 中提供了海量的模板文件，知道怎样使用它们吗?
√ WPS Office 中有个文件使用记录，知道通过它可以快速打开常用和最近使用过的文件吗?
√ 知道如何给创建的重要文件设置密码和使用权限吗?
√ 云文档是什么? 它有什么作用呢?
√ WPS Office 和 Microsoft Office 到底有什么区别?

希望通过本章内容的学习，能帮助你解决以上问题，并学会更多的WPS Office高效办公设置技巧。

1.1　基本设置技巧

对WPS Office的界面进行适当设置，可以让整个办公环境更符合个人使用习惯，如设置WPS Office的界面皮肤，将常用命令添加到更便捷的位置等技巧。

001　设置 WPS Office 界面皮肤

扫一扫，看视频

使用说明

和其他软件一样，WPS Office的界面皮肤是可以更换的。通过设置界面皮肤，可以使WPS Office软件更加美观。

解决方法

WPS提供了高大上、小清新、傲娇派等多种风格的界面皮肤样式，只需一键即可进行切换。具体操作方法如下。

步骤 01 启动WPS Office 2019后就会看到默认的WPS Office首页界面了。单击上方的【稻壳皮肤】按钮，如下图所示。

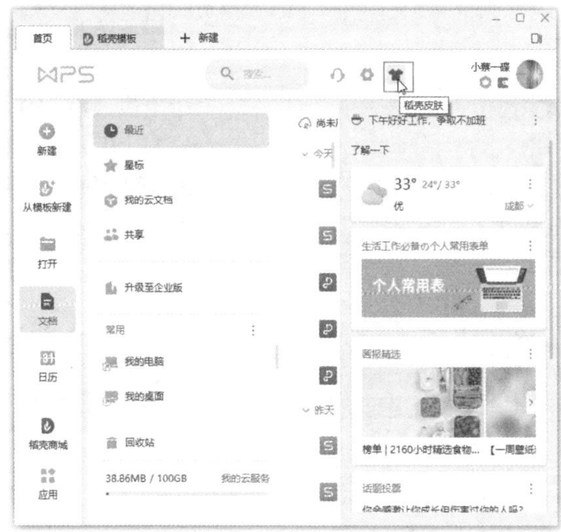

步骤 02 打开【皮肤中心】对话框，可以看见默认采用的是【清爽】风格的界面皮肤。选择喜欢的界面皮肤样式，如【绿豆沙】选项，如下图所示。

步骤 03 选择了新的皮肤样式后，WPS软件界面就发生了改变，如下图所示。

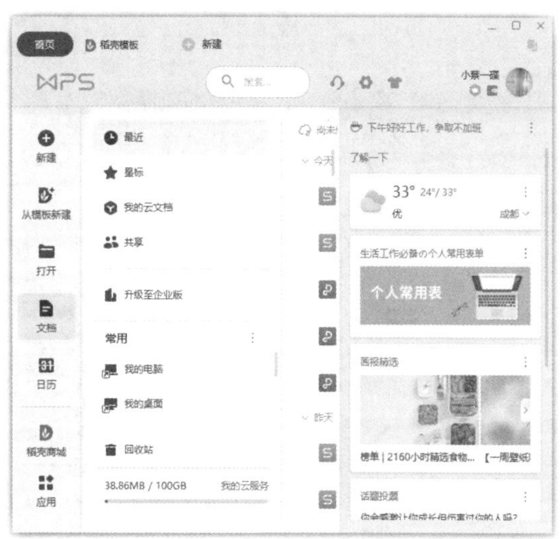

> **知识拓展**
>
> 在WPS Office的文字、表格、演示等组件界面中单击【视图】选项卡中的【护眼模式】按钮，可以将操作界面的皮肤颜色修改为绿色。

002　将其他命令按钮添加到快速访问工具栏中

扫一扫，看视频

使用说明

当经常使用某个命令按钮时，可以将该按钮添加到快速访问工具栏中，这样可以大大提升操作速度，提高工作效率。

解决方法

例如，要在WPS Office文字界面的快速访问工具栏中添加【新建】和【另存为】命令。具体操作方法如下。

步骤 01 启动WPS Office 2019，单击【新建】按钮，如下图所示。

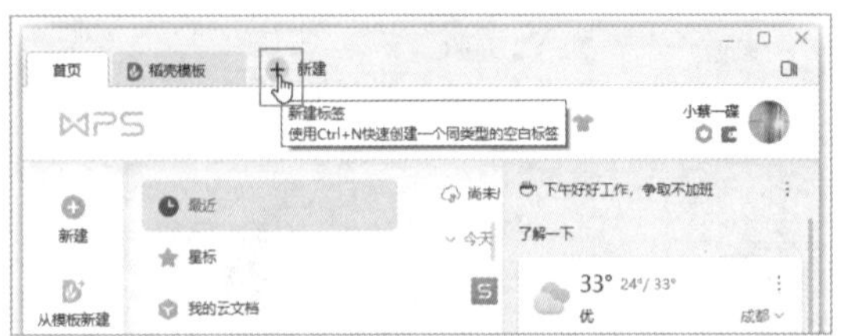

步骤 02 在新建界面中，❶单击【文字】选项卡；❷在下方单击【新建空白文档】按钮，如下图所示。

步骤 03 即可新建一个空白文档。❶单击快速访问工具栏右侧的下拉按钮 ▿；❷在弹出的下拉菜单中选择【新建】命令，如下图所示。

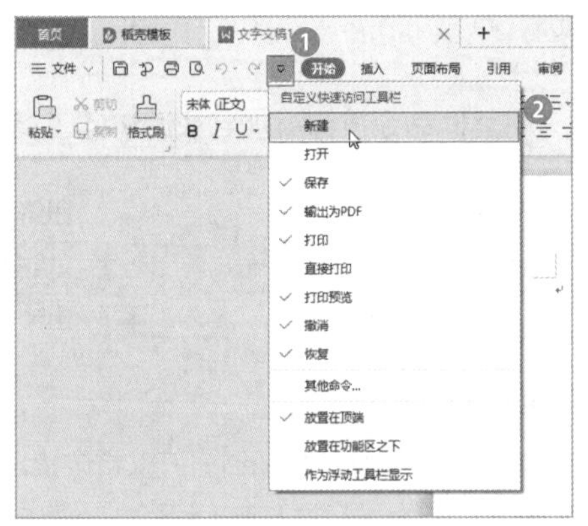

步骤 04 即可将【新建】命令按钮添加到快速访问工具栏中。❶再次单击快速访问工具栏右侧的下拉按钮 ▿；❷在弹出的下拉菜单中选择【其他命令】命令，如下图所示。

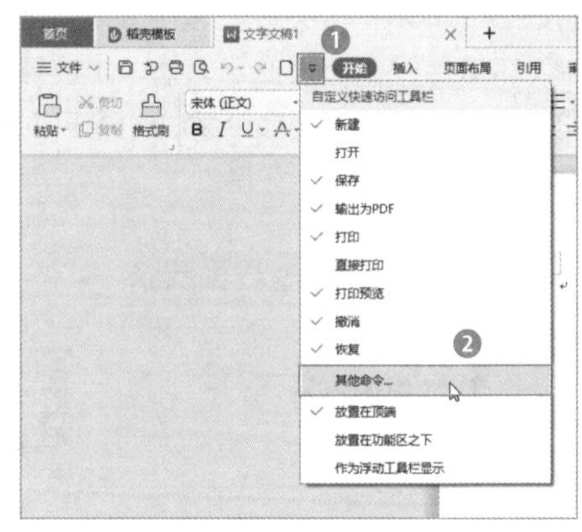

步骤 05 即可打开【选项】对话框，❶在左侧的列表框中选择需要添加的常用命令，如选择【另存为】选项；❷单击【添加】按钮，将其添加到右侧的列表框中；❸单击【确定】按钮，如下图所示。

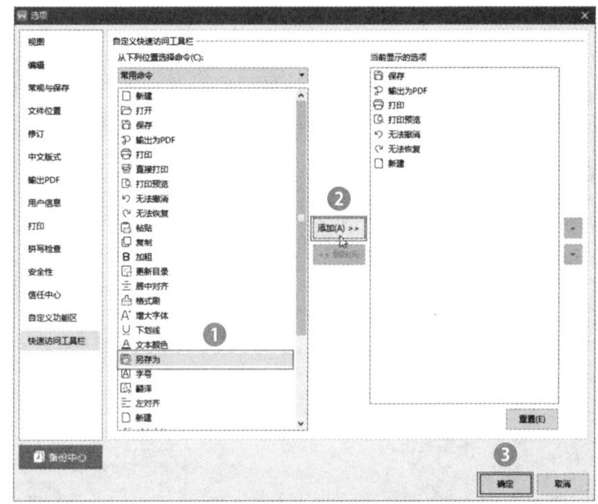

步骤 06 返回到WPS文字操作界面，即可看到已经在快速访问工具栏中添加了【另存为】命令按钮，如下图所示。

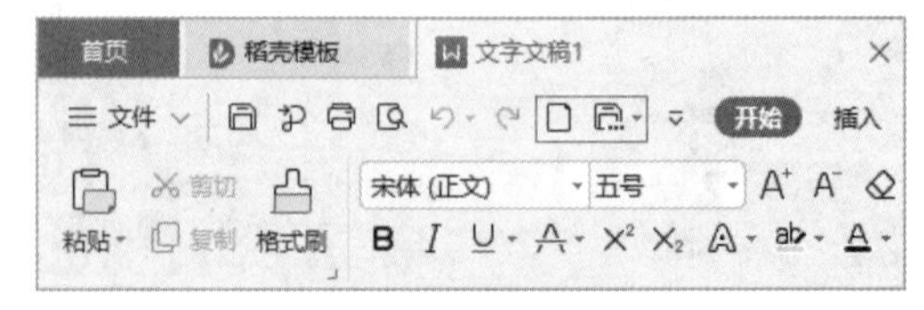

温馨提示

如果要删除快速访问工具栏中的某个命令按钮，可以在该命令按钮上右击，在弹出的快捷菜单中选择【从快速访问工具栏中删除】命令。

003 将常用命令添加到新建选项卡中

实用指数
★★★★☆

扫一扫，看视频

使用说明

在WPS Office中，还可以将常用命令添加至一个新的选项卡中，在操作时免去了频繁切换选项卡的麻烦，使操作更便捷。

解决方法

例如，要在WPS Office文字界面中添加一个名为【常用】的选项卡，具体操作方法如下。

步骤 01 在WPS Office文字界面单击【文件】按钮，在弹出的下拉菜单中选择【选项】命令，如下图所示。

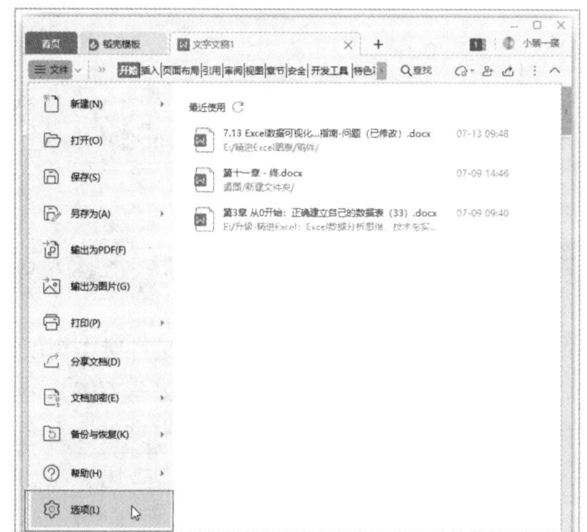

步骤 02 打开【选项】对话框，❶单击【自定义功能区】选项卡；❷在对话框右侧的列表框下单击【新建选项卡】按钮，如下图所示。

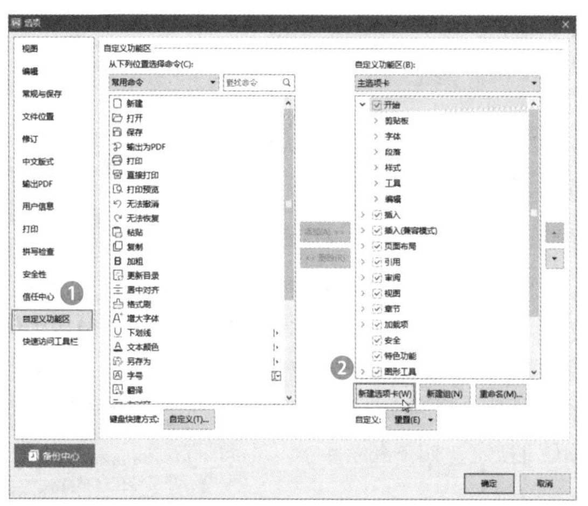

步骤 03 ❶在右侧列表框中选中新建的【新建选项卡(自定义)】选项；❷单击【重命名】按钮；❸在打开的【重命名】对话框中的【显示名称】文本框中输入新选项卡名称；❹单击【确定】按钮，如下图所示。

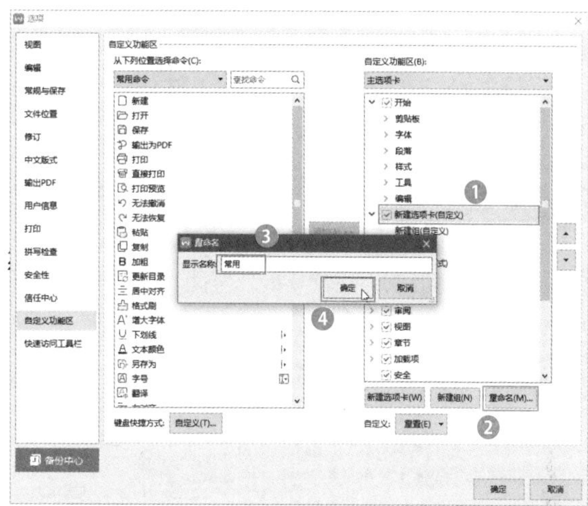

步骤 04 返回【选项】对话框，❶选中【新建组(自定义)】选项；❷单击【重命名】按钮；❸在打开的【重命名】对话框中的【显示名称】文本框中输入新组的名称；❹单击【确定】按钮，如下图所示。

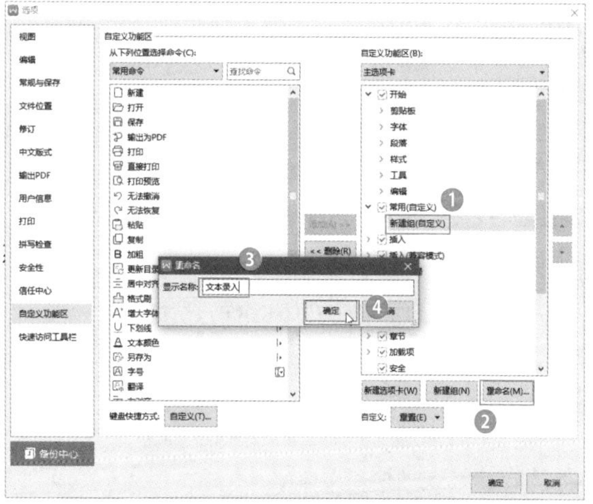

步骤 05 保持新建组的选择状态，❶在【从下列位置选择命令】下拉列表框中选择下方列表框中提供命令的方式；❷在左侧的列表框中选择需要添加到新组中的命令；❸单击【添加】按钮将其添加到新建组中；❹添加完成后单击【确定】按钮，如下图所示。

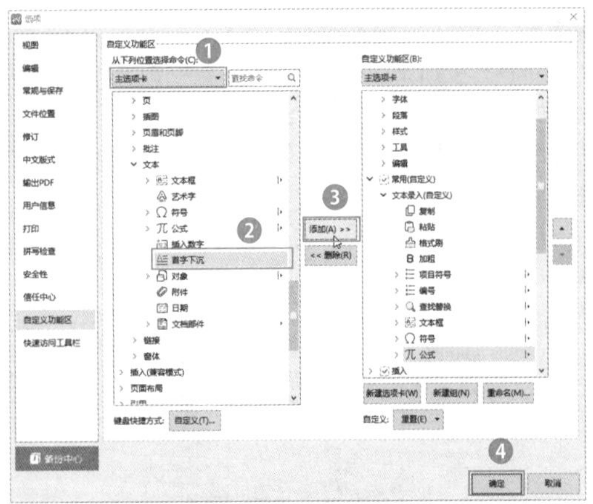

步骤 06 返回到WPS文字操作界面，即可查看到新建的选项卡，如下图所示。

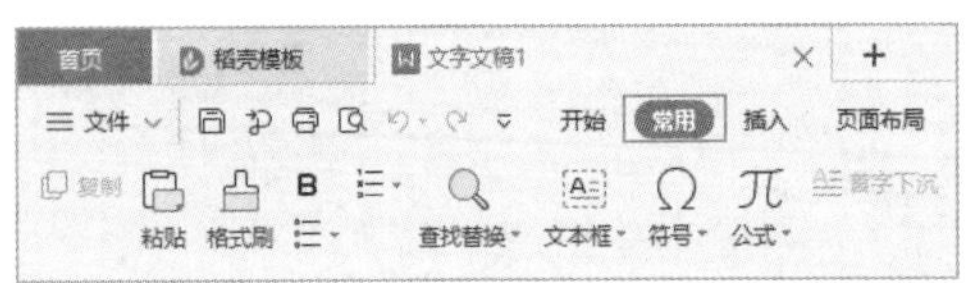

004 显示或隐藏功能区

扫一扫，看视频

实用指数
★★☆☆☆

使用说明

根据处理文件的需求，有时候并不需要使用选项卡中的命令按钮，或者需要让编辑界面更大一些，以方便查看内容。此时可以隐藏功能区，使编辑界面更大。

解决方法

隐藏和显示功能区的具体操作方法如下。

步骤 01 单击功能区右上角的【隐藏功能区】按钮 ︿，如下图所示。

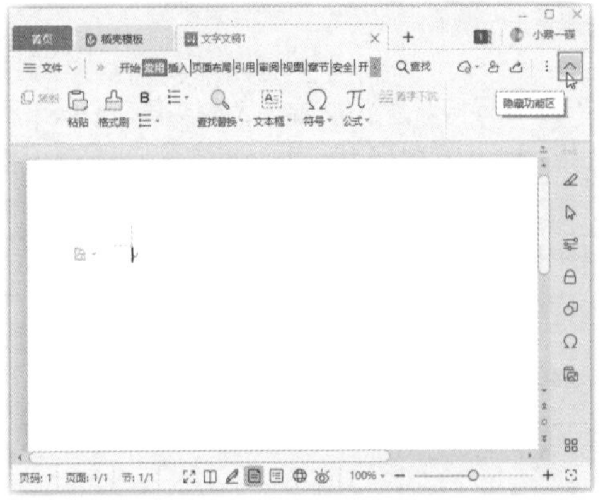

步骤 02 即可将功能区中的选项卡折叠起来，仅显示选项卡标签，如下图所示。隐藏后单击功能区右侧的【显示功能区】按钮 ﹀，便可以展开功能区。

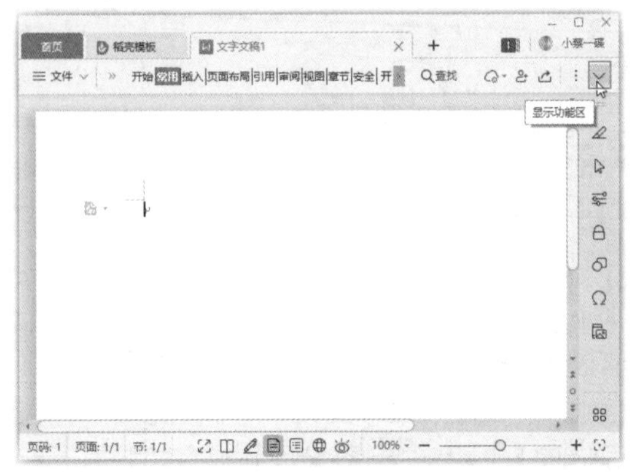

> **温馨提示**
>
> 隐藏功能区后，如果想临时使用某个命令按钮，依然可以单击相应的选项卡，暂时展开选项卡内容，单击需要的按钮。

1.2 文件的基本操作技巧

WPS Office不同组件中生成的文件类型有所区别，具体的编辑技巧也千差万别，但最基本的文件操作是通用的，包括从模板新建文件，为文件设置密码等。下面就来逐一介绍文件的基本操作技巧。

005 从模板新建文件

扫一扫，看视频

实用指数
★★★★★

使用说明

在创建文件时，每个组件都可以创建空白文件，或根据模板来快速创建文件。

解决方法

新建空白文件的方法也是相同的，前面已经介绍过了。下面以新建演示文稿为例，介绍根据模板创建文件的方法，具体操作方法如下。

步骤 01 启动WPS Office，单击左侧的【从模板新建】按钮，如下图所示。

步骤 02 打开【从模板新建】界面，❶单击上方的【演示】选项卡；❷在下方列出的演示模板中选择要进行预览的模板样式，如下图所示。

> **知识拓展**
>
> 在【从模板新建】界面顶部的文本框中输入关键字，单击其后的【搜索】按钮，即可根据输入的关键字搜索联机模板。
>
> 另外，单击文件选项卡右侧的【新建】按钮＋，在新建界面中单击不同的组件选项卡，下方列出了对应组件的多种推荐模板，选择后即可根据模板新建文件。

步骤 03 打开预览模板的对话框，预览选择的模板样式，如果确认使用，单击【免费下载】或【立即下载】按钮，如下图所示。

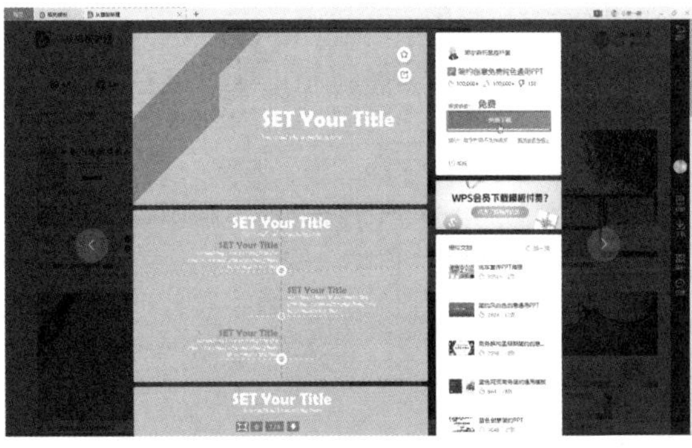

步骤 04 下载完成后即可根据该模板创建文件，效果如下图所示。

> **温馨提示**
>
> 如果模板中预设的项目不符合用户的使用需求，也可以删除部分内容，只使用模板中的部分内容。

006 如何快速打开常用文件

扫一扫，看视频

使用说明

WPS Office会将最近使用的文件自动记录在首页的【最近】列表中，以方便用户直接打开最近使用过的文件。如果有常用文件，也可以将其固定到【常用】列表中。

解决方法

例如，要将常用的销售报表固定到【常用】列表中，具体操作方法如下。

步骤 01　在WPS Office首页的【文档】选项卡中，❶选择【最近】选项；❷在显示出的列表中选择需要固定到【常用】列表中的文件，并在其上右击；❸在弹出的快捷菜单中选择【固定到“常用”】命令，如下图所示。

步骤 02　即可将所选文件固定到【常用】列表中，如下图所示。单击即可快速打开对应的文件。

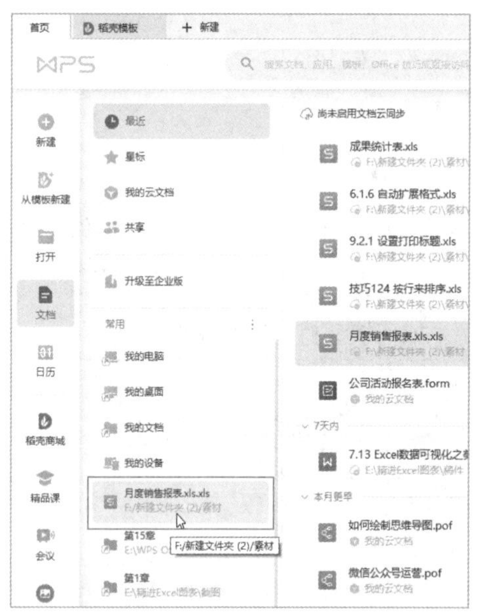

> **温馨提示**
>
> 【常用】列表中记录了最近打开的本地文件夹位置，选择后即可打开对应的文件夹列表，方便快速打开该文件夹中的文件。

007　如何清除文件使用记录

扫一扫，看视频

实用指数
★★★☆☆

使用说明

当在WPS Office中使用了太多文件或者需要隐藏使用过的文件痕迹时，可以清除文件的使用记录。

解决方法

要清除使用过的文档记录，具体操作方法如下。

步骤 01　在WPS Office首页的【文档】选项卡中，❶选择【最近】选项；❷在【最近】列表中选择要清除历史记录的文件，并在其上右击；❸在弹出的快捷菜单中选择【移除记录】命令，如下图所示。

步骤 02　打开【移除记录】对话框，单击【是】按钮即可，如下图所示。

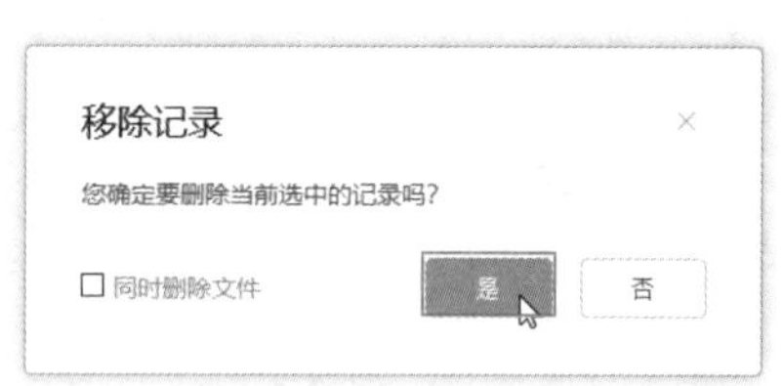

> **知识拓展**
>
> 如果要在【最近】列表中查找某一个类型的文件记录，可以单击该列表右上角的【筛选】按钮，在弹出的下拉列表中选择文件类型即可。

008 如何一次性关闭所有文件

实用指数

扫一扫，看视频

使用说明

如果打开了多个文件，逐一关闭比较麻烦，此时可以选择一次性关闭所有文件。

解决方法

要一次性关闭所有文件有以下两种方法，具体操作方法如下。

方法一：

单击WPS Office窗口右上角的【关闭】按钮，如下图所示。

方法二：

❶在任意一个文件选项卡上右击；❷在弹出的快捷菜单中选择【全部】命令，如下图所示。

温馨提示

在上图所示的快捷菜单中选择【关闭其他】命令，可以关闭除当前文件以外的其他文件；选择【右侧】命令，可以关闭位于当前文件选项卡右侧的所有文件。

009 如何为文件设置密码

实用指数

扫一扫，看视频

使用说明

在工作中，遇到有商业机密的文件或记载有重要内容的文件不希望被人随意打开时，可以为该文件设置打开密码。想要打开该文件，就必须输入正确的密码。如果希望其他人只能以“只读”方式打开文件，不能对文件进行编辑，可以为该文件设置编辑密码。

解决方法

为文件设置密码的具体操作方法如下。

步骤01 打开素材文件（位置：素材文件\第1章\劳动合同.docx），❶单击【文件】按钮；❷在弹出的下拉菜单中选择【文档加密】命令；❸在子菜单中选择【密码加密】命令，如下图所示。

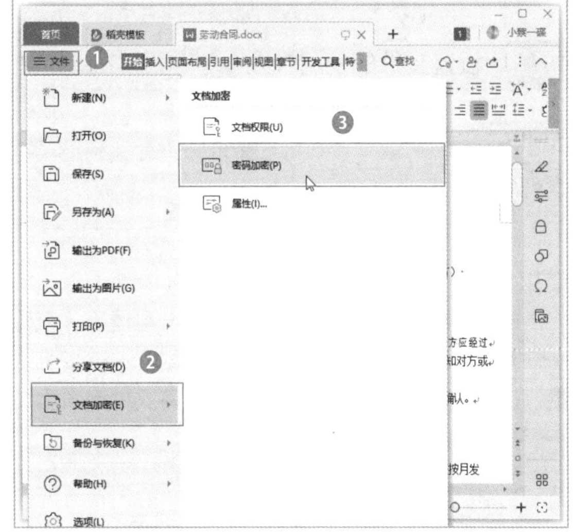

步骤02 打开【密码加密】对话框，❶在【打开权限】栏中设置打开文件的密码；❷在【编辑权限】栏中设置编辑文件的密码；❸单击【应用】按钮，如下图所示。

步骤 03 保存该文件，关闭后再次打开该文件时，会弹出【文档已加密】对话框，必须输入正确的密码才能打开该文件，如下图所示。

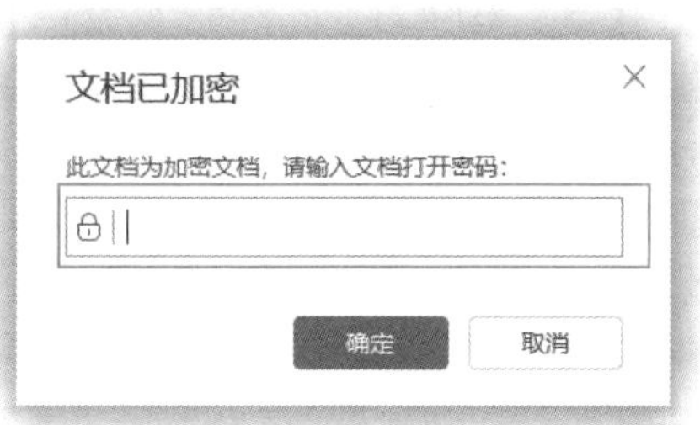

知识拓展

要取消打开密码，需要再次打开【密码加密】对话框，删除之前输入的密码，然后单击【应用】按钮即可。

010 设置文件的使用权限

扫一扫，看视频

实用指数
★★★★☆

使用说明

通过加密方式保护文件时，密码一旦遗忘，就无法恢复，所以需要妥善保管密码。如果担心忘记密码，最好还是通过设置文件的使用权限，将文件设置为私密保护模式。

解决方法

要设置文件的使用权限，具体操作方法如下。

步骤 01 ❶单击【文件】按钮；❷在弹出的下拉菜单中选择【文档加密】命令；❸在子菜单中选择【文档权限】命令，如下图所示。

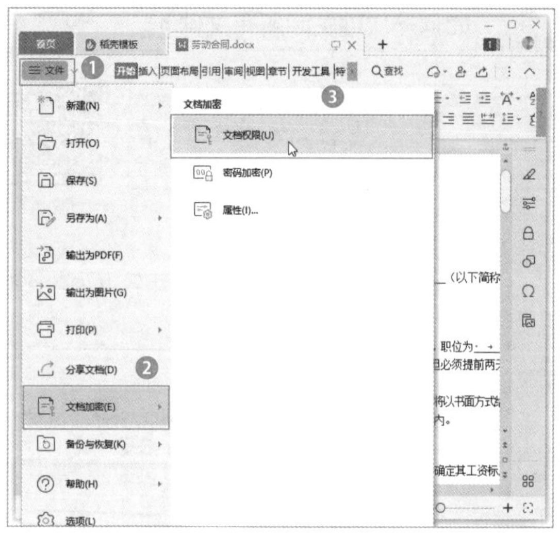

步骤 02 打开【文档权限】对话框，启用【私密文档保护】功能，如下图所示。转换为私密文件后，只有登录账号才可以打开该文件。

温馨提示

单击【文档权限】对话框中的【添加指定人】按钮，并在打开的对话框中设置指定人，这样只有指定人才能查看和编辑文件。

1.3 WPS Office云文档使用技巧

WPS Office拥有丰富的云端功能，可以实现办公文件云端保存、自动备份、与他人无障碍共享等，让工作更高效。下面就来介绍云文档的使用技巧。

011 如何将文件保存到云文档

扫一扫，看视频

实用指数
★★★★★

使用说明

开启云同步，保存文件时就可以自动保存到云文档。将文档保存到云端后，在其他计算机或手机等设备上登录账号后，都可以打开该文档。

解决方法

将文件保存到云文档的方法有多种，具体操作方法如下。

方法一：

步骤 01 打开素材文件（位置：素材文件\第1章\差旅费报销单.docx），❶单击【文件】按钮；❷在弹出的下拉菜单中选择【保存】或【另存为】命令，如下图所示。

步骤 02 打开【另存为】对话框，❶在左侧单击【我的云文档】选项卡；❷在右侧设置文件的保存位置；❸单击【保存】按钮，如下图所示。

方法二：

❶将鼠标光标移动到要保存的文件选项卡上停留片刻；❷在弹出的文件状态浮窗中单击【上传到云】超级链接，如下图所示。然后在【另存为】对话框中进行设置即可。

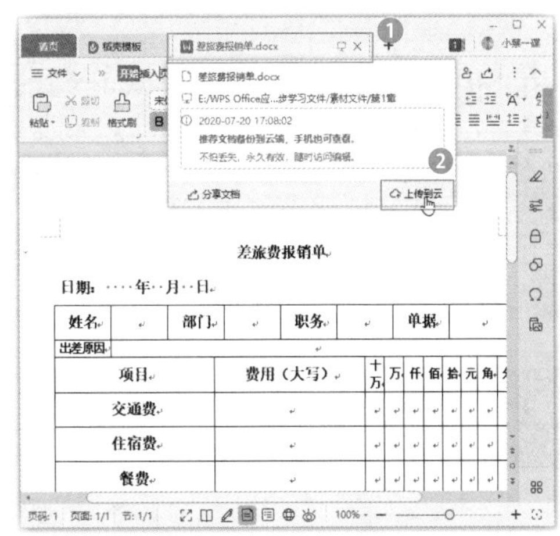

方法三：

步骤 01 在文件编辑窗口中，❶单击选项卡右侧的【未保存】按钮 ；❷在弹出的下拉菜单中选择【同步设置】命令，如下图所示。

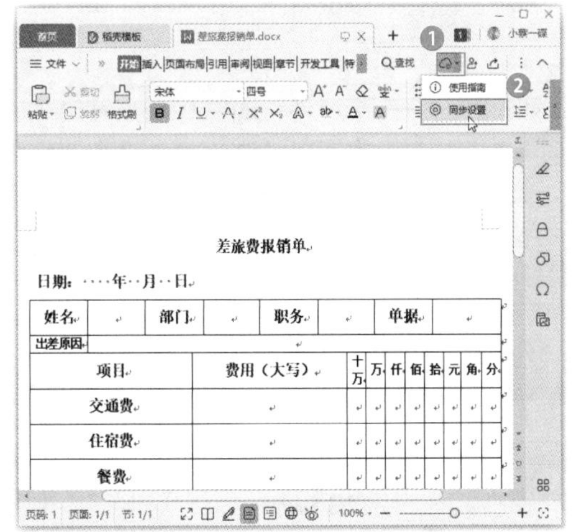

步骤 02 在打开的对话框中，❶单击【我的电脑】选项卡；❷启用【文档云同步】功能，如下图所示，即可将文件保存到云文档。

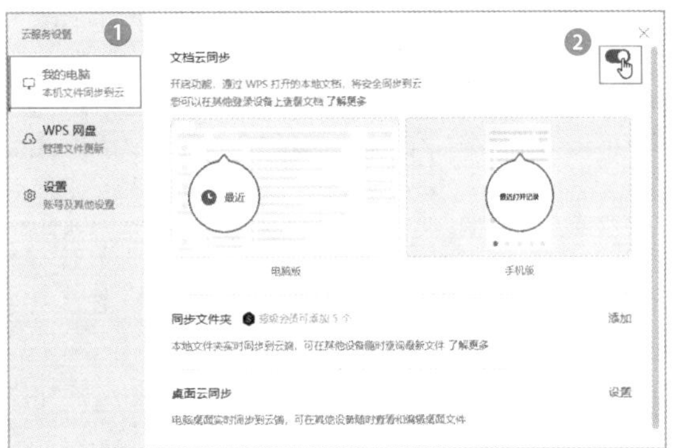

温馨提示

将文件保存到云文档中后，在手机上下载安装WPS Office并登录相同的账号，在WPS Office移动端的【首页】下拉刷新【最近】文件列表，找到需要编辑的文件，单击打开即可进行编辑操作。

012 查看云文件的保存位置

扫一扫，看视频

实用指数
★★☆☆☆

使用说明

云文档中的文件与本地文件一样都被保存在文件夹中，那如何查看云文件的保存位置呢？

解决方法

查看云文件保存位置的方法，根据文件是否打开分为两种。具体操作方法如下。

方法一：

如果已经打开了云文件，❶将鼠标光标移动到文件选项卡上停留片刻；❷在弹出的文件状态浮窗中即可看到文件路径，单击即可快速打开该文件夹，如下图所示。

方法二：

如果没有打开云文件，❶在WPS Office首页的搜索框中输入文件名字或关键词，快速定位文件；❷在列出的搜索结果中即可看到文件路径，如下图所示。

013 标记重要文件

扫一扫，看视频

使用说明

如果上传到云文档中的文件和文件夹太多，需要使用“星标”标记出重要的文件，以便在使用时能快速找到它们。

解决方法

标记云文档中的重要文件的具体操作方法如下。

步骤 01 在WPS Office首页，❶在【最近】列表中或【我的云文档】列表中找到要标记的重要文件；❷单击文件名右侧的【添加星标】按钮，即可对此文件添加“星标”，如下图所示。

步骤 02 在WPS Office首页的【文档】选项卡中，❶选择【星标】选项；❷在显示出的列表中可以看到添加了“星标”的重要文件，单击该文件即可快速打开，如下图所示。

温馨提示

云文档中的常用文件也可以像普通文件一样，可以被固定到【常用】列表中。

014 如何在云文档中新建文件 / 文件夹

实用指数

扫一扫，看视频

使用说明

上传到云文档中的文件要进行管理，就需要在云文档中新建文件夹。同时，也可以直接在云文档中新建文件。

解决方法

在云文档中新建文件和文件夹的具体操作方法如下。

在WPS Office首页的【文档】选项卡中，❶选择【我的云文档】选项；❷在右侧单击右上角的【新建文件到云】按钮；❸在弹出的下拉菜单中选择【新建文件夹】选项来新建文件夹，或者选择需要新建的文件类型命令即可在云文档内新建并保存对应类型的云文档，如下图所示。

015 如何上传文件 / 文件夹到云文档

扫一扫，看视频

使用说明

如果想将计算机中的本地文件或文件夹上传到云文档中，应该如何操作呢？

解决方法

上传文件或文件夹到云文档的方法主要有三种，具体操作方法如下。

方法一：

在WPS Office首页的【文档】选项卡中，❶选择【我的云文档】选项；❷在右侧单击右上角的【添加文档到云】按钮；❸在弹出的下拉菜单中选择【添加文件】或【添加文件夹】命令，如下图所示，然后在打开的对话框中选择需要添加的文件或文件夹即可。

方法二：

在WPS Office首页的【文档】选项卡中，❶选择【我的云文档】选项；❷选择要上传的本地文件或文件夹；❸将其拖动到云文档列表中，如下图所示，释放鼠标后即可快速上传文件或文件夹到云文档。

方法三：

步骤 01　❶单击【文件】按钮；❷在弹出的下拉菜单中选择【备份与恢复】命令；❸在子菜单中选择【备份中心】命令，如下图所示。

步骤 02　打开【备份中心】对话框，❶单击【备份同步】选项卡；❷单击【手动备份】栏中的【选择文件】按钮，如下图所示。

步骤 03　打开【选择一个或者更多的文件上传】对话框，❶选择要备份的文件；❷单击【打开】按钮，如下图所示。

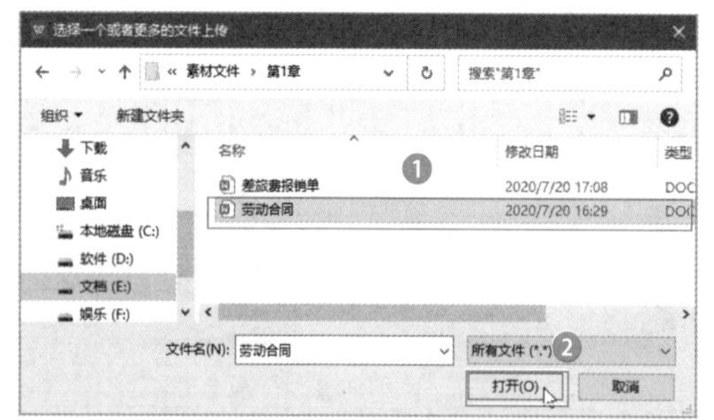

步骤 04　打开【手动备份】对话框，提示正在进行备份，稍等片刻即可备份完成。单击【点击进入】链接，可以查看备份文档，如果无须查看，直接单击【关闭】按钮 × 即可，如下图所示。

温馨提示

通过备份方式上传的文件保存在云文档中的【备份中心】文件夹中，默认以备份的时间新建文件夹，方便用户根据备份时间查看备份文件。

016　移动、复制与输出云文档中的文件

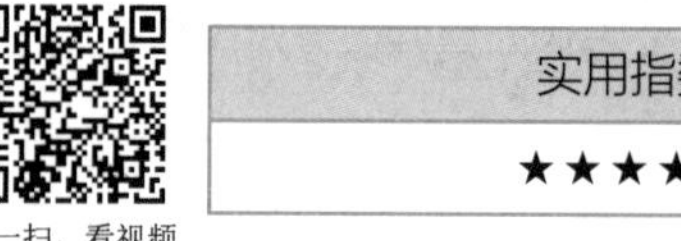

扫一扫，看视频

实用指数
★★★★★

使用说明

上传到云文档中的文件都可以在WPS Office首页【文档】选项卡中的【我的云文档】列表中看到，单击即可对文件进行重命名或打开操作。如果要移动、复制或输出云文档中的文件，又该如何操作呢？

解决方法

要对云文档中的文件进行管理，如移动、复制或输出等，通过选择不同的菜单命令即可完成。例如，要移动云文档中的某个文件，具体操作方法如下。

步骤 01　在WPS Office首页的【文档】选项卡中，❶选择【我的云文档】选项；❷在【我的云文档】列表中单击需要移动的文件名称右侧的【更多操作】按钮 ⋮；❸在弹出的下拉菜单中选择【移动到...】命令，如下图所示。

温馨提示

在【我的云文档】列表中的某个云文档名称上右击，也可以弹出如下图所示的快捷菜单。

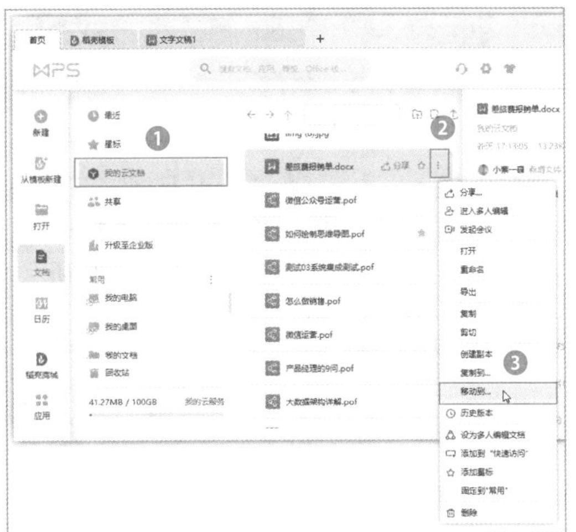

步骤 02　打开【移动到】对话框，❶选择需要将文件移动到的云文档位置；❷单击【确定】按钮即可，如下图所示。

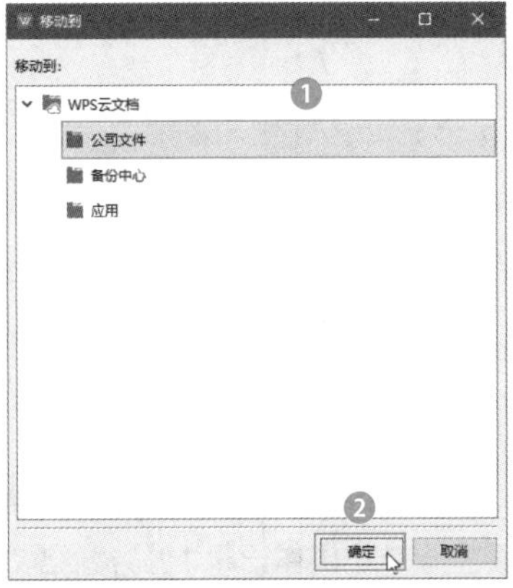

知识拓展

在该菜单中选择【移动到…】或【复制到…】命令，只能将云文档移动或复制到云中的其他位置；选择【剪切】或【复制】命令，则可以将云文档移动或复制到计算机本地中的其他位置；选择【导出】命令，可以将云文档导出到计算机；如果要删除某个云文档，可以在该菜单中选择【删除】命令。

017　如何将文件分享给好友

实用指数
★★★★★

扫一扫，看视频

使用说明

在工作和生活中，经常需要传输各种文件。普通的传输方式传输时间久，此时可以使用WPS云功能进行文件分享。该功能会将文件以链接的方式发送给他人，减少了因文件过大带来的传输时间。

解决方法

使用“分享”功能分享文件的具体操作方法如下。

步骤 01　打开素材文件（位置：素材文件\第1章\劳动合同.docx），❶单击【分享文档给他人】按钮；❷打开【绑定手机号】对话框，输入需要绑定的手机号和收到的验证码；❸单击【立即绑定】按钮，如下图所示。

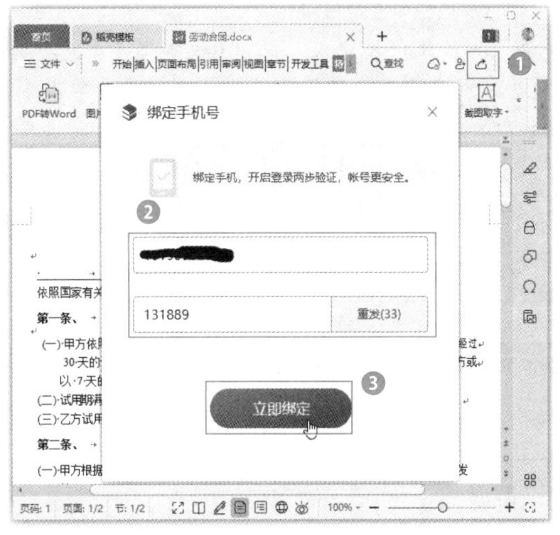

步骤 02　打开分享文件的对话框，❶在【复制链接】选项卡中选中【可编辑】单选按钮；❷单击【创建并分享】按钮，如下图所示。

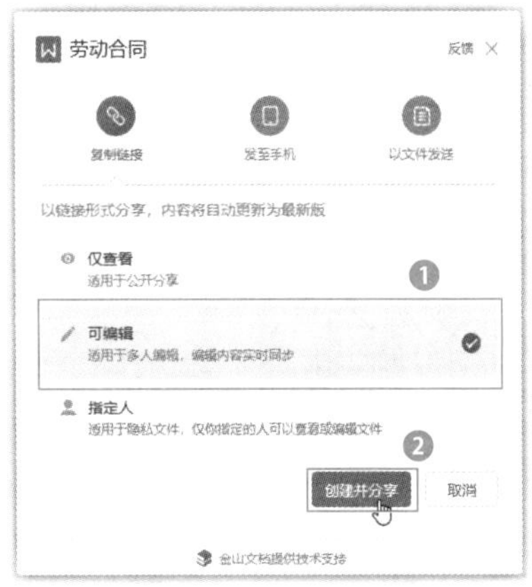

步骤 03　在新界面中，可以看到已经生成了分享文件的链接。❶单击【复制链接】按钮；❷通过QQ、微信等聊天软件，将复制的链接发送给需要分享的人，如下图所示。

温馨提示

在分享文件的对话框中可以设置分享权限，如仅查看、可编辑、指定人。选中【仅查看】单选按钮，将以“只读”方式公开分享文件；选中【指定人】单选按钮，可以根据提示指定查看文件的用户。此外，还可以设置对方的编辑权限、链接有效期以及自定义关闭文件的分享权限。

018 文件分享后被编辑，该如何更新同步

实用指数
★★★★☆

使用说明

将文档分享给他人后，他人对文档进行二次编辑，此时该如何同步更新他人编辑的内容呢？

解决方法

与他人一同编辑共享文件，默认会自动更新同步，但会涉及最终的文档内容选择更新为哪个版本的问题，具体操作方法如下。

步骤 01 当他人正在编辑共享的文档时，文档上方会弹出提示信息，告诉你此文档处于协作编辑状态。单击【加入协作编辑】按钮，如下图所示。

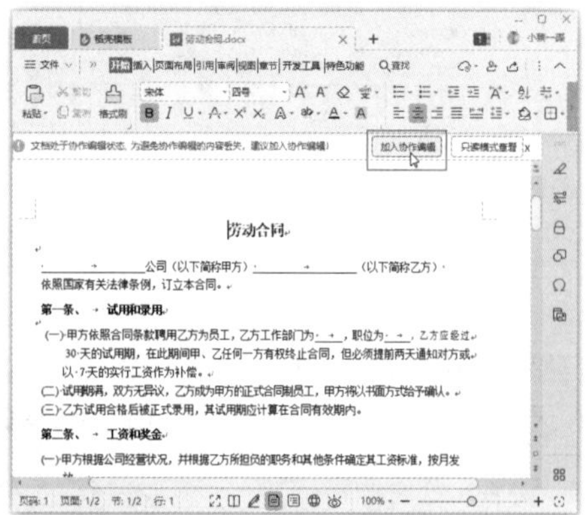

温馨提示

单击【只读模式查看】按钮，可进入只读模式，仅能查看，不能编辑共享文件。

步骤 02 进入协作编辑状态，可以与他人一起编辑该文档，在选项卡右侧可以看到参与共同协作人员的头像，还可以看到其他人添加的评论，如下图所示。

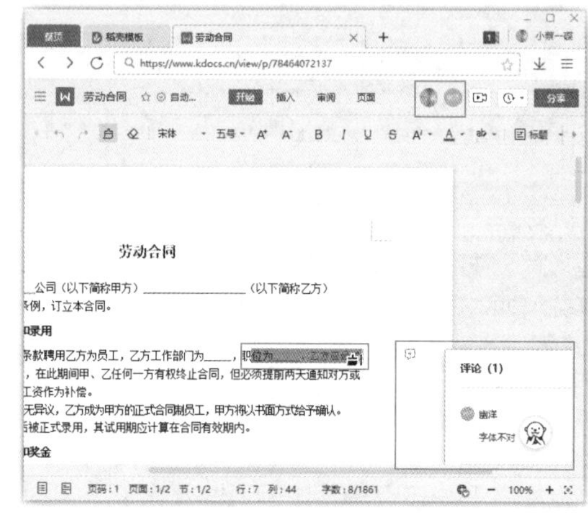

知识拓展

在协作编辑状态下，单击选项卡右侧的【远程会议】按钮，可以实现协作团队内多人同步查看文档的同时，通过手机、计算机等设备进行语音讨论。

步骤 03 单击选项卡左侧的【保存成功】按钮，可以在窗口右侧显示出【协作记录】任务窗格，在其中可以看到各成员对该文档进行的具体编辑记录，如下图所示。单击某项记录后的【还原】按钮，可以撤销对应的操作。

步骤 04 ❶单击选项卡右侧的【历史记录】按钮 ；❷在弹出的下拉菜单中选择【查看最新改动】命令，如下图所示。

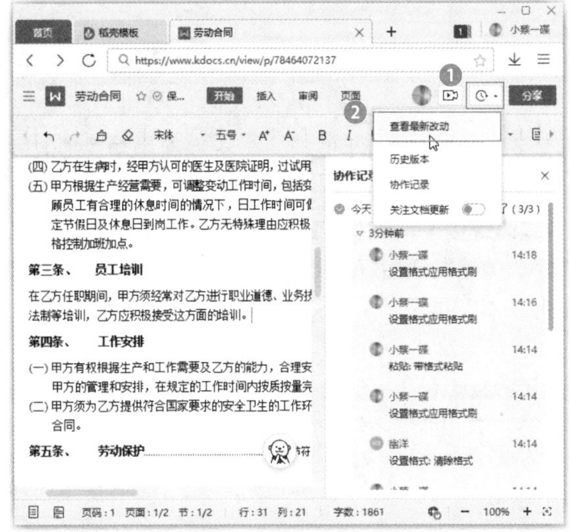

知识拓展

在【历史记录】下拉菜单中选中【关注文档更新】按钮，可以开启更新提示功能，以后只要文档有更新，就会收到相关的通知信息。

步骤 05 将以【只读】方式打开该文档的最新版本，同时会在窗口右侧显示出【历史版本】任务窗格。在编辑窗口上方还统计出了此时文档中的总评论，单击【上一条】或【下一条】按钮，可以依次切换到上一条或下一条评论，如下图所示。

步骤 06 ❶在【历史版本】任务窗格中单击某个历史记录时刻后的【预览】按钮，可以以【只读】方式切换到该历史时刻的文档版本；❷如果想要保存当前历史版本的协作文件，单击【下载】按钮下载到本地即可，如下图所示。

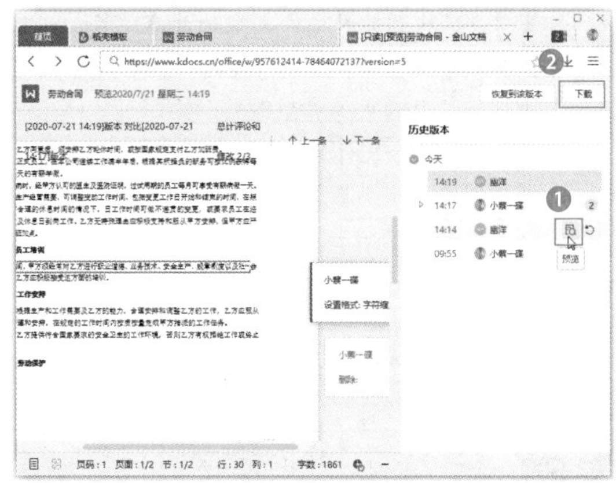

019 如何管理分享的文件

实用指数

★★★★☆

扫一扫，看视频

使用说明

当分享的文档过多时，如何快速找到通过分享功能分享给他人的文档，或者他人分享给我的文档呢？

解决方法

管理分享文件的具体操作方法如下。

在WPS Office首页的【文档】选项卡中，❶选择【共享】选项；❷在右侧单击【共享给我】选项卡，将在下方看到他人分享给“我”的文件列表；单击【我的共享】选项卡，将在下方看到“我”分享给他人的文件列表，如下图所示。

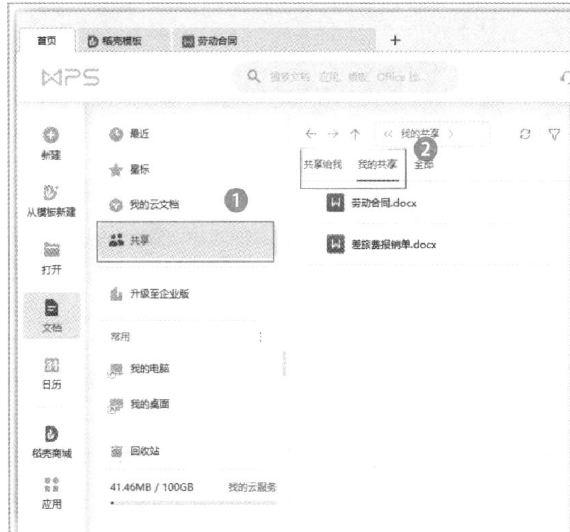

知识拓展

如果想快速找到某种文件类型的共享文件，还可以单击右侧的【文件类型筛选】按钮▽，在弹出的下拉列表中选择需要的文件类型即可。

当不再参与某个文件的共享协作时，可以选择该文件，在右侧边栏中单击【退出共享】或【取消共享】超级链接，这样该文件将不会出现在云文档列表中，也不会再接收到此文件更新的提示信息。

020 共享文件夹的创建与管理

扫一扫，看视频

实用指数
★★★★☆

使用说明

在工作中为了便于文件管理与分发，可以在WPS云文档内建立团队共享文件夹，将团队成员邀请到共享文件夹内，各成员就可以上传文件到团队文件夹中了。另外，可以自定义各成员的权限设置，让文件共享更安全。

解决方法

例如，要将云文档中的某个文件设置为团队共享文件夹，具体操作方法如下。

步骤 01 在WPS Office首页的【文档】选项卡中，❶选择【我的云文档】选项；❷在右侧列表中选择需要共享的文件夹；❸在右侧侧边栏中单击【共享】超级链接，如下图所示。

步骤 02 打开共享文件夹对话框，单击【立即共享】按钮，即可将此文件夹设置为共享文件夹，如下图所示。

步骤 03 共享文件夹后，在新界面中单击【邀请QQ、微信好友加入】超级链接，在弹出的界面中提供了邀请链接，单击【复制】按钮复制该链接，再通过QQ、微信发送给好友即可邀请他们加入共享文件夹团队，如下图所示。

步骤 04 邀请好友加入后，❶在【我的云文档】列表中选择共享的文件夹；❷在右侧侧边栏中单击【成员管理】超级链接，如下图所示。

步骤 05 打开共享文件夹对话框，在其中可以看见成员列表。❶单击某个成员右侧的【允许编辑】文字右侧的下拉按钮；❷在弹出的下拉列表中可以将该成员权限更改为管理员、允许编辑的成员、仅查看的成员，如下图所示。

温馨提示

在上图中的下拉列表中选择【移除该成员】选项，即可将此成员移除。

021 如何找回文件的历史版本

实用指数

★★★☆☆

扫一扫，看视频

使用说明

在编辑文件时，经常需要不停编辑和修改文件。保存过的文件被多次编辑、修改、覆盖，甚至还建立了多个不同编号的文件。如果将这类文档同步到云文档中，就不用这么麻烦。因为开启WPS的【同步到云文档】功能后，文件每次保存都会同步到云端，这样就可以快速查找历史编辑记录。

解决方法

找回某个文件的历史版本，具体操作方法如下。

步骤 01 ❶在【我的云文档】列表中找到需要查看历史记录的文件并在其上右击；❷在弹出的快捷菜单中选择【历史版本】命令，如下图所示。

步骤 02 打开【历史版本】对话框，在其中可以看见按照时间排列的文档修改版本，单击某个版本，如下图所示。

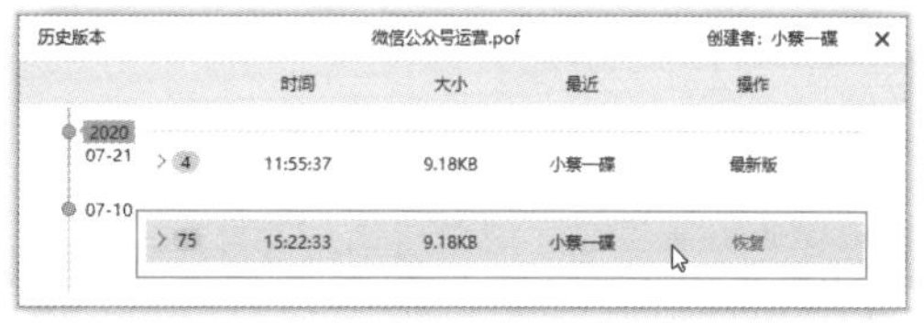

步骤 03 即可展开该版本下的更多小版本，可以自由选择时间预览或直接单击【恢复】超级链接恢复所需的版本，如下图所示。

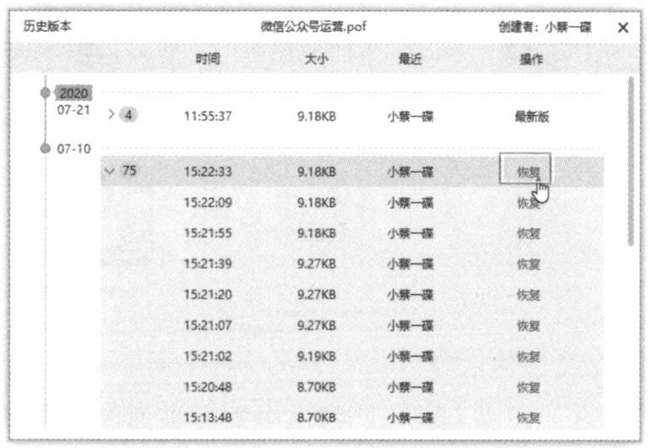

1.4 WPS Office特色功能应用技巧

WPS Office提供了很多特色功能，如数据恢复、修复文档、拆分合并文件等功能，这些功能几乎都包含在【特色功能】选项卡中。下面来介绍几种实用功能的操作技巧。

022 使用数据恢复功能快速恢复文件

实用指数

★★★★☆

扫一扫，看视频

使用说明

WPS的数据恢复功能不仅可以解决文件被误删和格式化等问题，还可以恢复手机数据和计算机数据，包括安卓手机、SD卡、硬盘、U盘等。

解决方法

例如，要使用数据恢复功能快速恢复被误清空的回收站中的部分文件，具体操作方法如下。

步骤 01 ❶单击【特色功能】选项卡；❷单击【数据

恢复】按钮，如下图所示。

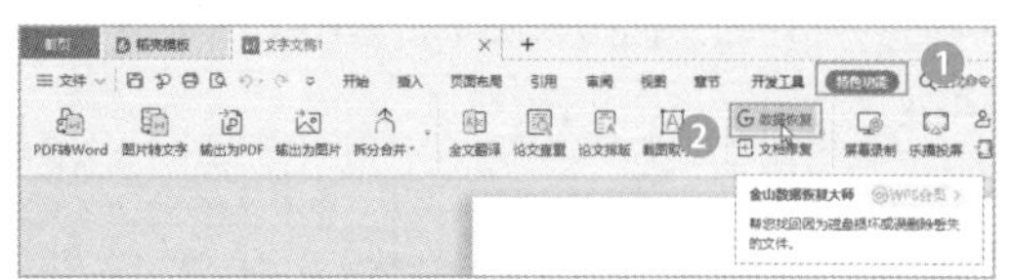

步骤 02　打开【金山数据恢复大师】对话框，根据需要选择数据恢复类型，此处单击【误清空回收站】按钮，即可扫描数据，如下图所示。

步骤 03　扫描完成后，❶选中需要恢复的文件前面的复选框，选择部分文件后在【文件预览】框中可以预览到文件的效果；❷单击【开始恢复】按钮，如下图所示。

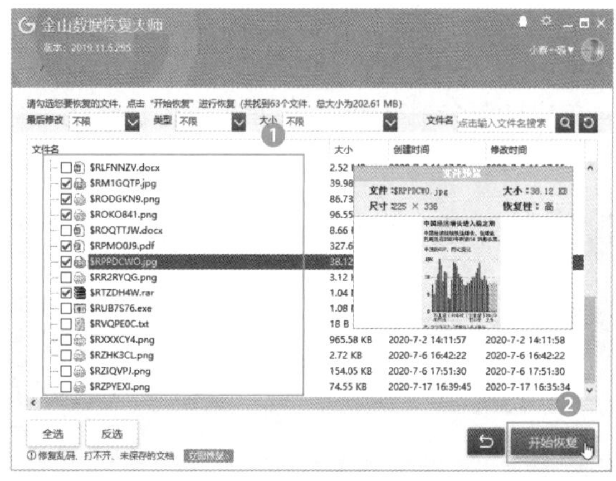

温馨提示

在【金山数据恢复大师】对话框的上方，可以通过最后修改时间、文件类型和文件大小筛选需要恢复的文件，也可以直接通过文件名来搜索需要恢复的文件。

步骤 04　打开【浏览文件夹】对话框，❶设置文件恢复后的保存路径，此处选择保存在桌面；❷单击【确定】按钮，如下图所示。

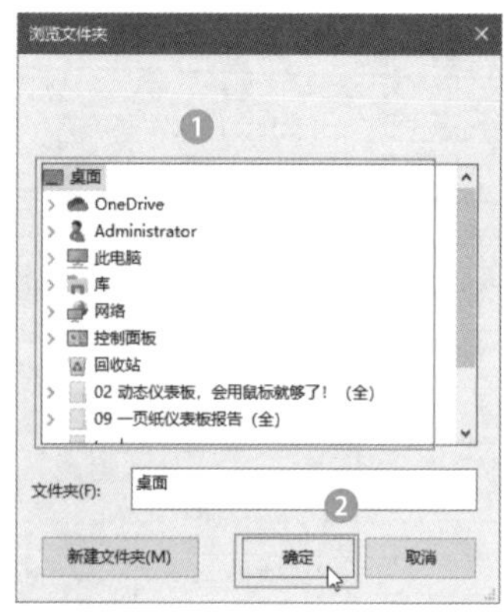

温馨提示

数据恢复后保存的路径不能与所恢复数据被删除前保存的位置相同。

步骤 05　返回【金山数据恢复大师】对话框，单击【开始恢复】按钮，如下图所示。稍等片刻即可恢复选择的文件。

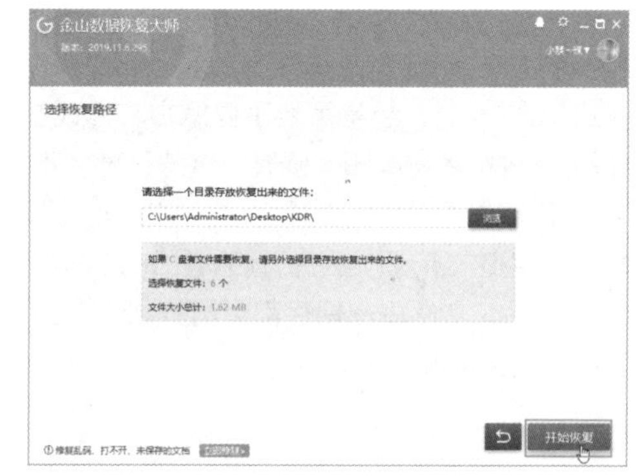

023　使用文档修复功能修复文档

扫一扫，看视频

实用指数
★★★★☆

使用说明

在日常编辑文件过程中，由于意外断电、计算机死机、程序运行错误等特殊情况，会导致文件损坏、显示乱码或无法打开。此时，可以利用WPS自带的文档修复功能进行修复。

解决方法

例如，要修复不能打开的Word文档，具体操作方法如下。

步骤 01 ❶单击【特色功能】选项卡；❷单击【文档修复】按钮，如下图所示。

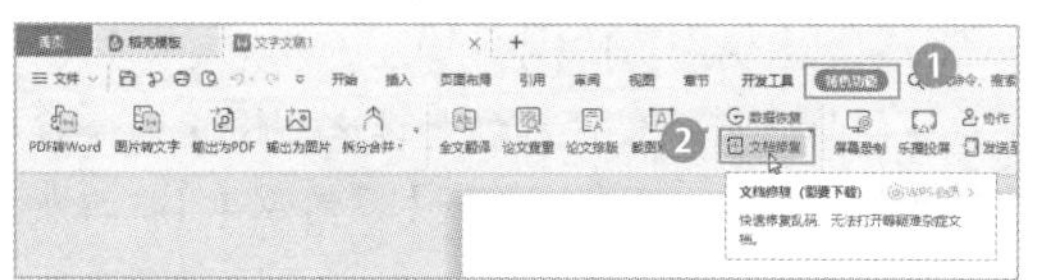

步骤 02 打开【文档修复】对话框，单击【添加】按钮＋，如下图所示。

步骤 03 打开【打开】对话框，❶选择需要修复的文档；❷单击【打开】按钮，如下图所示。

步骤 04 返回【文档修复】对话框，可以看到系统已经开始解析选择的文档，如下图所示。

步骤 05 稍等片刻，会打开一个提示对话框，如下图所示，单击【确定】按钮。

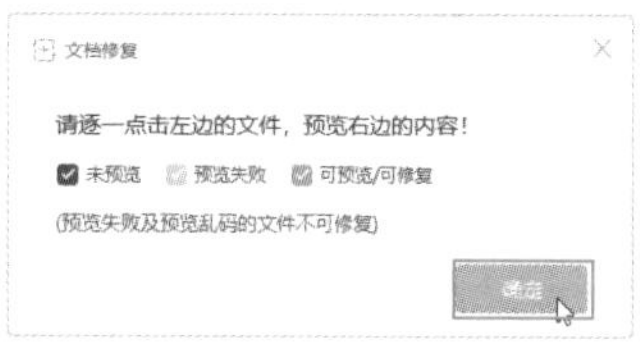

步骤 06 在修复结果页面的左侧列出了扫描文档的版本，右侧预览窗口中可以预览文本内容。逐一检查无误后，❶在对话框左下方设置好修复路径；❷单击【确认修复】按钮，即可快速修复文档，如下图所示。

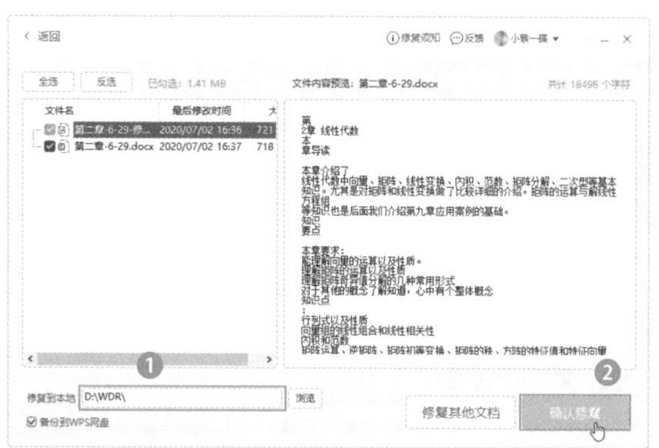

温馨提示

WPS文档修复功能既可以修复本文档，同时还可以扫描曾经编辑被删除的版本并修复，帮助我们找回最佳的文档版本。

024 使用拆分合并功能快速拆分与合并文档

实用指数
★★★☆☆

使用说明

如果要将多个文件中的内容合并到一个文件中，或者将一个文件拆分成多个文件，打开相应的组件使用复制和粘贴功能可以实现，但如果要合并的文件或要拆分的部分很多，打开复制然后再粘贴不仅速度慢，还容易发生错漏。使用WPS“拆分合并”功能可以快速将各类型文档合并与拆分。

解决方法

例如，要将一个文件按照范围拆分成3个文件，具体操作方法如下。

步骤 01 打开素材文件(位置：素材文件\第1章\劳

动合同.docx），❶单击【特色功能】选项卡；❷单击【拆分合并】按钮；❸在弹出的下拉列表中选择【文档拆分】选项，如下图所示。

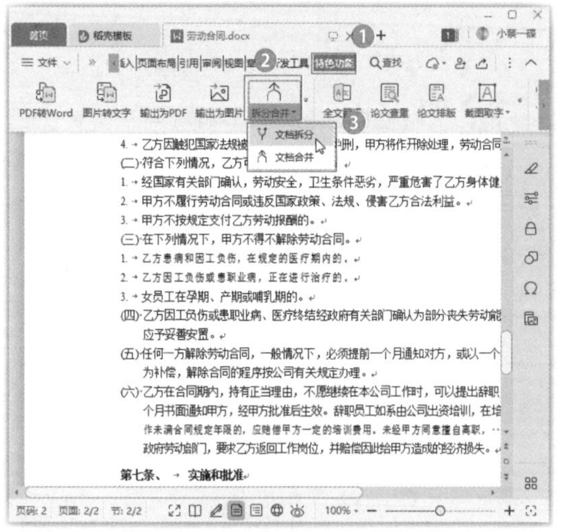

步骤 02 打开【文档拆分】对话框，单击【下一步】按钮，如下图所示。

步骤 03 在新界面中，可以选择平均拆分文件或者实际拆分范围。❶这里选中【选择范围】单选按钮，并在其后的文本框中输入需要拆分的范围；❷设置好拆分后文件的【输出目录】；❸单击【开始拆分】按钮，即可快速拆分此文档，如下图所示。

知识拓展

如果要合并多个文件，可以单击【拆分合并】按钮，在弹出的下拉列表中选择【文档合并】选项。在打开的【文档合并】对话框中单击【添加文件】按钮，将需要合并的多个文件都添加进来，设置好合并后的输出名称和输出目录，单击【开始合并】按钮即可开始合并。

025 使用乐播投屏功能快速实现多端投屏

扫一扫，看视频

实用指数
★★☆☆☆

使用说明

WPS的乐播投屏功能是无线投屏神器，不需要任何连接线，只要将设备连接到同一个无线网络中，就可以将手机、平板、计算机等移动设备的内容投到电视机、机顶盒、投影等大屏终端上。这无疑让需要投屏的会议变得更加便捷。

解决方法

例如，要使用乐播投屏功能实现演示文稿的投屏播放，具体操作方法如下。

步骤 01 确认需要连接的移动设备和大屏终端已经连接在相同的网络中，并且电视等大屏设备上已安装并打开了乐播投屏TV版。打开素材文件（位置：素材文件\第1章\年终总结报告.pptx），单击【特色功能】选项卡中的【乐播投屏】按钮，如下图所示。

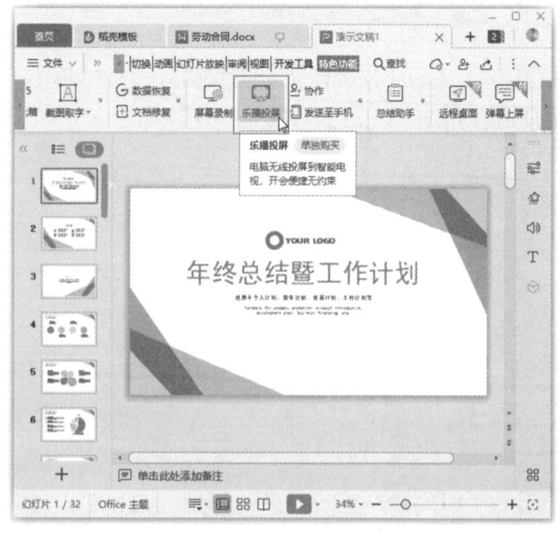

步骤 02 打开"乐播投屏"界面，❶选择需要连接

的大屏；❷单击【开始投屏】按钮，如下图所示。

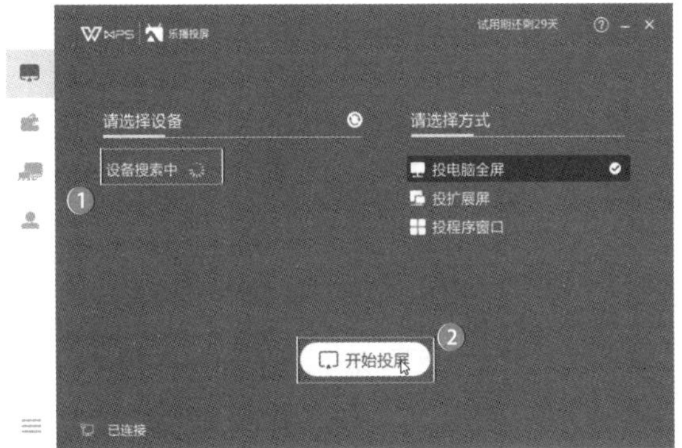

026 如何将图片内容转为文本格式

扫一扫，看视频

使用说明

工作中，有些内容是纯图片形式，如果需要使用图片中的文字，以前就必须手动再输入一遍，而现在使用WPS的“图片转文字”功能就可以快速提取图片中的文本内容，转为文字、文档或表格。

解决方法

例如，要提取图片中的英文内容，具体操作方法如下。

步骤 01 单击【特色功能】选项卡中的【图片转文字】按钮，如下图所示。

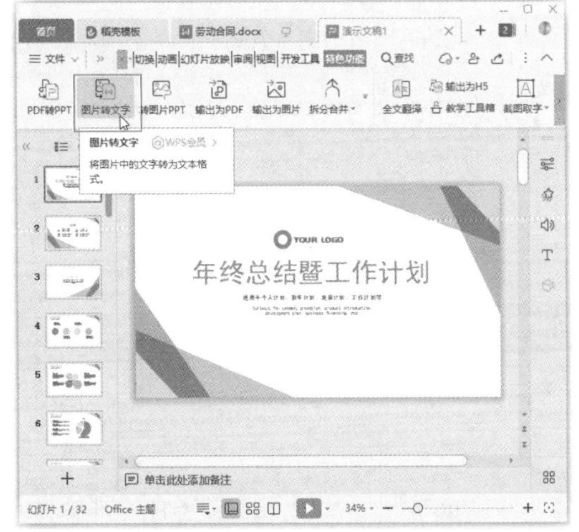

步骤 02 打开【图片转文字】对话框，单击【添加文件】按钮，如下图所示。

步骤 03 打开【添加图片】对话框，❶选择需要提取文字内容的图片；❷单击【打开】按钮，如下图所示。

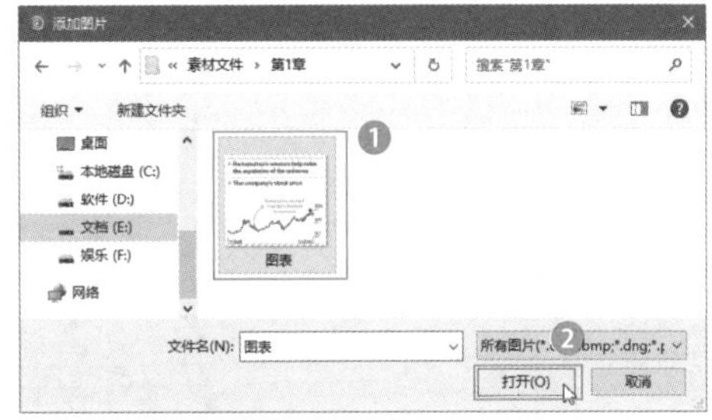

步骤 04 返回【图片转文字】对话框，可以看到已经将图片中的文字内容提取到右侧的预览界面中。❶在此处还可以编辑文本、复制文本；❷满意后单击【开始转换】按钮，如下图所示。

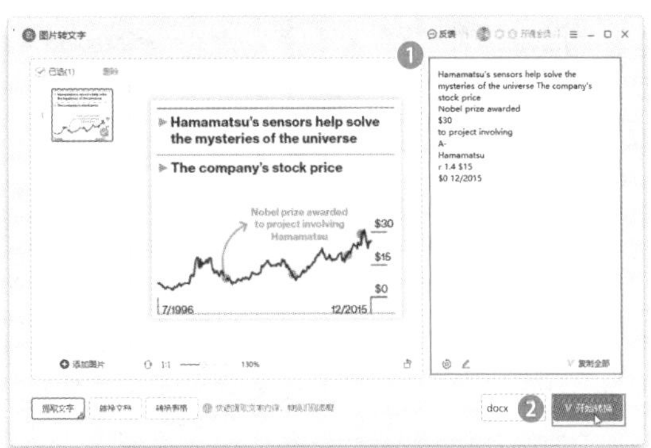

> **温馨提示**
>
> 在【图片转文字】对话框中可以旋转图片和放大图片，便于识别图片中的文字内容。
>
> 此外，单击【转换文档】按钮，可以在提取文字时保留文字样式与排版；单击【转换表格】按钮，可以保留版式，生成表格。

第2篇 WPS文字处理技巧篇

WPS Office中的文字组件是其重要组件之一，它是集文字处理、排版与打印于一体的工具。在日常办公时处理文字类的工作最常见，所以，WPS是最常用的软件。WPS的操作方法简单，经过学习，很多人都可以很快上手使用。但是，有一些实用的WPS文字处理技巧很多人还并不了解，它们对于加快文字录入和编辑速度以及提升文档的整体排版效果都很有帮助。如果学会熟练使用这些技巧，基本上能满足各类文字工作者编辑、打印各种文件的需求。

通过本篇内容的学习，你将学会以下WPS文字办公应用的技能与技巧。

- 文档内容录入与编辑技巧
- 图文排版技巧
- 文档页面布局与打印技巧
- 文档的审阅与保护技巧

第 2 章 文档内容录入与编辑技巧

文档内容的录入与编辑是WPS文字的基本操作。对于一些特殊的文档内容，必须掌握相应的录入方法才能顺利完成录入。在录入过程中，需要掌握一定的编辑技巧，才可以提高录入和编辑的效率。对文档进行段落和样式设置，可以让文档错落有致，更具可读性。

日常文字类工作中常见问题如下所示。

√ 像 X^2、Y_1 等这种特殊格式的内容，你会录入吗?
√ 有些生僻字和符号，你会录入吗?
√ 有些内容特别多，文字不是常见的字体，而且特别有艺术感，它们是怎么实现的?
√ 同样的文档内容，为什么别人就能完成?他们都使用了哪些技巧?
√ 自动编号之后，怎样才能重新从 1 开始?
√ 每次制作通知文档都需要设置样式，怎样将样式添加到样式库中以便下次直接使用?

希望学习本章内容可以轻松地解决以上问题，并且可以学会WPS文字更多的文档内容录入与编辑技巧。

2.1　文档内容的录入技巧

在文档中输入文本是WPS文字最基础的操作，只要你会输入法，基本上就能完成。输入的速度虽然与打字速度有关，但一些技巧的使用也能加快输入速度，提高工作效率。

027　告别重复输入，提高输入效率

实用指数

★★★★★

扫一扫，看视频

使用说明

在文档中输入某个词组后，如果还需再次输入该词组，则不需要再手动输入一遍，使用快捷键即可实现快速重复输入。

解决方法

重复输入词组的快捷操作方法如下。

步骤 01　在WPS文字中，使用输入法输入一个词组，如下图所示。

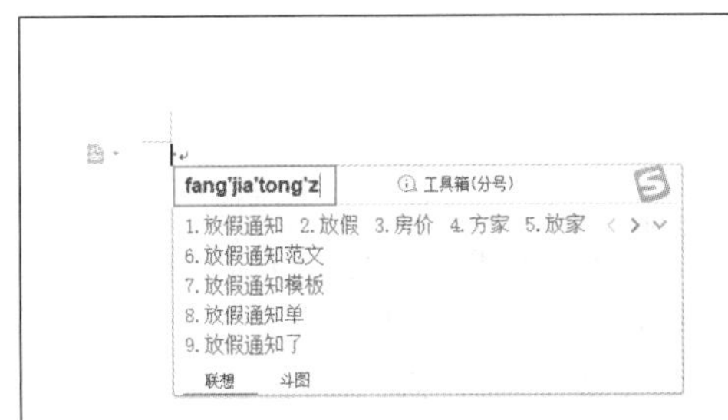

步骤 02　按Enter键完成词组的输入后，按F4键可重复输入该词组，如下图所示。

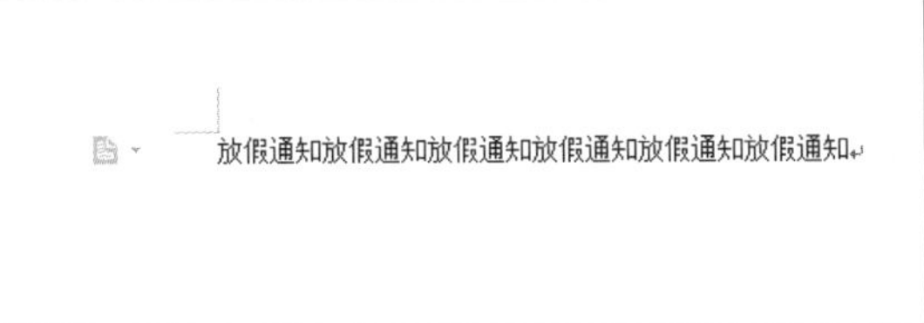

> **温馨提示**
>
> 按F4键只能重复输入上一个词组，即上一次使用输入法输入的内容。
>
> F4键的本质是重复上一步操作，所以还可以使用该键来重复完成其他操作，从而提高工作效率。

028　如何快速输入 X^n 和 X_y 格式的内容

实用指数

扫一扫，看视频

使用说明

在创建含有化学方程式、数据公式以及科学计数法等文档时，经常需要用到上标和下标，它们是怎么输入的呢？

解决方法

例如，要输入X^n和X_y，具体操作方法如下。

步骤 01　❶在文档中输入Xn，然后选中n；❷单击【开始】选项卡中的【上标】按钮 X^2，即可得到X^n，如下图所示。

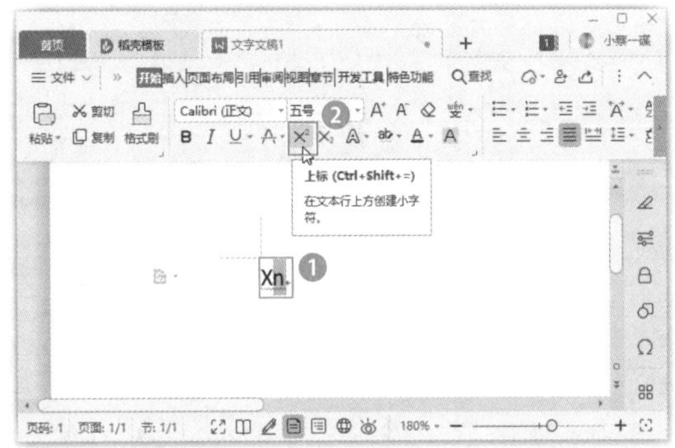

步骤 02　❶输入Xy，然后选中y；❷单击【下标】按钮 X_2，即可得到X_y，如下图所示。

029　如何输入生僻字

实用指数

扫一扫，看视频

使用说明

在输入文档内容时，有时需要输入一些生僻字，直接输入比较麻烦。此时，可以通过“插入符号”的方式来进行输入。

解决方法

例如，要在文档中输入生僻字“瞢”，具体操作方法如下。

步骤 01　打开素材文件（位置：素材文件\第2章\《汉书_叙传上》.docx），❶在文档中需要输入“瞢”字的地方输入该字的一部分，如【目】，并选择输入的【目】字；❷单击【插入】选项卡中的【符号】按钮；❸在弹出的下拉菜单中选择【其他符号】命令，如下图所示。

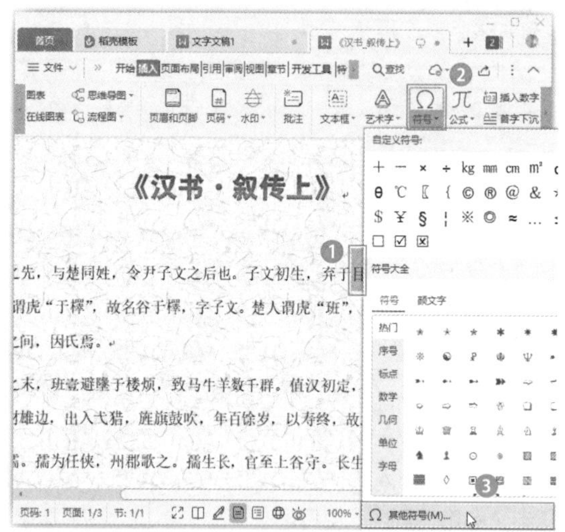

步骤 02　❶打开【符号】对话框，此时与“目”字相关的字就全部出现了，在列表框中选择要输入的生僻字【瞢】；❷单击【插入】按钮；❸完成后单击【关闭】按钮关闭该对话框，如下图所示。

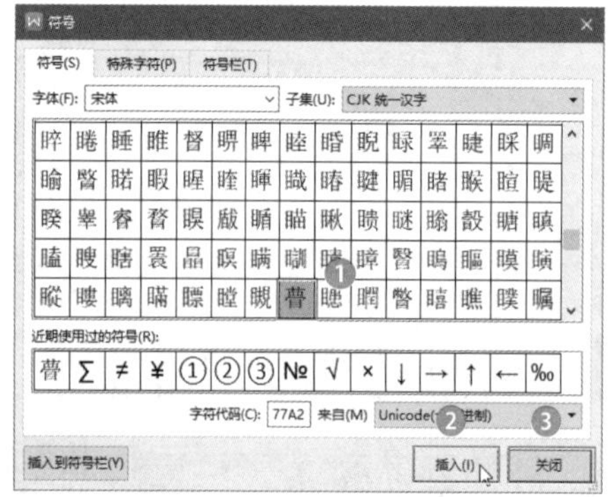

步骤 03　返回文档中即可看到“瞢”字已经替换掉原来的“目”字了，如下图所示。

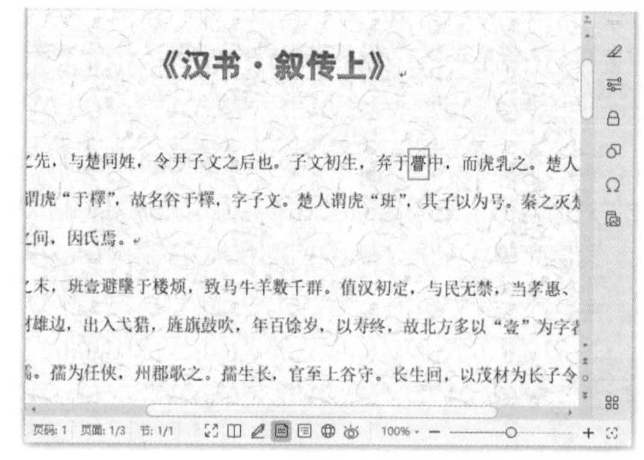

030　插入符号与颜文字

扫一扫，看视频

实用指数
★★★☆☆

使用说明

在日常办公中，有时需要在文档中插入一些特殊符号，如货币符号、温度符号、制表符等，使用WPS文字的符号功能就可以插入。该功能中不仅包括日常办公常用的标点符号，还包括颜文字、小众符号等。

解决方法

例如，要插入摄氏度符号和颜文字，具体操作方法如下。

步骤 01　打开素材文件（位置：素材文件\第2章\通知.docx），❶将文本插入点定位在需要插入符号的位置；❷单击【插入】选项卡中的【符号】按钮；❸在弹出的下拉列表框中根据分类列出了一部分符号，这里单击【单位】选项卡；❹选择需要插入的【℃】选项，如下图所示。

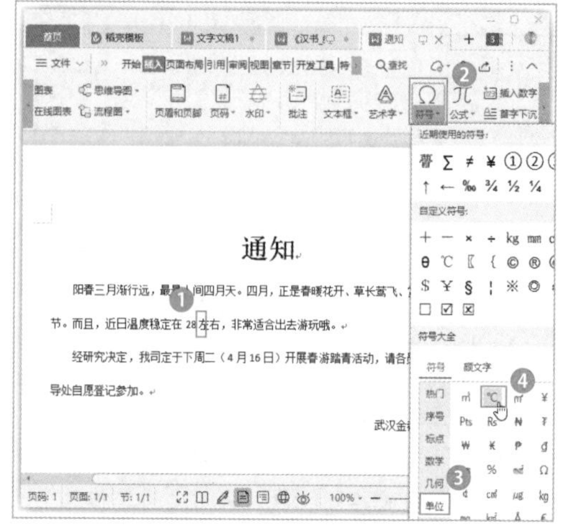

步骤 02　返回文档中，即可看到【℃】符号已经插入。❶将文本插入点定位在需要插入颜文字符号的位置；❷单击【符号】按钮；❸在弹出的下拉列表框中单击【颜文字】选项卡；❹再单击【开心】选项卡；❺选择需要插入的表情符号，如下图所示。

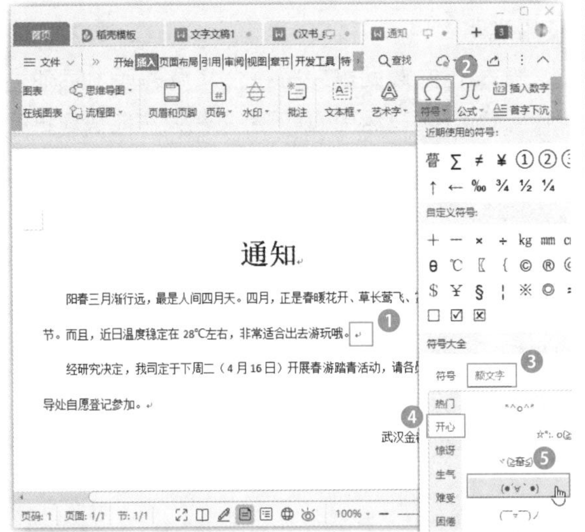

步骤 03　返回文档中，即可查看到插入的表情符号，如下图所示。

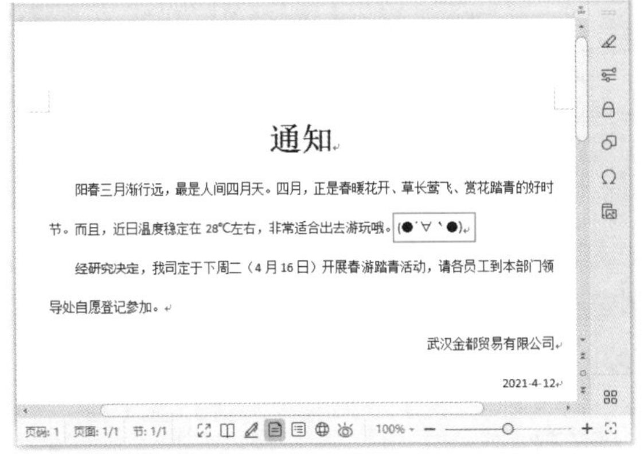

031　快速将文字转换为繁体

扫一扫，看视频

使用说明

有些文档需要创建为繁体字效果，如果习惯使用简体输入法，也可以在输入简体内容后，将其转换为繁体。

解决方法

将文字转换为繁体的具体操作方法如下。

步骤 01　打开素材文件（位置：素材文件\第 2 章\悯农.docx），❶选择所有内容；❷单击【审阅】选项卡中的【简转繁】按钮，如下图所示。

步骤 02　返回文档中，即可看到已经将选中的文字转换为繁体字，如下图所示。

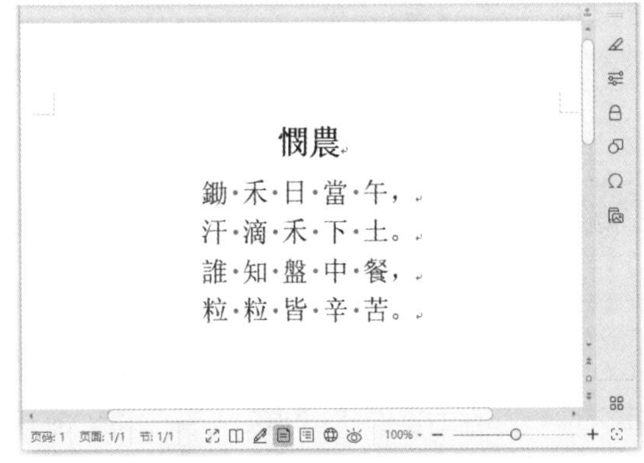

032　如何为汉字添加拼音

扫一扫，看视频

使用说明

在一些特殊情况下，需要为输入的汉字添加拼音，可以运用WPS文字中的“拼音指南”功能来为汉字自动添加拼音。

解决方法

为汉字添加拼音的具体操作方法如下。

步骤 01 打开素材文件(位置：素材文件\第2章\望庐山瀑布.docx)，❶选择古诗的第一句；❷单击【开始】选项卡中的【拼音指南】按钮，如下图所示。

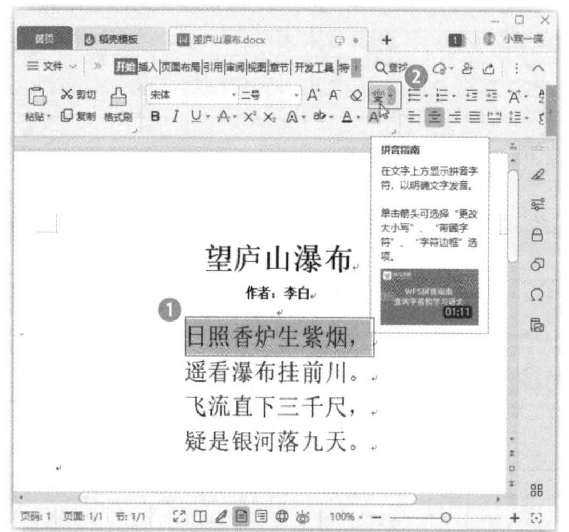

步骤 02 打开【拼音指南】对话框，单击【确定】按钮，如下图所示。

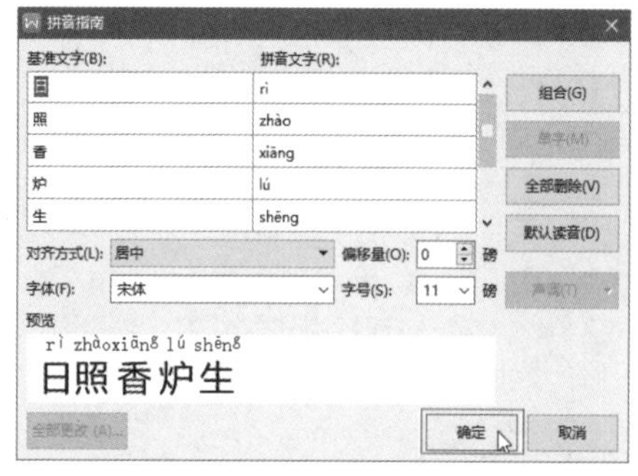

步骤 03 返回文档中，即可看到为该文本添加的拼音效果。使用相同的方法为古诗的其他句子添加拼音，完成后的效果如下图所示。

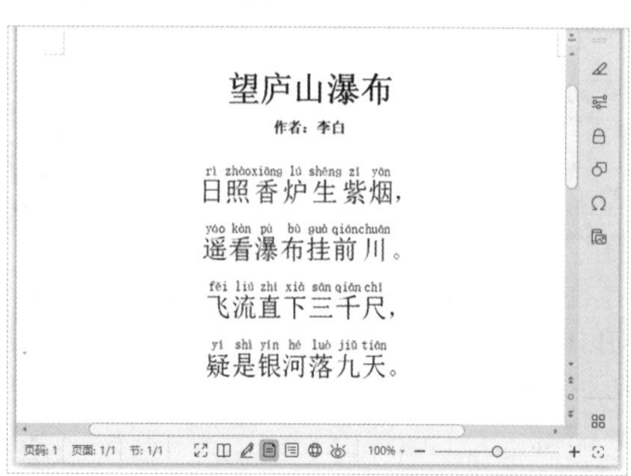

033 使用全文翻译功能翻译文字

扫一扫，看视频

实用指数
★★★★☆

使用说明

在工作中遇到需要将整个文章翻译为其他语言的情况，可以运用WPS全文翻译功能快速进行翻译。

解决方法

例如，要将一个英文文档翻译为中文，具体操作方法如下。

步骤 01 打开素材文件(位置：素材文件\第2章\英文段落.docx)，❶选择所有内容；❷单击【特色功能】选项卡中的【全文翻译】按钮，如下图所示。

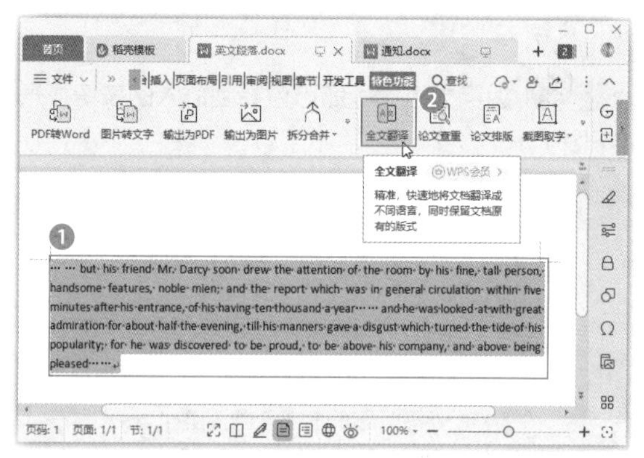

步骤 02 打开【全文翻译】对话框，单击【立即翻译】按钮，如下图所示。

步骤 03 系统开始进行翻译，稍等片刻即可预览翻译结果，单击【下载文档】按钮，即可将翻译的文档下载下来，如下图所示。

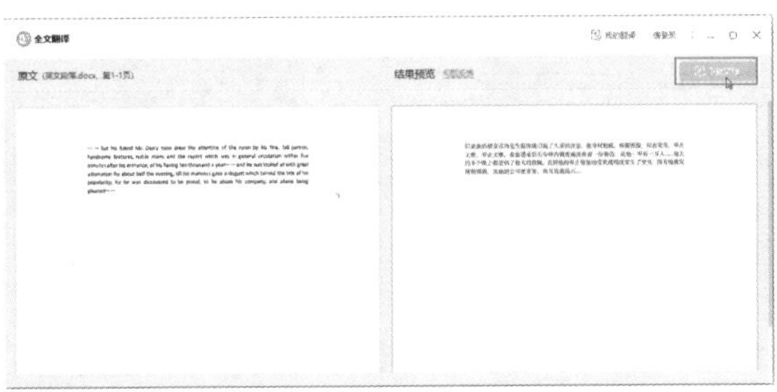

034 快速插入数学公式

扫一扫，看视频

使用说明

在编辑一些专业的数学文档时，经常需要添加数学公式。此时使用WPS文字中提供的【插入公式】命令打开公式编辑器，即可快速编辑数学公式。

解决方法

例如，要在“填空题”文档中插入公式“$AB^2+AC^2+BC^2=$”，具体操作方法如下。

步骤 01 打开素材文件(位置：素材文件\第2章\填空题.docx)，❶将文本插入点定位在需要插入公式的位置；❷单击【插入】选项卡中的【公式】按钮，如下图所示。

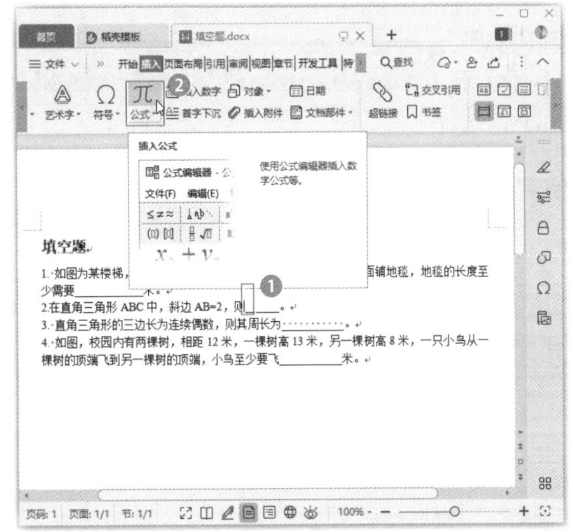

步骤 02 打开【公式编辑器】对话框，❶输入AB；❷单击【下标和上标模板】按钮；❸在弹出的下拉列表中选择选项，如下图所示。

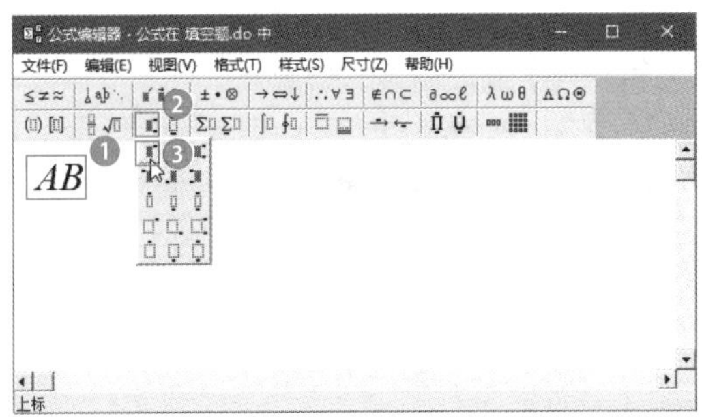

步骤 03 在插入的上标文本框中输入2，如下图所示。

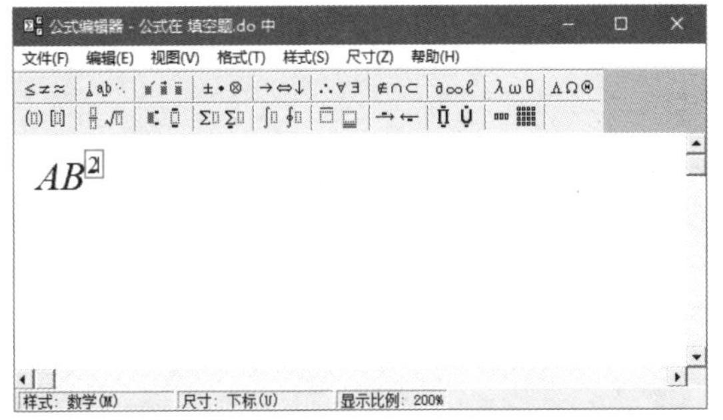

步骤 04 ❶将文本插入点定位在正常输入数据的最末尾处，使用相同的方法继续输入该公式的其他内容；❷单击【关闭】按钮关闭对话框，如下图所示。

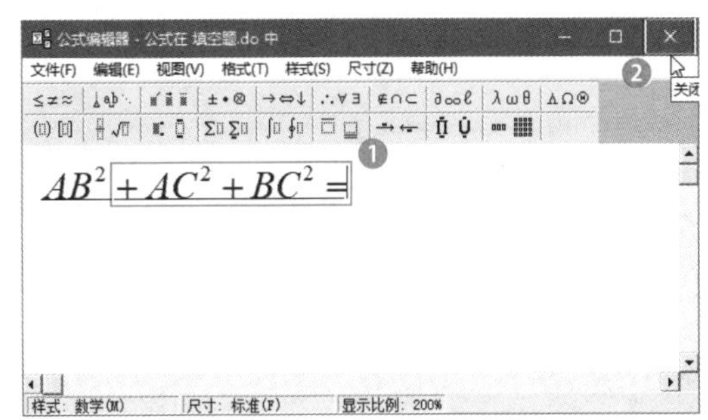

步骤 05 返回文档中，即可看到插入的公式，如下图所示。

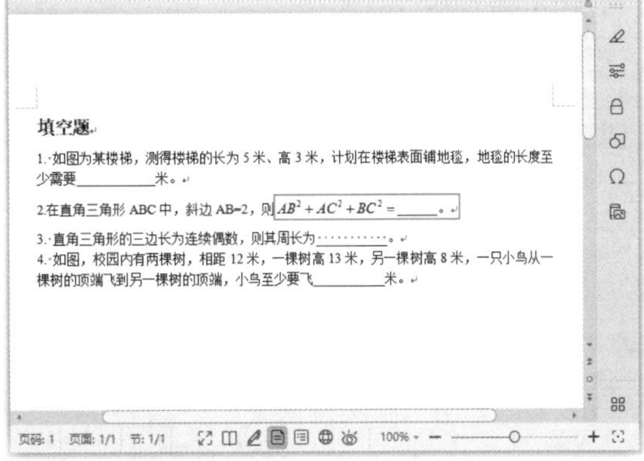

035 如何快速输入当前日期和时间

扫一扫，看视频

实用指数
★★★★☆

使用说明

在日常工作中，用户撰写通知、请柬等文档时，需要插入当前日期或时间，怎样可以快速输入此类数据？

解决方法

例如，要在通知文档中插入当前日期，具体操作方法如下。

步骤 01 打开素材文件（位置：素材文件\第2章\临时通知.docx），❶将文本插入点定位到需要插入日期的位置；❷单击【插入】选项卡中的【日期】按钮，如下图所示。

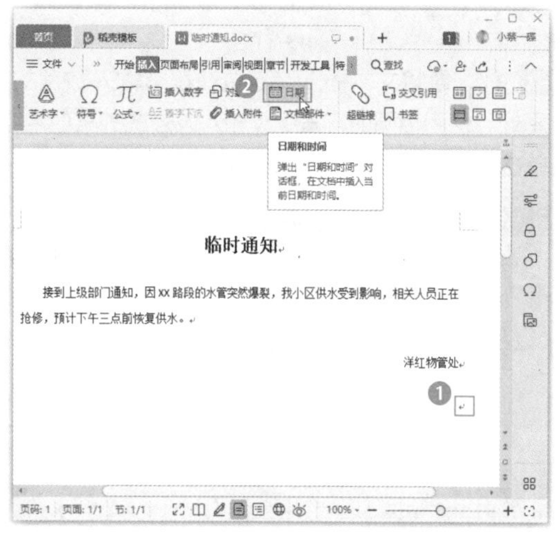

步骤 02 ❶打开【日期和时间】对话框，在【可用格式】列表框中选择一种合适的日期样式；❷单击【确定】按钮，如下图所示。

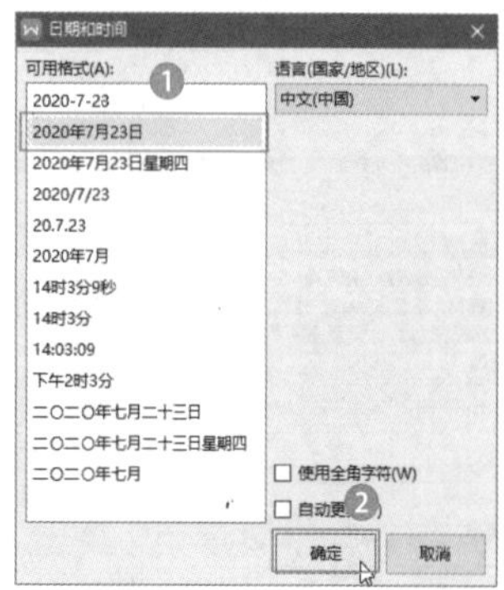

步骤 03 返回文档中，即可查看到文档中已插入当前日期，如下图所示。

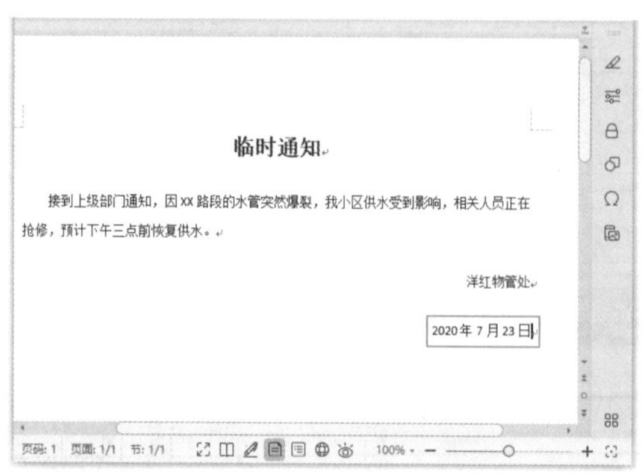

> **知识拓展**
>
> 在【日期和时间】对话框中选中【自动更新】复选框，则插入的日期或时间将在每次打开文档时自动更新为计算机当前的日期或时间。

2.2 文档内容的编辑技巧

日常工作中，掌握一定的文档编辑技巧，才能满足文档的制作需求。例如调整字号、设置字体、改变文字方向、模糊查找内容等技巧。本节就来介绍一些与文档编辑相关的技巧。

036 如何输入超大文字

扫一扫，看视频

实用指数
★★☆☆☆

使用说明

输入文字后，可以在WPS文字的【开始】选项卡【字号】下拉列表框中设置文字的字号大小。可有时候即使选择了该列表框中的最大号——72号，仍然觉得字体太小，该怎么办呢？

解决方法

例如，要在WPS文字中设置字体的字号为100，具体操作方法如下。

步骤 01 ❶新建空白文档，输入并选择所有文本；❷单击【开始】选项卡的【字号】列表框右侧的下拉按钮；❸在弹出的下拉列表中选择48，如下图所示。

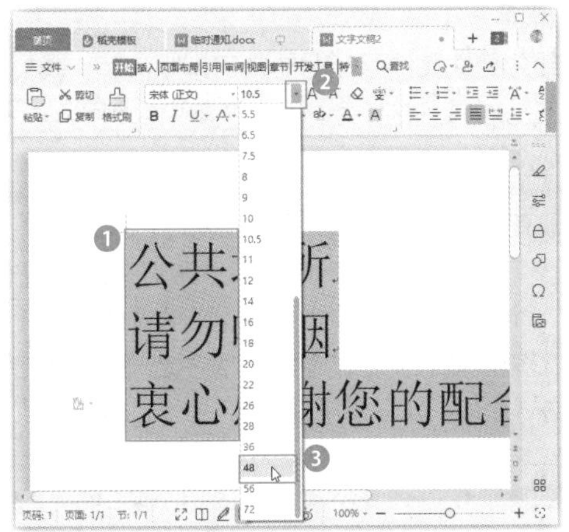

步骤 02　❶选择上面两行需要设置更大字号的文本；❷在【字号】列表框中输入100，按Enter键即可，如下图所示。

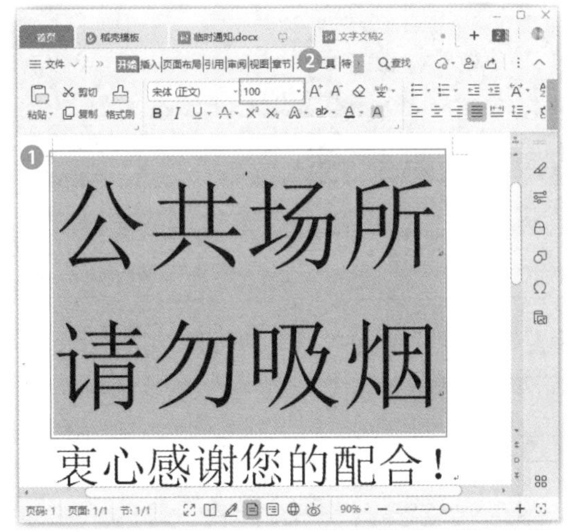

037　通过云端字体美化文档

实用指数
★★★★★

扫一扫，看视频

使用说明

录入文字后，不仅需要设置字号，选择合适的字体也很重要。工作类的文档一般选择比较严谨的字体，休闲类的文档可选择普通的字体，也可以选择艺术一点的字体，让文档变得与众不同。WPS提供了丰富多样的云端字体，可以快速下载并一键应用。

解决方法

例如，要将文档中的文字设置为云端字体，具体操作方法如下。

步骤 01　打开素材文件（位置：素材文件\第2章\青溪.docx），❶选择标题文本；❷单击【开始】选项卡的【字体】列表框右侧的下拉按钮；❸在弹出的下拉列表中选择【汉仪青云简】选项，即可下载所选字体，并应用到所选的文本上。如下图所示。

知识拓展

单击【查看更多云字体】超级链接，可以在云字体商城中看到丰富多样的在线字库，也可以使用辨图查字功能上传字体图片，查询字体名称。

步骤 02　❶单击【增大字号】按钮，逐步放大字号；❷使用相同的方法为本文档中的正文内容设置【汉仪青云简】字体，如下图所示。

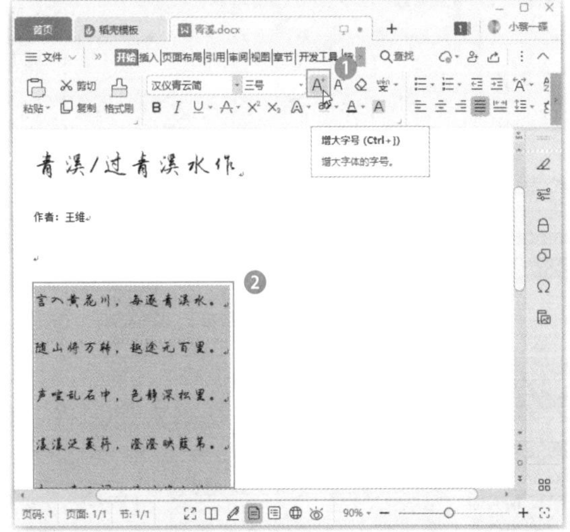

038 如何设置字体渐变色

扫一扫，看视频

实用指数
★★★☆☆

使用说明

在制作部分文档时，可以为文本设置字体颜色。在WPS文字中还提供了丰富的渐变色，设置后可以让字体更加立体，更有层次感。

解决方法

为文字设置渐变色的具体操作方法如下。

步骤 01 ❶选择标题文本；❷单击【开始】选项卡中的【字体颜色】按钮A；❸在弹出的下拉列表中的【渐变填充】栏中选择需要的渐变颜色，如下图所示。

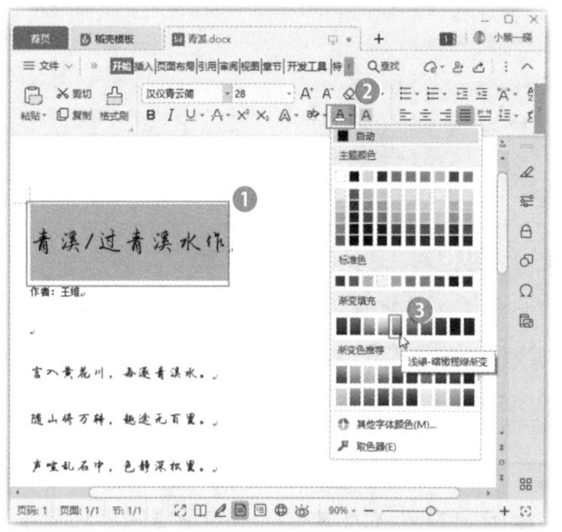

步骤 02 选择完渐变颜色后，即可为选择的标题文本应用该渐变填充色，如下图所示。

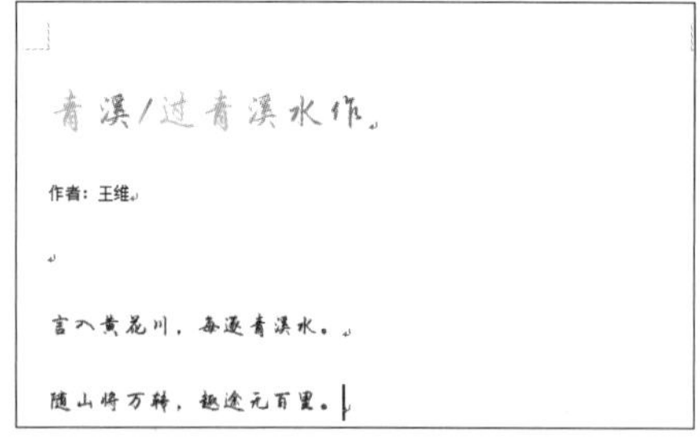
青溪/过青溪水作

作者：王维

言入黄花川，每逐青溪水。

随山将万转，趣途无百里。

039 如何改变文字的方向

扫一扫，看视频

实用指数
★★★★☆

使用说明

部分特殊文件可能需要竖向排版文字，我们依然可以先输入横向的文字，再更改文字的方向。

解决方法

改变文字方向的具体操作方法如下。

步骤 01 打开素材文件（位置：素材文件\第2章\长恨歌.docx），❶单击【页面布局】选项卡中的【文字方向】按钮；❷在弹出的下拉列表中选择【垂直方向从右往左】选项，如下图所示。

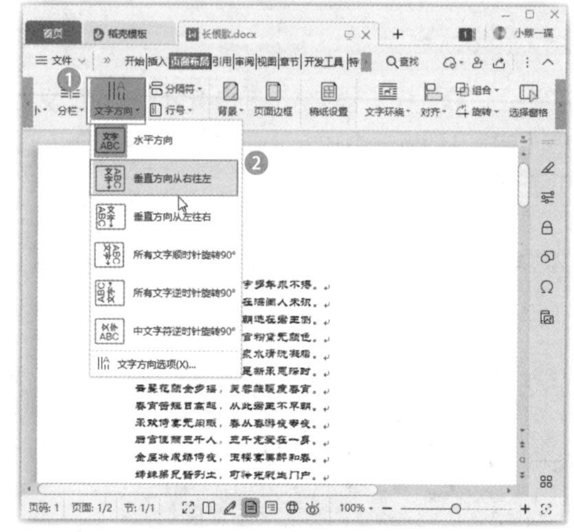

步骤 02 返回文档中，即可看到文字方向的设置效果，如下图所示。

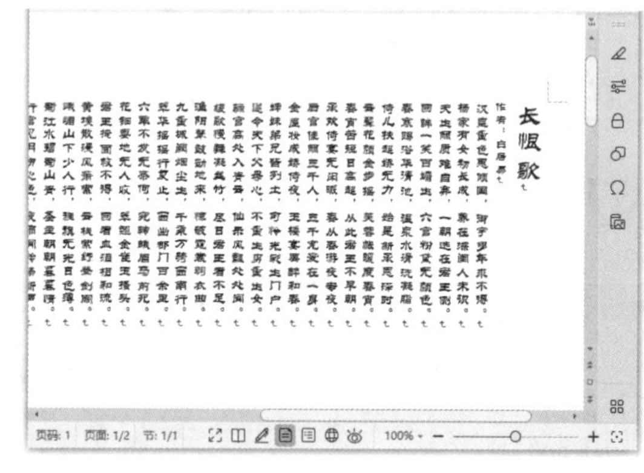

040 如何清除文档中的格式

扫一扫，看视频

实用指数
★★★☆☆

使用说明

从网络上下载的文件，如果对文档中设置的字体等格式不满意，想要清除文档中的所有样式、文本效果和字体格式等，只需要一步就能清除所有格式。

解决方法

如果要清除文档中的格式，具体操作方法如下。

打开素材文件（位置：素材文件\第 2 章\新冠肺炎疫情防控承诺书.docx），❶按Ctrl+A组合键全选文档内容；❷单击【开始】选项卡中的【清除格式】按钮 即可，如下图所示。

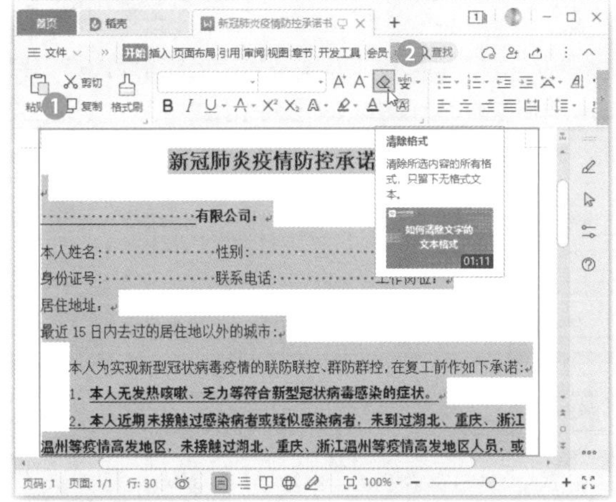

041　让粘贴的文字格式快速符合当前位置的格式

实用指数
★★★☆☆

扫一扫，看视频

使用说明

在文档中直接进行复制、粘贴操作后，复制得到的文本会保留原来的格式。如果希望粘贴的文本能快速符合当前位置的格式，可以选择以“无格式”或“匹配当前格式”的方式进行粘贴，这样就能快速取消文本原有的格式。

解决方法

例如，要将小标题中的文本粘贴到正文中，并使其符合新位置的格式，具体操作方法如下。

步骤 01　打开素材文件（位置：素材文件\第 2 章\预防新型肺炎.docx），❶选择文档小标题中的【避免】文本；❷单击【开始】选项卡中的【复制】按钮，如下图所示。

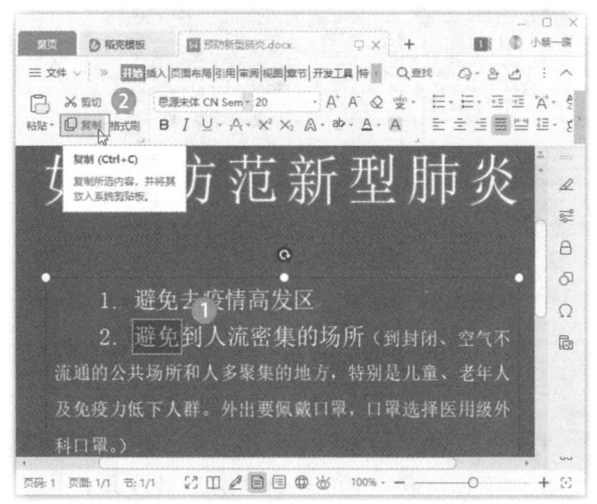

步骤 02　❶将文本插入点定位在第 2 点的正文开始处；❷单击【粘贴】按钮，如下图所示。

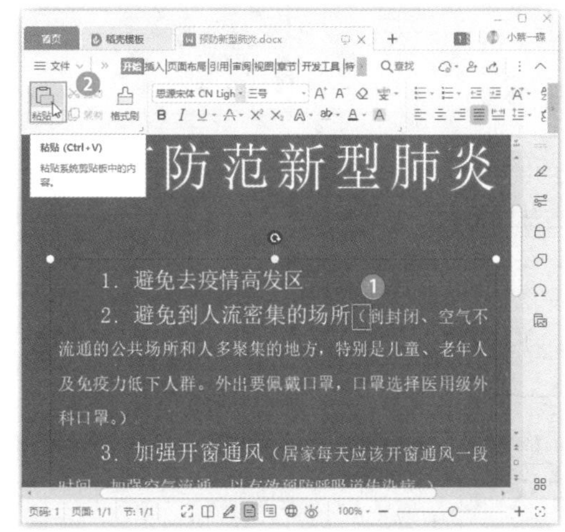

步骤 03　可以看到复制后的文本保留了原有的文本格式，❶单击粘贴文本内容附近出现的浮动工具按钮 ；❷在弹出的下拉列表中选择【匹配当前格式】选项，如下图所示。

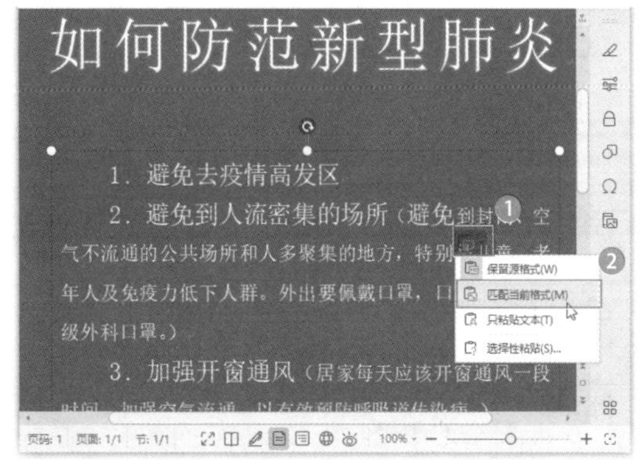

步骤 04　复制得到的文本保持与周边正文内容相同的格式，如下图所示。

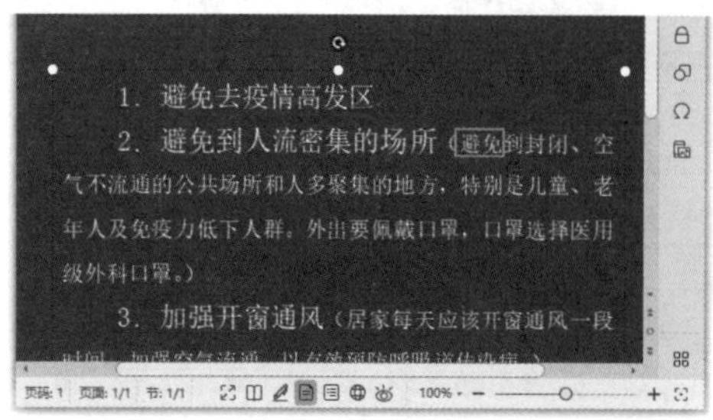

温馨提示

复制内容后，单击【粘贴】按钮下方的下拉按钮，在弹出的下拉列表中也可以选择粘贴的方式。

042 一次性删除文档中的所有空格

扫一扫，看视频

实用指数
★★★★☆

使用说明

从网络上下载的参考文件常常包含一些多余的空格，要使用其中的内容就需要删除多余的空格。一个个删除比较麻烦，这时可以使用技巧一次性删除文档中的所有空格。

解决方法

如果要一次性删除文档中的所有空格，具体操作方法如下。

步骤 01 打开素材文件(位置：素材文件\第2章\社区诊断数据分析报告.docx)，❶将文本插入点定位到文档内容开始处；❷单击【开始】选项卡中的【查找替换】按钮；❸在弹出的下拉菜单中选择【替换】命令，如下图所示。

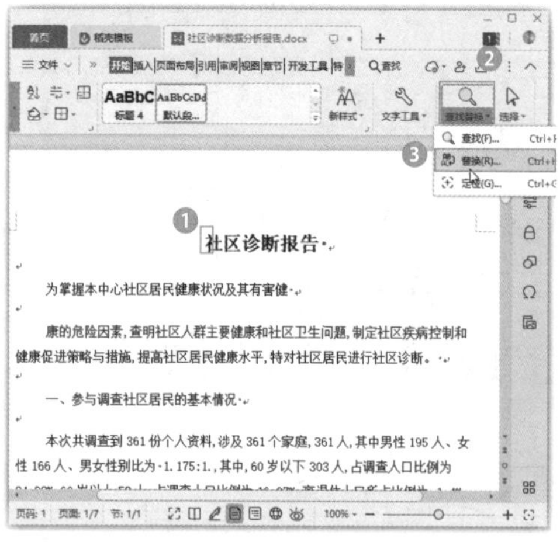

步骤 02 打开【查找和替换】对话框，自动切换到【替换】选项卡，❶将文本插入点定位在【查找内容】文本框中，按一次空格键；❷单击【全部替换】按钮，如下图所示。

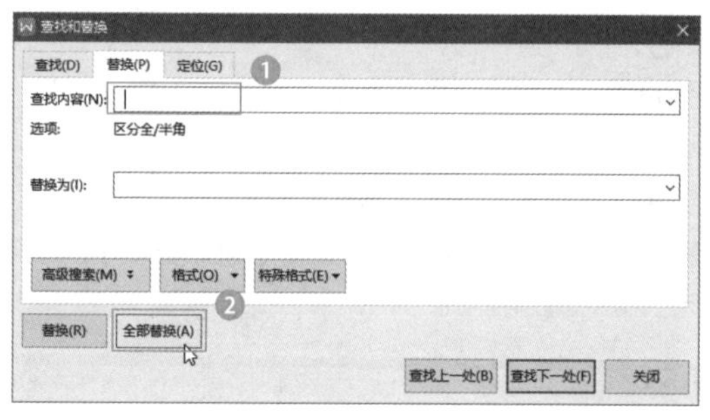

步骤 03 打开提示对话框，提示全部替换操作已完成，单击【确定】按钮，如下图所示。

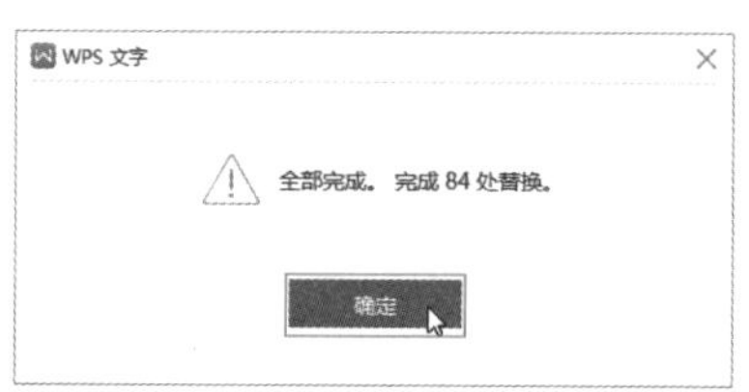

温馨提示

按Ctrl+H组合键或者Ctrl+F组合键，可以快速打开【查找和替换】对话框。

步骤 04 返回文档中，即可看到已经不存在多余的空格，如下图所示。

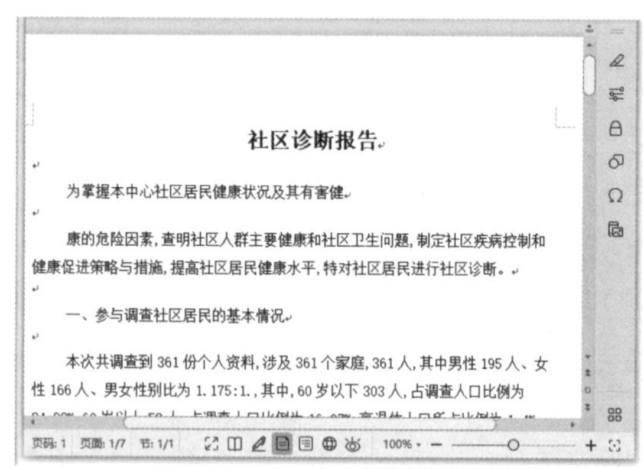

043 使用查找功能快速标注文档中的关键字

扫一扫，看视频

实用指数
★★★★☆

使用说明

在阅读文档的过程中，有些人习惯将文档中的某些关键字标注出来，方便下次阅读时快速查看关键信息。使用WPS文字中的查找功能，可以非常方便地在阅读文档前满足这个要求。

解决方法

例如，要使用查找功能快速标注关键字“动画”，具体操作方法如下。

步骤 01 打开素材文件（位置：素材文件\第2章\认清PPT动画.docx），❶单击【开始】选项卡中的【突出显示】按钮 ab；❷在弹出的下拉列表中选择要标注关键字的颜色，如下图所示。

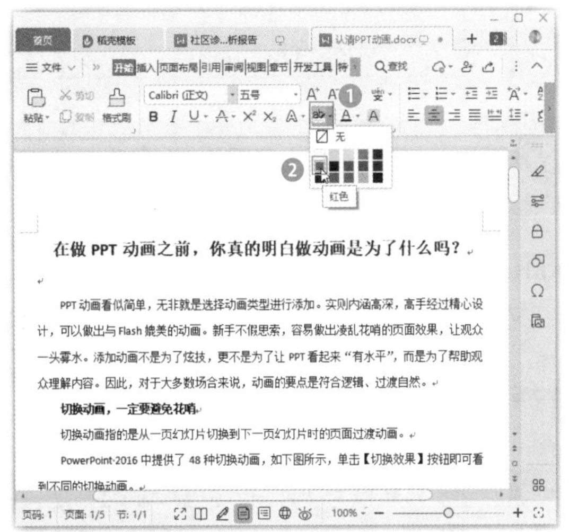

步骤 02 ❶将文本插入点定位在文档内容开始处；❷单击【开始】选项卡中的【查找替换】按钮；❸在弹出的下拉菜单中选择【查找】命令，如下图所示。

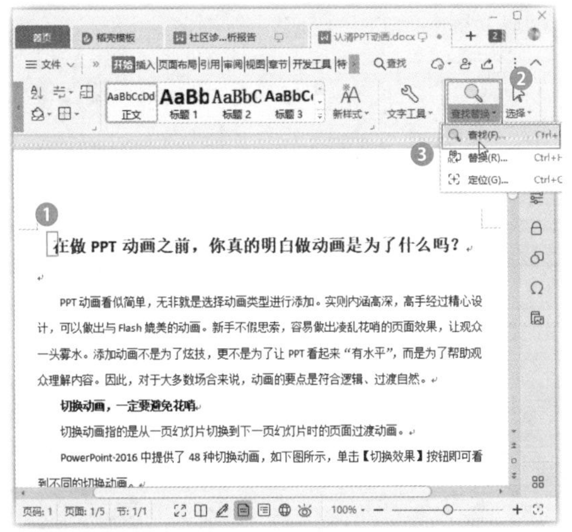

步骤 03 打开【查找和替换】对话框，❶在【查找内容】文本框中输入要标注的关键字【动画】；❷单击【突出显示查找内容】按钮；❸在弹出的下拉列表中选择【全部突出显示】选项，如下图所示。

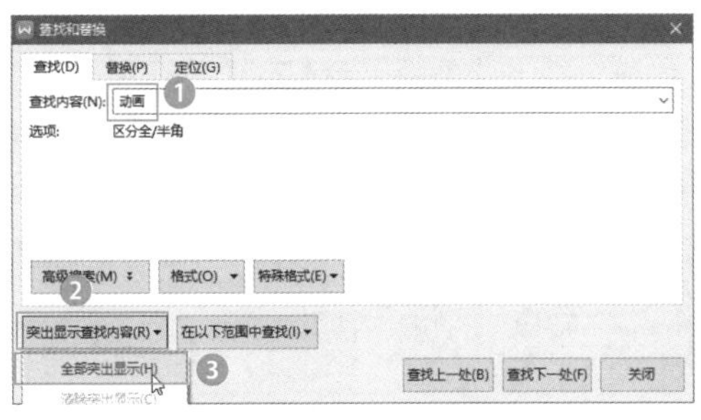

步骤 04 系统会自动突出显示文档中查找到的所有【动画】文本，并在对话框中给出提示，如下图所示。

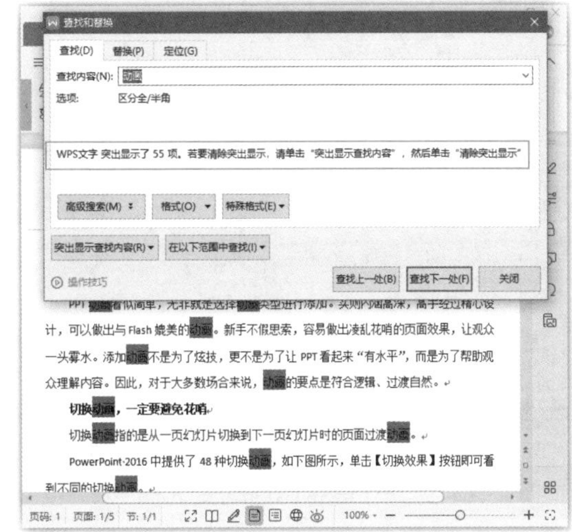

044 使用通配符进行模糊查找

扫一扫，看视频

使用说明

编辑文档时，会遇到要查找或替换的内容并不是很确定的情况，如果只是大概知道其中的内容，就要用到通配符来代替一个或多个真正的字符进行模糊查找。

通配符主要有【？】与【*】两个，并且需要在英文输入状态下输入。其中，【？】代表一个字符，【*】代表零个或多个字符。

解决方法

如果要在文档中使用通配符进行模糊查找，具体操作方法如下。

打开【查找和替换】对话框，❶在【查找】选项卡中输入【查找内容】，不清楚的内容以英文状态下的【?】代替；❷单击【高级搜索】按钮；❸在展开的对话框中选中【使用通配符】复选框；❹单击【查找下一处】按钮即可，如下图所示。

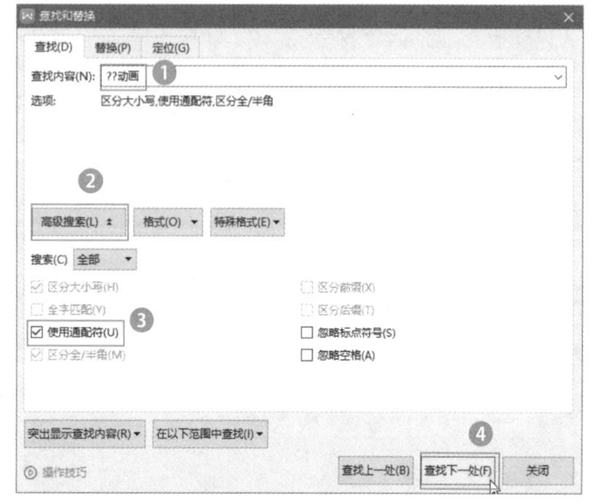

> **知识拓展**
>
> 在【查找和替换】对话框中单击【高级搜索】按钮，在展开的对话框中选中【区分大小写】按钮，可以在查找过程中区别对待英文中的大小写。

045 取消英文句首字母自动变大写

扫一扫，看视频

使用说明

默认情况下，在输入英文时，其首字母会自动变为大写，如果不需要这项设置，可以取消英文首字母自动变大写的功能。

解决方法

要取消英文句首字母自动变大写，具体操作方法如下。

在WPS文字中打开【选项】对话框，❶单击【编辑】选项卡；❷在【自动更正】栏中取消选中【键入时自动进行句首字母大写更正】复选框；❸单击【确定】按钮即可，如下图所示。

046 将文字资料转换成图片

扫一扫，看视频

使用说明

文档制作完成后，为了便于分享传输与保存阅读，或者为了保护文档中的文字内容不被修改，可以直接将文字资料转换为图片类型。

解决方法

将文字资料转换为图片内容主要有两种方法，具体操作方法如下。

方法一：

步骤 01 打开素材文件（位置：素材文件\第2章\招聘启事.docx），单击【特殊功能】选项卡中的【输出为图片】按钮，如下图所示。

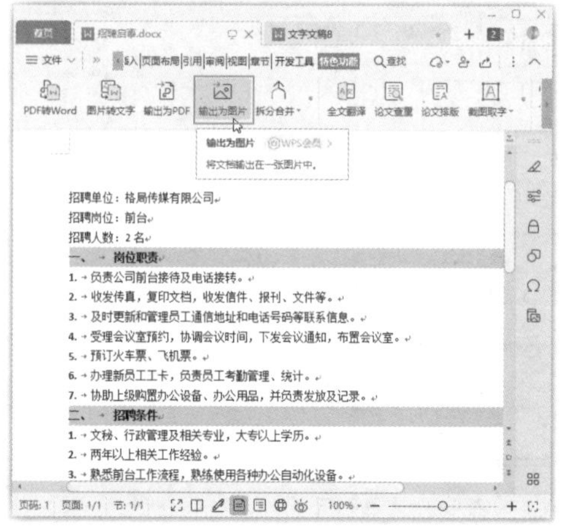

步骤 02　在打开的界面中，❶设置输出方式、输出页数、输出格式和输出目录；❷单击【输出】按钮，如下图所示。

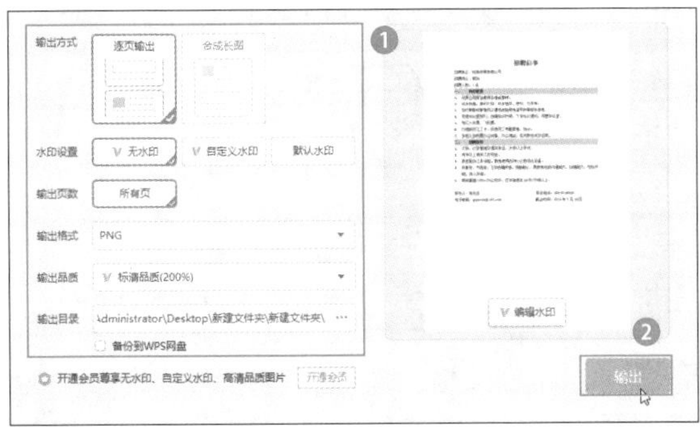

方法二：

步骤 01　❶打开并选择文件中需要转换为图片的内容；❷单击【开始】选项卡中的【复制】按钮，如下图所示。

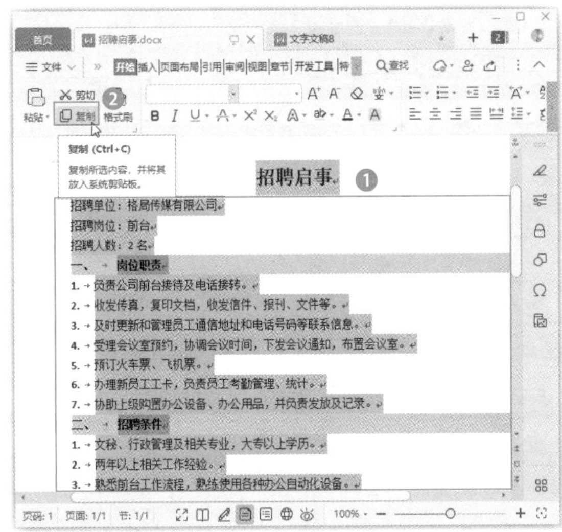

步骤 02　❶新建一个空白文档；❷单击【粘贴】按钮；❸在弹出的下拉列表中选择【选择性粘贴】选项，如下图所示。

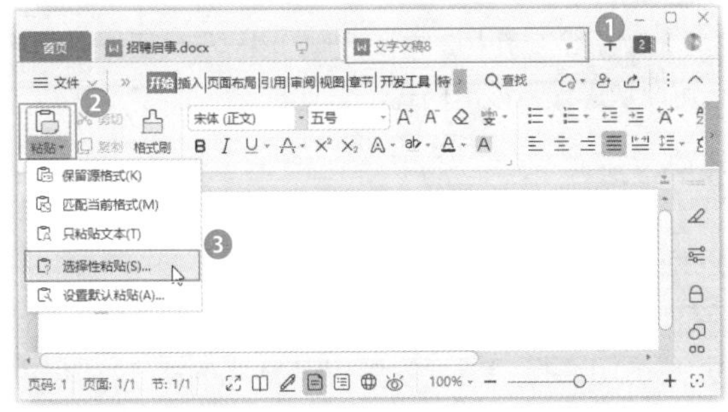

步骤 03　打开【选择性粘贴】对话框，❶在列表框中选择【图片(Windows元文件)】选项；❷单击【确定】按钮，如下图所示。

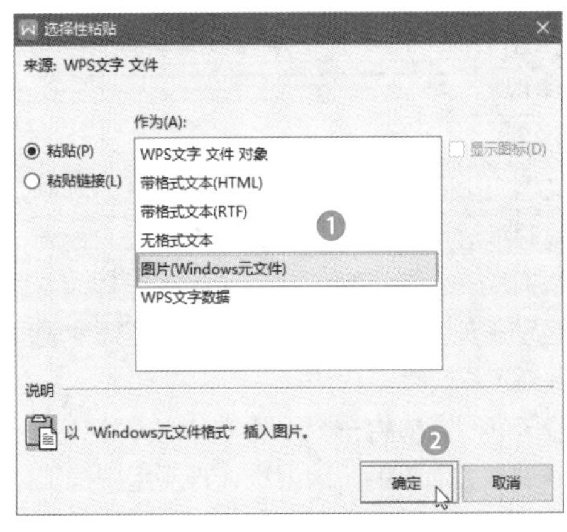

步骤 04　经过以上操作，即可将剪切的文本内容转换成图片并粘贴到文档中，如下图所示。

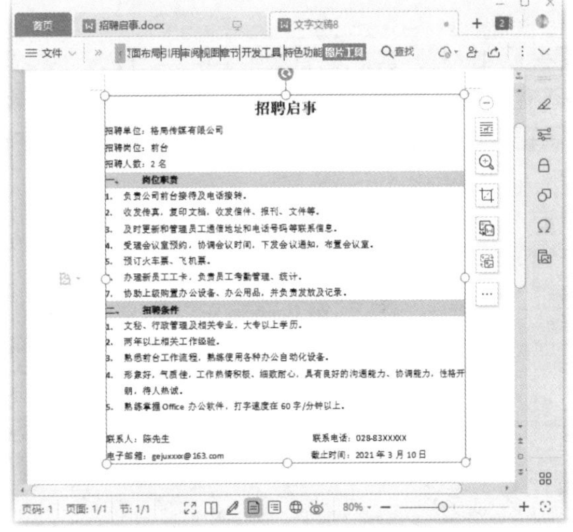

温馨提示

第一种方法还可以将表格和演示文稿等内容转换为图片。第二种方法适用于将全是文字的内容转换为图片。

2.3　文档的格式设置技巧

文档内容整理好后，一般还需要对文档格式进行设置与编排，包括设置段落格式、添加编号和项目符号等。下面给读者介绍一些文档格式设置的实用技巧。

047 设置段落首行缩进和段落间距

扫一扫，看视频

使用说明

文档的段落格式设置主要包括缩进和间距两方面。

段落缩进是指文本最左侧与页边距的距离，首行缩进是指从一个段落首行的第一个字符开始向右缩进，使之区别于前面的段落，以便于读者更好地理解和阅读，提高工作效率。

段落间距能够将一个段落与其他段落分开，并显示出条理更加清晰的段落层次，方便用户编辑或阅读文档。

解决方法

为段落设置首行缩进和段落间距的具体操作方法如下。

步骤 01 打开素材文件(位置：素材文件\第2章\职场精英们是如何休息的.docx)，❶选择第二段内容；❷单击【开始】选项卡第3个组右下角的【段落】按钮⌟，如下图所示。

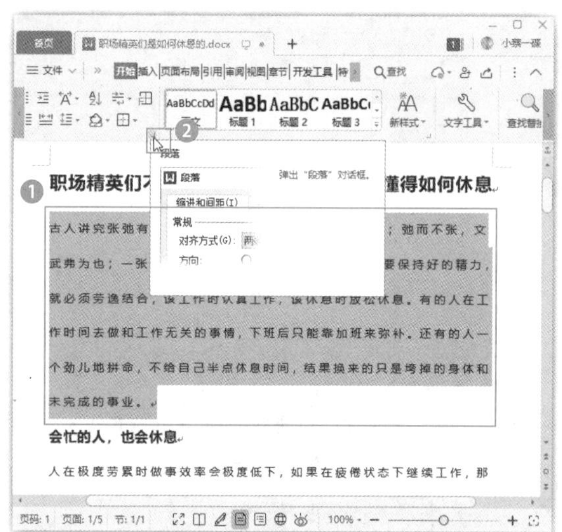

步骤 02 打开【段落】对话框，❶在【缩进】栏中的【特殊格式】下拉列表框中选择【首行缩进】选项；❷在其后的【度量值】数值框中选择2（默认为2个字符）；❸在【间距】栏中的【段前】和【段后】数值框中均设置为0.5；❹在【行距】下拉列表框中选择【固定值】选项；❺在其后的【设置值】数值框中选择16；❻单击【确定】按钮，如下图所示。

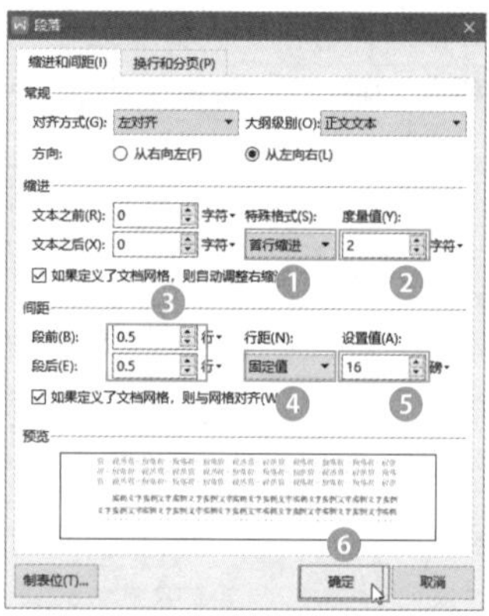

步骤 03 返回文档，即可看到设置首行缩进为2字符、行距为16磅、段前段后增加了0.5行间距的效果，如下图所示。

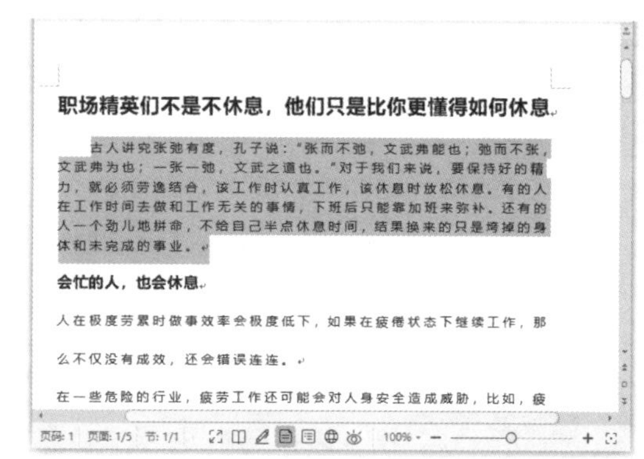

> **知识拓展**
>
> 在【开始】选项卡的【段落】组中单击【行距】按钮☰，在弹出的下拉菜单中也可以设置段落间距。

048 使用段落布局按钮设置段落格式

扫一扫，看视频

使用说明

在WPS文字中提供了便捷的段落布局工具，使用它可以快速设置段落格式。

解决方法

使用段落布局按钮设置段落格式的具体操作方法如下。

步骤 01 ❶在【视图】选项卡中选中【标尺】复选框；❷选择文档中需要设置段落格式的第二大段落；❸拖动菜单栏下方的标尺进行调整，下标尺控制整个段落的位置，上标尺控制段落首行的位置，如下图所示。只需几秒钟即可设置好段落格式。

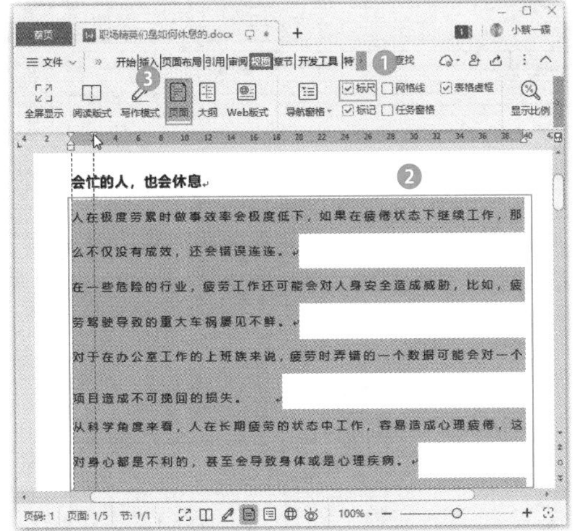

步骤 02 ❶将文本插入点定位在需要设置格式的段落中；❷单击段落左侧出现的【段落布局】按钮，如下图所示。

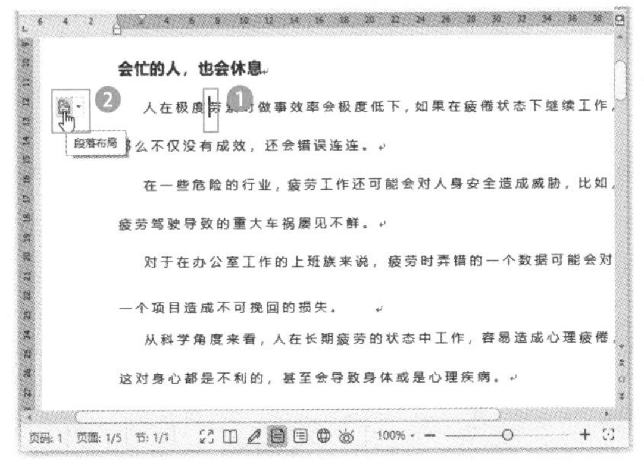

步骤 03 显示出段落选中框，拖动边框中间的三角箭头可以对这个段落进行编辑。上下拖动可以设置段落的段前和段后间距，左右拖动可以设置段落缩进，如下图所示。

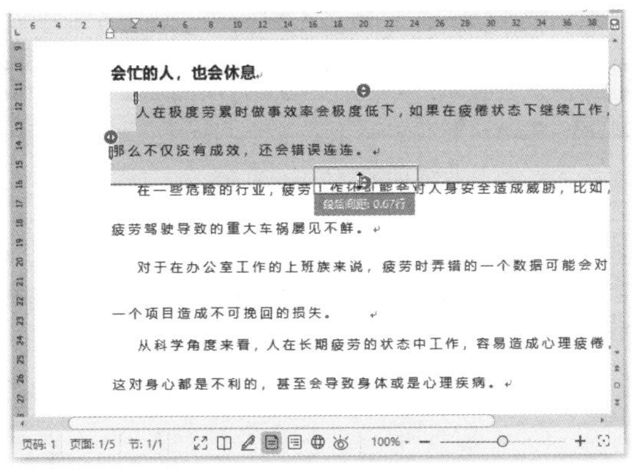

步骤 04 想要退出“段落布局”状态，可以双击灰色段落外的任意地方或单击右上角的【退出段落布局】按钮进行关闭，如下图所示。

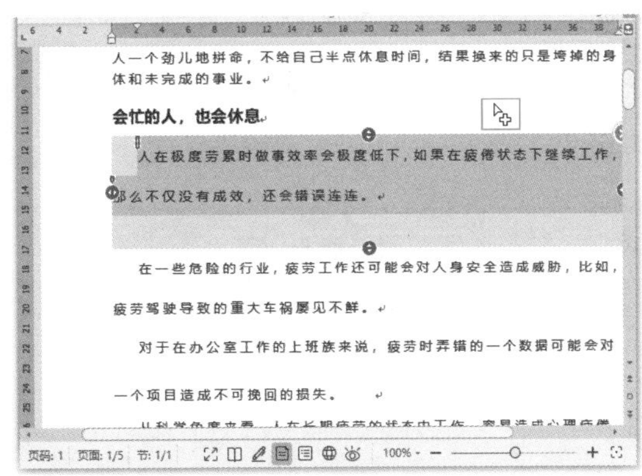

049 使用智能格式整理文档

实用指数
★★★★★

扫一扫，看视频

使用说明

在WPS文字中还提供了更智能的格式整理工具，使用它可以快速实现网络文本与严谨文本的转换。

解决方法

使用智能格式整理文档的具体操作方法如下。

步骤 01 ❶选择文档中需要设置段落格式的第三大段落；❷单击【开始】选项卡中的【文字工具】按钮；❸在弹出的下拉菜单中选择【智能格式整理】命令，如下图所示。

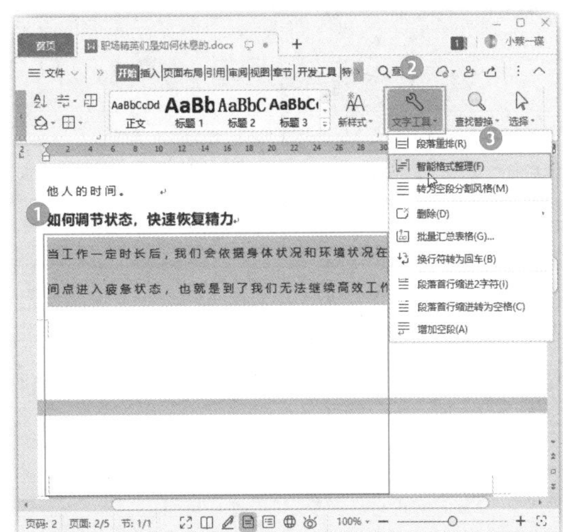

步骤 02　为所选段落应用常见的首行缩进效果，如果段落间有空行也会自动删除。❶保持段落的选择状态；❷再次单击【文字工具】按钮；❸在弹出的下拉菜单中选择【转为空段分割风格】命令，如下图所示。

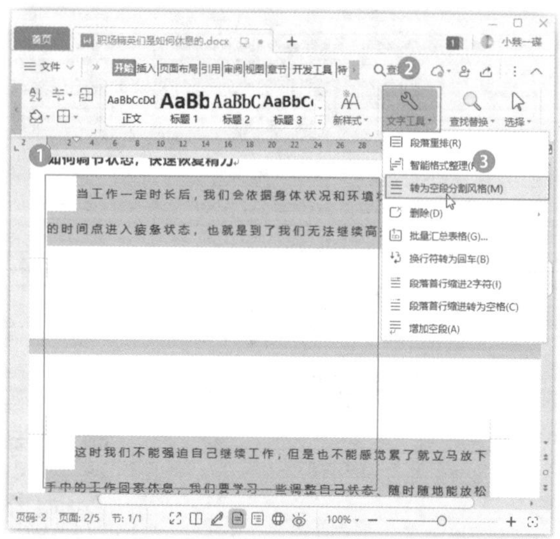

步骤 03　为所选段落应用网络中常见的空段分割，其首行不缩进效果，如下图所示。

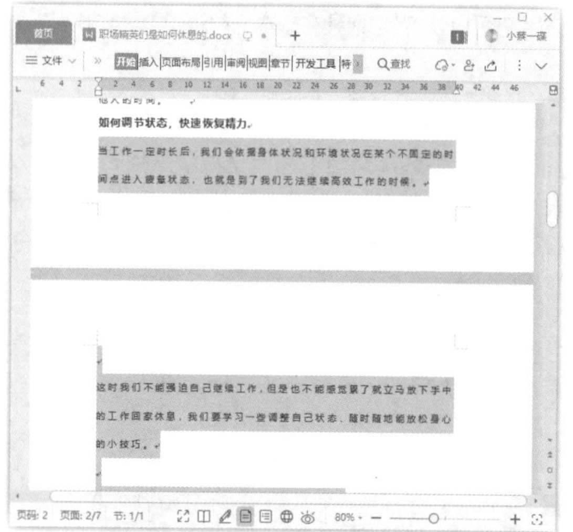

知识拓展

在网络中，很多文本的段落喜欢用强制换行符进行分段，在该下拉菜单中选择【换行符转为回车】命令就可一键解决该问题。

050　为文字添加红色双线下划线

扫一扫，看视频

实用指数
★★★☆☆

使用说明

在WPS文字中如果需要标记某些内容为重点，可以为其添加下划线。默认的下划线为黑色单黑线，比较单调，用户可以通过设置为文字添加其他类型和颜色的下划线。

解决方法

例如，要为文字添加红色的双线下划线，具体操作方法如下。

步骤 01　打开素材文件（位置：素材文件\第2章\面试通知.docx），❶选择要添加下划线的文字；❷单击【开始】选项卡中的【下划线】按钮 U；❸在弹出的下拉菜单中选择下划线样式，如下图所示。

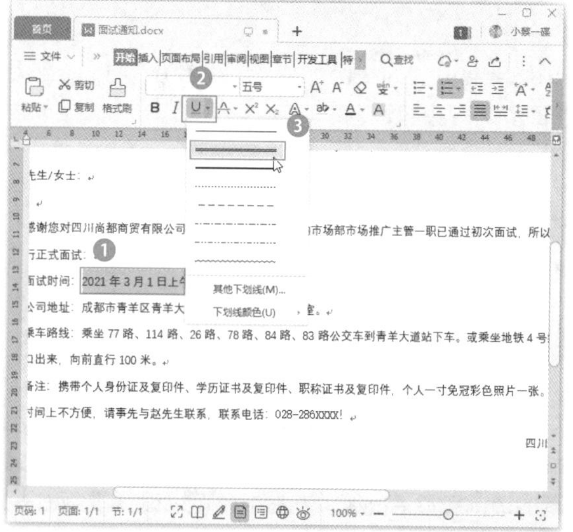

知识拓展

单击【开始】选项卡中的【删除线】按钮 A，在弹出的下拉列表中选择【着重号】选项，可以在所选文本下方添加着重号。

步骤 02　保持文字的选中状态，❶再次单击【下划线】按钮；❷在弹出的下拉菜单中选择【下划线颜色】命令；❸在子菜单中选择【红色】选项，如下图所示。即可完成红色双线下划线的添加。

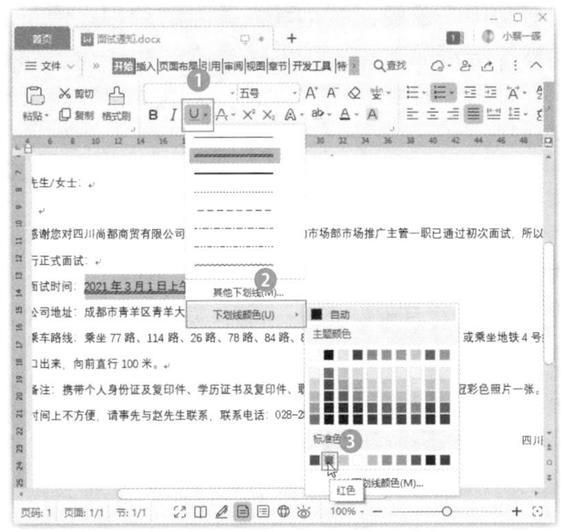

051　为重点句子加上方框

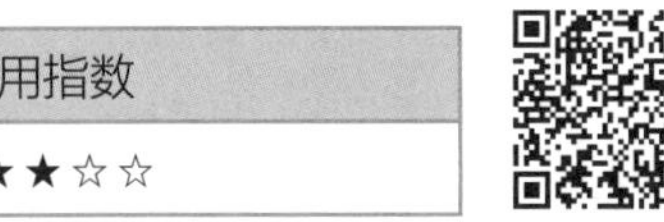

扫一扫，看视频

使用说明

文档中如果需要强调某些重点句子，也可以为其添加方框，使其更加醒目。

解决方法

为重点文字添加方框的具体操作方法如下。

步骤 01　❶选择需要添加方框的文字（可选择多处）；❷单击【开始】选项卡中的【拼音指南】按钮 ；❸在弹出的下拉列表中选择【字符边框】选项，如下图所示。

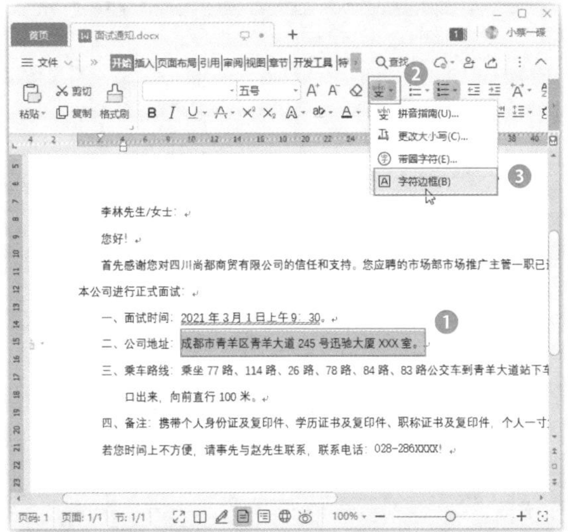

步骤 02　完成后即可看到所选文本已经添加了方框，如下图所示。

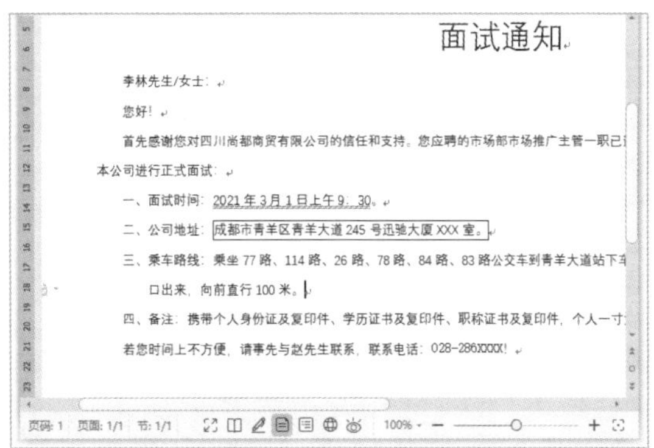

052　通过改变字符间距来紧缩排版

扫一扫，看视频

使用说明

部分文档对内容的排版要求比较严格，可能会规定文档中不能出现一行只显示一个字的情况。这时候就可以通过改变字符间距来紧缩排版。

解决方法

例如，要让“新型冠状病毒疫情防控工作实施细则”文档中不出现孤字，具体操作方法如下。

步骤 01　打开素材文件（位置：素材文件\第 2 章\新型冠状病毒疫情防控工作实施细则.docx），❶选择第 3 页中要紧缩排版的文本内容；❷单击【开始】选项卡第 2 个组右下角的【字体】按钮 ，如下图所示。

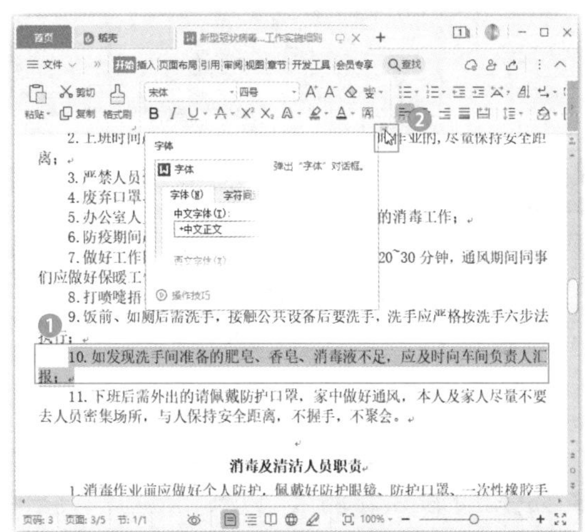

步骤 02 打开【字体】对话框，❶单击【字符间距】选项卡；❷在【间距】下拉列表框中选择【紧缩】选项；❸在右侧的【值】数值框中输入0.01；❹单击【确定】按钮，如下图所示。

步骤 03 返回文档即可看到所选文字的字符间距减小了，紧缩排版后，该段文本将显示为一行，如下图所示。使用相同的方法继续为本文档中的其他行出现孤字的情况进行紧缩排版。

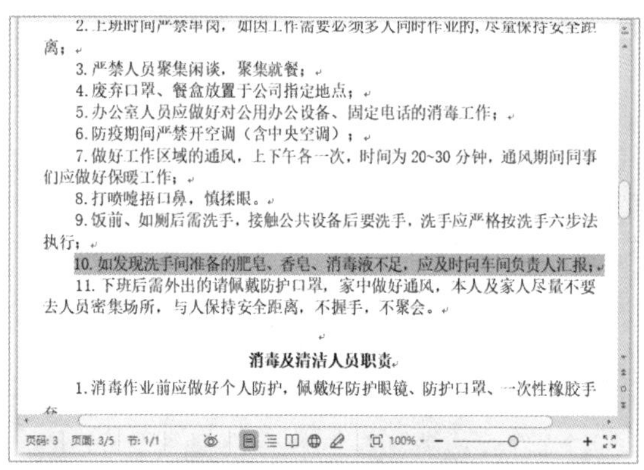

2. 上班时间严禁串岗，如因工作需要必须多人同时作业的，尽量保持安全距离；
3. 严禁人员聚集闲谈，聚集就餐；
4. 废弃口罩、餐盒放置于公司指定地点；
5. 办公室人员应做好对公用办公设备、固定电话的消毒工作；
6. 防疫期间严禁开空调（含中央空调）；
7. 做好工作区域的通风，上下午各一次，时间为 20~30 分钟，通风期间同事们应做好保暖工作；
8. 打喷嚏捂口鼻，慎揉眼。
9. 饭前、如厕后需洗手，接触公共设备后要洗手，洗手应严格按洗手六步法执行；
10. 如发现洗手间准备的肥皂、香皂、消毒液不足，应及时向车间负责人汇报；
11. 下班后需外出的请佩戴防护口罩，家中做好通风，本人及家人尽量不要去人员密集场所，与人保持安全距离，不握手，不聚会。

消毒及清洁人员职责

1. 消毒作业前应做好个人防护，佩戴好防护眼镜、防护口罩、一次性橡胶手

053 为文档中的条目设置个性编号

扫一扫，看视频

使用说明

为了使文档内容要点明确、层次清楚，可以为存在递进关系的段落添加编号。WPS文字中提供了自动编号功能，避免了手动输入编号的烦琐，便于后期修改与编辑。但默认的编号样式比较少，如果需要设置个性化的编号样式，则需要自行定义编号样式。

解决方法

例如，要为文档中的条目设置个性编号，具体操作方法如下。

步骤 01 打开素材文件（位置：素材文件\第2章\旅游出行的六个注意事项.docx），❶选择需要设置编号的段落；❷单击【开始】选项卡中的【编号】按钮；❸在弹出的下拉菜单中选择【自定义编号】命令，如下图所示。

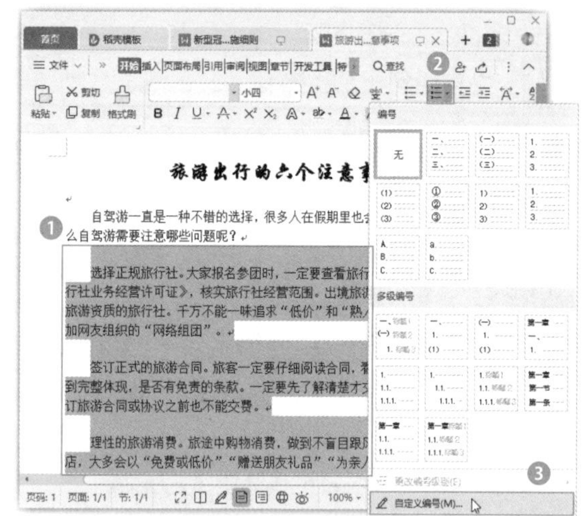

步骤 02 打开【项目符号和编号】对话框，❶在列表中选择最接近要设置效果的编号数值类型；❷单击【自定义】按钮，如下图所示。

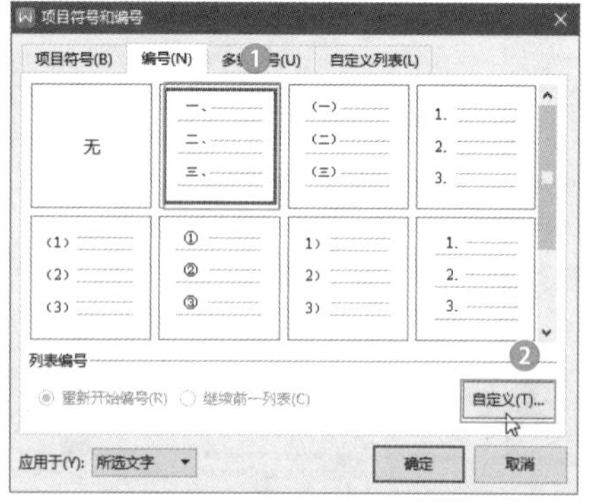

步骤 03 打开【自定义编号列表】对话框，❶在【编号格式】文本框中输入需要在编号数值前添加文字【旅游出行注意】；❷单击【确定】按钮，如下图所示。

> **温馨提示**
>
> 在【自定义编号列表】对话框的【起始编号】数值框中还可以设置起始编号的数值。

步骤 04 返回文档即可看到已为所选段落添加设置的编号样式，如下图所示。

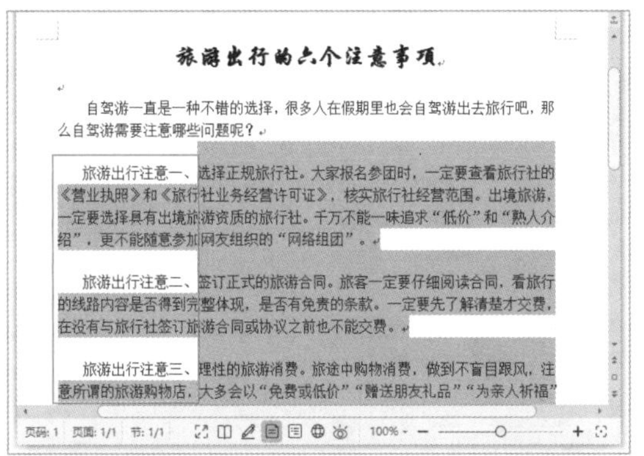

> **温馨提示**
>
> 在WPS文字中手动输入一个编号后，按Enter键插入下一段落时会出现自动编号。

054 让文档中的段落重新开始编号

实用指数
★★★★☆

扫一扫，看视频

使用说明

在WPS文字中，为段落添加同一种类型的编号时，文档中所有编号的内容会连续编号。即使中间输入了其他段落格式的文本，也不会受到影响，这保证了编号段落的连贯性。如果需要让编号段落重新从1开始编号，则需要进行处理。

解决方法

例如，要让文档中后一组编号重新从1开始编号，具体操作方法如下。

步骤 01 打开素材文件（位置：素材文件\第2章\招聘方案计划.docx），❶选择文档中正文的最后三行，并在其上右击；❷在弹出的快捷菜单中选择【重新开始编号】命令，如下图所示。

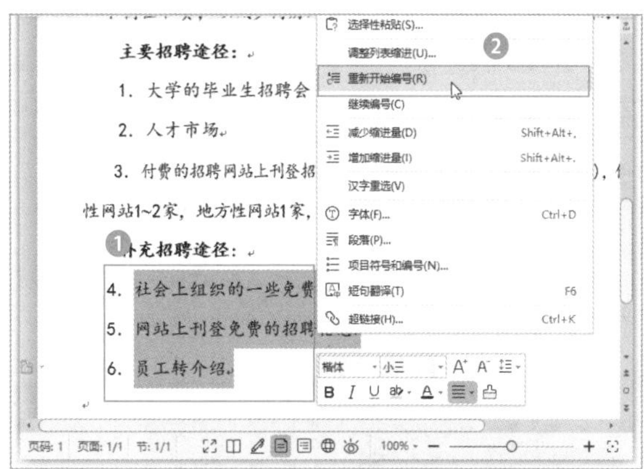

步骤 02 操作完成后，可以发现所选段落的编号已经重新从1开始编号了，如下图所示。

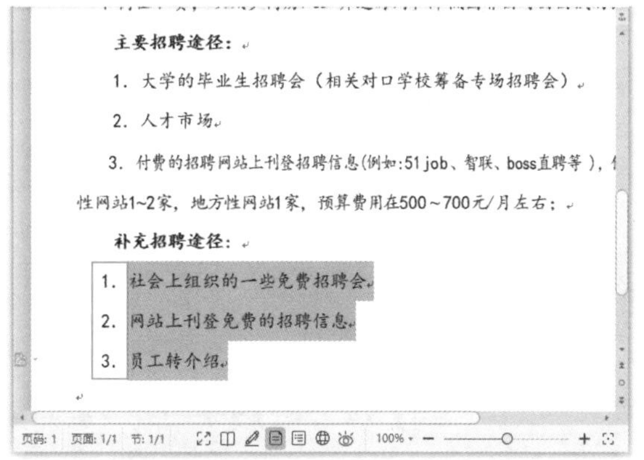

> **技能拓展**
>
> 如果要取消段落的编号，让段落恢复到编号前的段落格式，可在【编号】下拉菜单中选择【无】样式。

055 为文档添加特殊项目符号样式

实用指数
★★★☆☆

扫一扫，看视频

使用说明

为了增强文档的可读性，还可以为存在并列关系的段落添加项目符号。WPS文字中提供了丰富的项目符号样式供用户使用。

解决方法

如果要为文档添加特殊的项目符号，具体操作方法如下。

步骤 01 打开素材文件(位置：素材文件\第2章\旅游出行的九个注意事项.docx)，❶选择需要添加项目符号的段落；❷单击【开始】选项卡中的【项目符号】按钮 ☰；❸在弹出的下拉菜单中选择需要的符号样式，如下图所示。

步骤 02 选择在线项目符号样式后，即可开始下载该项目符号样式，并在下载完成后为所选段落应用该样式，如下图所示。

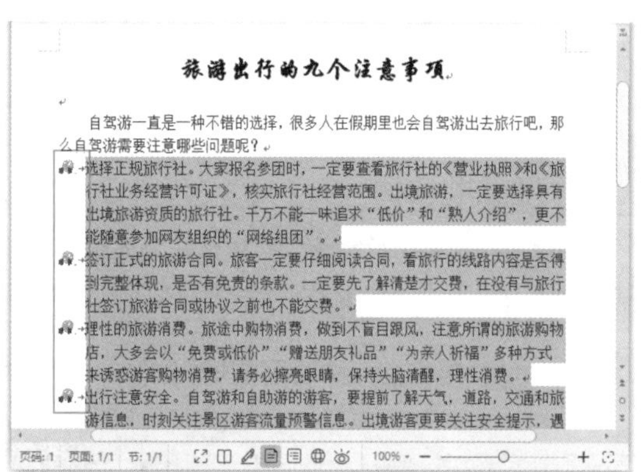

技能拓展

如果对已有的项目符号不满意，则可以选择【自定义项目符号】命令，在打开的对话框中单击【自定义】按钮，再单击【字符】按钮，选择一个字符来作为项目符号的符号样式。

056 使用制表位快速设置空白下划线

扫一扫，看视频

实用指数
★★★★☆

使用说明

有些文档中需要为空白位置添加下划线，提示此处用于填写内容。普通的做法是输入空格，然后设置下划线，有没有更便捷的方法呢？

解决方法

使用制表位可以快速制作空白下划线，具体操作方法如下。

步骤 01 打开素材文件(位置：素材文件\第2章\信纸.docx)，❶在【视图】选项卡中选中【标尺】复选框，显示出标尺；❷单击上标尺最左侧的 ∟ 标记；❸在弹出的下拉菜单中选择【左对齐式制表位】命令，如下图所示。

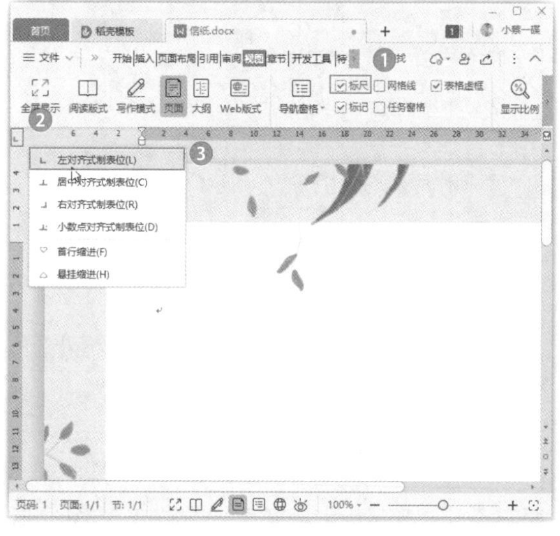

温馨提示

如果只需要对文档中的部分段落设置制表位，即限定制表位的使用范围，可以先选择文本，然后添加制表位。

步骤 02 ❶在上标尺上选择一个位置单击一下，添加一个制表位；❷双击添加的制表位，如下图所示。

步骤 03　打开【制表位】对话框，❶在【前导符】栏中选中下划线样式；❷单击【确定】按钮，如下图所示。

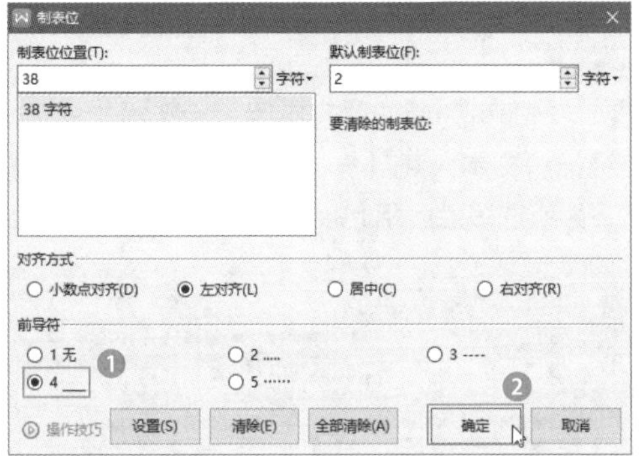

步骤 04　返回文档中，❶按Tab键即可快速移动到下一个制表位位置，下划线也随之出现了；❷继续按Tab键，即可快速设置多行空白下划线，如下图所示。

057 格式刷的妙用

实用指数
★★★★★

扫一扫，看视频

使用说明

如果文档中某个部分设置好了样式，想要在其他地方应用同样的效果，可以使用格式刷快速复制样式，包括文字字体、字号、颜色等文字样式，还包括缩进、段落间距、编号、项目符号等段落样式。

解决方法

要使用格式刷复制文档中第一行的样式到其他行文本中，具体操作方法如下。

步骤 01　打开素材文件（位置：素材文件\第2章\闲文一篇.docx），❶将文本插入点定位到设置好样式的段落中；❷单击【开始】选项卡中的【格式刷】按钮 复制格式，如下图所示。

步骤 02　此时光标将变为形状，在需要应用样式的文本上方拖动鼠标选择，释放鼠标后该文本即可应用该格式，如下图所示。

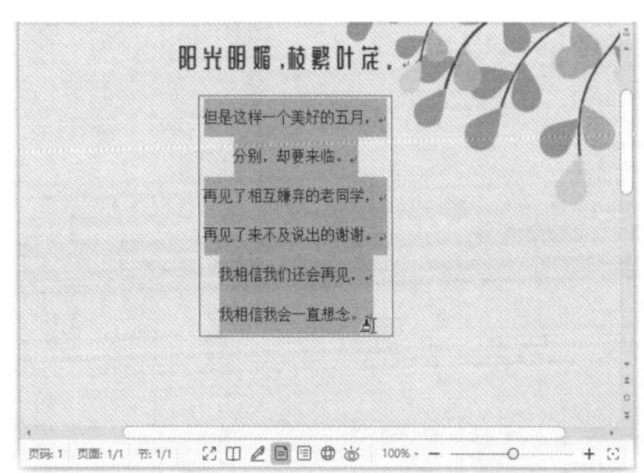

技能拓展

单击【格式刷】按钮，使用一次该功能后就会失效。双击【格式刷】按钮，可锁定格式刷工具，能重复使用该功能。不再使用格式刷时，单击Esc键即可取消锁定格式刷。格式刷功能不仅可以在同一个文档中使用，还可以复制格式到不同文档中使用。

2.4 样式和主题的使用技巧

使用WPS文字中的样式和主题，可以快速美化文档，让文档保持统一的格式。日常工作中，经常需要综合使用样式和主题进行文档排版。本节就来介绍样式和主题的应用技巧。

058 应用样式快速美化文档

扫一扫，看视频

实用指数
★★★★★

使用说明

如果依次为文档中的内容设置文本和段落格式，相对来说比较麻烦。当文档内容输入完成后，可以使用样式快速套用文档格式。

解决方法

为文档应用样式的具体操作方法如下。

步骤 01 打开素材文件（位置：素材文件\第2章\团队拓展活动方案.docx），❶将文本插入点定位到标题文本中或选择标题文本；❷在【开始】选项卡的【样式】列表框中选择【主标题】样式，如下图所示。

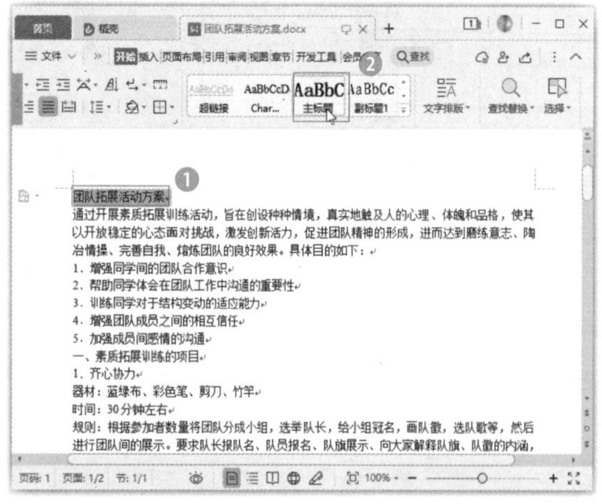

步骤 02 即可为所选段落应用【主标题】样式，❶选择一级标题文本；❷在【样式】列表框中选择【标题1】样式，如下图所示。

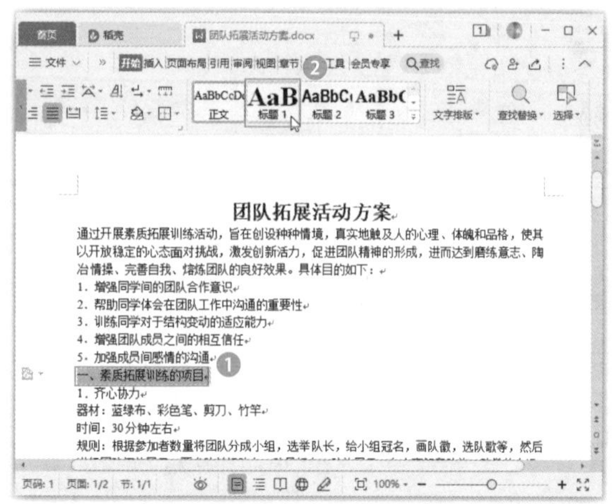

步骤 03 即可为所选段落应用【标题1】样式，❶选择二级标题文本；❷在【样式】列表框中选择【标题2】样式，为所选段落应用【标题2】样式，如下图所示。

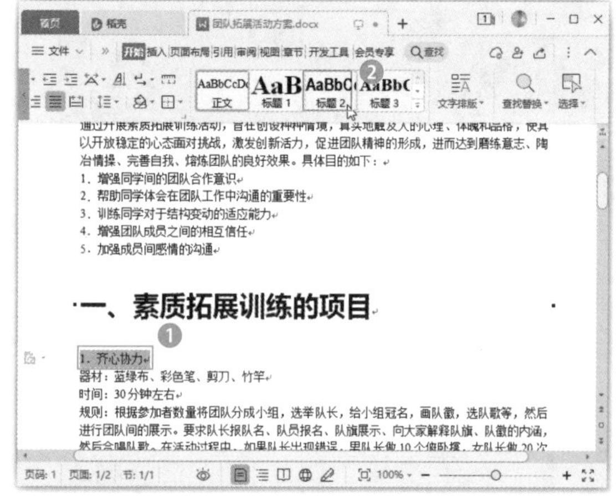

技能拓展

单击【样式】列表框所在组右下角的【样式和格式】按钮⌟，在打开的【样式和格式】任务窗格中可以查看全部的样式，选择某个样式，也可以应用对应的样式。

059 为样式设置快捷键一键应用样式格式

扫一扫，看视频

实用指数
★★★★☆

使用说明

在编辑文档时如果需要多次使用某个样式，为其设置快捷键可以提高工作效率。

解决方法

为样式添加快捷键的具体操作方法如下。

步骤 01　❶在【样式】列表框中选择要设置快捷键的样式并在其上右击；❷在弹出的快捷菜单中选择【修改样式】命令，如下图所示。

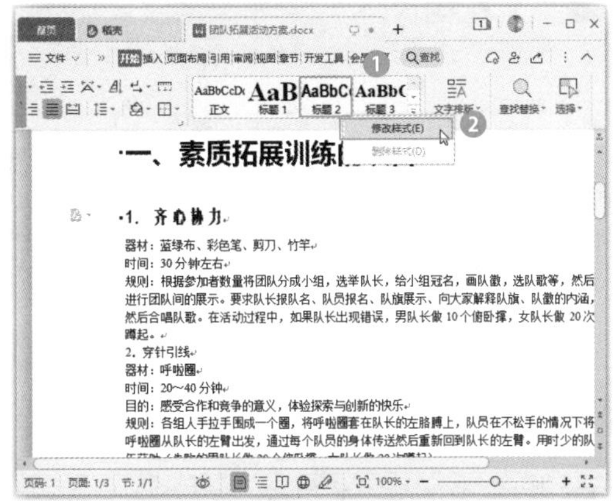

步骤 02　打开【修改样式】对话框，❶单击【格式】按钮；❷在弹出的下拉菜单中选择【快捷键】命令，如下图所示。

步骤 03　打开【快捷键绑定】对话框，❶将文本插入点定位到【快捷键】文本框中，然后在键盘上按下要设置的快捷键，按下的快捷键将显示在该文本框中；❷单击【指定】按钮即可设定快捷键；❸返回【修改样式】对话框，单击【确定】按钮即可，如下图所示。

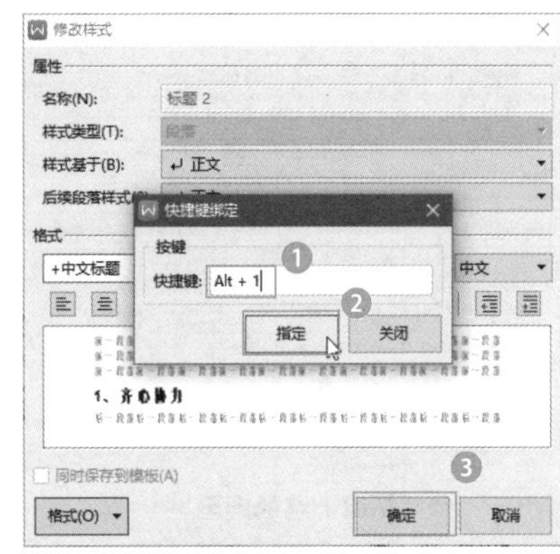

步骤 04　返回文档便可以使用设置的快捷键为文档中的其他内容设置该样式，如下图所示。

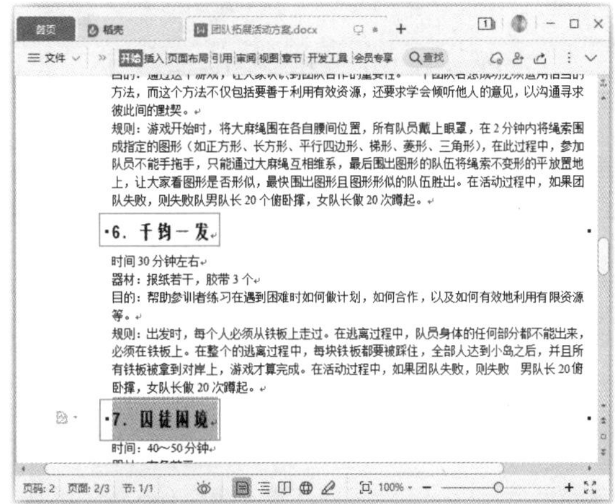

060　快速修改样式为新格式

实用指数

★★★☆☆

扫一扫，看视频

使用说明

如果已经为文档中的某些内容设置了相同的样式，但又需要统一进行格式更改，则不必一处一处进行修改，直接通过修改相应的样式来完成即可。

解决方法

例如，要更改【正文】样式的缩进方式和行距，具体操作方法如下。

步骤 01　❶在【样式】列表框中的【正文】样式上右击；❷在弹出的快捷菜单中选择【修改样式】命令，如下图所示。

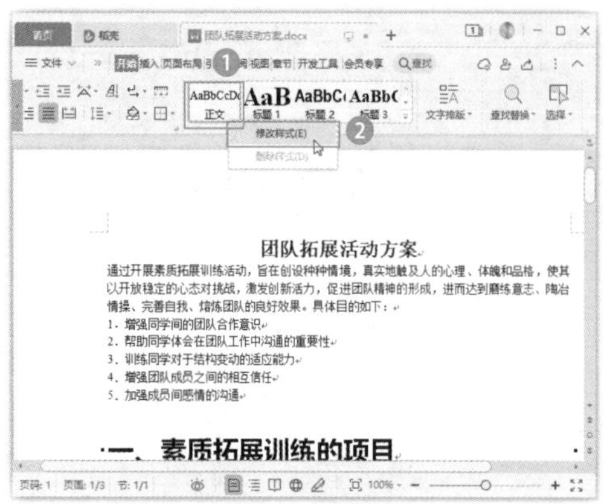

步骤 02 打开【修改样式】对话框，❶单击【格式】按钮；❷在弹出的下拉菜单中选择【段落】命令，如下图所示。

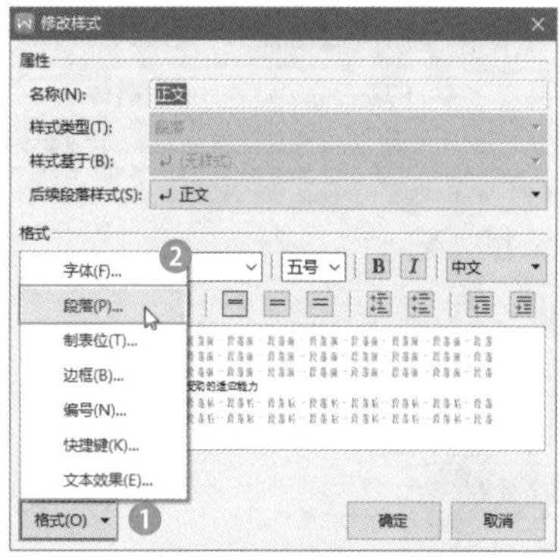

步骤 03 打开【段落】对话框，❶在【对齐方式】下拉列表框中选择【左对齐】选项；❷在【特殊格式】下拉列表框中选择【首行缩进】选项；❸在【行距】下拉列表框中选择【1.5倍行距】选项；❹单击【确定】按钮，如下图所示。

步骤 04 返回【修改样式】对话框，单击【确定】按钮。完成后返回文档即可看到修改的效果，如下图所示。

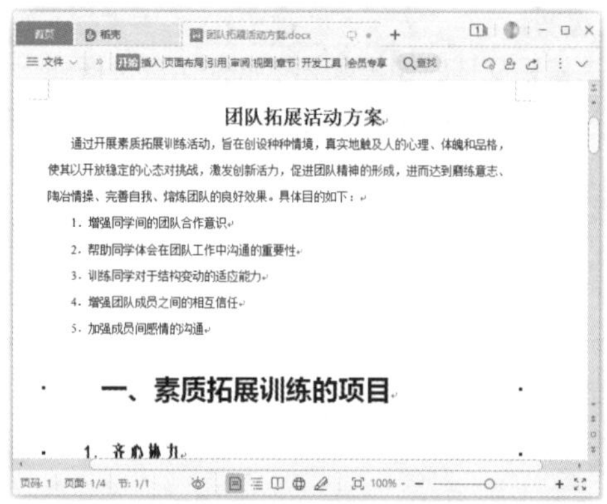

> **温馨提示**
>
> 单击【修改样式】对话框中的【格式】按钮，在弹出的下拉菜单中选择不同的命令，还可以打开不同的对话框，为样式设置字体、制表位、边框、编号、文本效果等。

061 新建与删除样式

扫一扫，看视频

使用说明

如果对系统提供的样式不满意，用户也可以根据样式库中的样式新建样式。

解决方法

例如，前面设计的主标题样式明显比正文中的一级标题样式字号小，需要新建主标题样式，具体操作方法如下。

步骤 01 单击【开始】选项卡中的【新样式】按钮，如下图所示。

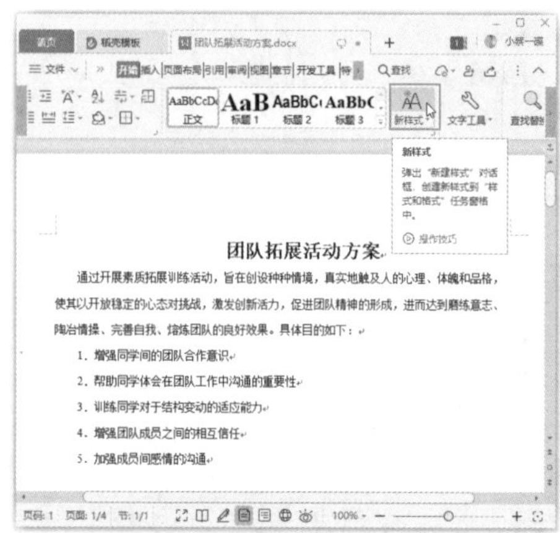

步骤 02　打开【新建样式】对话框，❶在【属性】栏中设置样式的名称、样式类型和基于的样式类型等参数；❷在【格式】栏中设置字体格式；❸单击【确定】按钮，如下图所示。

步骤 03　返回文档中，❶选择标题文本；❷在【样式】列表框中找到刚刚新建的样式并单击，即可应用新样式，如下图所示。

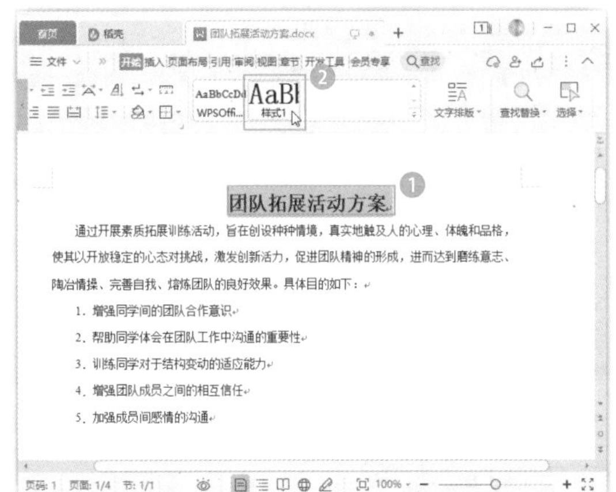

温馨提示

在【样式】列表框中选择自定义的样式并右击，在弹出的下拉菜单中选择【删除样式】命令，可以删除该样式。样式库中系统内置的样式是不可删除的。

062　通过导航窗格查看文档结构

实用指数
★★★☆☆

扫一扫，看视频

使用说明

为文档内容应用各级标题样式以后，可以通过导航窗格查看文档的主体结构，避免细节内容扰乱视线。

解决方法

通过导航窗格查看文档结构的具体操作方法如下。

步骤 01　单击【视图】选项卡中的【导航窗格】按钮，如下图所示。

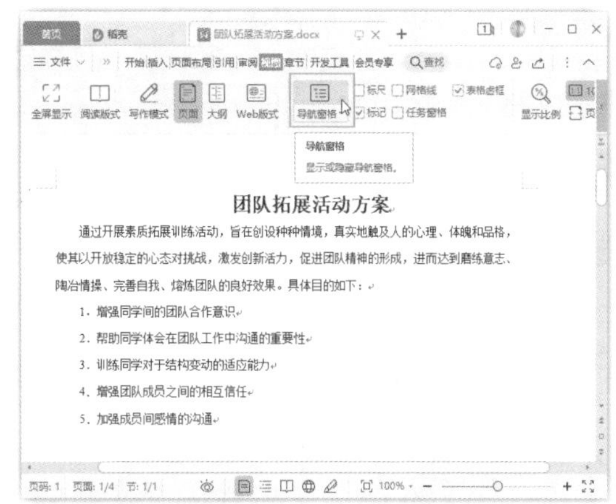

技能拓展

导航窗格中还包含【章节】【书签】【查找和替换】选项卡，分别可以以页面、书签和查找文本的方式查看具体的文档内容。其中的【查找和替换】选项卡与查找替换功能相同，在搜索框中输入要查找的文本，可以展示查找到的全部内容。

步骤 02　此时，在窗口左侧打开了导航窗格，默认显示的是【目录】选项卡中的内容。在【目录】任务窗格中显示出了该文档中设置有标题级别的样式，对于查看文档结构非常有效，在此处单击某个标题内容，还可以快速跳转到对应的文档位置，如下图所示。

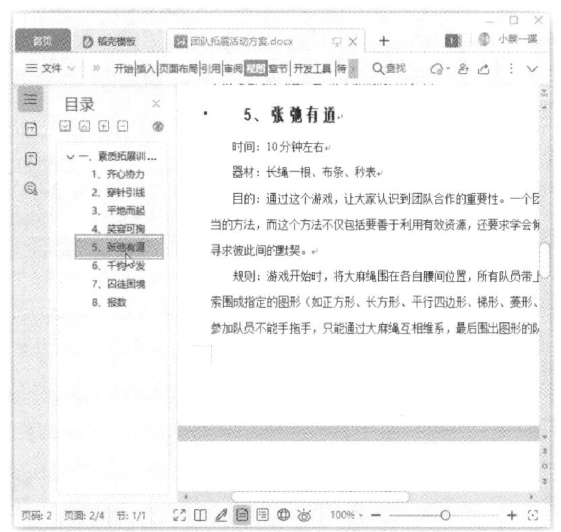

063 为文档设置主题

扫一扫，看视频

实用指数
★★★★★

使用说明

如果希望快速改变文档中的颜色、字体等样式，可以使用主题来完成。

解决方法

为文档设置主题的具体操作方法如下。

步骤 01 打开素材文件(位置：素材文件\第2章\幼儿园家长会活动方案.docx)，❶单击【页面布局】选项卡中的【主题】按钮；❷在弹出的下拉列表中选择一种主题，如下图所示。

步骤 02 设置了主题后的文档效果，如下图所示。

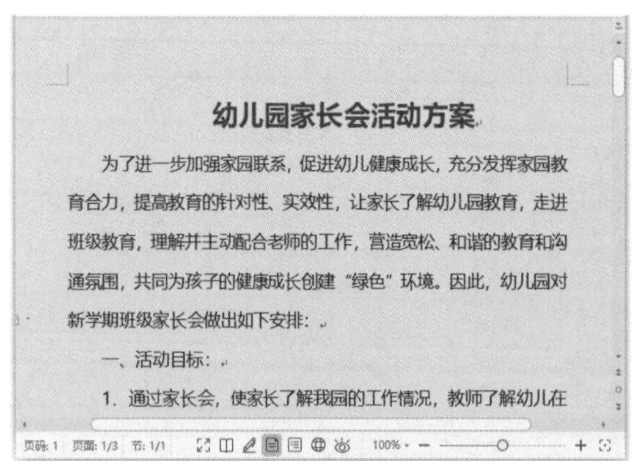

064 使用主题中的颜色、字体、效果集

扫一扫，看视频

实用指数
★★★☆☆

使用说明

WPS Office中的主题是集颜色、字体、效果三种类型为一体的一套样式，能够快速高效地格式化文本。如果对内置的主题样式不满意，也可以单独对每一种类型进行设置。

解决方法

如果要使用主题中的颜色、字体、效果集，具体操作方法如下。

步骤 01 打开素材文件(位置：素材文件\第2章\双十一活动方案.docx)，❶单击【页面布局】选项卡中的【颜色】按钮；❷在弹出的下拉列表中选择一种主题颜色，如下图所示。

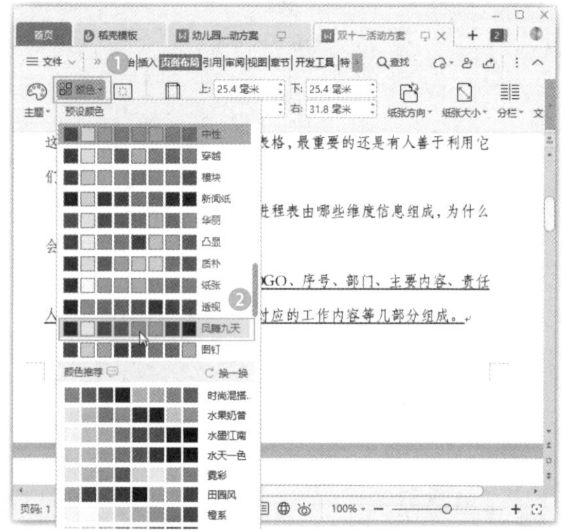

步骤 02 现在即可改变文档中所有采用主题颜色(非标准的用色，单击任意一个可以设置颜色的按钮，在弹出的下拉菜单中可以看到提供的颜色分两栏，一栏是主题颜色，一栏是标准色)的用色效果，❶单击【页面布局】选项卡中的【字体】按钮；❷在弹出的下拉列表中选择一种主题字体，如下图所示。

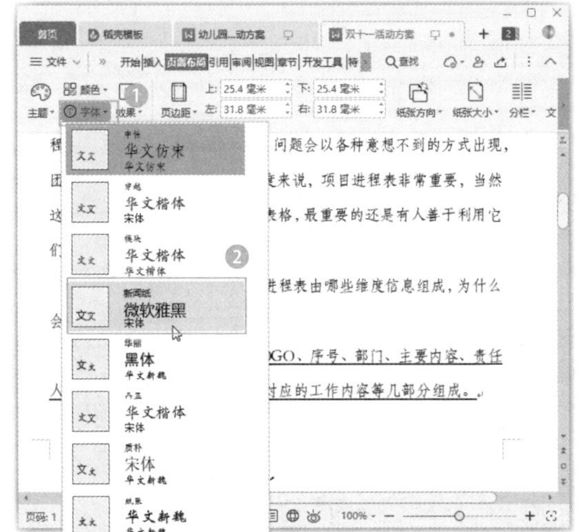

步骤 03　现在即可改变文档中所有采用主题字体的用色效果，❶单击【页面布局】选项卡中的【效果】按钮；❷在弹出的下拉列表中选择一种主题效果，如下图所示。即可改变文档中的图片、图形等对象的效果样式。

第 3 章
图文排版技巧

在制作文档时，经常需要将图片、形状、艺术字、表格等对象插入文档。插入这些对象不仅仅是为了美化文档，更重要的是让人更直观地了解文档中的内容，加深理解。插入这些对象的方法很简单，两三步就能完成，但是如果随意在文档中插入各种对象，就会导致整个文档杂乱无章，破坏了文档的整体性。因此，需要掌握一定的图文排版技巧，合理地进行图文混排，让各种对象和文字更好地结合在一起。

下面来看看以下一些图文排版中的常见问题，你是否会处理或已掌握。

√ 没有找到合适的图片，你知道如何处理手上仅有的图片并使其更合理地应用到文档中吗？
√ 文档中的图形总是扁平单调的，该怎样设置立体的图形呢？
√ 想要在文档中制作艺术感的文字，你会用文本框、艺术字、关系图等来进行美化吗？
√ WPS 文字中并不是只能用形状绘制图形，不知道图标的存在，你就只能慢慢完成低端的图形绘制工作了。
√ 流程类的内容用文字描述过于复杂，应该怎样修改？
√ 你知道怎样利用内置模板快速创建专业的表格吗？
√ 表格数据太枯燥，你会设计更容易传递信息的图表吗？

希望通过对本章内容的学习，你可以轻松解决以上问题，并学会WPS文字更多的图文混排技巧。

3.1 对象的插入技巧

WPS文字中提供了多种图片、形状、文字类对象。要想合理地使用它们，首先要了解它们。本节就来讲解WPS各种对象、对象的作用以及插入技巧。

065 插入图片的四种方法

扫一扫，看视频

使用说明

现代人更喜欢直白地传递各种信息，所以经常会使用“图片+文字”组合的方式来传递。WPS中提供了四种插入图片的方法，分别是通过本地计算机、扫描仪、手机和网络插入图片。详细介绍以下两种方法。

解决方法

例如，要在文档中插入本地计算机中和网络上的图片，具体操作方法如下。

方法一：插入本地计算机中的图片

步骤 01 打开素材文件(位置：素材文件\第3章\旅游出行的九个注意事项.docx)，❶将文本插入点定位到需要插入图片的位置；❷单击【插入】选项卡中的【图片】按钮，如下图所示。

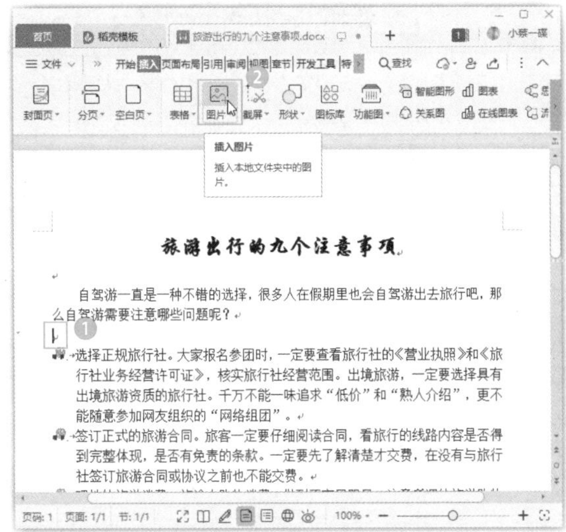

步骤 02 打开【插入图片】对话框，❶选择图片保存的位置；❷选择需要插入的图片；❸单击【打开】按钮，如下图所示。即可将所选图片插入文档。

知识拓展

如果要插入多张图片，在选择图片的同时按下Ctrl键，再依次选中多张图片，然后单击【打开】按钮即可。

方法二：插入网络上的图片

步骤 01 ❶将文本插入点定位到需要插入图片的位置；❷单击【图片】按钮下方的下拉按钮；❸在弹出的下拉列表的搜索框中输入关键字；❹单击右侧的搜索按钮，如下图所示。

步骤 02 在窗口的右侧打开【图片库】任务窗格，在搜索结果中选择合适的图片，如下图所示。即可将其插入文档。

温馨提示

WPS中的插入网络图片为付费功能，如果是WPS会员就可以将网络图片直接插入文档；如果不是会员，插入文档的图片会自动添加水印。

知识拓展

在【图片】下拉列表中选择【手机传图】选项，然后使用手机扫描二维码，则可以将手机中的图片发送给WPS Office。

066 如何插入截屏图片

扫一扫，看视频

实用指数
★★★★☆

使用说明

在日常工作和生活中，如果需要对计算机界面或者文档内容进行截屏时，可以使用WPS Office实现快速截屏。

解决方法

例如，要在文档中插入截屏图片，具体操作方法如下。

步骤 01 打开素材文件（位置：素材文件\第3章\用XMind思维导图软件整理思路.docx），❶将文本插入点定位到需要插入截图的位置；❷单击【插入】选项卡中的【截屏】按钮，如下图所示。

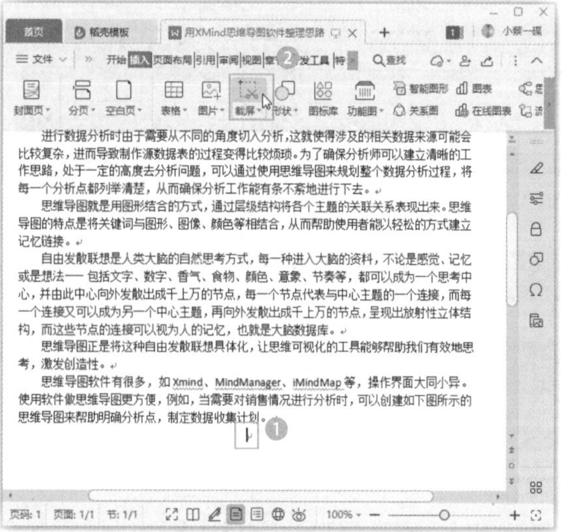

知识拓展

单击【截屏】按钮下方的下拉按钮，在弹出的下拉列表中还可以选择截取屏幕时采用的形状和是否隐藏当前窗口等。

步骤 02 进入截屏状态，此时整个计算机界面都呈现为灰色，❶拖动鼠标选择需要截取的画面范围；❷单击【完成】按钮，如下图所示。即可将截取的图片插入文档。

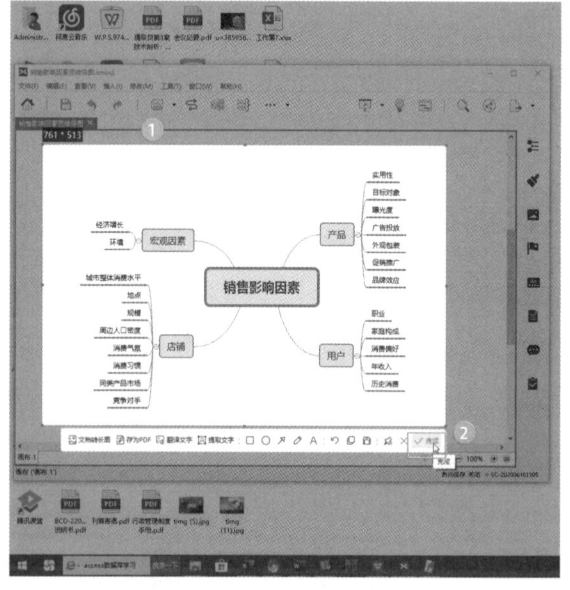

067 如何插入条形码、二维码、几何图、地图等功能图

扫一扫，看视频

使用说明

在日常的工作生活中，经常可以看到条形码、二维码、地图等功能图，其应用十分广泛。这些功能图以前都需要使用专业的工具来制作，现在使用WPS文字也可以方便地制作这类功能图了。

解决方法

例如，条形码多用于物流业、食品业、医学业、图书业等。制作图书条形码的具体操作方法如下。

步骤 01 新建一个空白文档，并保存为“三合一完全自学教程条形码.docx”，❶单击【插入】选项卡中的【功能图】按钮；❷在弹出的下拉列表中选择【条形码】选项，如下图所示。

步骤 02 打开【插入条形码】对话框，❶选择【编码】；❷在【输入】文本框中输入产品的数字代码；❸单击【插入】按钮，如下图所示。

步骤 03 返回文档即可查到条形码已经创建完成，如下图所示。

知识拓展

二维码是近几年来非常流行的一种编码方式，它比传统的条形码存储的信息更多，表示的数据类型更多。在【功能图】下拉列表中选择【二维码】选项，在打开的对话框中可以选择制作文本、名片、Wi-Fi或电话二维码，只要单击对应的选项卡，并根据提示输入信息即可完成制作。此外，还可以使用功能图功能制作几何图、化学绘图和地图。

068 如何绘制基本的几何图形

扫一扫，看视频

使用说明

只使用文字的文档从视觉上就感觉很枯燥，有些特定的内容也不容易被理解。为这类文档排版时，可以适当添加一些形状，让页面更加丰富。

解决方法

例如，要在景区介绍文档中绘制一些基本的几何图形进行美化，具体操作方法如下。

步骤 01 打开素材文件（位置：素材文件\第3章\峨眉山简介.docx），❶单击【插入】选项卡中的【形状】按钮；❷在弹出的下拉列表中选择【直线】工具，如下图所示。

步骤 02　当鼠标光标变成＋形状时，按住Shift键的同时拖动鼠标，即可在文档中的相应位置绘制一条水平直线，如下图所示。

步骤 03　❶单击【形状】按钮；❷在弹出的下拉列表中选择【椭圆】工具，如下图所示。

步骤 04　当鼠标光标变成＋形状时，按住Shift键不放，使用鼠标拖曳的方法即可绘制出一个正圆形，如下图所示。

步骤 05　❶单击【形状】按钮；❷在弹出的下拉列表中选择【弧形】工具，如下图所示。

步骤 06　使用鼠标拖曳的方法绘制一条弧形，如下图所示。

知识拓展

WPS文字中提供了多种形状。选择线条类工具后，按住 Shift 键的同时拖动鼠标，可以绘制15° 及其倍数角度的直线；选择非线条类工具后，按住 Ctrl 键再绘图，可以绘制出以初始绘制点为中心从中间向四周延伸的图形。按住 Shift+Ctrl 组合键再绘图，可以绘制出以初始绘制点为中心、从中间向四周同时延伸的等长图形，如正方形、正圆形。

069 插入图标库中的图标

扫一扫，看视频

使用说明

除了简单的几何图形，WPS文字中还提供了更丰富的图标。图标具有言简意赅、简约美观的特性。在制作内容活泼的文档时，添加一些图标可以使内容更容易被阅读和理解。

解决方法

例如，要在小学教案中添加图标，具体操作方法如下。

步骤 01 打开素材文件（位置：素材文件\第3章\三年级语文上册教案.docx），❶将文本插入点定位到需要插入图标的位置；❷单击【插入】选项卡中的【图标库】按钮，如下图所示。

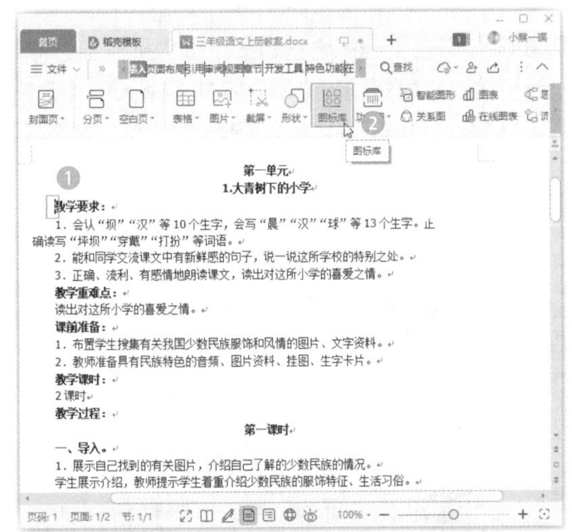

步骤 02 打开图标库对话框，❶在上方单击需要的图标类型选项卡，这里单击【免费图标】选项卡；❷在下方选择需要的图标集合，如下图所示。

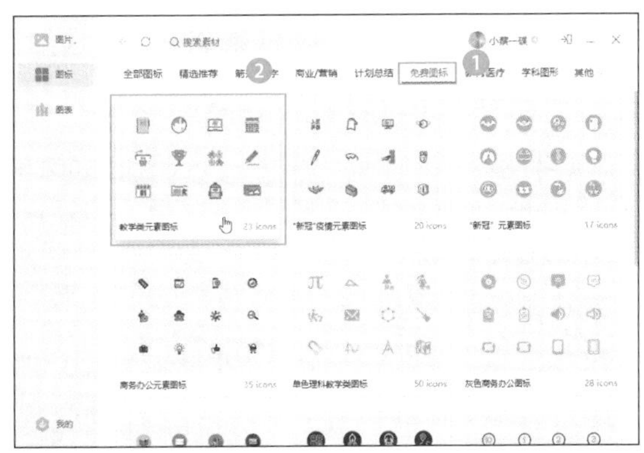

步骤 03 在新界面中即可展开该集合中的图标，选择需要插入的图标，如下图所示。

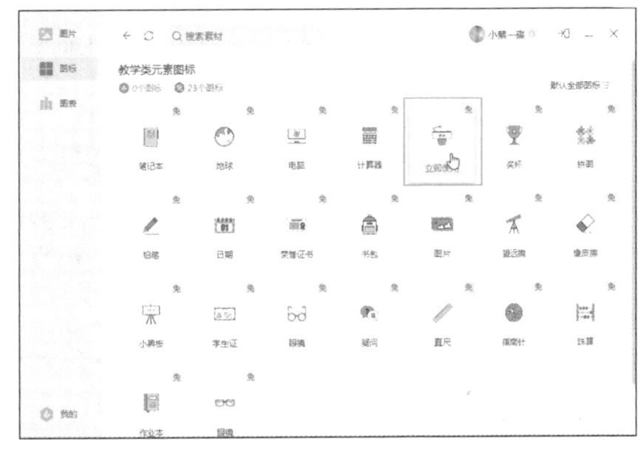

步骤 04 即可将选择的图标插入文档，使用相同的方法为文档插入其他图标，完成后的效果如下图所示。

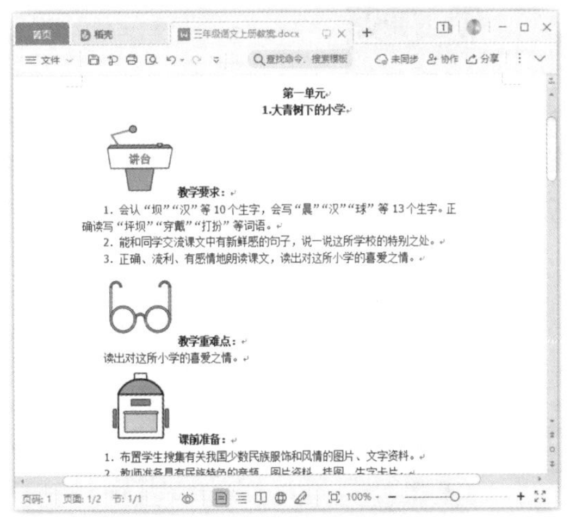

070 插入文本框的三种方法

扫一扫，看视频

使用说明

文本框是一种可移动、可调大小的文字或图形容器。使用文本框，可以在文档中的任意位置放置文字块，并且可以将文字以不同的方向排列。WPS Office中提供了横排、竖排和文本框模板三种类型，用户可以根据需要选择插入合适的文本框。

解决方法

例如，要通过插入不同的文本框制作邀请函，具体操作方法如下。

方法一：

步骤 01 打开素材文件（位置：素材文件\第3章\邀请函.docx），❶单击【插入】选项卡中的【文本框】下拉按钮；❷在弹出的下拉菜单中选择【竖向】命令，如下图所示。

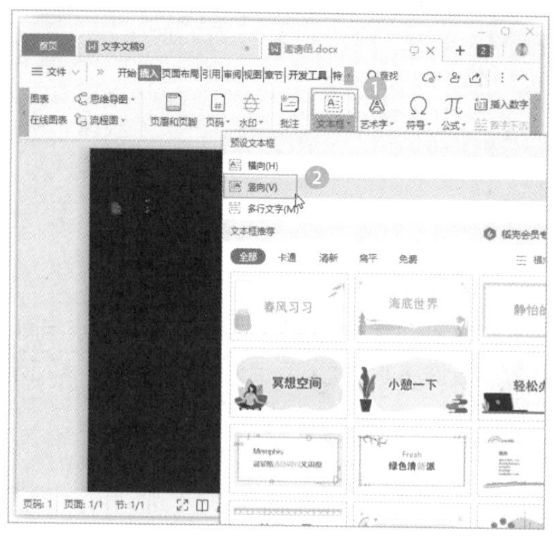

步骤 02 此时鼠标光标将变为+形状，在文档的合适位置按下鼠标左键并拖动绘制合适大小的文本框，如下图所示。

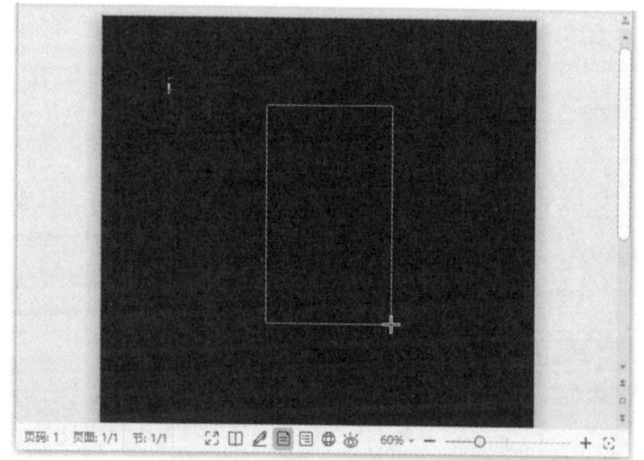

步骤 03 绘制完成后，❶在文本框内输入文本内容并选择；❷在【开始】选项卡中设置合适的字体格式，如下图所示。

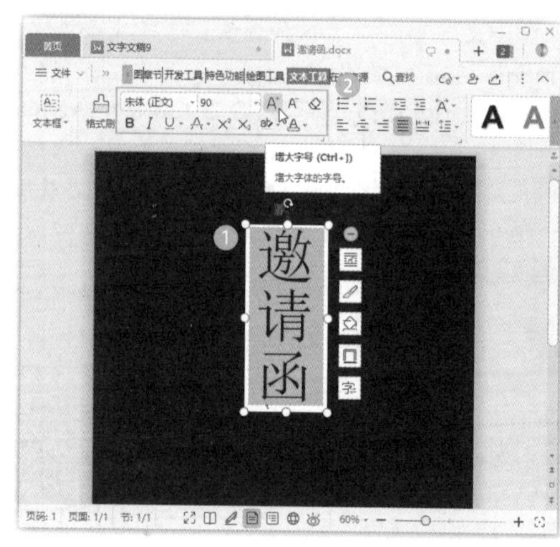

方法二：

步骤 01 单击【文本框】按钮，如下图所示。

步骤 02 ❶在文档的合适位置拖动鼠标光标绘制合适大小的文本框；❷输入文本内容并选择；❸在【开始】选项卡中设置合适的字体和段落格式，如下图所示。

方法三：

步骤01 ❶单击【文本框】下拉按钮；❷在弹出的下拉菜单的【文本框推荐】栏中选择需要的文本框模板，如下图所示。

步骤02 ❶按住鼠标将插入的文本框模板移动到文档下方；❷修改该文本框中的文字内容，并移动到中部位置。完成后的效果如下图所示。

071 插入艺术字的两种方法

实用指数
★★★★☆

扫一扫，看视频

使用说明

艺术字多用于广告宣传、文档标题，以达到强烈、醒目的外观效果。WPS Office中提供了两种艺术字插入方式，一种是普通的预设文字效果，一种是根据具体场景设计的文字效果。后者更符合文字含义，具有美观有趣、易认易识、醒目张扬等特性。

解决方法

例如，要在文档中插入艺术字，设计两种简历封面，具体操作方法如下。

方法一：

步骤01 打开素材文件（位置：素材文件\第3章\个人简历.docx），❶单击【插入】选项卡中的【艺术字】按钮；❷在弹出的下拉列表中选择一种艺术字样式，如下图所示。

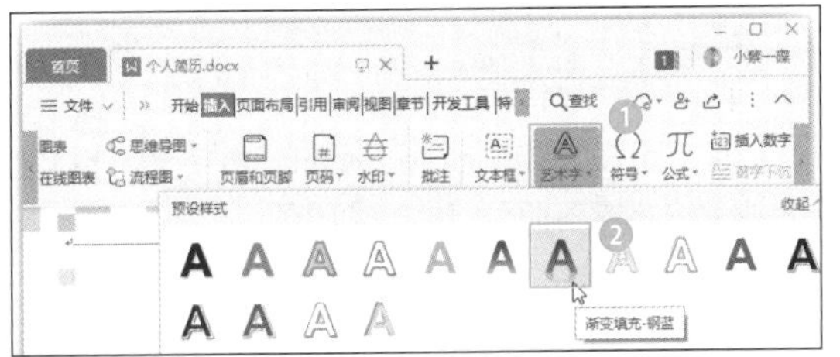

步骤02 文档中出现一个艺术字文本框，❶其中的占位符【请在此放置您的文字】为选中状态，直接输入艺术字内容并选中；❷在【开始】选项卡中设置合适的字体格式，如下图所示。

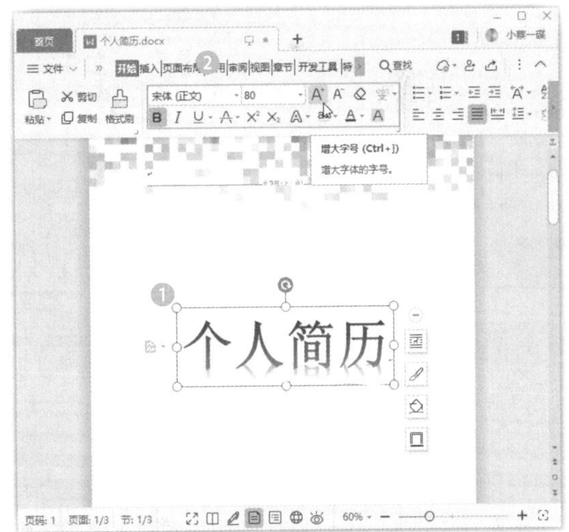

温馨提示

在内容比较严肃的文档中，尽量不要使用艺术字。

方法二：

步骤01 ❶将文本插入点定位在需要插入艺术字的

页面中；❷单击【艺术字】按钮；❸在弹出的下拉菜单的【稻壳艺术字】栏中选择需要的艺术字样式，如下图所示。

步骤 02　将在文档中插入选择的艺术字文本框，修改其中的文字内容即可，如下图所示。

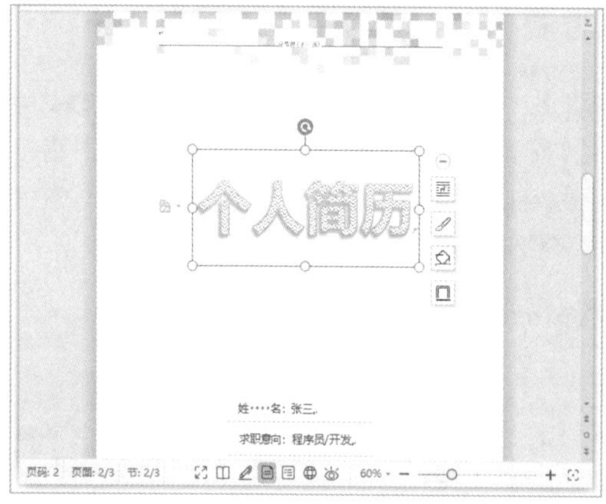

072 如何创建智能图形

扫一扫，看视频

实用指数
★★★★★

使用说明

当要表达的多项内容具有某种关系时，使用单纯的文字说明可能非常烦琐，而且不容易表达清楚。此时，使用智能图形就可以通过图形结构和文字说明更有效地传递信息。

解决方法

例如，要在文档中创建某公司运营的组织结构图，具体操作方法如下。

步骤 01　打开素材文件（位置：素材文件\第3章\运营部结构图.docx），❶将文本插入点定位到需要插入智能图形的位置；❷单击【插入】选项卡中的【智能图形】按钮，如下图所示。

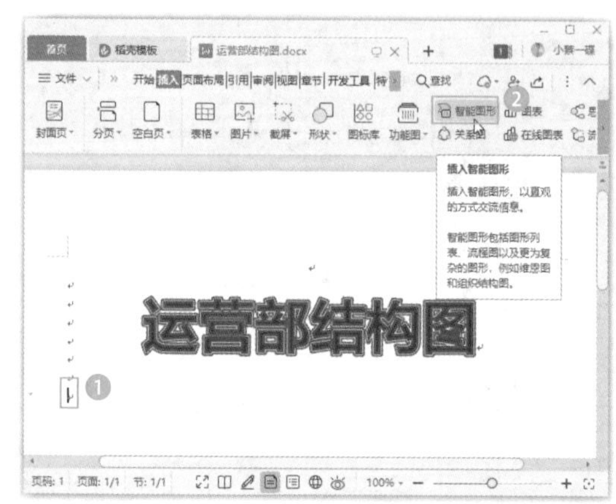

步骤 02　打开【选择智能图形】对话框，❶根据内容需要选择一个图形布局样式；❷单击【确定】按钮，如下图所示。

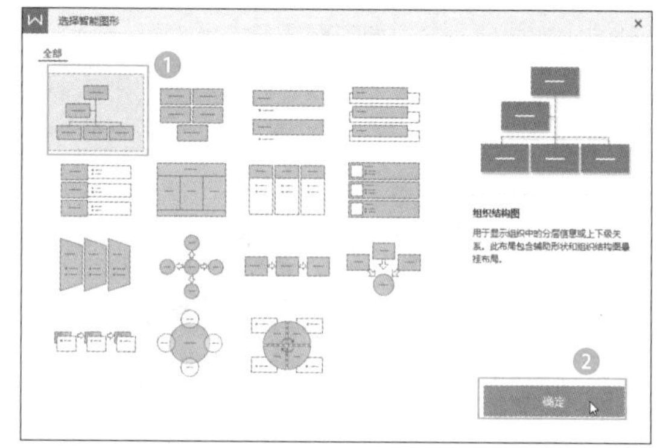

步骤 03　现在即可在文档中插入一个所选样式的智能图形，并在图形中显示【文本】占位符。在文本框中输入文字信息后，占位符就会自动消失，如下图所示。

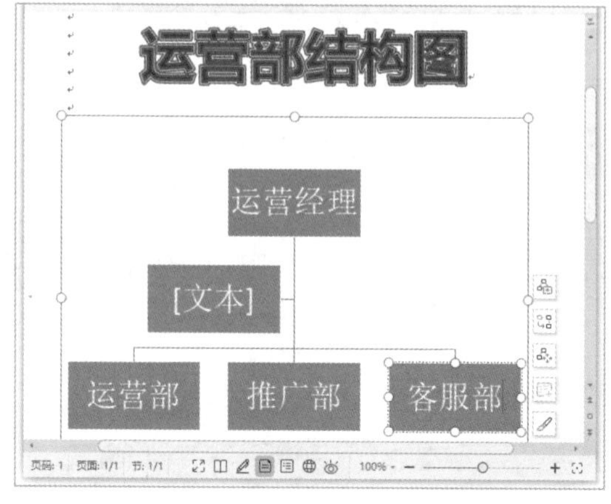

073 快速插入关系图

实用指数

★★★★★

扫一扫，看视频

使用说明

WPS Office中还提供了关系图，相比智能图形，关系图的效果更好，但灵活性稍差一些。

解决方法

例如，要在文档中创建8个项目的关系图，具体操作方法如下。

步骤 01 打开素材文件（位置：素材文件\第3章\工程机械携手互联网+转型升级.docx），❶将文本插入点定位到需要插入关系图的位置；❷单击【插入】选项卡中的【关系图】按钮，如下图所示。

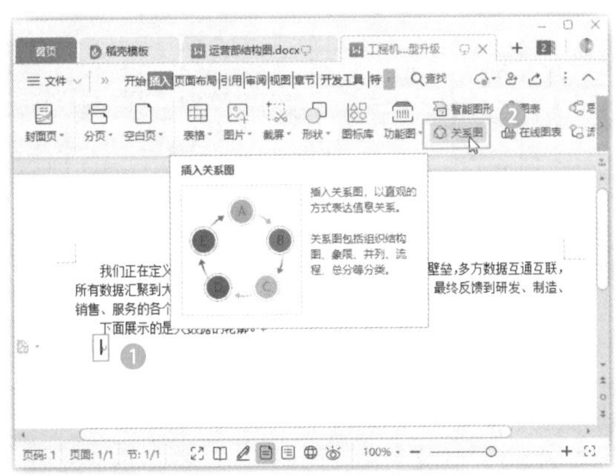

步骤 02 打开对话框，❶根据内容的多少和关系类型，在右侧选择关系图形的分类和项目数；❷在左侧选择需要的关系图样式，并单击其右下侧的【插入】按钮，如下图所示。

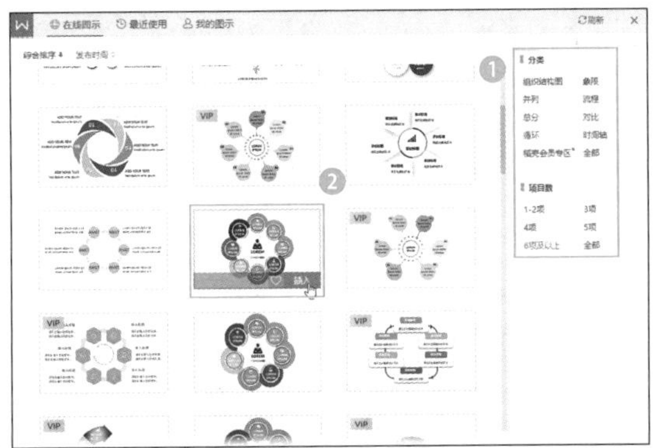

步骤 03 在文档中插入一个所选样式的关系图，修改各图形中的文字内容即可，如下图所示。

温馨提示

智能图形中形状的多少和布局位置可以根据需要进行调整，关系图就不能，所以在选择图形初期就必须把包含的数据项目数和效果定下来。

074 快速插入思维导图

实用指数

★★★★★

扫一扫，看视频

使用说明

在WPS Office中还可以插入创建的思维导图和在线编辑好的思维导图。思维导图的创建方法将在第15章中进行讲解。

解决方法

要在文档中插入自己创建的思维导图，具体操作方法如下。

步骤 01 ❶将文本插入点定位到需要插入思维导图的位置；❷单击【插入】选项卡中的【思维导图】按钮，如下图所示。

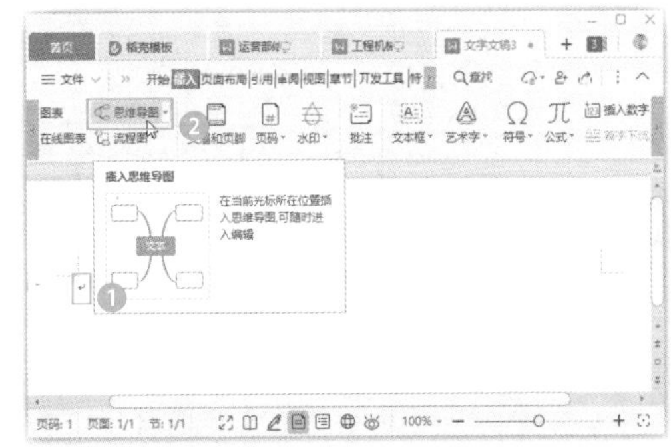

步骤 02 打开【请选择思维导图】对话框，在左侧列出了自己通过WPS思维导图创建的思维导图，右侧是其他人创建的在线思维导图模板。选择一个需要

插入的思维导图，这里选择插入自己创作的思维导图，如下图所示。

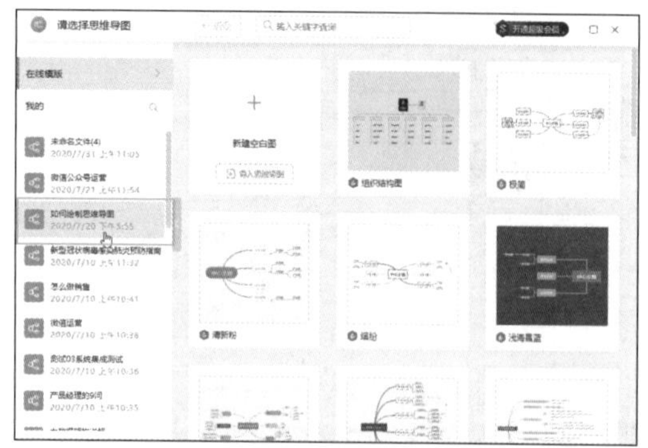

步骤 03 在对话框右侧可以看到该思维导图的效果，❶在右侧的【切换风格】任务窗格中选择一种风格样式，同时可以套用在该思维导图上；❷效果满意后，单击【保存】按钮；❸单击【插入到文档】按钮，如下图所示。

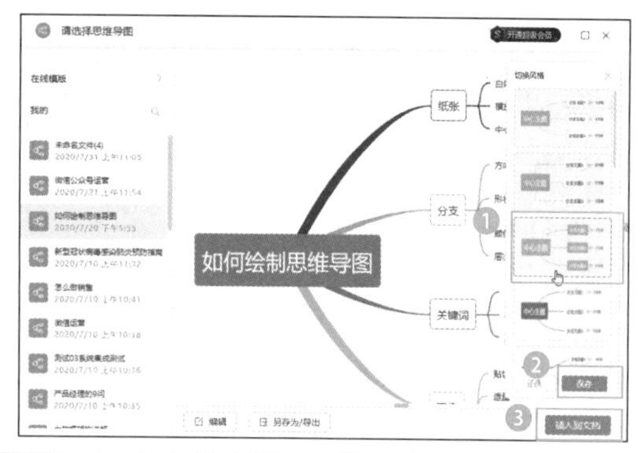

步骤 04 在文档中以图片的形式插入新风格的该思维导图，如下图所示。

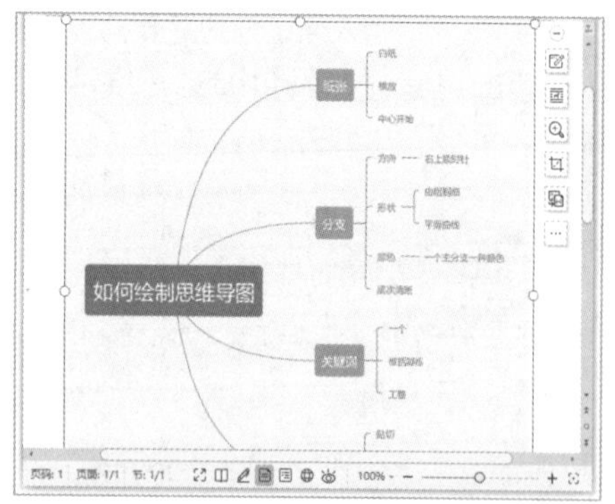

温馨提示

在【请选择思维导图】对话框中选择【新建空白图】命令，可以创建空白思维导图；选择在线思维导图模板，将新建相应的思维导图文件，需要编辑保存后才能插入文档。

075 快速插入流程图

扫一扫，看视频

实用指数

★★★★★

使用说明

对于一些相对复杂的流程图，可以在WPS 流程图中进行制作，制作完成后再将其插入WPS的其他组件。流程图的创建方法也将在第15章中进行讲解。

解决方法

例如，要在WPS文字中插入已经制作好的流程图，具体操作方法如下。

步骤 01 ❶将文本插入点定位到需要插入流程图的位置；❷单击【插入】选项卡中的【流程图】按钮，如下图所示。

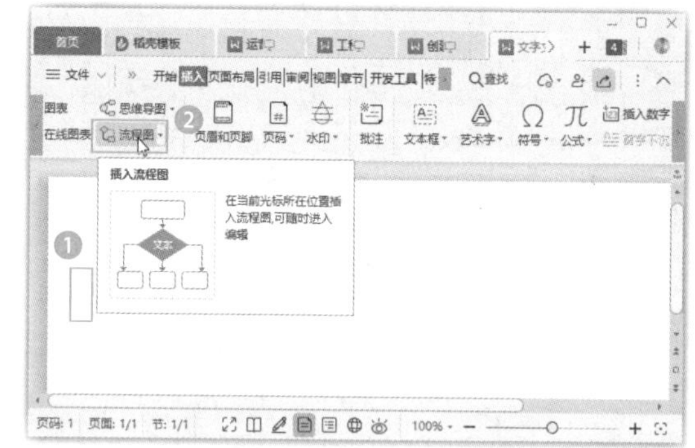

步骤 02 打开【请选择流程图】对话框，在左侧列出了自己通过WPS 流程图创建的流程图，右侧是其他人创建的在线流程图模板。❶选择一个需要插入的流程图，这里选择插入自己创建的流程图，在对话框右侧可以看到该流程图的效果；❷单击【插入到文档】按钮，如下图所示。

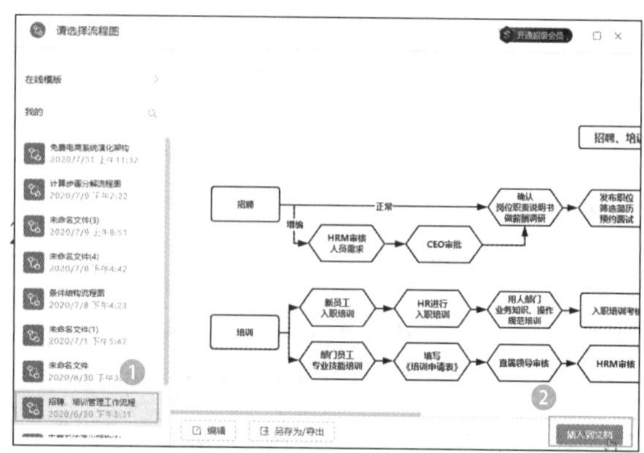

步骤 03 在文档中以图片的形式插入了流程图，如下图所示。

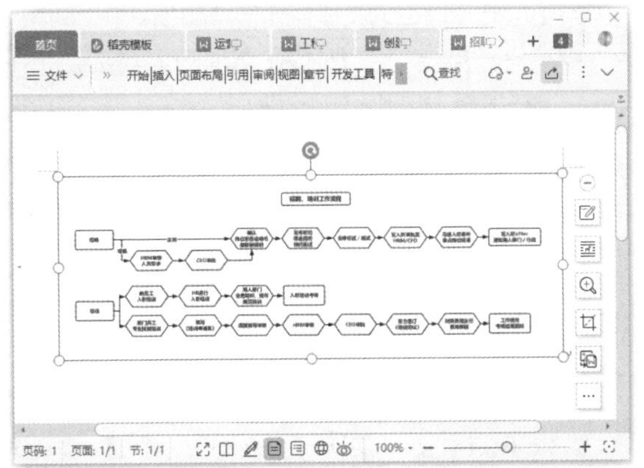

3.2 各种对象的通用编辑技巧

文档中插入的对象有时以主要内容的形式存在，有时也需要用一些对象来修饰文档。只有合理地安排这些对象，才能使文档更具美感，更能吸引阅读者，并且更有效地传达文档要表达的意义。本节将介绍一些对于各种对象都适用的编辑技巧。

076 调整对象的高度和宽度

扫一扫，看视频

使用说明

插入的对象大小是否符合需求是将对象插入文档最关心的要素。调整的方法也基本相同，主要有三种方法。

解决方法

例如，前面制作的邀请函的文本框大小不太合适，需要进行调整，具体操作方法如下。

方法一：

❶选择需要调整的对象；❷在对象的四周出现8个白色的控制点，将鼠标光标移动到其中一个控制点上，光标会变为黑色的双向箭头↘，此时按下鼠标左键拖动到合适的大小后松开鼠标左键即可，如下图所示。

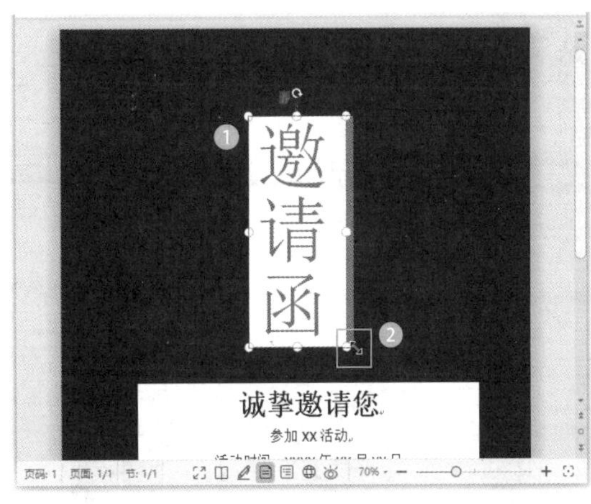

温馨提示

按住Shift键的同时拖动四个角落上的控制点，可以等比例调整对象的大小。

方法二：

❶选择需要调整的对象；❷在出现的【绘图工具】选项卡的【高度】和【宽度】数值框中输入对象的高度和宽度值，如下图所示。

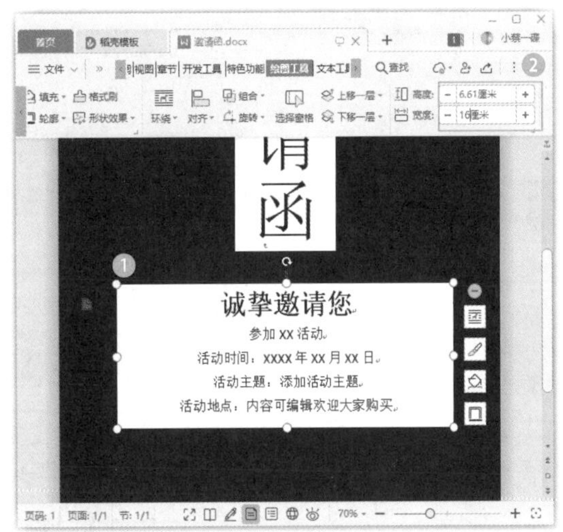

温馨提示

选择不同的对象，出现的工具选项卡会有所区别，但都有【高度】和【宽度】数值框。

方法三：

步骤 01 ❶选择需要调整的对象；❷单击【高度】和【宽度】数值框所在组右下角的【大小和位置】按钮 ┘，如下图所示。

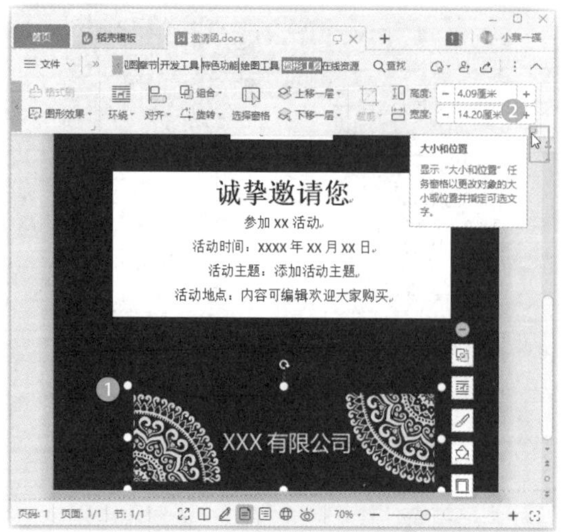

步骤 02　打开【布局】对话框，❶单击【大小】选项卡；❷选中【锁定纵横比】复选框；❸在【高度】或【宽度】栏中的【绝对值】数值框中输入具体数值；❹单击【确定】按钮即可，如下图所示。

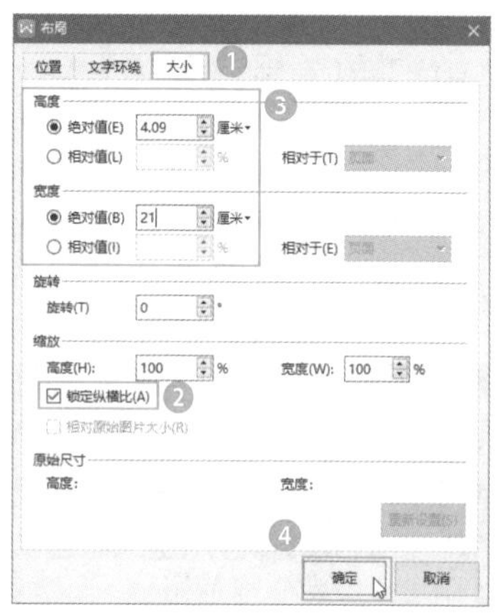

温馨提示

这里选中【锁定纵横比】复选框后，只需要设置高度或宽度中的一个具体值，另一个就会自动等比例进行调整。如果不需要等比例调整，可以取消选中该复选框。

077　通过选择窗格精确选择对象

扫一扫，看视频

实用指数
★★★☆☆

使用说明

如果文档中插入了多个对象，可以通过选择窗格快速且精确地选择某个对象。

解决方法

显示出选择窗格的具体操作方法如下。

❶选择任意一个对象；❷在出现的工具选项卡中单击【选择窗格】按钮，如下图所示。

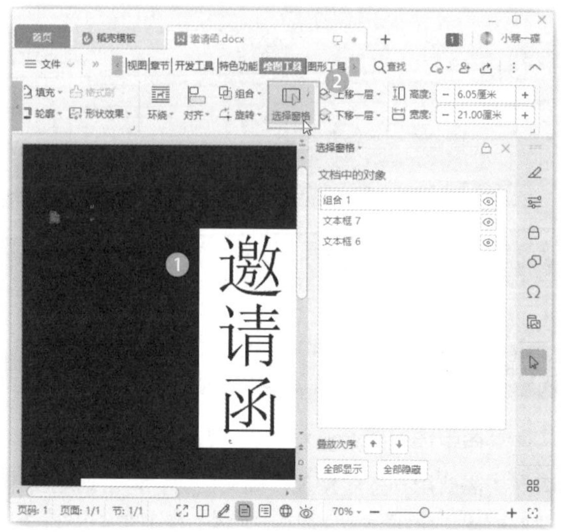

知识拓展

在选择窗格中列出了文档中包含的所有对象。选择某个对象名称即可选择文档中对应的对象；单击某个对象名称后的 图标，将隐藏或显示文档中的对应对象。

078　快速设置对象的文字环绕方式

扫一扫，看视频

实用指数
★★★★★

使用说明

默认情况下，在文档中插入的图片、图标等都是以嵌入的方式插入，而艺术字、图形、文本框等则是以浮于文字上方的方式插入。嵌入型对象会随着段落的位置进行变动，相对于嵌入方式，浮于文字上方会更灵活，选择这种插入方式的对象，拖动鼠标可以直接移动对象的位置。

此外，WPS文字还为对象提供了四周型、紧密型、穿越型、上下型和衬于文字下方5种文字环绕方式，不同的环绕方式可以实现不同的图文排版效果。

解决方法

例如，要更改图片的文字环绕方式，具体操作方法如下。

方法一：

打开素材文件（位置：素材文件\第3章\感谢信.docx），❶选择图片；❷单击图片右侧显示出的【布局选项】按钮；❸在弹出的下拉菜单中选择一种文字环绕方式，如下图所示。

方法二：

❶选择图片；❷单击【图片工具】选项卡中的【环绕】按钮；❸在弹出的下拉菜单中选择一种文字环绕方式，如下图所示。

079 更改对象的叠放顺序

实用指数
★★★★☆

扫一扫，看视频

使用说明

如果在文档中插入了多个非嵌入型的对象，而它们的位置又有部分重叠，那么位于下层的对象就会被上层的对象遮挡。

这时需要通过调整对象的叠放顺序使对象合理地叠放在一起。不同的叠放顺序，产生的最终效果也往往不同。

解决方法

例如，要通过调整文本框的叠放顺序使文本框中的文字显示出来，具体操作方法如下。

方法一：

打开素材文件（位置：素材文件\第3章\课堂儿歌.docx），❶选择文本框；❷单击【绘图工具】选项卡中的【上移一层】下拉按钮；❸在弹出的下拉菜单中选择【置于顶层】命令，如下图所示。操作完成后即可看到所选文本框已经置于最上层，原本位于图形下方的文字都已显示出来。

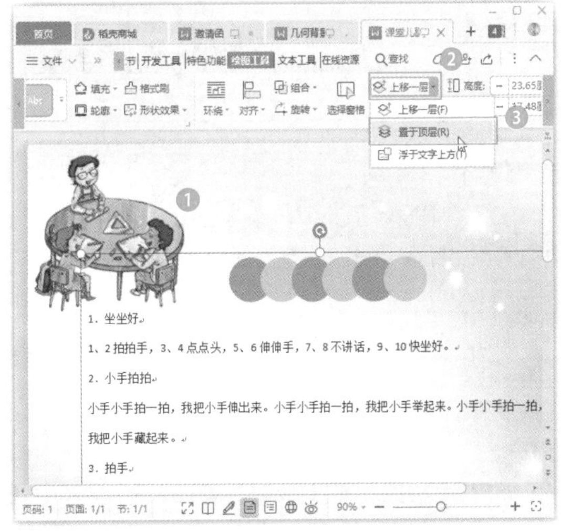

> **温馨提示**
>
> 单击【上移一层】或【下移一层】按钮，只会一层一层地向上或向下移动对象。单击【下移一层】下拉按钮，在弹出的下拉菜单中选择【置于底层】命令，可快速将对象移动到最底层。

方法二：

❶选择文本框；❷单击【绘图工具】选项卡中的【选择窗格】按钮；❸单击选择窗格下方的按钮，如下图所示。使列表框中的【文本框4】向上移动一层，移动到最上方，即可让所选文本框置于最上层。

温馨提示

单击选择窗格下方的 ↓ 按钮，可以一层一层地向下移动对象。

080 设置多个对象的对齐方式

扫一扫，看视频

实用指数
★★★★★

使用说明

在文档中插入了多个非嵌入型的对象后，为了让页面效果更整洁，往往需要为多个对象设置对齐方式。

解决方法

例如，要让例077制作的邀请函中的三个文本框居中对齐，具体操作方法如下。

方法一：

❶按Ctrl键的同时选择需要对齐的多个文本框；❷单击显示出的工具栏中的对齐按钮，如【水平居中】按钮，如下图所示。

方法二：

❶选择需要对齐的多个文本框；❷单击【图形工具】选项卡中的【对齐】按钮；❸在弹出的下拉菜单中选择一种对齐方式，如【水平居中】选项，如下图所示。

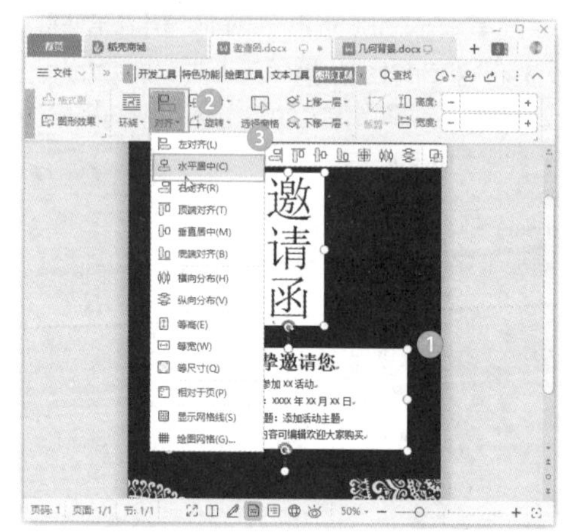

081 快速旋转对象的方向

扫一扫，看视频

实用指数
★★★★☆

使用说明

插入文档的非嵌入型对象几乎都可以旋转方向，从而得到更多效果（智能图形除外）。

解决方法

例如，要旋转例068制作的景区简介文档中的弧形，具体操作方法如下。

方法一：

❶选择需要旋转的弧形；❷将光标移动到形状上方出现的旋转按钮上并单击，拖动鼠标即可自由旋转形状，如下图所示。

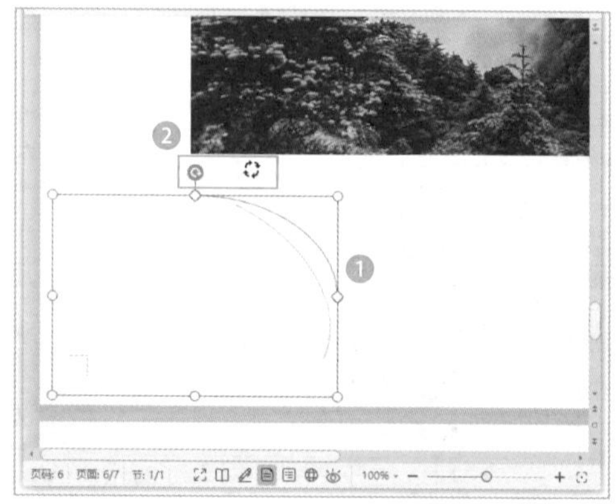

方法二：

❶向右复制弧形并选中；❷单击【绘图工具】选项卡中的【旋转】按钮；❸在弹出的下拉菜单中选择旋转方向，如【水平翻转】命令，如下图所示。操作完成后即可看到形状的方向已经更改。

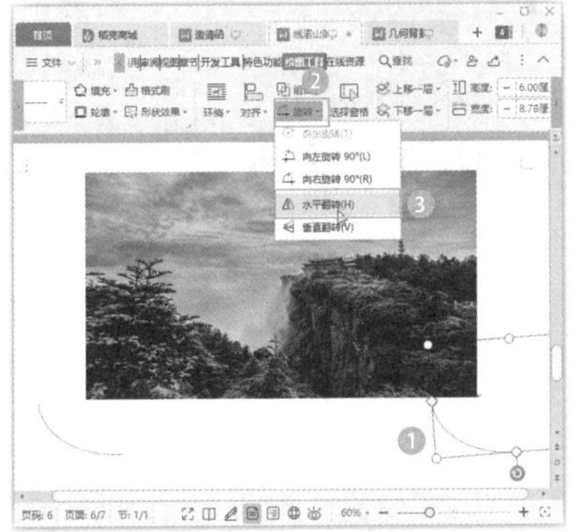

方法二：

❶选择智能图形；❷在【设计】选项卡列表框中选择预设样式即可，如下图所示。

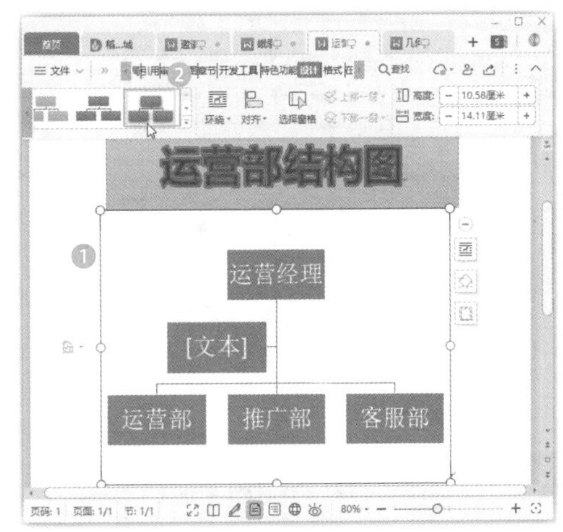

082 快速设置对象的整体效果

扫一扫，看视频

使用说明

WPS Office为不同的对象预设了多种整体效果样式（图片没有此功能），用户可以根据需要应用样式快速美化对象。

解决方法

例如，要为例072制作的部门结构图使用快速样式，具体操作方法如下。

方法一：

❶选择艺术字；❷单击显示出的工具栏中的按钮；❸在弹出的下拉列表中选择预设样式即可，如下图所示。

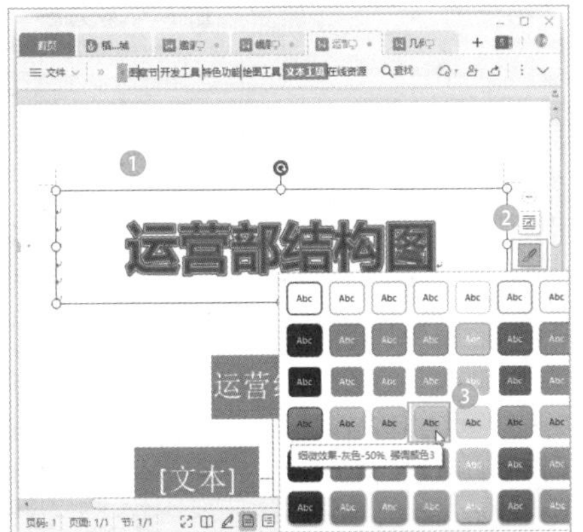

083 如何设置对象的轮廓和填充效果

扫一扫，看视频

使用说明

除了使用快速样式美化对象外，也可以单独为对象设置轮廓和填充效果（智能图形没有此功能，图片没有填充效果）。

解决方法

例如，要为邀请函中的文本框设置轮廓和填充效果，具体操作方法如下。

步骤 01 ❶选择文本框；❷单击显示出的工具栏中的【形状填充】按钮；❸在弹出的下拉列表中选择一种填充颜色即可，这里选择【无填充颜色】选项，如下图所示。

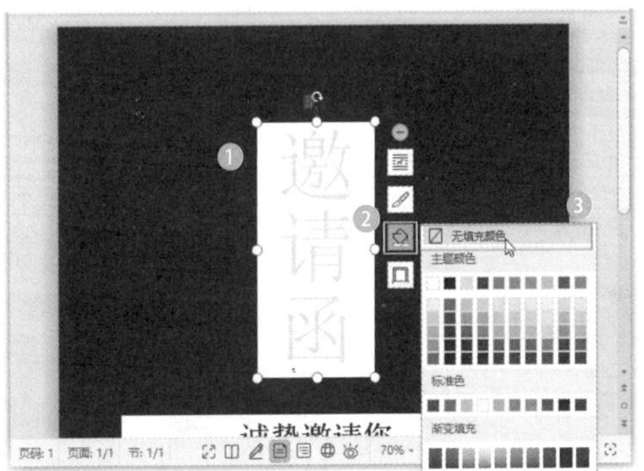

步骤 02　❶选择文本框；❷单击【绘图工具】选项卡中的【轮廓】按钮；❸在弹出的下拉菜单中设置轮廓颜色、线型、粗细等，这里选择【取色器】命令，如下图所示。

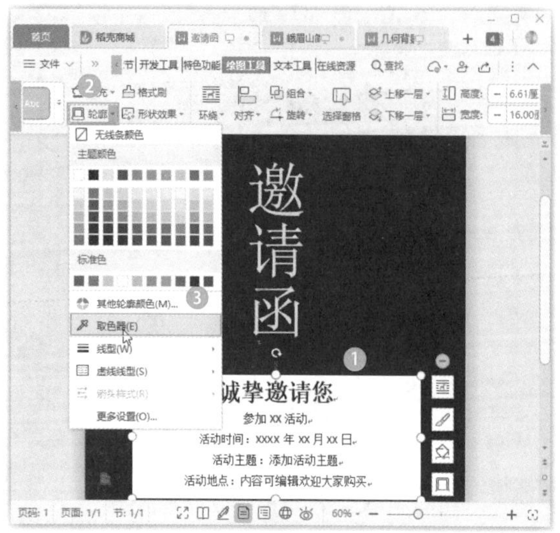

步骤 03　移动光标到需要吸取的颜色所在位置并单击，如下图所示。即可为所选对象添加该颜色的轮廓。

温馨提示

选择对象后，单击显示出的工具栏中的【形状轮廓】按钮□，也可以为对象设置轮廓效果。

步骤 04　❶继续设置该文本框的轮廓粗细；❷单击【文本工具】选项卡中的【文本填充】按钮；❸在弹出的下拉菜单中设置文本的填充颜色，如下图所示。即可为所选文本框中的文本填充该颜色。

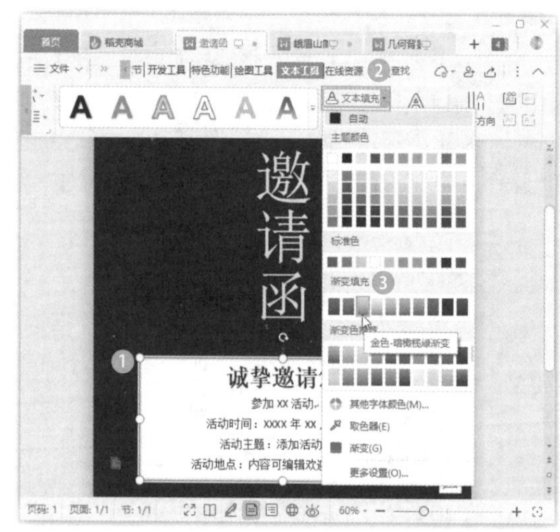

温馨提示

单击【文本工具】选项卡中的【文本轮廓】按钮，还可以设置对象中文字的轮廓效果。

步骤 05　保持文本框的选择状态，❶单击【绘图工具】选项卡中的【填充】按钮；❷在弹出的下拉菜单中选择【无填充颜色】命令，如下图所示。

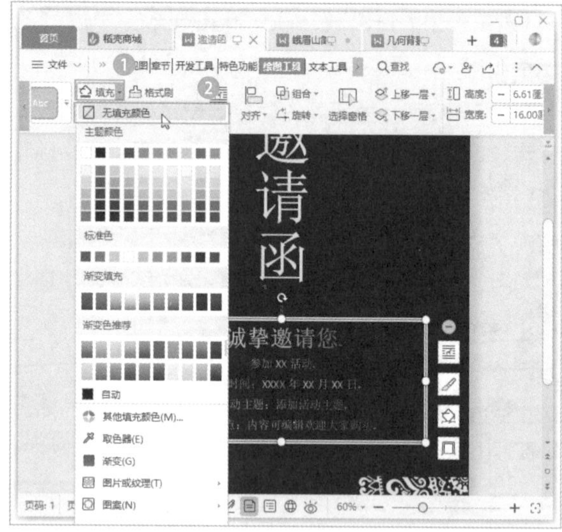

084 如何为对象添加效果

扫一扫，看视频

实用指数
★★★★☆

使用说明

为了增加对象的表现力，可以为对象设置三维效果，包括阴影、倒影、发光、柔化边缘、三维旋转等。

解决方法

例如，要为景区介绍文档中的图片和形状添加效果，具体操作方法如下。

步骤 01 ❶选择需要添加效果的图片；❷单击【图片工具】选项卡中的【图片效果】按钮；❸在弹出的下拉菜单中选择【倒影】选项；❹在子菜单中选择一种倒影样式，如下图所示。操作完成后即可看到设置倒影样式后的图片效果。

> **温馨提示**
>
> 不同对象设置效果的按钮名称略有不同，智能图形没有该功能。

步骤 02 ❶选择需要添加效果的形状；❷单击【绘图工具】选项卡中的【形状效果】按钮；❸在弹出的下拉菜单中选择【阴影】命令；❹在子菜单中选择一种阴影样式，如下图所示。操作完成后即可看到设置阴影样式后的形状效果，使用相同方法为右侧的形状添加阴影。

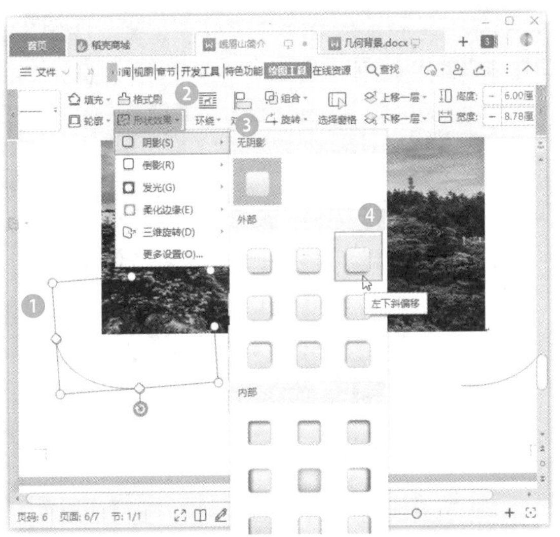

085 将多个对象组合在一起

实用指数
 ★★★★★

扫一扫，看视频

使用说明

如果已经对文档中的多个非嵌入型的对象设置好样式（智能图形除外），且需要让它们以固定的排列方式用于文档中时，可以将其组合，以方便移动和排版。

解决方法

例如，要组合多个图形，整理为背景效果，具体操作方法如下。

方法一：

打开素材文件（位置：素材文件\第3章\几何背景.docx），❶选择需要组合的多个形状；❷单击显示出的工具栏中的【组合】按钮，如下图所示。

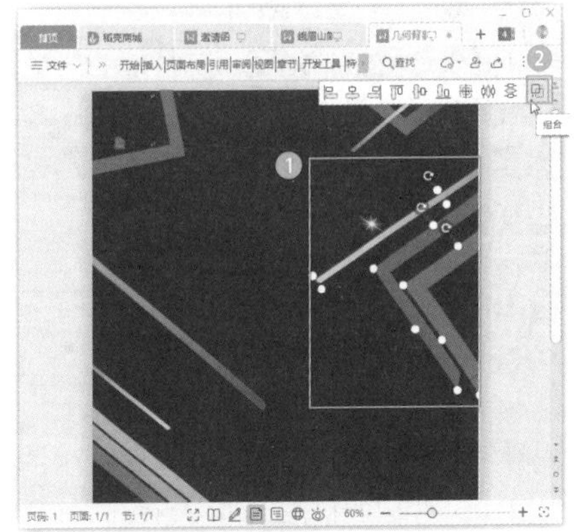

方法二：

❶选择需要组合的多个形状；❷单击【绘图工具】选项卡中的【组合】按钮；❸在弹出的下拉菜单中选择【组合】命令即可，如下图所示。

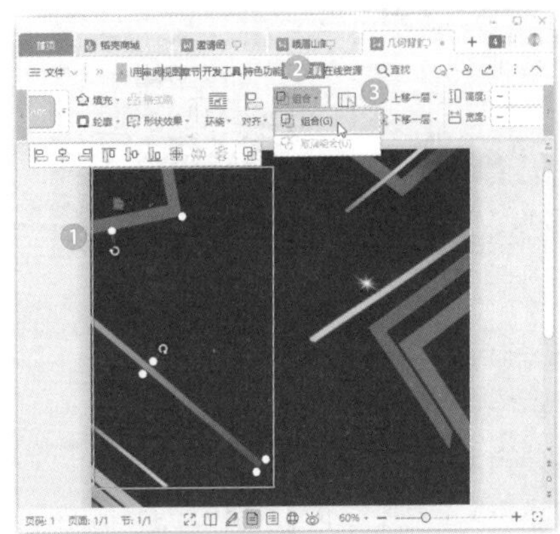

温馨提示

选择多个对象并右击，在弹出的快捷菜单中选择【组合】命令也可以组合对象。

3.3 图片对象的编辑技巧

在文档中插入图片之后，除了前面介绍的一些通用技巧，还有一些专属于图片的编辑技巧，如调整图片清晰度、裁剪图片、删除图片背景等。使用这些技巧可以让文档中的图片进一步得到美化，更符合图文混排的需要。

086 通过裁剪改变图片效果

扫一扫，看视频

实用指数
★★★★☆

使用说明

在图文混排过程中，为了让图片能更好地融入文字，可能需要对图片进行裁剪。如将图片中与主体无关的多余内容裁掉，或者将图片裁剪为其他形状来进行美化，或者按照需要的长宽比进行裁剪。

解决方法

例如，要对景区介绍文档中的图片进行不同的裁剪，具体操作方法如下。

方法一：

❶选择图片；❷单击显示出的工具栏中的【裁剪图片】按钮，如下图所示。

知识拓展

选择图片后，单击【图片工具】选项卡中的【裁剪】按钮也可以对图片进行裁剪。

步骤 02 此时，图片四周将出现8个裁剪控制点，将鼠标光标移动到控制点上，按下鼠标左键拖动到合适位置，然后松开鼠标左键，如下图所示。

步骤 03 此时，图片中显示有灰色的区域表示要删除的部分，按Enter键或单击文档中的其他空白位置，即可完成图片的裁剪，如下图所示。

方法二：

❶选择图片；❷单击【裁剪图片】按钮；❸在弹出的扩展面板中单击【按形状裁剪】选项卡；❹在下方选择需要将图片裁剪为的形状，如椭圆，如下图所示。即可让图片按所选形状裁剪。

方法三：

❶选择图片；❷单击【裁剪图片】按钮 ；❸在弹出的扩展面板中单击【按比例裁剪】选项卡；❹在下方选择需要将图片裁剪为的比例大小，如3:4，即可让图片按所选比例裁剪，如下图所示。

087 调整图片的亮度和对比度

扫一扫，看视频

使用说明

插入图片后，如果需要调整图片的亮度和对比度，可以使用WPS文字进行简单处理。

解决方法

调整图片亮度和对比度的具体操作方法如下。

步骤 01 ❶选择图片；❷单击【图片工具】选项卡中的【增加亮度】按钮 ，即可适度增加图片的亮度，如下图所示。

步骤 02 单击【图片工具】选项卡中的【增加对比度】按钮 ，即可适度增加图片的对比度，如下图所示。多次调整亮度和对比度直到看清夜空中的星星。

温馨提示

选择图片后，单击【降低亮度】和【降低对比度】按钮，可以降低图片的亮度和对比度。单击一次可以调整的值有限，如果需要继续调整亮度或对比度，可以多单击几次。

088 如何删除图片的背景

实用指数

★★★★☆

扫一扫，看视频

使用说明

为文档配图时，如果选择的图片背景与文档整体效果不符，想要去除插入的图片背景，可以使用WPS文字实现抠图效果。

解决方法

例如，要删除珠宝图片中的白色背景，让图片更好地融入文字内容，具体操作方法如下。

步骤 01 打开素材文件（位置：素材文件\第3章\五一促销活动方案.docx），❶选择图片；❷单击【图片工具】选项卡中的【抠除背景】按钮，如下图所示。

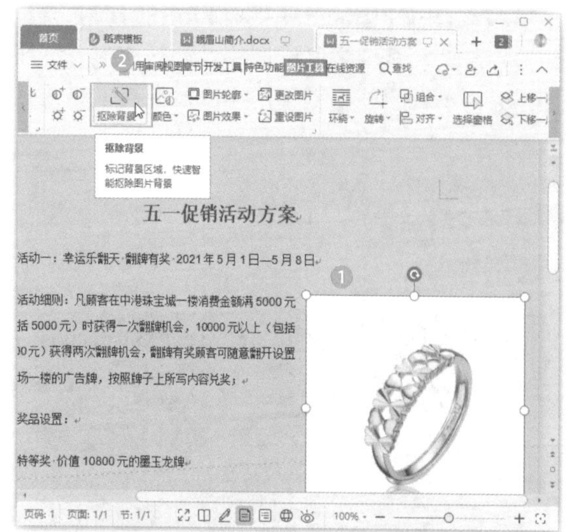

步骤 02　打开【抠除背景】对话框，❶单击【基础抠图】选项卡；❷在需要删除的背景上单击添加粉红色的删除标记；❸过程中可以长按【长按预览】按钮来查看抠图效果；❹对效果满意后，单击【完成抠图】按钮，抠图效果如下图所示。

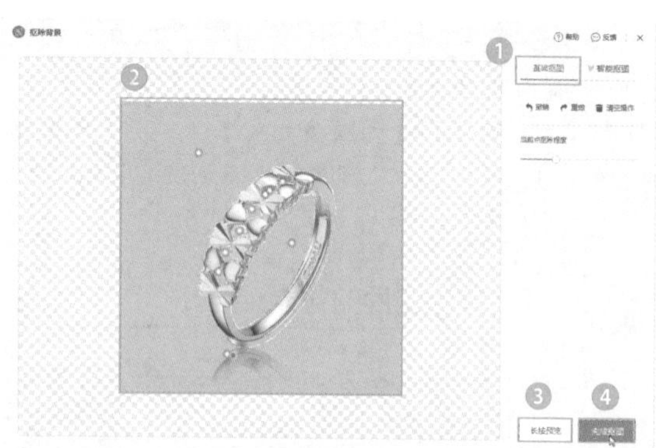

步骤 03　返回文档即可看到图片的背景已经删除，如下图所示。

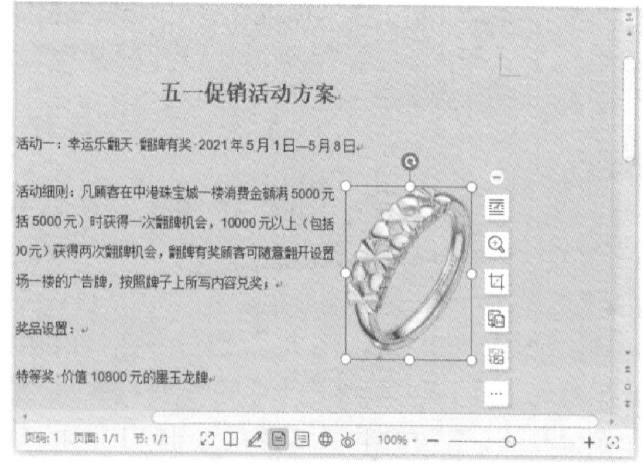

089 如何更改图片的颜色

扫一扫，看视频

使用说明

为了文档的排版协调性，有时候可能需要更改插入文档中的图片的颜色。

解决方法

例如，要将景区介绍文档中的某图片设置为灰度效果，具体操作方法如下。

步骤 01　❶选择图片；❷单击【图片工具】选项卡中的【颜色】按钮；❸在弹出的下拉列表中选择【灰度】选项，如下图所示。

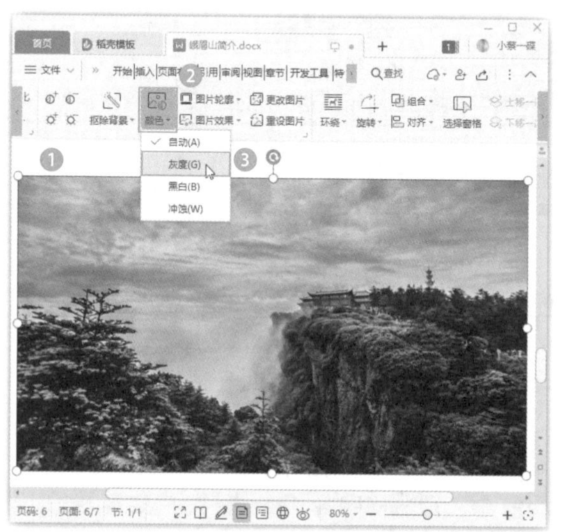

步骤 02　操作完成后即可看到图片颜色已经更改，如下图所示。

090　将图片还原到最初状态

实用指数

★★★☆☆

扫一扫，看视频

使用说明

在对图片进行各种编辑后，如果不满意当前效果，可以将图片快速还原为原始状态重新设计。

解决方法

如果要快速还原图片的原始效果，具体操作方法如下。

方法一：

步骤 01　❶选择已经进行过裁剪、大小调整的图片；❷单击【图片工具】选项卡中的【重设大小】按钮，如下图所示。

步骤 02　操作完成后即可看到图片大小已经恢复到最初状态，如下图所示。

方法二：

步骤 01　❶选择已经进行过亮度或对比度调整、更改颜色、设置边框等效果的图片；❷单击【图片工具】选项卡中的【重设图片】按钮，如下图所示。

步骤 02　操作完成后即可看到图片效果已经恢复到最初状态，如下图所示。

3.4　形状的编辑技巧

在文档中插入的形状也有一些独特的编辑技巧，如多次使用同一绘图工具，编辑顶点实现更多图形效果等。下面介绍一些形状的编辑技巧。

091　如何多次使用同一绘图工具

实用指数

★★★☆☆

扫一扫，看视频

使用说明

默认情况下，每选择一次工具，在绘制一个图形之后就会取消绘图工具的选中状态。如果需要多次使用同一绘图工具时，可以先锁定该工具再绘制图形。

解决方法

要多次使用同一绘图工具，具体操作方法如下。

❶单击【插入】选项卡中的【形状】按钮；❷在弹出的下拉菜单中需要锁定的图形工具上右击；❸在弹出的快捷菜单中选择【锁定绘图模式】命令，如下图所示。

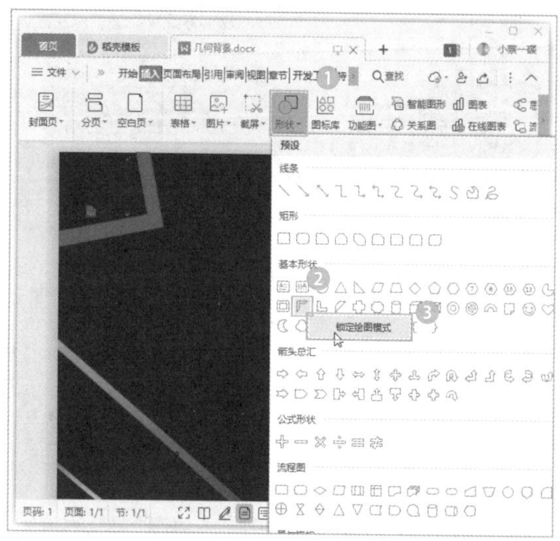

> **知识拓展**
>
> 绘图完毕，按Esc键即可退出锁定模式。

092 如何更改形状

扫一扫，看视频

实用指数
★★★☆☆

使用说明

形状绘制完成后，还可以根据需要来更改形状。

解决方法

例如，要将文档中的三角形更改为圆形，具体操作方法如下。

步骤 01 打开素材文件（位置：素材文件\第3章\毕业实习报告.docx），❶选择三角形；❷单击【绘图工具】选项卡中的【编辑形状】按钮；❸在弹出的下拉菜单中选择【更改形状】命令；❹在子菜单中选择【椭圆】工具，如下图所示。

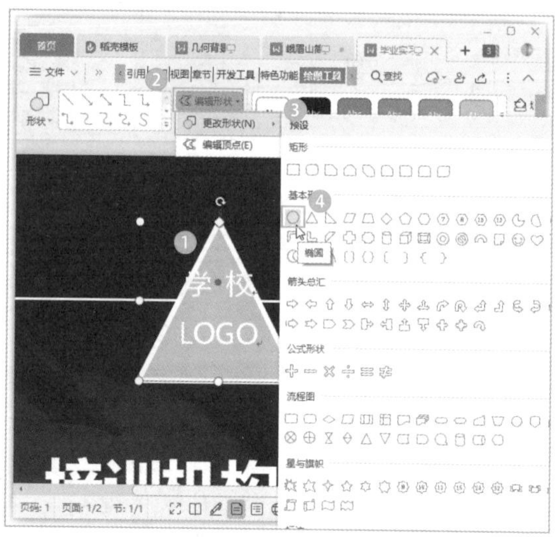

步骤 02 操作完成后即可看到文档中的三角形已经更改为圆形，如下图所示。

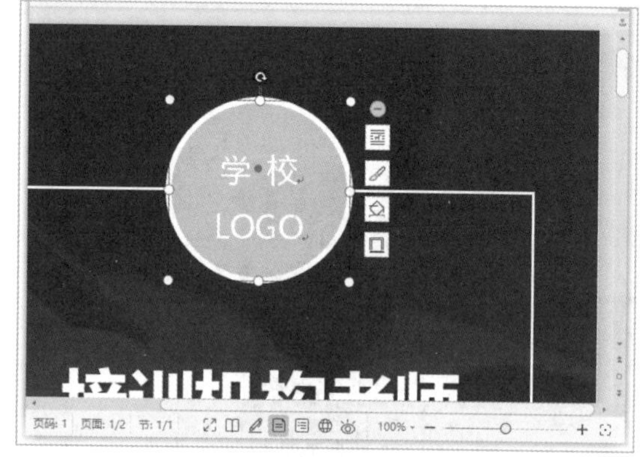

093 如何更改箭头样式

扫一扫，看视频

使用说明

在文档中插入线条或者带有箭头的线条后，如果对箭头的样式不满意，可以进行更改。

解决方法

例如，要更改景区介绍文档中某线条的样式，具体操作方法如下。

❶选择线条；❷单击【绘图工具】选项卡中的【轮廓】按钮；❸在弹出的下拉菜单中选择【箭头样式】命令；❹在子菜单中选择一种箭头样式即可，如下图

所示。

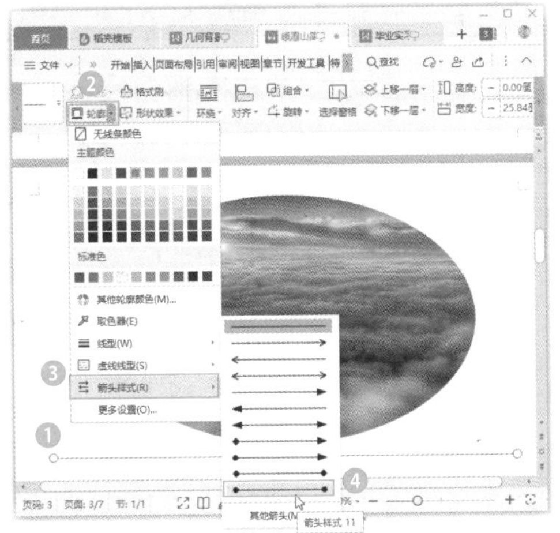

094 编辑自选图形的顶点，得到新的图形

扫一扫，看视频

使用说明

系统内置的图形是有限的，如果想在文档中插入一些个性的图形，可以通过编辑自选图形的顶点来实现。

解决方法

要编辑自选图形的顶点，具体操作方法如下。

步骤 01 ❶选择文档中已经创建好的图形；❷单击【绘图工具】选项卡中的【编辑形状】按钮；❸在弹出的下拉菜单中选择【编辑顶点】命令，如下图所示。

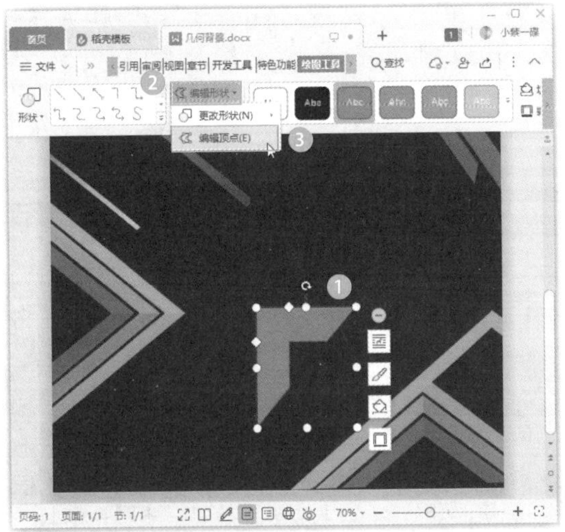

步骤 02 按住鼠标左键拖动图形的各顶点，直到将其编辑为需要的外形即可，如下图所示。

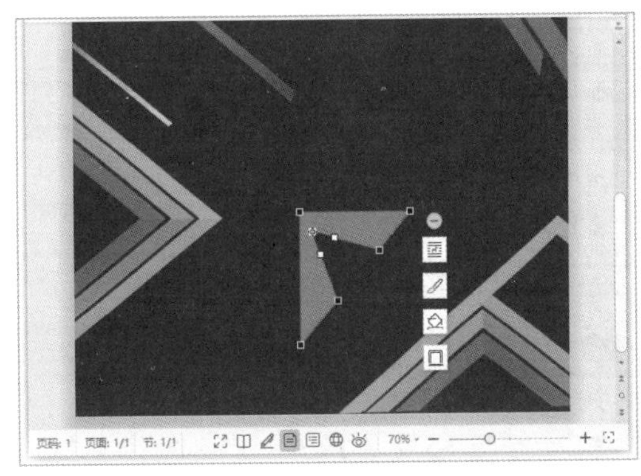

095 使用格式刷工具快速复制图形效果到其他图形上

扫一扫，看视频

使用说明

如果要为文档中的图形应用另一个图形的效果，可以使用格式刷工具快速复制图形效果，并刷到其他图形上。

解决方法

要快速复制图形效果到其他图形上，具体操作方法如下。

步骤 01 ❶选择文档中已经设置好效果的图形；❷单击【开始】选项卡中的【格式刷】按钮；❸将光标移动到需要复制效果的图形上并单击，如下图所示。

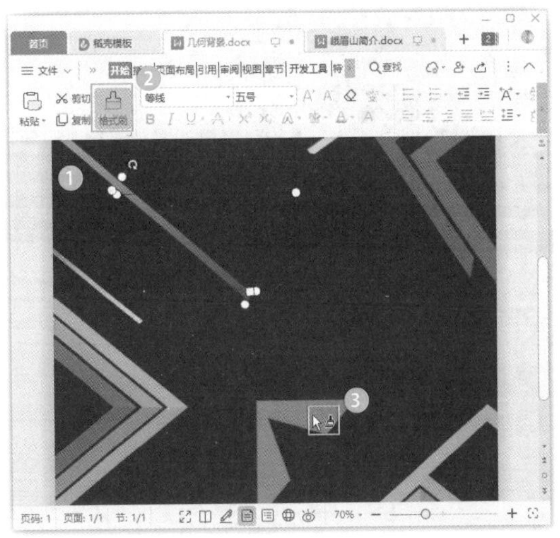

步骤 02 释放鼠标左键后，即可看到已经为该图形应用了相同的效果，如下图所示。

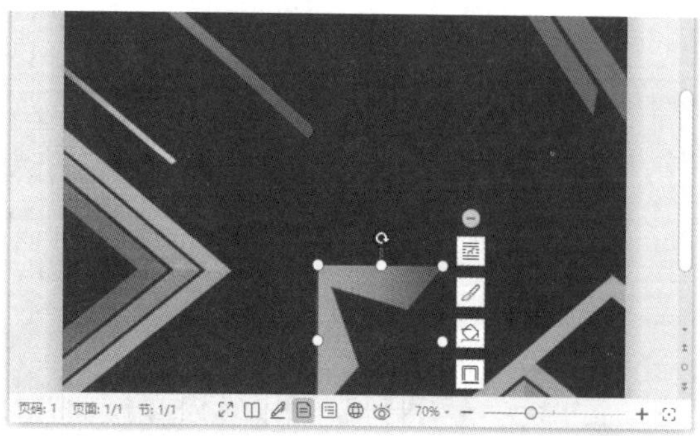

096 在自选图形中添加文本

扫一扫，看视频

实用指数
★★★★★

使用说明

有时候，还需要在绘制的图形中添加文本。

解决方法

在图形中添加文本的具体操作方法如下。

❶选择需要添加文本的图形；❷直接输入文字并选择；❸在【开始】选项卡或【文本工具】选项卡（该选项卡的相关内容将在3.5节中详细讲解）中设置字体格式即可，如下图所示。

3.5 文本框、艺术字、关系图的编辑技巧

在WPS 文字中插入文本框、艺术字和关系图，会显示相同的选项卡——【文本工具】选项卡。文本框、艺术字还会显示出【绘图工具】选项卡，该选项卡中的操作在3.4节介绍过。本节主要介绍文本框、艺术字、关系图在编辑过程中涉及【文本工具】选项卡的相关操作技巧。

097 快速将文本变换为文本框

扫一扫，看视频

使用说明

如果已经在文档中输入了文本，因为要灵活排版，想将其转换为文本框中的内容，在WPS 文字中只需一键就可以实现，而且可以选择快速转换为横排或竖排文本框。

解决方法

例如，要将文档标题直接转换为文本框放置到封面中，具体操作方法如下。

步骤 01 打开素材文件（位置：素材文件\第3章\创建全国文明城市公益宣传方案.docx），❶选择标题文本；❷单击【插入】选项卡中的【文本框】按钮，如下图所示。

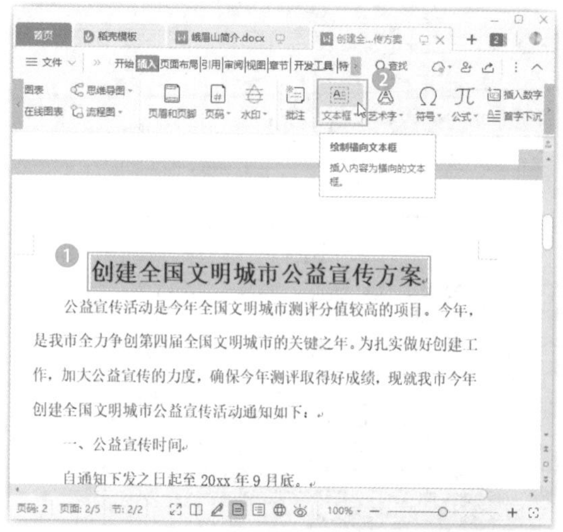

步骤 02 将所选文本转换为文本框，❶拖动文本框到封面中的合适位置；❷在【绘图工具】选项卡中设置

文本框的填充和轮廓为无颜色；❸在【文本工具】选项卡中设置字体、字号和文本填充颜色。完成后的效果如下图所示。

098 如何设置文本框中文字与边框的距离

实用指数

★★★☆☆

扫一扫，看视频

使用说明

在文本框中输入文字后，还可以通过调整文本框中的文字与边框的距离，使文档排版更加美观。

解决方法

例如，要调整邀请函文档中横排文本框中文字与边框的距离，具体操作方法如下。

步骤 01 ❶选择文本框；❷单击【文本工具】选项卡中第3组右下角的【设置文本效果格式：文本框】按钮，如下图所示。

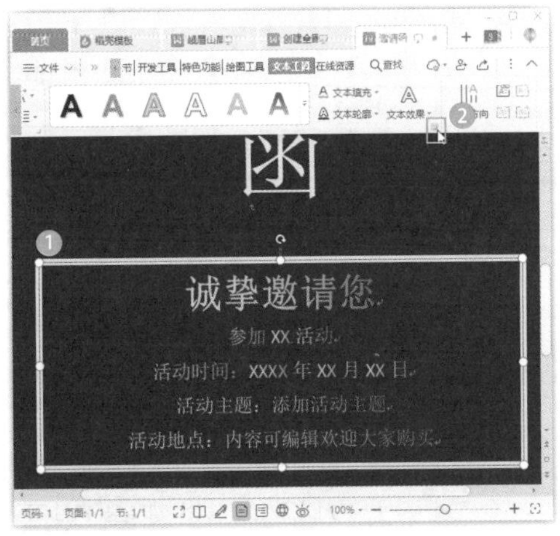

步骤 02 打开【属性】任务窗格，❶单击【文本框】选项卡；❷在【左边距】【右边距】【上边距】【下边距】数值框中设置合适的边框距离即可，如下图所示。

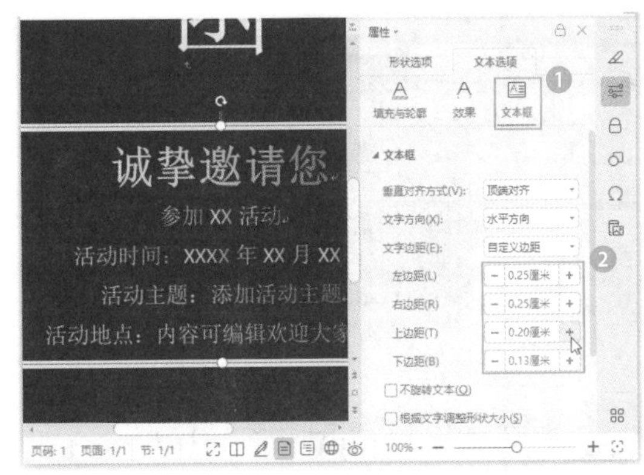

099 如何更改文本框/艺术字的文字方向

实用指数

★★★☆☆

扫一扫，看视频

使用说明

插入文本框和艺术字后，如果对文字的排列方向不满意，想将横排的内容修改为竖排，或将竖排的内容修改为横排，只需要一键即可完成这两个方向的切换。

解决方法

例如，要让文本框中的文字垂直排列，具体操作方法如下。

步骤 01 ❶选择文本框；❷单击【文本工具】选项卡中的【文字方向】按钮，如下图所示。

步骤 02　更改文字为垂直排列，如下图所示。

100　如何更改关系图中图形的数量

扫一扫，看视频

实用指数 ★★★☆☆

使用说明

一组关系图一般提供了多个图形数量供用户选择，所以，当需要修改插入的关系图中的图形数量时，还可以在提供项中进行有限的修改。

解决方法

例如，要让关系图增加一个图形，具体操作方法如下。

步骤 01　打开素材文件（位置：素材文件\第3章\5种分析模型.docx），❶选择关系图；❷单击显示出的工具栏中的【更改个数】按钮；❸在弹出的下拉列表中选择需要的图形个数，如下图所示。

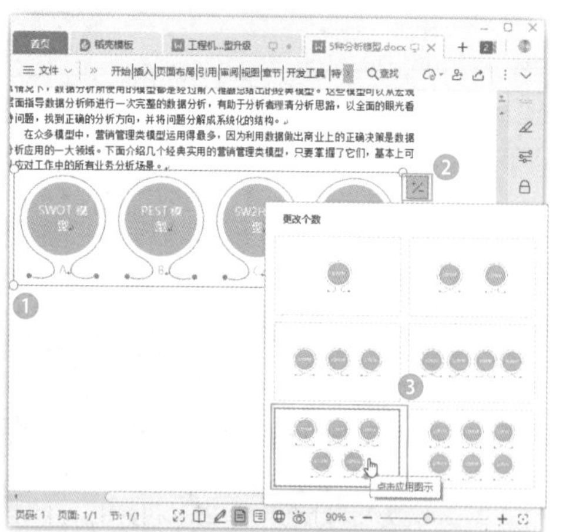

步骤 02　增加一个图形，在新增的图形中输入文本，如下图所示。

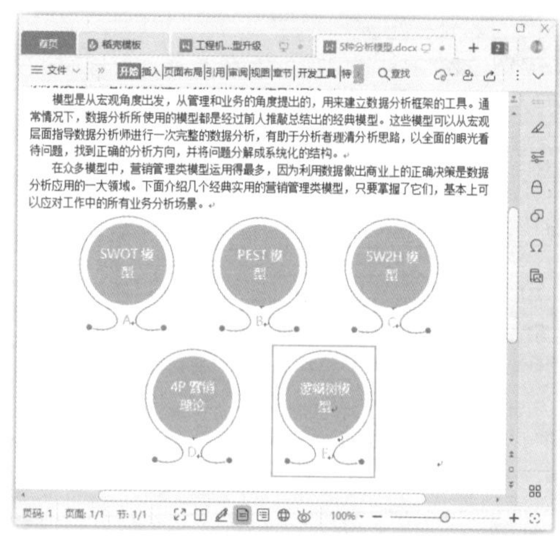

101　快速更改关系图的配色

扫一扫，看视频

实用指数 ★★★☆☆

使用说明

关系图在设置初期还准备了不同的配色效果，如果对插入的关系图配色不满意，可以进行修改。

解决方法

更改关系图配色的具体操作方法如下。

❶选择关系图；❷单击显示出的工具栏中的【更改配色】按钮；❸在弹出的下拉列表中选择需要的配色即可，如下图所示。

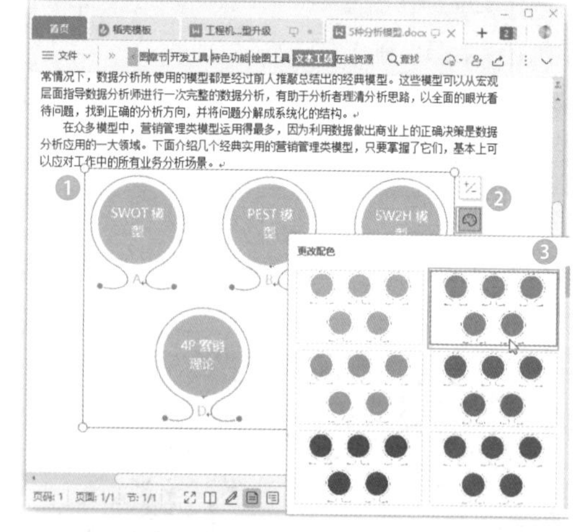

3.6　图标的编辑技巧

在文档中插入图标，可以让文档内容更加丰富。图标也有一个独特的编辑技巧，下面就来介绍这个技巧。

102　如何更改图标效果

实用指数
★★★☆☆

扫一扫，看视频

使用说明

如果对文档中插入的图标效果不满意，可以直接进行替换。

解决方法

例如，要更改例069中制作的“三年级语文上册教案”文档中的某个图标，具体操作方法如下。

步骤 01　❶选择要替换的图标；❷单击【插入】选项卡中的【图标库】按钮，如下图所示。

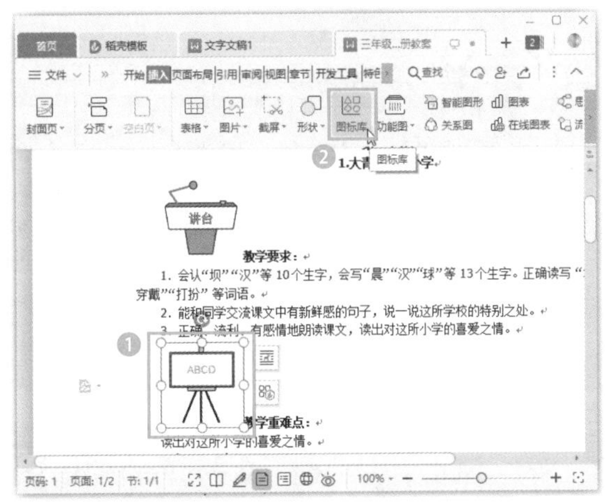

步骤 02　打开【图标库】对话框，选择需要替换的图标，并单击其下方的【立即使用】按钮，即可直接替换所选择的图标，如下图所示。

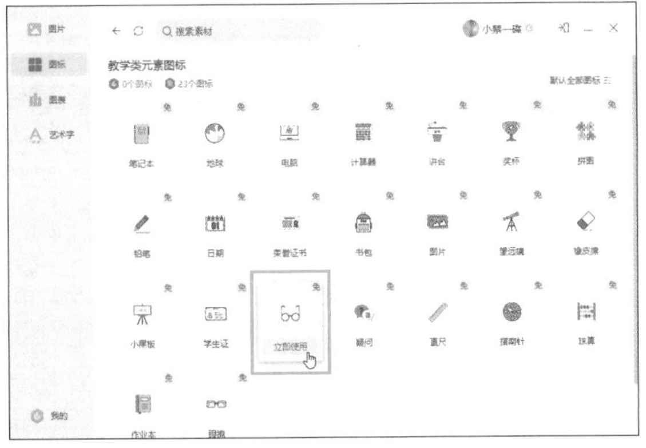

3.7　智能图形的编辑技巧

在插入智能图形后，会发现每个样式的形状个数和布局是固定的，但是在制作图形时，往往需要根据实际需求更改形状的个数和布局效果，本节将介绍一些使用智能图形的技巧。

103　如何添加和删除智能形状

实用指数
★★★★★

扫一扫，看视频

使用说明

创建智能图形后，如果发现形状的数量不合适，可以根据实际需要随时添加和删除形状。

解决方法

例如，要通过添加和删除形状，为例072中创建的运营部结构图进行内容上的完善，具体操作方法如下。

步骤 01　选择要删除的形状，按BackSpace键或Delete键即可删除形状，如下图所示。

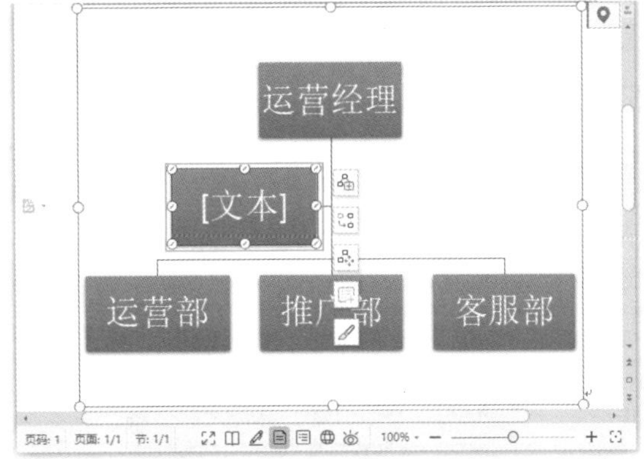

步骤 02　❶选择与要添加形状位置处于上一层级的图形；❷单击显示出的工具栏中的【添加项目】按钮；❸在弹出的下拉菜单中选择【在下方添加项目】命令，如下图所示。

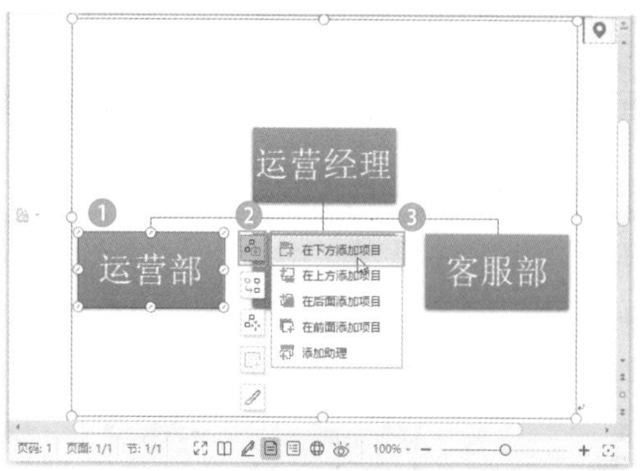

知识拓展

在智能图形中选择某个形状后，单击【设计】选项卡中的【添加项目】按钮，在弹出的下拉菜单中选择添加形状的位置，也可以添加形状。

步骤 03 在所选形状下方添加一个形状，❶输入相应的文本，并选择该形状；❷单击【添加项目】按钮 ；❸在弹出的下拉菜单中选择【在后面添加项目】命令，如下图所示。

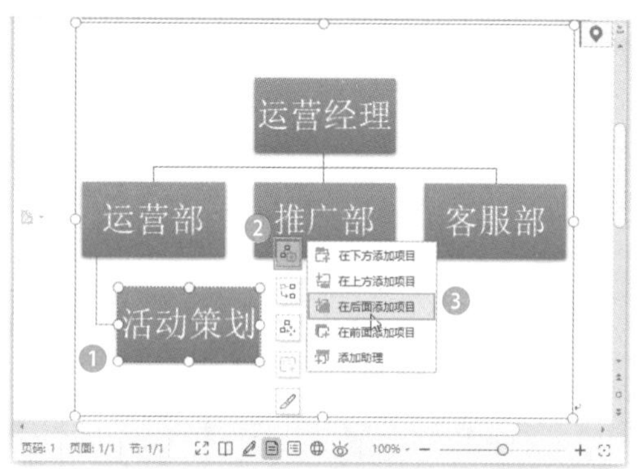

步骤 04 在所选形状后面添加一个同级形状，❶输入相应的文本；❷使用相同的方法在【推广部】和【客服部】两个形状下方添加形状，完成后的效果如下图所示。

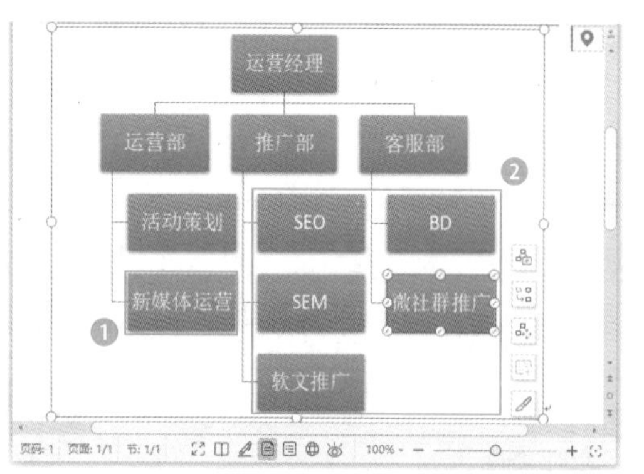

104 如何调整智能形状的位置

扫一扫，看视频

使用说明

如果智能图形中的形状位置没有摆放正确，可以使用【更改位置】功能进行升/降级别、前移/后移调整。

解决方法

例如，例103中运营部结构图中最后的两个形状位置应该调整到【推广部】形状的下方，可以先升级，再前移，最后降级，具体操作方法如下。

步骤 01 ❶选择要升级的形状；❷单击显示出的工具栏中的【更改位置】按钮 ；❸在弹出的下拉菜单中选择【升级】命令，如下图所示。

步骤 02 将所选图形向上移动一级，放置在最末尾处。保持该形状的选择状态，❶单击【更改位置】按钮 ；❷在弹出的下拉菜单中选择【前移】命令，如下图所示。

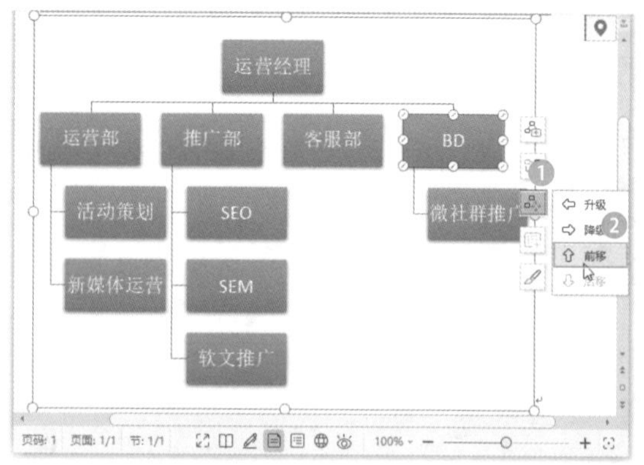

步骤 03 将所选图形在同级图形中向前移动一位。保持该形状的选择状态，❶单击【更改位置】按钮 ；

❷在弹出的下拉菜单中选择【降级】命令，如下图所示。即可将所选图形向下移动一级，放置在最末尾处。

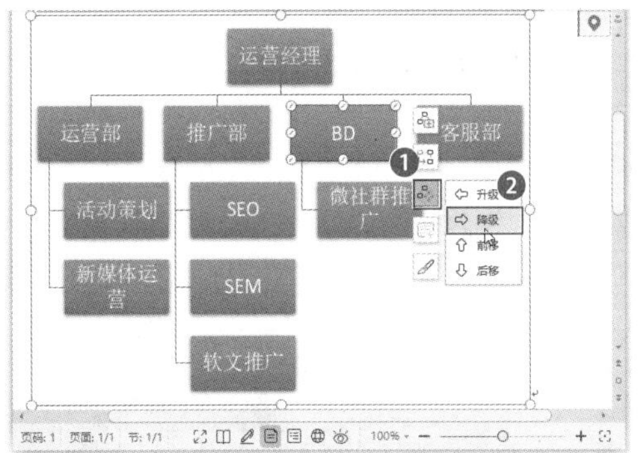

> **知识拓展**
>
> 选择某个形状后，单击【设计】选项卡中的【升级】【降级】【前移】【后移】按钮，也可以调整形状的位置。

105 如何更改智能图形的布局

实用指数
★★★★★

扫一扫，看视频

使用说明

WPS Office为智能图形中的形状提供了“标准”“两者”“左悬挂”“右悬挂”等布局样式，用户可以根据需要选择布局样式。

解决方法

例如，要将制作的智能图形更改为“标准”布局，具体操作方法如下。

步骤 01 ❶选择【运营部】形状；❷单击显示出的工具栏中的【更改布局】按钮；❸在弹出的下拉菜单中选择【标准】命令，如下图所示。

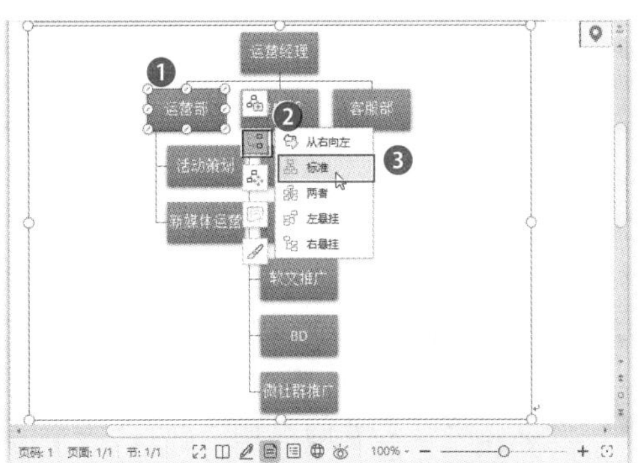

步骤 02 更改该形状下方的图形布局。❶选择【推广部】形状；❷单击【更改布局】按钮；❸在弹出的下拉菜单中选择【标准】命令，如下图所示。

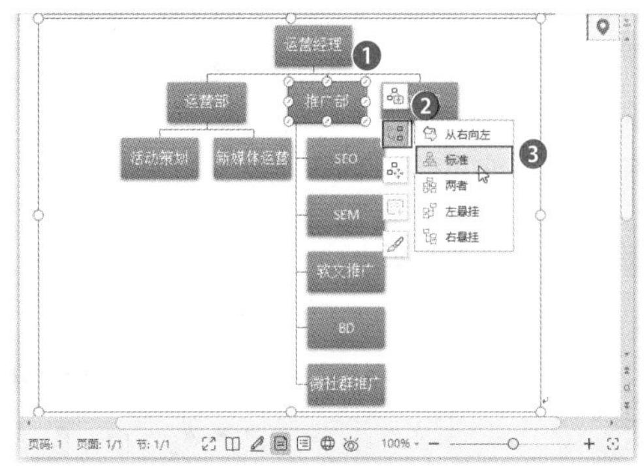

> **知识拓展**
>
> 选择某个形状后，单击【设计】选项卡中的【布局】按钮，在弹出的下拉菜单中也可以选择形状的布局方式。

106 如何更改智能图形的颜色

实用指数
★★★★☆

扫一扫，看视频

使用说明

系统默认的智能图形颜色为蓝底白字，如果对默认的颜色不满意，可以更改颜色。

解决方法

更改智能图形颜色的具体操作方法如下。

❶选择智能图形；❷单击【设计】选项卡中的【更改颜色】按钮；❸在弹出的下拉列表中选择一种颜色即可，如下图所示。

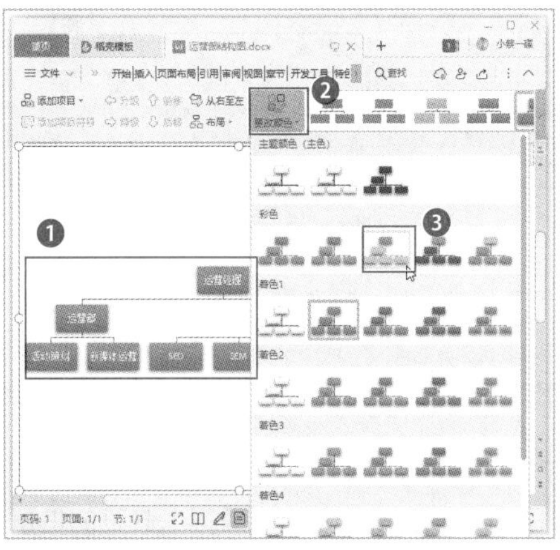

3.8 表格的编辑技巧

表格在文档中十分常见，它不仅可以将各种复杂的多列信息简明扼要地表达出来，还能使排版更美观。表格的创建和编辑需要掌握一定的技巧。本节就来介绍这些技巧，希望能帮助你更快、更好地创建表格。

107 插入表格的四种方法

扫一扫，看视频

使用说明

在WPS文字中创建表格的方法有四种。虽然新建表格的方法很简单，但如何快速地创建一个符合使用要求的表格却需要一定的技巧。在创建前，需要考虑表格的结构，根据结构选择不同的创建方法。

解决方法

创建表格前，如果清楚要创建的表格的行列数，可以通过方法一和方法二来创建。如果对表格结构比较模糊，或者表格结构不太规则，可以用方法三来逐步绘制。如果想用现成的表格模板加工成需要的表格，可以用方法四。创建表格的具体操作方法如下。

方法一：

❶将文本插入点定位到需要插入表格的位置；❷单击【插入】选项卡中的【表格】按钮；❸在弹出的下拉菜单中使用鼠标拖动虚拟表格选择需要的行数和列数，选择完成后单击即可，如下图所示。

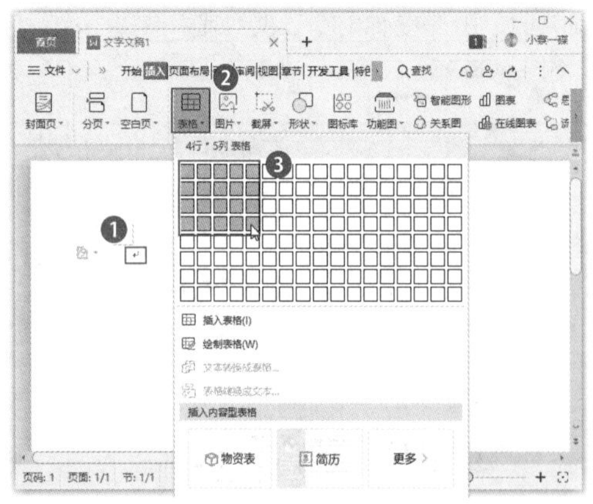

方法二：

❶将文本插入点定位到需要插入表格的位置；❷单击【插入】选项卡中的【表格】按钮；❸在弹出的下拉菜单中选择【插入表格】命令；❹打开【插入表格】对话框，在【列数】和【行数】数值框中分别输入需要的行数和列数；❺单击【确定】按钮即可，如下图所示。

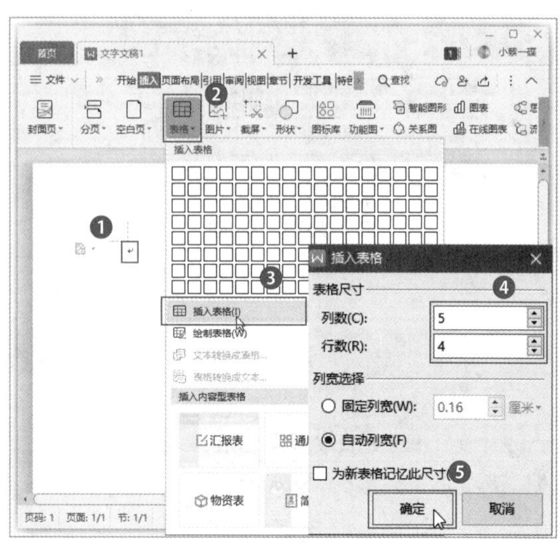

方法三：

步骤 01 ❶将文本插入点定位到需要插入表格的位置；❷单击【插入】选项卡中的【表格】按钮；❸在弹出的下拉菜单中选择【绘制表格】命令，如下图所示。

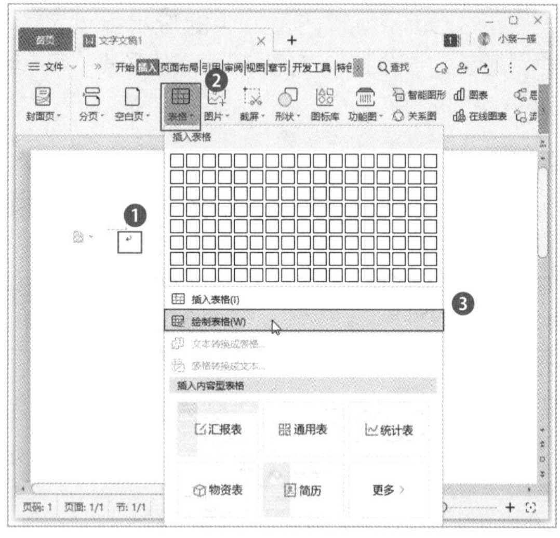

步骤 02 此时光标将变为 ✎ 形状，在合适的位置按下鼠标左键不放并拖动，在鼠标光标经过的地方会出现表格的虚框，直到绘制出需要的表格行列数后，松开鼠标左键即可，如下图所示。此后还可以继续拖动鼠标在需要的位置绘制表格中的其他线条。

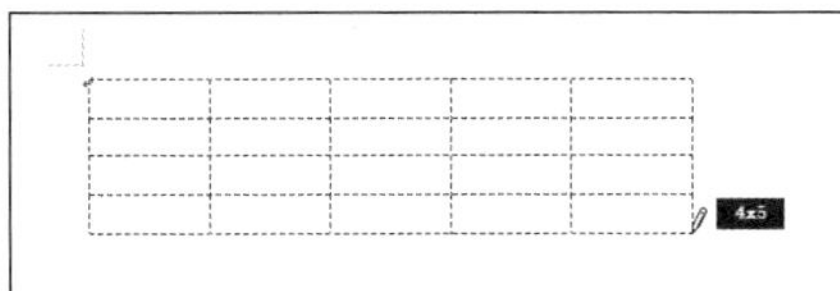

方法四：

步骤 01 ❶将文本插入点定位到需要插入表格的位置；❷单击【插入】选项卡中的【表格】按钮；❸在弹出的下拉菜单的【插入内容型表格】栏中选择一种表格类型，如【汇报表】，如下图所示。

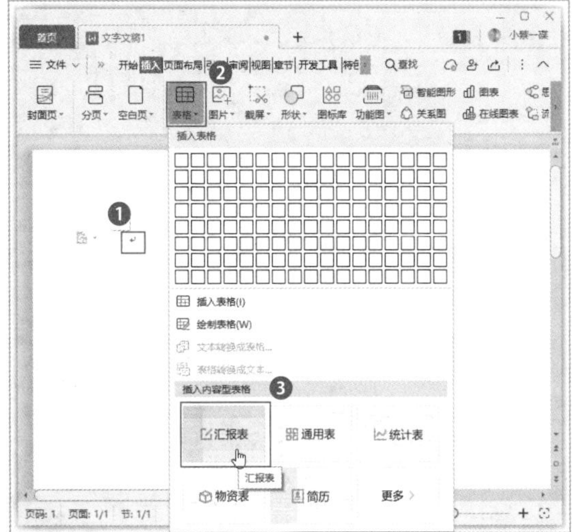

步骤 02 在打开的模板库中选择一种表格模板，并单击其下的【插入】按钮，如下图所示。即可将所选表格插入文档。

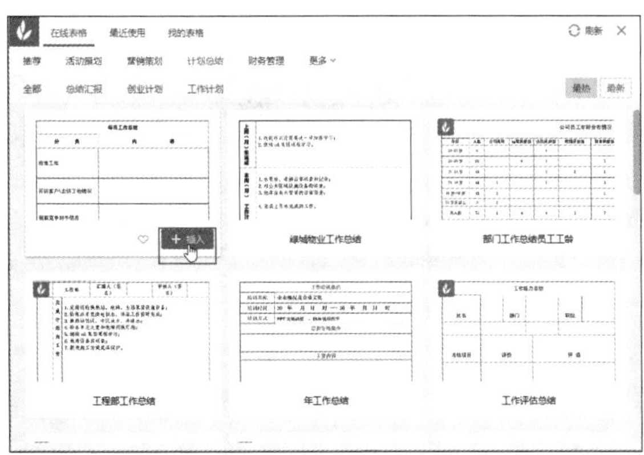

108 如何制作斜线表头

实用指数

★★★☆☆

扫一扫，看视频

使用说明

在制作表格时，有时需要用到斜线表头，WPS文字提供了【绘制斜线表头】功能，可以方便地绘制斜线表头。

解决方法

例如，要为成绩表绘制斜线表头，具体操作方法如下。

步骤 01 打开素材文件（位置：素材文件\第3章\成绩表.docx），❶将文本插入点定位到需要绘制斜线表头的单元格中；❷单击【表格样式】选项卡中的【绘制斜线表头】按钮，如下图所示。

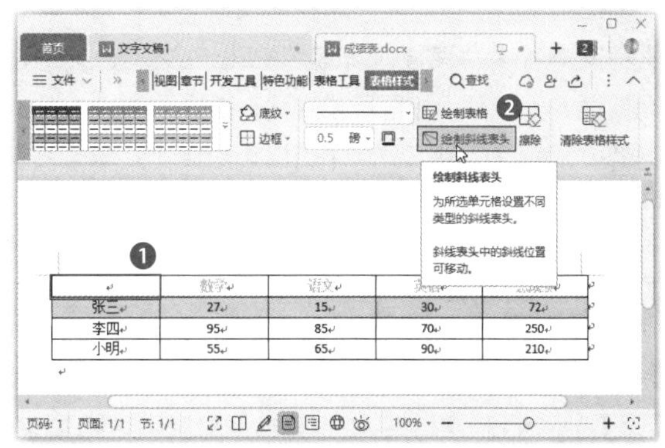

步骤 02 打开【斜线单元格类型】对话框，❶选择一种斜线表头样式；❷单击【确定】按钮，如下图所示。

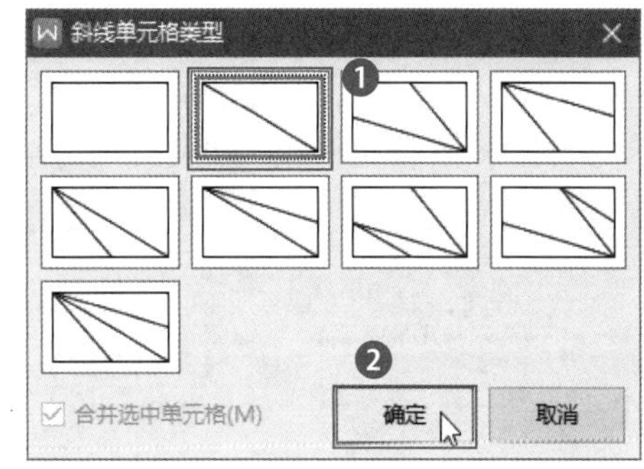

步骤 03 操作完成后即可看到所选单元格已经添加了斜线头，且该单元格被拆分为两个单元格，可以方便地输入数据，如下图所示。

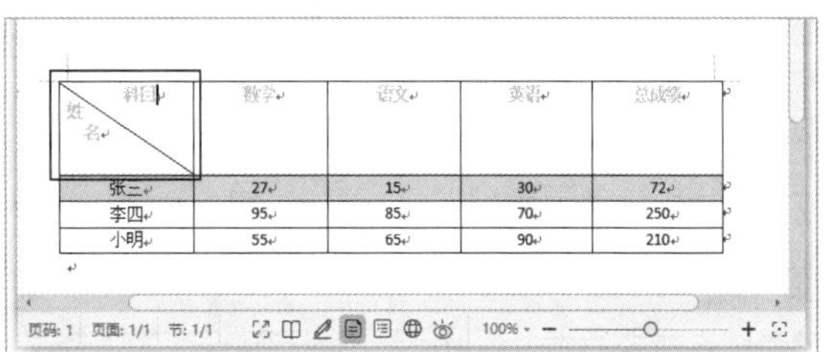

知识拓展

选择表格后，单击【表格工具】选项卡中的【绘制表格】按钮，可以进入绘制状态，拖动鼠标光标也可以绘制斜线表头。

109 文本与表格的相互转换

扫一扫，看视频

实用指数
★★★★★

使用说明

在工作中，有时候会需要将表格转换为文本，或者将文本转换为表格(要转换为表格的文本，文字之间要插入分隔符，如逗号或空格，以提示将文本分成列的位置)。在WPS文字中可以轻松实现文本与表格的相互转换。

解决方法

例如，要将一个表格转换为文本，再转换为表格，具体操作方法如下。

步骤 01 打开素材文件(位置：素材文件\第3章\广告策略.docx)，❶选择整个表格，或将文本插入点定位到表格中；❷单击【表格工具】选项卡中的【转换成文本】按钮，如下图所示。

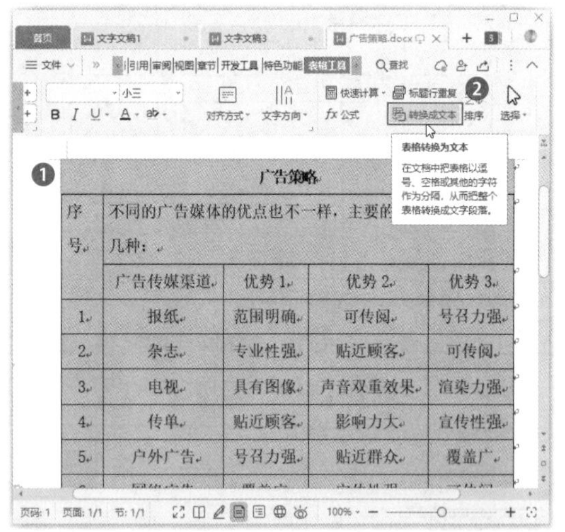

步骤 02 打开【表格转换成文本】对话框，❶在【文字分隔符】栏中选择需要插入的分隔符(列与列之间的符号)，本例选中【制表符】单选按钮；❷单击【确定】按钮，如下图所示，即可将表格内容转换成文本格式。

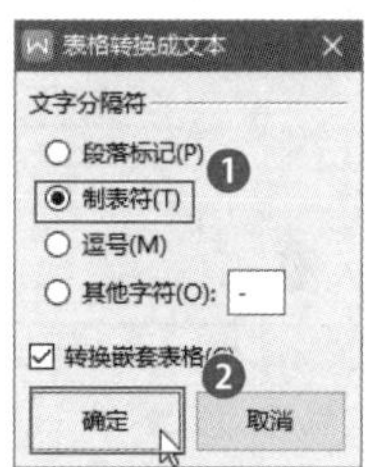

步骤 03 ❶选择转换后的文本；❷单击【插入】选项卡中的【表格】按钮；❸在弹出的下拉菜单中选择【文本转换成表格】命令，如下图所示。

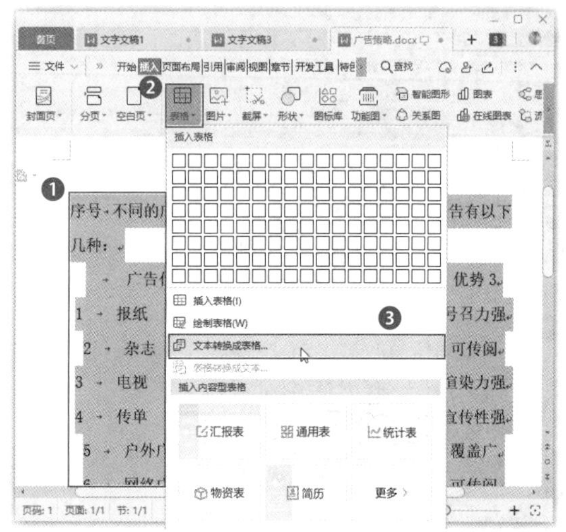

步骤 04 打开【将文字转换成表格】对话框，❶在【文字分隔位置】栏中选中【制表符】；❷在【列数】数值框中设置要转换的表格列数；❸单击【确定】按钮，如下图所示。即可将所选文本格式转换成表格。

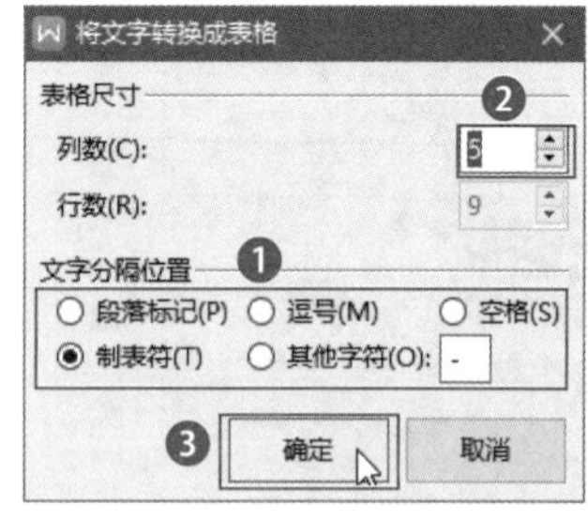

温馨提示

在【将文字转换成表格】对话框中，如果文本中设置的分隔符不属于【文字分隔位置】栏中默认的任何一种，可以选中【其他字符】单选按钮，然后在右侧的文本框中输入文本中的分隔符即可。

110　快速添加 / 删除行或列

实用指数

★★★★★

扫一扫，看视频

使用说明

在制作表格时，如果需要添加/删除一行或一列数据，就需要在表格中添加/删除行或列。

解决方法

在表格中可以通过以下几种方法添加/删除行或列。

方法一：

将鼠标光标移动到表格中需要添加/删除行或列的顶端位置，此时将出现⊕和⊖按钮，如下图所示。单击⊕按钮可添加行或列；单击⊖按钮可删除行或列。

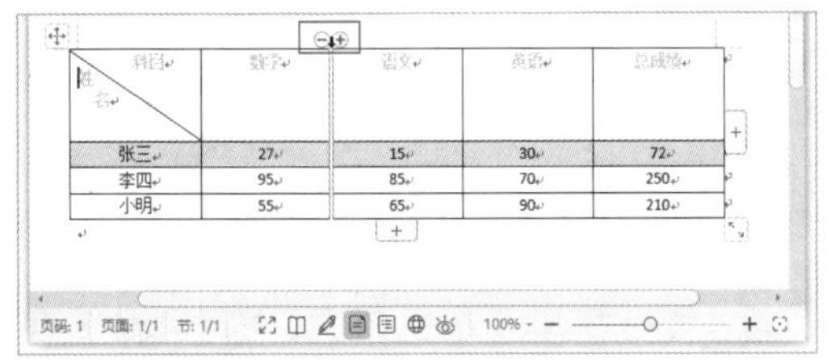

方法二：

❶将文本插入点定位到需要添加/删除行或列的位置；❷单击【表格工具】选项卡中的【在上方插入行】或【在下方插入行】按钮，可以添加行；单击【在左侧插入列】或【在右侧插入列】按钮，可以添加列；单击【删除】按钮，在弹出的下拉菜单中可以选择要删除的选项，如下图所示。

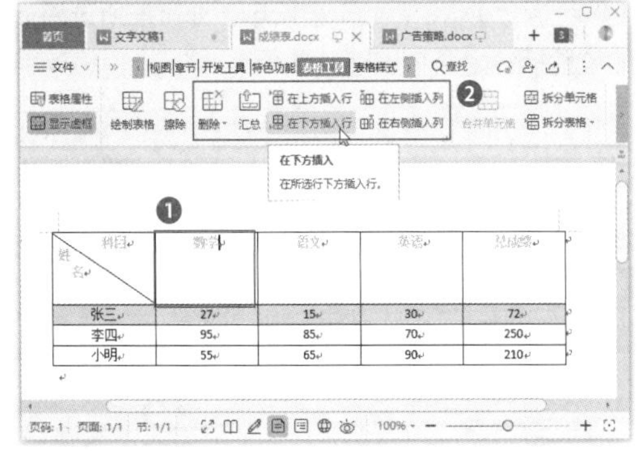

方法三：

❶选择要添加/删除的行或列；❷在出现的浮动工具栏中单击【插入】按钮，在弹出的下拉菜单中选择插入行或列的位置；或者单击【删除】按钮，在弹出的下拉菜单中选择要删除的选项即可，如下图所示。

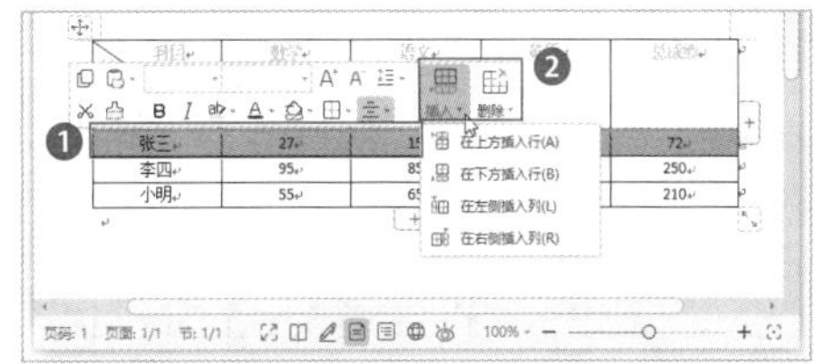

方法四：

❶将文本插入点定位到需要添加/删除的行或列位置，并右击；❷在弹出的快捷菜单中选择【插入】命令，然后在子菜单中选择插入行或列的位置；或者选择【删除单元格】【删除行】或【删除列】命令即可，如下图所示。

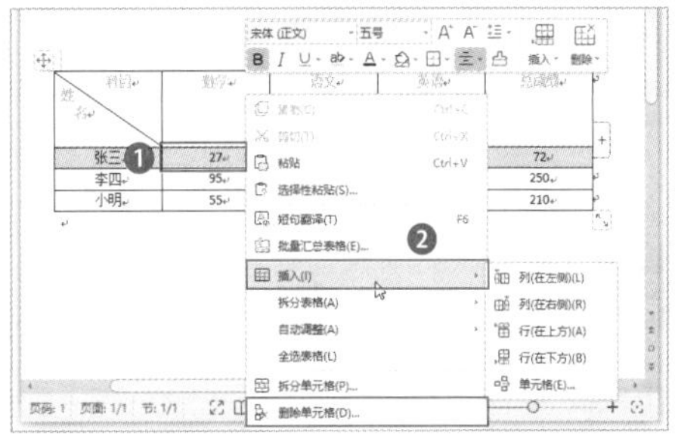

> **技能拓展**
>
> 将文本插入点定位到表格中的任意单元格，单击表格下方的 + 按钮即可快速在末尾处添加行，单击表格右侧的 + 按钮即可快速添加列。

111　通过控制点全选、移动表格

实用指数

★★★☆☆

扫一扫，看视频

使用说明

如果要移动表格在文档中的位置，可以先全选整个表格，再进行拖动。

解决方法

通过控制点全选、移动表格的具体操作方法如下。

步骤 01 将鼠标光标移动到表格左上角显示的✥控制点上并单击，可全选整个表格，如下图所示。

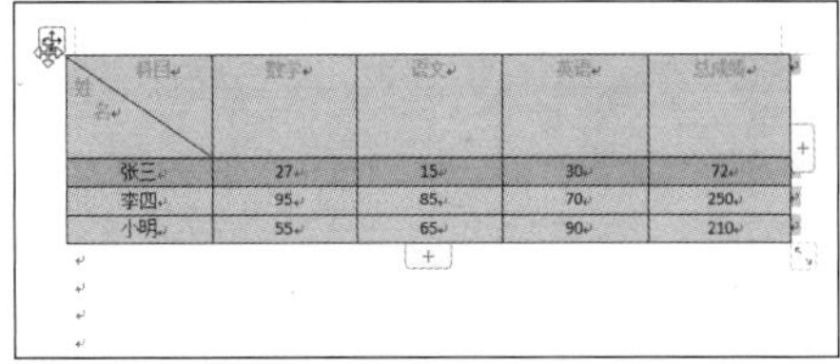

步骤 02　通过鼠标拖动控制点，即可移动表格的位置，移动过程中表格会以虚框显示，如下图所示。

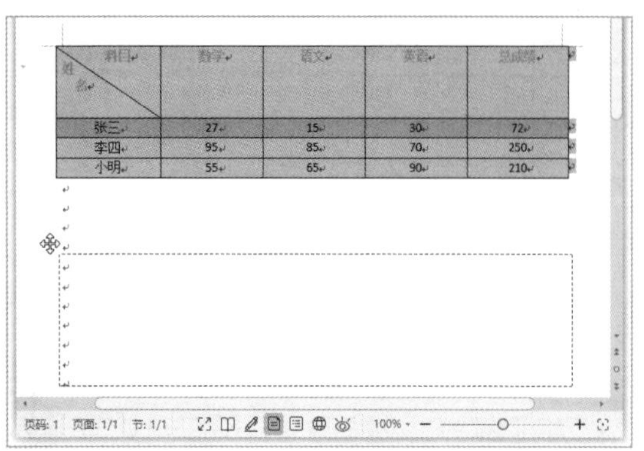

112　表格的拆分与合并

扫一扫，看视频

实用指数
★★★★☆

使用说明

在制作一些较复杂的表格时，经常需要在一个单元格内放置多个单元格的内容，或者需要将多个单元格合并为一个单元格，甚至可能需要将整个表格拆分为多个表格。此时，就需要对表格进行拆分与合并操作。

解决方法

例如，要拆分与合并会议纪要表格中的部分单元格，最后将整个表格一分为二，具体操作方法如下。

步骤 01　打开素材文件（位置：素材文件\第3章\会议纪要.docx），❶将文本插入点定位在要拆分的单元格内；❷单击【表格工具】选项卡中的【拆分单元格】按钮，如下图所示。

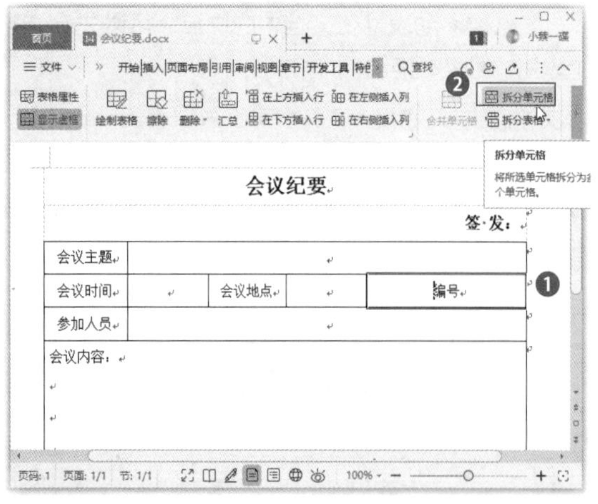

步骤 02　打开【拆分单元格】对话框，❶在【列数】和【行数】数值框中设置需要拆分的列数和行数；❷单击【确定】按钮，如下图所示。

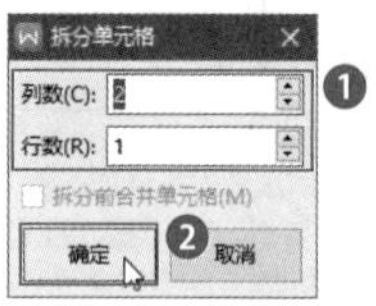

步骤 03　操作完成后即可看到所选单元格已经拆分完成。❶选择要合并的多个单元格；❷单击【表格工具】选项卡中的【合并单元格】按钮，如下图所示。操作完成后即可看到所选的多个单元格已经合并为一个单元格。

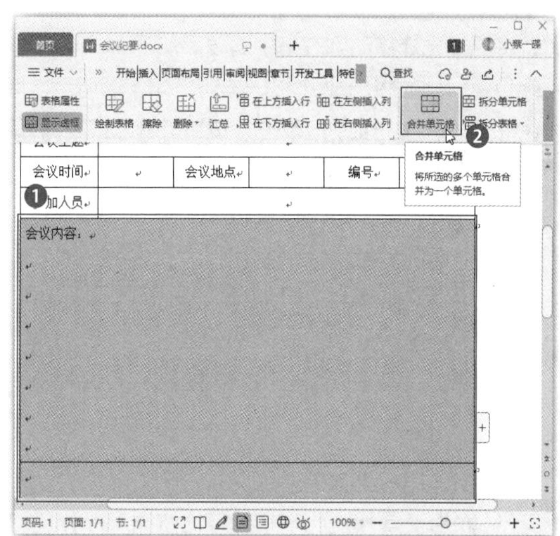

步骤 04　❶选择需要拆分为两个表格的表格中部分单元格；❷单击【表格工具】选项卡中的【拆分表格】按钮；❸在弹出的下拉菜单中选择拆分方式，这里选择【按行拆分】命令，如下图所示。即可按所选单元格行的位置拆分为两个表格。

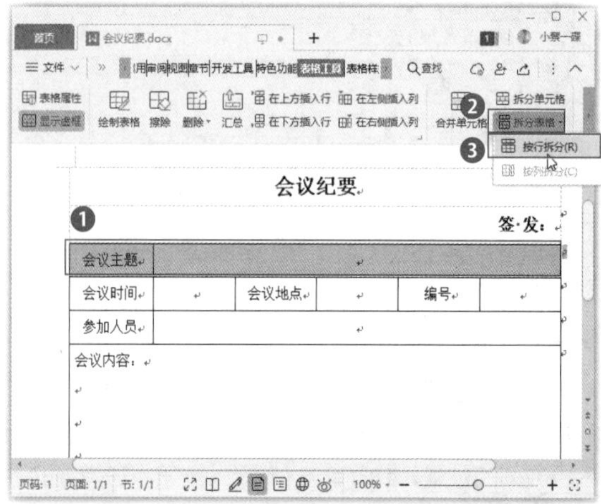

113　如何调整行高和列宽

实用指数
★★★★★

扫一扫，看视频

使用说明

在文档中插入的表格都是以默认的行高和列宽进行显示，但每个单元格中输入的内容不同，需要的宽度和高度也不一致，此时，就需要调整行高和列宽。

解决方法

可以通过以下几种方法调整行高和列宽，具体操作方法如下。

方法一：

打开素材文件(位置：素材文件\第3章\差旅费报销单.docx)，将光标移动到要调整行高或列宽的边框线上，当其变为÷形状时，按下鼠标左键不放并拖动到合适的位置，然后松开鼠标左键即可，如下图所示。

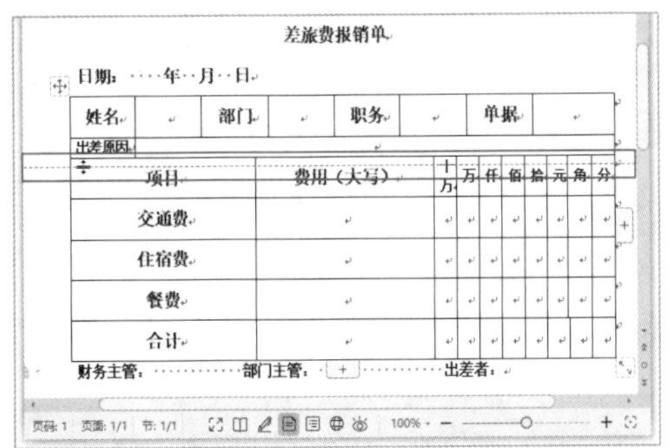

方法二：

❶选择整个表格；❷单击【表格工具】选项卡中的【自动调整】按钮；❸在弹出的下拉菜单中选择【适应窗口大小】命令，可以根据窗口大小调整整个表格的宽度，如下图所示。

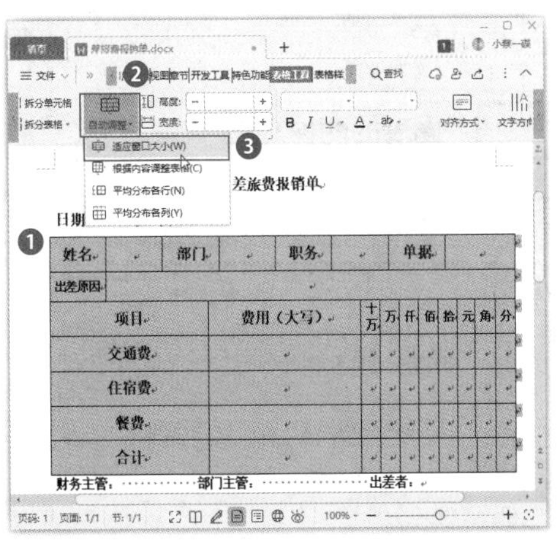

方法三：

❶选择需要设置为相同宽度的多个单元格；❷单击【自动调整】按钮；❸在弹出的下拉菜单中选择【平均分布各列】命令，可以平均分布这几列的宽度，如下图所示。

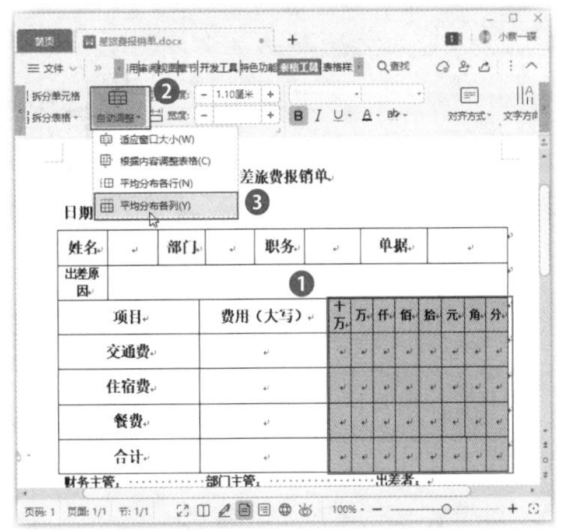

> **知识拓展**
>
> 如果要精确设置表格或单元格的高度与宽度，可以在【表格工具】选项卡中的【高度】和【宽度】数值框中输入具体的值。如果只需要将表格各行的高度、各列的宽度调整到一致，可以对其平均分布。在【自动调整】下拉菜单中选择【根据内容调整表格】命令，可以让单元格大小随内容增减变化。

114　设置单元格内容的对齐方式

实用指数
★★★★★

扫一扫，看视频

使用说明

表格中单元格内容的对齐方式由单元格中的垂直与水平两种对齐方式组合决定，共包含9种对齐方式，如下图所示。

靠上两端对齐	靠上居中对齐	靠上右对齐
中部两端对齐	水平居中	中部右对齐
靠下两端对齐	靠下居中对齐	靠下右对齐

解决方法

设置单元格内容对齐方式的具体操作方法如下。

❶选择要设置对齐方式的单元格，如果要设置多个单元格的对齐方式，则选中多个单元格；❷单击【表格工具】选项卡中的【对齐方式】下拉按钮；❸在弹出的下拉菜单中选择一种对齐方式即可，如【中部两端对齐】，如下图所示。

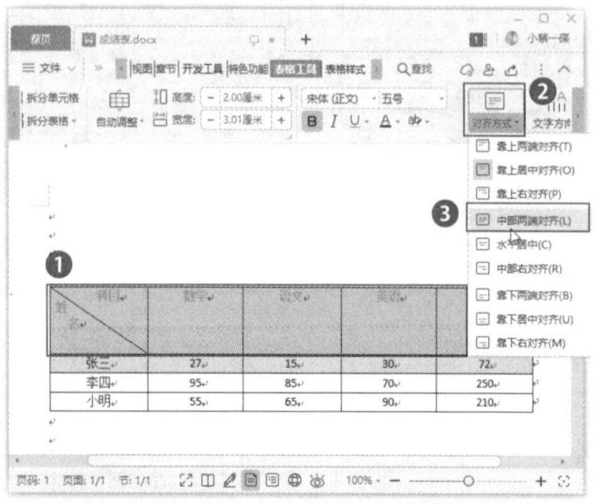

115 快速设置边框和底纹样式

扫一扫，看视频

使用说明

默认的表格边框样式为黑色0.5磅单线，无填充效果。如果想要更改边框和底纹样式，可以使用表格样式快速套用，也可以单独进行设置。

解决方法

快速设置边框和底纹样式的具体操作方法如下。

步骤 01 ❶选择整个表格；❷在【表格样式】选项卡中的列表框中选择一种表格样式，即可快速为表格套用该样式效果，如下图所示。

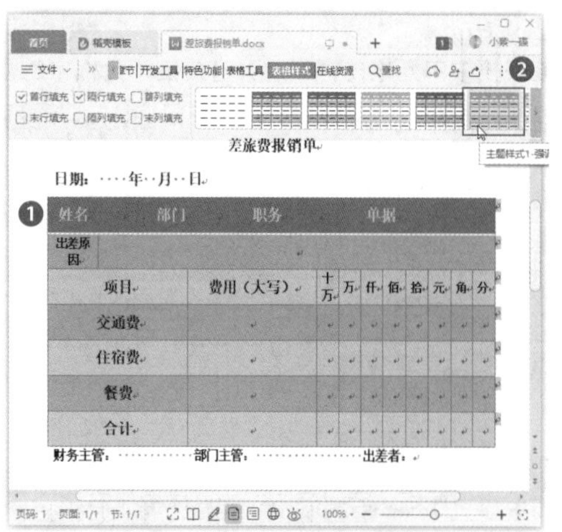

技能拓展

单击【表格样式】选项卡中的【底纹】按钮，可以设置表格填充的颜色；单击【边框】按钮，可以设置表格边框。

步骤 02 ❶在【表格样式】选项卡中的【线型】下拉列表框中设置线条的样式；❷在【线型粗细】下拉列表框中设置线条的粗细；❸在【边框颜色】下拉列表框中设置线条的颜色；❹此时鼠标光标将变为✎形状，将其移动到需要设置新样式的边框上并单击，即可为其应用新边框样式，如下图所示。

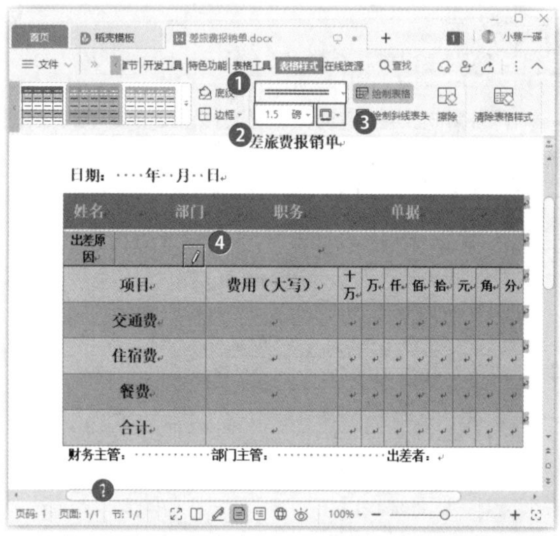

3.9 图表的编辑技巧

在对一些数据进行展示时，为了让数据表现得更加直观，可以直接在文档中插入图表。图表的插入与编辑需要掌握一定的技巧，才能真正达到数据直观展示的目的。本节就来介绍文档中图表编辑的基本技巧。

116 插入图表的两种方法

扫一扫，看视频

使用说明

在WPS文字中插入图表的方法有两种。在创建前，可以考虑图表的效果是新颖的还是严谨的，以此选择不同的插入方法。

解决方法

例如，要在报告文档中插入两个图表，具体操作方法如下。

方法一：

步骤 01 打开素材文件(位置：素材文件\第3章\生鲜电商行业研究报告.docx)，❶将文本插入点定位到需要插入图表的位置；❷单击【插入】选项卡中的【图表】按钮，如下图所示。

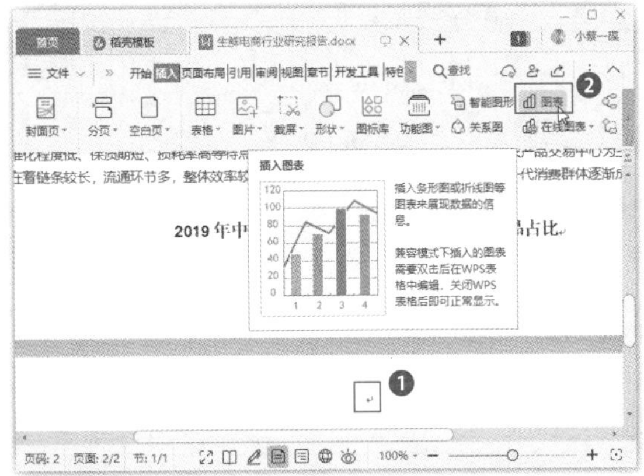

步骤 02 打开【插入图表】对话框，❶在左侧选择图表的类型；❷在右侧显示出了该类型下的图表效果模板，选择一个图表样式；❸单击【插入】按钮即可，如下图所示。

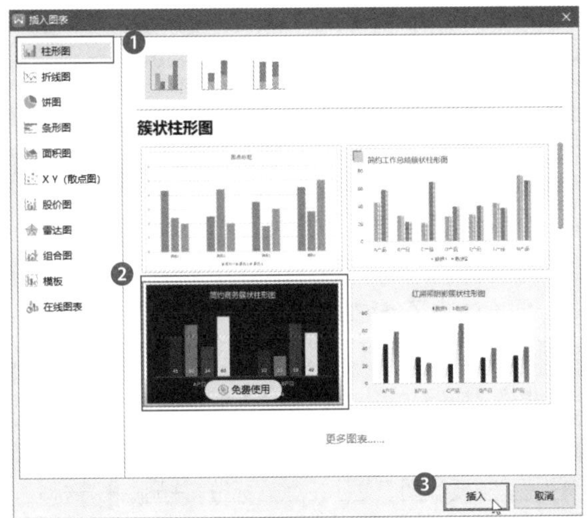

方法二：

❶将文本插入点定位到需要插入图表的位置；❷单击【插入】选项卡中的【在线图表】按钮；❸在弹出的下拉菜单中选择需要插入的图表样式即可，如下图所示。

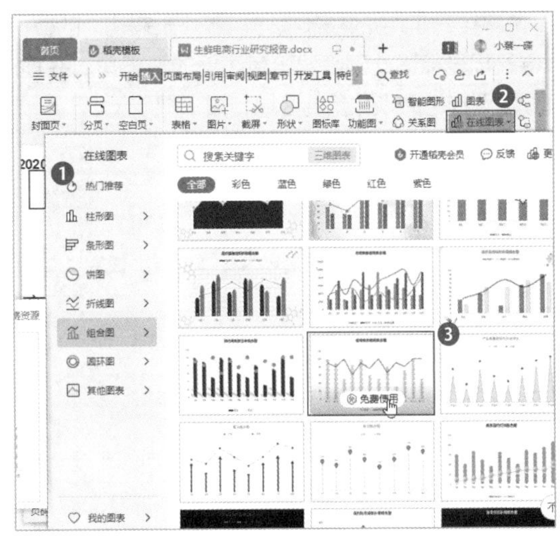

117 如何编辑图表数据

实用指数

★★★★★

扫一扫，看视频

使用说明

插入文档的图表自带原始数据，必须将其修改为实际需要的数据才有意义。因此，插入图表后的第二步就是编辑图表数据。

解决方法

编辑图表数据的具体操作方法如下。

步骤 01 ❶选择图表；❷单击【图表工具】选项卡中的【编辑数据】按钮，如下图所示。

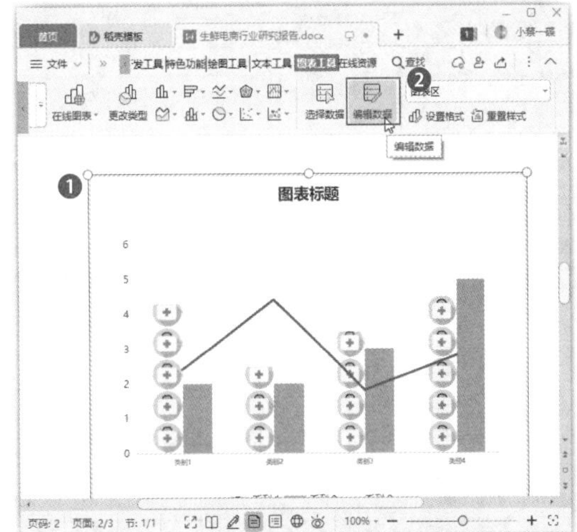

步骤 02 在新打开的窗口中显示了该图表对应的数

据，并有红、蓝色的线条框住。❶修改表格中的数据；❷将鼠标光标移动到红、蓝色线框的右下角，并拖动框住需要作为图表数据的区域，如下图所示。

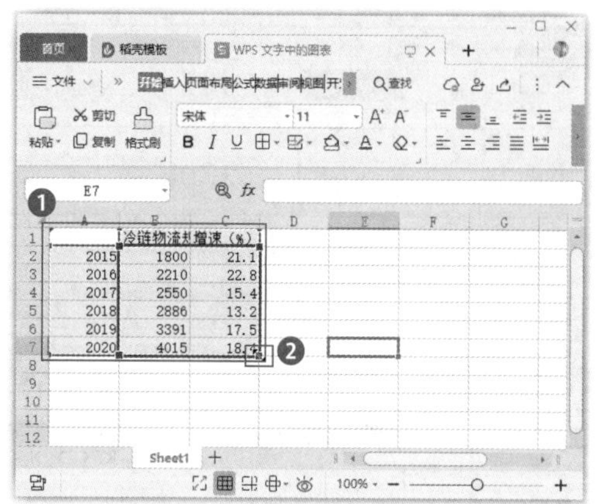

118 如何更改图表类型

扫一扫，看视频

实用指数

★★★★☆

使用说明

如果对插入的图表类型不满意，还可以进行更改。

解决方法

例如，要修改组合图中某系列的图表类型，并使其显示在此坐标轴上，具体操作方法如下。

步骤 01 ❶选择图表；❷单击【图表工具】选项卡中的【更改类型】按钮，如下图所示。

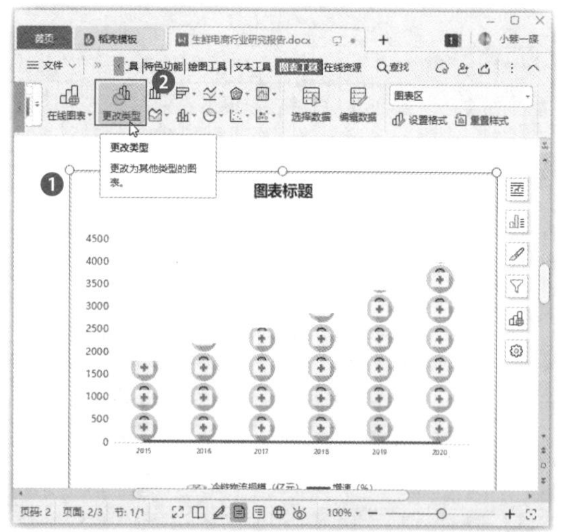

步骤 02 打开【更改图表类型】对话框，❶在左侧选择要更改为的图表类型，这里依然选择【组合图】选项；❷在右侧选择新的图表样式，这里在【创建组合图表】列表框中重新设置组合图的选项，设置【增速】系列的图表类型为折线图，并选中该系列对应的【次坐标轴】复选框；❸单击【插入】按钮即可，如下图所示。

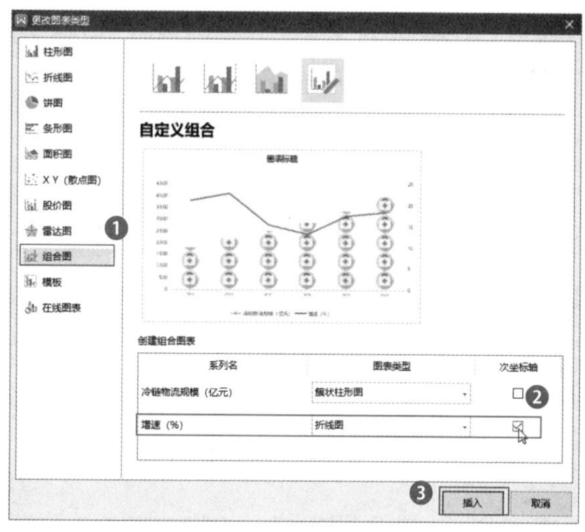

> **温馨提示**
>
> 普通图表类型的更改要比组合图更简单一些，直接在【更改图表类型】对话框中选择要修改为的图表类型即可。

119 如何添加和删除图表元素

扫一扫，看视频

实用指数

★★★★☆

使用说明

图表中除了各种主要的图形外，还有图表标题、坐标轴、数据标签等元素，这些元素都是可以自定义添加或删除的。

解决方法

例如，要让图表显示出数据标签，并删除图表标题，具体操作方法如下。

步骤 01 ❶选择图表；❷在显示出的工具栏中单击【图表元素】按钮；❸在弹出的下拉菜单中单击【图表元素】选项卡；❹在下方选中【数据标签】复选框，即可在图表中显示出所有数据系列的数据标签，如下图所示。

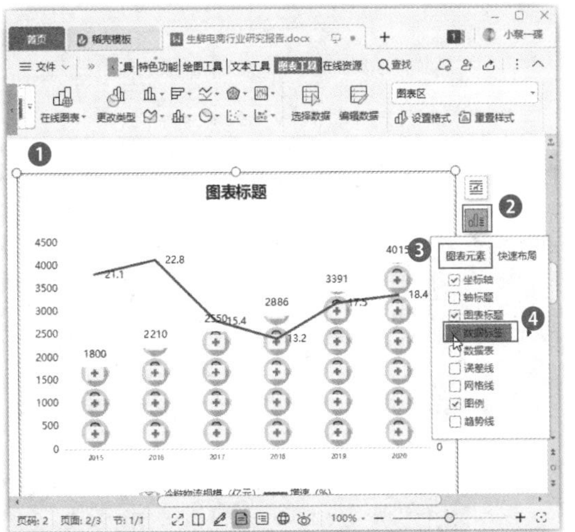

步骤 02　选择图表标题，按Delete键将其删除，如下图所示。

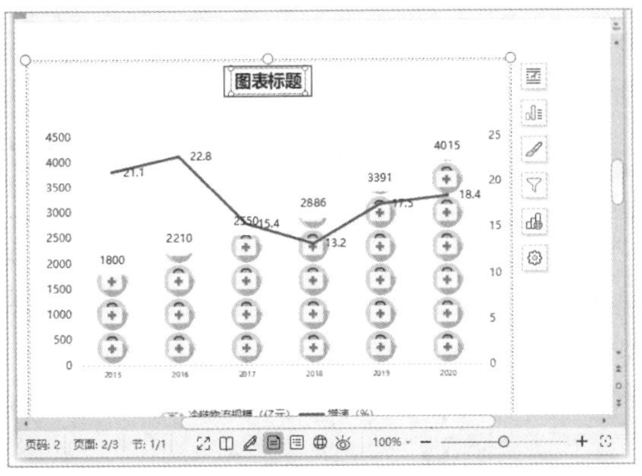

120　快速布局图表

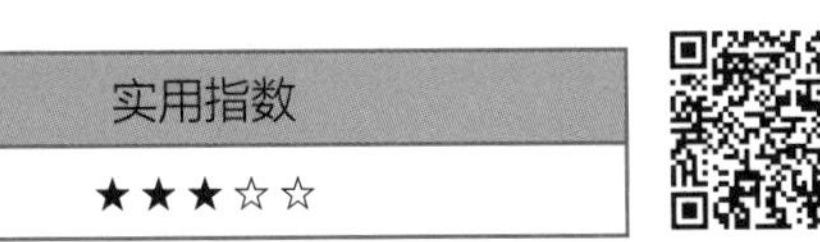

扫一扫，看视频

使用说明

除了单独设置图表元素的布局外，WPS文字中还为不同类型的图表设置了对应的布局样式。通过使用它们可以快速改变图表的整体布局。

解决方法

快速布局图表的具体操作方法如下。

❶选择图表；❷在显示出的工具栏中单击【图表元素】按钮；❸在弹出的下拉菜单中单击【快速布局】选项卡；❹在下方选择一种布局样式即可，如下图所示。

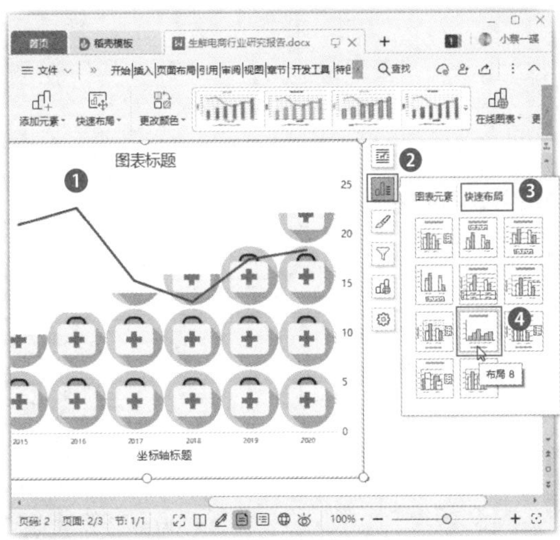

121　如何更改图表颜色

扫一扫，看视频

使用说明

WPS文字中还为图表提供了多种配色方案，选择即可快速改变图表的颜色。

解决方法

例如，要更改报告文档中另一个图表的颜色，具体操作方法如下。

❶选择图表；❷在显示出的工具栏中单击【图表样式】按钮；❸在弹出的下拉菜单中单击【颜色】选项卡；❹在下方选择一种配色方案即可，如下图所示。

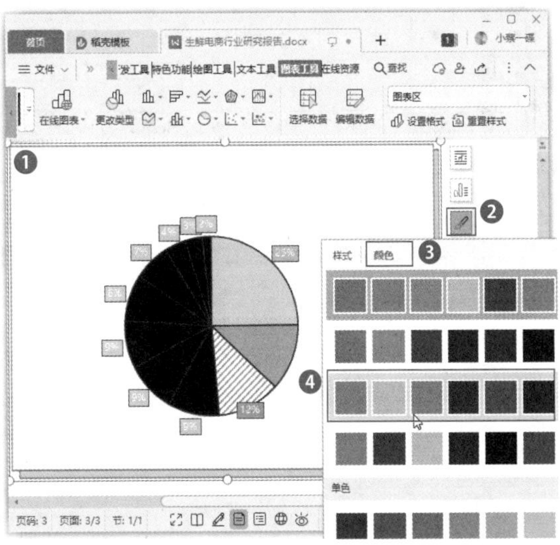

第 4 章
文档页面布局与打印技巧

在日常工作中，当文档制作完成后，经常需要打印，而在打印之前，文档页面布局设置是必需的步骤。为了较好地实现页面布局效果，可以在开始编辑文档之前，就先将页面的有关内容设置好。这样，在编辑文档的过程中就可以查看文档最终的排版效果，并注意某些内容的排版布局。对文档进行页面布局设置和打印时也需要掌握一定的技巧，才能保证输出的文档符合实际需要。

下面来看看以下日常办公中进行页面设置和打印设置的常见问题，请检测你是否会处理或已掌握。

√ 需要的文件不是常规的 A4 页面，应该怎样调整页面的大小?

√ 公司内部文件担心被他人复制，如何为文档添加公司名称水印?

√ 如何将文档内容分为几栏排版?

√ 想要为文档首页设置不同的页眉页脚效果，该如何实现?

√ 如何根据需要添加文档目录?

√ 只需打印文件中的某一段落，是否需要新建文档，进行复制后再打印?

希望通过本章内容的学习，能帮助你解决以上问题，并学会更多的文档页面布局和打印设置的技巧。

4.1　文档的页面布局技巧

文档内容都是显示在页面中的，为了使文档更加美观得体，掌握一些页面布局设置的技巧是必不可少的。而且，实际使用中的文档一般还需要按照要求对页面格式进行设置。本节就来介绍一些关于文档页面布局的技巧。

122　设置文档页面的大小和方向

扫一扫，看视频

使用说明

WPS文档中默认页面为纵向的A4大小，这也是最常用的页面大小和方向，但却并不适合于所有的文档。如果用户对默认的页面大小和方向不满意，可以重新进行设置。

解决方法

页面的大小直接决定了版面中内容的多少及摆放位置。在排版过程中，可以根据需要对页面进行自定义设置。如果要自定义设置文档的页面大小并显示为横向，具体操作方法如下。

步骤 01　打开素材文件（位置：素材文件\第4章\临时通知.docx），发现页面下部太多空白。❶单击【页面布局】选项卡中的【纸张方向】按钮；❷在弹出的下拉列表中选择【横向】选项，如下图所示。

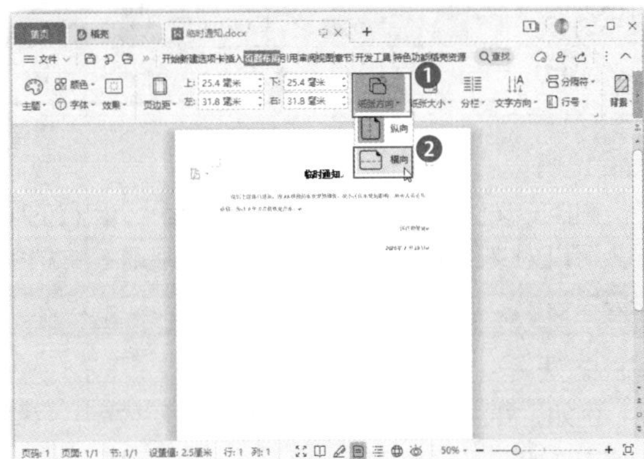

步骤 02　将页面转变为横向后依然存在很多空白。❶单击【纸张大小】按钮；❷在弹出的下拉菜单中选择纸张大小，如果没有合适的纸张大小，可以选择【其他页面大小】选项，如下图所示。

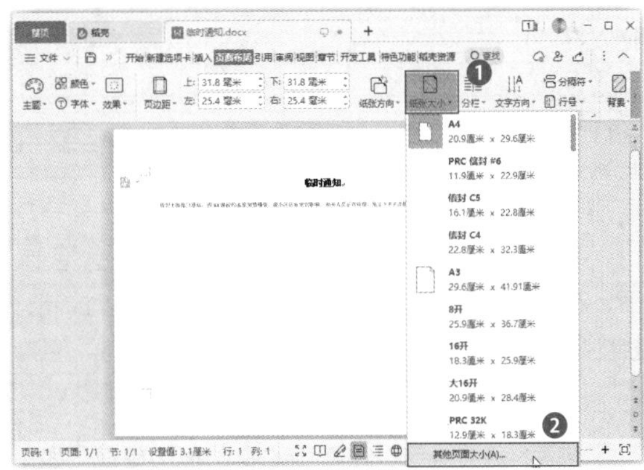

步骤 03　打开【页面设置】对话框，❶在【纸张】选项卡的【宽度】和【高度】数值框中分别输入需要设置的页面宽度和高度值；❷单击【确定】按钮，如下图所示。

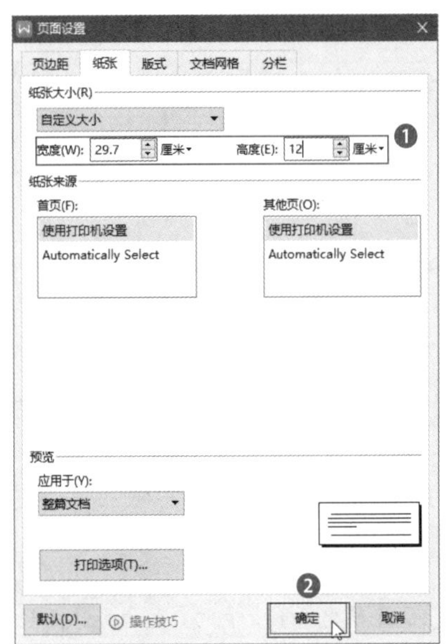

步骤 04　经过第3步的操作，可以看到改变页面大小和方向后的文档效果，如下图所示。

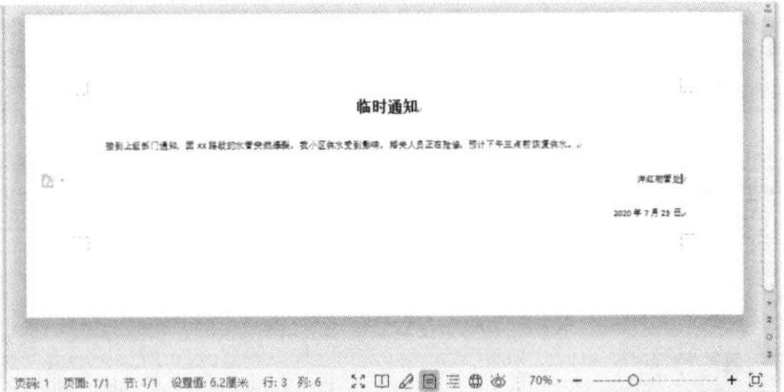

123 设置文档的页边距

扫一扫，看视频

实用指数
★★★★☆

使用说明

页边距是指正文和页面边缘之间的距离，包括上、下、左、右页边距。为文档设置页边距，可以控制文档内容的显示范围。

解决方法

合适的页边距可以使打印的文档更加美观。如果正在编辑的文档页边距不适合，需要调整为系统提供的宽页边距，具体操作方法如下。

❶单击【页面布局】选项卡中的【页边距】按钮；❷在弹出的下拉列表中选择内置的【宽】页边距类型，如下图所示。

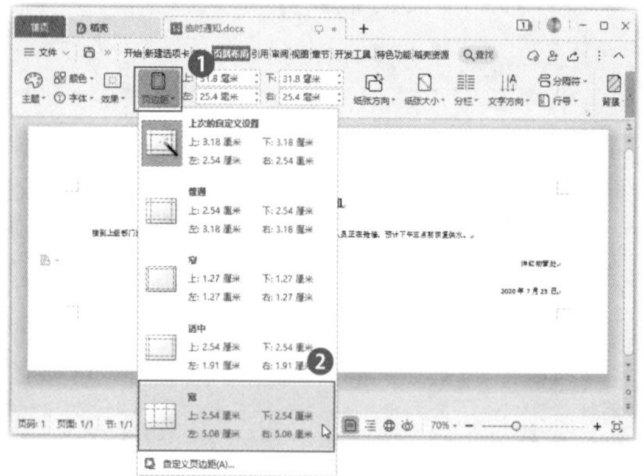

知识拓展

在【页面布局】选项卡的【页边距】按钮右侧的【上】【下】【左】【右】4个数值框中可以分别输入上、下、左、右的页边距距离，方便进行自定义页边距设置。

124 给页面添加双色渐变背景

扫一扫，看视频

实用指数
★★☆☆☆

使用说明

WPS文档的页面颜色默认为白色，为了增加文档的整体艺术效果和层次感，可以为部分内容活泼的文档添加双色渐变背景。

解决方法

双色渐变背景就是将两种颜色叠加在一起产生有层次的颜色背景效果。WPS文档中提供了一些常用的双色渐变效果，使用方法如下。

❶单击【页面布局】选项卡中的【背景】按钮；❷在弹出的下拉菜单的【渐变填充】栏中选择一种需要的渐变色即可，如下图所示。

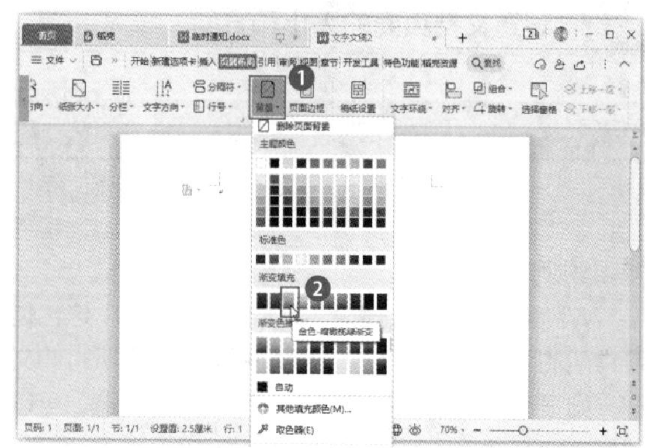

知识拓展

在【背景】下拉菜单中选择【其他填充颜色】命令，在打开的对话框中可以自定义页面的填充颜色；选择【其他背景】命令，并在子菜单中选择相应的子命令，还可以自定义其他渐变颜色、纹理或图案来填充页面背景。

125 为文档添加水印效果

扫一扫，看视频

实用指数
★★★★☆

使用说明

制作的文档如果比较私密，想要“烙上”自己的印记，可以为文档添加水印，如添加公司名称、文档机密等级等。

解决方法

例如，要为文档添加公司名称的水印效果，具体操作方法如下。

步骤01 打开素材文件（位置：素材文件\第4章\双十一活动方案.docx），❶单击【页面布局】选项卡中的【背景】按钮；❷在弹出的下拉菜单中选择【水印】命令；❸在弹出的子菜单的【自定义水印】栏中单击

【点击添加】按钮，如下图所示。

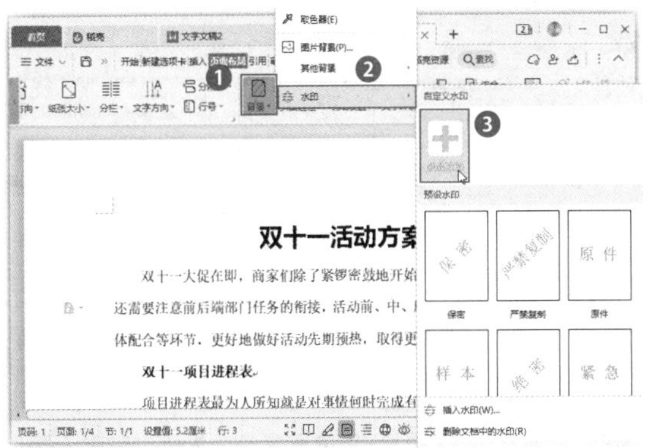

步骤 02 打开【水印】对话框，❶选中【文字水印】复选框；❷在下方设置水印文字的内容、字体、字号、颜色等参数；❸在【版式】栏中选择水印版式；❹拖动【透明度】进度条上的滑块调整水印的透明度；❺单击【确定】按钮，如下图所示。

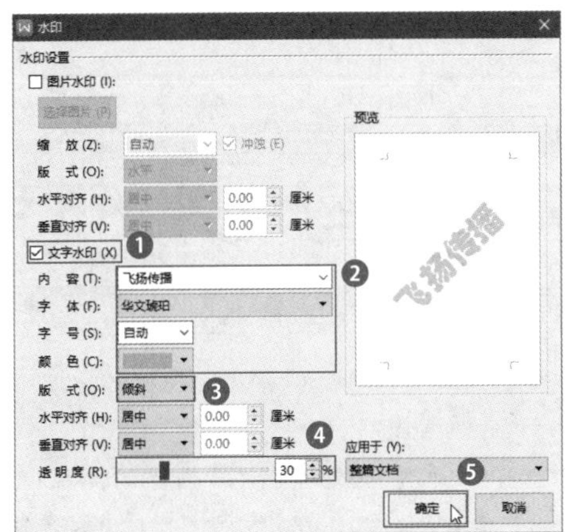

步骤 03 返回文档中，❶单击【页面布局】选项卡中的【背景】按钮；❷在弹出的下拉菜单中选择【水印】命令；❸在弹出的子菜单的【自定义水印】栏中选择自定义的文字水印，即可看到水印效果，如下图所示。

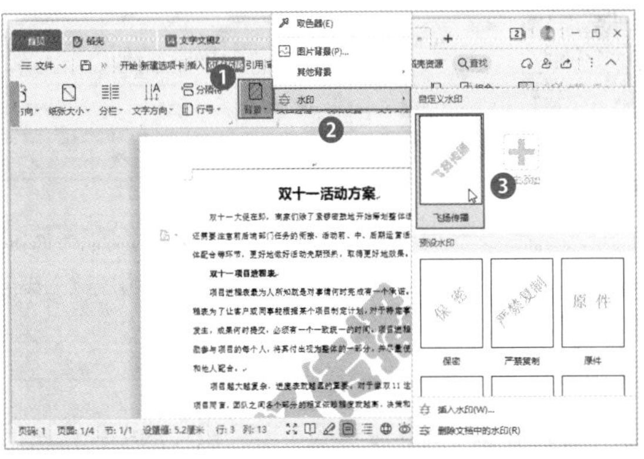

知识拓展

在【水印】下拉菜单中选择任意内置水印样式可以快速为文档添加水印。在【水印】对话框中选中【图片水印】复选框，然后单击【选择图片】按钮，可以将选择的图片设置为水印。

126 将文档内容分两栏排版

实用指数
★★★★☆

扫一扫，看视频

使用说明

在制作文档时，如果需要将部分或整篇文档分成具有相同栏宽或不同栏宽的多个栏时，可以使用分栏排版。

解决方法

例如，要将标题外的所有文档内容分为两栏，具体操作方法如下。

打开素材文件（位置：素材文件\第 4 章\旅游出行的六个注意事项.docx），❶选择标题外的所有文档内容；❷单击【页面布局】选项卡中的【分栏】按钮；❸在弹出的下拉菜单中选择【两栏】命令即可，如下图所示。

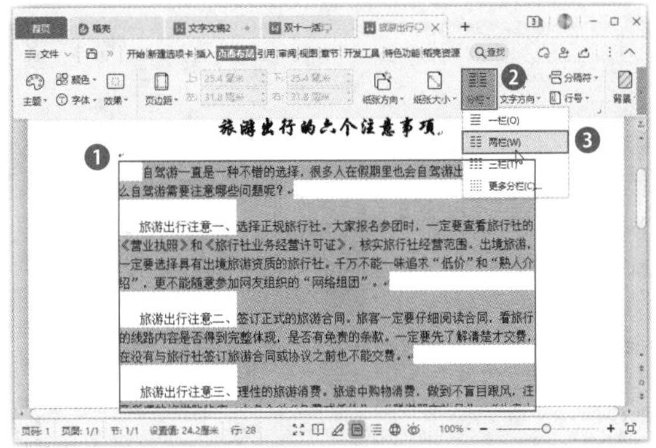

知识拓展

在【分栏】下拉菜单中选择【更多分栏】命令，可以在打开的对话框中设置更多分栏效果，包括栏宽和间距的设置等。

127 为文档插入页眉和页脚

实用指数
★★★☆☆

扫一扫，看视频

使用说明

通常情况下并不需要为文档设置页眉和页脚，但添加了页眉和页脚的文档会显得更专业一些。页眉和页脚可以只起到一些装饰效果，也可以用来显示文档的附加信息。

解决方法

如果要为文档添加页眉和页脚，具体操作方法如下。

步骤 01 打开素材文件（位置：素材文件\第4章\团队拓展活动方案.docx），单击【插入】选项卡中的【页眉和页脚】按钮，如下图所示。

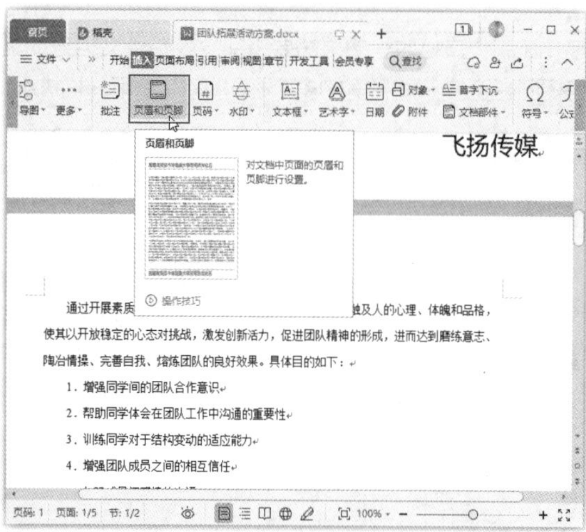

步骤 02 进入页眉页脚编辑状态，❶文本插入点将自动定位到页眉处，直接输入文本并选中；❷在【开始】选项卡中设置文本的字体、字号、颜色、对齐方式等，如下图所示。

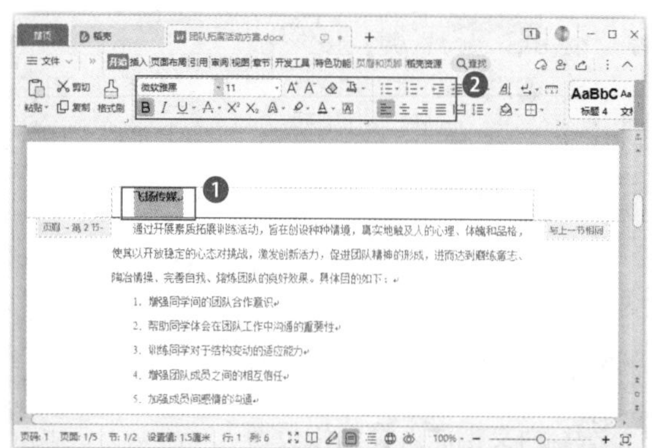

步骤 03 ❶单击【页眉和页脚】选项卡中的【页脚】按钮；❷在弹出的下拉列表中选择一种页脚效果，如下图所示。

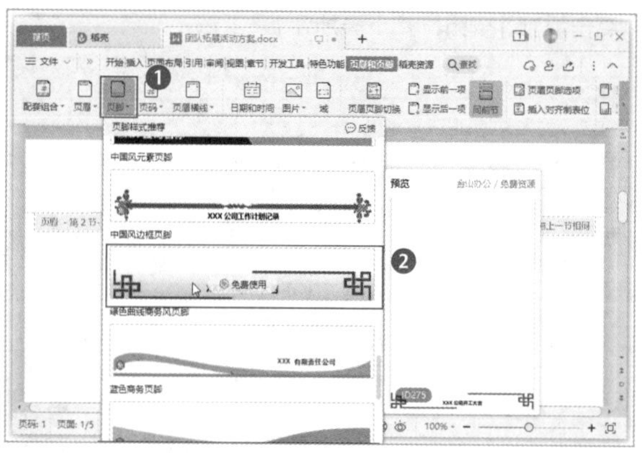

步骤 04 ❶选择页脚中的多余文本框，并按Delete键删除；❷单击【页眉和页脚】选项卡中的【关闭】按钮，退出页眉页脚编辑状态，如下图所示。

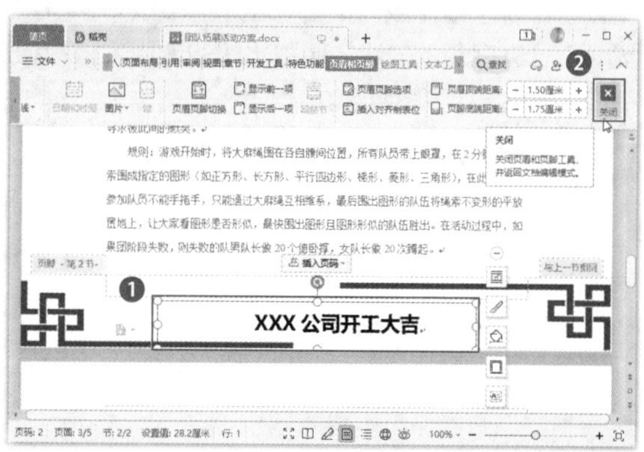

知识拓展

在WPS文档中还提供了许多内置的页眉和页脚样式，单击【页眉和页脚】选项卡中的【配套组合】按钮，在其中可以看到配套的页眉、页脚效果；单击【页眉】按钮，在其中可以看到内置的页眉效果。

128 更改页眉分割线的样式

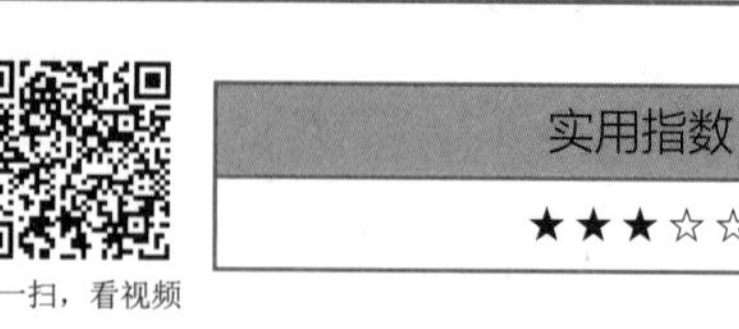

扫一扫，看视频

实用指数
★★★☆☆

使用说明

为文档设置自定义的页眉后，有时会添加一条实心的黑色线条，即页眉分割线。如果不喜欢分割线的样式，可以进行修改，也可以选择不要。

解决方法

如果要修改前面设置的页眉分割线的样式，具体操作方法如下。

步骤 01 ❶双击页眉的区域，进入页眉和页脚编辑状态；❷单击【页眉和页脚】选项卡中的【页眉横线】按钮；❸在弹出的下拉菜单中选择一种线条样式，如下图所示。

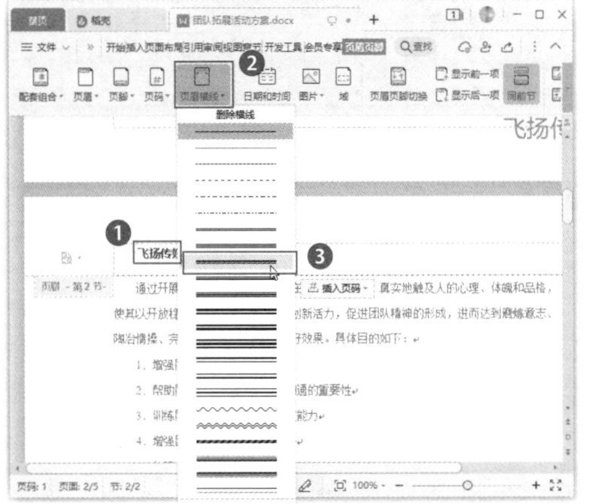

步骤 02 ❶再次单击【页眉横线】按钮；❷在弹出的下拉菜单中选择【页眉横线颜色】命令；❸在弹出的下级子菜单中选择一种线条颜色，如下图所示。

知识拓展

双击页眉和页脚的区域即可进入页眉和页脚编辑状态。当页眉和页脚编辑完成后，双击正文文本区域即可退出页眉和页脚编辑状态。

129 为首页设置不同的页眉 / 页脚

扫一扫，看视频

使用说明

默认情况下，设置的页眉/页脚效果会运用于整个文档。由于部分文档的首页有特殊的制作要求，如制作成封面、提要等，此时可以为首页设置不同的页眉/页脚。

解决方法

如果要为首页设置不同的页眉和页脚，具体操作方法如下。

步骤 01 打开素材文件（位置：素材文件\第 4 章\公司简介.docx），❶双击页眉的区域，进入页眉和页脚编辑状态；❷单击【页眉和页脚】选项卡中第一组右下角的【页面设置】按钮，如下图所示。

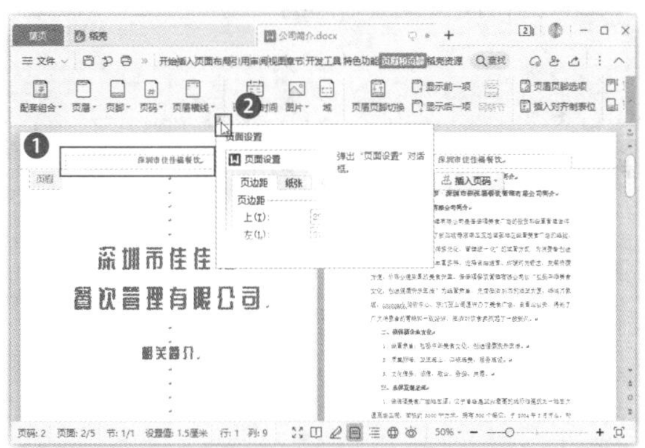

步骤 02 打开【页面设置】对话框，❶在【版式】选项卡中选中【首页不同】复选框；❷单击【确定】按钮，如下图所示。

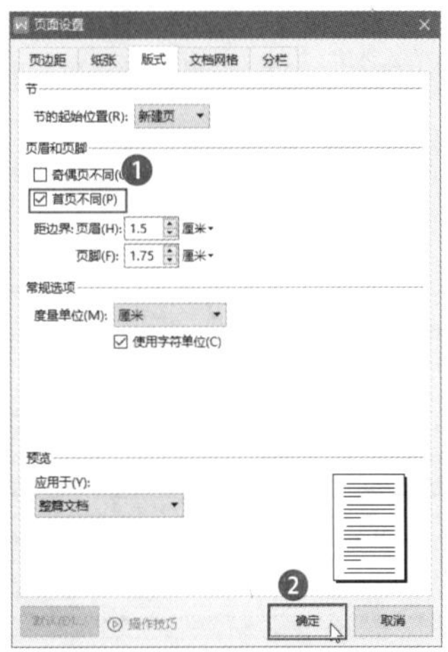

步骤 03 返回文档即可看到首页的页眉页脚被清除。❶将文本插入点定位在首页页眉中；❷单击【页眉和页脚】选项卡中的【页眉】按钮；❸在弹出的下拉菜单中选择一种页眉效果，即可单独为首页设置页眉效果，

如下图所示。

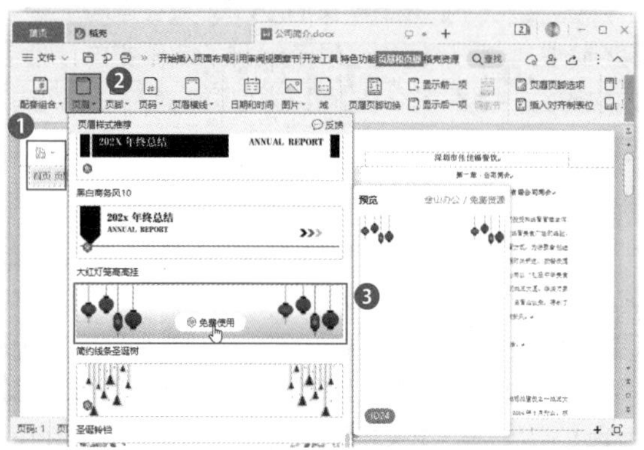

130 为奇偶页设置不同的页眉 / 页脚

扫一扫，看视频

实用指数
★★★☆☆

使用说明

对于两页或两页以上的文档，可以为其设置奇偶页不同的页眉/页脚，以丰富页眉/页脚的样式，并区分奇偶页。

解决方法

如果要为例129中的文档设置奇偶不同的页眉和页脚，具体操作方法如下。

步骤 01 进入页眉页脚编辑状态，❶将文本插入点定位在偶数页的页眉中；❷单击【页眉和页脚】选项卡中的【页眉页脚选项】按钮，如下图所示。

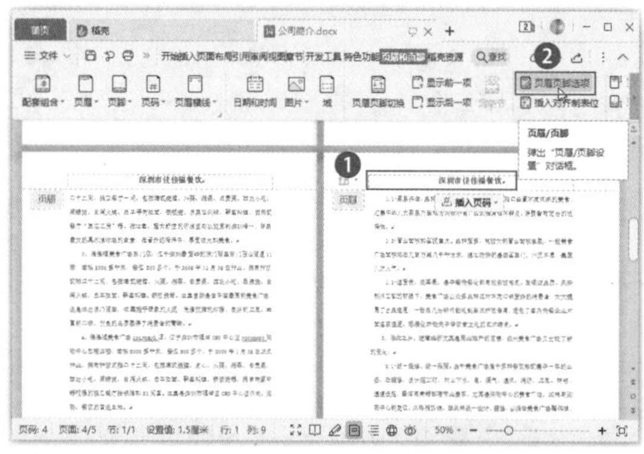

步骤 02 打开【页眉/页脚设置】对话框，❶选中【奇偶页不同】复选框；❷单击【确定】按钮，如下图所示。

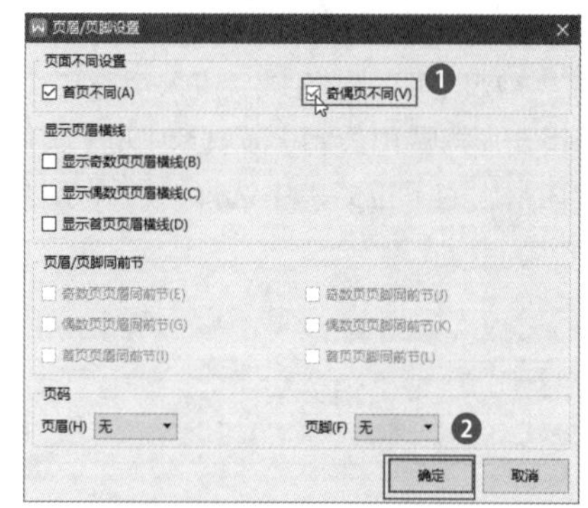

步骤 03 返回文档即可看到偶数页的页眉和页脚被清除。单击【页眉和页脚】选项卡中的【日期和时间】按钮，如下图所示。

步骤 04 打开【日期和时间】对话框，❶在【可用格式】列表框中选择一种日期格式；❷单击【确定】按钮，如下图所示。

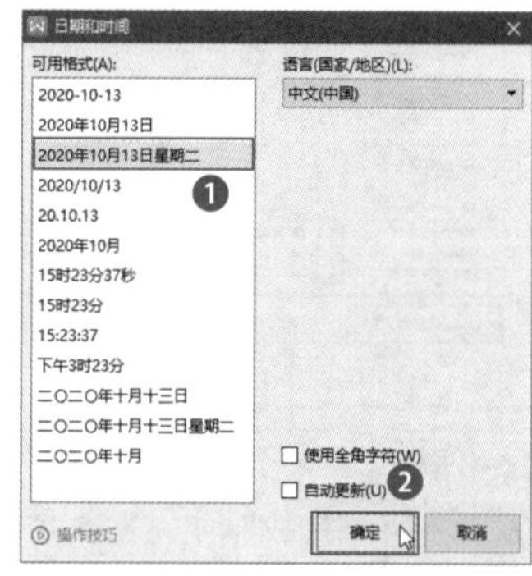

步骤 05 返回文档即可看到为偶数页重新设置的页眉效果。❶选择页眉中的日期内容，并尽量设置与奇数页相同的字体和段落格式；❷单击【页眉和页脚】选项卡中的【关闭】按钮，退出页眉页脚编辑状态，如下图所示。

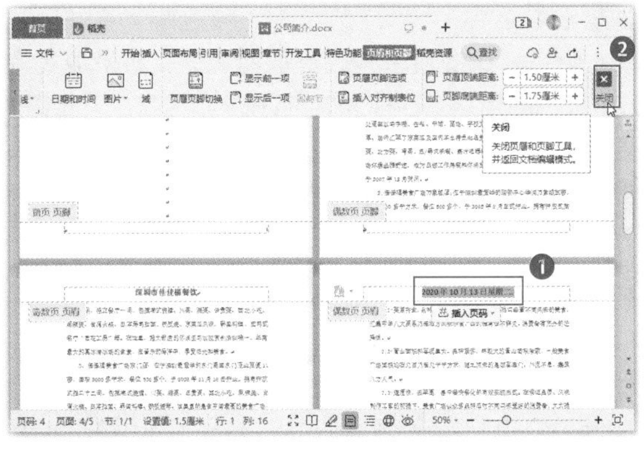

131　在页脚插入页码

实用指数

★★★★★

扫一扫，看视频

使用说明

当编辑的文档页数较多时，可以为文档添加页码，以便于阅读和管理。

解决方法

为文档插入页码的具体操作方法如下。

步骤 01　❶单击【插入】选项卡中的【页码】按钮；❷在弹出的下拉菜单中选择一种页码样式，如下图所示。

步骤 02　现在即可看到为文档添加的页码效果，单击【页眉和页脚】选项卡中的【关闭】按钮，退出页眉页脚编辑状态，如下图所示。

知识拓展

插入页码后，在页脚处会显示【重新编号】【页码设置】【删除页码】按钮，单击可以快速对页码进行编辑和操作。

4.2　为文档添加目录的技巧

有些文档的内容较多，因此，经常会将这些长篇幅的文章划分成多个章节，如制作的论文、报告等。为了便于查看文档中的内容，目录是长文档中不可缺少的部分。WPS文档提供了目录制作功能，可以快速完成目录制作。

132　快速插入目录

实用指数

★★★★☆

扫一扫，看视频

使用说明

如果为文档中的标题设置了标题1、标题2、标题3等样式，就可以让WPS文档自动为这些标题生成具有不同层次结构的目录。

解决方法

为文档快速添加目录的具体操作方法如下。

步骤 01　打开素材文件（位置：素材文件\第4章\团队拓展活动方案（插入目录）.docx），❶将文本插入点定位到第一页前需要插入目录的位置（制作的目录一般放在正文的最前面，最好能单独显示在一页中）；❷单击【插入】选项卡中的【空白页】按钮，如下图所示。

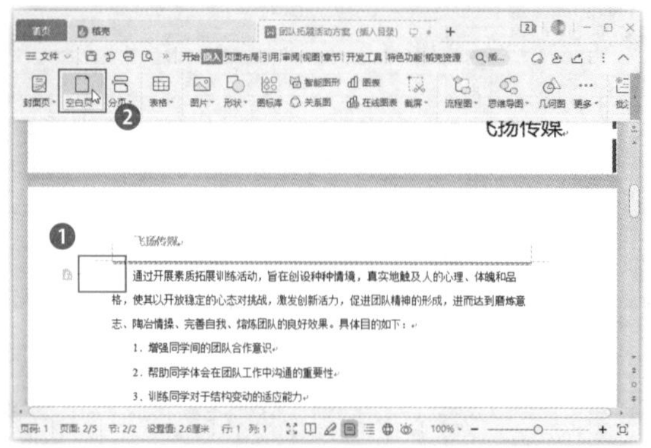

步骤 02 现在即可在正文之前插入一页空白页，❶单击【引用】选项卡中的【目录】按钮；❷在弹出的下拉菜单中选择一种目录样式，由于本文档中设置了两级标题，所以选择包含两个级别标题的目录样式，如下图所示。

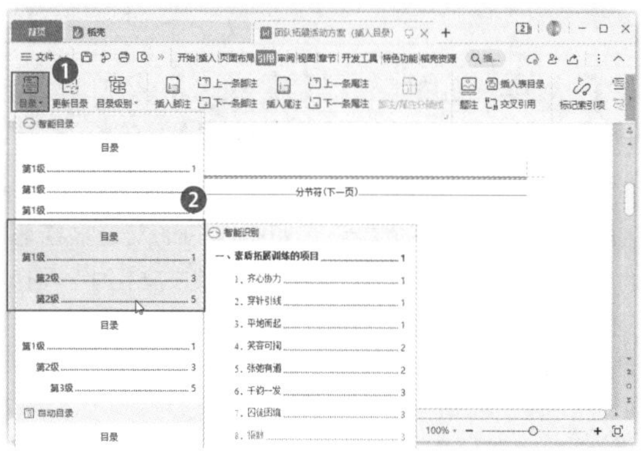

步骤 03 操作完成后即可在所选位置插入目录，如下图所示。

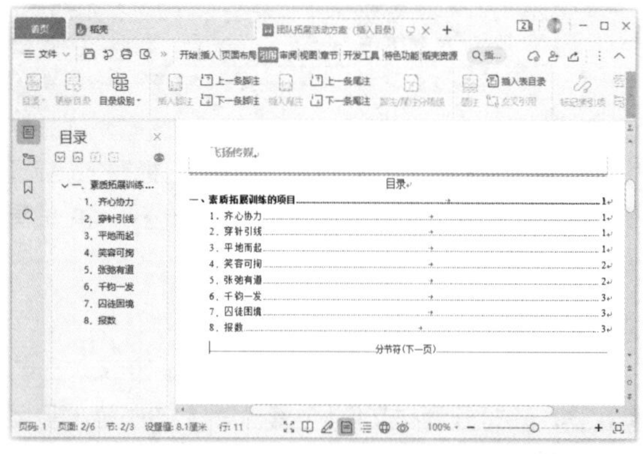

133 自定义提取目录的级别

扫一扫，看视频

实用指数
★★★★☆

使用说明

使用内置的目录样式提取目录时，最多能提取3个级别的标题，即标题1、标题2和标题3。如果需要提取更多级别的目录，就只能通过自定义的方式来提取目录了。自定义目录时，还可以设置目录与页码之间使用的前导符连接方式。

解决方法

例如，要自定义提取两个级别的目录，并在目录与页码之间采用下划线的样式，具体操作方法如下。

步骤 01 打开素材文件（位置：素材文件\第4章\产品责任事故管理.docx），❶选择需要设置为一级标题的内容；❷单击【引用】选项卡中的【目录级别】按钮；❸在弹出的下拉列表中选择【1级目录(1)】选项，如下图所示。

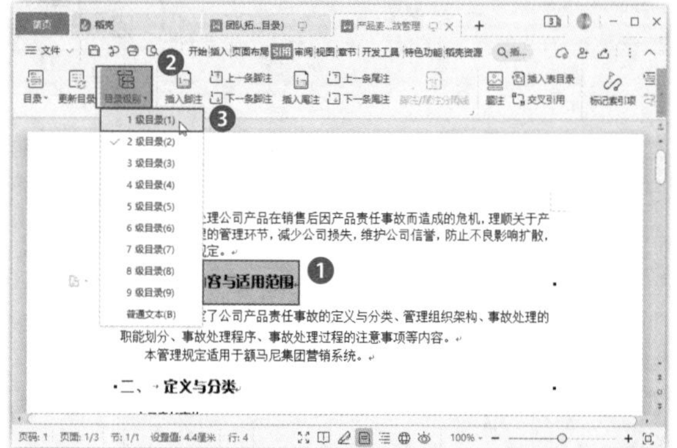

步骤 02 ❶使用相同的方法继续为文档中需要设置为一级标题的内容设置目录级别；❷选择需要设置为二级标题的内容；❸单击【目录级别】按钮；❹在弹出的下拉列表中选择【2级目录(2)】选项，如下图所示。

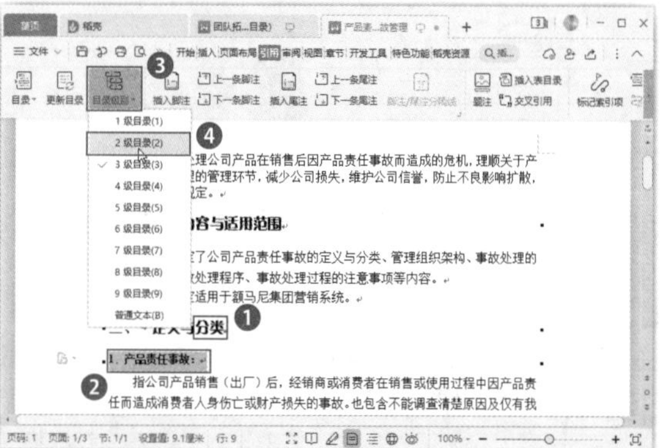

步骤 03 ❶使用相同的方法继续为文档中需要设置为二级标题的内容设置目录级别；❷将文本插入点定位在文档最前方，单击【目录】按钮；❸在弹出的下拉

菜单中选择【自定义目录】命令，如下图所示。

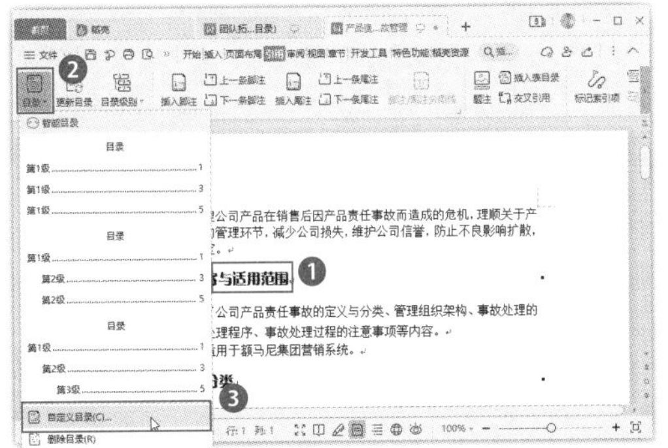

步骤 04　❶打开【目录】对话框，在【制表符前导符】下拉列表框中选择需要的前导符样式；❷在【显示级别】数值框中设置要显示的目录级别；❸单击【确定】按钮，如下图所示。

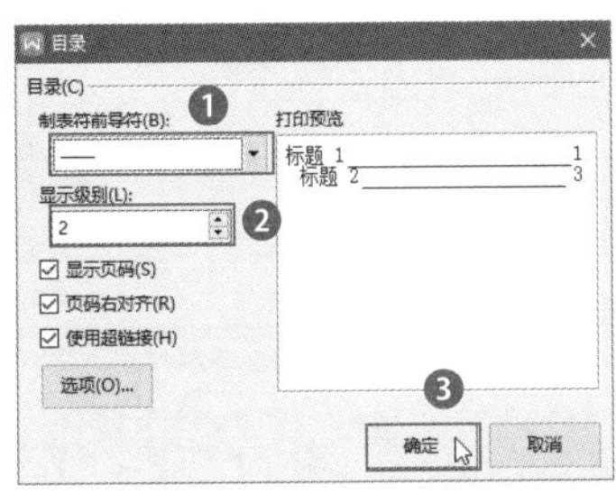

步骤 05　操作完成后即可在所选位置插入目录，如下图所示。

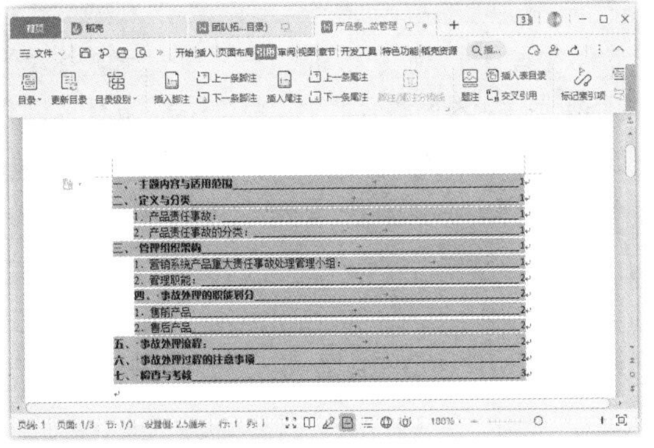

134　如何更新目录

扫一扫，看视频

使用说明

如果在创建目录之后对正文内容进行了修改，页码或目录发生了改变，不需要重新提取目录，使用更新目录功能更新目录即可。

解决方法

例如，例133中提取目录后发现标题内容中包含太多冒号，在正文中删除后需要更新目录，具体操作方法如下。

步骤 01　❶在正文中删除标题中的冒号；❷单击【引用】选项卡中的【更新目录】按钮，如下图所示。

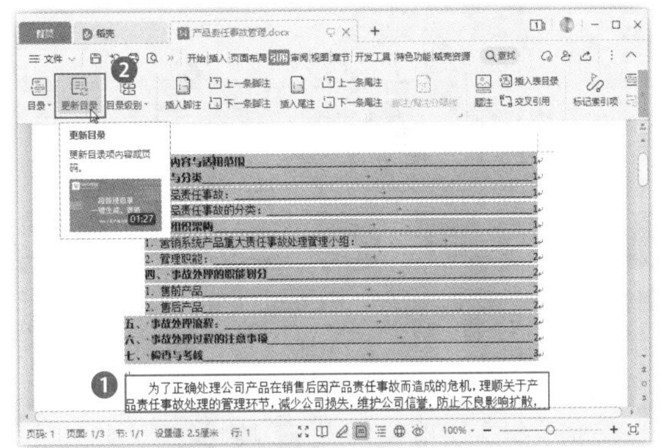

步骤 02　打开【更新目录】对话框，❶选择更新目录的方式，这里因为对内容进行了更改，选中【更新整个目录】单选按钮；❷单击【确定】按钮，如下图所示。

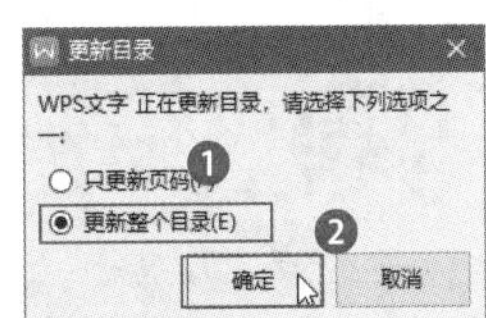

知识拓展

目录默认以链接的形式插入文档，按Ctrl键的同时单击某条目录项，可以访问内容的目标位置。如果希望取消链接，可以按Ctrl+Shift+F9组合键。

135　为文档添加封面

扫一扫，看视频

使用说明

文档制作完成后，可以为其添加封面，如果没有足够的时间设计封面，WPS文档内置的封面也是不错的选择。

解决方法

为文档添加封面的具体操作方法如下。

步骤 01 ❶将文本插入点定位到文档的第一页，单击【插入】选择卡中的【封面页】按钮；❷在弹出的下拉列表中选择一种封面样式，如下图所示。

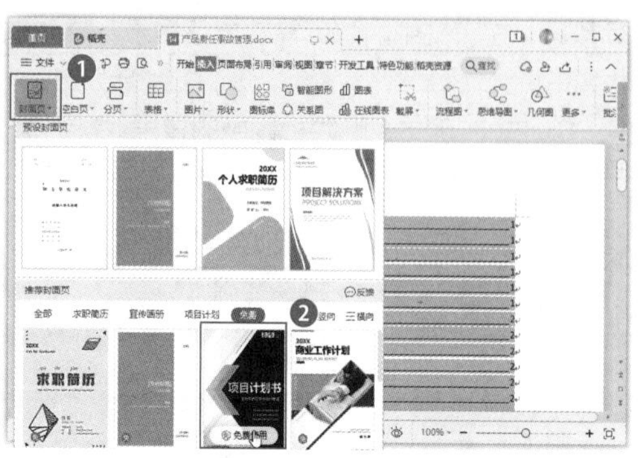

步骤 02 返回文档即可发现插入的封面，在预留的各占位符中根据提示输入主标题、副标题等内容即可，如下图所示。

136 在文档中插入书签

扫一扫，看视频

实用指数
★★★☆☆

使用说明

如果在阅读文档时，某一处内容需要经常查看，可是文档较长，每次重新打开时都难以快速找到该处内容。此时，可以使用书签功能为该内容设置书签，下次查看时就可以利用书签的定位功能快速找到目标位置。

解决方法

要在文档中插入书签，快速定位特殊内容，具体操作方法如下。

步骤 01 ❶将文本插入点定位到需要插入书签的位置；❷单击【插入】选项卡中的【书签】按钮，如下图所示。

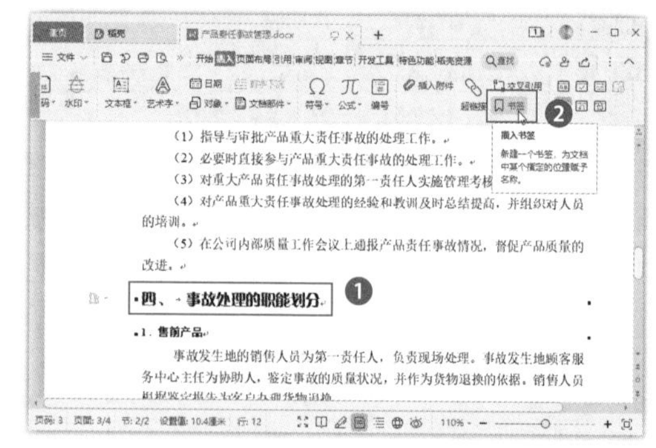

步骤 02 打开【书签】对话框，❶在【书签名】文本框中输入书签名称；❷单击【添加】按钮即可添加一个书签，如下图所示。

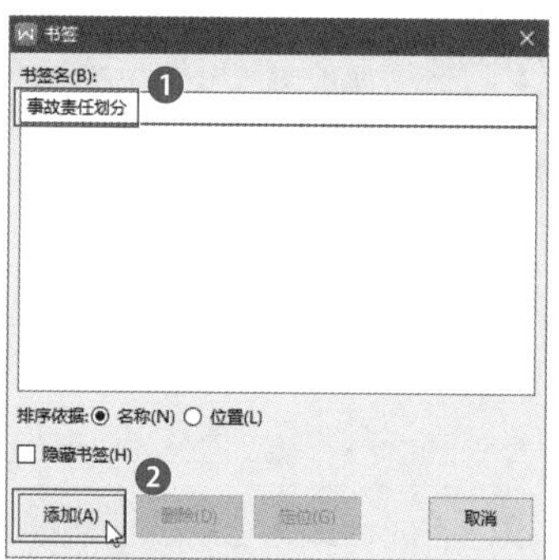

温馨提示

书签名中可以包含字母、数字，但是不能含有空格或符号。如果要删除书签，则在【书签】对话框中选择对应的书签名称，再单击【删除】按钮即可。

步骤 03 ❶单击【视图】选项卡中的【导航窗格】按钮；❷在窗口左侧打开导航窗格，单击左侧的【书签】选项卡，显示出书签导航窗格；❸选择需要定位的书签名，即可快速定位到目标处，如下图所示。

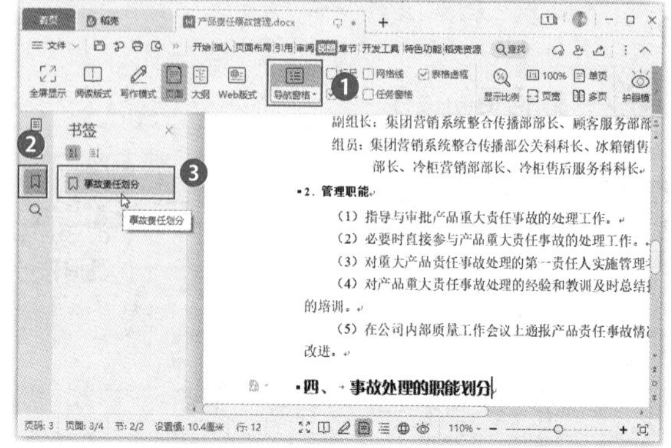

4.3　文档的打印设置技巧

文档制作完成后，一般都会打印出来，以纸张的形式呈现在大家面前。下面介绍一些打印文档的技巧。

137　打印文档页面中的部分内容

扫一扫，看视频

使用说明

通常情况下，如果直接将制作好的文档全部打印出来，操作很简单，只需要单击快速访问工具栏中的【打印】按钮即可。但某些情况下，只需要打印文档中的部分内容，又该如何设置呢？

解决方法

要打印文档中的部分内容，具体操作方法如下。

步骤 01　❶选择需要打印的内容；❷单击【文件】菜单按钮；❸在弹出的下拉菜单中选择【打印】命令，如下图所示。

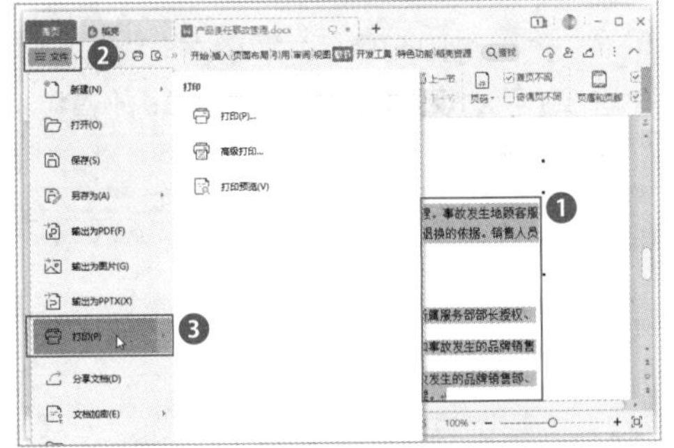

步骤 02　打开【打印】对话框，❶在【页码范围】栏中选中【所选内容】单选按钮；❷单击【确定】按钮即可，如下图所示。

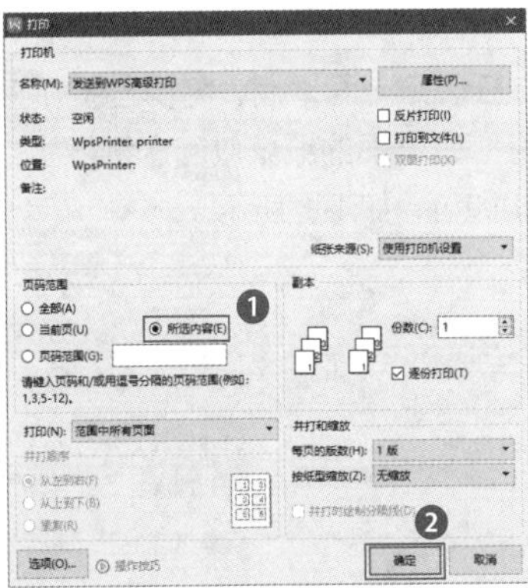

138　打印文档中的指定页

实用指数

★★★★☆

扫一扫，看视频

使用说明

用户可以打印整个文档，也可以打印文档中指定页码的内容，可以是单页、连续几页的内容或者间隔几页的内容。

解决方法

例如，要打印第2、3和5页的内容，具体操作方法如下。

按照前面介绍的方法打开【打印】对话框，❶在【页码范围】栏中选中【页码范围】单选按钮，并在其后的文本框中输入“2-3,5”；❷单击【确定】按钮即可，如下图所示。

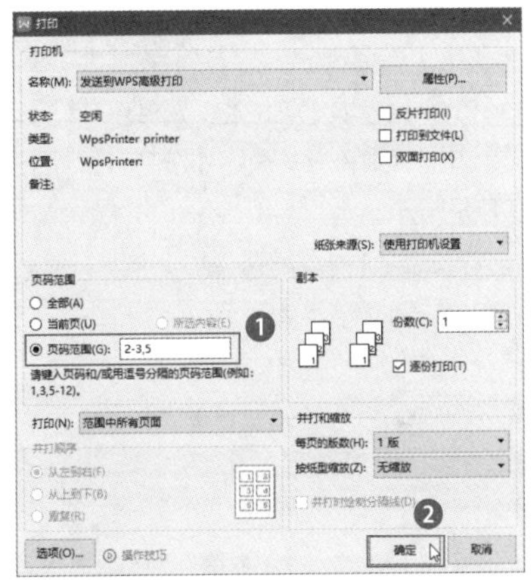

> **温馨提示**
>
> 如果是打印连续的几页内容，例如第2页到第5页，可以在文本框中输入“2-5”；如果是打印不连续的某几页，例如第2页和第5页，输入“2,5”，中间用逗号隔开。

139　如何打印出文档的背景色和图像

扫一扫，看视频

使用说明

如果为文档设置了页面背景颜色和图像，在打印时默认并不会打印出来，需要经过相应的设置，才能打印出来。

解决方法

要打印出文档的背景色和图像，具体操作方法如下。

步骤 01 打开【打印】对话框，单击【选项】按钮，如下图所示。

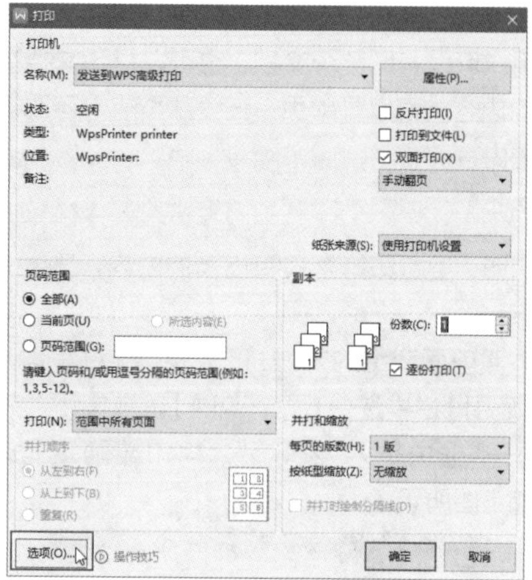

步骤 02 打开【选项】对话框，❶选中【打印背景色和图像】复选框；❷单击【确定】按钮，然后进行打印即可，如下图所示。

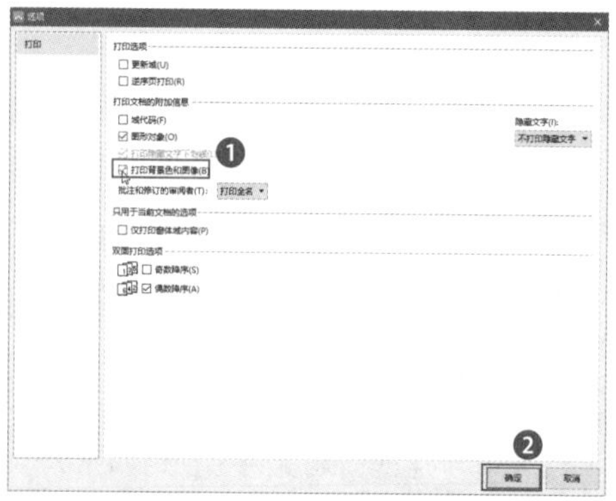

知识拓展

默认情况下，文档中隐藏的内容是不能被打印出来的，如果想在不更改其属性的情况下将隐藏的部分打印出来，可以在【选项】对话框中【隐藏文字】下拉列表中选择【打印隐藏文字】选项。

140 手动进行双面打印

扫一扫，看视频

实用指数
★★★☆☆

使用说明

默认情况下，打印出来的文档都是单面的，这样浪费了大量的纸张，如果要解决这个问题，可通过双面打印来实现。

使用手动双面打印功能后，打印时自动打印奇数，待奇数页打印完成后，手动将纸张翻页，再重新放入纸张，会在页面的背面打印偶数页。

解决方法

使用手动进行双面打印的具体操作方法如下。

步骤 01 ❶单击【文件】菜单按钮；❷在弹出的下拉菜单中选择【打印】命令；❸在弹出的下级子菜单中选择【打印预览】命令，如下图所示。

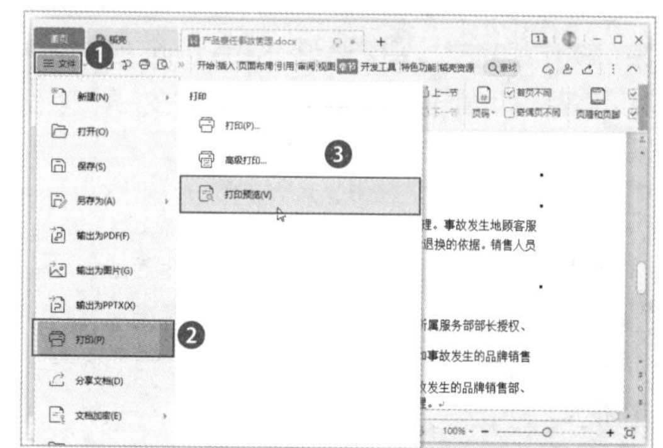

步骤 02 进入打印预览状态，❶在【方式】下拉列表框中选择【手动双面打印】选项；❷单击【直接打印】按钮，如下图所示。

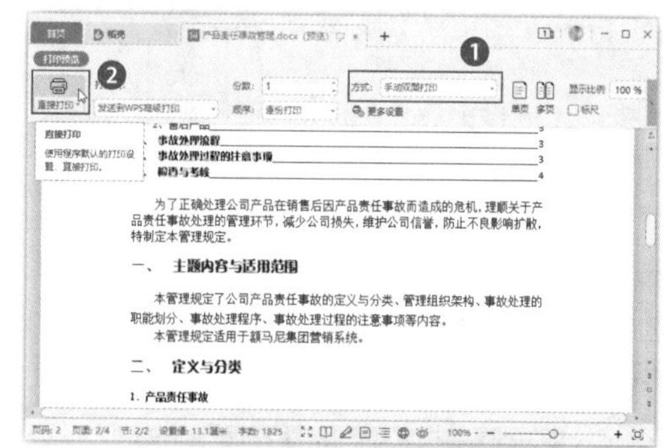

步骤 03 打印完一面之后，将弹出提示对话框，按照提示将打印好一面的纸张放回送纸器中，然后单击【确定】按钮即可，如下图所示。

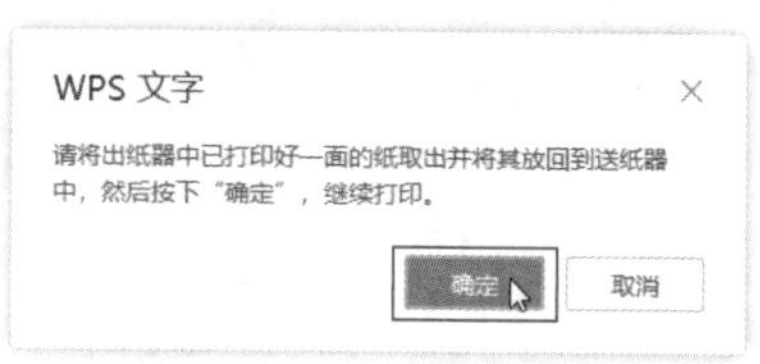

第 5 章 文档的审阅与保护技巧

在日常工作中，有些文件需要内容相关人员或流程相关人员共同参与制作或修订，并通过领导审阅后才能够执行，这就涉及在制作好的文件中进行一些批示、修改。为了便于沟通交流，在修改他人的文档时，可以启动审阅修订模式。文档制作完成后，为了保证文档的安全性，还需要设置文档保护。

以下是文档审阅与保护操作中的常见问题，请检测你是否会处理或已掌握。

√ 文档编辑完成后，为了提高文档的准确性，你知道怎样快速进行文字校对吗?

√ 在阅读他人的文档时，遇到要提出意见的地方，应该怎样添加批注?

√ 在阅读他人的文档时，如果要更改文档中的内容，如何让对方获知在哪些地方进行了哪些内容的修改?

√ 如何对两份相似的文档进行快速比对?

√ 如果文档中的某些内容不希望被他人修改，是否可以对这些内容设置限制编辑?

√ 文档已经制作完成，以哪种模式传递文档内容才更方便他人进行查看?

希望通过本章内容的学习，能帮助你解决以上问题，并学会文档的审阅与保护技巧。

5.1 文档的审阅技巧

对编辑好的文档进行审阅，可以提高文档的正确率和专业性。文档审阅包括校对、批注、修订等内容。WPS文字中不仅拥有多种功能可以支持关于文档的多人审阅与共享，而且文档创建者也能通过审阅选项卡中的功能实现对当前文档的快速比对、查阅以及合并多个修订版本。

141 快速实现文档的智能拼写检查

扫一扫，看视频

实用指数
★★★☆☆

使用说明

在撰写稿件或文章时，难免会因为一时疏忽而写错一些字或词，所以需要进行拼写检查。WPS文字中的【拼写检查】功能可以根据文本的拼写和语法要求对选中的文本或者当前文档进行智能检查，并将检查结果实时呈现，帮助用户避免错误。

解决方法

文档制作完成后，自动检查拼写和语法的具体操作方法如下。

步骤 01 打开素材文件(位置：素材文件\第5章\简历.docx)，单击【审阅】选项卡中的【拼写检查】按钮，如下图所示。

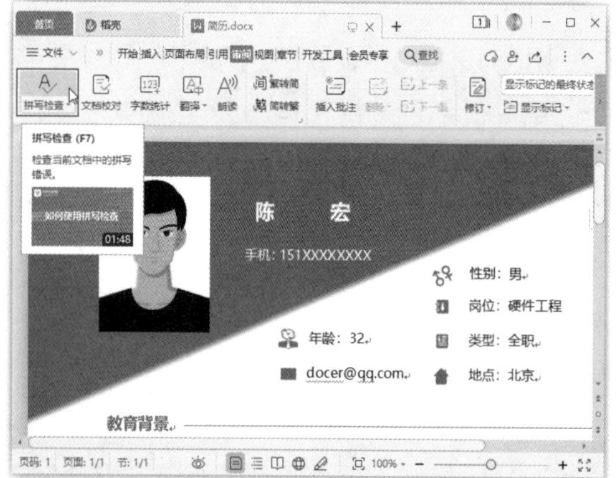

步骤 02 如果发现文档中存在拼写错误，将打开【拼写检查】对话框，在【检查的段落】列表框中会对存在拼写错误的单词语句标红处理，如果不需要修改，单击【忽略】按钮，如下图所示。即可自动跳转至检测到的下一处错误段落。

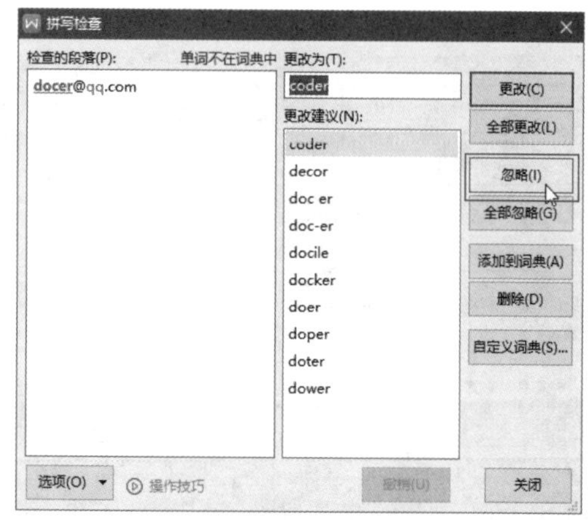

步骤 03 如果词组确实存在拼写错误，❶在【更改建议】列表框中选择需要修改为的内容，或直接在【更改为】文本框中手动输入需要修改为的内容；❷单击【更改】按钮，如下图所示。

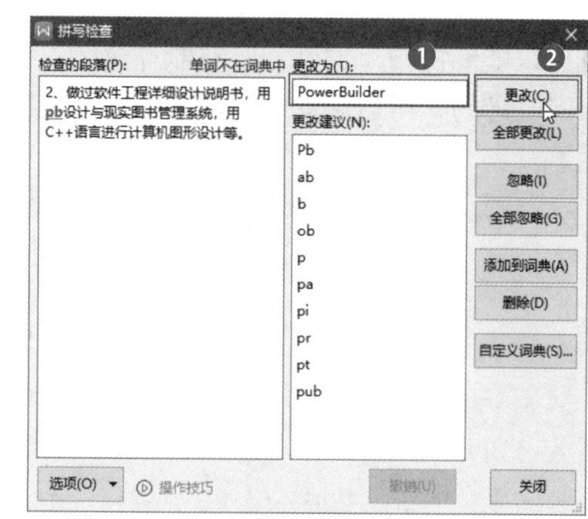

步骤 04 直到最后一处拼写错误处理完毕，会打开提示对话框，单击【确定】按钮关闭对话框即可，如下图所示。

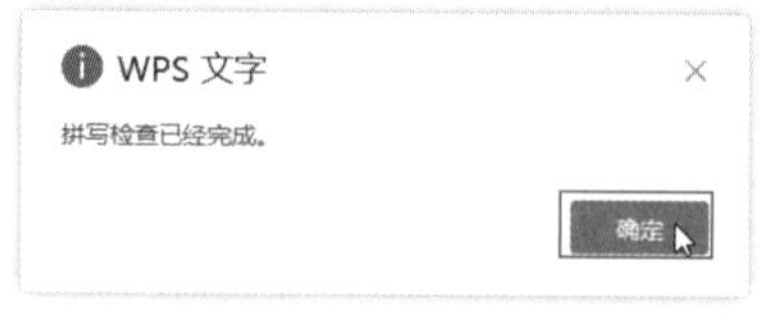

142 使用文档校对功能校对文档

扫一扫，看视频

实用指数
★★★★★

使用说明

制作的文档除了一些拼写错误以外，可能还存在一些常见的错误。在制作论文、报告等有较多文字的文档时，逐字逐句对文档进行校对检查始终有些不便。此时可以使用文档校对功能。

解决方法

文档制作完成后，为防止出现简单的错误，可以使用校对功能对文档中的内容进行校对，具体操作方法如下。

步骤 01 打开素材文件（位置：素材文件\第5章\行政管理制度手册.docx），单击【审阅】选项卡中的【文档校对】按钮，如下图所示。

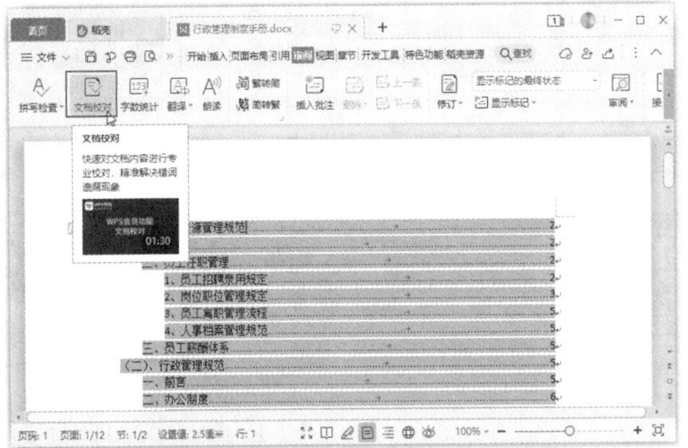

步骤 02 打开【WPS文档校对】对话框，单击【开始校对】按钮，如下图所示。

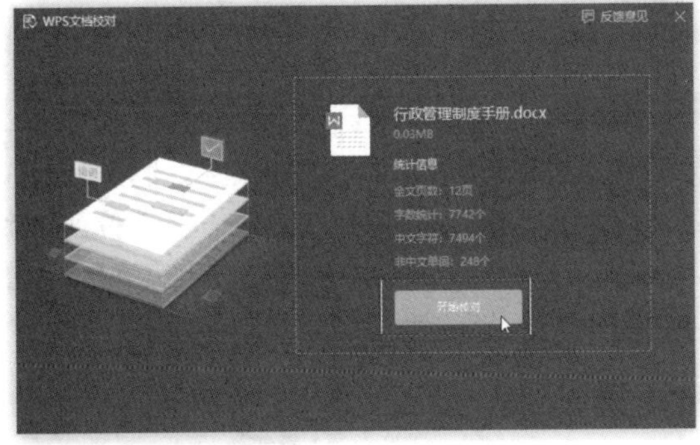

> **温馨提示**
>
> 第一次使用WPS文字中的【文档校对】功能时，需要连接互联网加载该功能。

步骤 03 系统会根据文档内容自动选择关键词领域，这样可以使校对结果更准确。如果需要添加关键词领域，可以单击加号按钮自行添加。添加完后直接单击【下一步】按钮，如下图所示。

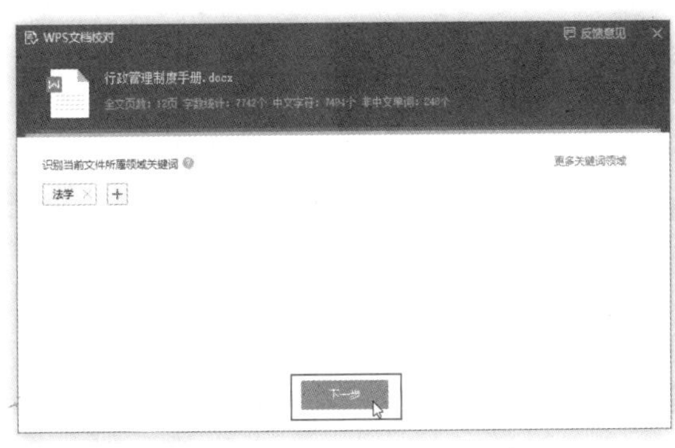

步骤 04 系统开始扫描文档内容并进行校对，最终得出检测结果，其中包括错误词汇和错误类型，单击【马上修正文档】按钮，如下图所示。

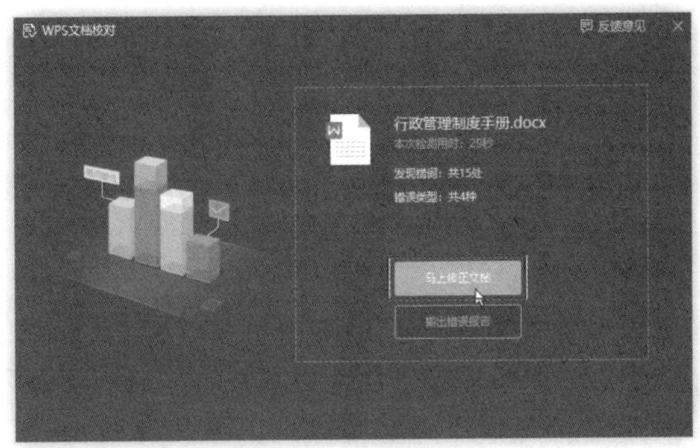

> **温馨提示**
>
> 单击【输出错误报告】按钮，可以输出校正报告。

步骤 05 在窗口右侧显示了【文档校对】任务窗格，其中列出了出错的原因、出错的内容以及修改建议。❶单击各项错误，可自动跳转到错误段落，并用颜色标明出错的内容；❷如果确认有误可单击【替换错误】按钮，用系统提供的建议修改替换错误内容，如下图所示。

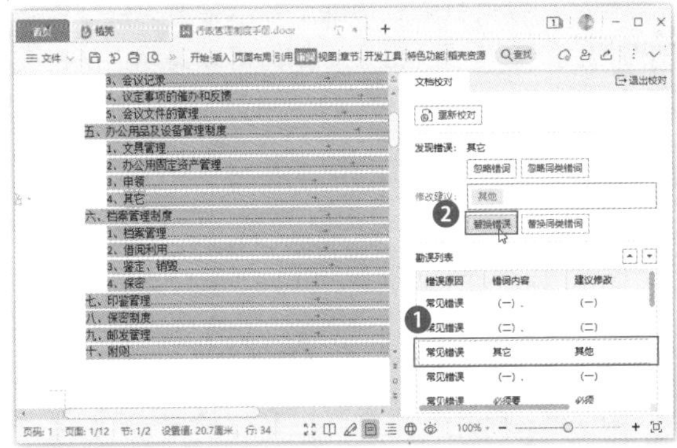

步骤 06　完成文档修改后，单击任务窗格右上角的【退出校对】按钮，如下图所示。

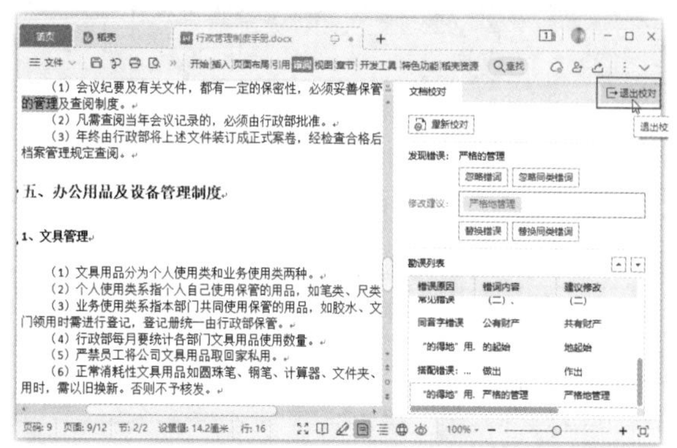

步骤 07　打开【校对提示】对话框，单击【确定】按钮即可，如下图所示。

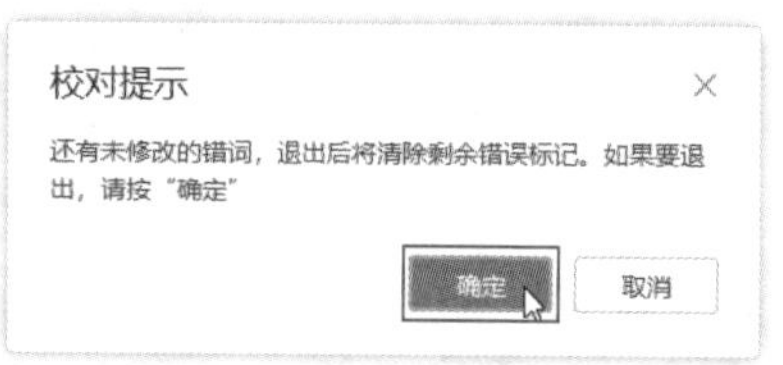

143　如何关闭语法错误功能

扫一扫，看视频

实用指数
★★★☆☆

使用说明

默认情况下，在输入文档内容的过程中，如果出现语法错误，WPS文档会根据设置的拼写和语法规则自动进行检测（尤其是在编辑英文文档时），会用红色和蓝色的波浪线标识出来。在检查文档时，逐个检查标识出来的词语和句子，以决定是否需要更改。

但是这样就会导致页面上经常会看见红红绿绿的波浪线，影响视觉效果，此时可以关闭语法错误功能。

解决方法

关闭语法错误功能，可以在输入文档时不自动进行语法检查，具体操作方法如下。

新建文档，在WPS文字中打开【选项】对话框，❶单击【拼写检查】选项卡；❷在右侧取消选中【输入时拼写检查】复选框；❸单击【确定】按钮即可，如下图所示。

144　如何为文档添加批注

扫一扫，看视频

使用说明

日常办公中应用的文档，大多时候都需要进行多人审阅，为了更方便地沟通关于文档内容的变更，就需要在文档中插入批注信息，将自己在文档某处的疑问和意见写在批注中。

解决方法

为文档添加批注的具体操作方法如下。

步骤 01　打开素材文件（位置：素材文件\第5章\员工培训计划方案.docx），❶将文本插入点定位于要添加批注的段落，或选择需要添加批注的文本；❷单击【审阅】选项卡中的【插入批注】按钮，如下图所示。

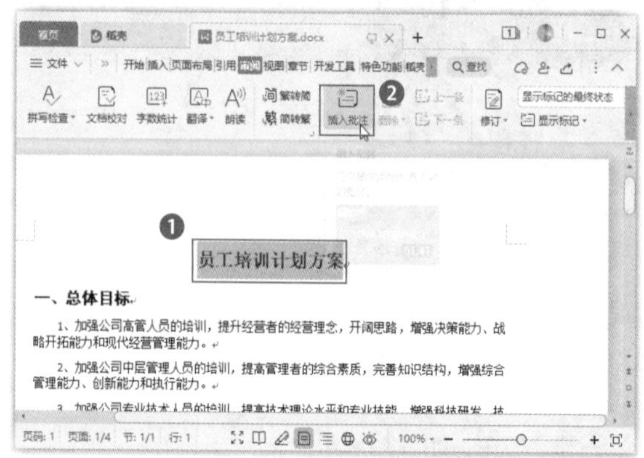

温馨提示

如果在WPS文字中不能显示出批注框，可以查看【审阅】选项卡中【修订】按钮右侧的下拉列表框是否选择了【显示标记的最终状态】，并单击【显示标记】按钮，在弹出的下拉菜单中选择【使用批注框】命令，并在下级子菜单中选择【在批注框中显示修订内容】命令。

步骤 02 新建批注框，在其中输入批注内容，如下图所示。

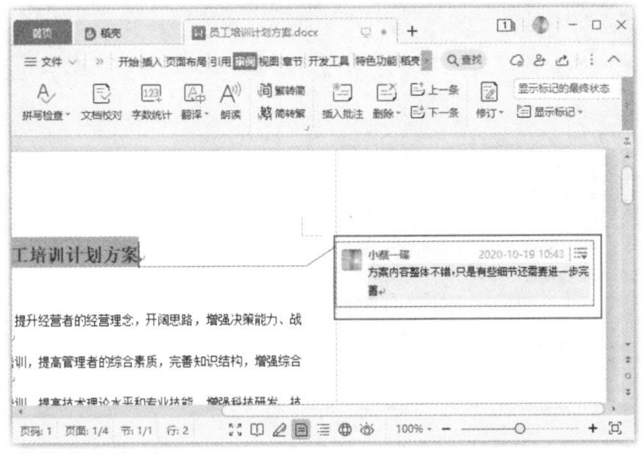

知识拓展

将光标移动到添加的批注框上时，可以看到其右上角有一个按钮，单击该按钮，在弹出的下拉列表中选择【答复】选项，可以在输入框内输入需要回复的内容，该批注将以对话形式显示，更加直观明确；选择【解决】选项，随后该批注标记为【已解决】，且批注内容显示为灰色；选择【删除】选项，将删除该批注。

145 如何进入修订模式修订文档

实用指数

扫一扫，看视频

使用说明

如果审阅文档时发现有些错误是确定的，可以直接进行修改，为了便于让创作者及时了解对该文档进行了哪些操作，可以启用修订模式对文档进行编辑，让系统自动记录文档中所有内容的变更痕迹，并且把当前文档中的修改、删除、插入等每一个痕迹以及相关内容都标记出来。

解决方法

要进入修订模式修订文档，具体操作方法如下。

步骤 01 ❶单击【审阅】选项卡中的【修订】按钮，进入修订状态；❷选择需要修改的文本内容，如下图所示。

温馨提示

再次单击【修订】按钮，可以退出修订模式。

步骤 02 重新输入正确的内容，修订状态下，文档中删除的内容会显示在右侧的页边空白处，新加入的内容以有颜色的下划线和颜色字体标注出来，如下图所示。

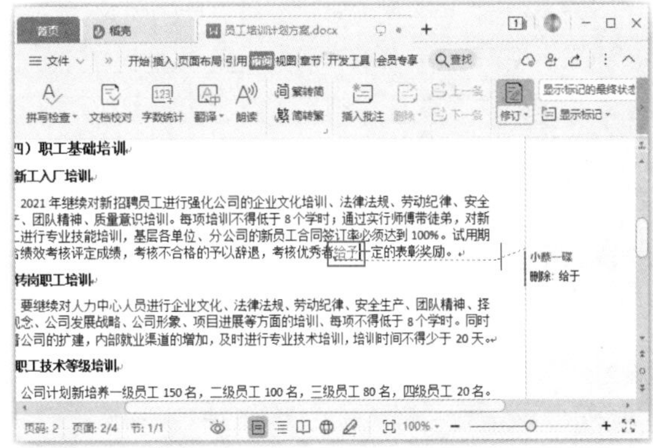

步骤 03 继续修改文档中的内容，也可以对文本格式进行设置。修订状态下，所有修订动作都会在右侧的修订窗格中记录下来，并记录下修订者的用户名，如下图所示。

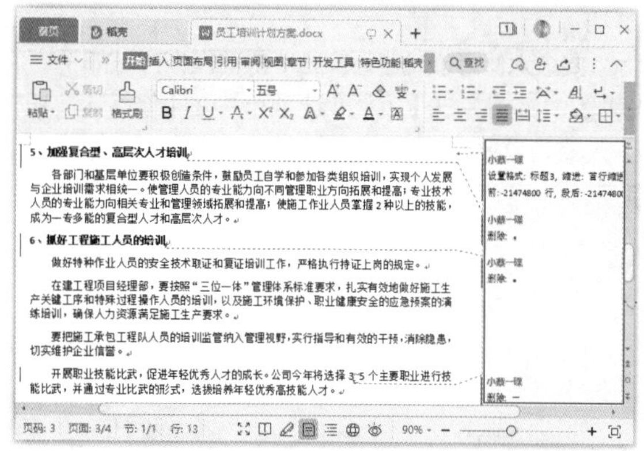

> **知识拓展**
>
> 默认情况下，修订格式时也会在文档中显示，如果不需要跟踪对格式的修改，可以单击【显示标记】按钮，在弹出的下拉菜单中选择【格式设置】命令，使该命令前的√不显示。

146 接受与拒绝修订

扫一扫，看视频

实用指数
★★★★☆

使用说明

修订文档之后，如果要接受修订后的内容，可以接受修订；如果不满意修订内容，也可以拒绝修订。

解决方法

接受与拒绝修订的具体操作方法如下。

步骤 01 单击【审阅】选项卡中的【接受】按钮，将接受文本插入点之后的第一处修订，并自动跳转到下一处修订，如下图所示。

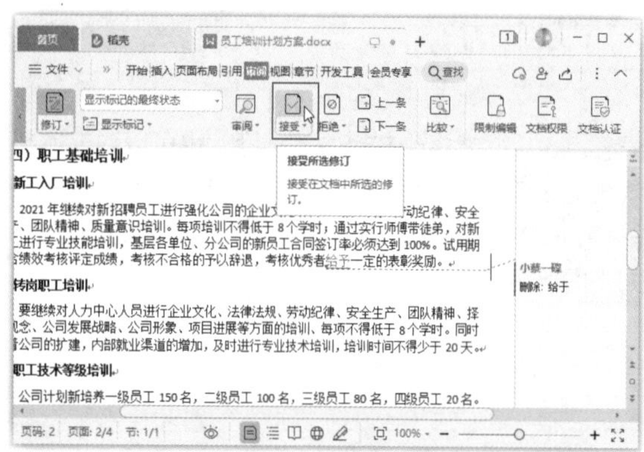

> **知识拓展**
>
> 如果要一次性接受文档中的所有修订，可在单击【接受】按钮后弹出的下拉菜单中选择【接受对文档所做的所有修订】命令。

步骤 02 单击【审阅】选项卡中的【拒绝】按钮，将拒绝文本插入点之后的第一处修订，并自动跳转到下一条修订，如下图所示。

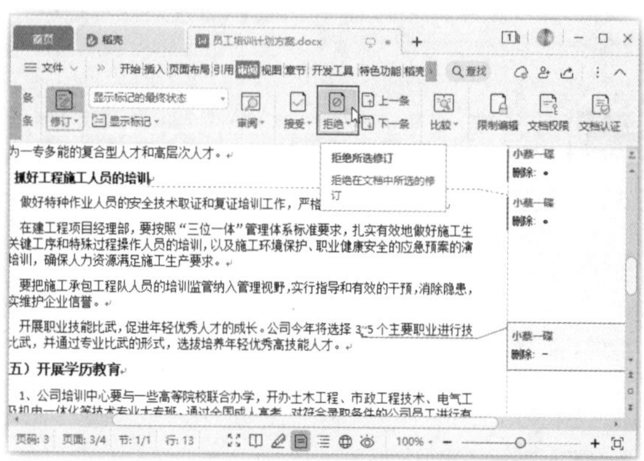

> **知识拓展**
>
> 如果要一次性拒绝文档中的所有修订，可在单击【拒绝】按钮后弹出的下拉菜单中选择【拒绝对文档所做的所有修订】命令。

147 如何对两个或两个以上文档进行并排查看

扫一扫，看视频

实用指数
★★★★☆

使用说明

如果一份文档进行了多次修改和保存，要对比查看多个版本的该文件内容，可以使用WPS文字的比较功能并排查看两个或两个以上的文档。

解决方法

例如，要并排查看“旅游出行的六个注意事项.docx”和“旅游出行的九个注意事项.docx”两个文档中的内容，具体操作方法如下。

步骤 01 ❶单击【审阅】选项卡中的【比较】按钮；❷在弹出的下拉菜单中选择【比较】命令，如下图所示。

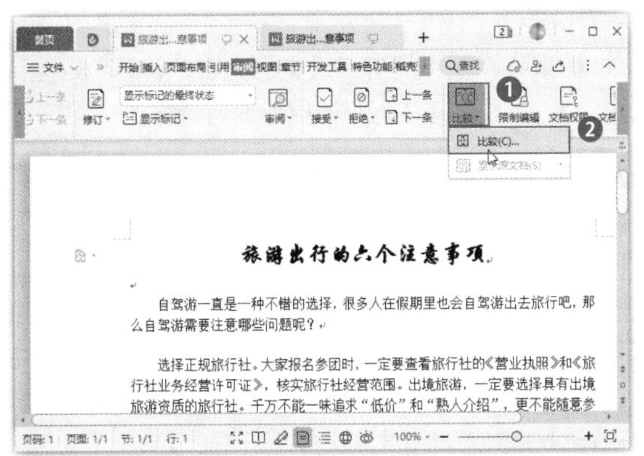

步骤 02　打开【比较文档】对话框，❶单击 按钮在【原文档】下拉列表框中选择原文档；❷单击 按钮在【修订的文档】下拉列表框中选择修订的文档；❸单击【确定】按钮，如下图所示。

步骤 03　系统比较之后会打开一个新文档，左侧显示的是比较结果文档，其中还会用不同的颜色和下划线标识出两个文档的不同之处；右侧分为上下两个界面，分别显示原文档和修订的文档，方便进行精确比对，如下图所示。

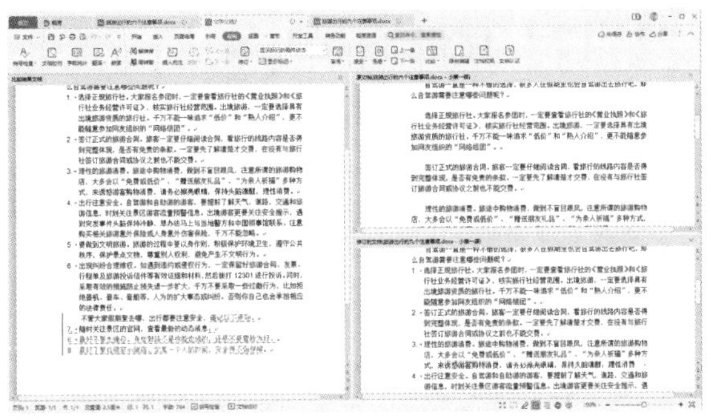

> **温馨提示**
>
> 在比较结果文档中可以正常进行文档编辑，最后保存为新的文档。

5.2 文档的保护技巧

对于重要的文档，为了保障其在流转以及查阅过程中的安全性，可以对文档设置相应的保护措施。除了前面介绍的为文档加密外，还可以设置格式修改权限、编辑权限，对文档做安全认证和权限限制，以及将文档输出为不易修改的PDF和图片格式。

148 如何限制格式编辑

实用指数
★★★☆☆

扫一扫，看视频

使用说明

对于一些具有固定格式的文档，可以对文档的样式设置限制格式编辑，这样可以防止为文档中的其他内容应用所选的格式，或者修改其样式。

解决方法

例如，要通过限制格式编辑来保护“产品责任事故管理”文档中的一级标题和二级标题，具体操作方法如下。

步骤 01　打开素材文件（位置：素材文件\第5章\产品责任事故管理.docx），❶单击【审阅】选项卡中的【限制编辑】按钮；❷在显示出的【限制编辑】任务窗格中选中【限制对选定的样式设置格式】复选框；❸单击【设置】按钮，如下图所示。

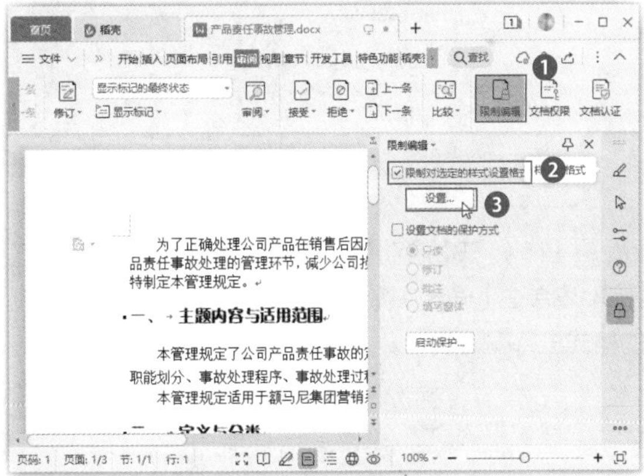

步骤 02　打开【限制格式设置】对话框，❶在左侧列表框中选择需要保护的样式，这里选择【标题1】和【标题2】选项；❷单击【限制】按钮，将它们添加到右侧的【限制使用的样式】列表框中；❸单击【确定】按钮，如下图所示。

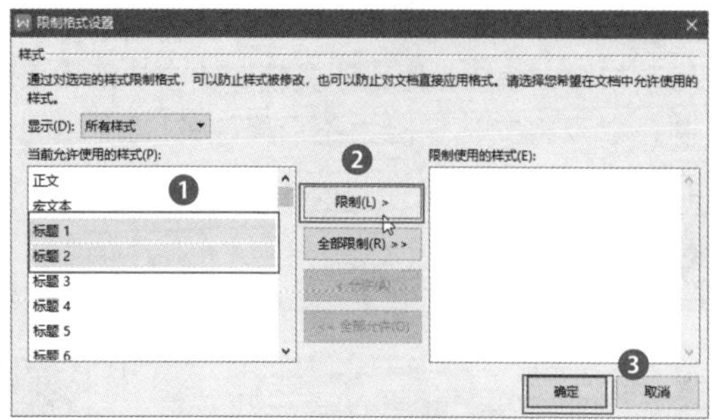

步骤 03 弹出提示对话框，提示是否将不允许的格式和样式删除，单击【否】按钮，如下图所示。

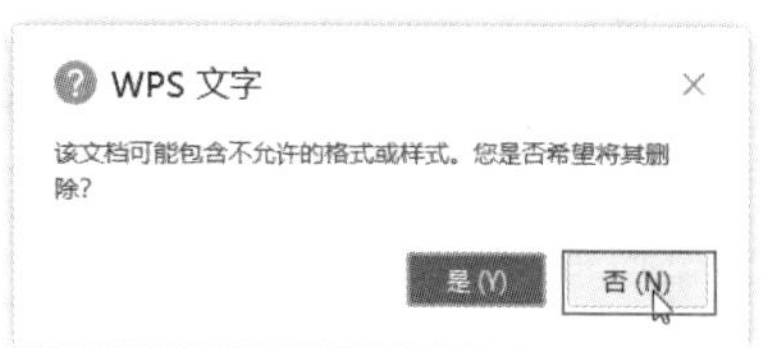

步骤 04 返回【限制编辑】任务窗格，单击【启动保护】按钮，如下图所示。

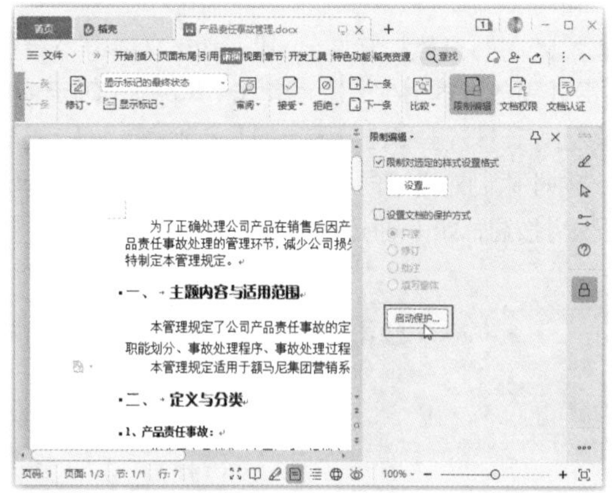

步骤 05 打开【启动保护】对话框，❶在其中设置密码；❷单击【确定】按钮，如下图所示。即可对选定的格式进行编辑限制。

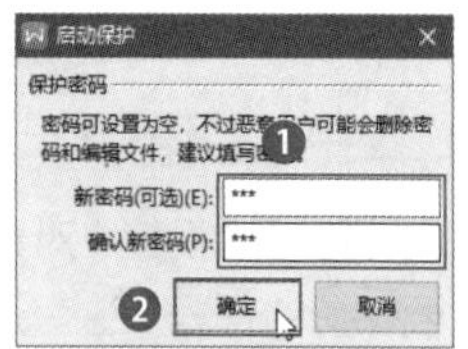

149 让审阅者只能插入批注

扫一扫，看视频

实用指数
★★★★☆

使用说明

如果不希望审阅者修改文档内容，有意见或建议只能插入批注，可以对文档权限进行设置。

解决方法

要设置让审阅者只能插入批注，具体操作方法如下。

步骤 01 打开素材文件（位置：素材文件\第5章\公司简介.docx），❶单击【审阅】选项卡中的【限制编辑】按钮；❷在显示出的【限制编辑】任务窗格中选中【设置文档的保护方式】复选框；❸选中【批注】单选按钮；❹单击【启动保护】按钮，如下图所示。

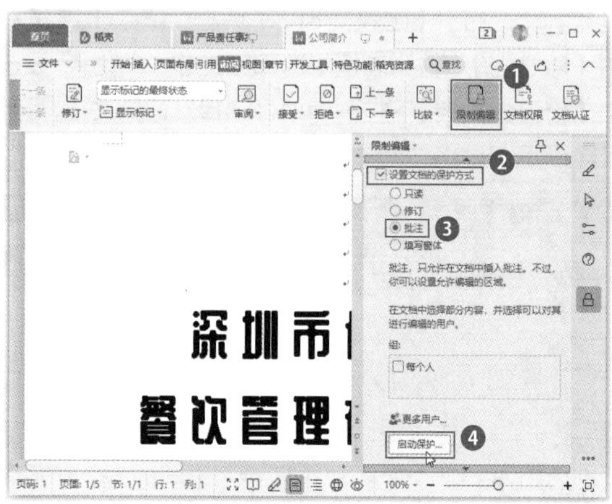

步骤 02 打开【启动保护】对话框，❶在其中设置密码；❷单击【确定】按钮，如下图所示。以后就只能在文档中插入批注。

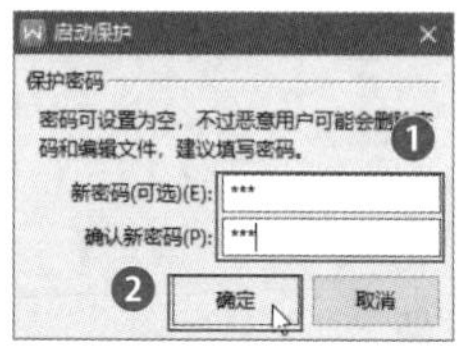

温馨提示

如果想要取消密码保护，可以打开【限制编辑】任务窗格，单击【停止保护】按钮，在弹出的对话框中输入密码。

知识拓展

在【限制编辑】任务窗格中选中【设置文档的保护方式】复选框后，还可以对文档进行【只读】【修订】【填写窗体】设置，从而避免其他用户对相关内容或格式的修改。如选中【只读】后，该文档就只能以只读属性呈现，其他用户不可以在此文档中随意编辑。

150 如何设置文档权限

实用指数
★★★★★

扫一扫，看视频

使用说明

有些文档内容较为隐私，如工作中的合同、协议、报告等。为了使文档不被随意查看和修改，可以使用WPS文档中的【文档权限】功能对文档进行保护。

解决方法

例如，要为“劳动合同”文档设置权限，只让自己和签订合同的另一方查看，具体操作方法如下。

步骤 01 打开素材文件(位置：素材文件\第5章\劳动合同.docx)，单击【审阅】选项卡中的【文档权限】按钮，如下图所示。

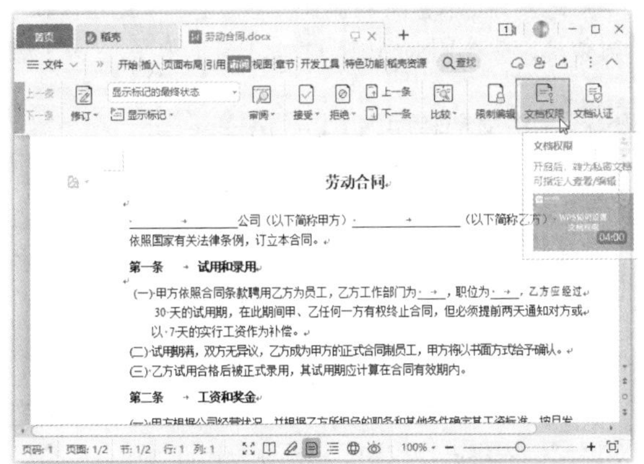

步骤 02 打开【文档权限】对话框，单击【私密文档保护】按钮，如下图所示。

步骤 03 打开【账号确认】对话框，❶确认当前登录账号是否为本人账号(若非本人账号，需要单击窗口界面上的头像，切换账号重新登录)；❷选中【确认为本人账号，并了解该功能使用】复选框；❸单击【开启保护】按钮，如下图所示。

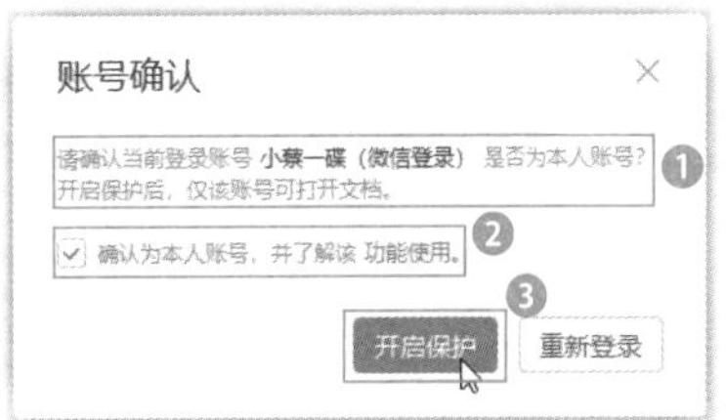

步骤 04 开启【私密文档保护】功能，仅文档拥有者的账号才可查看编辑，要让指定的好友查看或编辑该私密文档，可以在返回【文档权限】对话框后，单击【添加指定人】按钮，如下图所示。

步骤 05 打开【添加指定人】窗口，在其中可以通过微信、WPS账号、邀请等方式添加私密文档指定人权限。❶这里单击【WPS账号】选项卡；❷选中需要添加的指定人对应的复选框，如下图所示。

步骤 06 展开【添加指定人】窗口，❶在右侧指定该用户可以对此文档进行何种编辑操作；❷单击【确定】按钮，如下图所示。

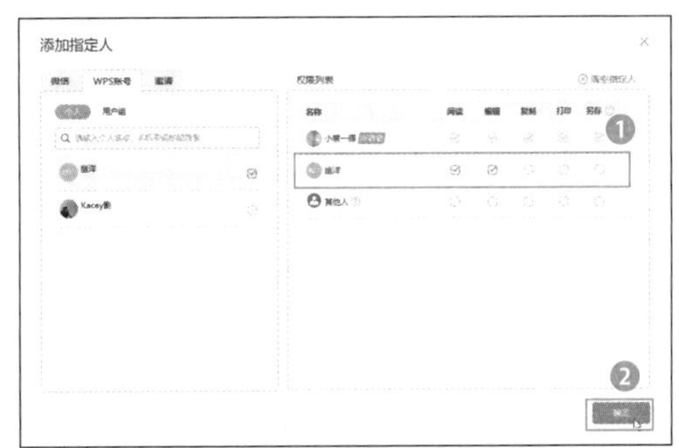

步骤 07 弹出提示对话框，单击【确认】按钮即可，如下图所示。

151 对文档进行实名认证

扫一扫，看视频

实用指数 ★★★★★

使用说明

在连接互联网时，还可以通过【文档认证】功能将该文档转换成创作者的专属文档，当该文档被他人恶意篡改时将会实时更新该文档状态并通知给创建者。

解决方法

例如，要为一个文档进行实名认证，具体操作方法如下。

步骤 01 打开素材文件（位置：素材文件\第5章\职场精英们是如何休息的.docx），单击【审阅】选项卡中的【文档认证】按钮，如下图所示。

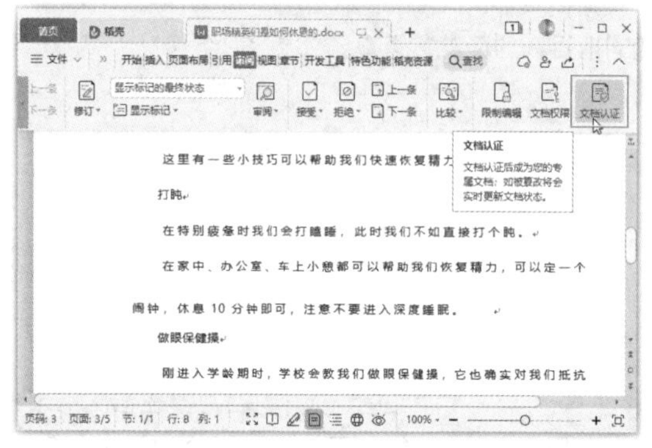

步骤 02 打开【文档认证】对话框，单击【开启认证】按钮，如下图所示。

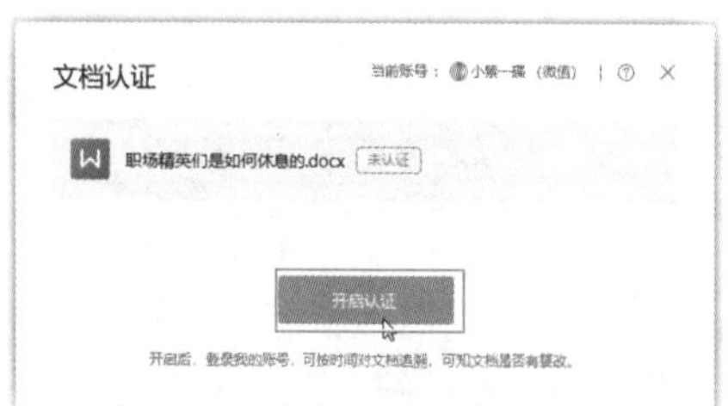

步骤 03 打开【认证须知】对话框，❶选中【已阅读并同意《WPS Office文档认证服务协议》】复选框；❷单击【我知道了】按钮，如下图所示。

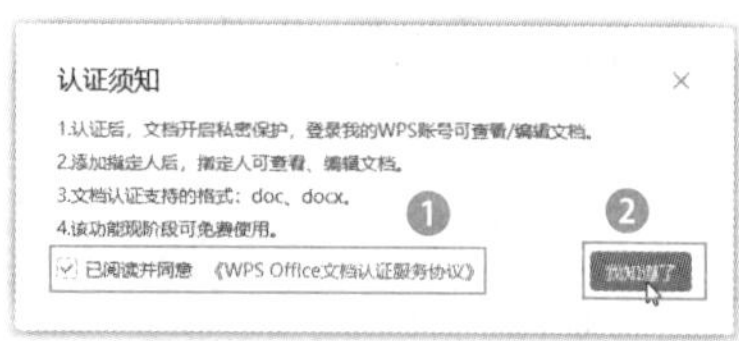

步骤 04 文档认证成功后单击【复制DNA】按钮，保存该DNA信息，随后关闭对话框即可，如下图所示。

温馨提示

如果需要取消文档认证，重新打开【文档认证】对话框，单击【取消认证】按钮即可。

152 将文档转换为 PDF 格式

扫一扫，看视频

实用指数 ★★★★★

使用说明

对于已经编辑完成的文档，如果不希望其他用户对原文档内容进行改动，还要便于传递，可以将文档转换为PDF格式。

解决方法

将文档转换为PDF格式的具体操作方法如下。

步骤 01 打开素材文件（位置：素材文件\第5章\双十一活动方案.docx），❶单击【文件】按钮；❷在弹出的下拉菜单中选择【输出为PDF】命令，如下图所示。

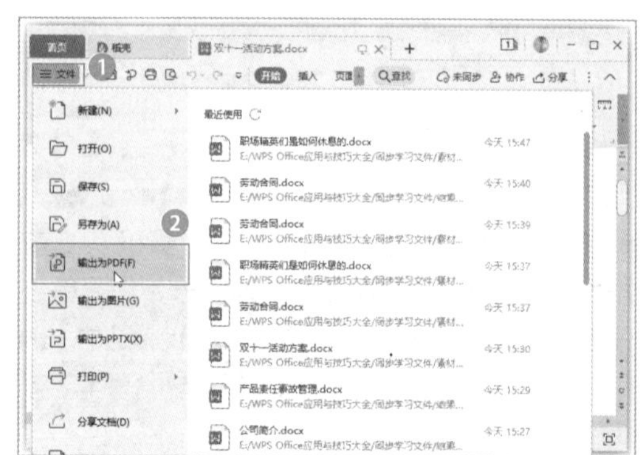

步骤 02　打开【输出为PDF】对话框，❶设置文档的保存位置；❷单击【开始输出】按钮即可，如下图所示。

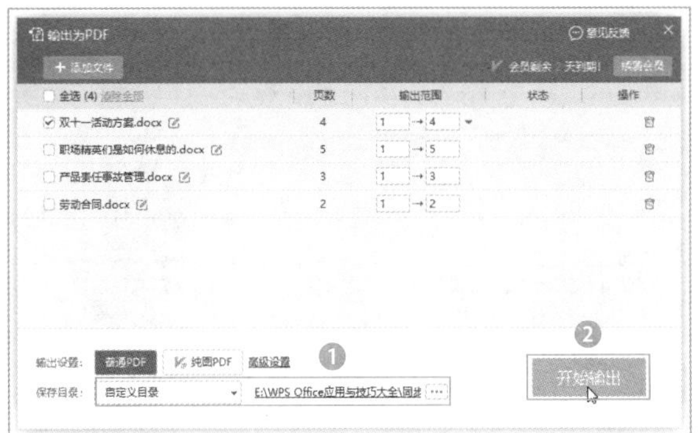

153　将文档输出为图片

实用指数
★★★★☆

扫一扫，看视频

使用说明

已经定稿的文档，还可以将其输出为图片，方便传递的同时还能保证文档的整体效果。

解决方法

将文档输出为图片的具体操作方法如下。

步骤 01　❶单击【文件】按钮；❷在弹出的下拉菜单中选择【输出为图片】命令，如下图所示。

步骤 02　打开【输出为图片】对话框，❶在【输出方式】栏中选择输出的图片方式，这里选择【合成长图】选项；❷设置文件的【输出目录】；❸单击【输出】按钮，如下图所示。

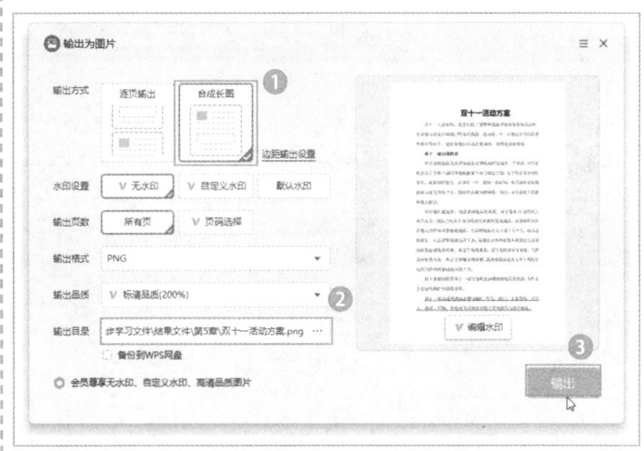

步骤 03　输出成功后会打开提示对话框，单击【打开】按钮，如下图所示。

步骤 04　会在WPS图片中打开刚输出的图片，并在窗口右下角显示出图片缩览图，按住鼠标拖动即可向下滚动查看图片中的其他内容，如下图所示。

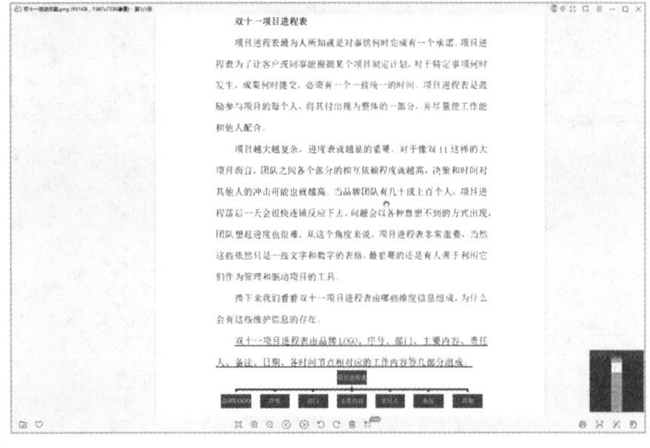

第3篇 WPS电子表格应用技巧篇

WPS Office中的表格组件是其另一个主要组件，主要用于电子表格的制作,具有强大的数据处理功能。其方便的表格制作、专业的计算分析、高效的数据管理、丰富的图表呈现、安全的数据共享等功能，能够满足日常学习和办公需求，被广泛应用于财务、统计、金融及其他日常工作的事务管理中。它的操作方法也很简单，经过一定的学习便可以很快上手。但是，一些实用的使用技巧你可能并不了解，熟练使用这些使用技巧，可以让数据处理更简单、更快捷、更高效。

通过本篇内容的学习，你将学会以下WPS表格办公应用的技能与技巧。

- 电子表格的基本操作技巧
- 电子表格数据录入与编辑技巧
- 数据统计与分析技巧
- 公式与函数应用技巧
- 图表制作与编辑技巧
- 数据透视表和透视图应用技巧

第 6 章 电子表格的基本操作技巧

在使用WPS表格分析数据时，需要学会并掌握工作簿与工作表的相关操作技巧，以及行、列、单元格的操作技巧，这些技巧可以使用户更好地了解WPS表格并提高表格制作的效率。日常工作中还需要掌握表格的打印和设置技巧，从而更好地完成日常工作。

下面是WPS工作簿与工作表操作中的常见问题，请检测你是否会处理或已掌握。

√ 表格制作缓慢，工作效率低，你会根据模板创建工作簿吗？会将常用的工作簿保存为模板吗？
√ 如果工作中使用的表格都是一个系列或者一个项目，它们或多或少存在联系，应该如何管理这些表格？有哪些可以提高管理效率的技巧？
√ 完成的表格在发送给他人之前，应该如何设置才能避免他人误修改了其中的内容？
√ 工作表中的数据需要移动到另一个工作簿中，可以直接移动吗？
√ 表格中有的数据漏掉了，如何快速插入行、列或单元格来输入数据呢？
√ 在打印工作表之前，如果要为工作表添加页眉和页脚，你会添加吗？

希望通过本章内容的学习，能帮助你解决以上问题，并学会WPS表格的基本操作技巧。

6.1 工作簿的操作技巧

WPS表格中的工作簿就是扩展名为.et的文件，主要用于计算和保存数据内容，也是用户进行数据操作的主要对象和载体，是WPS表格最基本的文件类型。

用户使用WPS表格创建表格、在表格中进行编辑，以及操作完成后进行保存等一系列操作的过程大都是在工作簿中完成的。下面就为读者介绍有关工作簿的操作技巧。

154 如何将工作簿保存为模板

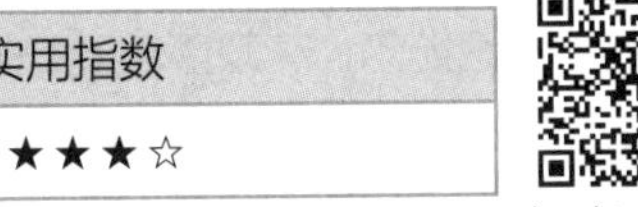

扫一扫，看视频

使用说明

WPS稻壳商城（Docer）的表格频道，提供了大量实用的工作表模板，使用这些模板可以快速按需创建各类表格。在办公过程中，有些表格经常需要用到，如工资表、财务报表等，可以直接将表格保存为模板，避免后期每次都从零开始制作这类表格，影响工作效率。

解决方法

例如，要将创建好的"工资表"工作簿保存为模板文件，具体操作方法如下。

步骤 01 打开素材文件（位置：素材文件\第6章\工资表.et），选择需要根据具体情况输入数据的单元格，按Delete键删除，如下图所示。

步骤 02 ❶单击【文件】按钮；❷在弹出的下拉菜单中选择【另存为】命令；❸在弹出的下级子菜单中选择【WPS表格模板文件(*.ett)】命令，如下图所示。

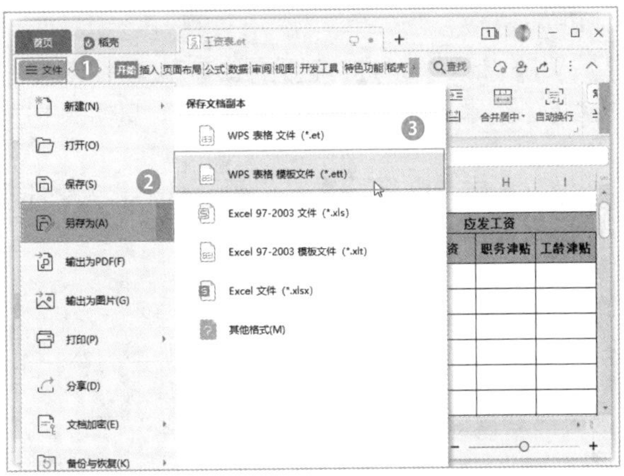

步骤 03 打开【另存文件】对话框，❶设置文件的保存【位置】；❷输入文件名；❸单击【保存】按钮即可，如下图所示。

温馨提示

创建好模板文件后，下次使用时双击打开.ett格式的文件，就会自动用该模板新建一个表格。

155 使用进销存助手创建进销存管理系统

使用说明

当今社会，大部分企业对生产经营中产生的各种数据都进行了记录和管理。从接到订单合同，到物料采购、入库、领用，再到产品完工入库、交货、回收货款、支付原材料款等，每一步都需要保留详尽准确的数据，以便辅助企业解决业务管理、分销管理、存货管理、营销计划的执行和监控，以及统计信息的收集等方面的业务问题。这实际就是一个进销存管理系统。

解决方法

WPS表格中提供了“进销存助手”功能，可以方便地制作简单、易用的进销存管理系统，具体操作方法如下。

步骤 01 单击【特色功能】选项卡中的【进销存】按钮，如下图所示。

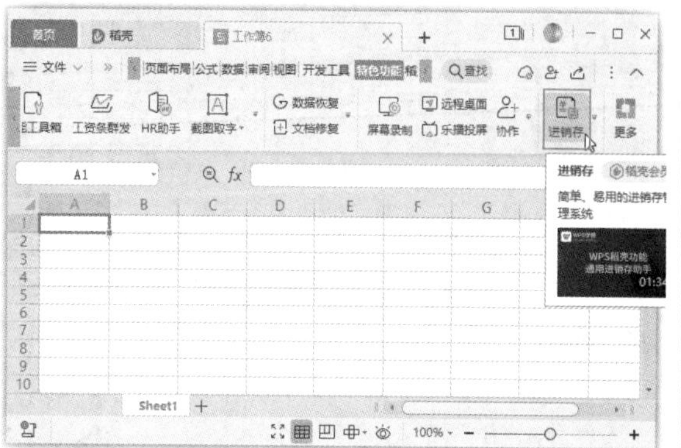

步骤 02 在窗口右侧显示了【通用进销存助手】任务窗格，在【基本信息】栏中可以快速设置【商品资料】【供应商资料】【客户资料】【员工信息】工作表中的内容。例如，想添加商品资料信息，❶单击【商品资料】按钮；❷单击工作表上方的【添加】按钮，如下图所示。

步骤 03 打开【商品资料】对话框，❶在各文本框中根据提示输入相应的商品资料；❷单击【确认】按钮，如下图所示。

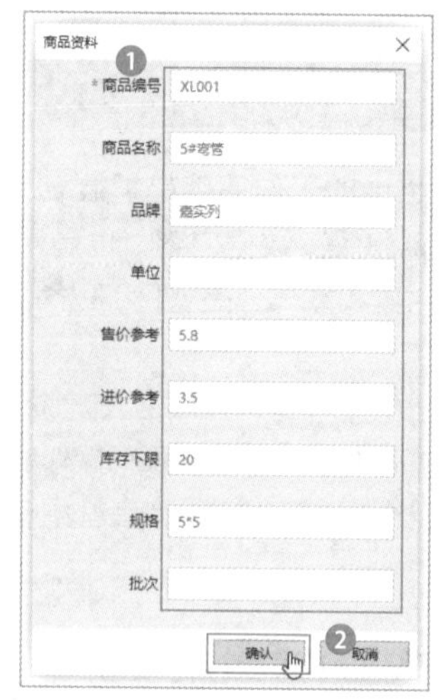

步骤 04 返回表格即可看到添加的第一条商品资料数据，如下图所示。可以重复上面的步骤继续添加其他商品资料信息，或者单击其他按钮添加其他表格中的数据，如单击【供应商资料】按钮，切换到【供应商资料】工作表中，继续输入供应商资料数据。

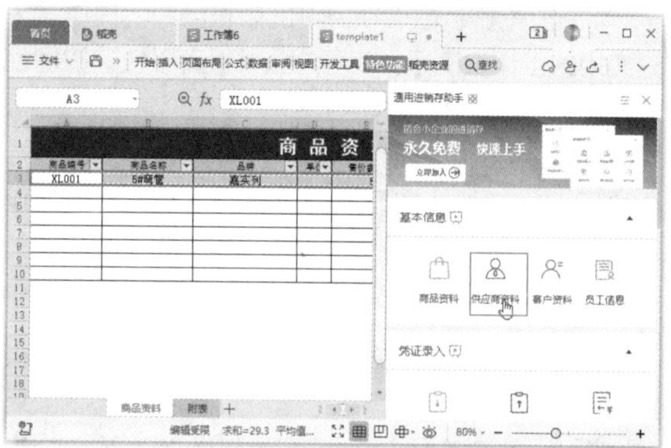

温馨提示

【通用进销存助手】任务窗格中提供了制作进销存系统的所有功能，如在【凭证录入】栏中可以记录进货、销售、收入、支出、退货等数据信息；在【数据报表】栏中可以制作进销存报表、供应商对账报表、单品台账等相关报表信息；在【其他】栏中可以设置配色方案、创建新系统、对数据进行备份等。

6.2 工作表的操作技巧

每一个工作簿可以由一个或多个工作表组成。默认情况下，每个新的工作簿中只包含了一张工作表，以Sheet1命名，此后新建的工作表将以Sheet2、Sheet3等命名。

工作表就是由单元格按照行列方式排列组成的表格。如果把工作簿比作一本书，那么每一个工作表就类似于书中的每一页。工作簿中的每个工作表以工作表标签的形式显示在工作簿的编辑区，以便用户进行切换。

常说的对表格进行处理，实际上就是对工作表进行操作，如插入、删除、移动、复制、隐藏、重命名工作表等。

156 插入与删除工作表

实用指数

扫一扫，看视频

使用说明

在制作表格时，经常需要插入新的工作表来处理各种数据，或将无用的工作表删除。插入与删除工作表都可以通过工作表标签来完成。

解决方法

插入与删除工作表的具体操作方法如下。

步骤 01 单击工作表标签右侧的【新建工作表】按钮＋，如下图所示。

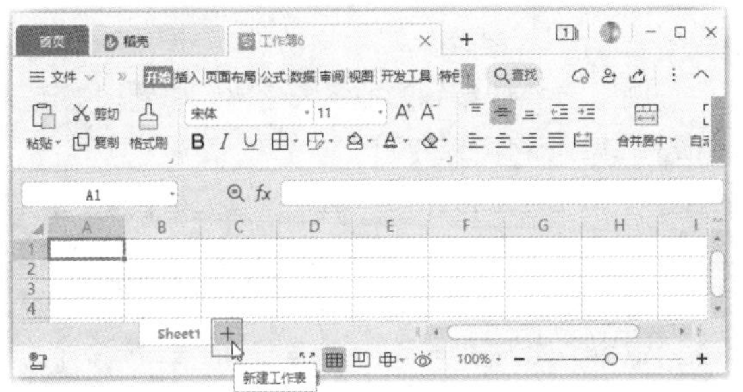

步骤 02 现在即可在当前工作表的右侧快速插入一个新工作表。❶在要删除的工作表标签上右击；❷在弹出的快捷菜单中选择【删除工作表】命令，可以快速删除该工作表，如下图所示。

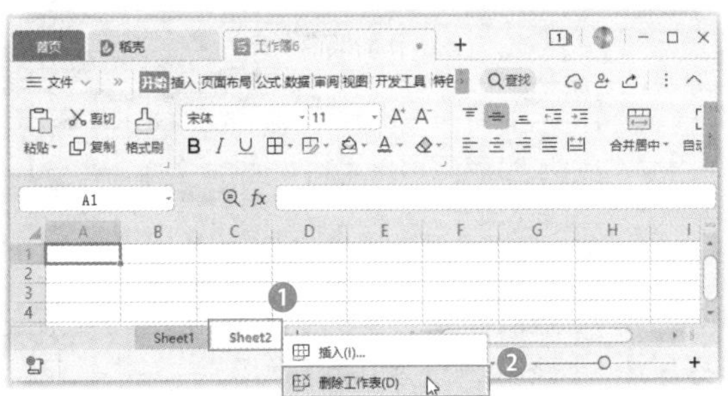

157 更改工作表的名称

实用指数

扫一扫，看视频

使用说明

默认的工作表名称意义不大，日常使用时，可以根据需要更改工作表的名称，以便区分和查询工作表数据。

解决方法

更改工作表名称的具体操作方法如下。

步骤 01 在要重命名的工作表标签上双击，让工作表标签呈可编辑状态，如下图所示。

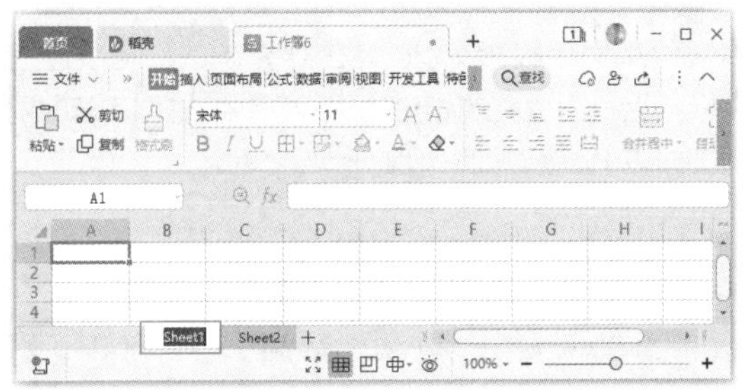

温馨提示

在工作表标签上右击，在弹出的快捷菜单中选择【重命名】命令也可以重命名工作表名称。

步骤 02 直接输入工作表的新名称，然后按Enter键确认即可，如下图所示。

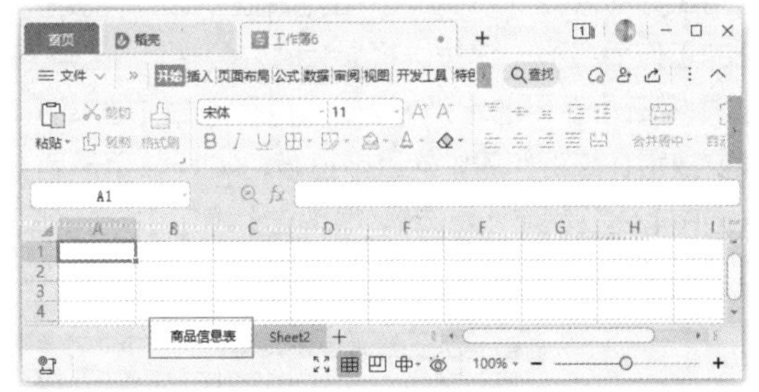

知识拓展

当工作簿中包含的工作表数量较多时，除了可以用名称进行区别外，还可以对工作表标签设置不同的颜色来进行区分。方法是在工作表标签上右击，在弹出的快捷菜单中选择【工作表标签颜色】命令，并选择需要填充的颜色。

158 移动与复制工作表

扫一扫，看视频

实用指数
★★★★☆

使用说明

如果需要调用其他工作簿中的表格数据到当前工作簿中，可以直接移动或复制工作表。

解决方法

例如，每一个项目中都涉及一个报价单。就可以制作一个“报价单”表格，以后再将其复制到具体项目工作簿中，通过修改表格数据来提高工作效率，具体操作方法如下。

步骤 01 打开素材文件（位置：素材文件\第6章\产品报价单通用模板.et），❶在要复制的Sheet1工作表标签上右击；❷在弹出的快捷菜单中选择【移动或复制工作表】命令，如下图所示。

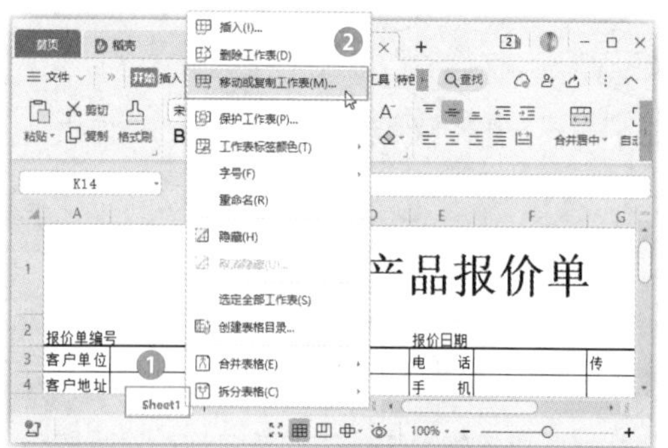

步骤 02 打开【移动或复制工作表】对话框，❶在【将选定工作表移至工作簿】下拉列表框中选择需要移动到的工作簿名称，这里选择【棕榈办公楼7-1204.et】选项；❷在【下列选定工作表之前】列表框中选择工作表要放置在该工作簿中的目标位置，如【(移至最后)】；❸选中【建立副本】复选框；❹单击【确定】按钮即可，如下图所示。

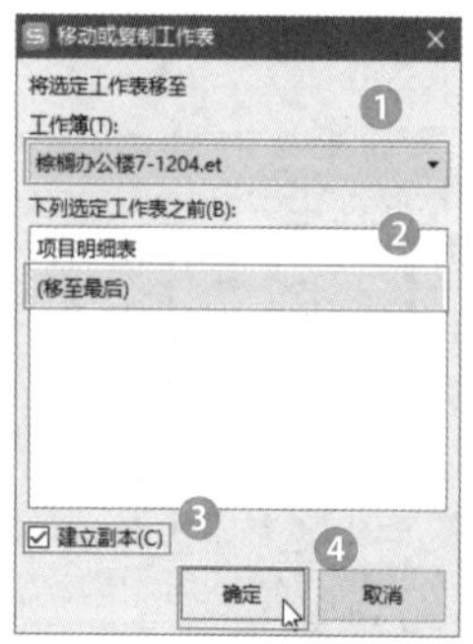

温馨提示

在【移动或复制工作表】对话框中取消选中【建立副本】复选框，则会对所选工作表进行移动操作。如果要在同一个工作簿中移动工作表，可以先选择要移动的工作表标签，然后拖动到目标位置再释放鼠标左键即可；如果要在同一个工作簿中复制工作表，只需要在拖动鼠标的同时按住Ctrl键即可。

159 批量将文字表格中的内容提取到 WPS 表格中

扫一扫，看视频

实用指数
★★★★★

使用说明

在进行一些问卷调查时，为了收集数据，一般会先制作文字表格，方便大家填写信息，而后需要将这些文字表格中填写的数据整理汇总到WPS表格中进行数据分析。如果手动将多张文字表格中的信息提取到WPS表格中，这是一项非常烦琐的工作。

为此，WPS提供了“批量汇总表格”功能，可以根据模板表的表格格式将内容表的表格内容批量提取到WPS表格中。

解决方法

例如，要将收集到的报名表信息汇总到一张电子表格中，具体操作方法如下。

步骤 01 打开素材文件（位置：素材文件\第6章\社团招新报名表.docx），❶单击【开始】选项卡中的【文字工具】按钮；❷在弹出的下拉菜单中选择【批量汇总表格】命令，如下图所示。

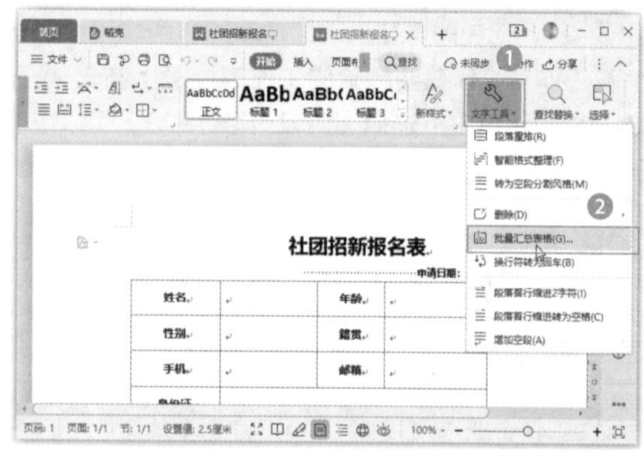

步骤 02 打开【批量汇总表格】对话框，单击右侧的【打开文件】图标，如下图所示。

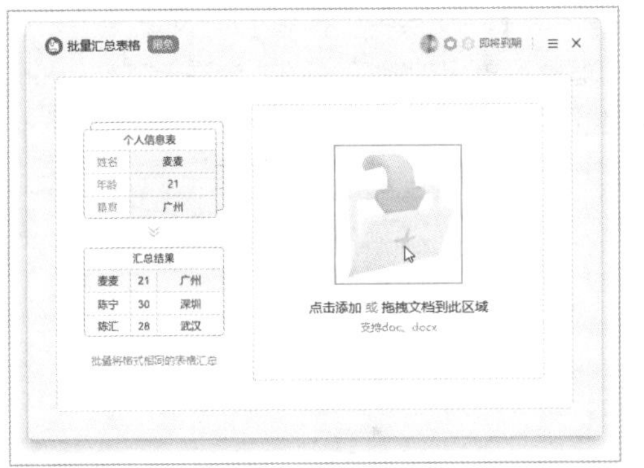

步骤 03 在打开的文件夹中选择要导入的模板表和各内容表，单击【导出汇总表格】按钮，如下图所示。

温馨提示

想要将文字表格中的内容批量提取到WPS表格中，必须准备一份空白模板表，将所有需要提取的内容的单元格文本清除，它的作用是用来对比参照文档。如果默认选择的模板表错误，可以在【批量汇总表格】对话框中选择导入的文件名称，并单击其后出现的【选为模板文档】按钮，重新设置模板表格。

步骤 04 在新建的工作簿的【报告】工作表中对此次汇总操作进行了说明，选择【提取结果】工作表，就可以看到将文字中的表格内容提取到WPS表格中的效果了，如下图所示。

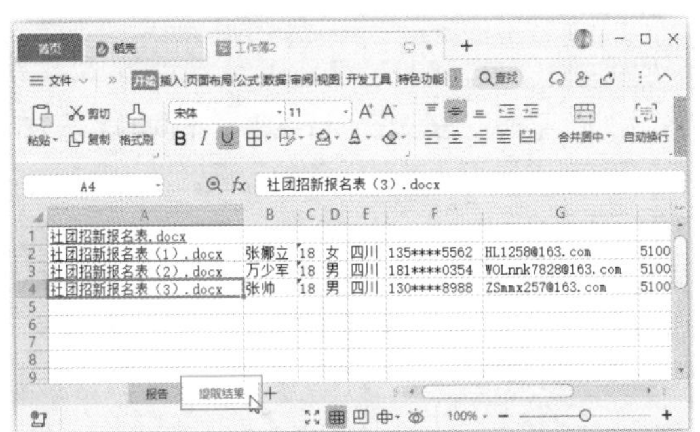

160 如何将重要的工作表隐藏

实用指数
★★★☆☆

扫一扫，看视频

使用说明

对于有重要数据的工作表，如果不希望其他用户查看，可以将其隐藏起来。

解决方法

例如，要隐藏“应收账款统计”工作簿中的“账龄分析”工作表，具体操作方法如下。

打开素材文件（位置：素材文件\第6章\应收账款统计.et），❶选择需要隐藏的“账龄分析”工作表，并在该工作表标签上右击；❷在弹出的快捷菜单中选择【隐藏】命令即可，如下图所示。

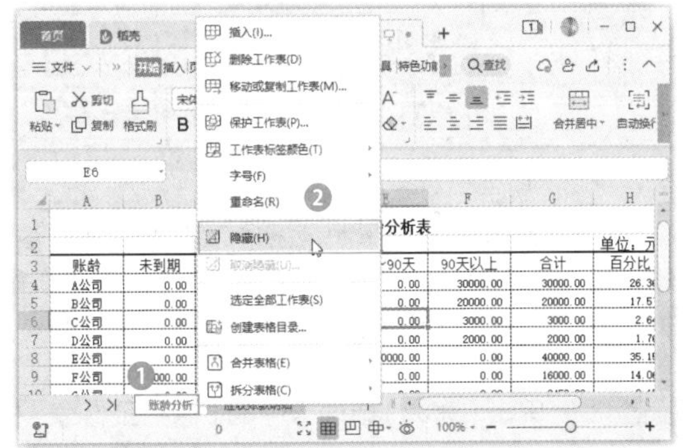

知识拓展

当工作簿中只有一个工作表时，不能执行隐藏工作表的操作，此时可以新建一个空白工作表，然后再隐藏工作表。

隐藏工作表之后，若要将其显示出来，可在任意一个工作表标签上右击，在弹出的快捷菜单中选择【取消隐藏】命令，并在打开的对话框中选择需要显示的工作表。

161 如何保护工作表不被他人修改

实用指数
★★★★☆

扫一扫，看视频

使用说明

对于工作表中的重要数据，为了防止他人随意修改，可以为工作表设置保护。

解决方法

例如，要使用“保护工作表”功能为锁定单元格进行密码保护，以防止工作表中的数据被更改，具体操作方法如下。

步骤 01 打开素材文件（位置：素材文件\第6章\财务报表模板-A4打印版.et），❶选择要设置保护的“资产负债表”工作表；❷单击【审阅】选项卡中的【锁定单元格】按钮，如下图所示。

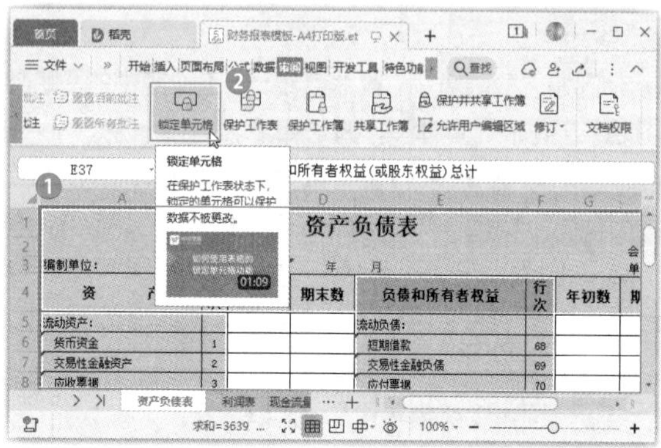

> **温馨提示**
>
> 保护工作表实际上保护的是工作表中的单元格，针对该工作表的操作不受影响。在启用【保护工作表】功能前，一般会对不能再编辑的单元格进行锁定。

步骤 02 单击【审阅】选项卡中的【保护工作表】按钮，如下图所示。

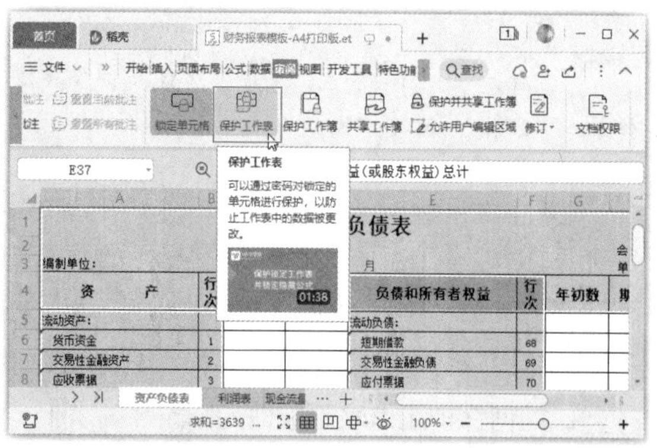

> **知识拓展**
>
> 如果要防止对工作表进行操作，可以单击【审阅】选项卡中的【保护工作簿】按钮，通过保护工作簿的结构不被更改，禁止对工作簿中包含的工作表进行插入、删除、移动、复制、重命名、隐藏或取消隐藏工作表等操作。

步骤 03 打开【保护工作表】对话框，❶在【密码】文本框中设置保护密码；❷在【允许此工作表的所有用户进行】列表框中，设置允许其他用户进行的操作；❸单击【确定】按钮，如下图所示。

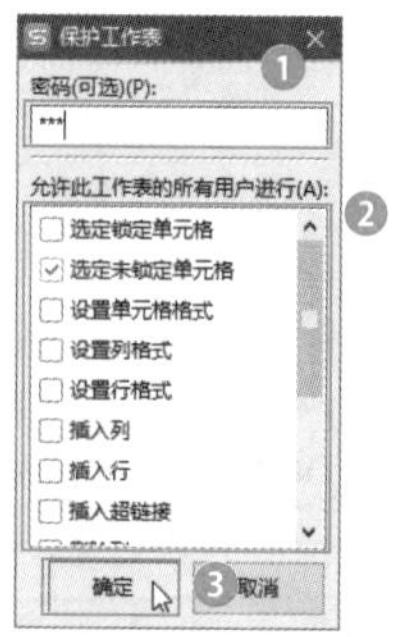

步骤 04 打开【确认密码】对话框，❶再次输入设置的密码；❷单击【确定】按钮即可，如下图所示。

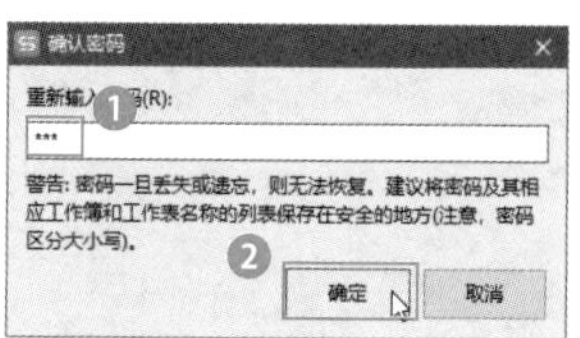

> **知识拓展**
>
> 若要撤销对工作表的保护，单击【审阅】选项卡中的【撤销保护工作表】按钮即可。

162 凭密码编辑工作表的不同区域

扫一扫，看视频

使用说明

保护工作表功能默认作用于整张工作表且只能设置唯一密码，某些情况下也可能需要对工作表中不同的区域分别设置独立的密码或权限，在需要编辑时只有输入密码才能进行编辑。

解决方法

例如，某些汇总表格中可能需要不同的人员在不同的区域输入数据，就可以单独设置区域的密码，具体操作方法如下。

步骤 01 打开素材文件（位置：素材文件\第6章\销售业绩统计表.et），单击【审阅】选项卡中的【允许用户编辑区域】按钮，如下图所示。

步骤 02 打开【允许用户编辑区域】对话框，单击【新建】按钮，如下图所示。

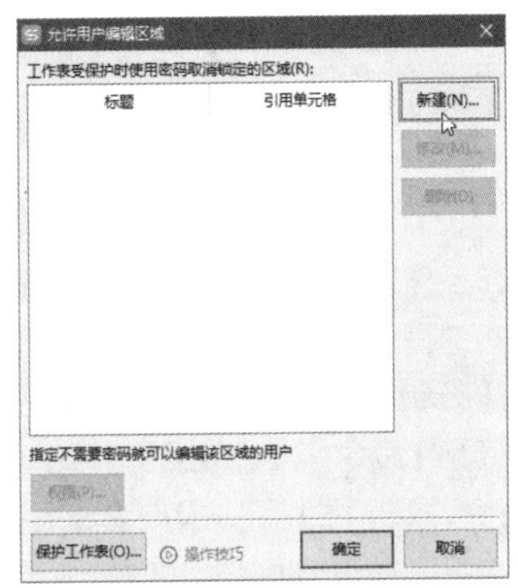

步骤 03 打开【新区域】对话框，❶在【标题】文本框中输入区域标题名称；❷在【引用单元格】文本框中设置需要凭密码编辑的第一个单元格区域；❸在【区域密码】文本框中输入该区域的保护密码；❹单击【确定】按钮，如下图所示。

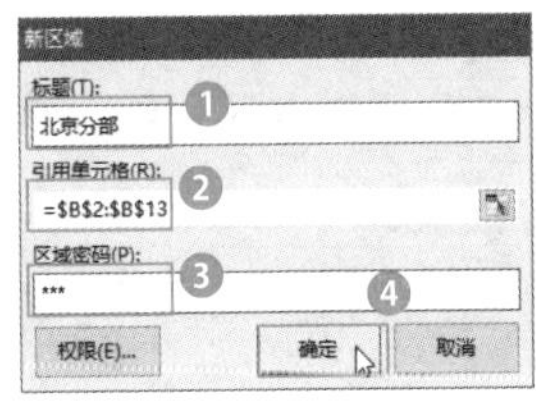

步骤 04 打开【确认密码】对话框，❶再次输入密码；❷单击【确定】按钮，如下图所示。

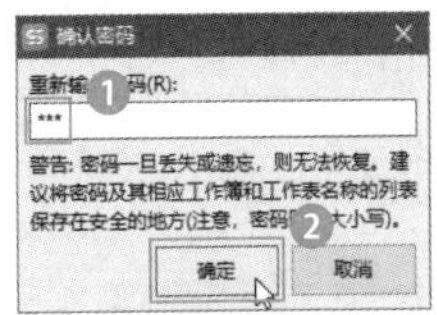

步骤 05 返回【允许用户编辑区域】对话框，❶用相同的方法为表格中其他需要保护的区域分别设置密码；❷单击【保护工作表】按钮，如下图所示。

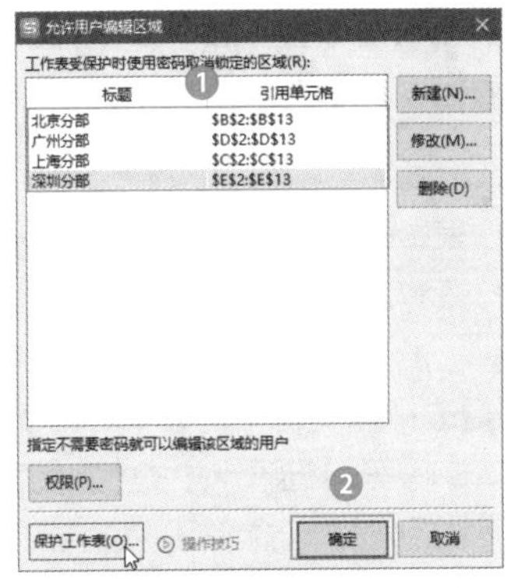

步骤 06 打开【保护工作表】对话框，单击【确定】按钮即可保护选择的单元格区域，如下图所示。

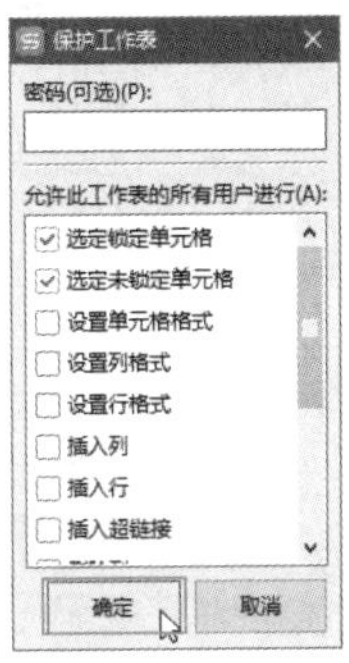

温馨提示

只有开启工作表保护后，才能实现凭密码编辑工作表的不同区域，否则设置的允许编辑区域都不会起作用。

步骤 07 完成设置后，在设置了保护密码的单元格区域输入数据时，都会打开提示对话框，要求输入密码才能编辑单元格，如下图所示。

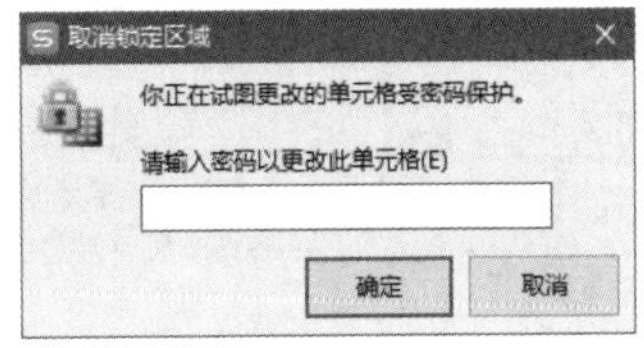

163 如何让工作表中的标题行在滚动时始终显示

实用指数
★★★★☆

扫一扫，看视频

使用说明

当工作表中有大量数据时，为了保证在拖动工作表滚动条时，始终能够看到工作表中的标题，可以使用冻结工作表标题的方法。

解决方法

冻结工作表中的标题，具体操作方法如下。

步骤 01 打开素材文件（位置：素材文件\第6章\利润分析表.et），发现工作表的行标题和列标题不在首行和首列，❶选择标题行下的第一个单元格，即A6单元格；❷单击【视图】选项卡中的【冻结窗格】按钮；❸在弹出的下拉列表中选择需要的冻结方式，这里选择【冻结至第5行】选项，如下图所示。

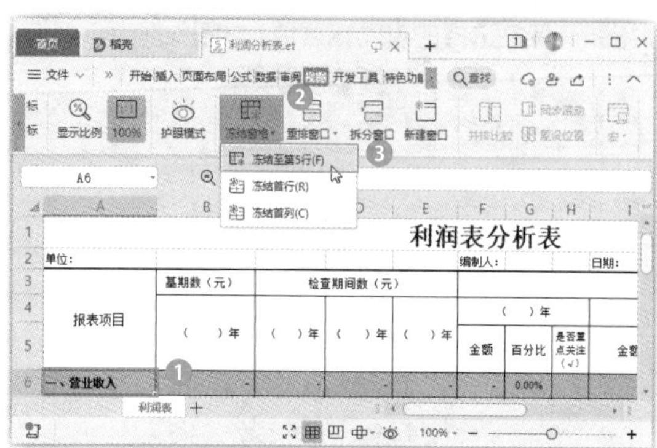

步骤 02 此时，所选单元格上方的多行被冻结起来，这时拖动工作表滚动条查看表中的数据，被冻结的多行始终显示在最上方，如下图所示。

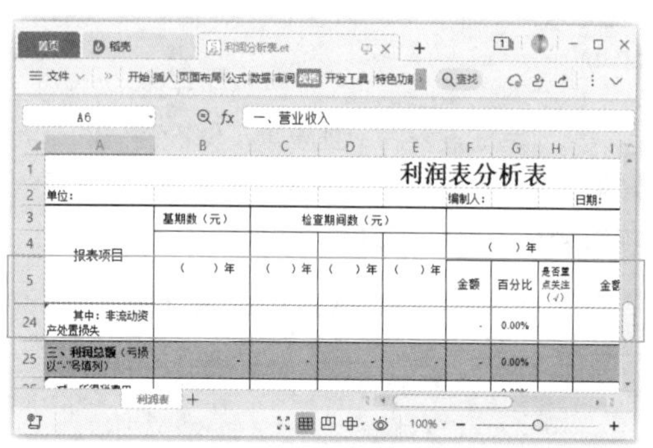

温馨提示

当工作表的行标题和列标题在首行或首列时，则直接冻结首行和首列即可。

6.3 行、列和单元格的操作技巧

单元格是工作表的基本元素，是WPS表格操作的最小单位。在工作表中输入数据和编辑数据时，其实大部分都是对单元格进行操作。由于在制作表格时，一行和一列单元格中的内容属性一致或存在某些关联，所以也常常需要对行、列进行操作，以满足不同的编辑要求。本节就来介绍行、列和单元格的操作技巧。

164 快速插入多行或多列

扫一扫，看视频

实用指数
★★★★★

使用说明

完成工作表的制作后，若要在其中添加数据，就需要插入行或列。

解决方法

例如，要在工作表中插入两行数据，具体操作方法如下。

打开素材文件（位置：素材文件\第6章\质量管理表.et），❶在工作表中需要插入数据的位置选择需要插入的行数，这里选择第7行和第8行；❷单击【开始】选项卡中的【行和列】按钮；❸在弹出的下拉菜单中选择【插入单元格】命令；❹在弹出的下级子菜单中选择【插入行】命令，如下图所示，操作完成后，即可在选中的两行上方插入数量相同的行。

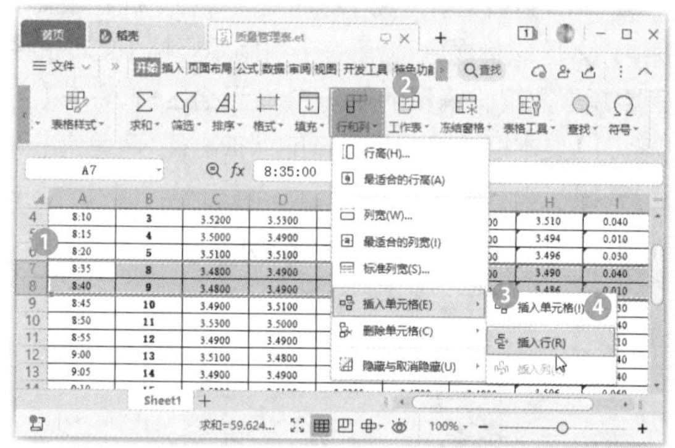

知识拓展

如果要插入多行或多列，则可以先选择多行或多列单元格，再执行插入操作，就不用逐行或逐列插入。

165 隐藏与显示行或列

扫一扫，看视频

实用指数
★★★☆☆

使用说明

在编辑工作表时，对于存放有重要数据或暂时不用的行或列，可以将其隐藏起来，这样既可以减少屏幕上行或列的数量，还能防止工作表中重要数据因错误操作而出错，起到保护数据的作用。

解决方法

要隐藏工作表中的列，具体操作方法如下。

步骤 01　❶选择要隐藏的H列；❷单击【开始】选项卡中的【行和列】按钮；❸在弹出的下拉菜单中选择【隐藏与取消隐藏】命令；❹在弹出的下级子菜单中选择【隐藏列】命令，如下图所示。

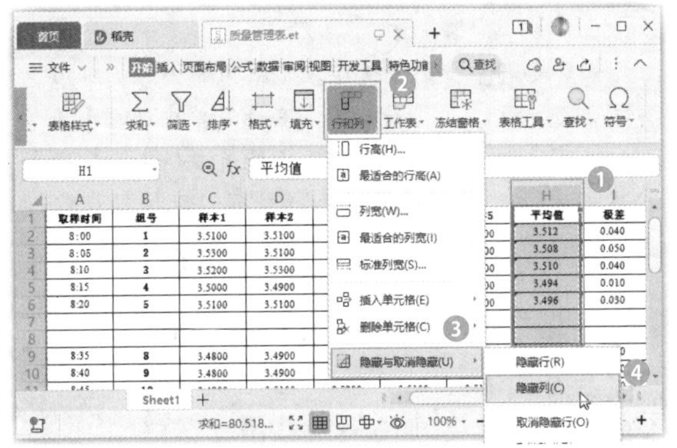

知识拓展

选择要隐藏的行或列，并在其上右击，在弹出的快捷菜单中选择【隐藏】命令可快速将其隐藏。

步骤 02　所选列被隐藏起来，如果要显示被隐藏的列，❶可选择隐藏列的相邻两列；❷单击【行和列】按钮；❸在弹出的下拉菜单中选择【隐藏与取消隐藏】命令；❹在弹出的下级子菜单中选择【取消隐藏列】命令，如下图所示。

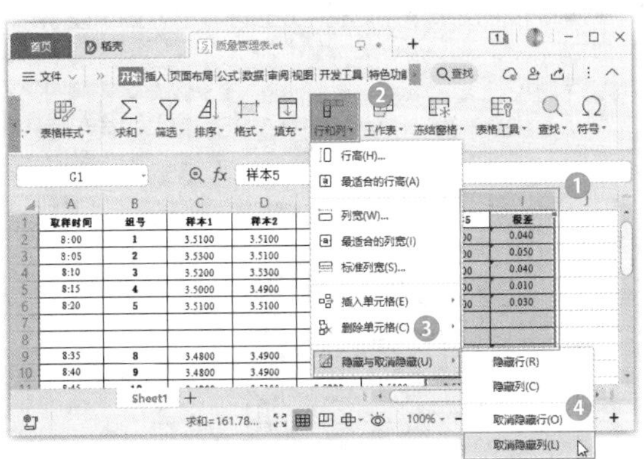

知识拓展

将鼠标光标移动到隐藏了行的行号中线上，当其变为╪形状时，向下拖动鼠标，即可显示隐藏的行；将鼠标光标移动到隐藏了列的列标中线上，当其变为╫形状时，向右拖动鼠标，即可显示隐藏的列。

166 快速删除所有空行

实用指数

扫一扫，看视频

使用说明

如果工作表中存在一些没用的空行，需要删除掉，而空行太多，逐个删除会很烦琐，此时可通过定位功能快速删除工作表中的所有空行。

解决方法

要删除工作表中的所有空行，具体操作方法如下。

步骤 01　❶在数据区域中选择任意单元格；❷单击【开始】选项卡中的【查找】按钮；❸在弹出的下拉菜单中选择【定位】命令，如下图所示。

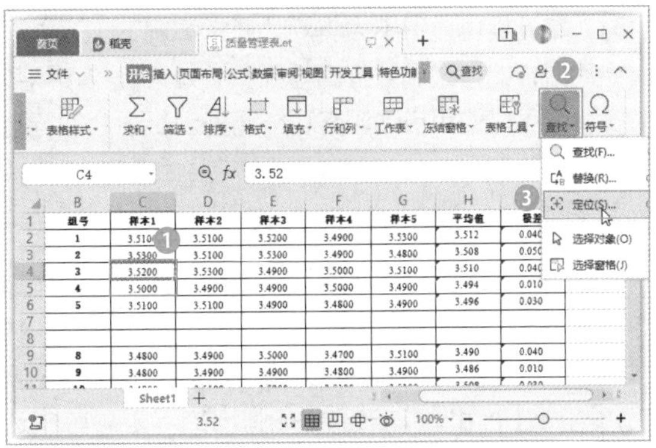

步骤 02　打开【定位】对话框，❶选中【空值】单选按钮；❷单击【定位】按钮，如下图所示。

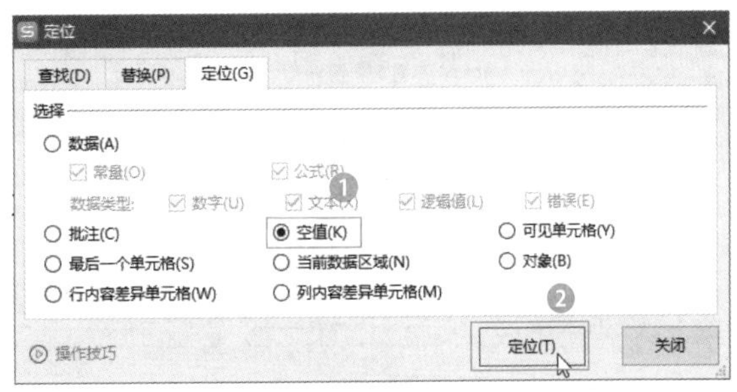

步骤 03　返回工作表即可看到所有空白行呈选中状态，❶在其上右击；❷在弹出的快捷菜单中选择【删

除】命令；❸在弹出的下级子菜单中选择【整行】命令即可，如下图所示。

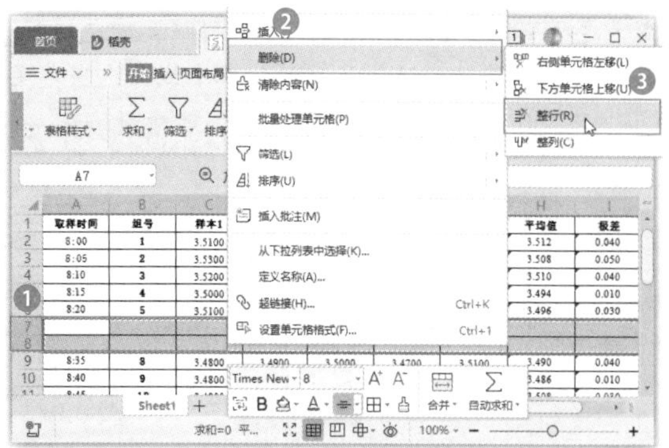

167 设置最适合的行高与列宽

扫一扫，看视频

实用指数

★★★★☆

使用说明

默认情况下，行高与列宽都是固定的，当单元格中的内容较多时，可能无法将其全部显示；而内容较少时，单元格也显得不太美观。通常情况下，可以通过拖动鼠标的方式调整行高与列宽。如果行数和列数太多，也可以使用自动调整功能调整到最适合的行高或列宽，使单元格大小与单元格中内容相适应。

解决方法

例如，要设置自动调整列宽到合适大小，具体操作方法如下。

步骤 01　❶选择要调整列宽的列，这里选择整个表格；❷单击【行和列】按钮；❸在弹出的下拉菜单中选择【最适合的列宽】命令，如下图所示。

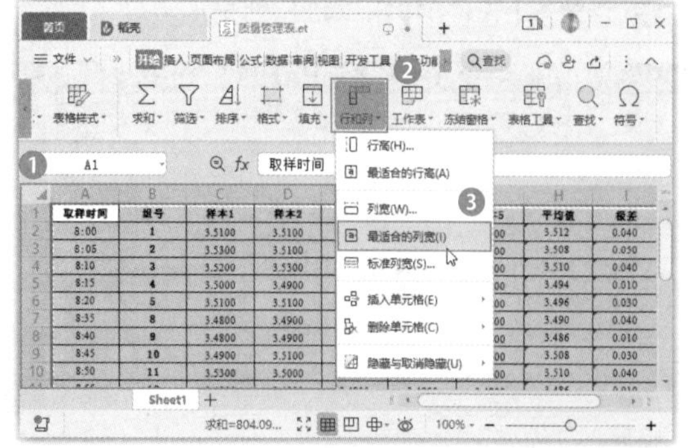

步骤 02　根据单元格中的内容调整到合适列宽，如下图所示。

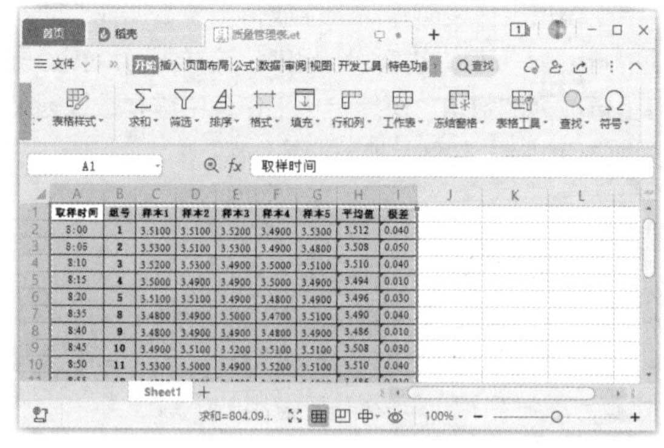

知识拓展

如果要调整行高以适应单元格中的内容，可以选择要调整的行，在【行和列】下拉菜单中选择【最适合的行高】命令。如果要调整多行或多列为一致的高度或宽度，可以先选择这些行或列，再拖动鼠标调整其中一行或一列的大小。

168 选中所有数据类型相同的单元格

扫一扫，看视频

使用说明

在编辑工作表时，若要对数据类型相同的多个单元格进行操作，可以通过定位功能快速选中这些单元格，避免了逐个进行选中的麻烦。

解决方法

例如，要在工作表中选择所有文本数据格式的单元格，具体操作方法如下。

步骤 01　❶单击【开始】选项卡中的【查找】按钮；❷在弹出的下拉菜单中选择【定位】命令，如下图所示。

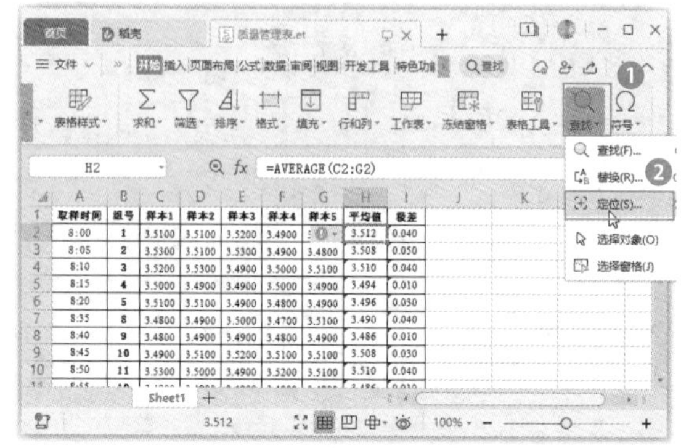

步骤 02　打开【定位】对话框，❶设置要选择的数据类型，这里选中【数据】单选按钮下的【常量】【公式】【文本】单选按钮；❷单击【定位】按钮，如下图所示。

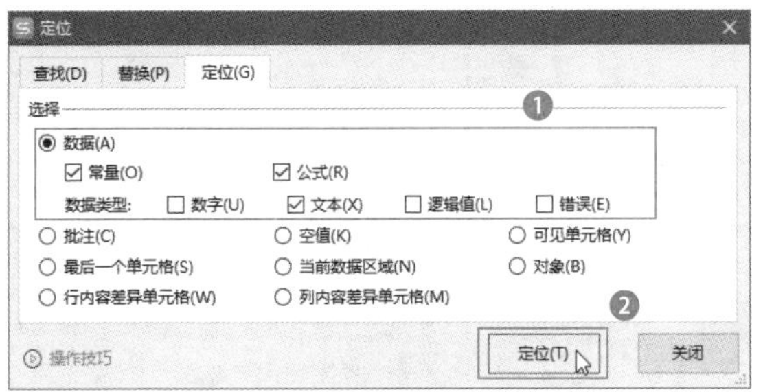

步骤 03　操作完成后，工作表中所有设置为文本格式的单元格即可被选中，如下图所示。

169　按需合并与拆分单元格

实用指数

★★★★★

扫一扫，看视频

使用说明

在制作表格时，经常需要合并单元格。WPS表格中提供了多种单元格合并方式，可以进行常规合并、合并相同单元格、合并内容、拆分并填充单元格等，用户只需根据具体需要选择合适的方式便可以快速合并、拆分单元格。

解决方法

例如，在“员工信息登记表”表格中需要根据情况进行多种单元格合并，具体操作方法如下。

步骤 01　打开素材文件（位置：素材文件\第6章\员工信息登记表.et），❶选择需要合并的A1:F1单元格区域；❷单击【开始】选项卡中的【合并居中】按钮，如下图所示。

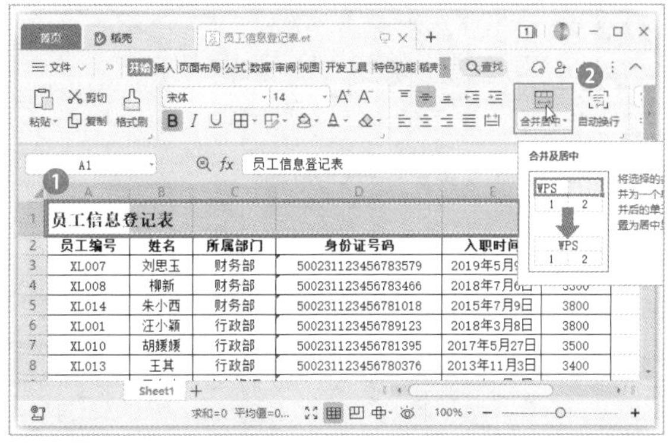

步骤 02　可看到将A1:F1单元格区域合并为一个单元格的效果。❶选择C3:C17单元格区域；❷单击【合并居中】按钮；❸在弹出的下拉菜单中选择【合并相同单元格】命令，如下图所示。

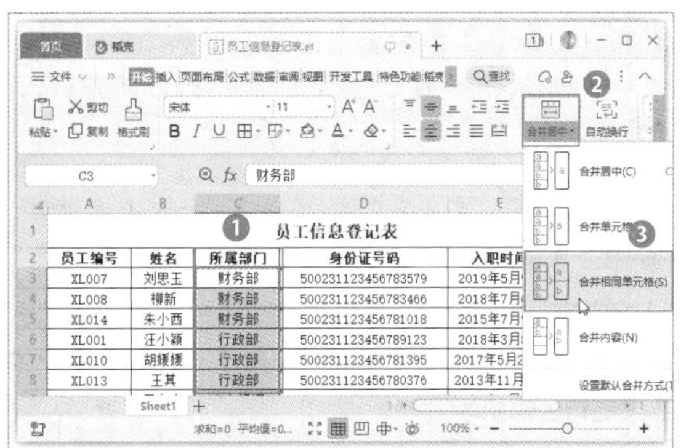

步骤 03　可看到C3:C17单元格区域中内容相同的单元格自动合并为一个单元格了。❶选择A19:C20单元格区域；❷单击【合并居中】按钮；❸在弹出的下拉菜单中选择【合并内容】命令，如下图所示。

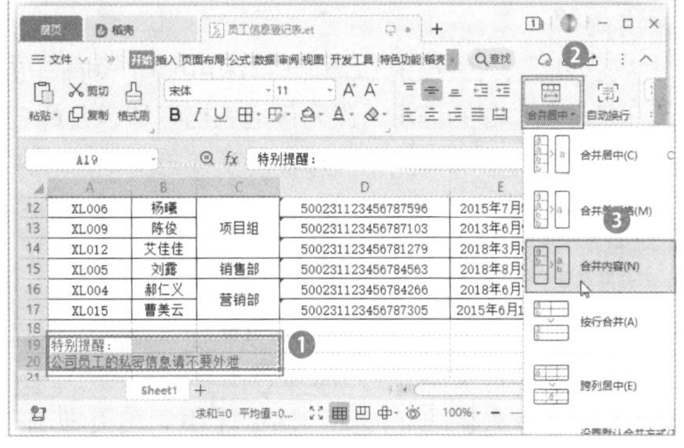

步骤 04　可看到A19:C20单元格区域合并为一个单元格的效果，如下图所示。

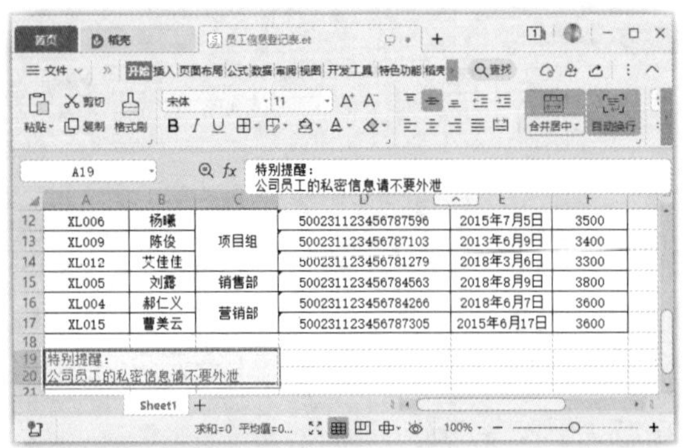

知识拓展

选择合并后的单元格，在【合并居中】下拉菜单中选择【取消合并单元格】命令，将取消单元格合并，只在第一个单元格中保留合并时的数据；选择【拆分并填充内容】命令，可以在取消单元格合并后的所有单元格中填充合并时的数据。

6.4 工作表的打印设置技巧

表格制作完成后，可通过打印设置将工作表内容打印出来。打印也需要掌握一定技巧，才能让输出的效果更符合需求。

170 为工作表添加页眉和页脚

扫一扫，看视频

实用指数
★★★☆☆

使用说明

在WPS表格中也可以添加页眉和页脚，页眉是显示在每一页顶部的信息，通常包括表格名称、公司名称等内容。而页脚则用来显示每一页底部的信息，通常包括页数、打印日期和时间等。

解决方法

例如，要在页眉位置添加公司名称，在页脚位置添加页数信息，具体操作方法如下。

步骤 01 单击【插入】选项卡中的【页眉和页脚】按钮，如下图所示。

步骤 02 打开【页面设置】对话框的【页眉/页脚】选项卡，单击【页眉】下拉列表框右侧的【自定义页眉】按钮，如下图所示。

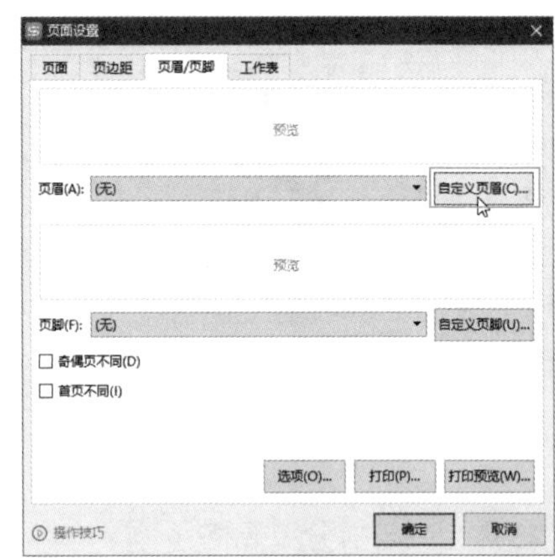

步骤 03 打开【页眉】对话框，❶根据要制作的页眉效果选择放置页眉内容的位置框，这里在【中】位置框中输入页眉内容；❷单击【字体】按钮，如下图所示。

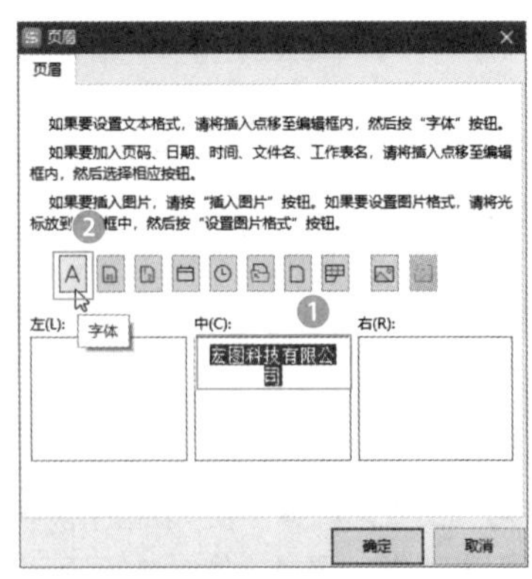

步骤 04 打开【字体】对话框，设置页眉内容的字体格式，这里，❶在【字体】列表框中选择【创艺简行楷】选项；❷在【字形】列表框中选择【加粗】选项；❸在【大小】列表框中选择12选项；❹单击【确定】按钮，如下

图所示。

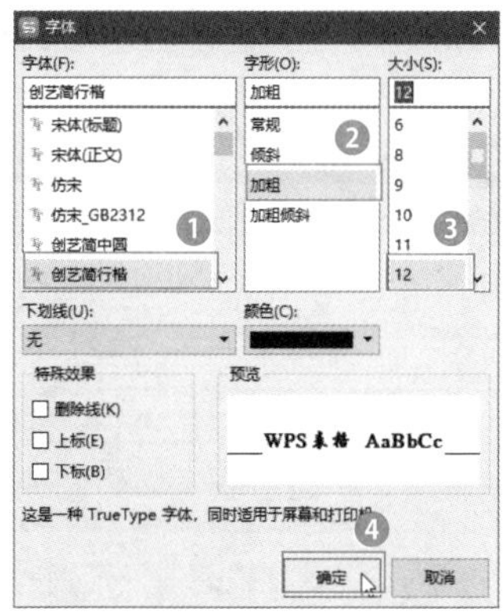

步骤 05　返回【页眉】对话框，单击【确定】按钮，如下图所示。

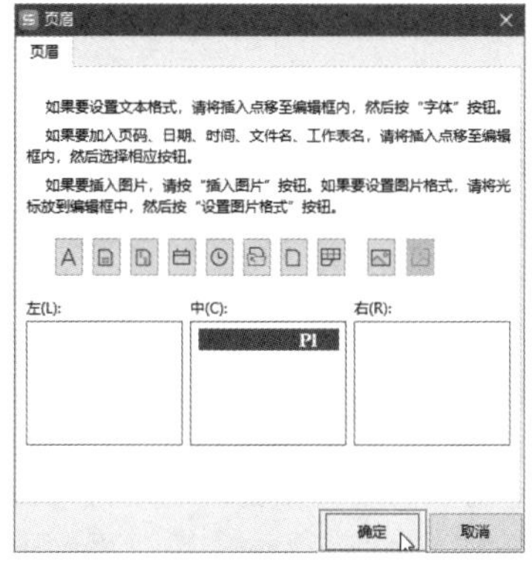

温馨提示

在自定义页眉和页脚的对话框中还可以单击不同的按钮，在页眉或页脚处添加图片、时间等内容。

步骤 06　返回【页面设置】对话框，❶在【页脚】下拉列表框中选择一种页脚样式；❷单击【打印预览】按钮，即可进入打印预览模式，查看添加的页眉和页脚效果，如下图所示。

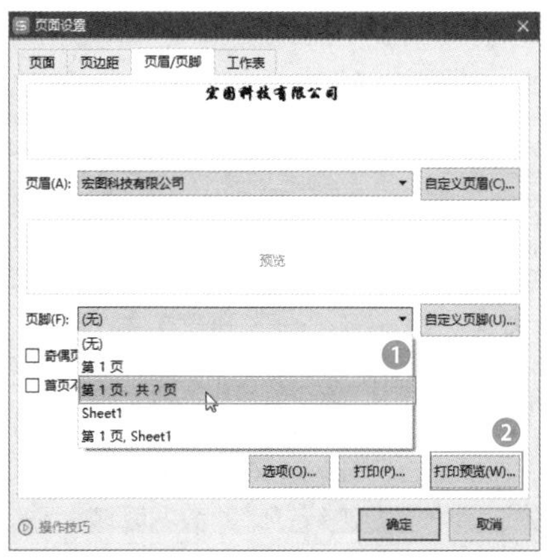

171　插入分页符对表格进行分页

实用指数

★★★★☆

扫一扫，看视频

使用说明

如果表格中的内容很多，在打印工作表时，系统会将超出打印页面的内容移动到下一页打印。如果需要将本可以打印在一页中的内容分为两页甚至多页来打印，这就需要手动在工作表中插入分页符对表格进行分页。

解决方法

例如，要将工作表中销售部以下的数据分为另一页进行打印，就需要在此处进行分页设置，具体操作方法如下。

步骤 01　❶选择要分页显示的第一个单元格；❷单击【页面布局】选项卡中的【插入分页符】按钮；❸在弹出的下拉列表中选择【插入分页符】选项，如下图所示。

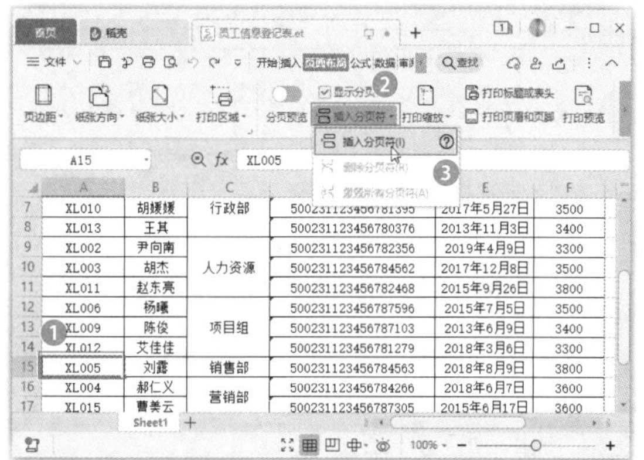

步骤 02　现在即可在该单元格上方插入分页符，单击【页面布局】选项卡中的【打印预览】按钮，如下图所示。

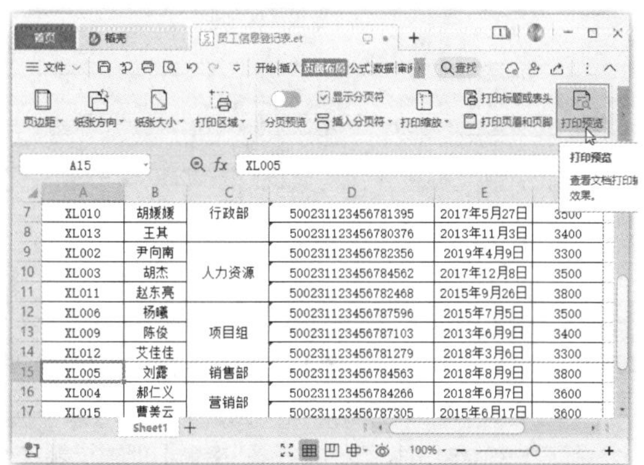

步骤 03 进入打印预览模式，可以看到打印时第一页中的内容已经不包含分页符后的数据了，完成查看后，单击【关闭】按钮退出打印预览模式，如下图所示。

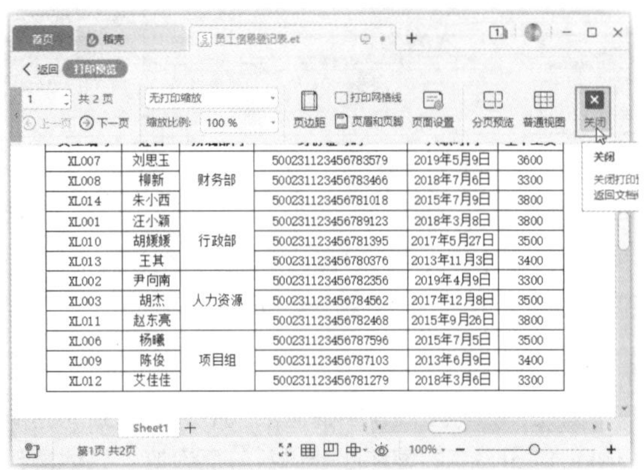

172 重复打印标题行或标题列

扫一扫，看视频

实用指数
★★★☆☆

使用说明

如果表格内容较多，打印时需要分为多页进行输出，为了使每一页都有表格的标题行或标题列，就需要设置打印标题。

解决方法

例如，要设置重复打印标题行，具体操作方法如下。

步骤 01 单击【页面布局】选项卡中的【打印标题或表头】按钮，如下图所示。

步骤 02 打开【页面设置】对话框中的【工作表】选项卡，❶将文本插入点定位到【顶端标题行】文本框中，在工作表中单击标题行的行号，设置【顶端标题行】为第2行；❷单击【确定】按钮，如下图所示。

步骤 03 进入打印预览模式，在【打印预览】选项卡中的【页码】数值框中输入2，即可看到打印时第2页中的内容，发现该页内容自动添加了标题行内容，如下图所示。

知识拓展

对于设置了列标题的大型表格，就需要设置重复打印标题列，方法是：将文本插入点定位到【左端标题列】文本框中，然后在工作表中选择标题列的列标即可。

173 只打印工作表中的部分数据

扫一扫，看视频

实用指数
★★★★☆

使用说明

对工作表进行打印时，如果不需要打印全部内容，就可以先设置好需要进行打印的数据区域。

解决方法

例如，只想打印工作表中行政部的相关数据，具体操作方法如下。

步骤 01　❶在工作表中选择需要打印的数据区域（可以是一个区域，也可以是多个区域）；❷单击【页面布局】选项卡中的【打印区域】按钮；❸在弹出的下拉列表中选择【设置打印区域】选项即可，如下图所示。

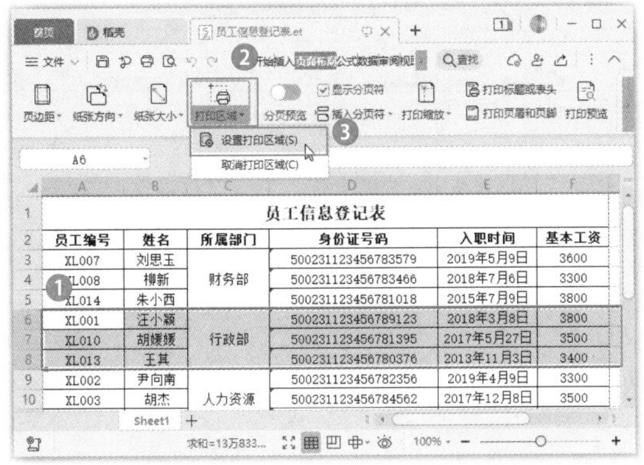

步骤 02　在打印预览模式下即可看到只打印了选择的区域，如下图所示。

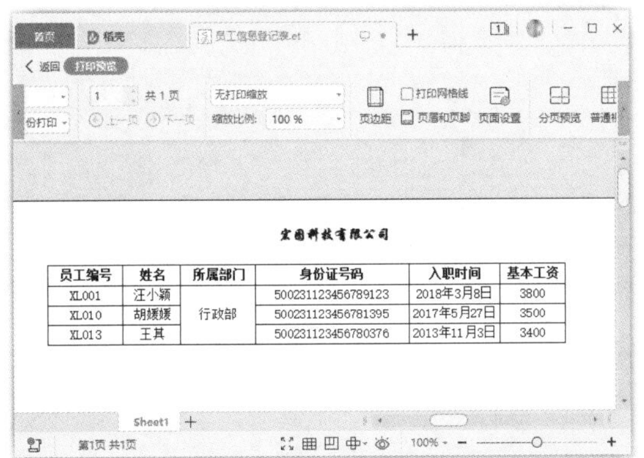

174 如何居中打印表格数据

实用指数

★★★★★

扫一扫，看视频

使用说明

当需要打印的内容较少时，如果没有占满一页，为了不影响打印效果，可以通过设置居中方式，将表格打印在纸张的正中间。

解决方法

居中打印表格数据的具体操作方法如下。

打开【页面设置】对话框，❶在【页边距】选项卡的【居中方式】栏中选中【水平】和【垂直】复选框；❷单击【确定】按钮即可，如下图所示。

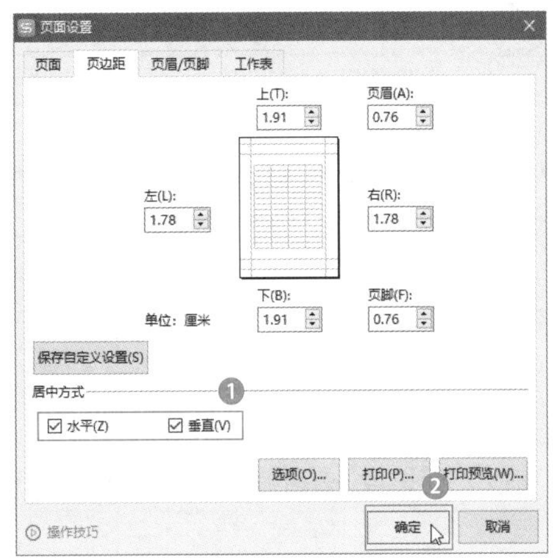

175 如何使打印的纸张中出现行号和列标

实用指数

★★★☆☆

扫一扫，看视频

使用说明

默认情况下，WPS表格打印工作表时不会打印行号和列标。如果需要打印行号和列标，就需要在打印工作表前进行简单的设置。

解决方法

打印工作表中的行号和列号的具体操作方法如下。

打开【页面设置】对话框，❶在【工作表】选项卡的【打印】栏中选中【行号列标】复选框；❷单击【确定】按钮即可，如下图所示。

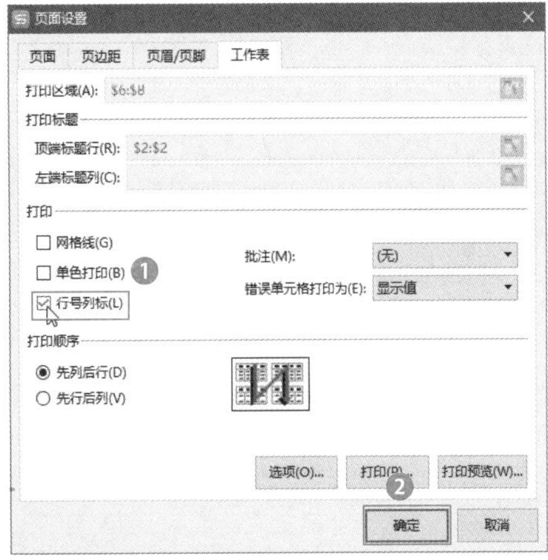

176 如何实现缩放打印

扫一扫，看视频

使用说明

有时候制作的WPS表格在最后一页只有几行内容，如果直接打印出来既不美观又浪费纸张。此时，用户可通过设置缩放比例的方法，让最后一页的内容“挤”到前一页中。

解决方法

要实现缩放打印，具体操作方法如下。

打开【页面设置】对话框，❶在【页面】选项卡的【缩放】栏中，通过【缩放比例】数值框设置缩放比例；❷单击【确定】按钮即可，如下图所示。

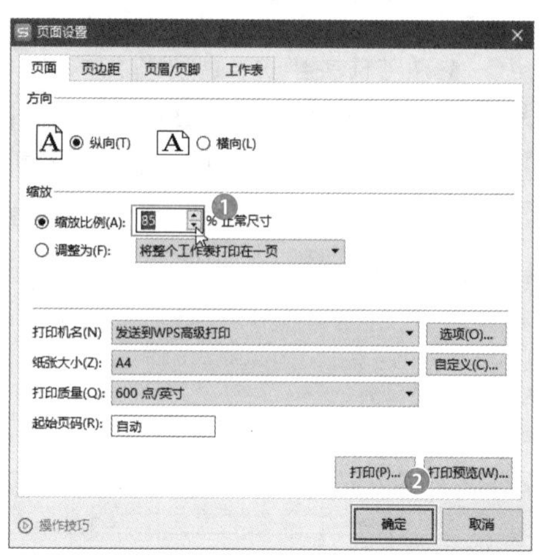

第 7 章 电子表格数据录入与编辑技巧

WPS表格最基本的功能就是以表格形式来记录和管理在日常学习和工作中产生的数据，并对数据加以整理和格式化，将其组织成便于阅读和查询的样式。所以，学习WPS表格必须要学会数据的录入和编辑技巧，掌握这些技巧，可以使用户从根本上提高表格制作和数据分析的效率。

下面是数据录入与编辑过程中常见的问题，请检测你是否会处理或已掌握。

√ 像 4/7、0001 这种特殊数据，你会录入吗？

√ 在录入编号时，编号前有一长串固定的英文字母，你知道怎样快速录入吗？

√ 在输入一些相同、类似或有规律的数据时，都有提高输入效率的方法，你知道吗？

√ 你知道在输入数据前进行哪些设置，可以提高数据输入效率并保证数据质量吗？

√ 阅读数据再也不怕看错看漏了，你会用阅读模式了吗？

√ 表格制作完成后，有没有方法可以快速美化表格？

希望通过本章内容的学习，能帮助你解决以上问题，并学会更多关于表格数据录入与编辑的技巧。

7.1 数据的输入技巧

制作表格离不开数据的输入，掌握数据输入的相关技巧可以让你的表格制作更加快捷，下面就一起来学习各种数据的录入技巧。

177 利用推荐列表快速输入数据

扫一扫，看视频

实用指数
★★★★☆

使用说明

在WPS表格中输入数据时，系统会自动提示同一列中出现过的相似内容，帮助用户快速且准确地输入合适的内容。

解决方法

灵活运用推荐列表功能，可以提高输入效率，具体操作方法如下。

打开素材文件（位置：素材文件\第7章\销售清单.et），❶在C11单元格中输入【华硕】；❷在弹出的推荐列表中会显示出该列单元格中包含“华硕”的所有内容选项，选择需要输入的内容即可快速输入数据，如下图所示。

收银日期	商品号	商品描述	数量
2021/10/1	142668	联想一体机C340 G2030T 4G50GVW-D8(BK)(A)	1
2021/10/1	153221	戴尔笔记本Ins14CR-1518BB（黑色）	1
2021/10/2	148550	华硕笔记本W509LD4030-554ASF52XC0（黑色）	1
2021/10/2	148926	联想笔记本M4450AA105750M4G1TR8C(RE-2G)-CN（红）	1
2021/10/2	148550	华硕笔记本W509LD4030-554ASF52XC0（白色）	1
2021/10/3	172967	联想ThinkPad笔记本E550C20E0A00CCD	1
2021/10/3	142668	联想一体机C340 G2030T 4G50GVW-D8(BK)(A)	1
2021/10/3	125698	三星超薄本NP450R4V-XH4CN	1
2021/10/3	148550	华硕笔记本W509LD4030-554ASF52XC0（黑色）	1
2021/10/4	148550	华硕	

> **技能拓展**
>
> 在WPS表格中选择某个单元格后，按Alt+↓组合键，将在弹出的下拉列表中显示出当前列的所有数据，通过选择即可快速输入对应的数据。

178 如何输入特殊数据

扫一扫，看视频

实用指数
★★★★★

使用说明

有些数据不能直接输入表格，例如，在单元格中输入以0开头的数字时，WPS表格会将其识别成纯数字，从而直接省略0，或者在单元格中输入分数2/5时，确认输入后会自动变成日期格式的“2月5日”。

对于这类特殊数据，必须掌握正确的输入方法才能实现数据的正确输入。

解决方法

例如，要在表格中输入00101之类的数字编号或者分数，具体操作方法如下。

步骤 01 打开素材文件（位置：素材文件\第7章\市场分析.et），❶在A2单元格中输入英文状态下的单引号【'】，让WPS表格了解到接下来输入的是文本型数据；❷接着输入以0开头的数字，如下图所示。

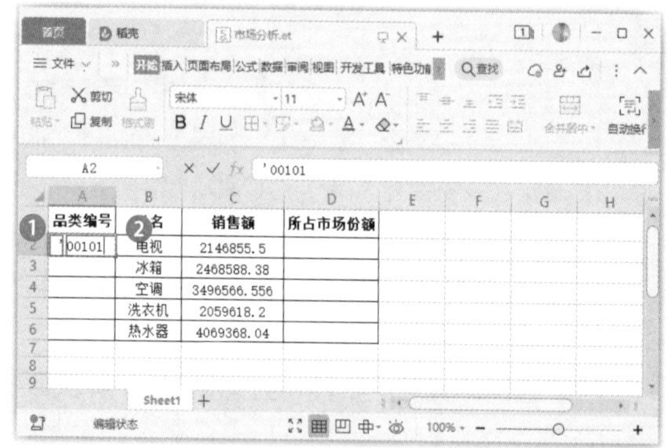

品类编号	品名	销售额	所占市场份额
'00101	电视	2146855.5	
	冰箱	2468588.38	
	空调	3496566.556	
	洗衣机	2059618.2	
	热水器	4069368.04	

> **技能拓展**
>
> 首先设置单元格的数字格式为【文本】，再输入数据，也可以输入以0开头的编号。

步骤 02 按Enter键后可以看到输入的数据正是需要的效果，即前面的0保留了下来。❶使用相同方法输入该列其他数据；❷选择要输入分数的D2单元格，以“0+空格+分数”的方式输入分数，这里输入【0 3/7】，如下图所示。

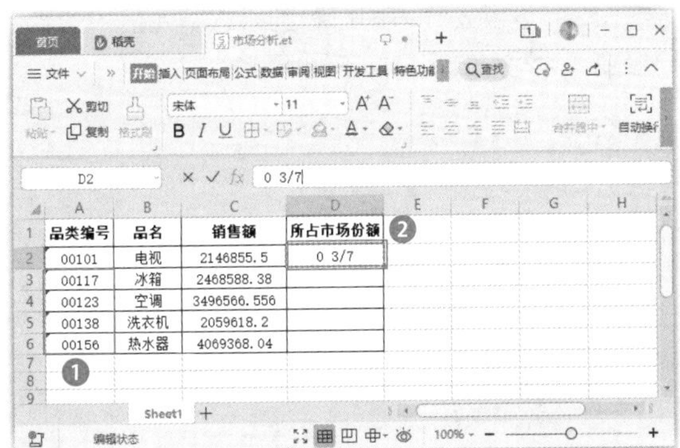

步骤 03　按Enter键后可以看到输入的数据为分数，使用相同的方法输入该列其他分数，如下图所示。

品类编号	品名	销售额	所占市场份额
00101	电视	2146855.5	3/7
00117	冰箱	2468588.38	2/5
00123	空调	3496566.556	3/5
00138	洗衣机	2059618.2	1/7
00156	热水器	4069368.04	2/9

技能拓展

在WPS表格中，按Ctrl+;组合键可以快速输入系统的当前日期；按Ctrl+Shift+;组合键可以快速输入系统的当前时间。

179　如何设置数字显示的小数位数

实用指数

★★★★★

扫一扫，看视频

使用说明

如果工作表中输入了很多位数不同的小数，不仅在读取数据时不太方便，而且表格也显得不美观，最好为数字设置统一的小数位数。

解决方法

通过设置数字格式，可以快速设置小数位数。例如，要为数据设置统一的两位小数，具体操作方法如下。

步骤 01　❶选择要设置小数位数的C2:C6单元格区域；❷单击【开始】选项卡第4组右下角的【单元格格式：数字】按钮 ⌟，如下图所示。

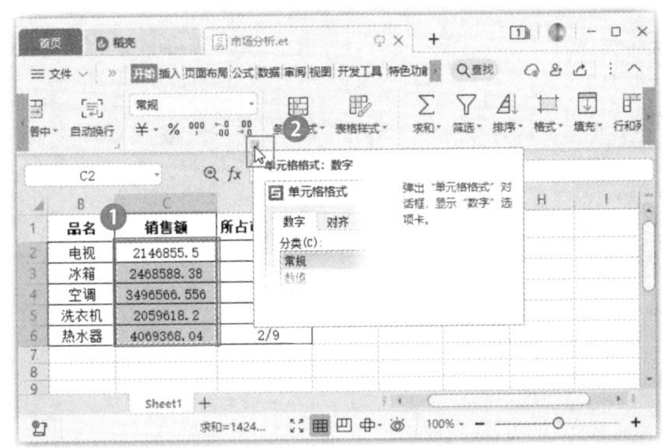

温馨提示

在对数据设置数值、货币、日期及时间等格式时，可以选择已经输入好的数据进行设置，也可以先对单元格设置好需要的格式后再输入数据。

步骤 02　打开【单元格格式】对话框，❶在【数字】选项卡的【分类】列表框中选择【数值】选项；❷在右侧的【小数位数】数值框中设置小数位数2；❸单击【确定】按钮，如下图所示。

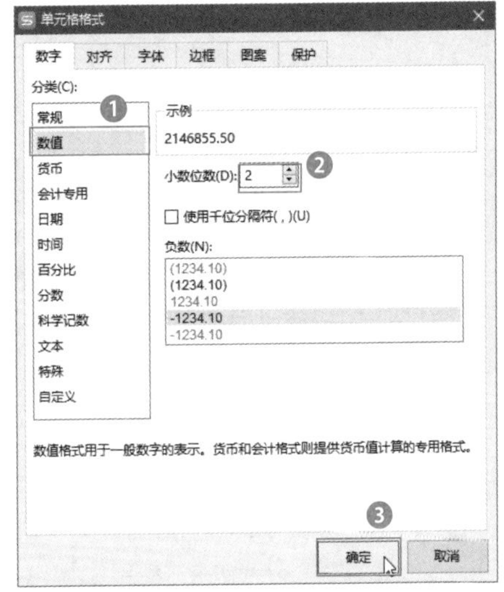

技能拓展

在【单元格格式】对话框的【数字】选项卡下的【负数】列表框中提供了为表格负数设置显示效果的样式，如果选择一种红色显示的负数样式，此后将以红色字体突出显示负数。

步骤 03　返回工作表即可看到所选单元格区域都自动显示为2位小数了，如下图所示。

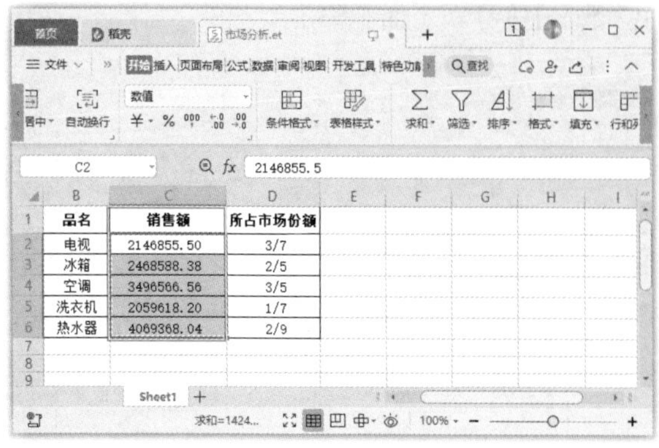

180 快速输入大写中文数字

实用指数
★★★☆☆

扫一扫，看视频

使用说明

在编辑工作表时，有时会输入大写的中文数字。对于少量的大写中文数字，按照常规的方法直接输入即可；对于大量的大写中文数字，可以通过设置数字格式来进行转换。

解决方法

例如，要将已经录入的数字型货币数据转换为大写中文的货币数据，具体操作方法如下。

步骤 01 ❶选择要转换成大写的货币数据所在的单元格，打开【单元格格式】对话框，在【数字】选项卡的【分类】列表框中选择【特殊】选项；❷在【类型】列表框中选择【人民币大写】选项；❸单击【确定】按钮，如下图所示。

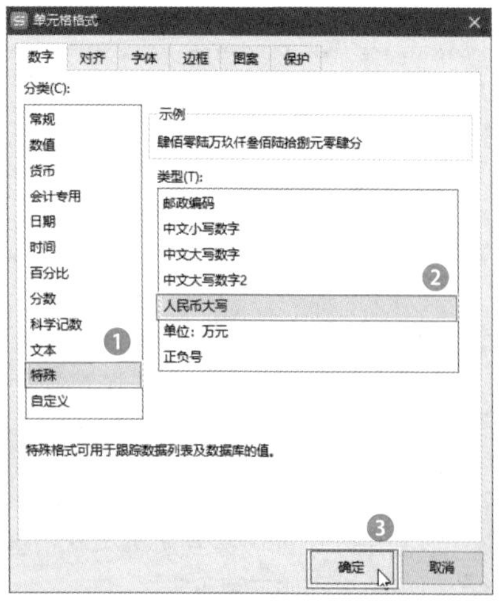

步骤 02 返回工作表即可看到所选单元格中的数字已经变为大写形式了，如下图所示。

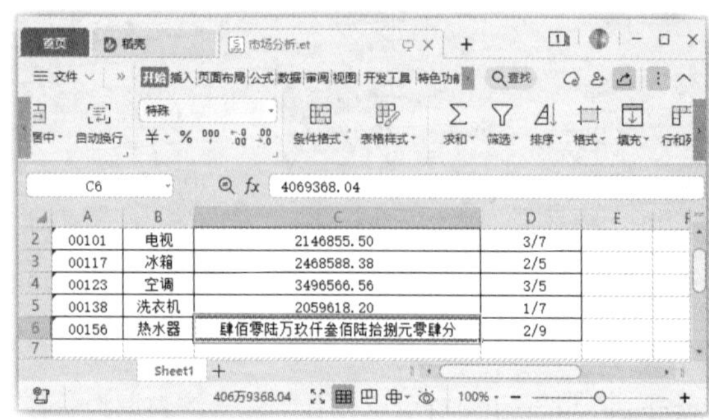

> **温馨提示**
>
> 在【单元格格式】对话框的【数字】选项卡中选择【特殊】选项后，还可以设置将数据显示为中文小写数字、中文大写数字等。

181 巧妙输入位数较多的员工编号

扫一扫，看视频

使用说明

在制作工作表时，经常会输入位数较多的员工编号、学号、证书编号，如“XL2021001”“中2024Z002”等，这些编号中有些字符相同，而有些字符不同。若重复手动输入不仅非常烦琐，而且容易出错。此时，可以通过自定义数据格式来快速输入。

解决方法

例如，要输入类似XL2021001的员工编号，其中的XL2021是重复固定不变的内容，后面三位数会有变化。要巧妙快速地输入这些编号，具体操作方法如下。

步骤 01 打开素材文件（位置：素材文件\第7章\员工信息登记表.et），❶选择要输入员工编号的单元格区域，并在其上右击；❷在弹出的快捷菜单中选择【设置单元格格式】命令，如下图所示。

步骤 02 打开【单元格格式】对话框，❶在【数字】选项卡的【分类】列表框中选择【自定义】选项；❷在右侧的【类型】文本框中输入【"XL2021"000】；❸单击【确定】按钮，如下图所示。

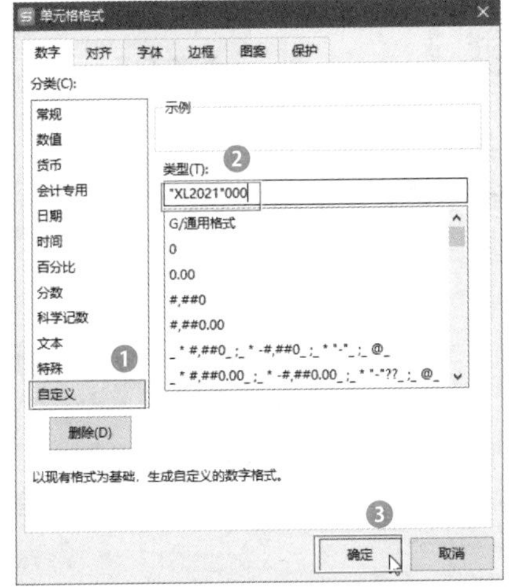

步骤 03 返回工作表，在单元格区域中输入编号后的序号，如1、2、…，然后按Enter键确认，即可显示完整的编号，如下图所示。

技能拓展

自定义数字格式可以实现很多效果，如已经输入了数据，要让输入的数据显示为以0开头的4位数，可以在【数字】选项卡的【分类】列表框中选择【自定义】选项，在右侧的【类型】文本框中输入0000。

182 快速输入部分重复的内容

扫一扫，看视频

使用说明

在工作表中输入大量含部分重复内容的数据时，通过自定义数据格式的方法输入，可大大提高输入速度。上个技巧的制作关键就是用0为需要变化的数字占位，如果需要变化的数据不是数字又该如何自定义呢？

解决方法

例如，要输入“开发一部”“开发二部”之类的数据，具体操作方法如下。

步骤 01 ❶选择要输入数据的单元格区域，打开【单元格格式】对话框，在【数字】选项卡的【分类】列表框中选择【自定义】选项；❷在右侧的【类型】文本框中输入【开发@部】；❸单击【确定】按钮，如下图所示。

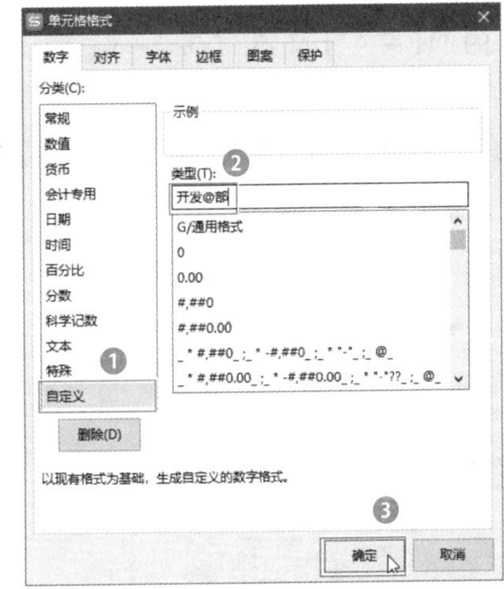

步骤 02 返回工作表，只需在单元格中直接输入【一】【二】……，即可自动输入重复部分的内容，如下图所示。

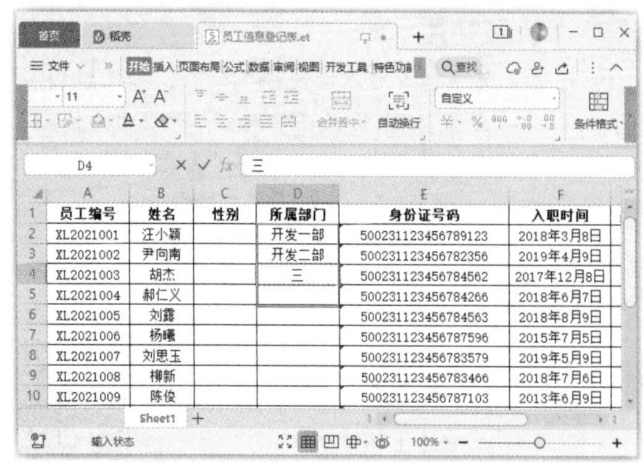

183 对手机号码进行分段显示

扫一扫，看视频

实用指数

★★★★☆

使用说明

手机号码一般由11位数字组成，为了增强手机号码的易读性，可以将其设置为分段显示。

解决方法

例如，要将手机号码按照“3位+4位+4位”的方式进行分段显示，具体操作方法如下。

步骤 01 ❶在表格最后添加【联系方式】列，并选择这些单元格区域，打开【单元格格式】对话框，在【数字】选项卡的【分类】列表框中选择【自定义】选项；❷在右侧的【类型】文本框中输入【000-0000-0000】；❸单击【确定】按钮，如下图所示。

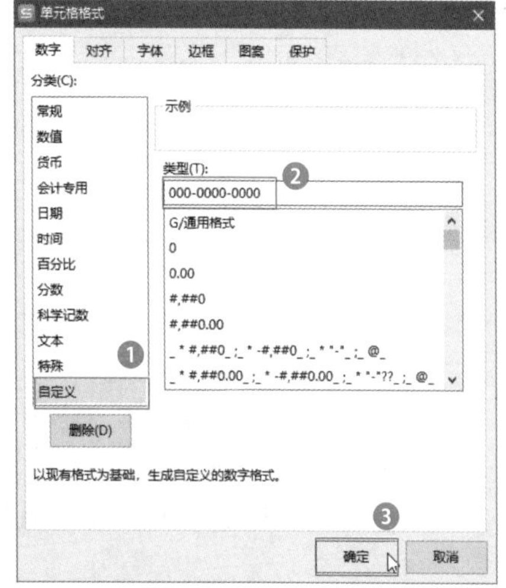

步骤 02 返回工作表，输入手机号码后即可自动分段显示，如下图所示。

184 在多个单元格中快速输入相同数据

扫一扫，看视频

实用指数

★★★★★

使用说明

在输入数据时，有时需要在一些单元格中输入相同的数据，有什么方法可以实现快速输入呢？

解决方法

例如，要在“性别”列中的多个单元格中输入“女”和“男”，具体操作方法如下。

步骤 01 按住Ctrl键依次选择要输入【女】的多个单元格，输入【女】，如下图所示。

温馨提示

如果需要快速为表格中的所有空白单元格填充相同的数据，可以先通过【定位】功能快速选择所有的空白单元格，再使用Ctrl+Enter组合键快速输入相同的数据。

步骤 02　按Ctrl+Enter组合键确认输入，即可在选中的多个单元格中输入相同内容，如下图所示。

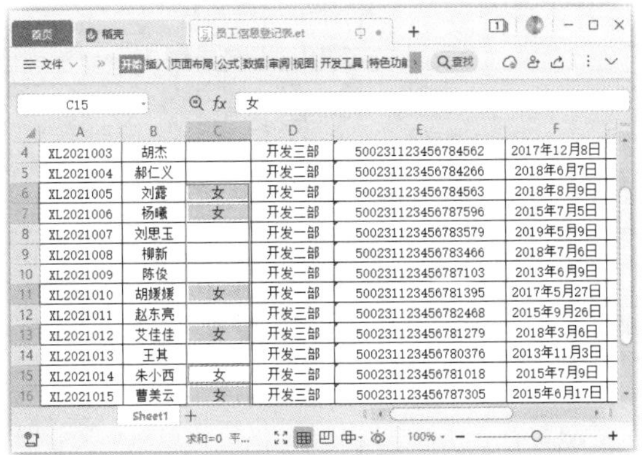

185　在多个工作表中同时输入相同数据

实用指数
★★★☆☆

扫一扫，看视频

使用说明

在输入数据时，如果需要在多个工作表中输入相同的数据，也是有快捷方式的。

解决方法

例如，要在3张工作表中输入相同的表格框架数据，具体操作方法如下。

步骤 01　❶新建一个名为“家电销售年度汇总”的空白工作簿；❷通过新建工作表，使工作簿中含有3张工作表，分别命名为【一季度】【二季度】【三季度】；❸按住Ctrl键，依次单击工作表对应的标签，从而选中需要输入相同数据的多张工作表；❹直接在当前工作表中输入需要的数据，如下图所示。

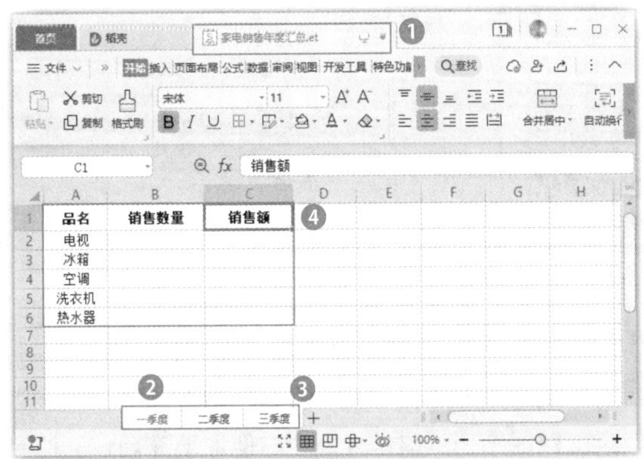

步骤 02　完成内容的输入后，单击任意工作表标签，退出组合工作表状态，如单击【二季度】工作表标签，可以看到该工作表中在相同位置输入了相同内容，如下图所示。还可以切换到其他表格中看看，效果都一样。

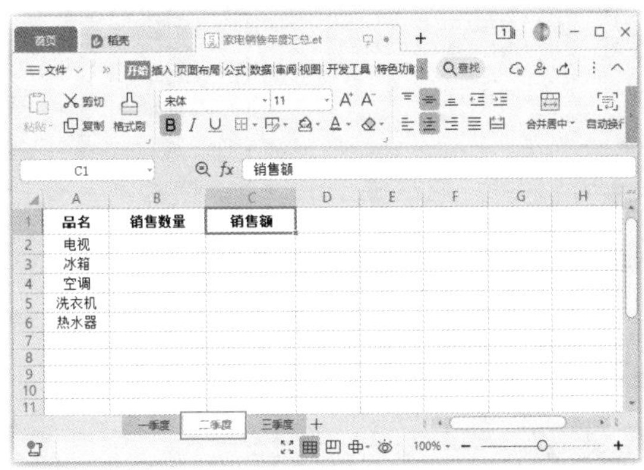

186　利用填充功能快速输入相同数据

实用指数
★★★★★

扫一扫，看视频

使用说明

如果需要在多个连续的单元格中输入相同的数据，还可以使用WPS表格的填充功能快速向上、向下、向左或向右填充相同数据。

解决方法

例如，要在【单位】列中输入【台】，采用向下填充数据的方式输入，具体操作方法如下。

打开素材文件(位置：素材文件\第7章\销售表.et)，❶在第一个单元格中输入数据【台】，并选择该单元格；❷将鼠标光标移动到该单元格的右下角，当其变为✚形状时，按住鼠标左键不放并向下拖动到目标单元格后释放鼠标左键，如下图所示，即可在鼠标光标移动过的单元格内填充相同的内容。

> **温馨提示**
>
> 使用填充功能复制数据时，通过上面的方法得到的数据会是一个序列，如第一个单元格中输入的是“甲”“星期一”等数据。此时需要在填充完成后单击最后一个单元格附近显示的 按钮，在弹出的下拉列表中选中【复制单元格】单选按钮。

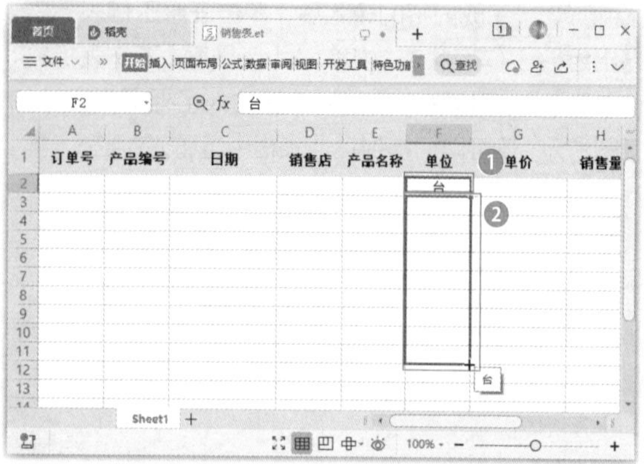

187 使用填充功能快速输入序列数据

扫一扫，看视频

实用指数

★★★★★

使用说明

如果表格中要输入的数据本身在顺序上具有某些关联特性，如等比、等差（这样的数据被称为“序列”），可以使用WPS表格提供的“自动填充”功能快速批量输入数据。

解决方法

例如，要利用填充功能输入等差序列，具体操作方法如下。

步骤 01 ❶在A2单元格中输入等差序列的起始数据，如2，并选择该单元格；❷单击【开始】选项卡中的【填充】按钮；❸在弹出的下拉列表中选择【序列】命令，如下图所示。

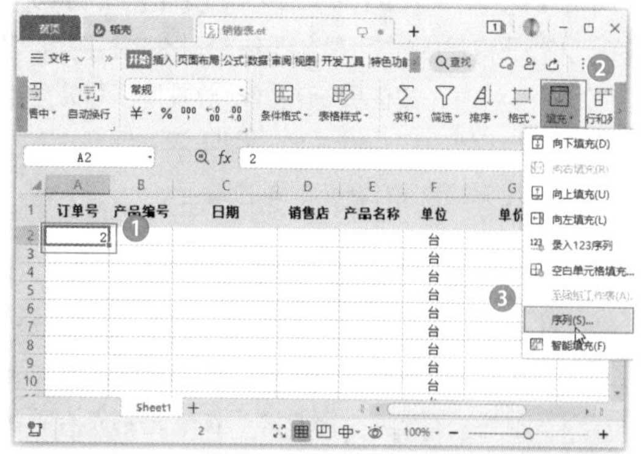

步骤 02 打开【序列】对话框，❶在【序列产生在】栏中选择填充方式，这里选中【列】单选按钮，表示向下填充；❷在【类型】栏中选择填充的数据类型，这里选中【等差序列】单选按钮；❸在【步长值】文本框中输入相邻两个数值之间的差值；❹在【终止值】文本框中输入结束值；❺单击【确定】按钮，如下图所示。

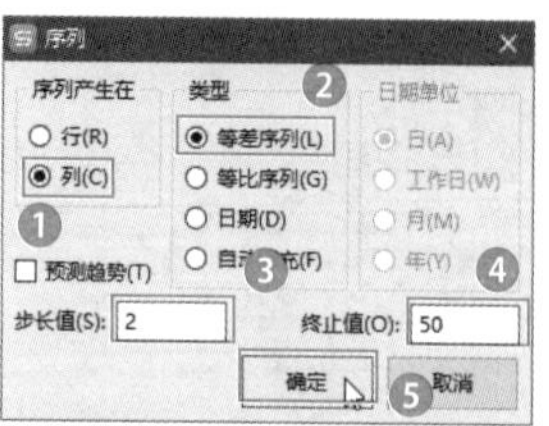

步骤 03 操作完成后即可看到该列的数据填充效果，如下图所示。

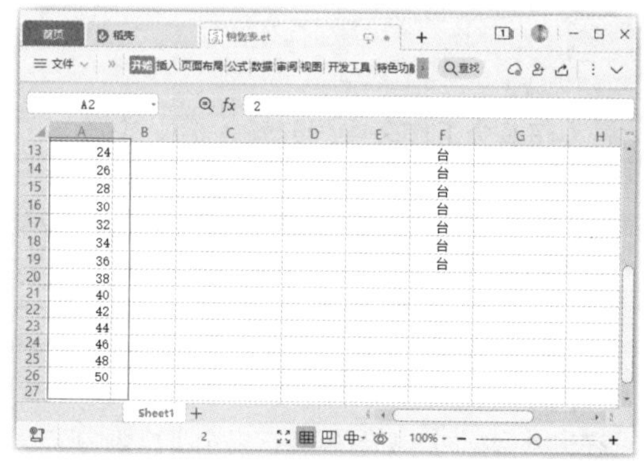

知识拓展

通过拖动鼠标的方式也可以填充序列数据，操作方法为：在单元格中依次输入序列的前两个数字，并选中这两个单元格，将鼠标光标移动到第二个单元格的右下角，当其变为✚形状时，按住鼠标右键不放并向下拖动到目标单元格后释放鼠标右键，在弹出的快捷菜单中选择【等差序列】或【等比序列】命令，即可填充相应的序列数据。当鼠标光标变为✚形状时，按住鼠标左键向下拖动，可直接填充等差序列。

188 自定义填充序列

扫一扫，看视频

实用指数

★★★★☆

使用说明

在输入工作表数据时，经常需要填充序列数据。WPS表格提供了一些内置序列，用户可以直接使用。对于经常使用而内置序列中没有的数据序列，则需要自定义数据序列，这样才能更方便地填充自定义的序列，从而加快数据的输入速度。

解决方法

例如，要自定义序列【成华店】【南湖店】【高新店】【西城店】【龙利店】，具体操作方法如下。

步骤 01　打开【选项】对话框，❶单击【自定义列表】选项卡；❷在【输入序列】文本框中输入要自定义的序列内容；❸单击【添加】按钮，将输入的数据序列添加到左侧的【自定义序列】列表框中；❹单击【确定】按钮，如下图所示。

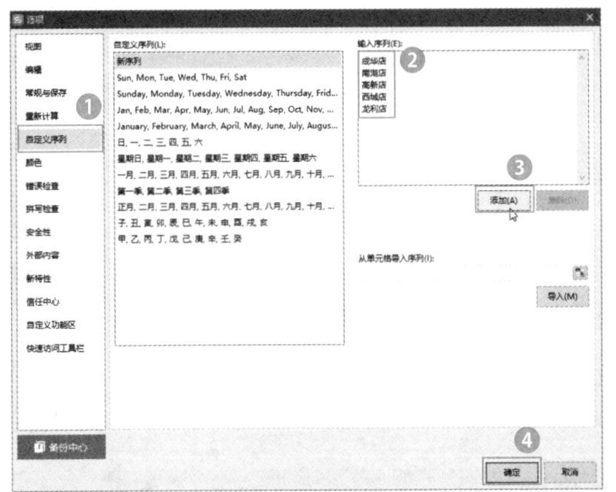

步骤 02　经过上述操作后，❶在D2单元格中输入自定义序列的第一个内容；❷再利用填充功能拖动鼠标，即可自动填充自定义的序列，如下图所示。

189　如何自动填充日期值

扫一扫，看视频

使用说明

在制作记账表格、销售统计等工作表时，经常要输入连贯的日期值，可以通过填充功能快速输入，以提高工作效率。

解决方法

例如，要自动填充工作日的日期值序列，具体操作方法如下。

步骤 01　❶在C2单元格中输入起始日期，并选中该单元格，将鼠标光标移动到该单元格的右下角，当其变为＋形状时，按住鼠标左键不放并向下拖动到目标单元格后释放鼠标左键，此时会按【以天数填充】方式填充日期值；❷单击最后一个单元格附近显示的按钮，在弹出的下拉列表中选择日期填充方式，这里选中【以工作日填充】单选按钮，如下图所示。

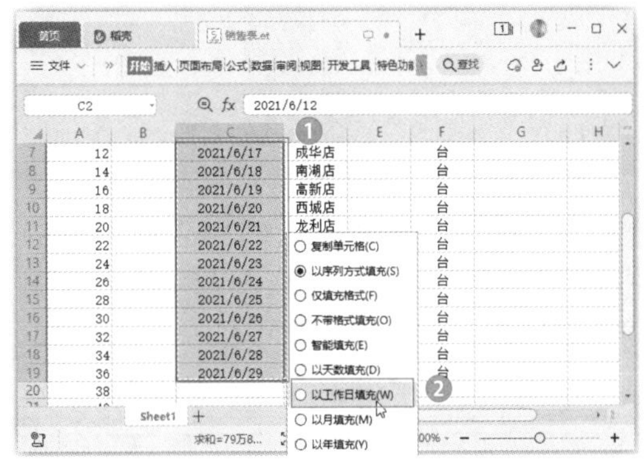

步骤 02　操作完成后即可按工作日填充序列，如下图所示。

190　为单元格插入下拉列表

扫一扫，看视频

使用说明

通过为单元格设置下拉列表，在需要输入数据时，就可以直接通过选择下拉列表中设置好的选项来快速输入单元格内容了。

解决方法

例如，要为【产品名称】列设置下拉选择列表，具体操作方法如下。

步骤 01 ❶选择要插入下拉列表的单元格区域；❷单击【数据】选项卡中的【插入下拉列表】按钮，如下图所示。

步骤 02 打开【插入下拉列表】对话框，❶在列表框中输入下拉列表中的第一个选项内容，如【照相机】；❷单击上方的按钮，如下图所示。

步骤 03 ❶在列表框中新添加的文本框内输入下拉列表中的第2个选项内容；❷使用相同的方法继续添加下拉列表中的其他选项内容；❸单击【确定】按钮，如下图所示。

步骤 04 返回工作表即可看到所选单元格区域中的单元格右侧都添加了下拉按钮，❶单击该按钮；❷在弹出的下拉列表中选择选项即可快速填入对应的单元格中，如下图所示。

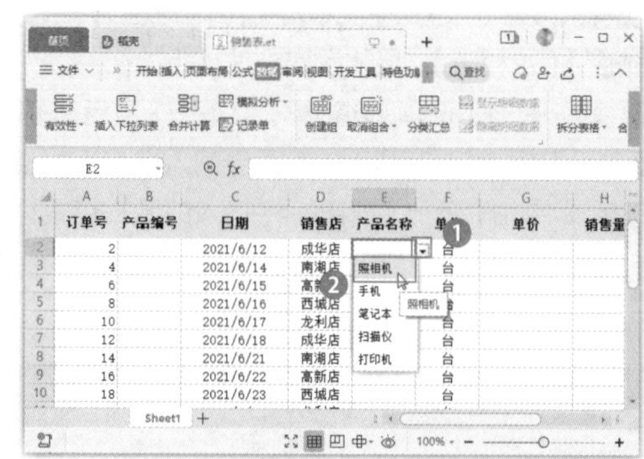

> **温馨提示**
>
> 通过下拉列表可以快速输入单元格内容，但只能输入下拉列表中提供的选项内容，输入其他内容时将会提示错误。

191 为数据输入设置下拉选择列表

扫一扫，看视频

实用指数
★★★★☆

使用说明

除了使用上一个技巧介绍的方法可以为单元格添加下拉列表外，还可以通过设置数据有效性来添加下拉列表。

解决方法

例如，要通过设置数据有效性为【销售员】列设置下拉选择列表，具体操作方法如下。

步骤 01 ❶在表格最后一列后面插入添加【销售员】列；❷选择该列下方需要设置内容限制的单元格区域；❸单击【数据】选项卡中的【有效性】按钮，如下图所示。

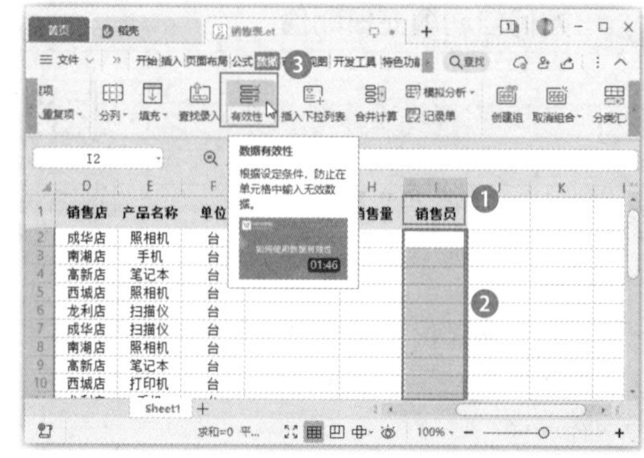

步骤 02　打开【数据有效性】对话框，❶在【允许】下拉列表框中选择【序列】选项；❷在【来源】文本框中输入以英文逗号为间隔的序列内容；❸单击【确定】按钮，如下图所示。

步骤 03　返回工作表，单击设置了下拉选择列表的单元格，其右侧会出现一个下拉按钮，❶单击该按钮；❷在弹出的下拉列表中选择某个选项，即可快速在该单元格中输入所选内容，如下图所示。

192　设置允许在单元格中输入的数字范围

扫一扫，看视频

使用说明

在工作表中输入数据时，如果某列的单元格只能输入某个范围内的数字，则可以通过有效性功能设置限制在该列中输入范围外的其他内容。

解决方法

例如，要设置【单价】列中只能输入0~8000的数字，具体操作方法如下。

步骤 01　❶选择要设置内容限制的单元格区域，打开【数据有效性】对话框，在【允许】下拉列表框中选择【小数】选项；❷在【数据】下拉列表框中选择【介于】选项；❸在【最小值】和【最大值】文本框中分别输入允许输入的最小值和最大值；❹单击【确定】按钮即可，如下图所示。

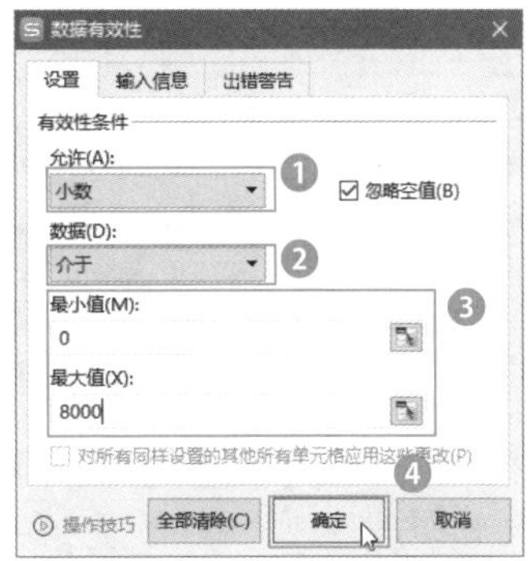

步骤 02　返回工作表中，在设置了有效性的单元格中输入限制范围外的数据时将会提示错误，如下图所示。

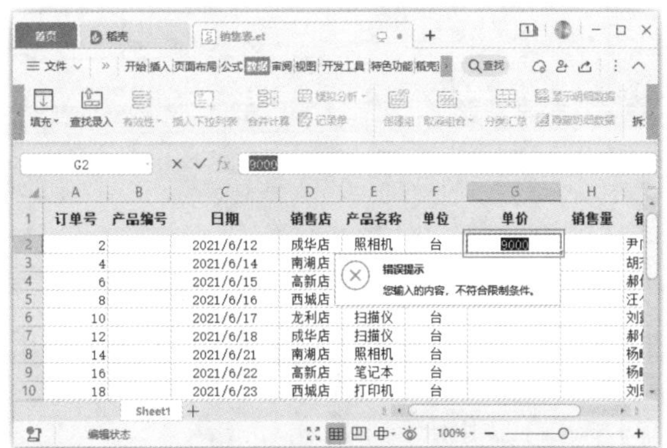

> **知识拓展**
>
> 在【数据有效性】对话框中，还可以对整数、日期、时间、文本长度进行有效性设置，如果在【允许】下拉列表框中选择【自定义】选项，在【公式】文本框中输入对应的公式，则可以实现更多的有效性设置。

193　通过信息表快速查找录入对应数据

扫一扫，看视频

使用说明

日常使用表格时，经常需要根据某个数据值查找该数据项的其他值，如知道某个人的姓名，要查找他的联系电话，那么在信息表中就可以制作一个查询表，使其可以根据输入的数据查找并录入对应的其他值，使用VLOOKUP函数同样可以实现该功能，但使用时有一定的限制。因此，使用WPS表格中的【查找录入】功能便可以轻松完成。

解决方法

【查找录入】是根据表头的相同字段，将一个表格中的数据匹配填充到另一个表格中。例如，要根据员工编号查找并录入对应的姓名、所属部门和联系电话，具体操作方法如下。

步骤 01 打开素材文件（位置：素材文件\第7章\员工信息查询表.et），单击【数据】选项卡中的【查找录入】按钮，如下图所示。

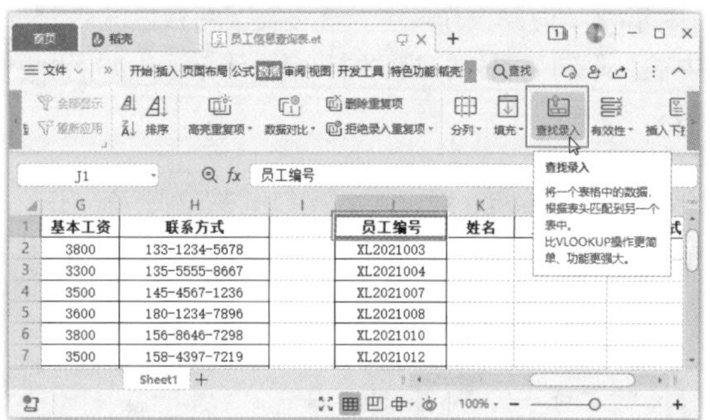

步骤 02 打开【查找录入】对话框，❶单击【选择要录入的数据表】文本框后的按钮，并选择工作表中要录入的数据表（包含表头）所在区域；❷单击【下一步】按钮，如下图所示。

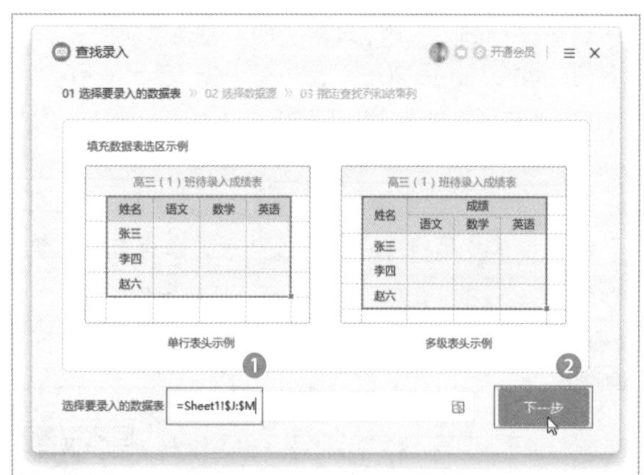

步骤 03 ❶单击【选择数据源】文本框后的按钮，并选择工作表中要查找匹配的数据来源表格（包含表头）所在区域；❷单击【下一步】按钮，如下图所示。

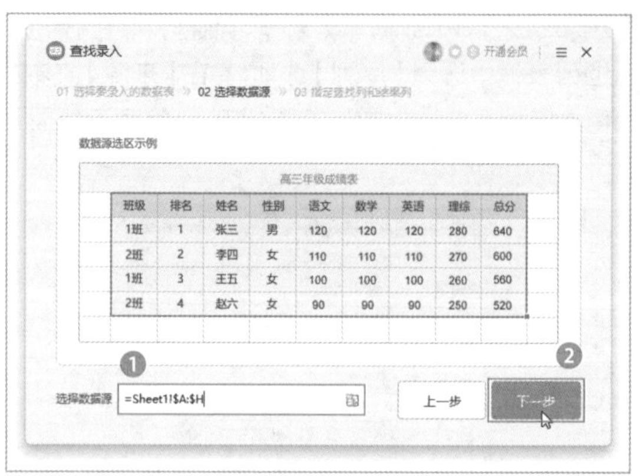

步骤 04 系统会根据前面设置的填充数据表格和数据源区域，自动分配查找列表和结果列表（也可以手动调整进行设置），确认无误后，单击【确定】按钮，如下图所示。

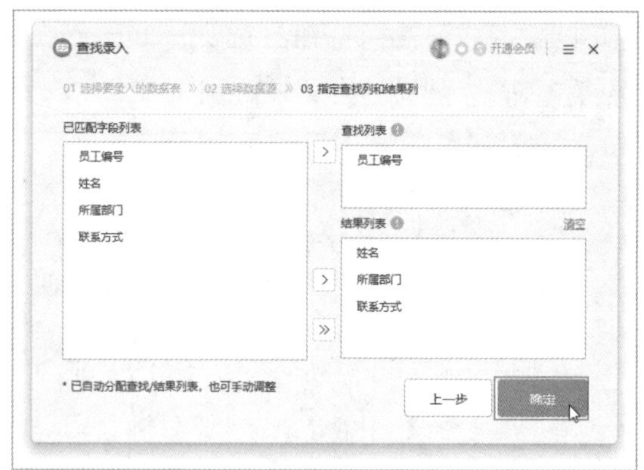

步骤 05 返回工作表即可看到查询表格中已经根据输入的员工编号自动录入了后面的几列数据，如下图所示。

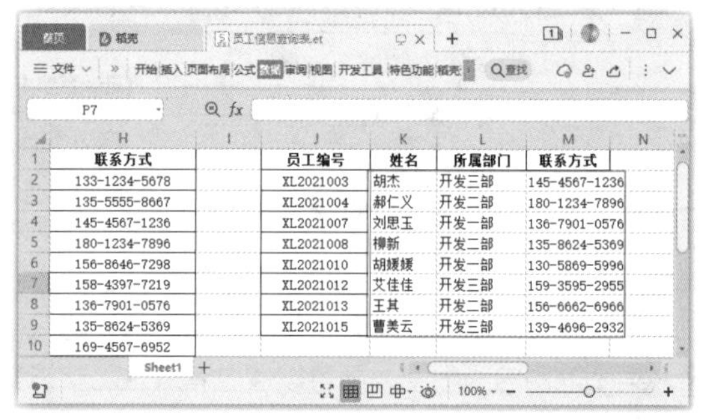

194 拒绝输入重复数据

扫一扫，看视频

使用说明

在WPS表格中制作花名册、物料清单等表格时，往往要求每个名称、编码是唯一的。此时，可以根据要求设置某个区域的单元格数据具有唯一性，不能录入重复数据。使用【拒绝录入重复项】功能就可以在录入环节将因为输入错误而导致数据相同的情况排除在外。

解决方法

例如，要保证输入的员工编号为唯一值，防止重复输入的具体操作方法如下。

步骤01 ❶单击【数据】选项卡中的【拒绝录入重复项】按钮；❷在弹出的下拉菜单中选择【设置】命令，如下图所示。

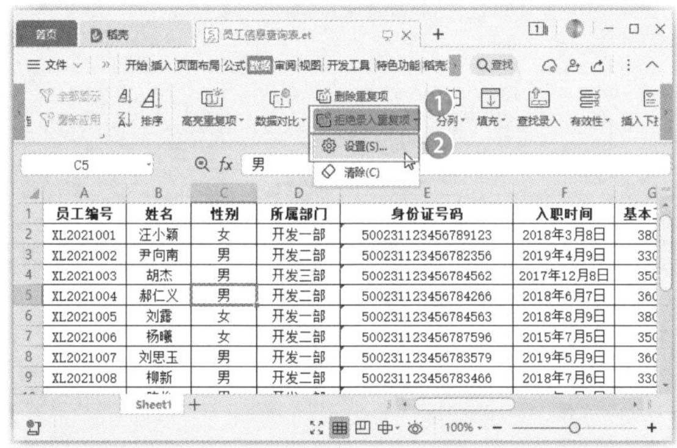

步骤02 打开【拒绝重复输入】对话框，❶设置要求输入唯一值的单元格区域，这里选择A列；❷单击【确定】按钮，如下图所示。操作完成后，在A列输入重复数据时，就会出现错误提示的警告。

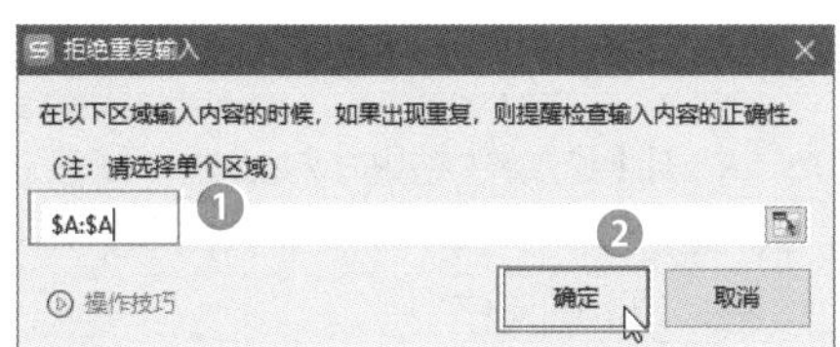

知识拓展

若要取消目标区域的【拒绝录入重复项】设置状态，可以在【拒绝录入重复项】下拉菜单中选择【清除】命令。

7.2 数据的编辑技巧

完成数据的输入后，还需要掌握一定的编辑技巧，接下来介绍一些表格中数据的编辑技巧。

195 使用阅读模式查看表格数据

实用指数
★★★★★

扫一扫，看视频

使用说明

当表格中的内容比较多时，查看数据总是容易看错看漏，如何解决这种麻烦呢？

解决方法

WPS表格中提供了阅读模式，此模式下会通过高亮显示的方式将当前选中单元格的位置清晰明了地展现出来，防止看错数据所对应的行列。阅读模式的高亮颜色支持自定义设置。

例如，要以浅绿色高亮显示正查看的单元格数据和对应行列内容，具体操作方法如下。

❶选中要查看内容的单元格；❷单击【视图】选项卡中的【阅读模式】按钮；❸在弹出的下拉列表中选择需要高亮显示的颜色，这里选择浅绿色，即可切换到阅读模式显示表格数据，效果如下图所示。

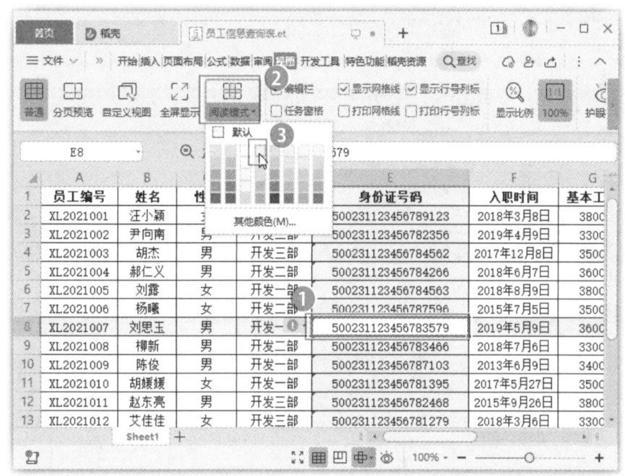

温馨提示

再次单击【阅读模式】按钮，可以退出阅读模式。

196 在删除数据的同时删除当前格式

实用指数
★★★☆☆

扫一扫，看视频

使用说明

表格中如果有不需要的数据，可以先选中对应的单元格，然后按Delete键删除。通过该方法删除单元格内容后，该单元格中设置的格式依然存在，也就是说，重新输入新内容后，将以原数据的格式进行显示。根据操作需要，也可以在删除数据的同时删除当前格式。

解决方法

例如，表格中的【员工编号】列设置了单元格格式，输入的数字会自动变成编号，要将某个单元格中的内容及格式删除，具体操作方法如下。

步骤 01 ❶选择要删除内容和格式的单元格；❷单击【开始】选项卡中的【格式】按钮；❸在弹出的下拉菜单中选择【清除】命令；❹在弹出的下级子菜单中选择【全部】命令，如下图所示。

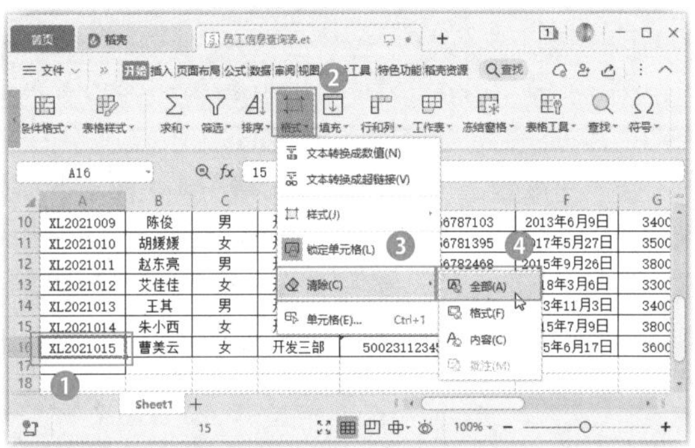

步骤 02 此时，单元格的内容及格式都已被清除，重新输入新的数据，就不会应用之前的格式进行显示，如下图所示。

197 在粘贴数据时对数据进行目标运算

扫一扫，看视频

实用指数
★★★★☆

使用说明

在编辑工作表数据时，如果需要对某些数据进行相同的计算，可以通过选择性粘贴的方式对数据区域进行计算。

解决方法

例如，要在水费收取表中将所有记录的用水量乘以单价，计算出应缴纳的水费金额，具体操作方法如下。

步骤 01 打开素材文件（位置：素材文件\第7章\水费收取表.et），❶在C2单元格中输入该列表头，并复制B列中的数据到C列中；❷选择要进行计算的B1单元格数据，并按Ctrl+C组合键进行复制；❸选择要进行计算的目标单元格区域，这里选择C3:C14单元格区域；❹单击【开始】选项卡中的【粘贴】按钮；❺在弹出的下拉菜单中选择【选择性粘贴】命令，如下图所示。

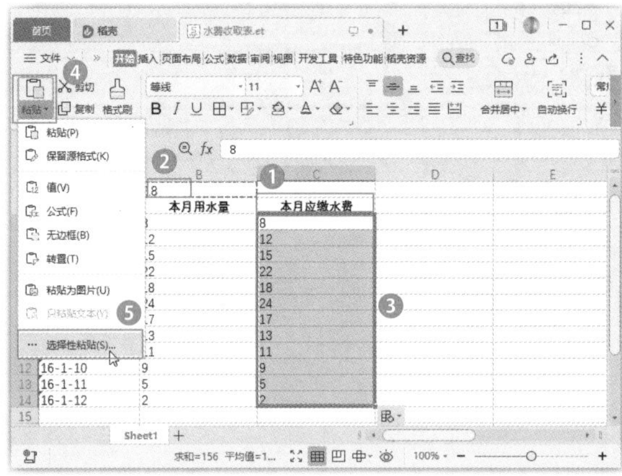

知识拓展

在【粘贴】下拉菜单中选择【粘贴为图片】命令，可以将复制的单元格区域保存为图片，以此达到保护数据不被修改的目的。

步骤 02 打开【选择性粘贴】对话框，❶在【运算】栏中选择计算方式，这里选中【乘】单选按钮；❷单击【确定】按钮，如下图所示。

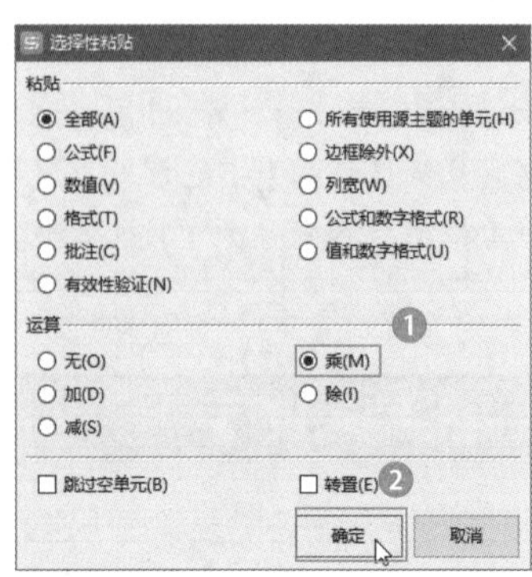

步骤 03 操作完成后，表格中所选区域数字都乘以

了2.8，如下图所示。

知识拓展

在【选择性粘贴】对话框的【粘贴】栏中选中相应的单选按钮，将以不同的方式粘贴复制的数据，如只粘贴公式、数值、单元格格式等。

198 将表格行或列数据进行转置

实用指数

★★★☆☆

扫一扫，看视频

使用说明

在编辑工作表数据时，有时还需要将表格中的数据进行转置，即将原来的行变成列，原来的列变成行。

解决方法

如果要将工作表中的数据进行转置，具体操作方法如下。

步骤01 打开素材文件(位置：素材文件\第7章\年度优秀员工评选表.et)，❶选择要进行行列转换的数据区域，按Ctrl+C组合键进行复制操作；❷选择要粘贴的目标单元格；❸单击【粘贴】按钮；❹在弹出的下拉菜单中选择【转置】命令，如下图所示。

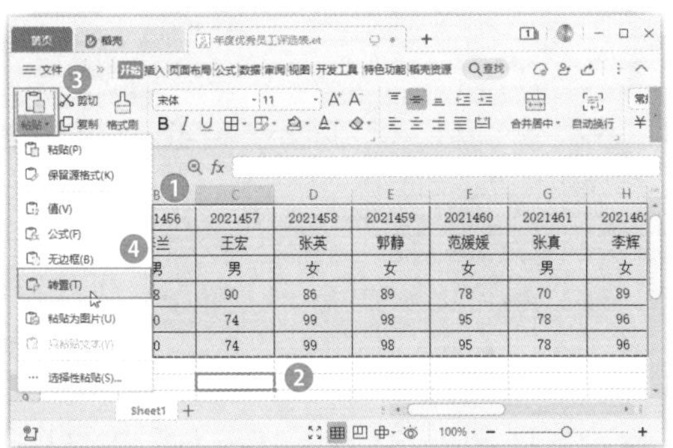

步骤02 转置后的表格效果如下图所示。

199 高亮显示表格区域中的重复项

实用指数

★★★★★

扫一扫，看视频

使用说明

工作中经常需要检查重复项，当数据量多并且查找的内容比较复杂时，是一项复杂的工作。如对身份证号码这种18位数字组成的数据进行查重，使用有些方法得到的结果往往是漏洞百出。

WPS表格中提供了高亮显示重复数据的功能，可以一键为区域中的重复内容填充单元格颜色。

解决方法

高亮显示表格区域中的重复项的具体操作方法如下。

步骤01 打开素材文件(位置：素材文件\第7章\客户合同登记表.et)，❶在数据区域中选中任意单元格；❷单击【数据】选项卡中的【高亮重复项】按钮；❸在弹出的下拉菜单中选择【设置高亮重复项】命令，如下图所示。

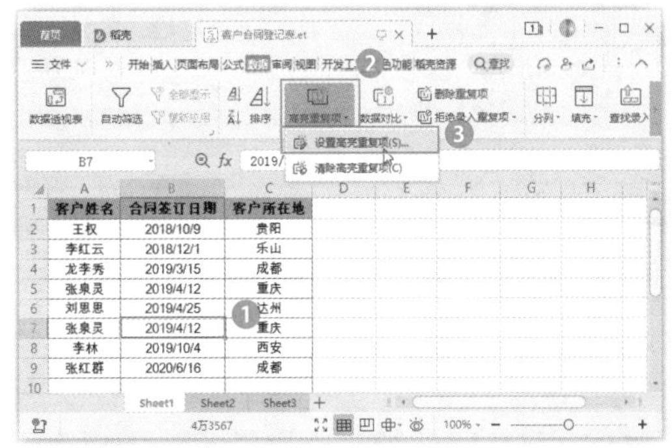

步骤02 打开【高亮显示重复值】对话框，❶选择需要检查重复项的数据区域，这里选择A列和B列；

❷单击【确定】按钮，即可对这两列中的重复数据填充橙色，如下图所示。

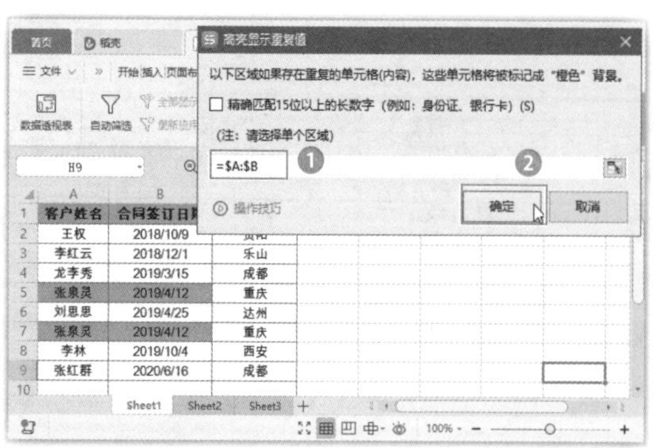

温馨提示

如果要准确无误地找出重复的身份证号、银行卡号等长数字数据，可以选中【高亮显示重复值】对话框中的【精确匹配15位以上的长数字】复选框。

200 快速删除表格区域中的重复数据

扫一扫，看视频

实用指数

★★★★★

使用说明

在进行数据分析前，删除重复项数据是一项必做操作，否则就会影响后续的分析结果。

解决方法

如果要删除工作表中的重复数据，具体操作方法如下。

步骤 01 ❶在数据区域中选中任意单元格；❷单击【数据】选项卡中的【删除重复项】按钮，如下图所示。

步骤 02 打开【删除重复项】对话框，❶在【列】列表框中选择需要进行重复项检查的列；❷单击【删除重复项】按钮，如下图所示。

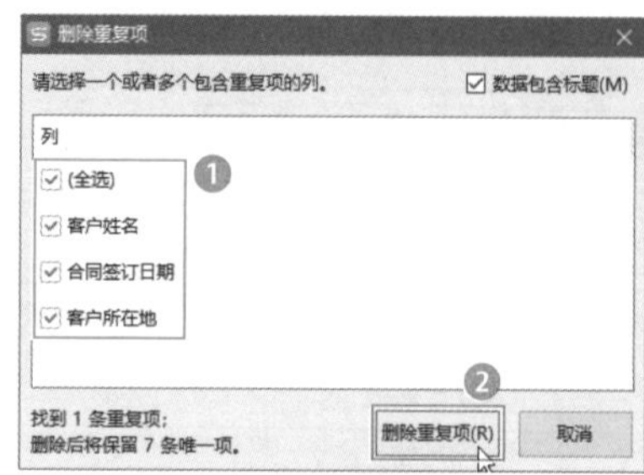

步骤 03 WPS表格将对选中的列进行重复项检查并删除重复项，检查完成后会弹出提示对话框告知检查结果，单击【确定】按钮即可，如下图所示。

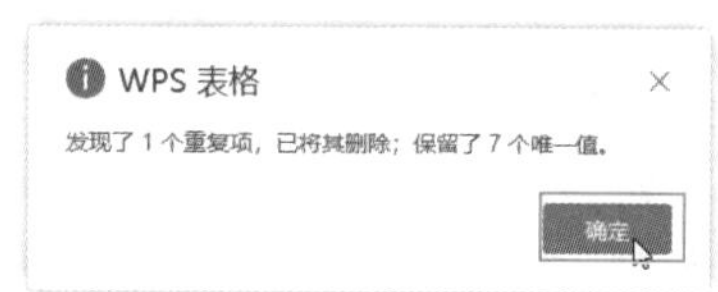

201 如何圈释表格中无效的数据

扫一扫，看视频

使用说明

在编辑工作表时，还可以通过WPS表格的圈释无效数据功能快速找出错误或不符合条件的数据。

解决方法

例如，假定登记的合同签订日期为2019年1月1日后的，先设置数据有效性，然后通过圈释无效数据来圈出不符合条件的数据，具体操作方法如下。

步骤 01 ❶选择要检查无效数据的单元格区域，这里选择B2:B8单元格区域；❷单击【数据】选项卡中的【有效性】按钮，如下图所示。

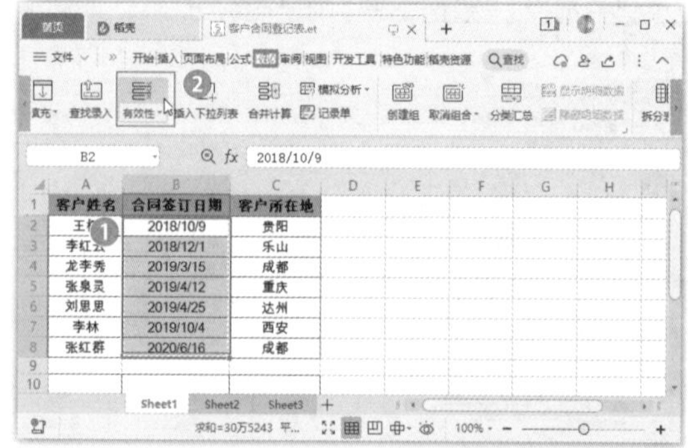

步骤 02 打开【数据有效性】对话框，❶在【允许】

下拉列表框中选择允许输入的数据类型，这里选择【日期】选项；❷在【数据】下拉列表框中选择数据条件，如【大于或等于】；❸在【开始日期】文本框中输入参数值；❹单击【确定】按钮，如下图所示。

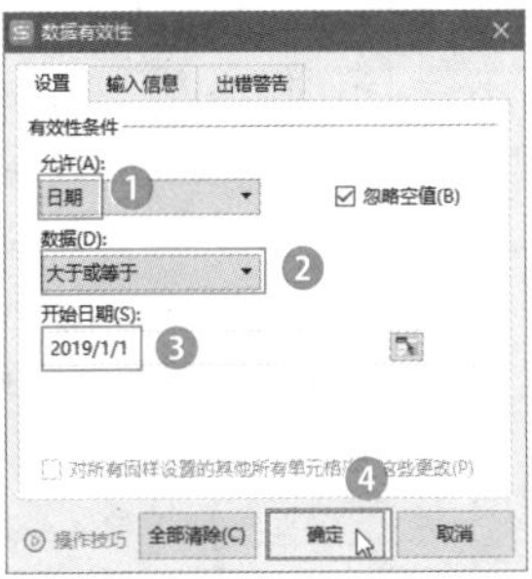

步骤 03　❶返回工作表，保持当前单元格区域的选中状态，单击【数据】选项卡中的【有效性】按钮；❷在弹出的下拉列表中选择【圈释无效数据】选项，如下图所示。

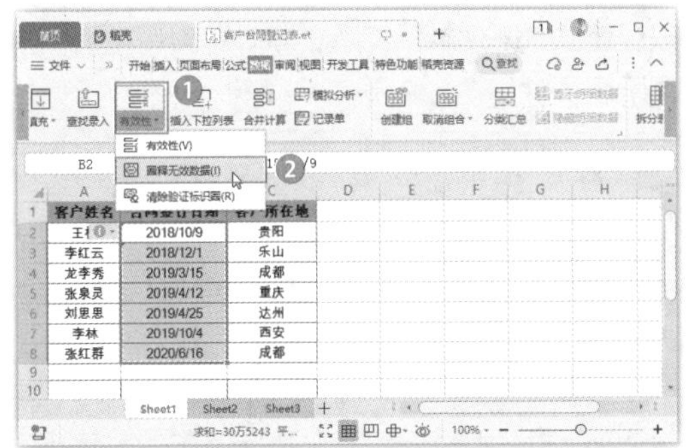

步骤 04　操作完成后即可将无效数据标示出来，如下图所示。

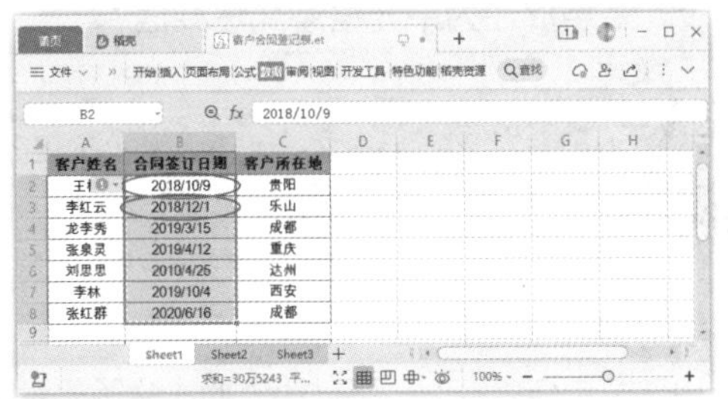

202 怎样为查找到的数据设置指定格式

实用指数

★★★★☆

扫一扫，看视频

使用说明

编辑工作表数据时，除了可以查找、替换内容外，还可以对查找到的数据所在单元格设置指定格式，如字体格式、单元格填充颜色等。

解决方法

例如，要对查找到的单元格设置表头相同的填充颜色，具体操作方法如下。

步骤 01　打开素材文件（位置：素材文件\第7章\电器销售表.et），❶选择需要查找的单元格区域，这里选择B列；❷单击【开始】选项卡中的【查找】按钮；❸在弹出的下拉菜单中选择【替换】命令，如下图所示。

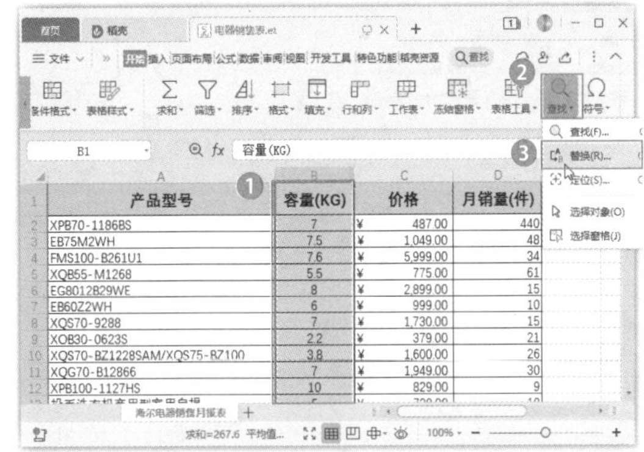

步骤 02　打开【替换】对话框，❶分别输入查找内容和替换内容；❷单击【替换为】文本框右侧的【格式】按钮；❸在弹出的下拉列表中选择【背景颜色】选项，如下图所示。

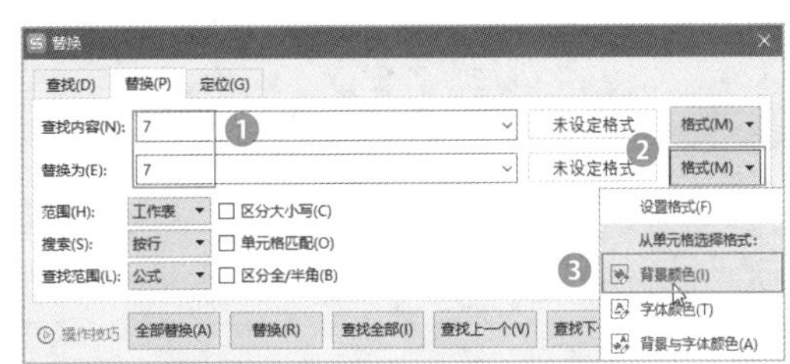

步骤 03　此时鼠标光标变为 形状，移动到需要吸取颜色的表头单元格中单击，如下图所示。

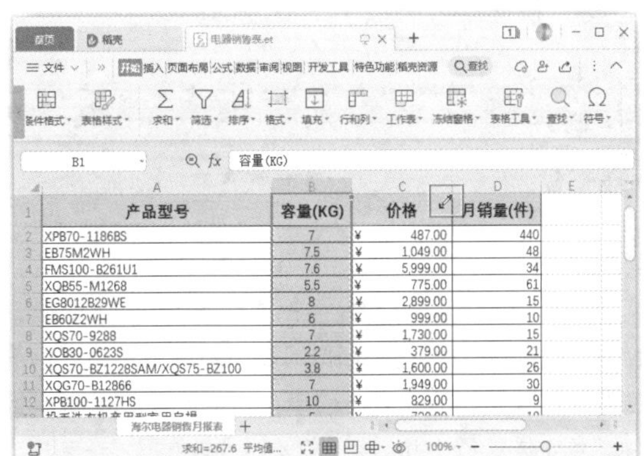

> **温馨提示**
>
> 在【替换】对话框中单击【格式】按钮后，在弹出的下拉列表中选择【设置格式】选项，可以在打开的对话框中设置具体的格式参数。

步骤 04 返回【替换】对话框，可看到填充色的预览效果，单击【全部替换】按钮进行替换，如下图所示。

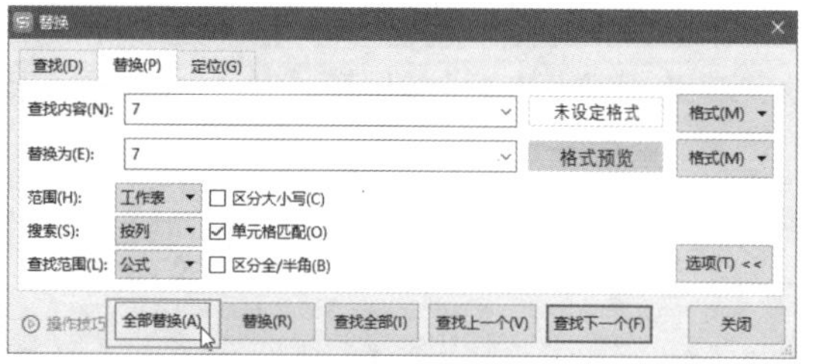

步骤 05 替换完成后会弹出提示框，提示已完成替换，单击【确定】按钮即可，如下图所示。

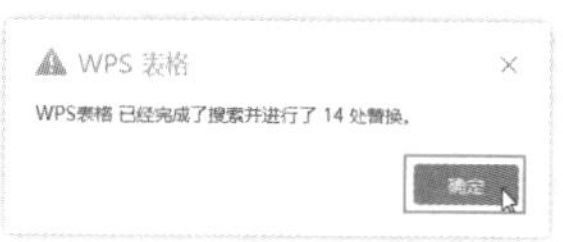

步骤 06 返回工作表即可看到替换后的效果，如下图所示。

产品型号	容量(KG)	价格	月销量(件)
XPB70-1186BS	7	¥ 487.00	440
EB75M2WH	7.5	¥ 1,049.00	48
FMS100-B261U1	7.6	¥ 5,999.00	34
XQB55-M1268	5.5	¥ 775.00	61
EG8012B29WE	8	¥ 2,899.00	15
EB60Z2WH	6	¥ 999.00	10
XQS70-9288	7	¥ 1,730.00	15
XOB30-0623S	2.2	¥ 379.00	21
XQS70-BZ1228SAM/XQS75-BZ100	3.8	¥ 1,600.00	26
XQG70-B12866	7	¥ 1,949.00	30
XPB100-1127HS	10	¥ 829.00	9
投币洗衣机商用型家用自提	5	¥ 720.00	18

203 快速让“假数字”变成“真数字”

扫一扫，看视频

实用指数

★★★★★

使用说明

导入外部数据时，经常会产生一些不能计算的“假数字”，导致统计出错。所以，在进行数据分析前，通常需要对数据的格式进行检查，将文本类的数据转换为数字数据。

解决方法

WPS 表格可以一键将文本转换为数值，把“假数字”变成可以计算的“真数字”，具体操作方法如下。

步骤 01 打开素材文件（位置：素材文件\第7章\网站运营数据.et），❶选择需要调整数据格式的单元格区域；❷单击【开始】选项卡中的【格式】按钮；❸在弹出的下拉菜单中选择【文本转换成数值】命令，如下图所示。

步骤 02 经过第1步操作后，即可将“假数字”变成可以计算的“真数字”，后面的统计结果也正确了，如下图所示。

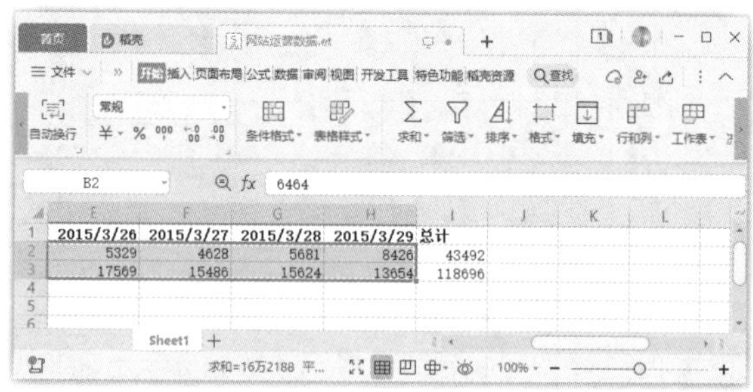

204 使用批注为单元格添加注释信息

扫一扫，看视频

使用说明

用户在制作表格时，可以通过批注的形式为单元格内容添加注释信息，方便其他用户在查看工作表时进行参考。

解决方法

在工作表中添加批注的具体操作方法如下。

步骤 01 打开素材文件（具体位置：素材文件\第7章\劳务公司工资表.et），❶选择要添加批注的单元格；❷单击【审阅】选项卡中的【新建批注】按钮，如下图所示。

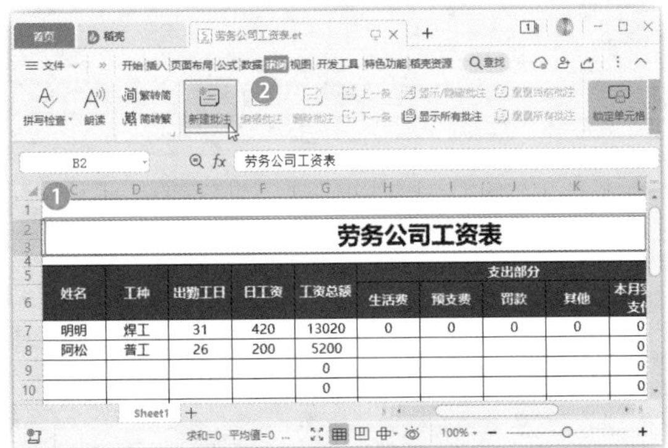

步骤 02　此时，所选单元格的右侧会出现一个批注编辑框，并在编辑框中显示使用计算机的用户名称，直接在编辑框中输入批注内容即可，如下图所示。

步骤 03　完成输入后，单击工作表中的其他位置，便可退出批注的编辑状态。此时批注内容呈隐藏状态，但会在单元格的右上角显示一个红三角标识符，用于提醒用户此单元格中含有批注，如下图所示。

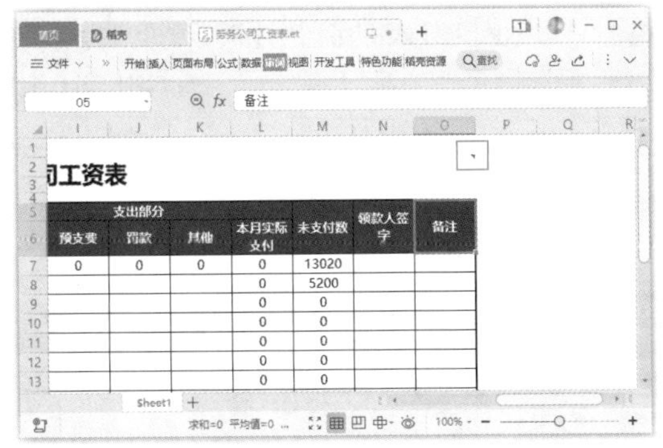

知识拓展

选择添加了批注的单元格，在【批注】组中单击【显示/隐藏批注】按钮，可只显示该单元格的批注；若单击【编辑批注】按钮，可对该批注进行编辑操作；若单击【删除】按钮，可删除该批注。

205　使用表格样式快速美化表格

实用指数

★★★★★

扫一扫，看视频

使用说明

制作好的表格美化后会更加细致和完美。WPS表格提供了多种单元格样式，这些样式中已经设置好了字体格式、填充效果等，使用单元格样式美化工作表，可以节约大量的编排时间。

有时候，我们只是想要一个纯粹的表格样式，并不希望在套用表格样式后取消之前的对齐方式和单元格合并。WPS 表格也考虑到用户的这层需求，提供了简单、纯粹的表格样式。

解决方法

如果只是想使用表格样式快速美化表格，具体操作方法如下。

步骤 01　打开素材文件(位置：素材文件\第7章\员工个人档案清单.et)，❶选择需要套用表格样式的单元格区域；❷单击【开始】选项卡中的【表格样式】按钮；❸在弹出的下拉列表中选择需要的表格样式，如下图所示。

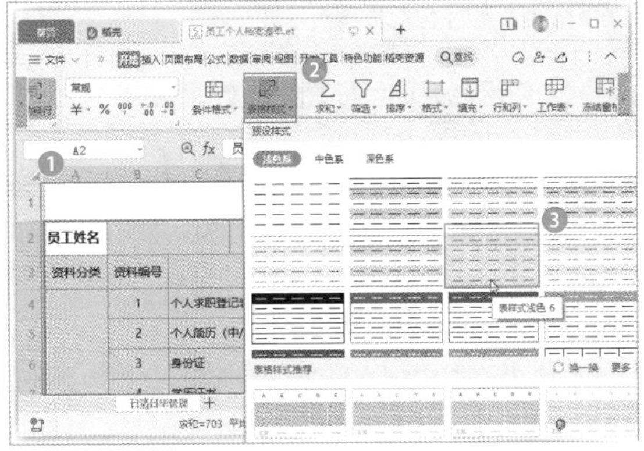

步骤 02　打开【套用表格样式】对话框，❶选中【仅套用表格样式】单选按钮；❷单击【确定】按钮，如下图所示。

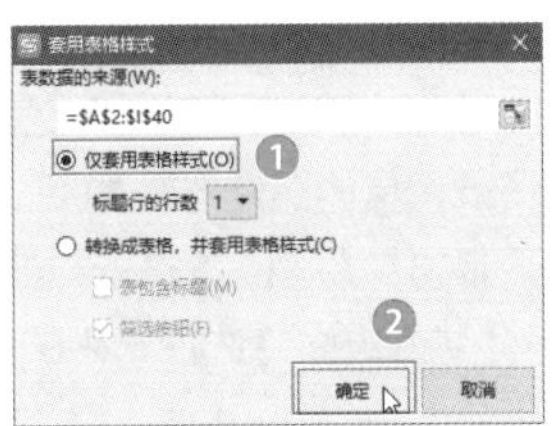

温馨提示

如果在【套用表格样式】对话框中选中【转换成表格，并套用表格样式】单选按钮，则会为表格应用传统的表格样式。

步骤 03　返回工作表即可看到所选单元格区域应用了选择的表格样式，如下图所示。

知识拓展

在【表格样式】下拉菜单中选择【新建表格样式】命令，在打开的【新建表格样式】对话框中可以选择不同的表元素，单击【格式】按钮，自定义各元素的格式，最终新建一个自定义的表格样式，后期就可以像使用系统内置表格样式一样使用它。

206　使用财务助手提高工作效率

实用指数
★★★☆☆

使用说明

不同人群使用表格处理的数据也有不同之处，WPS根据常用表格人群提供了多种特色功能。其中的"财务助手"功能可以快速生成工资条、计算个税年终奖、设置人民币大写、显示千元、万元等多种财务工作中常用的办公技能。

解决方法

例如，要使用"财务助手"功能快速将制作好的工资表整理为工资条，具体操作方法如下。

步骤 01　打开素材文件（位置：素材文件\第7章\工资表.et），单击【特色功能】选项卡中的【更多】按钮，如下图所示。

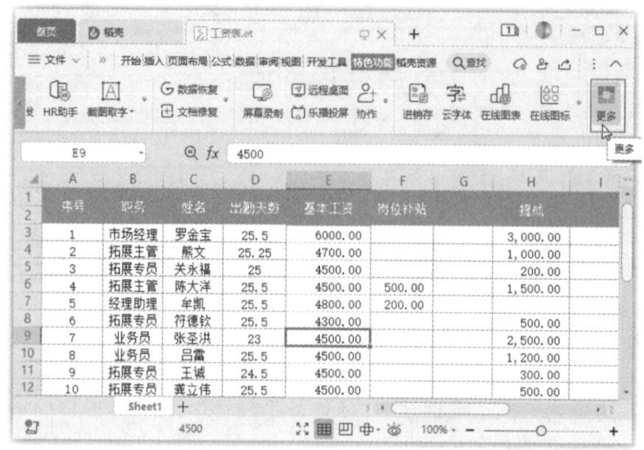

步骤 02　打开【应用中心】对话框，单击【输出转换】选项卡中的【财务助手】按钮，如下图所示。

温馨提示

【应用中心】对话框中提供了WPS的所有应用功能，单击相应的按钮即可应用对应的功能。

步骤 03　返回工作表即可看到【高级财务助手】任务窗格，❶选择表头内容；❷单击任务窗格中的【生成工资条】按钮，如下图所示。

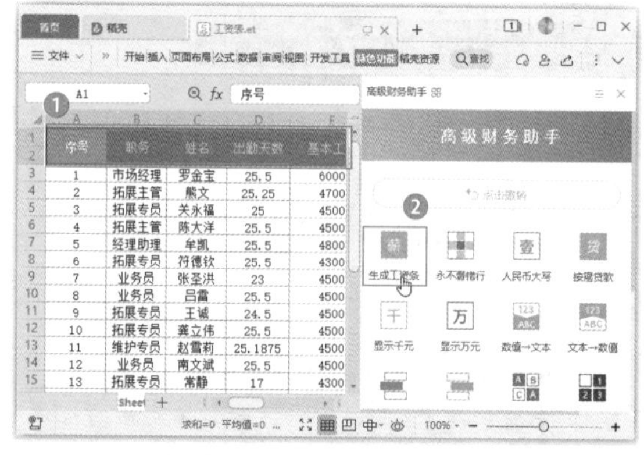

步骤 04　即可生成一个新的工作表，在其中已经根

据表格内容生成了多张工资条，如下图所示。

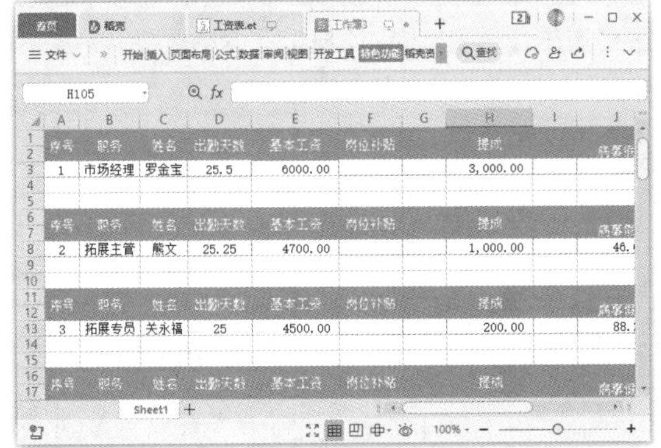

207　使用工资条群发助手

实用指数
★★★☆☆

使用说明

工资条制作好以后，还需要发送到对应员工的手里。使用WPS的“工资条群发”功能可以自动提取工资表信息，一键群发邮件至员工，将工资条制作和发送的操作合二为一了。

解决方法

要将工资条群发邮件至员工，具体操作方法如下。

步骤 01　打开素材文件（位置：素材文件\第7章\工资表.xlsx），单击【特色功能】选项卡中的【工资条群发】按钮，如下图所示。

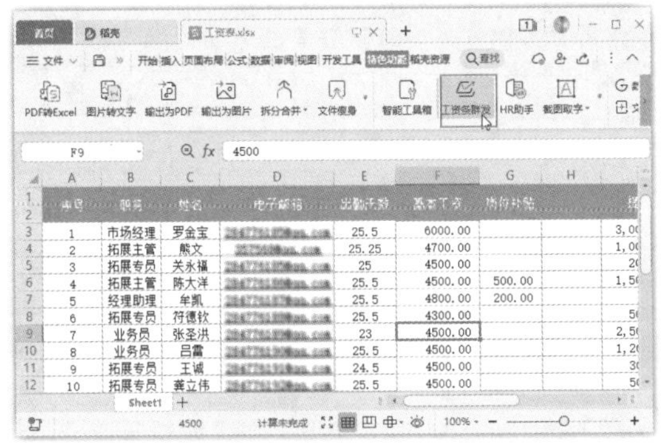

温馨提示

目前，“工资条群发”功能仅支持xls、xlsx、csv类型格式的文件，并且要求表格中同时包含姓名与邮箱数据列。

步骤 02　打开【群发工资条】对话框，单击【导入工资表】按钮，如下图所示。

步骤 03　打开【打开工资表】对话框，❶选择需要打开的工资表；❷单击【打开】按钮，如下图所示。

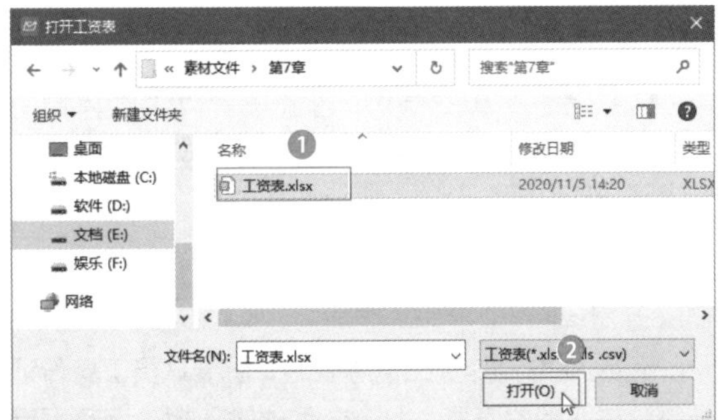

步骤 04　返回【群发工资条】对话框，即可看到导入已选工作表的效果，单击【下一步】按钮，如下图所示。

步骤 05　❶输入邮件主题和要随邮件一起发送的简单文字内容；❷单击【发送邮件】按钮，即可根据对应的邮件地址发送相应的工资条内容，如下图所示。

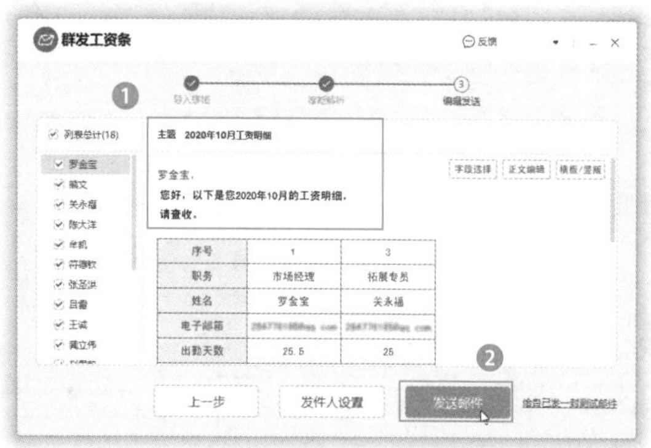

208 使用 HR 助手提高工作效率

实用指数
★★★☆☆

使用说明

针对经常使用表格的HR人群，WPS还提供了“HR助手”功能，它可以帮助用户快速完成HR管理工作中常见的Office办公，如快速获取身份证信息、快速生成工资条、一键转换金额大写等。

解决方法

例如，HR制作员工信息表时，想要从员工身份证号码中提取相关信息，一个个手动输入相关信息很麻烦，除了使用函数快速提取外，还可以使用“HR助手”功能来提取，具体操作方法如下。

步骤 01 打开素材文件（位置：素材文件\第7章\员工信息表.et），单击【特色功能】选项卡中的【HR助手】按钮，如下图所示。

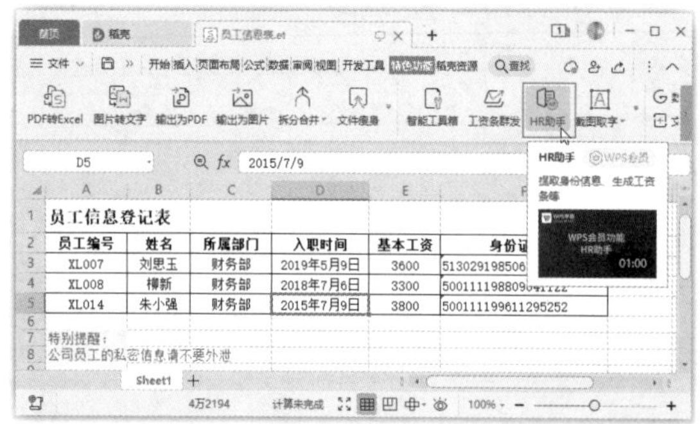

步骤 02 在窗口右侧显示出了【HR助手】任务窗格，❶选择需要提取信息所在的身份证号码所在单元格；❷单击任务窗格中的【身份证信息提取】按钮，如下图所示。

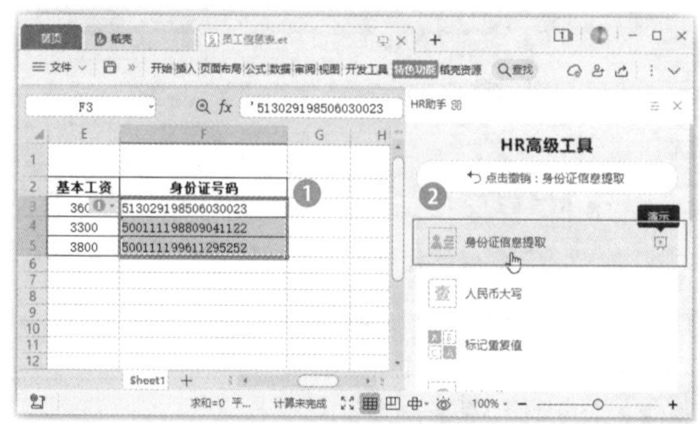

步骤 03 现在即可看到在所选单元格右侧提取了这些身份证号码的相关信息，在对应列上方输入表头，如下图所示。

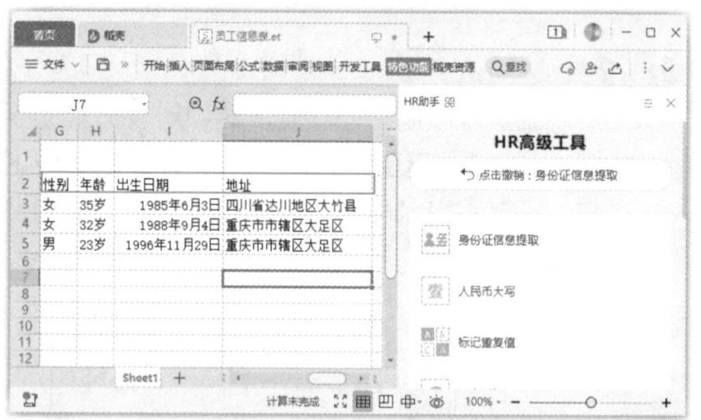

> **温馨提示**
>
> 【HR助手】任务窗格中还提供了很多选项和按钮，用户可以一一尝试操作其具体功能。

第 8 章
数据统计与分析技巧

表格数据常常用于统计与分析，以得出更多、更准确的结论。在WPS表格中完成数据输入后，可以通过排序、筛选、对比、条件格式以及分类汇总等功能进行统计与分析。本章将针对这些功能，给用户讲解一些实用技巧。

下面是数据统计与分析中常见的问题，请检测你是否会处理或已掌握。

√ 想根据某列数据的大小排列表格数据时，你知道应该如何实现吗？

√ 要将销售数据中符合条件的数据筛选出来，有哪些方法呢？

√ 在制作工作表时，为不同的单元格设置了不同的颜色，现在要通过单元格筛选数据，你知道如何筛选吗？

√ 如果筛选条件有多个，除了逐一设置各个条件外，有没有其他更快捷的方法可以实现同时设置？

√ 在众多数据中，需要将符合条件的数据突显出来以便查看，应该如何操作？

√ 在查看各地区的销量表时，应该如何汇总数据？如何查看不同地区的总销量？

希望通过本章内容的学习，能帮助你解决以上问题，并学会WPS表格更多数据统计与分析的技巧。

8.1 数据的排序技巧

分析数据时，最常用的就是对数据进行从大到小，按拼写笔画多少等排序，这需要使用排序功能对表格数据进行排序，需要掌握一定的技巧才能按需求排序。

209 使用一个关键字快速排序表格数据

扫一扫，看视频

实用指数
★★★★★

使用说明

使用一个关键字排序，就是依据某列的数据规则对表格数据进行升序或降序操作，是最简单、最快速和最常用的一种排序方法。

对表格进行排序时，可以根据数字的大小排序。按升序方式排序时，最小的数据将位于该列的最前端；按降序方式排序时，最大的数据将位于该列的最前端。同样可以让文本数据按照字母顺序进行排序，即按照拼音的首字母进行降序（Z到A的字母顺序）或升序排序（A到Z的字母顺序）。

解决方法

例如，要对销售表中的数据按照销量进行降序排列，具体操作方法如下。

步骤 01 打开素材文件（位置：素材文件\第8章\电器销售表.et），❶选择【月销量（件）】列中的任意单元格；❷单击【数据】选项卡中的【降序】按钮，如下图所示。

步骤 02 此时，工作表中的数据将按照关键字【月销量（件）】进行降序排列，如下图所示。

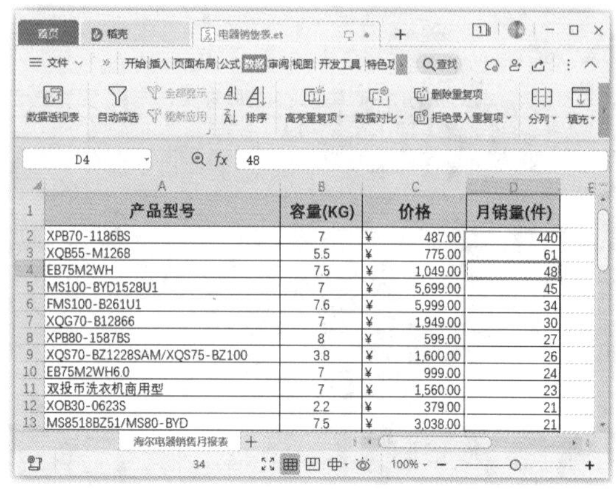

	产品型号	容量(KG)	价格	月销量(件)
2	XPB70-1186BS	7	¥ 487.00	440
3	XQB55-M1268	5.5	¥ 775.00	61
4	EB75M2WH	7.5	¥ 1,049.00	48
5	MS100-BYD1528U1	7	¥ 5,699.00	45
6	FMS100-B261U1	7.6	¥ 5,999.00	34
7	XQG70-B12866	7	¥ 1,949.00	30
8	XPB80-1587BS	8	¥ 599.00	27
9	XQS70-BZ1228SAM/XQS75-BZ100	3.8	¥ 1,600.00	26
10	EB75M2WH6.0	7	¥ 999.00	24
11	双投币洗衣机商用型	7	¥ 1,560.00	23
12	XOB30-0623S	2.2	¥ 379.00	21
13	MS8518BZ51/MS80-BYD	7.5	¥ 3,038.00	21

210 使用多个关键字排序表格数据

扫一扫，看视频

实用指数
★★★★★

使用说明

按多个关键字进行排序，是指依据多列的数据规则对表格数据进行排序操作，排序时会指定谁是主要关键字，谁是次要关键字。

解决方法

在销售表中，按照销量排序时，存在相同销量的数据，就只能并列排序。此时，可以指定多个排序，如先根据销量排序，对销量相同的内容再按价格进行排序，具体操作方法如下。

步骤 01 ❶选择数据区域中的任意单元格；❷单击【数据】选项卡中的【排序】按钮，如下图所示。

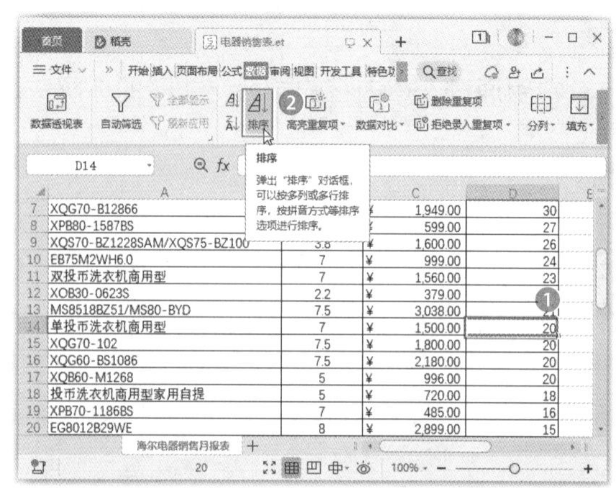

	产品型号	容量(KG)	价格	月销量(件)
7	XQG70-B12866	7	¥ 1,949.00	30
8	XPB80-1587BS	8	¥ 599.00	27
9	XQS70-BZ1228SAM/XQS75-BZ100	3.8	¥ 1,600.00	26
10	EB75M2WH6.0	7	¥ 999.00	24
11	双投币洗衣机商用型	7	¥ 1,560.00	23
12	XOB30-0623S	2.2	¥ 379.00	21
13	MS8518BZ51/MS80-BYD	7.5	¥ 3,038.00	21
14	单投币洗衣机商用型	7	¥ 1,500.00	20
15	XQG70-102	7.5	¥ 1,800.00	20
16	XQG60-BS1086	7.5	¥ 2,180.00	20
17	XQB60-M1268	5	¥ 996.00	20
18	投币洗衣机商用型家用自接	5	¥ 720.00	18
19	XPB70-1186BS	7	¥ 485.00	16
20	EG8012B29WE	8	¥ 2,899.00	15

步骤 02 打开【排序】对话框，❶在【主要关键字】

栏中设置排序关键字为【月销量(件)】，排序次序为【降序】；❷单击【添加条件】按钮；❸设置次要关键字为【价格】，排序次序为【升序】；❹单击【确定】按钮，如下图所示。

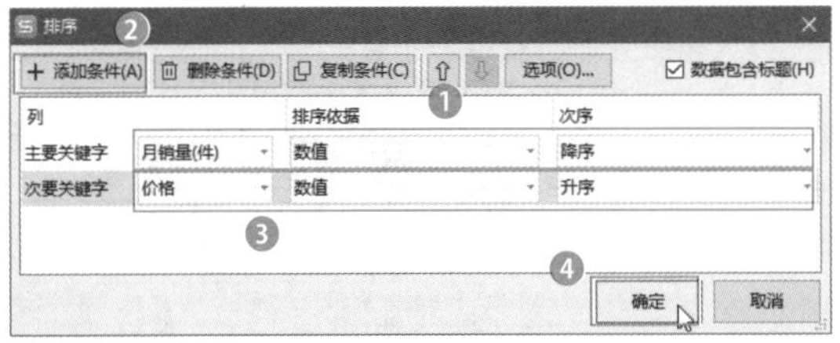

步骤 03　此时，工作表中的数据将按照月销量进行降序排列，对月销量相同的内容再按价格进行升序排列，如下图所示。

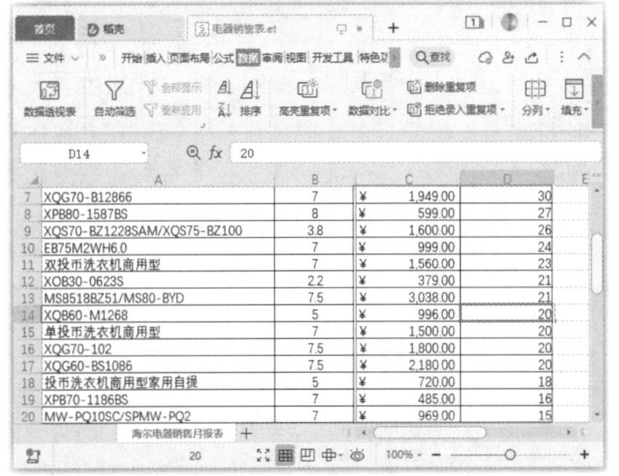

> **知识拓展**
>
> 如果单元格中设置了背景填充色，还可以按照设置的单元格背景色对表格内容进行排序。只需要在【排序】对话框中的【排序依据】列中选择【单元格颜色】选项即可。

211 如何按笔画进行排序

实用指数
★★★☆☆

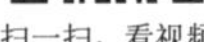

扫一扫，看视频

使用说明

在编辑工资表、员工信息表等表格时，若要以员工姓名为依据进行排序，通常会按字母顺序进行排序。除此之外，还可以按照文本的笔画进行排序。

解决方法

例如，在员工信息表中，要以【姓名】为关键字，并按笔画进行升序排序，具体操作方法如下。

步骤 01　打开素材文件(位置：素材文件\第8章\员工信息查询表.et)，❶选择数据区域中的任意单元格；❷单击【数据】选项卡中的【排序】按钮，如下图所示。

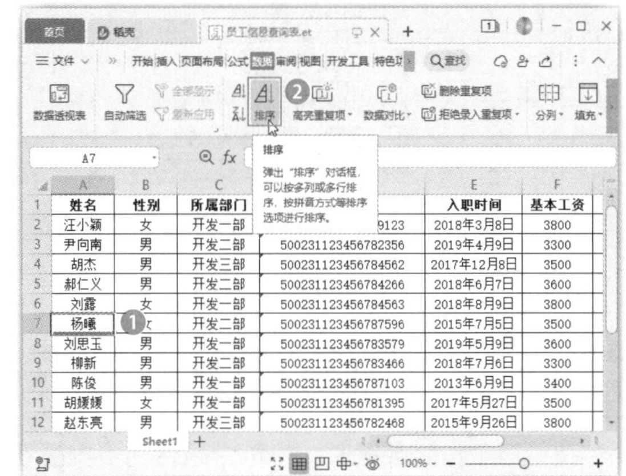

步骤 02　打开【排序】对话框，❶在【主要关键字】栏中设置排序关键字为【姓名】，排序次序为【升序】；❷单击【选项】按钮，如下图所示。

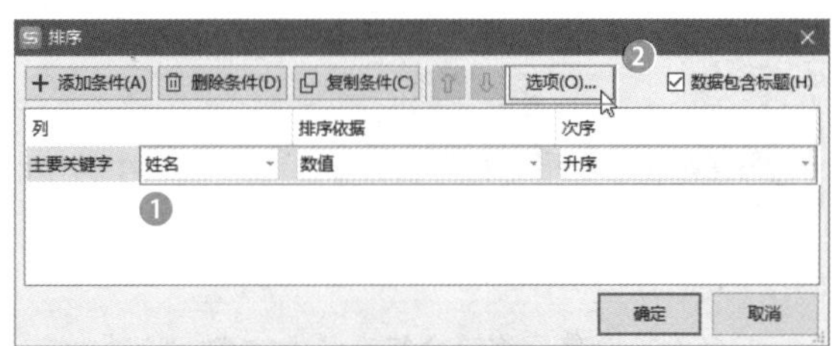

步骤 03　打开【排序选项】对话框，❶在【方式】栏中选中【笔画排序】单选按钮；❷单击【确定】按钮，如下图所示。

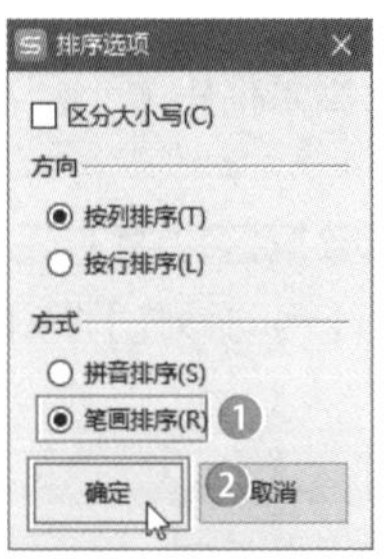

> **知识拓展**
>
> 默认情况下，对表格数据进行排序时，是按列进行排序的。如果需要按行排序，则要在【排序选项】对话框的【方向】栏中选中【按行排序】单选按钮。

步骤 04　返回【排序】对话框，单击【确定】按钮，在返回的工作表中即可看到排序后的效果，如下图所示。

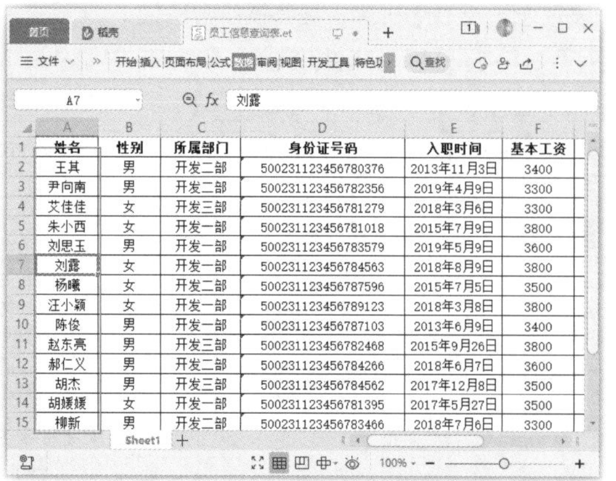

8.2 数据的筛选技巧

在管理工作表数据时，将符合条件的数据显示出来，不符合条件的数据隐藏起来，以便查看最关注的数据。这就需要掌握数据筛选的相关技巧。

212 如何进行单条件筛选

扫一扫，看视频

实用指数
★★★★★

使用说明

单条件筛选就是将符合某个条件的数据筛选出来。WPS表格中提供了“仅筛选此项”功能，可以快速实现数据的单条件筛选。

解决方法

例如，要筛选出表格中属于开发一部的数据，具体操作方法如下。

步骤 01 ❶选择数据区域中的任意单元格；❷单击【数据】选项卡中的【自动筛选】按钮，如下图所示。

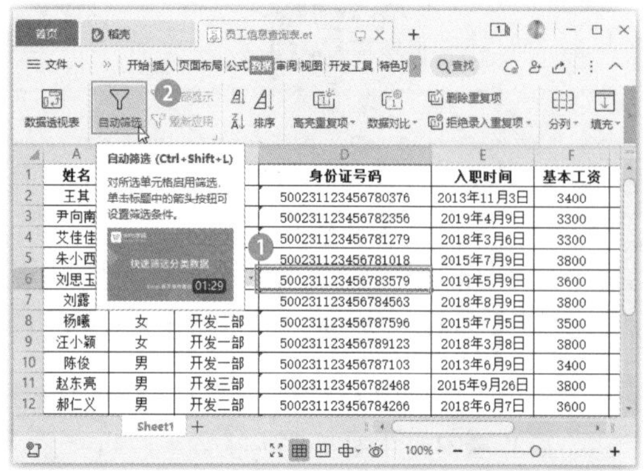

步骤 02 进入筛选状态，❶单击【所属部门】列标题右侧的下拉按钮；❷在弹出的下拉列表中设置筛选条件，这里选择列表框中【开发一部】复选框后的【仅筛选此项】命令，如下图所示。

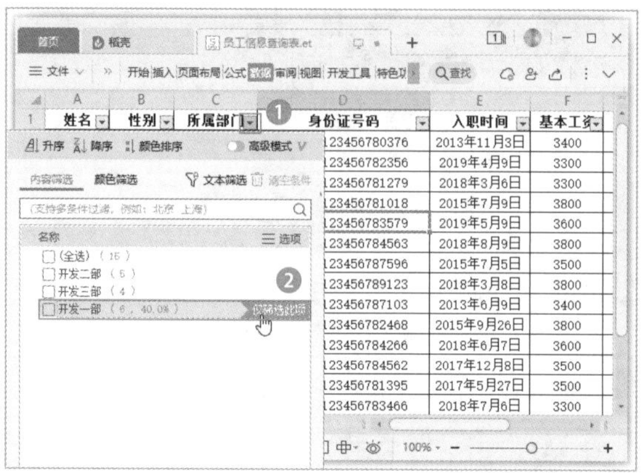

步骤 03 返回工作表即可看到表格中只显示了开发一部的数据，且列标题【所属部门】右侧的下拉按钮变为漏斗形状，表示【所属部门】为当前数据区域的筛选条件，如下图所示。

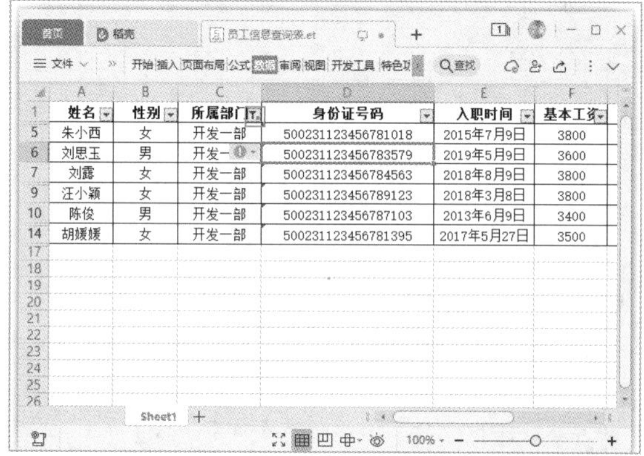

> **知识拓展**
>
> 筛选下拉列表的列表框中，还在每个项目后面显示了该项目的统计个数，方便用户一目了然地查看数据的整体情况，同时还支持导出计数。单击该列表框右上方的【清空条件】按钮，可以撤销对该列进行的所有筛选操作。

213 如何进行多条件筛选

扫一扫，看视频

实用指数
★★★★★

使用说明

多条件筛选是将符合多个指定条件的数据筛选出来，以便用户更好地分析数据，这在数据分析过程中也经常用到。

解决方法

例如，要在员工信息表中筛选出“开发一部”2018年1月1日前入职的员工，具体操作方法如下。

步骤 01 ❶按前面的方法筛选出开发一部的数据；❷单击【入职时间】列标题右侧的下拉按钮，在弹出的下拉列表中单击【日期筛选】选项卡；❸在弹出的下拉列表中选择【之前】选项，如下图所示。

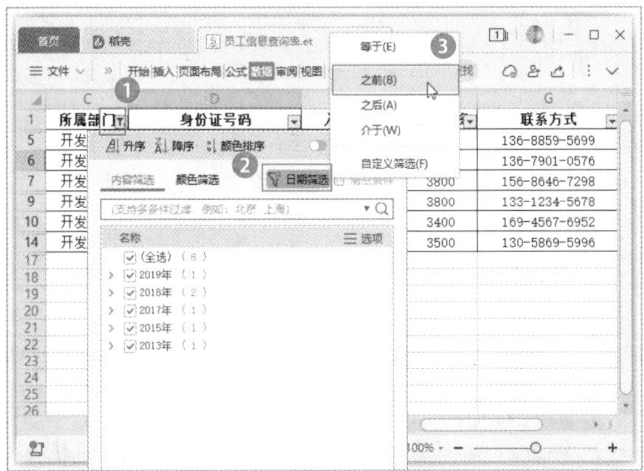

步骤 02 打开【自定义自动筛选方式】对话框，❶在第一个文本框中输入需要设置的条件内容，这里输入【2018年1月1日】；❷单击【确定】按钮，如下图所示。

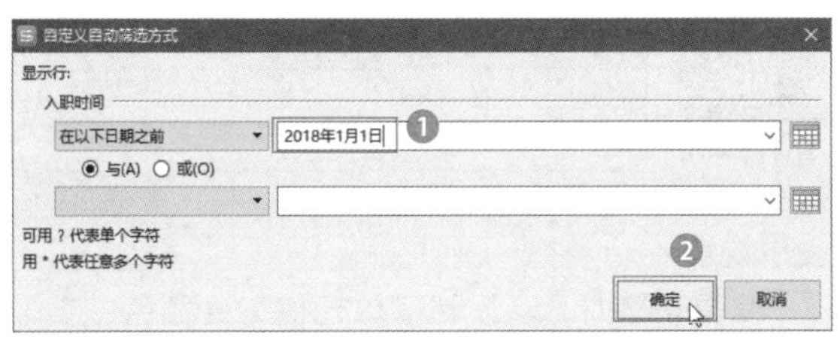

步骤 03 返回工作表即可看到只显示了开发一部2018年1月1日前进公司的员工数据，如下图所示。

214 按文本条件进行筛选

实用指数
★★★★☆

扫一扫，看视频

使用说明

对文本进行筛选时，可以筛选出等于某个指定文本的数据、以指定内容开头的数据、以指定内容结尾的数据等，灵活掌握这些筛选方式，可以更加方便地管理表格数据。

解决方法

例如，要在员工信息查询表中筛选出“胡”姓员工的数据，具体操作方法如下。

步骤 01 ❶单击【所属部门】右侧的按钮；❷在弹出的下拉列表中单击【清空条件】按钮，清除该列的筛选操作，如下图所示。

步骤 02 ❶使用相同的方法清除【入职时间】列的筛选操作；❷单击【姓名】右侧的下拉按钮；❸在弹出的下拉列表框中单击【文本筛选】按钮；❹在弹出的下拉列表中选择【开头是】选项，如下图所示。

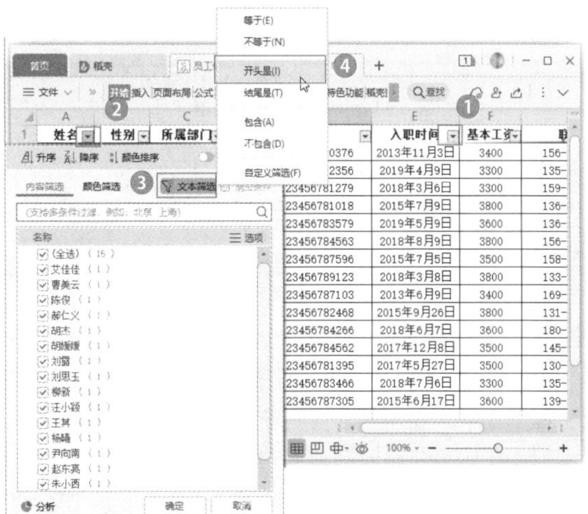

步骤 03　打开【自定义自动筛选方式】对话框，❶在【开头是】右侧的文本框中输入【胡】；❷单击【确定】按钮，如下图所示。

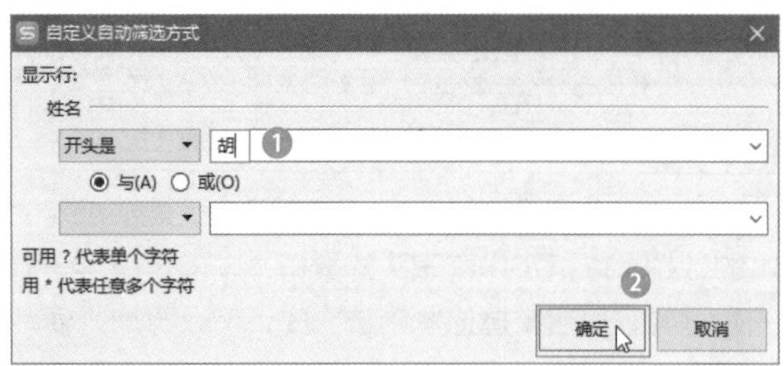

步骤 04　返回工作表，可看见表格中只显示了“胡”姓员工的数据，如下图所示。

	姓名	性别	所属部门	身份证号码	入职时间	基本工资
13	胡杰	男	开发三部	500231123456784562	2017年12月8日	3500
14	胡媛媛	女	开发一部	500231123456781395	2017年5月27日	3500

知识拓展

对数据进行筛选后，再次单击【数据】选项卡中的【自动筛选】按钮，可以取消该数据区域的所有筛选操作。

215　使用搜索功能进行筛选

扫一扫，看视频

实用指数
★★★☆☆

使用说明

当工作表中的数据非常庞大时，可以通过搜索功能简化筛选过程，从而提高工作效率。

解决方法

例如，在电器销售表中记录了很多种产品的型号，只记得要查询的产品型号尾数为1268，通过搜索功能筛选符合条件数据的具体操作方法如下。

步骤 01　打开素材文件（位置：素材文件\第8章\电器销售表.et），❶单击【自动筛选】按钮，进入筛选状态；❷单击【产品型号】列右侧的下拉按钮；❸在弹出的下拉列表框中输入搜索条件，这里输入【*1268】；❹在弹出的下拉列表中选择搜索方式为【搜索 符合条件的内容】；❺单击【确定】按钮，如下图所示。

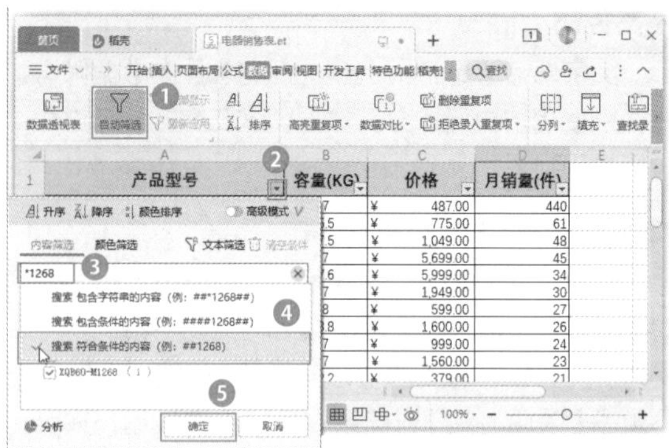

步骤 02　返回工作表即可看到只显示了产品型号编号尾数为1268的数据，如下图所示。

	产品型号	容量(KG)	价格	月销量(件)
3	XQB55-M1268	5.5	¥ 775.00	61
14	XQB60-M1268	5	¥ 996.00	20

温馨提示

筛选时如果不能明确指定筛选的条件，可以使用通配符进行模糊筛选。此时会提供搜索方式，根据需要选择即可。

216　如何按单元格颜色进行筛选

扫一扫，看视频

实用指数
★★★★☆

使用说明

编辑表格时，若设置了单元格背景颜色、字体颜色或条件格式等，还可以按照颜色对数据进行筛选。

解决方法

例如，在成绩单表格中，对语文成绩排在校名次前20名的单元格填充了颜色，要按单元格颜色进行筛选的具体操作方法如下。

打开素材文件（位置：素材文件\第8章\期末成绩单.et），❶单击【自动筛选】按钮，进入筛选状态；❷单击F列右侧的下拉按钮；❸在弹出的下拉列表框中单击【颜色筛选】选项卡；❹在下方的列表框中选择要筛选的颜色即可，如下图所示。

217 对筛选结果进行排序整理

实用指数
★★★☆☆

扫一扫，看视频

使用说明

对表格内容进行筛选分析的同时，还可以根据需要对筛选后的数据进行升序或降序排列。

解决方法

例如，要将筛选出语文成绩在校排名前20的数据进行升序排列，可以继续按照下面的操作方法执行。

步骤 01 ❶单击E列右侧的下拉按钮；❷在弹出的下拉列表中选择排序方式，如单击【升序】按钮，如下图所示。

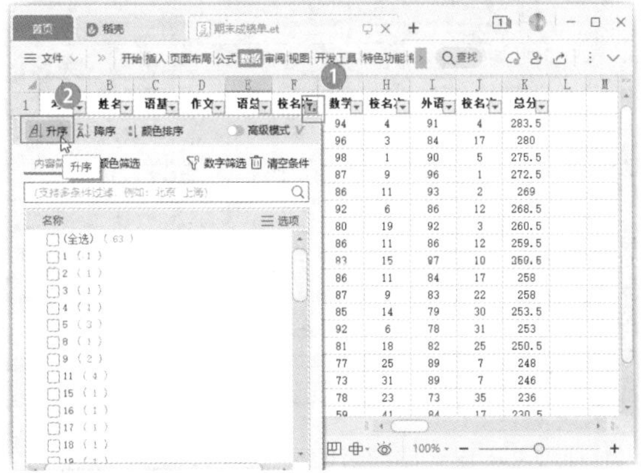

步骤 02 筛选结果即可进行升序排列，如下图所示。

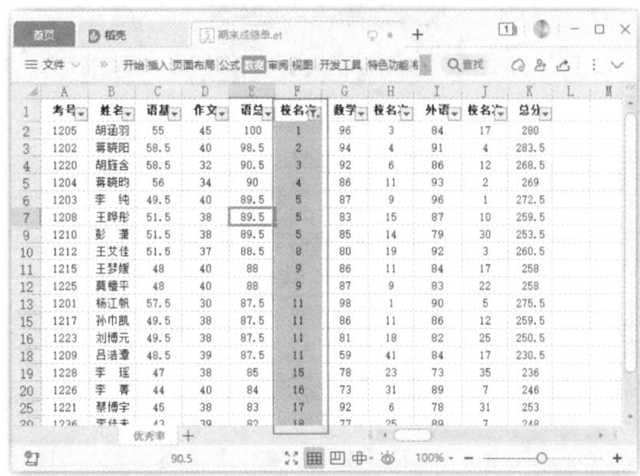

218 通过高级筛选功能筛选重复项或非重复项

实用指数
★★★☆☆

扫一扫，看视频

使用说明

通过高级筛选功能可以针对多个条件进行一次筛选，还可以在筛选的同时对工作表中的数据进行过滤，保证字段或工作表中没有重复的数据项。

解决方法

例如，要筛选出语文、数学、外语成绩都高于90分的数据，通过高级筛选实现的具体操作方法如下。

步骤 01 ❶单击【自动筛选】按钮，取消之前的筛选状态；❷在数据区域右侧创建一个筛选的约束条件，注意输入的标题应该与数据区域的标题字段相同；❸单击【数据】选项卡中第1组右下角的【高级筛选】按钮，如下图所示。

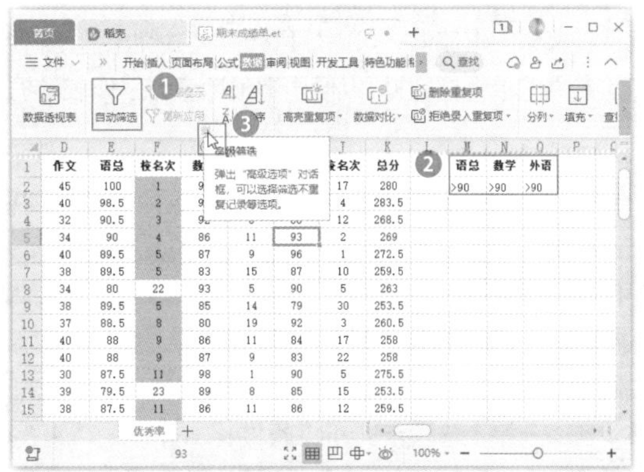

步骤 02 打开【高级筛选】对话框，❶设置筛选的相关参数；❷选中【选择不重复的记录】复选框；❸单击【确定】按钮，如下图所示。

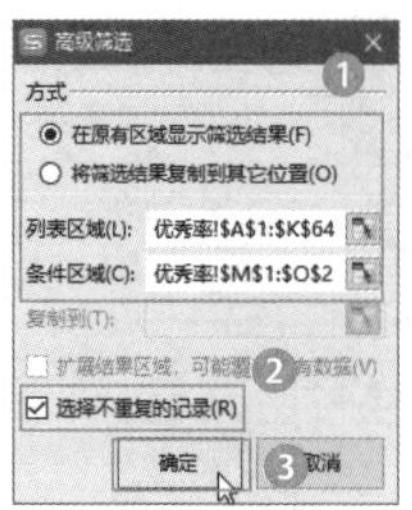

步骤 03　返回工作表即可看到筛选结果，可见符合条件的数据只有一项，如下图所示。

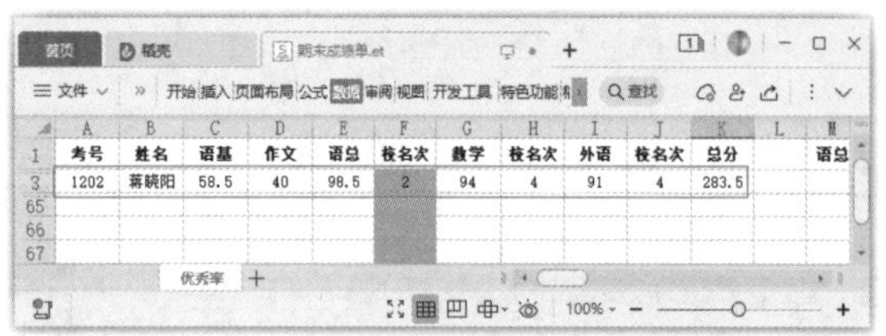

考号	姓名	语基	作文	语总	校名次	数学	校名次	外语	校名次	总分
1202	蒋晓阳	58.5	40	98.5	2	94	4	91	4	283.5

8.3　使用条件格式分析数据的技巧

条件格式是指当单元格中的数据满足设定的某个条件时，系统会自动将其以设定的格式显示出来，从而使表格数据更加直观。本节将讲解条件格式的一些操作技巧，如突出显示符合特定条件的单元格、突出显示高于或低于平均值的数据等。

219　突出显示符合特定条件的单元格

扫一扫，看视频

实用指数
★★★★★

使用说明

在编辑工作表时，可以使用条件格式突出显示符合特定条件的单元格数据，以便更清楚地查看工作表数据。

解决方法

例如，要突出显示销售明细表中匹数为“正1.5匹”产品的数据，可以为符合特定条件的单元格设置填充颜色，具体操作方法如下。

步骤 01　打开素材文件（位置：素材文件\第8章\销量明细表.et），❶选择要设置条件格式的D列单元格；❷单击【开始】选项卡中的【条件格式】按钮；❸在弹出的下拉菜单中选择【突出显示单元格规则】命令；❹在弹出的下级菜单中选择条件，这里选择【文本包含】命令，如下图所示。

步骤 02　打开【文本中包含】对话框，❶设置具体条件及显示方式；❷单击【确定】按钮，如下图所示。

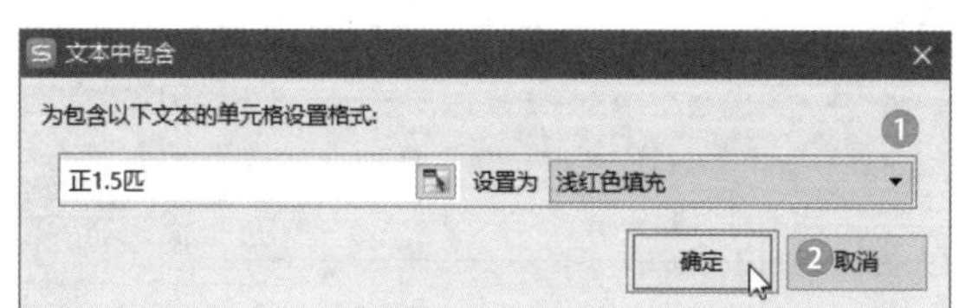

步骤 03　返回工作表即可看到设置后的效果，如下图所示。

产品编号	匹数	1月	2月	3月	4月	5月	6月	7月
1311928	正1.5匹	58900	56700	60500	66,000	71,000	86,500	82,500
1993092	正1.5匹	68000	40250	50450	71,500	88,000	84,000	81,500
1462425	小1.5匹	78500	40170	45580	72,500	81,000	78,000	62,500
2942418	正1匹	58000	54200	56260	79,000	76,000	72,000	88,500
1298905	正1.5匹	64500	40880	57,150	82,000	89,000	75,150	63,500
1993087	正1.5匹	56700	55320	58,300	80,000	67,000	90,500	78,000
2215796	正1.5匹	58700	46909	56,550	80,500	88,000	84,500	71,000
2942458	正3匹	78200	54902	57,350	85,500	94,000	78,500	63,500
3161570	正3匹	55600	44690	58,710	58,000	79,000	74,500	77,500
3161552	大1匹	46000	48510	58,300	60,500	65,000	80,000	90,000
1039685	正2匹	67900	56010	60,300	63,000	65,500	79,500	89,500
1298905	正1.5匹	60000	54820	58,750	70,000	96,500	68,500	89,500

220　突出显示高于或低于平均值的数据

扫一扫，看视频

实用指数
★★★★★

使用说明

利用条件格式展现数据时，可以将高于或低于平均值的数据突出显示出来。

解决方法

例如，要在1月销售数据中突出显示高于平均值的数据，具体操作方法如下。

步骤01 ❶选择要设置条件格式的E列单元格；❷单击【条件格式】按钮；❸在弹出的下拉菜单中选择【项目选取规则】命令；❹在弹出的下级菜单中选择【高于平均值】命令，如下图所示。

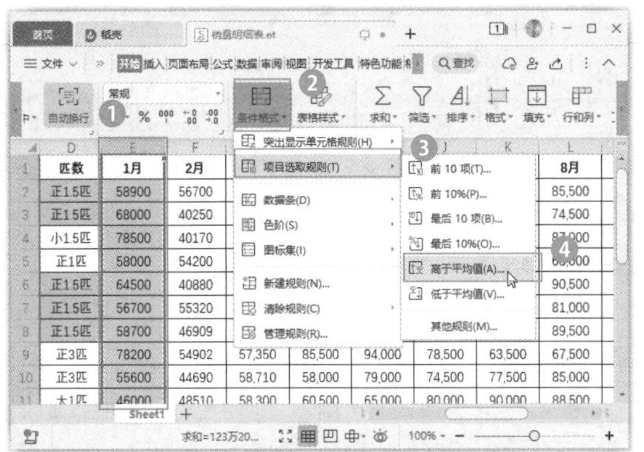

步骤02 打开【高于平均值】对话框，❶在【针对选定区域设置为】下拉列表框中选择需要的单元格格式；❷单击【确定】按钮，如下图所示。返回工作表即可看到高于平均值的数据以所设置的格式突出显示了出来。

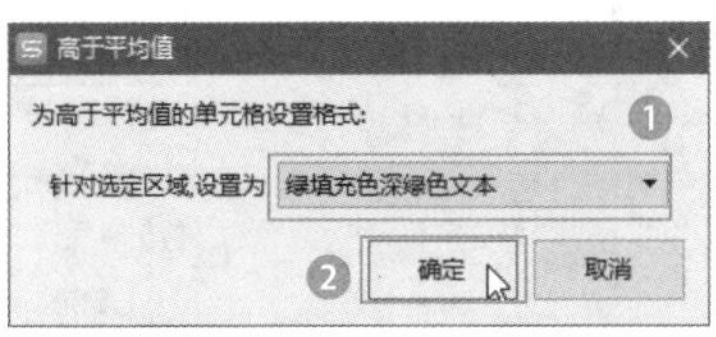

知识拓展

如果要清除设置的条件格式，可单击【条件格式】按钮，在弹出的下拉菜单中选择【清除规则】命令，在弹出的下级菜单中选择需要清除的条件格式区域即可。

221 突出显示排名前几位的数据

扫一扫，看视频

使用说明

对表格数据进行处理分析时，如果希望在工作表中突出显示排名靠前的数据，可以通过【项目选取规则】条件格式轻松实现。

解决方法

例如，要在2月销售数据中为销售额排名前5位的数据设置自定义的单元格格式，具体操作方法如下。

步骤01 ❶选择要设置条件格式的F列单元格；❷单击【条件格式】按钮；❸在弹出的下拉菜单中选择【项目选取规则】命令；❹在弹出的下级菜单中选择【前10项】命令，如下图所示。

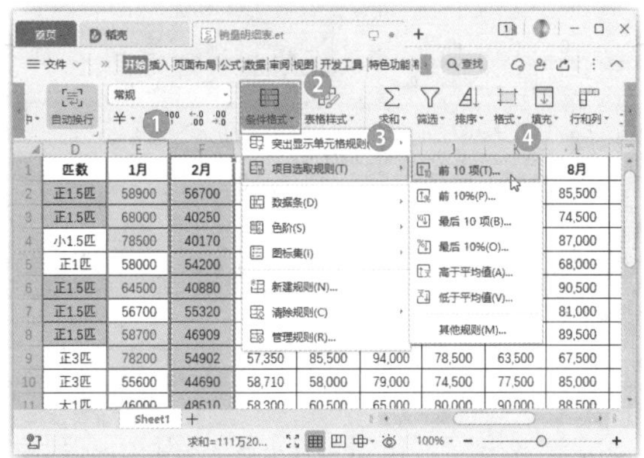

步骤02 打开【前10项】对话框，❶在数值框中将值设置为5；❷在【设置为】下拉列表框中选择【自定义格式】命令，如下图所示。

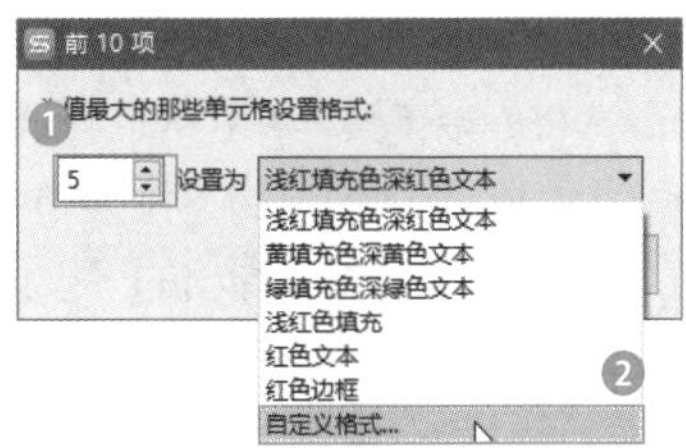

步骤03 打开【单元格格式】对话框，❶在【图案】选项卡的【颜色】栏中选择需要的颜色；❷单击【确定】按钮，如下图所示。

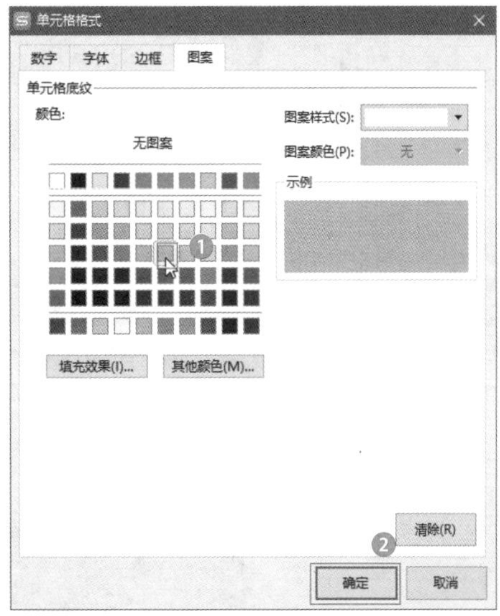

步骤 04　返回【前10项】对话框，单击【确定】按钮，如下图所示。返回工作表即可看到排名前5位的数据以所设置的格式突出显示了出来。

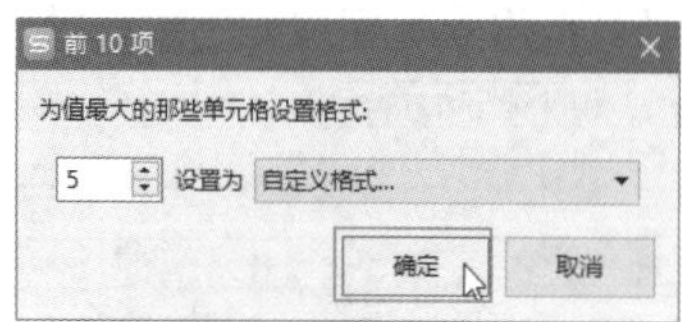

222 突出显示重复数据

扫一扫，看视频

实用指数
★★★☆☆

使用说明

在表格中，还可以通过条件格式为重复数据设置高亮显示。

解决方法

例如，要将3月销售数据中的重复数据标记出来，具体操作方法如下。

步骤 01　❶选择要设置条件格式的G列单元格；❷单击【条件格式】按钮；❸在弹出的下拉菜单中选择【突出显示单元格规则】命令；❹在弹出的下级菜单中选择【重复值】命令，如下图所示。

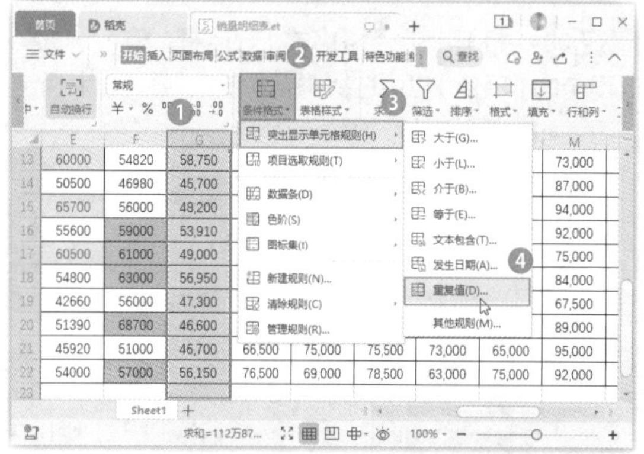

步骤 02　打开【重复值】对话框，❶设置重复值的显示格式；❷单击【确定】按钮，如下图所示。返回工作表，可看到突出显示了重复数据。

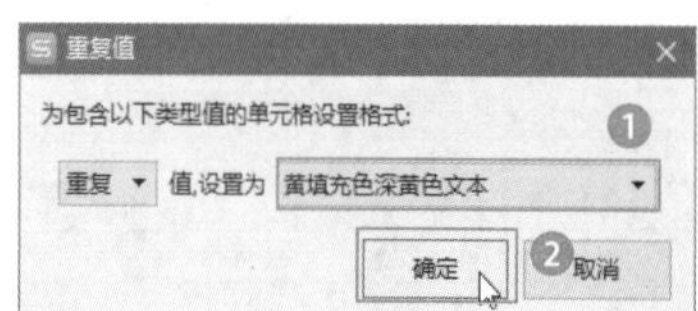

223 用不同颜色显示不同范围的值

扫一扫，看视频

使用说明

WPS表格提供了色阶功能，通过该功能可以在单元格区域中以双色渐变或三色渐变样式直观地显示数据，帮助用户了解数据的分布和变化。

解决方法

例如，要以不同颜色显示不同范围的4月销售数据，具体操作方法如下。

❶选择要设置条件格式的H列单元格；❷单击【条件格式】按钮；❸在弹出的下拉菜单中选择【色阶】命令；❹在弹出的下级菜单中选择一种双色渐变方式的色阶样式即可，如下图所示。

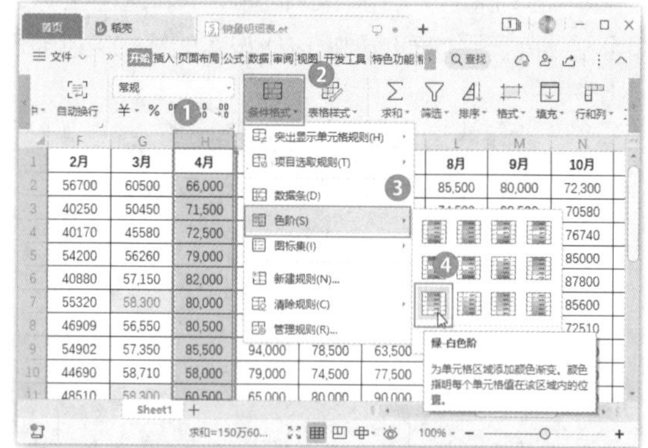

224 让数据条不显示单元格数值

扫一扫，看视频

使用说明

为了能一目了然地查看数据的大小情况，还可以添加数据条。使用数据条显示单元格数值后，可以根据需要进行设置，不让数据条下的单元格数值显示出来。

解决方法

例如，要为5月销售数据添加数据条，并不再显示单元格数值，具体操作方法如下。

步骤 01　❶选择要设置条件格式的I列单元格；❷单

击【条件格式】按钮；❸在弹出的下拉菜单中选择【数据条】命令；❹在弹出的下级菜单中选择需要的数据条样式即可添加数据条，如下图所示。

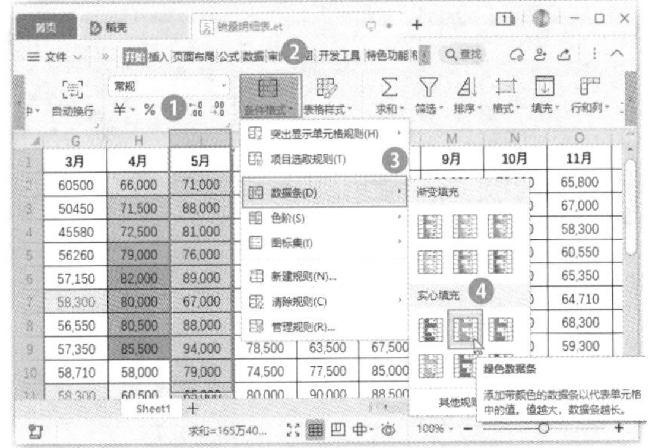

步骤 02　保持单元格区域的选中状态(也可以选择任意数据条中的单元格)，❶单击【条件格式】按钮；❷在弹出的下拉菜单中选择【管理规则】命令，如下图所示。

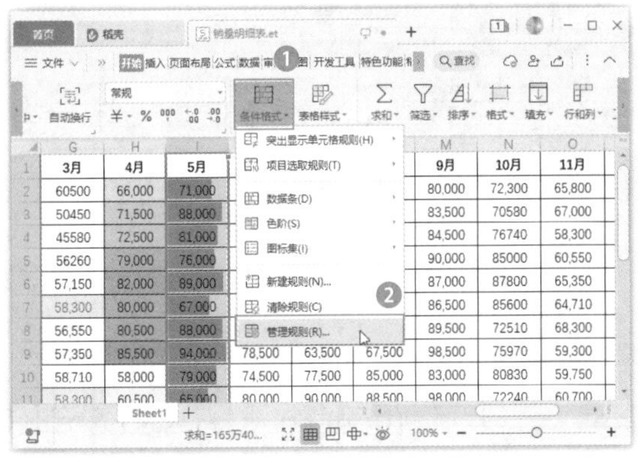

步骤 03　打开【条件格式规则管理器】对话框，❶在列表框中选择【数据条】选项；❷单击【编辑规则】按钮，如下图所示。

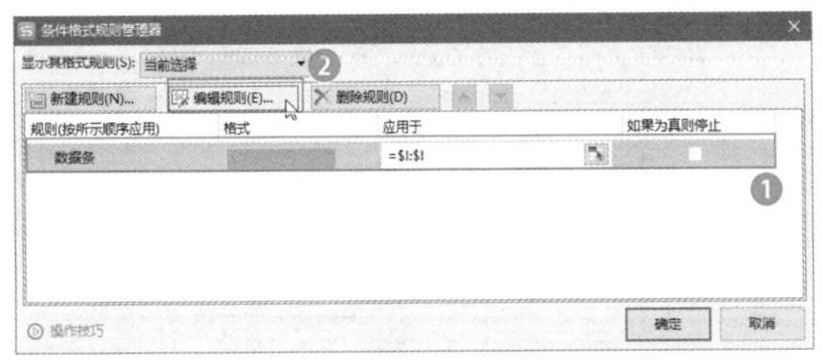

步骤 04　打开【编辑规则】对话框，❶在【编辑规则说明】列表框中选中【仅显示数据条】复选框；❷单击【确定】按钮，如下图所示。

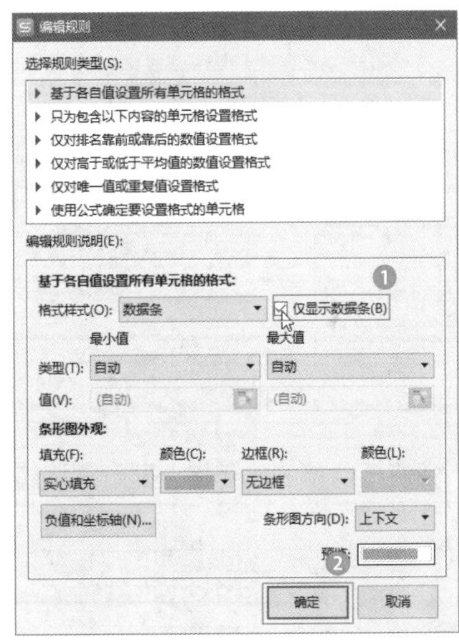

步骤 05　返回【条件格式规则管理器】对话框，单击【确定】按钮即可，如下图所示。

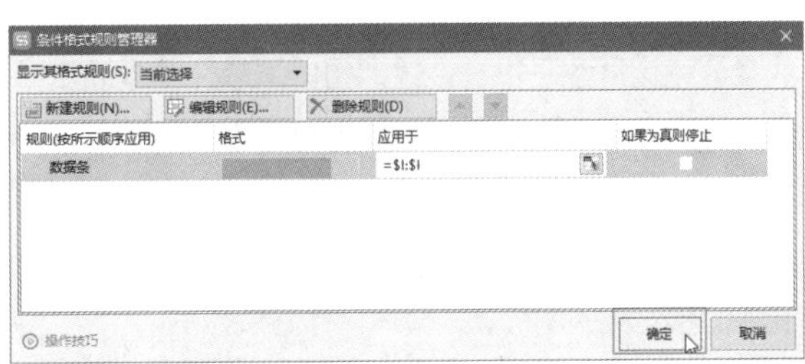

225 用图标将数据等级形象地表示出来

扫一扫，看视频

使用说明

条件格式中的图标集用于对数据进行注释，并可以按值的大小将数据分为3~5个类别，并为每个类别分配一个图标，代表该类别的数据范围。

解决方法

例如，为了方便查看6月销售数据的大小情况，通过图标集进行标识，具体操作方法如下。

❶选择要设置条件格式的J列单元格；❷单击【条件格式】按钮；❸在弹出的下拉菜单中选择【图标集】命令；❹在弹出的下级菜单中选择一种图标集样式即可，如下图所示。

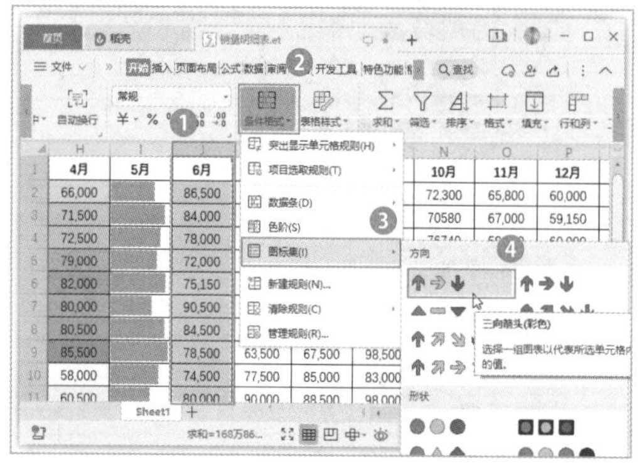

226 只在不合格的单元格上显示图标集

扫一扫，看视频

使用说明

在设置数据条、色阶、图标集时，默认会为选择的单元格区域统一进行设置。如果想要在特定的某些单元格上添加条件格式效果，可以使用公式来实现。

解决方法

例如，要在7月销售数据中仅为小于70000的单元格添加对应的图标集，具体操作方法如下。

步骤 01 ❶选择要设置条件格式的K列单元格；❷单击【条件格式】按钮；❸在弹出的下拉菜单中选择【新建规则】命令，如下图所示。

步骤 02 打开【新建格式规则】对话框，❶在【选择规则类型】列表框中选择【基于各自值设置所有单元格的格式】选项；❷在【编辑规则说明】列表框中的【格式样式】下拉列表框中选择【图标集】选项；❸在【图标样式】下拉列表框中选择一种样式；❹在【根据以下规则显示各个图标】栏中设置等级参数；❺单击【确定】按钮，如下图所示。

步骤 03 保持单元格区域的选择中状态，❶单击【条件格式】按钮；❷在弹出的下拉菜单中选择【新建规则】命令，如下图所示。

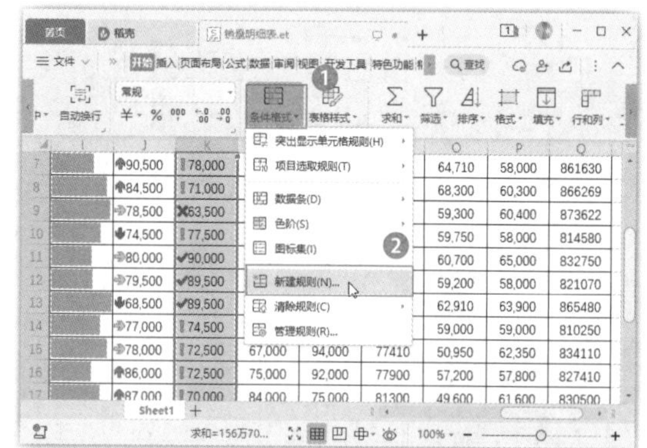

步骤 04 打开【新建格式规则】对话框，❶在【选择规则类型】列表框中选择【使用公式确定要设置格式的单元格】选项；❷在下方的文本框中输入公式"=K2>=70000"；❸不设置任何格式，直接单击【确定】按钮，如下图所示。

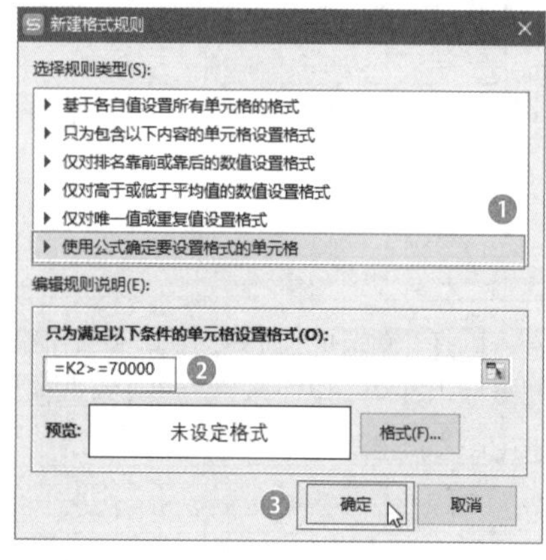

步骤 05 保持单元格区域的选择状态，❶单击【条件格式】按钮；❷在弹出的下拉菜单中选择【管理规则】命令，如下图所示。

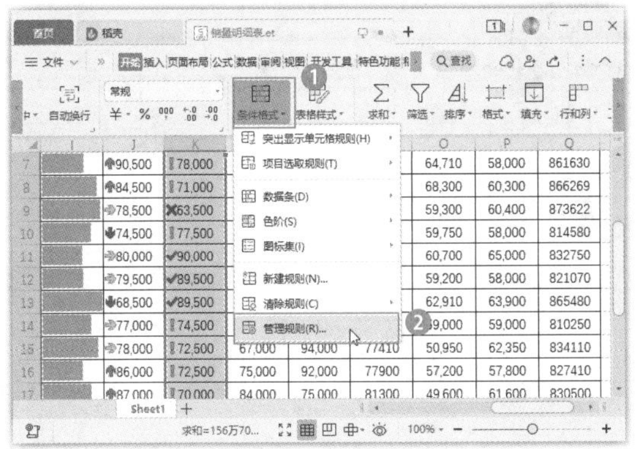

步骤 06 打开【条件格式规则管理器】对话框，❶在列表框中选择【公式】选项，并保证其优先级处于最高位置，选中右侧的【如果为真则停止】复选框；❷单击【确定】按钮，如下图所示。

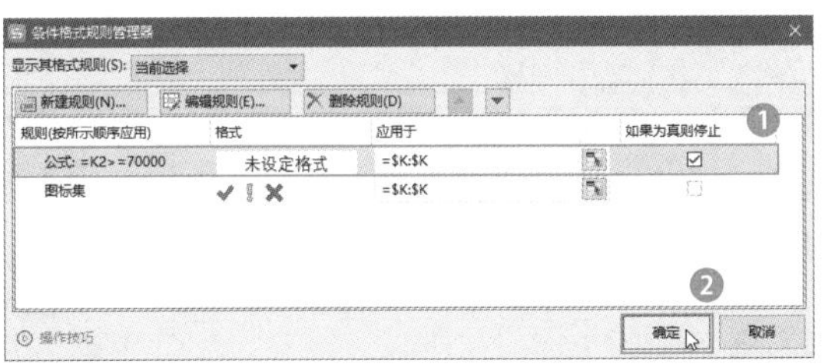

步骤 07 返回工作表即可看到只有低于 70000 的数据才有打叉的图标标记，其他数据的格式并没有改变，如下图所示。

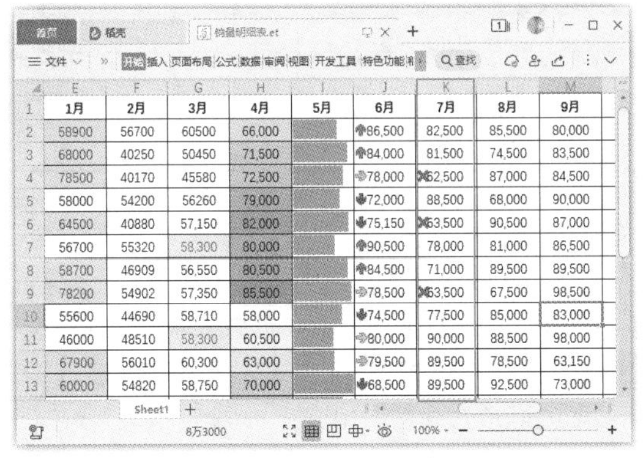

227 快速用两种颜色区分奇数行和偶数行

实用指数
★★★☆☆

扫一扫，看视频

使用说明

在制作表格时，有时为了美化表格，需要分别对奇数行和偶数行设置不同的填充颜色，若逐一选择再设置填充颜色会非常烦琐，此时可通过条件格式进行设置，以快速获得需要的效果。

解决方法

例如，要在总销量的数据列为偶数行设置浅粉色的填充效果，具体操作方法如下。

步骤 01 ❶选择要设置条件格式的Q2:Q22单元格区域；❷打开【新建格式规则】对话框，在【选择规则类型】列表框中选择【使用公式确定要设置格式的单元格】选项；❸在下方的文本框中输入公式“=MOD(ROW(),2)”；❹单击【格式】按钮，如下图所示。

步骤 02 打开【单元格格式】对话框，❶在【图案】选项卡的【颜色】栏中选择需要的颜色；❷单击【确定】按钮，如下图所示。

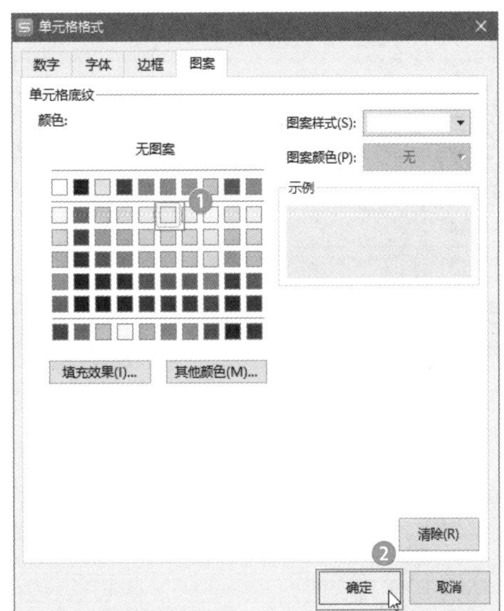

步骤 03　返回【新建格式规则】对话框，单击【确定】按钮，返回工作表即可看到偶数行填充了所设置的颜色，如下图所示。

温馨提示

公式“=MOD(ROW(),2)”表示对偶数行进行判断。如果需要为奇数行设置单元格格式，可以输入公式“=MOD(ROW(),2)=0”，再设置对应的格式。

8.4　数据的汇总技巧

利用WPS表格提供的分类汇总功能，可以将表格中的数据进行分类，然后再把性质相同的数据汇总到一起，使其结构更清晰。还可以使用合并计算功能对表格数据进行处理与分析。下面介绍数据汇总与分析的技巧。

228　如何创建分类汇总

扫一扫，看视频

实用指数
★★★★☆

使用说明

分类汇总是指根据指定的条件对数据进行分类，并计算各分类数据的汇总值。为了达到预期的汇总效果，在进行分类汇总前，应先以需要进行分类汇总的字段为关键字进行排序。

解决方法

例如，要以品牌为分类字段，对销售额进行求和汇总，具体操作方法如下。

步骤 01　❶在【所属品牌】列中选择任意单元格；❷单击【开始】选项卡中的【排序】按钮；❸在弹出的下拉菜单中选择【升序】命令，如下图所示。

温馨提示

创建分类汇总前的排序只是为了将同类型的数据排列在一起，所以普通的排序选择升序或降序都可以。

步骤 02　❶选择数据区域中的任意单元格；❷单击【数据】选项卡中的【分类汇总】按钮，如下图所示。

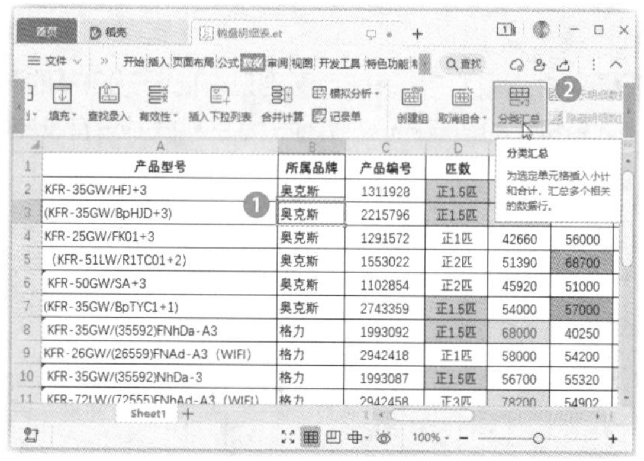

步骤 03　打开【分类汇总】对话框，❶在【分类字段】下拉列表框中选择要进行分类汇总的字段，这里选择【所属品牌】选项；❷在【汇总方式】下拉列表框中选择需要的汇总方式，这里选择【求和】选项；❸在【选定汇总项】列表框中设置要进行汇总的项目，这里选中所有月份和【总销量】复选框；❹单击【确定】按钮，如下图所示。

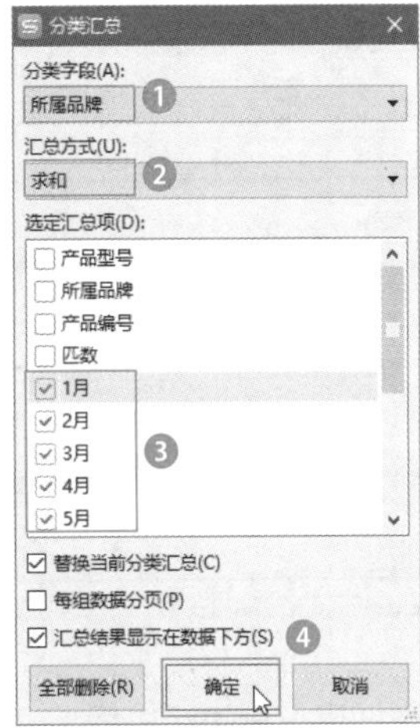

步骤 04 返回工作表即可看到工作表数据已经完成分类汇总。分类汇总后，工作表左侧会出现一个分级显示栏，通过分级显示栏中的分级显示符号 + 和 - 可分级查看相应的表格数据，如下图所示。

229 如何对表格数据进行嵌套分类汇总

扫一扫，看视频

使用说明

对表格数据进行分类汇总时，如果希望对某一关键字段进行多项不同汇总方式的汇总，可通过嵌套分类汇总方式实现。

解决方法

例如，要以【品牌】为分类字段进行汇总，并汇总不同匹数的销售数据，具体操作方法如下。

步骤 01 打开素材文件（位置：素材文件\第8章\销量明细表2.et），❶选择数据区域中的任意单元格；❷单击【数据】选项卡中的【排序】按钮，如下图所示。

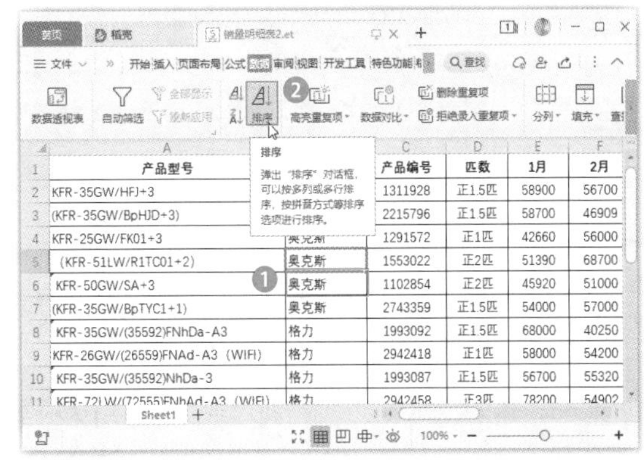

步骤 02 打开【排序】对话框，❶在【主要关键字】栏中设置排序关键字为【所属品牌】，排序次序为【升序】；❷单击【添加条件】按钮；❸设置次要关键字为【匹数】，排序次序为【升序】；❹单击【确定】按钮，如下图所示。

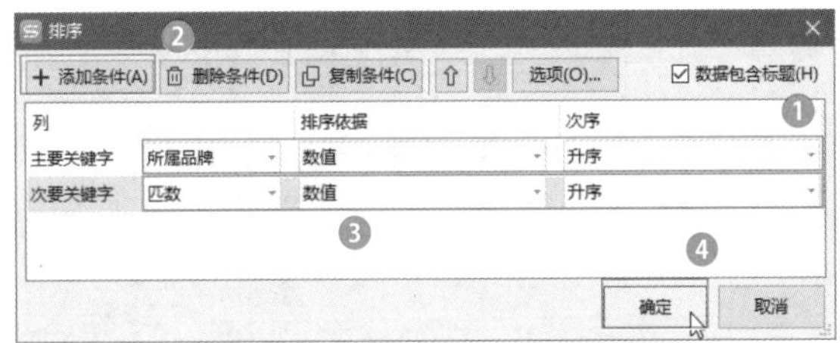

步骤 03 此时，工作表中的数据将按照品牌进行升序排列，对同品牌的数据再按匹数进行升序排列。❶选择数据区域中的任意单元格；❷单击【数据】选项卡中的【分类汇总】按钮，如下图所示。

步骤 04 打开【分类汇总】对话框，❶在【分类字段】下拉列表框中选择【所属品牌】选项；❷在【汇总方式】下拉列表框中选择【求和】选项；❸在【选定汇总项】列表框中选中【总销量】复选框；❹单击【确定】按钮，如下图所示。

步骤 05 返回工作表即可看到以【所属品牌】为分类字段，对【总销量】进行求和汇总后的效果。单击【分类汇总】按钮，如下图所示。

步骤 06 打开【分类汇总】对话框，❶在【分类字段】下拉列表框中选择【匹数】选项；❷在【汇总方式】下拉列表框中选择【求和】选项；❸在【选定汇总项】列表框中选中所有月份和【总销量】复选框；❹取消选中【替换当前分类汇总】复选框；❺单击【确定】按钮，如下图所示。返回工作表即可看到嵌套汇总后的最终效果。

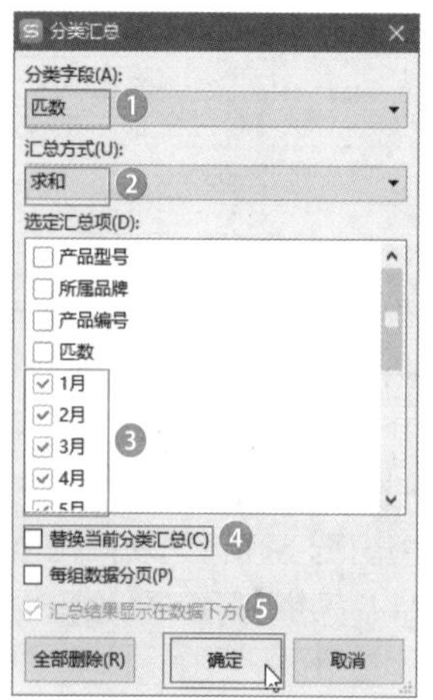

> **知识拓展**
>
> 如果要删除分类汇总，先选择数据区域中的任意单元格，打开【分类汇总】对话框，单击【全部删除】按钮即可。

230 复制分类汇总结果

扫一扫，看视频

使用说明

对工作表数据进行分类汇总后，可将汇总结果复制到新工作表中进行保存。根据操作需要，可以将包含明细数据在内的所有内容进行复制，也可以只复制不含明细数据的汇总结果。

解决方法

例如，要复制不含明细数据的汇总结果，具体操作方法如下。

步骤 01 在创建了分类汇总的工作表中，通过左侧的分级显示栏调整要显示的汇总内容，这里单击 3 按钮，隐藏明细数据，如下图所示。

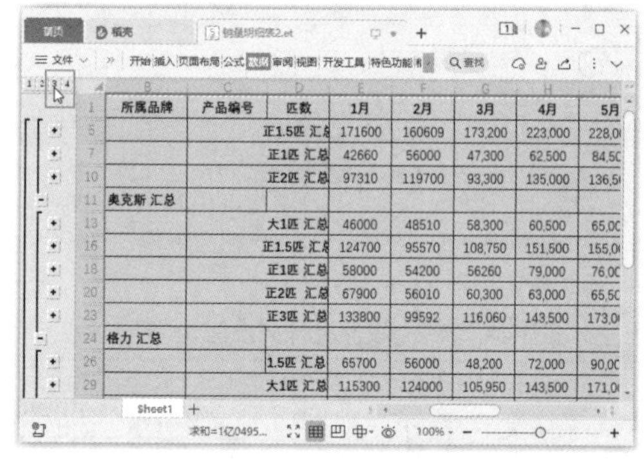

步骤 02 ❶隐藏明细数据后选中数据区域；❷单击【开始】选项卡中的【查找】按钮；❸在弹出的下拉菜单中选择【定位】命令，如下图所示。

> **知识拓展**
>
> 若要将包含明细数据在内的所有内容进行复制，则选中数据区域后直接进行复制、粘贴操作即可。

步骤 03　打开【定位】对话框，❶选中【可见单元格】单选按钮；❷单击【定位】按钮，如下图所示。

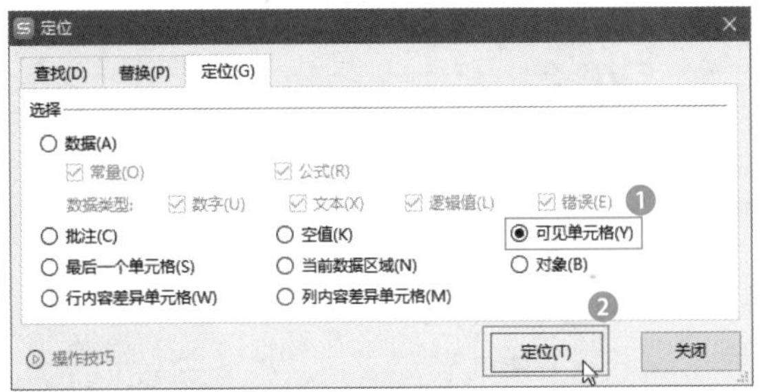

步骤 04　返回工作表，直接按Ctrl+C组合键进行复制操作，新建一个工作表，并命名为【汇总结果】，然后在该工作表中执行粘贴操作即可，如下图所示。

231　对同一张工作表的数据进行合并计算

实用指数

★★★★★

扫一扫，看视频

使用说明

合并计算是指将多个相似格式的工作表或数据区域按指定的方式进行自动匹配计算。如果所有数据在同一张工作表中，则可以在同一张工作表中进行合并计算。

解决方法

例如，要对销售明细表中的数据按品牌进行合并计算，具体操作方法如下。

步骤 01　打开素材文件（位置：素材文件\第8章\销量明细表3.et），❶选择汇总数据要存放的起始单元格，如B25单元格；❷单击【数据】选项卡中的【合并计算】按钮，如下图所示。

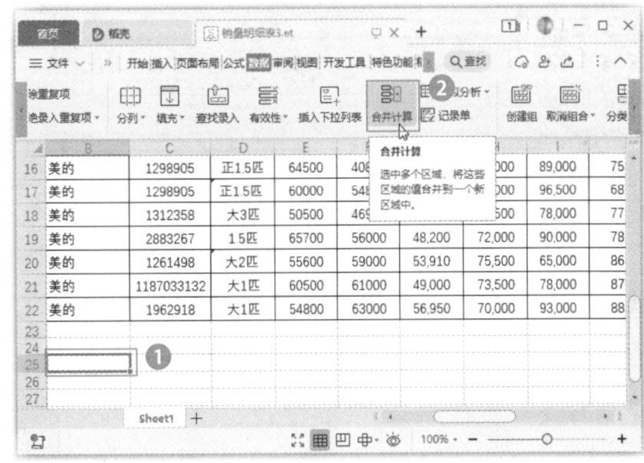

步骤 02　打开【合并计算】对话框，❶在【函数】下拉列表框中选择汇总方式，如【求和】；❷将文本插入点定位到【引用位置】参数框，在工作表中拖动鼠标选择要参与计算的数据区域；❸单击【添加】按钮，将选择的数据区域添加到【所有引用位置】列表框中；❹在【标签位置】栏中根据标签位置选中相应的复选框，这里选中【首行】和【最左列】复选框；❺单击【确定】按钮，如下图所示。

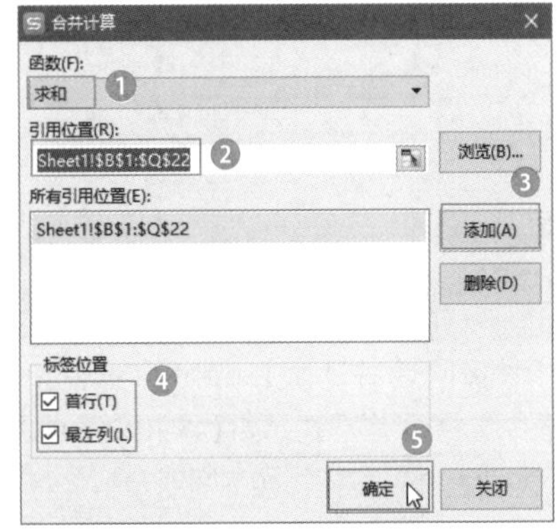

步骤 03　返回工作表即可看到完成合并计算后的效果，如下图所示。

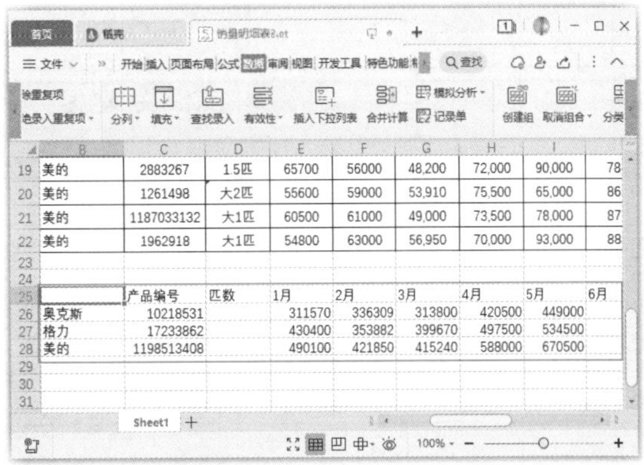

232 对多张工作表的数据进行合并计算

扫一扫，看视频

实用指数
★★★★☆

使用说明

在制作销售报表、汇总报表等类型的表格时，经常会出现几张格式相同的表格，需要对这些工作表的数据进行合并计算，以便更好地查看数据。

解决方法

例如，在进行家电销售年度汇总时，需要对放置在不同工作表中的4个季度的统计数据进行合并计算，具体操作方法如下。

步骤 01 打开素材文件（位置：素材文件\第8章\家电销售年度汇总.et），❶在要存放结果的【年度汇总】工作表中选择汇总数据要存放的起始单元格，如A1单元格；❷单击【数据】选项卡中的【合并计算】按钮，如下图所示。

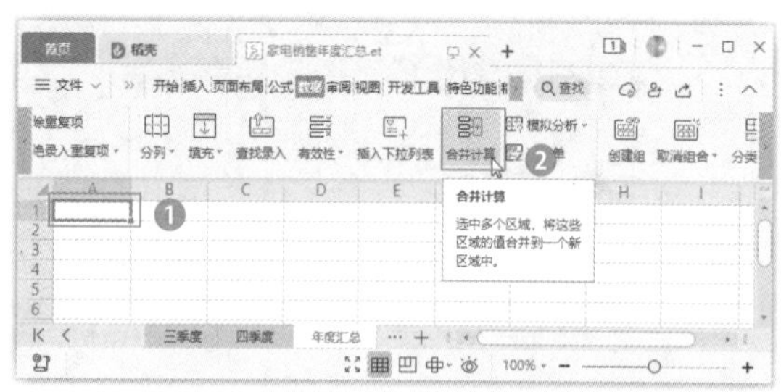

步骤 02 打开【合并计算】对话框，❶在【函数】下拉列表框中选择合并方式，如【求和】；❷单击【引用位置】参数框后的按钮，如下图所示。

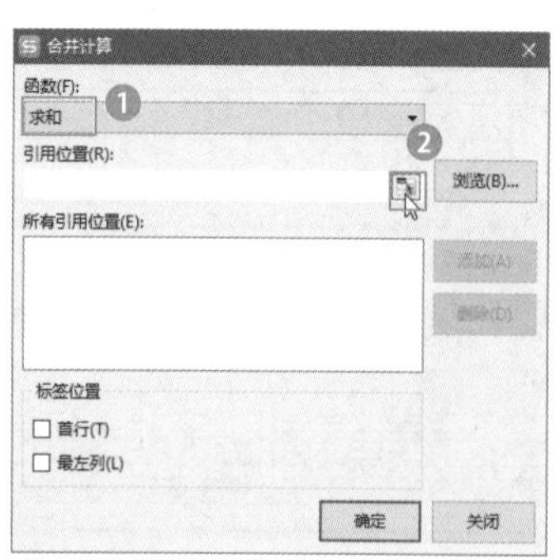

步骤 03 ❶单击参与计算的工作表的标签；❷在工作表中拖动鼠标选择要参与计算的数据区域；❸单击【合并计算】对话框中的【添加】按钮，将选择的数据区域添加到【所有引用位置】列表框中，如下图所示。

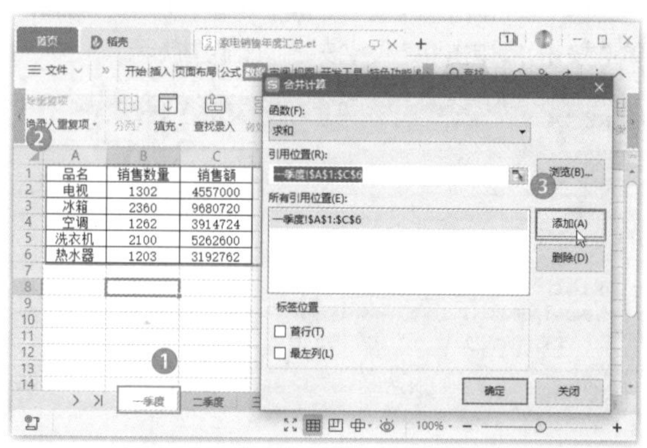

步骤 04 ❶参照上述方法，添加其他工作表中需要参与计算的数据区域；❷选中【首行】和【最左列】复选框；❸单击【确定】按钮，如下图所示。

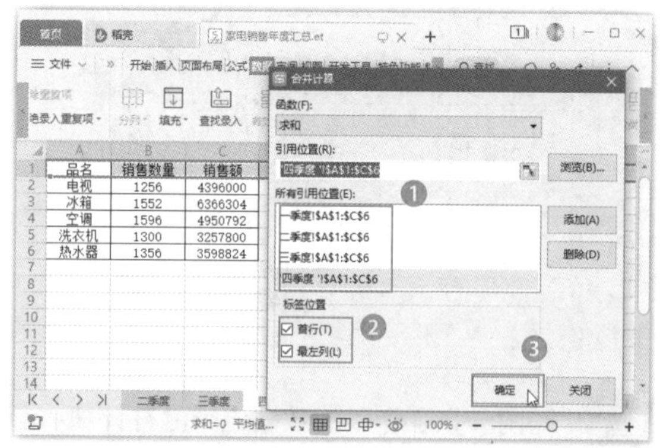

步骤 05 返回工作表即可看到完成对多张工作表的合并计算效果，如下图所示。

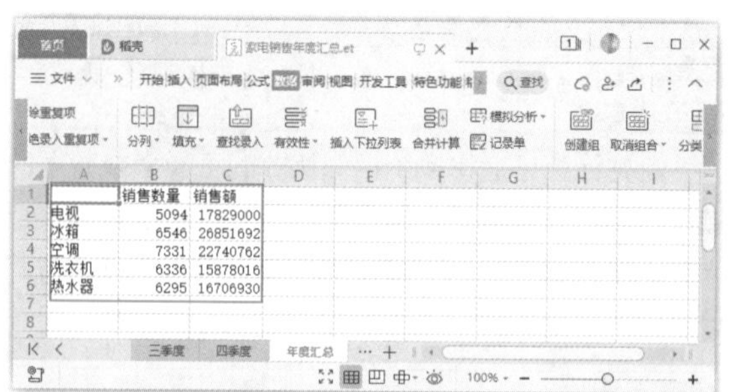

第 9 章
公式与函数应用技巧

WPS表格是一款非常强大的数据处理软件，其中最让用户印象深刻的便是计算功能了。在WPS中内置了多种函数，可以利用函数或自定义公式进行数学运算以推导出可用的数据结果。熟练掌握公式和函数的使用技巧，有助于提高数据计算能力，并进一步提高数据分析的效率。

下面是公式与函数应用时的常见问题，请检测你是否会处理或已掌握。

√ 要使用其他工作表中的单元格数据进行计算，知道如何引用吗?
√ 公式计算出现错误，你知道各种错误应该如何解决吗?
√ 常用的统计操作还在用公式吗? 学会几个常用函数就可以提高工作效率了吗?
√ 已知两个日期，如何用函数计算出这两个日期之间的年份和月份差距呢?
√ 除了最常用的 MAX、MIN、COUNT 函数，你还需要掌握几个变形后的 COUNT 函数。
√ 你知道如何使用函数提取身份证号码中的隐藏信息吗?

希望通过本章内容的学习，能帮助你解决以上问题，并学会更多公式与函数的应用技巧。

9.1 公式的使用技巧

WPS中的公式是对工作表的数据进行计算的等式，它总是以“=”开始，其后便是公式的表达式。在使用公式时，也有一些操作技巧，下面将读者逐一介绍其操作技巧。

233 如何快速复制公式

扫一扫，看视频

实用指数 ★★★★★

使用说明

当单元格中的计算公式类似时，可通过复制公式的方式自动计算出其他单元格的结果。复制公式时，公式中引用的单元格会自动发生相应的改变。

复制公式时，可通过复制、粘贴的方式进行复制，也可通过填充功能快速复制。

解决方法

例如，要利用填充功能复制公式以快速计算出所有产品的销售额，具体操作方法如下。

步骤 01 打开素材文件(位置：素材文件\第9章\电器销售表.et)，❶在【视图】组中选中【编辑栏】复选框，在界面中显示出编辑栏；❷在E2单元格中输入公式“=C2*D2”，按Enter键计算出结果；❸选择要复制的公式所在的E2单元格，将鼠标光标移动到该单元格的右下角，此时鼠标光标呈╋形状，如下图所示。

步骤 02 当鼠标光标呈╋形状时按下鼠标左键并向下拖动到目标单元格后释放鼠标，即可得到复制公式后的结果，如下图所示。

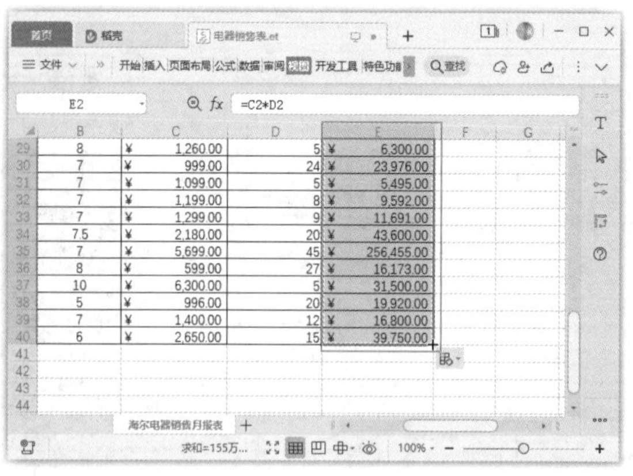

温馨提示

在WPS表格中选择几个单元格后，状态栏处可以快速汇总所选单元格中的数字。在状态栏中右击，在弹出的快捷菜单中可以对汇总的内容进行设置。

234 单元格的相对引用与绝对引用

扫一扫，看视频

实用指数 ★★★★★

使用说明

在使用公式计算数据时，通常会用到单元格的引用。引用的作用在于标识工作表中的单元格或单元格区域，并指明公式中所用的数据在工作表中的位置。通过引用，可在一个公式中使用工作表不同单元格中的数据，或者在多个公式中使用同一个单元格的数值。

默认情况下，WPS表格使用的是相对引用。在相对引用中，当复制公式时，公式中的引用会根据显示计算结果的单元格位置的不同而相应地改变，但引用的单元格与包含公式的单元格之间的相对位置不变。例如，在例233中，将E2单元格的公式“=C2*D2”复制到E3单元格时，公式就自动变为“=C3*D3”了。

绝对引用是指将公式复制到目标单元格时，公式中的单元格地址始终保持固定不变。使用绝对引用时，需要在引用的单元格地址的列标和行号前分别添加符号“$”(英文状态下输入)。

解决方法

例如，在水费收取表中将水费单价用一个单元格保存了起来，其他单元格计算水费时都需要用到该单元格，为了让计算更便捷，可以使用绝对引用该单元格数据进行计算，具体操作方法如下。

打开素材文件（位置：素材文件\第9章\水费收取表.et），❶在C3单元格中输入公式“=$B$1*B3”；❷将该公式从C3复制到C4单元格时，公式就变为“=$B$1*B4”了，其中对B1单元格的引用一直保持不变，如下图所示。

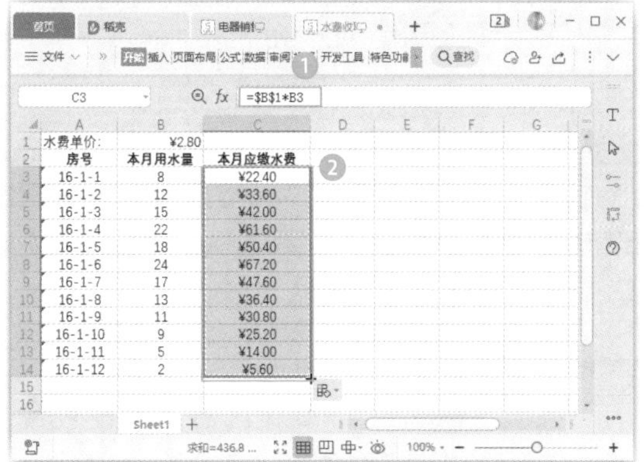

知识拓展

如果在一个单元格引用中既有相对引用部分，又有绝对引用部分，则称为混合引用。混合引用有绝对列和相对行、绝对行和相对列两种形式。绝对列和相对行采用“$+列字母+行数字”的格式表示，如$A1、$B1，可以概括为“行变列不变”；绝对行和相对列采用“列字母+$+行数字”的格式表示，如A$1、B$1，可以概括为“列变行不变”。

温馨提示

按F4键可以快速在相对引用、绝对引用和混合引用之间进行切换。例如输入默认的引用方式A1，然后反复按F4键时，就会在$A$1、A$1、$A1和A1之间快速切换。

235　引用同一工作簿中其他工作表的单元格

实用指数
★★★☆☆

扫一扫，看视频

使用说明

在同一工作簿中，还可以引用其他工作表中的单元格进行计算。

解决方法

例如，计算销售数据时需要用到“定价单”工作表中的数据，具体引用方法如下。

步骤01　打开素材文件（位置：素材文件\第9章\产品销售情况.et），❶选择要存放计算结果的E3单元格，输入“=”号，单击选择要参与计算的单元格，并输入运算符；❷单击要引用工作表的标签，如下图所示。

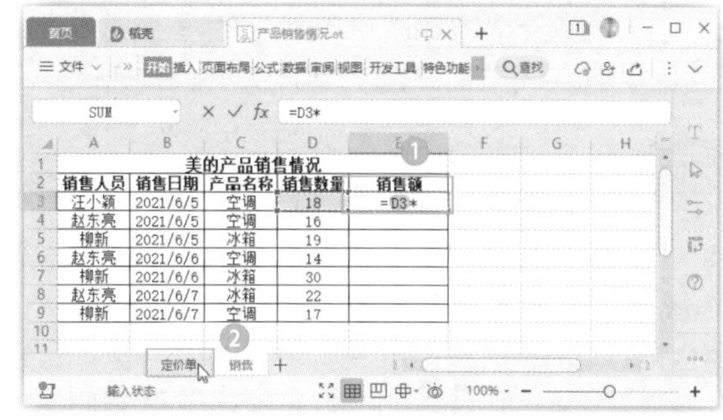

步骤02　切换到“定价单”工作表，单击选择要参与计算的单元格，如下图所示。

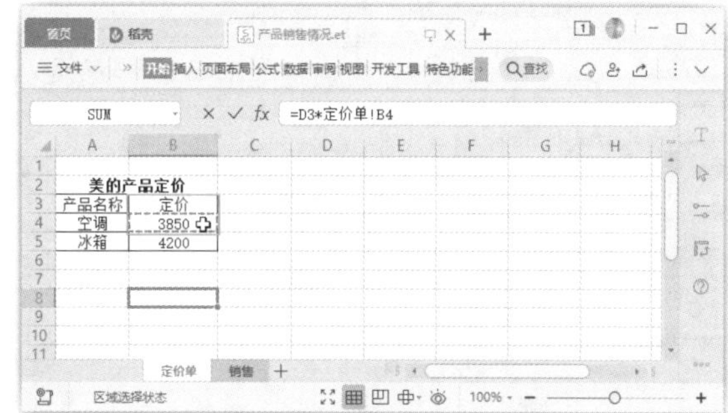

步骤03　按Enter键，得到计算结果，同时返回原工作表，如下图所示。

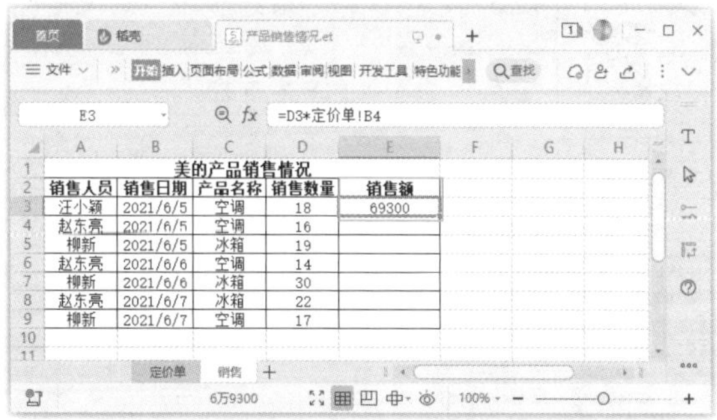

温馨提示

引用同一工作簿中其他工作表的单元格时，单元格引用的行号和列标前添加了工作表名称和半角感叹号“!”。

236 使用“&”合并单元格内容

扫一扫，看视频

使用说明

在编辑单元格内容时，如果希望将一个或多个单元格的内容合并起来，可通过运算符“&”实现。

解决方法

合并单元格内容的具体操作方法如下。

打开素材文件(位置：素材文件\第9章\员工基本信息.et)，❶选择要存放结果的单元格，输入公式“=B3&C3&D3”，按Enter键计算出结果；❷向下拖动鼠标光标将公式复制到其他单元格，合并其他行的相应数据，如下图所示。

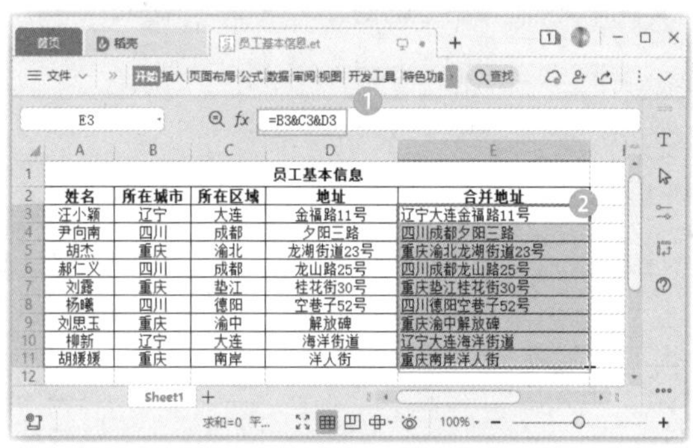

237 用错误检查功能检查公式

扫一扫，看视频

使用说明

在工作表中使用了公式或函数进行数据计算后，可以使用错误检查功能来逐一检查是否存在错误值。

解决方法

用错误检查功能检查公式的具体操作方法如下。

步骤 01 打开素材文件(位置：素材文件\第9章\销售业绩.et)，❶在数据区域中选择起始单元格；❷单击【公式】选项卡中的【错误检查】按钮，如下图所示。

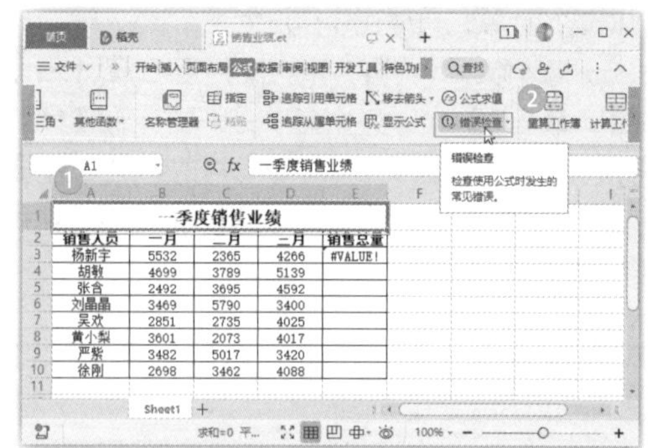

步骤 02 系统开始从起始单元格进行检查，当检查到有错误值时，会打开【错误检查】对话框，并指出出错的单元格及错误原因。若要修改，单击【在编辑栏中编辑】按钮，如下图所示。

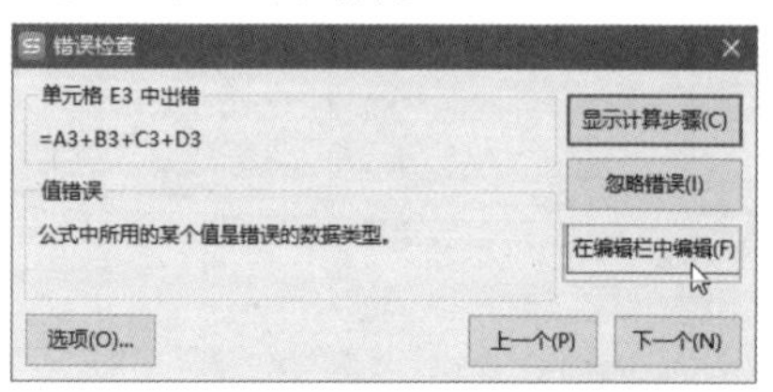

步骤 03 ❶在工作表的编辑栏中修改公式；❷在【错误检查】对话框中单击【继续】按钮，继续检查工作表中的其他错误，如下图所示。

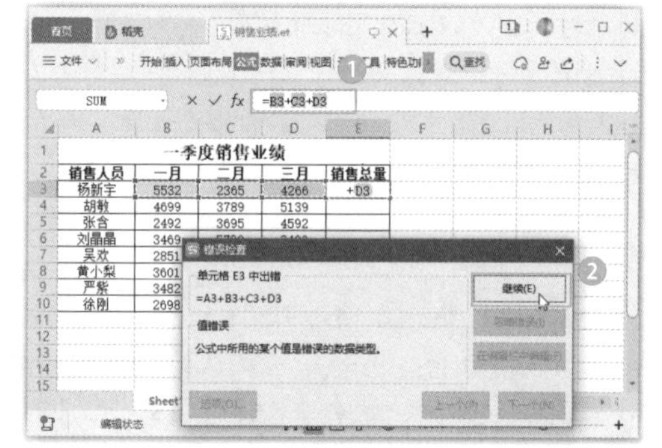

步骤 04 当完成公式的检查后，会弹出提示框提示完成检查，单击【确定】按钮即可，如下图所示。

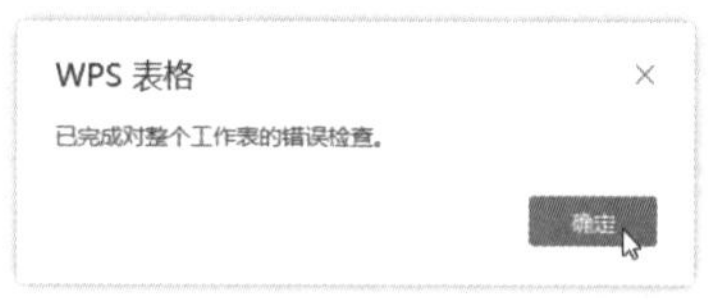

238 各种错误值的处理办法

使用说明

在WPS表格中输入公式或函数进行计算时，可能会因为输入有误或使用不当而无法得到正确结果，在单元格中返回各种错误值。

解决方法

了解常见错误值及其出错原因，有助于更好地发现并修正公式和函数中的错误。公式和函数使用中常见错误值及出错原因如下表所示。

错误值	出错原因
#####（显示错误）	因列宽不足以显示内容，或者使用了负的日期或负的时间值
#VALUE!（值错误）	公式中所用的某个值是错误的数据类型，如“=100+"五百"”“=SUM(1,"a",3)”“=DATEDIF("_2020/7/1","2020/7/23","d")”“=SUM(A1:B1-C1)”，又如数组计算时未使用正确格式的大括号；使用 TRANSPOSE 函数转置表格时出错
#DIV/0!（被零除错误）	公式中试图除以零（0）或空单元格，如“=1/0”
#NAME（无效名称错误）	公式中的文本无法识别，例如，公式中的文本值未添加双引号，函数名或已定义名称拼写错误，引用了未定义的文本名称或删除了公式中引用的名称等
#N/A（值不可用错误）	某个值对于该公式不可用，例如，查找区域不存在查找值，查找数据源引用错误等 使用 NA 函数来标识缺失的数据，例如，“=NA()”将返回结果 #N/A
#REF!（引用错误）	被引用的单元格区域或被引用的工作表被删除或不存在 引用类函数返回的区域大于工作表的实际范围 公式中引用了无效区域或参数，如“=INDEX(A1:D3,4,4)”
#NUM!（数字错误）	公式计算结果数值太大或太小，如“=500^600” 公式中使用了无效数字值，如“=SQRT(-4)”“=SMALL(A1:A6,7)”迭代计算 RATE 和 IRR 函数未求得结果，请尝试修改最多迭代次数和最大误差
#NULL!（空值错误）	使用了不正确的区域运算符，使用了不相交的单元格区域，如“=SUM(A1:A5 B1:B5)”

9.2 常用函数的使用技巧

函数是系统预先定义好的公式，利用函数可以轻松地完成各种复杂数据的计算，并简化公式的使用。本节将针对常用函数介绍一些应用技巧。

239 使用 SUM 函数进行求和运算

实用指数
★★★★★

扫一扫，看视频

使用说明

在WPS表格中，SUM函数使用非常频繁，该函数用于返回某一单元格区域中所有数字之和。SUM函数语法结构为:SUM(number1,number2,...)，其中，number1,number2,...表示参加计算的1~255个参数。

解决方法

例如，要使用SUM函数计算销售总量，具体操作方法如下。

步骤 01 打开素材文件(位置：素材文件\第9章\销量明细表.et)，❶选择要存放结果的Q2单元格；❷单击【公式】选项卡中的【自动求和】按钮；❸在弹出的下拉列表中选择【求和】选项，如下图所示。

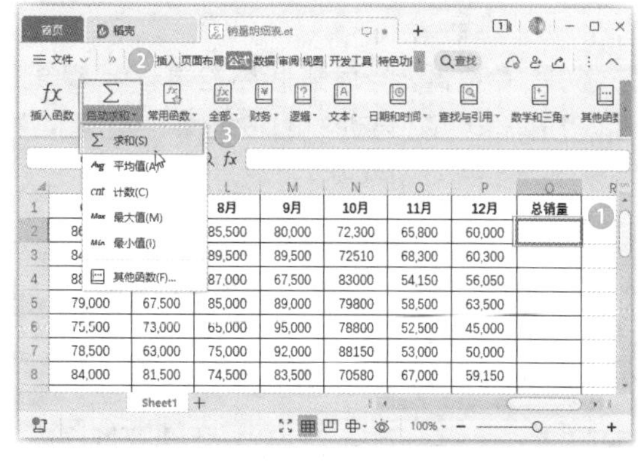

步骤 02 所选单元格将插入SUM函数，并自动判断该单元格附近的数字单元格进行计算，这里选择需要计算的单元格区域为E2:P2，❶按Enter键，即可得出计算结果；❷通过填充功能向下复制函数，计算出所有产品的销售总量，如下图所示。

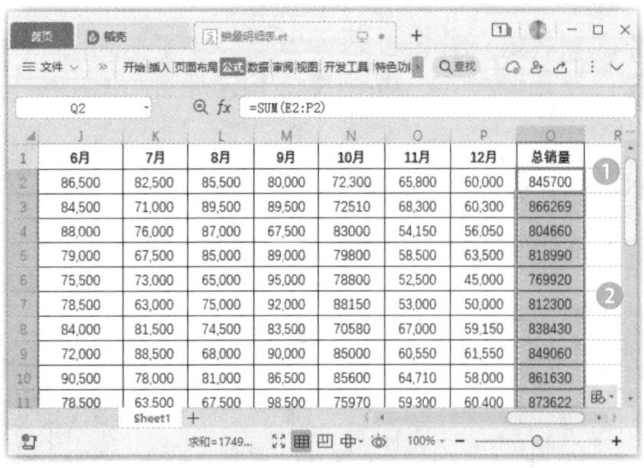

240 使用 AVERAGE 函数计算平均值

扫一扫，看视频

实用指数 ★★★★★

使用说明

AVERAGE函数用于返回参数的平均值，即对选择的单元格或单元格区域进行算术平均值运算。AVERAGE函数语法结构为：AVERAGE(Number1,Number2,...)，其中，Number1,Number2,...表示要计算平均值的1~255个参数。

解决方法

例如，要使用AVERAGE函数计算全年销量的平均值，具体操作方法如下。

步骤 01 ❶选择要存放结果的R2单元格；❷单击【公式】选项卡中的【自动求和】按钮；❸在弹出的下拉列表中选择【平均值】选项，如下图所示。

步骤 02 所选单元格将插入AVERAGE函数，但自动识别的参与运算的单元格区域有误，拖动鼠标光标重新选择需要计算的单元格区域为E2:P2，如下图所示。

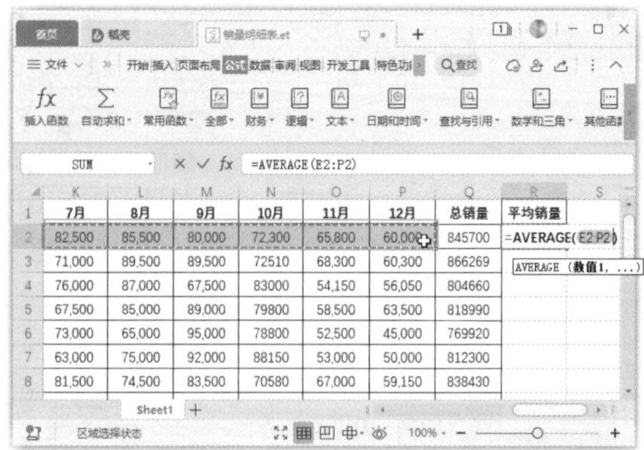

步骤 03 ❶按Enter键计算出平均值；❷使用填充功能向下复制函数，即可计算出其他产品的平均销量，如下图所示。

241 使用 MAX 函数计算最大值

扫一扫，看视频

实用指数 ★★★★★

使用说明

MAX函数用于计算一串数值中的最大值，即对选择的单元格区域中的数据进行比较，找到最大的数值并返回到目标单元格。MAX函数的语法结构为：MAX(Number1,Number2,...)，其中，Number1,Number2,...表示要参与比较找出最大值的1~255个参数。

解决方法

例如，要使用MAX函数计算每个月的最高销量，具体操作方法如下。

步骤01　选择要存放最高销量的E23单元格，输入函数“=MAX(E2:E22)”，如下图所示。

步骤02　❶按Enter键即可得出计算结果；❷通过填充功能向右复制函数，即可计算出每个月的最高销量，如下图所示。

242　使用 MIN 函数计算最小值

实用指数

★★★★☆

扫一扫，看视频

使用说明

MIN函数与MAX函数的作用相反，该函数用于计算一串数值中的最小值，即对选择的单元格区域中的数据进行比较，找到最小的数值并返回到目标单元格。MIN函数的语法结构为:MIN(Number1, Number2,...)，其中，Number1, Number2,...表示要参与比较找出最小值的1~255个参数。

解决方法

例如，要使用MIN函数计算每个月的最低销量，具体操作方法如下。

❶选择要存放结果的E24单元格，输入函数“=MIN(E2:E22)”，按Enter键即可得出计算结果；❷通过填充功能向右复制函数，即可计算出每个月的最低销售量，如下图所示。

温馨提示

熟悉函数的结构后，可以直接输入函数来进行计算。在WPS表格中使用函数时，会根据前后参数的相关性动态地提示参数的输入范围/含义，帮助用户更快地输入正确的参数、减少公式出错的概率。

243　使用 RANK 函数计算排名

扫一扫，看视频

使用说明

RANK函数用于返回一个数值在一组数值中的排名，即让指定的数据在一组数据中进行比较，将比较的名次返回到目标单元格中。RANK函数的语法结构为:RANK(number,ref,order)，其中，number表示要在数据区域中进行比较的指定数据;ref表示包含一组数字节的数组或引用，其中的非数值型参数将被忽略;order表示一个数字，指定排名的方式。若order为0或省略，则按降序排列的数据清单进行排位；如果order不为零，则按升序排列的数据清单进行排位。

解决方法

例如，要使用RANK函数对总销量进行排名，具体操作方法如下。

❶选择要存放结果的S2单元格，输入函数“=RANK(Q2,$Q$2:$Q$22,0)”，按Enter键即可得

出计算结果；❷通过填充功能向下复制函数，计算出每种产品总销量的排名，如下图所示。

244 使用 COUNT 函数计算参数中包含的个数

扫一扫，看视频

使用说明

COUNT函数属于统计类函数，用于计算区域中包含数字的单元格的个数。COUNT函数的语法结构为:COUNT(Value1,Value2,...)， 其 中，Value1、Value2...为要计数的1~255个参数。

解决方法

例如，使用COUNT函数统计产品种数，具体操作方法如下。

选择要存放结果的B25单元格，输入函数“=COUNT(E2:E22)”，按Enter键即可得出计算结果，如下图所示。

> **温馨提示**
>
> COUNT函数中的参数可以包含或引用各种类型的数据，但只有数字类型的数据(包括数字、日期、代表数字的文本，如用引号包含起来的数字"1"、逻辑值、直接输入到参数列表中代表数字的文本)才会被计算在结果中。如本例中就不能对A列的数据进行统计，否则返回的结果为0。

245 使用 IF 函数执行条件检测

扫一扫，看视频

使用说明

在遇到因指定的条件不同而需要返回不同结果的计算处理时，可以使用IF函数来完成。IF函数是一种常用的条件函数，它能对数值和公式执行条件检测，并根据逻辑计算的真假值返回不同结果。IF函数的语法结构为:IF(logical_test,value_if_true,value_if_false)，其中各个函数参数的含义如下。

- logical_test：必需的参数，表示计算结果为TRUE或FALSE的任意值或表达式。
- value_if_true：可选参数，表示logical_test为TRUE时要返回的值，可以是任意数据。
- value_if_false：可选参数，表示logical_test为FALSE时要返回的值，可以是任意数据。

IF函数的语法结构可理解为“=IF(条件,真值,假值)”，当“条件”成立时，结果取“真值”，否则取“假值”。

解决方法

例如，要根据统计的考核成绩判断是否录取员工，总分在80分以上(含80分)的为“录用”，其余的则为“淘汰”，使用IF函数进行判断的具体操作方法如下。

步骤 01 打开素材文件(位置：素材文件\第9章\新进员工考核表.et)，❶选择要存放结果的G4单元格；❷单击【公式】选项卡中的【插入函数】按钮，如下图所示。

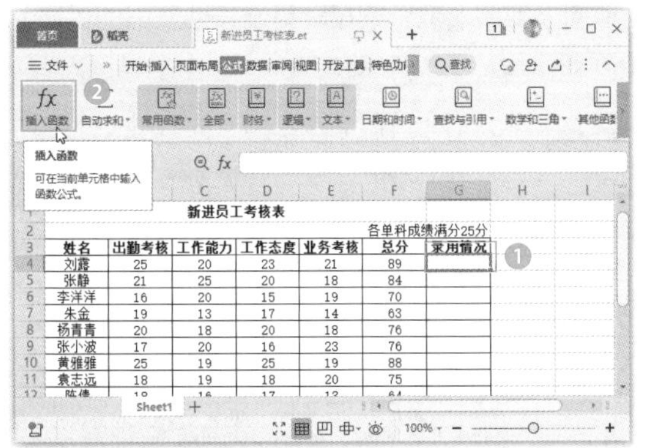

步骤 02 打开【插入函数】对话框，❶在【选择函数】列表框中选择IF选项；❷单击【确定】按钮，如下图所示。

插入函数
全部函数 常用公式
查找函数(S):
请输入您要查找的函数名称或函数功能的简要描述...
或选择类别(C): 常用函数
选择函数(N):
SUM
AVERAGE
IF
COUNT
MAX
SUMIF
SIN
IF(logical_test, value_if_true, value_if_false)
判断一个条件是否满足：如果满足返回一个值，如果不满足则返回另外一个值。
确定 取消

步骤 03 打开【函数参数】对话框，❶设置【测试条件】为【F4>=80】,【真值】为【"录用"】,【假值】为【"淘汰"】；❷单击【确定】按钮，如下图所示。

函数参数
IF
测试条件 F4>=80 = TRUE
真值 "录用" = "录用"
假值 "淘汰" = "淘汰"
= "录用"
判断一个条件是否满足：如果满足返回一个值，如果不满足则返回另外一个值。
假值：当测试条件为 FALSE 时的返回值。如果忽略，则返回 FALSE 。IF 函数最多可嵌套七层
计算结果 = "录用"
查看该函数的操作技巧
确定 取消

步骤 04 返回工作表即可看到对第一名员工进行判断的结果。利用填充功能向下复制函数，判断出其他员工的录用情况，如下图所示。

知识拓展

在实际应用中，一个IF函数可能达不到工作的需求，这时可以使用多个IF函数进行嵌套。IF函数嵌套的语法结构为:IF(logical_test,value_if_true,IF(logical_test,value_if_true,IF(logical_test,value_if_true,...,value_if_false)))。可以理解为“如果(某条件，条件成立返回的结果，(某条件，条件成立返回的结果，(某条件，条件成立返回的结果，……，条件不成立返回的结果)))”。例如，在本例中以总分为关键字，80分以上(含80分)的返回“录用”，70分以上(含70分)的返回“有待观察”，其余的则返回“淘汰”，此时需要在G4单元格中输入“=IF(F4>=80,"录用",IF(F4>=70,"有待观察","淘汰"))”。

9.3 日期与时间函数的使用技巧

在日常应用中，经常需要使用日期与时间函数返回年份、月份、计算日期和时间差等，下面介绍几个常用的日期与时间函数的使用技巧。

246 使用 YEAR 函数返回年份

扫一扫，看视频

使用说明

YEAR函数可以返回某日期对应的年份，返回值是1900 ~ 9999的整数。YEAR函数的语法结构为：YEAR(serial_number)，参数serial_number为指定的日期。

解决方法

例如，要统计员工在公司的工作年限，可以对入

职时间和离职时间之间的年份数进行计算，具体操作方法如下。

打开素材文件(位置：素材文件\第9章\员工离职表.et)，❶选择要存放结果的D3单元格，输入函数“=YEAR(C3)-YEAR(B3)”，按Enter键得到计算结果；❷利用填充功能向下复制函数，即可计算出所有员工的工作年限，如下图所示。

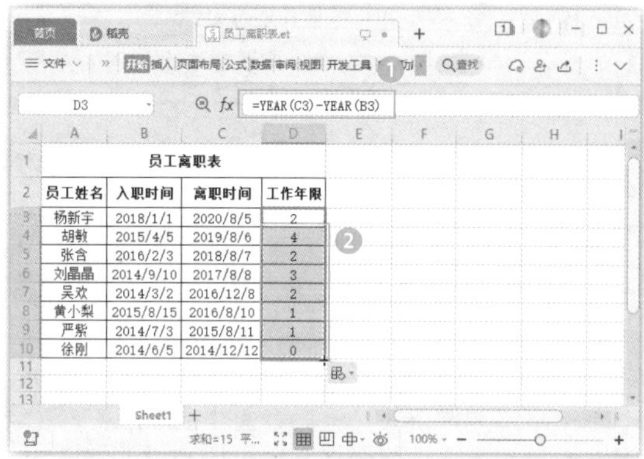

员工姓名	入职时间	离职时间	工作年限
杨新宇	2018/1/1	2020/8/5	2
胡敏	2015/4/5	2019/8/6	4
张含	2016/2/3	2018/8/7	2
刘晶晶	2014/9/10	2017/8/8	3
吴欢	2014/3/2	2016/12/8	2
黄小梨	2015/8/15	2016/8/10	1
严紫	2014/7/3	2015/8/11	1
徐刚	2014/6/5	2014/12/12	0

温馨提示

YEAR函数中的日期应使用DATE函数或其他结果为日期的函数或公式来设置，而不能利用文本格式的日期。例如，使用函数DATE(2020,5,23)输入2020年5月23日。而形如YEAR("2018-8-8")的格式则是错误的，有可能返回错误结果。

247 使用 MONTH 函数返回月份

扫一扫，看视频

实用指数 ★★★★☆

使用说明

MONTH函数可以返回以序列号表示的日期中的月份，返回值是1（一月）~ 12（十二月）的整数。该函数的语法结构为:MONTH(serial_number)，参数serial_number为指定的日期。

解决方法

例如，要统计产品的保质期(月份)，可以计算两个日期之间间隔的月份数，具体操作方法如下。

打开素材文件(位置：素材文件\第9章\库存统计表.et)，❶选择要存放结果的G2单元格，输入函数“=(YEAR(F2)-YEAR(E2))*12+MONTH(F2)-MONTH(E2)”，按Enter键得出计算结果；❷利用填充功能向下复制函数，即可计算出其他产品的保质期，如下图所示。

商品代码	产品名称	单位	存货数量	生产日期	过期日期	有效期
T0004	XX话梅	袋	600	2020/8/8	2020/12/6	4
T0005	XX山楂片	袋	500	2021/8/30	2022/1/27	5
XG001	XX酸溜溜糖	盒/瓶	750	2021/8/16	2022/2/12	6
T0001	XX豆腐干	袋	1000	2020/8/6	2020/11/4	3
T0002	XX薯片	袋	1200	2021/8/5	2021/12/3	4
T0003	XX薯条	袋	800	2021/8/4	2021/12/2	4
T0006	XX小米锅粑	袋	1300	2020/8/13	2020/12/11	4
T0007	XX通心卷	袋	800	2021/8/23	2022/2/19	6
T0008	XX蚕豆	袋	750	2021/8/29	2022/3/17	7
S0005	XX鱼皮花生	袋	500	2020/8/26	2021/1/23	5
XG004	XX芝麻糖	袋	350	2021/8/20	2021/11/8	3

温馨提示

本例中不能直接对两个日期数进行减法计算，即输入公式“=MONTH(C3)-MONTH(B3)”，有可能返回错误结果。在计算两个日期之间间隔的月份数时，如果需要计算间隔月份的两个日期在同年，可使用MONTH函数实现；如果需要计算间隔月份数的两个日期不在同一年，则需要使用MONTH函数和YEAR函数共同实现。

248 使用 DAY 函数返回某天数值

扫一扫，看视频

实用指数 ★★★☆☆

使用说明

DAY函数可以返回以序列号表示的某日期的天数，返回值的范围是1 ~ 31之间的整数。DAY函数的语法结构为:DAY(serial_number)，参数serial_number为指定的日期。

解决方法

例如，要专门提取工作计划进度表中各项任务完成的日期，具体操作方法如下。

打开素材文件(位置：素材文件\第9章\4月工作计划进度表.et)，❶选择要存放结果的D2单元格，输入函数“=DAY(C2)”，按Enter键得出计算结果；❷利用填充功能向下复制函数，即可计算出其他任务需要完成的具体日期，如下图所示。

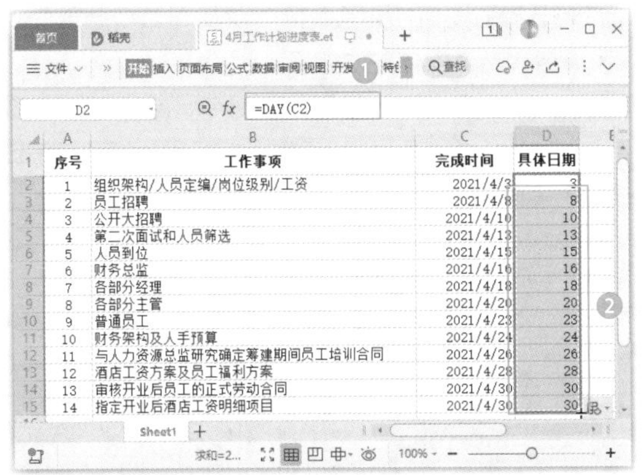

序号	工作事项	完成时间	具体日期
1	组织架构/人员定编/岗位级别/工资	2021/4/3	3
2	员工招聘	2021/4/8	8
3	公开大招聘	2021/4/10	10
4	第二次面试和人员筛选	2021/4/13	13
5	人员到位	2021/4/15	15
6	财务总监	2021/4/16	16
7	各部分经理	2021/4/18	18
8	各部分主管	2021/4/20	20
9	普通员工	2021/4/23	23
10	财务架构及人手预算	2021/4/24	24
11	与人力资源总监研究确定筹建期间员工培训合同	2021/4/26	26
12	酒店工资方案及员工福利方案	2021/4/28	28
13	审核开业后员工的正式劳动合同	2021/4/30	30
14	指定开业后酒店工资明细项目	2021/4/30	30

249　使用TODAY函数返回当前日期

扫一扫，看视频

使用说明

通过TODAY函数可以返回当前日期，该函数不需要设置参数，语法结构为:TODAY()。

解决方法

TODAY函数一般会和其他函数一起使用，例如，要计算员工工龄，就可以结合YEAR和TODAY函数来完成，具体操作方法如下。

打开素材文件（位置：素材文件\第9章\员工信息登记表.et），❶选择要存放结果的F2单元格，输入函数“=YEAR(TODAY())-YEAR(E2)”，按Enter键得出计算结果；❷利用填充功能向下复制函数，即可计算出所有员工的工龄，如下图所示。

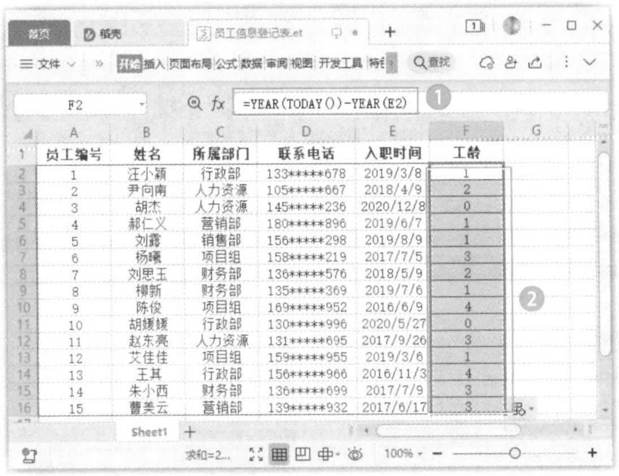

员工编号	姓名	所属部门	联系电话	入职时间	工龄
1	汪小颖	行政部	133*****678	2019/3/8	1
2	尹向南	人力资源	105*****667	2018/4/9	2
3	胡杰	人力资源	145*****236	2020/12/8	0
4	郝仁义	营销部	180*****896	2019/6/7	1
5	刘露	销售部	156*****298	2019/8/9	1
6	杨曦	项目组	158*****219	2017/7/5	3
7	刘思玉	财务部	136*****576	2018/5/9	2
8	柳新	财务部	135*****369	2019/7/6	1
9	陈俊	项目组	169*****952	2016/6/9	4
10	胡媛媛	行政部	130*****996	2020/5/27	0
11	赵东亮	人力资源	131*****695	2017/9/26	3
12	艾佳佳	项目组	159*****955	2019/3/6	1
13	王其	行政部	156*****966	2016/11/3	4
14	朱小西	财务部	136*****699	2017/7/9	3
15	曹美云	营销部	139*****932	2017/6/17	3

9.4　统计函数的使用技巧

要对工作表中存储的数据进行分类统计，可以通过统计函数实现。本节将介绍一些常用统计函数的使用方法。

250　使用COUNTA函数统计非空单元格的个数

扫一扫，看视频

使用说明

COUNTA函数可以对单元格区域中非空单元格的个数进行统计。COUNTA函数的语法结构为:COUNTA(value1,value2,...)，其中，value1, value2,...表示参加计数的1~255个参数，代表要进行计数的值和单元格，值可以是任意类型的信息。

解决方法

例如，要统计今日访客数量时，参与统计的数据是文本，使用COUNT函数计数的结果为0，因为COUNT函数只能统计区域中包含数字的单元格的个数。需要使用COUNTA函数来进行统计，进行修改的具体操作方法如下。

打开素材文件（位置：素材文件\第9章\访客登记表.et），选择要修改函数的B15单元格，修改函数为“=COUNTA(B3:B14)”，按Enter键即可得出正确的计数结果，如下图所示。

				2021/6/5
时间	到访者姓名	职务	到访原因	停留时间
10:23	杨新宇	顺丰快递	送件	
11:00	刘露		面试	0:30
11:19	张静	创意设计策划	广告洽谈	2:30
11:25	李洋洋		面试	0:20
11:40	朱金		复试	1:00
11:50	杨青青	ABY国际	项目合作	4:30
14:12	张小波		面试	0:30
14:20	黄雅雅		面试	0:50
15:20	袁志远	韵达速度	取件	
15:40	陈倩		复试	0:30
16:07	韩丹		面试	0:15
16:50	陈强	天友	送货	
今日访客人数	12			
深度接触人数				

251 使用 COUNTBLANK 函数统计空白单元格的个数

扫一扫，看视频

实用指数 ★★★☆☆

使用说明

COUNTBLANK函数用于统计某个区域中空白单元格的个数。COUNTBLANK函数的语法结构为：COUNTBLANK(range)，其中，range为需要计算空单元格数目的区域。

解决方法

例如，要统计停留时间较长的来访人数，使用COUNTBLANK函数进行统计的具体操作方法如下。

选择要存放结果的B16单元格，输入公式“=B15-COUNTBLANK(E3:E14)”，按Enter键即可得出计算结果，如下图所示。

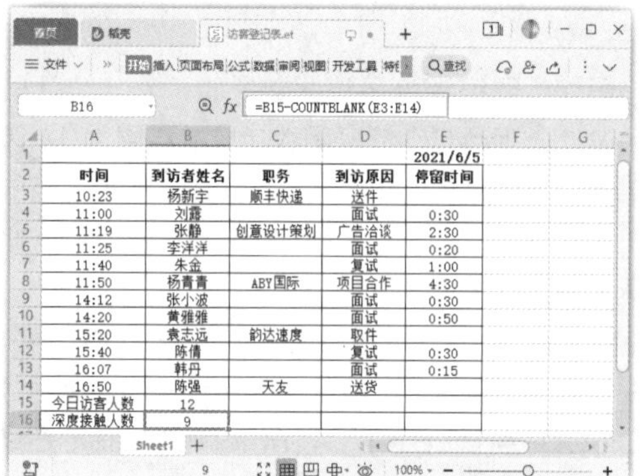

252 使用 COUNTIF 函数进行条件统计

扫一扫，看视频

实用指数 ★★★★★

使用说明

COUNTIF函数用于统计某区域中满足给定条件的单元格数目。COUNTIF函数的语法结构为：COUNTIF(range,criteria)，其中，range表示要统计单元格数目的区域；criteria表示给定的条件，其形式可以是数字、文本等。

解决方法

例如，要使用COUNTIF函数分别计算工龄在3年（含3年）以上的员工人数，以及人力资源部门的员工人数，具体操作方法如下。

步骤01 选择要存放结果的C18单元格，输入函数“=COUNTIF(F2:F16,">=3")”，按Enter键即可统计出工龄满3年的员工人数，如下图所示。

步骤02 选择要存放结果的C19单元格，输入函数“=COUNTIF(C2:C16,"人力资源")”，按Enter键即可统计出人力资源部门的员工人数，如下图所示。

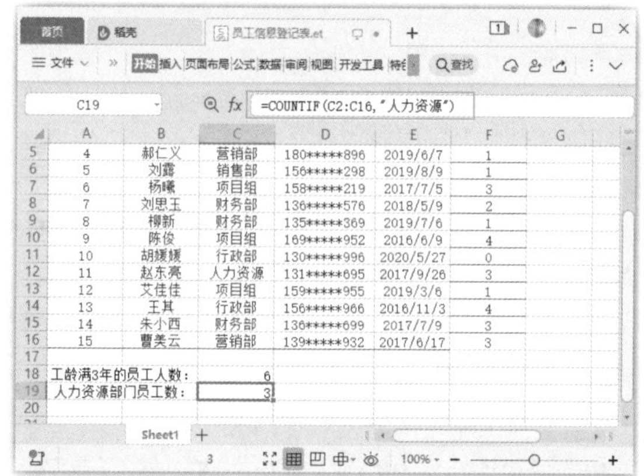

9.5 文本函数的使用技巧

在处理一些文本字符串时，如合并、统计、截取、转换、查找或替换文本操作，可以使用文本函数来完成。下面对最常用的几个文本函数进行介绍。

253 使用 LEFT 函数提取文本

扫一扫，看视频

实用指数 ★★★★★

使用说明

LEFT函数可以从一个文本字符串的第一个字符开始，返回指定个数的字符。LEFT函数的语法结构为：LEFT（text,num_chars），其中，text是需要提取字符的文本字符串；num_chars是指定需要提取的字符数，如果忽略，则为1。

解决方法

例如，要用LEFT函数将员工的姓氏提取出来，具体操作方法如下。

❶选择要存放结果的G2单元格，输入函数"=LEFT(B2,1)"，按Enter键，即可得到第一位员工的姓氏；❷利用填充功能向下复制函数，即可将所有员工的姓氏提取出来，如下图所示。

254 从电话号码中提取最后几位数

扫一扫，看视频

使用说明

RIGHT函数是从一个文本字符串的最后一个字符开始，返回指定个数的字符。RIGHT函数的语法结构为：RIGHT（text,num_chars），其中，text是需要提取字符的文本字符串；num_chars是指定需要提取的字符数，如果忽略，则为1。

解决方法

例如，利用RIGHT函数将员工联系电话的后三位提取出来，具体操作方法如下。

❶选择要存放结果的H2单元格，输入函数"=RIGHT(D2,3)"，按Enter键，即可提取出第一位员工联系电话的最后三位数；❷利用填充功能向下复制函数即可得出所有员工联系电话的后三位，如下图所示。

255 从身份证号码中提取出生日期和性别

扫一扫，看视频

使用说明

在对员工信息管理过程中，有时需要从身份证号码中提取员工的出生日期、性别等信息。此时可以使用MID函数来完成。

MID函数用于从文本字符串中指定的位置起，返回指定长度的字符。该函数的语法结构为：MID(text,start_num,num_chars)，其中，text包含要提取字符的文本字符串；start_num为文本中要提取的第一个字符的位置；num_chars用于指定要提取的字符串长度。

解决方法

要从身份证号码中分别提取员工的出生日期和性别，具体操作方法如下。

步骤01 打开素材文件（位置：素材文件\第9章\员工信息登记表2.et），❶选择要存放结果的J2单元格，输入函数"=MID(D2,7,4)&"年"&MID(D2,11,2)&"月"&MID(D2,13,2)&"日""，按Enter键，即可提取出第一位员工的出生日期；❷利用填充功能向下复制函数，即可计算出所有员工的出生日期，如下图所示。

步骤 02 ❶选择要存放结果的K2单元格，输入函数“=IF(MID(D2,17,1)/2=TRUNC(MID(D2,17,1)/2),"女","男")”，按Enter键，即可判断出第一位员工的性别；❷利用填充功能向下复制函数，即可得出所有员工的性别，如下图所示。

知识拓展

提取性别时，是根据身份证号码第17位的数字，当该数字能被2整除时，性别为“女”，否则为“男”。

TRUNC函数可以将数字截为整数或保留指定位数的小数。TRUNC函数的语法结构为：TRUNC(number,[num_digits])，其中，number为必选项，表示需要截尾取整数的数字；num_digits为可选项，用于指定取整精度的数字，如果忽略，则为0（零）。

9.6 其他函数的使用技巧

在编辑工作表时，有时候还会用到SUMIF、ROUND和RANDBETWEEN等函数，接下来分别讲解它们的使用方法。

256 使用 SUMIF 函数进行条件求和

扫一扫，看视频

使用说明

SUMIF函数兼具了SUM函数的求和功能和IF函数的条件判断功能。该函数主要用于根据指定的单个条件对区域中符合该条件的值求和。SUMIF函数的语法结构为：SUMIF(range,criteria,[sum_range])，其中各参数的含义介绍如下。

- range：要进行计算的单元格区域。
- criteria：单元格求和的条件，其形式可以为数字、表达式或文本形式等。
- sum_range：用于求和运算的实际单元格，若省略，将使用区域中的单元格。

解决方法

例如，要使用SUMIF函数分别统计男女员工的总成绩，具体操作方法如下。

步骤 01 打开素材文件（位置：素材文件\第9章\培训成绩.et），选择要存放结果的D20单元格，输入函数“=SUMIF(C2:C18,"男",I2:I18)”，按Enter键即可统计出所有男员工的总成绩，如下图所示。

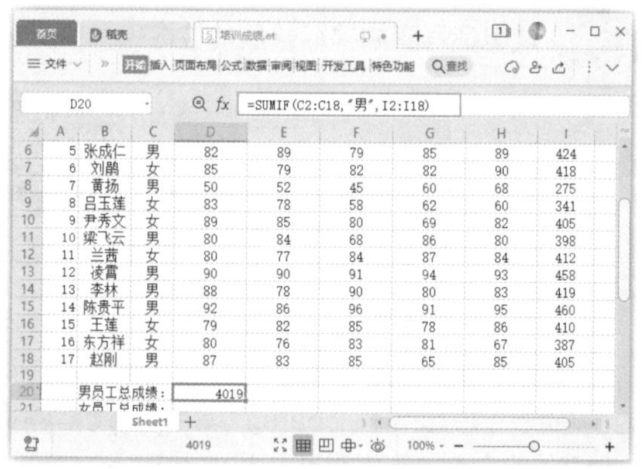

步骤 02 选择要存放结果的D21单元格，输入函数“=SUMIF(C2:C18,"女",I2:I18)”，按Enter键即可统计出所有女员工的总成绩，如下图所示。

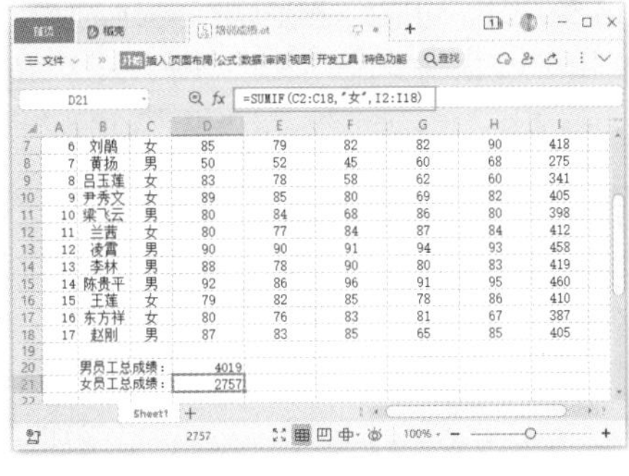

257　使用 ROUND 函数对数据进行四舍五入

扫一扫，看视频

使用说明

在日常使用中，四舍五入的取整方法是最常用的，该方法也相对公平、合理一些。ROUND函数可以按指定的位数对数值进行四舍五入。ROUND函数的语法结构为:ROUND(number,num_digits)，其中各参数含义介绍如下。

- number：要进行四舍五入的数值。
- num_digits：执行四舍五入时采用的位数。若该参数大于0，则将数字四舍五入到指定的小数位；如果等于0，则将数字四舍五入到最接近的整数；如果小于0，则在小数点左侧进行四舍五入。

解决方法

例如，希望将计算的平均成绩四舍五入为整数，即不保留小数位，具体操作方法如下。

❶选择要存放结果的J2单元格，输入函数"=ROUND(AVERAGE(D2:H2),0)"，按Enter键即可得到计算结果；❷利用填充功能向下复制函数即可，如下图所示。

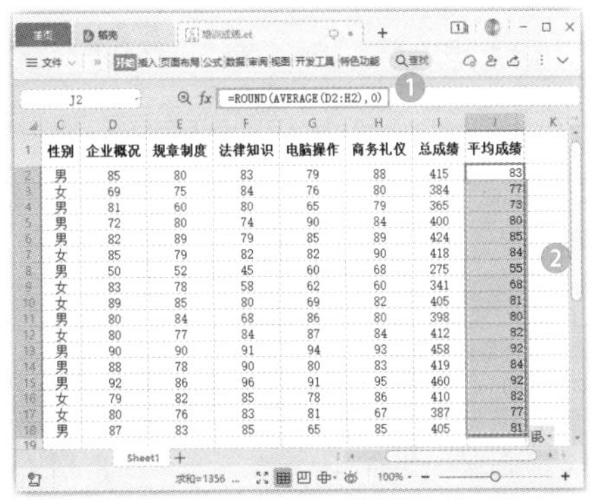

258　使用 RANDBETWEEN 函数制作随机抽取表

扫一扫，看视频

使用说明

RANDBETWEEN函数用于返回大于等于指定的最小值，小于指定最大值之间的一个随机整数。每次刷新工作表时都将返回一个新的数值。RANDBETWEEN函数的语法结构为:RANDBETWEEN(bottom,top)，其中，bottom是函数RANDBETWEEN将返回的最小整数;top是函数将返回的最大整数。

解决方法

例如，公司有230位员工，要随机抽出24位员工参加技能考试，具体操作方法如下。

步骤 01　❶新建一个空白工作簿，选择任意单元格，输入函数"=RANDBETWEEN(1,230)"，按Enter键即可得到第一个随机抽取结果；❷利用填充功能向右复制函数得到其他5个随机抽取结果，如下图所示。

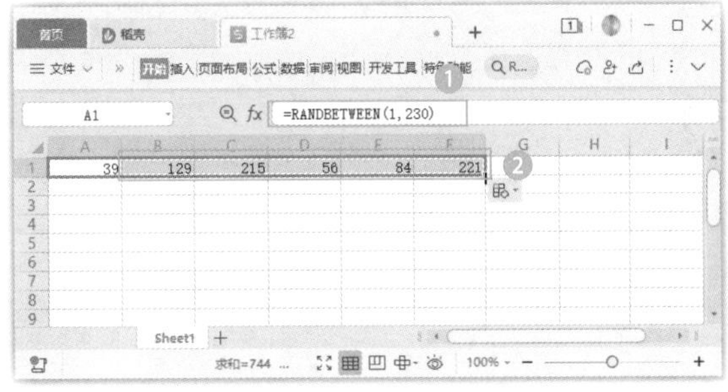

步骤 02　保持单元格区域的选择状态，向下复制函数得到24个随机抽取结果，如下图所示。

知识拓展

RAND函数用于返回大于或等于0且小于1的平均分布随机实数，每次刷新工作表时也会返回一个新的数值。RAND函数的语法结构为:RAND()，该函数不需要参数。

259 使用 POWER 函数计算数据

扫一扫，看视频

实用指数
★★★☆☆

使用说明

POWER函数用于返回某个数字的幂。该函数的语法结构为:POWER(number,power)，其中，number为底数，可以为任意实数;power为指数，底数按该指数次幂乘方。

解决方法

例如，要计算6的平方，可输入公式“=POWER(6,2)”；要计算4的6次方，可输入公式“=POWER(4,6)”，结果如下图所示。

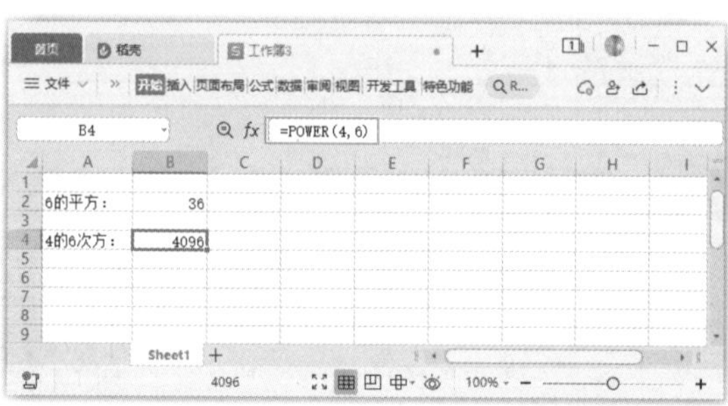

第 10 章
图表制作与编辑技巧

图表是数据的图形化表现形式，在数据呈现方面独具优势。正所谓“文不如表，表不如图”，相较于文字描述和表格数据而言，可视化图表可以更加清晰和直观地反映数据信息，帮助用户更好地了解数据间的对比差异、比例关系及变化趋势。本章主要针对图表功能，讲解一些相关的制作和编辑技巧。

下面是图表制作与编辑中的常见问题，请检测你是否会处理或已掌握。

√ 图表类型那么多，如何知道什么样的数据需要用什么样的图表类型来展示?
√ 制作了一个图表，发现图表类型选错了，需要将其删除并重新创建图表吗?
√ 制作了一个饼图，如何将一部分扇形分离出来?
√ 工作表中的重要数据被隐藏后，又希望将其以图表的形式展示给他人，能否将隐藏的数据显示在图表中?
√ 同样的数据源，同样的图表类型，切换行列显示方式也可以改变图表传递的信息，你知道吗?
√ 在图表中分析数据时，你知道如何添加辅助线吗?

希望通过本章内容的学习，能帮助你解决以上问题，并学会WPS图表制作与编辑技巧。

10.1 图表的创建技巧

图表是重要的数据分析工具之一，通过图表，可以非常直观地诠释工作表数据，并能清楚地显示数据间的联系及变化情况，从而使用户能更好地分析数据。在WPS表格中，用户可以很轻松地创建各种类型的图表。

260 根据统计需求创建常用图表

扫一扫，看视频

使用说明

图表的创建方法非常简单，只需要先选择要创建为图表的数据区域，然后选择需要的图表类型即可。在选择数据区域时，根据需要可以选择整个数据区域，也可以只选择部分数据区域。常见的图表类型都可以用这种方法来创建，相对更为灵活。

解决方法

例如，要为部分库存数据创建一个常见的柱形图，具体操作方法如下。

步骤 01 打开素材文件（位置：素材文件\第10章\库存统计表.et），❶选择要创建为图表的数据区域，这里选择部分商品代码和对应的存货数量数据；❷单击【插入】选项卡中图表类型对应的按钮，这里单击【插入柱形图】按钮；❸在弹出的下拉列表中选择需要的柱形图样式，如常用的【簇状柱形图】，如下图所示。

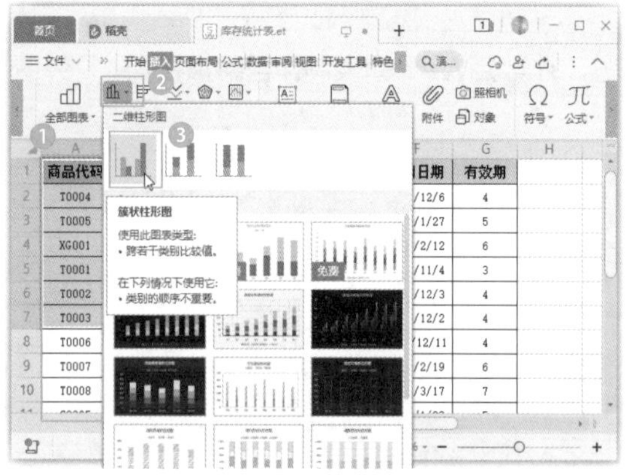

步骤 02 通过上述操作后，将根据选择的数据和图表类型在工作表中插入一个图表。将鼠标光标移动到该图表上方时，鼠标指针会呈状，此时按住鼠标左键不放并通过拖动将图表移动到空白位置处，如下图所示。

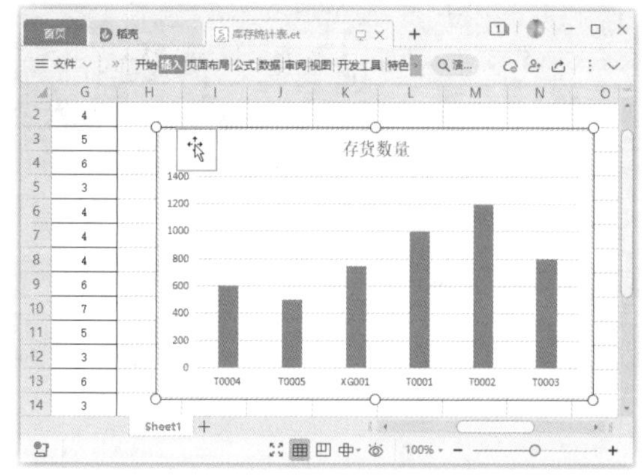

261 使用在线图表创建更丰富的图表样式

扫一扫，看视频

实用指数

★★★★☆

使用说明

WPS表格中还提供了许多在线图表效果，可以创建出更加丰富的图表样式，创建的方法也与传统的图表创建方法基本相同。

解决方法

例如，要为成绩统计表中的某个人的成绩创建一个圆环图，具体操作方法如下。

步骤 01 打开素材文件（位置：素材文件\第10章\培训成绩.et），选择要创建为图表的数据区域，这里选择D2:H2单元格区域；❶单击【插入】选项卡中的【全部图表】按钮；❷在弹出的下拉列表中单击图表类型对应的选项卡，这里单击【圆环图】选项卡；❸在下方还可以根据颜色、风格、类型等进行选择，这里选择【免费】选项；❹在右侧显示出的在线图表样式中选择需要的圆环图样式，如下图所示。此时选择的图表样式都会给出一个预览效果图，方便用户查看该图表的最终效果。

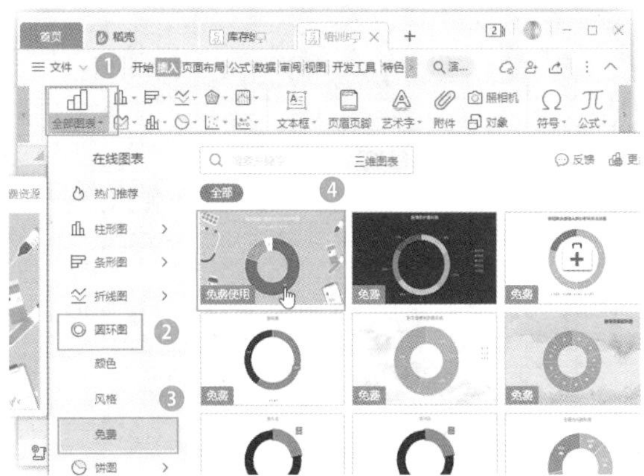

步骤 02 通过上述操作后，将根据选择的数据和图表样式在工作表中插入一个图表，如下图所示。

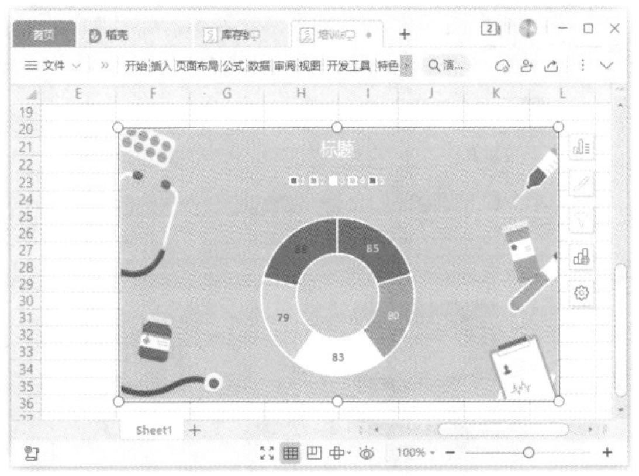

262 使用演示图表功能快速创建创意图表

实用指数
★★☆☆☆

扫一扫，看视频

使用说明

WPS表格中还提供了“演示图表”功能，可以在表格中插入一个演示用的图表，然后通过修改数据来完成图表创作。这项功能符合先选择图表类型再填充数据内容的用户习惯需求，而且也可以得到效果比较美观的图表。

解决方法

例如，要为年度汇总的家电销售数据创建一个柱形图，具体操作方法如下。

步骤 01 打开素材文件(位置：素材文件\第10章\家电销售年度汇总.et)，❶在【查找】文本框中输入“图表”；❷在弹出的下拉列表中选择【演示图表】选项，如下图所示。

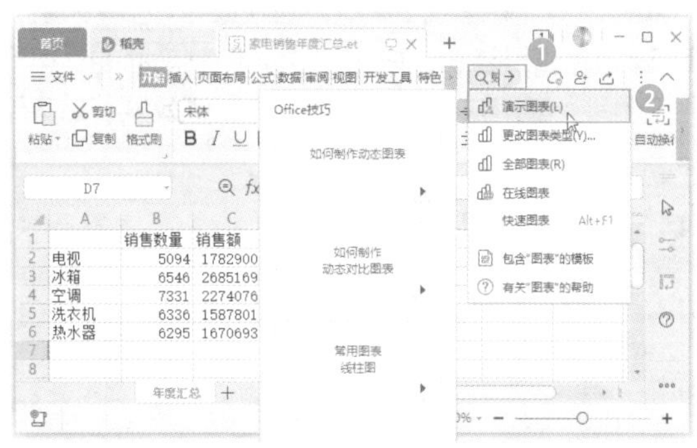

步骤 02 通过上述操作后，会自动调用“演示图表”功能，并在工作表中插入一个包含示例数据的图表，单击该图表右侧任务窗格中的【使用示例数据】按钮，将示例数据导入工作表，如下图所示。

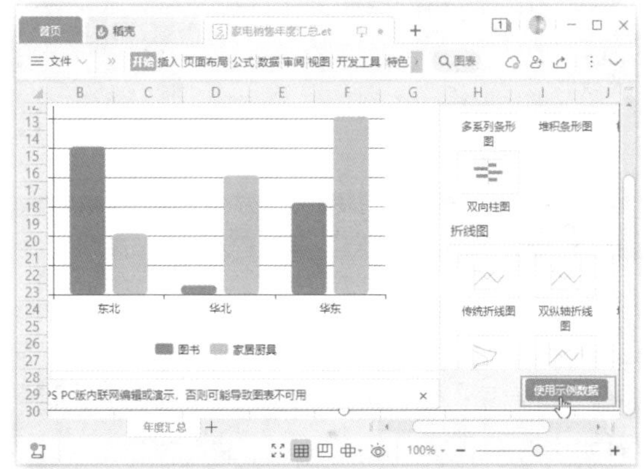

步骤 03 ❶单击图表右侧显示的【重选数据】按钮 ；❷在打开的【数据源】对话框中重新选择图表需要展示的数据区域，这里选择A1:B6单元格区域；❸单击【确定】按钮；❹删除导入的示例数据区域，如下图所示。

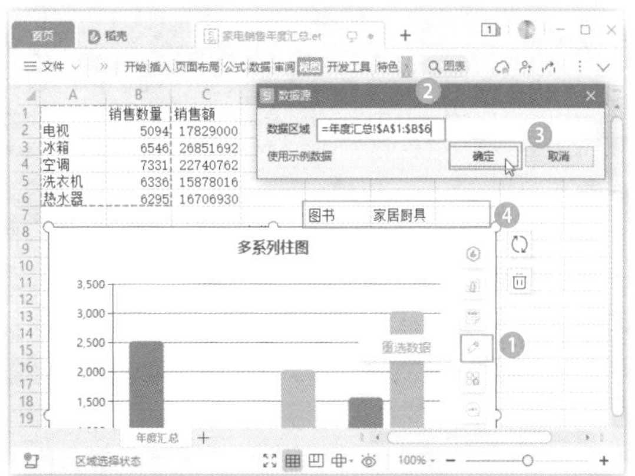

步骤 04 通过上述操作后，即可在图表中展示所选的数据内容。❶单击【更改主题】按钮；❷在展开的任务窗格中选择一种主题效果，使其前面的√标记显示出来，即可快速改变该图表的整体效果，如下图所示。

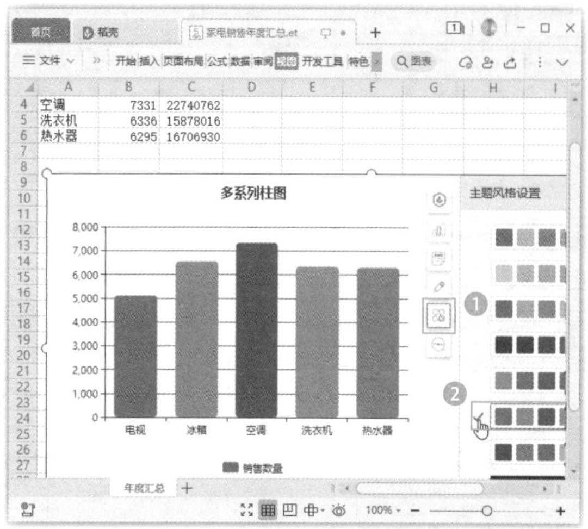

10.2 图表的编辑技巧

完成图表的创建后，还可以根据需要进行编辑和修改，以便让图表更直观地表现表格数据，并起到美化的效果。接下来就介绍一些编辑图表的相关技巧。

263 更改已创建图表的类型

扫一扫，看视频

实用指数
★★★★★

使用说明

创建图表后，若发现图表的类型不能准确地表现出数据关系，还可以更改图表的类型。

解决方法

例如，要将销售数据表中制作的柱形图更改为饼图，具体操作方法如下。

步骤 01 打开素材文件(位置：素材文件\第10章\楼盘项目季度销量统计图.et)，❶选择图表；❷单击【图表工具】选项卡中的【更改类型】按钮，如下图所示。

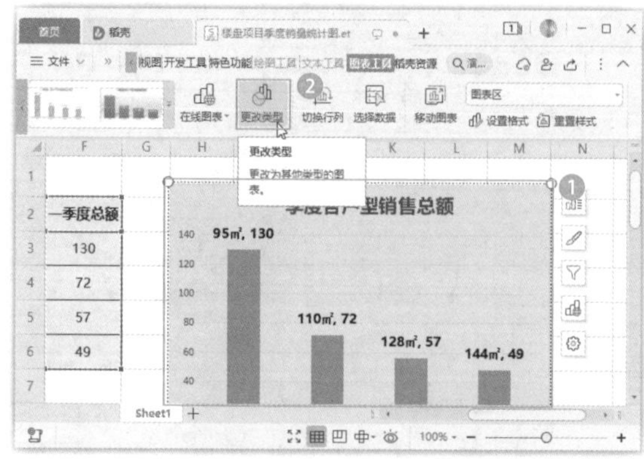

步骤 02 打开【更改图表类型】对话框，❶在左侧列表中选择【饼图】选项；❷在右侧选择需要的饼图样式；❸单击【插入】按钮即可，如下图所示。

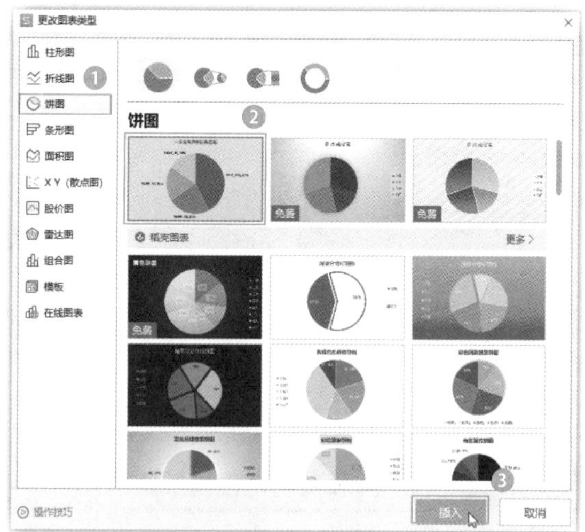

步骤 03 通过上述操作后，所选图表将被修改为选择的饼图样式，如下图所示。

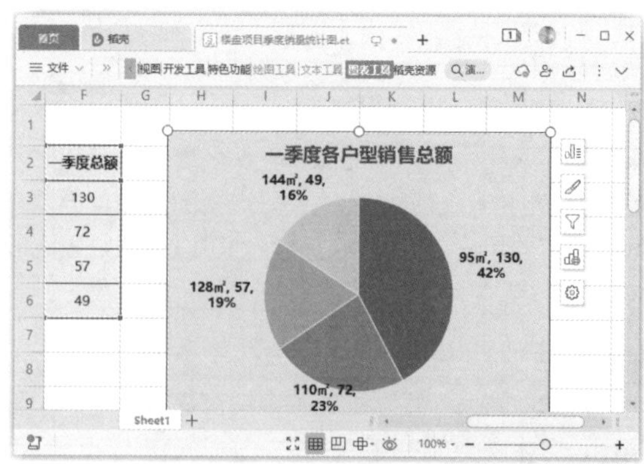

264　在图表中增加数据系列

扫一扫，看视频

使用说明

完成图表的创建后，若发现要展示的数据没有选全，还可以为图表增加数据，包括增加数据系列和数据类别。

解决方法

例如，在展示培训成绩的图表中，发现少选了一个数据系列，添加的具体操作方法如下。

步骤 01　打开素材文件（位置：素材文件\第10章\培训成绩2.et），❶选择图表；❷单击【图表工具】选项卡中的【选择数据】按钮，如下图所示。

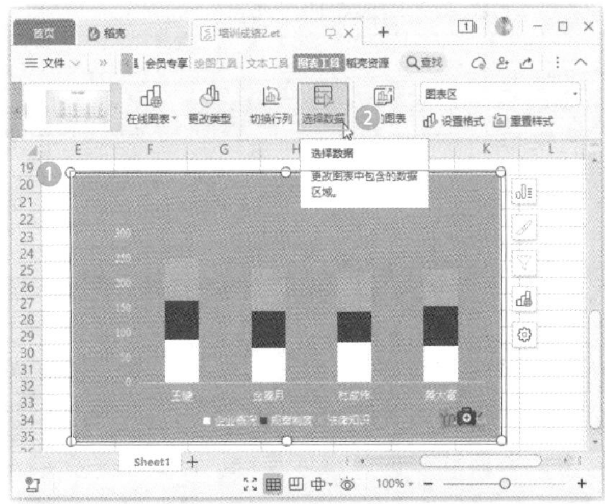

步骤 02　打开【编辑数据源】对话框，单击【图例项】栏中的【添加】按钮，如下图所示。

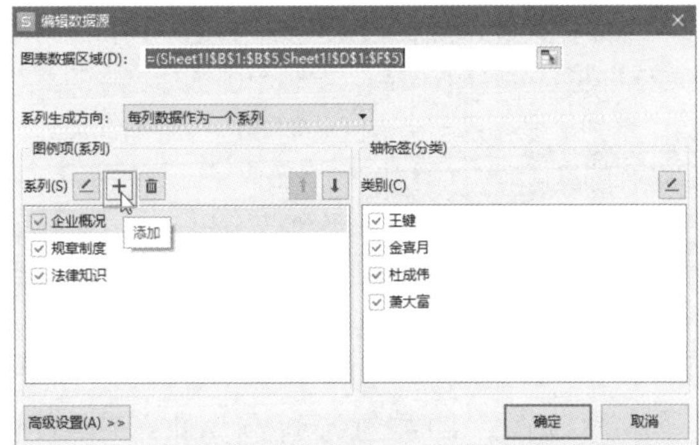

步骤 03　打开【编辑数据系列】对话框，❶分别在【系列名称】和【系列值】参数框中设置对应的数据源；❷单击【确定】按钮，如下图所示。

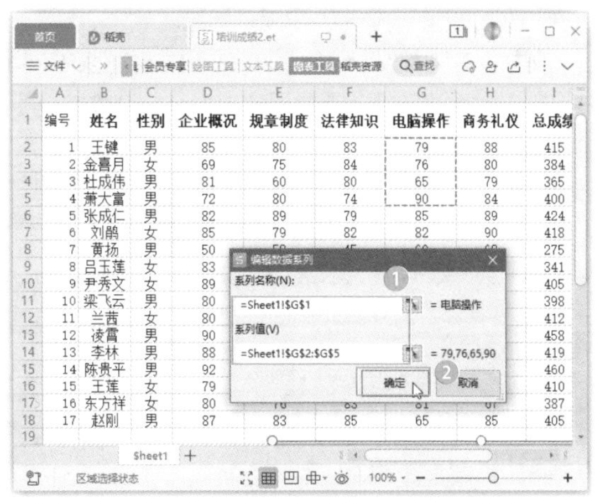

步骤 04　返回【编辑数据源】对话框，单击【确定】按钮，返回工作表即可看到图表中增加了数据系列，如下图所示。

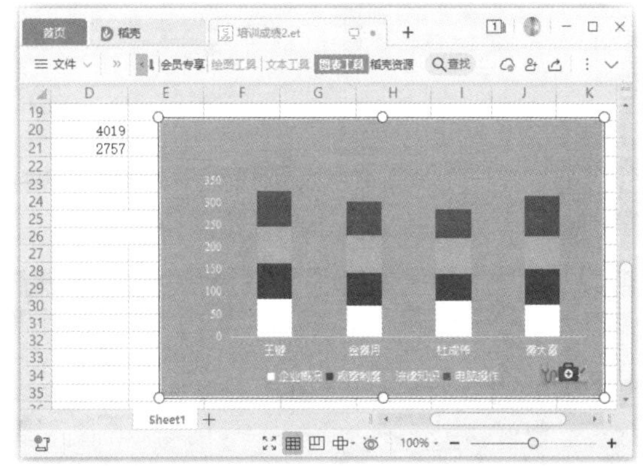

温馨提示

在工作表中，如果对数据进行了修改或删除操作，图表会自动进行相应的更新。如果在工作表中增加了新数据，则图表不会自动进行更新，需要手动增加数据。

265　更改图表的数据源

扫一扫，看视频

使用说明

创建图表后，如果发现数据源选择错误，可以直接更改图表的数据源。

解决方法

例如，在对比分析各地业绩时，发现图表中展示的是第一季度的数据，需要更改为第二季度的数据源，具体操作方法如下。

步骤 01 打开素材文件（位置：素材文件\第10章\业绩分析表.et），❶选择图表；❷单击【图表工具】选项卡中的【选择数据】按钮，如下图所示。

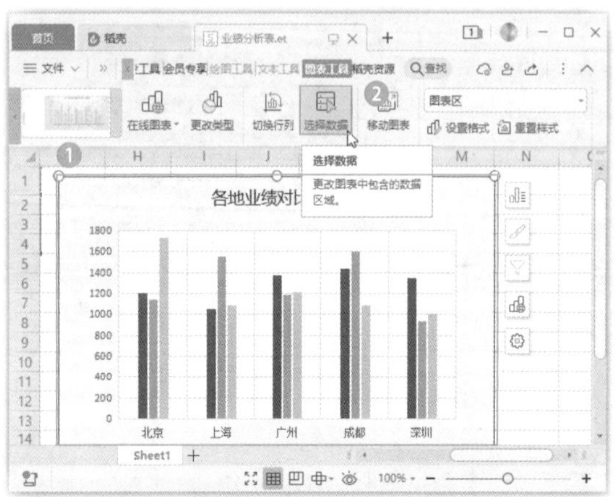

步骤 02 打开【编辑数据源】对话框，单击【图表数据区域】参数框右侧的折叠按钮，如下图所示。

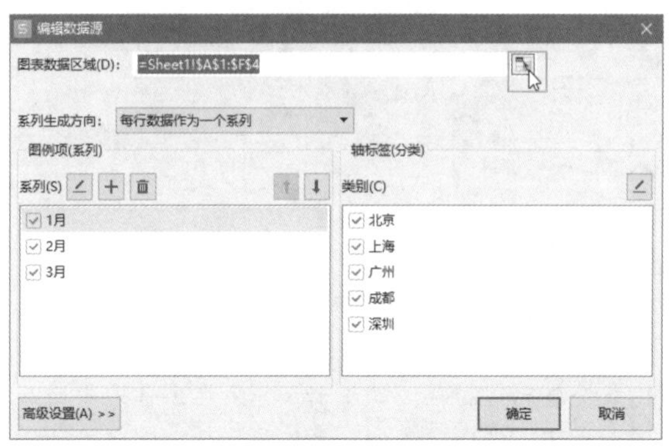

步骤 03 ❶在工作表中重新选择数据区域；❷完成后单击【编辑数据源】对话框中的展开按钮，如下图所示。

月份	北京	上海	广州	成都	深圳
1月	1201	1053	1377	1438	1348
2月	1143	1552	1189	1595	932
3月	1732	1088	1214	1087	1008
4月	1872	2363	2260	1480	1004
5月	2043	1097	1843	1157	1060
6月	1700	3207	1480	2672	1413
7月	1225	1087	1234	1683	1688
8月	1690	1157	2414	1843	1053
9月	3465	1091	1481	1213	1131

步骤 04 在【编辑数据源】对话框中单击【确定】按钮，返回工作表即可看到图表中已经更改了数据源，如下图所示。

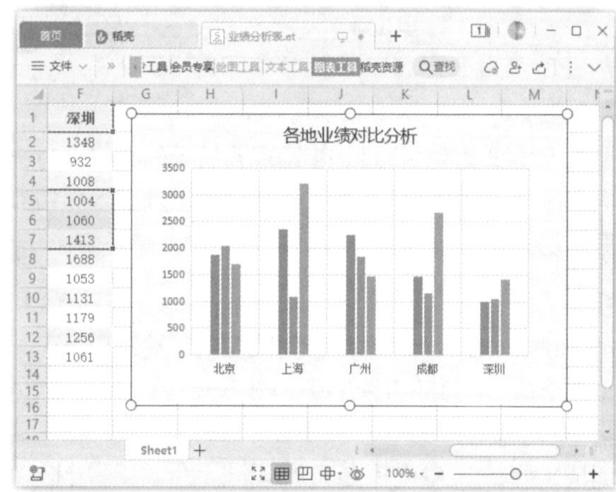

266 精确选择图表中的元素

扫一扫，看视频

实用指数 ★★★★★

使用说明

一个图表通常由图表区、图表标题、图例及各个数据系列等元素组成，当要对某个元素对象进行操作时首先需要将其选中。一般来说，单击某个对象，便可将其选中。当图表内容过多时，通过单击的方式可能会选择错误。要想精确选择某元素，可通过功能区中的【图表元素】下拉列表框来实现。

解决方法

例如，某折线图中展示了多个数据系列，而且折线之间又互相缠绕在一起，要想单击选择其中的某个数据系列，很容易出错。因此需要进行精确选择，精确选择的具体操作方法如下。

打开素材文件（位置：素材文件\第10章\上半年销售情况分析.et），❶选择图表；❷单击【图表工具】选项卡最右侧的【图表元素】下拉按钮；❸在弹出的下拉列表中选择需要的元素选项，如【系列"赵子琪"】，如下图所示。此后，图表中代表"赵子琪"的数据系列就会呈选中状态。

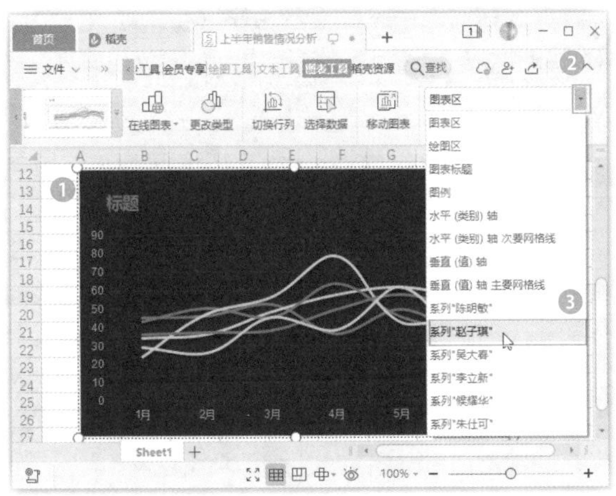

267　如何分离饼图扇区

实用指数

扫一扫，看视频

使用说明

在工作表中创建饼图后，所有的数据系列都是一个整体。有时需要将饼图中的某扇区分离出来，以便突出显示该数据。

解决方法

将饼图扇区分离的具体操作方法如下。

打开素材文件（位置：素材文件\第10章\文具销量统计.et），在图表中单击选择整个饼图的数据系列，再单击选择要分离的扇区，这里选择的是代表钢笔的扇区，然后按住鼠标左键不放并进行拖动，如下图所示。直到将该扇区拖动至目标位置后释放鼠标左键，即可实现该扇区的分离。

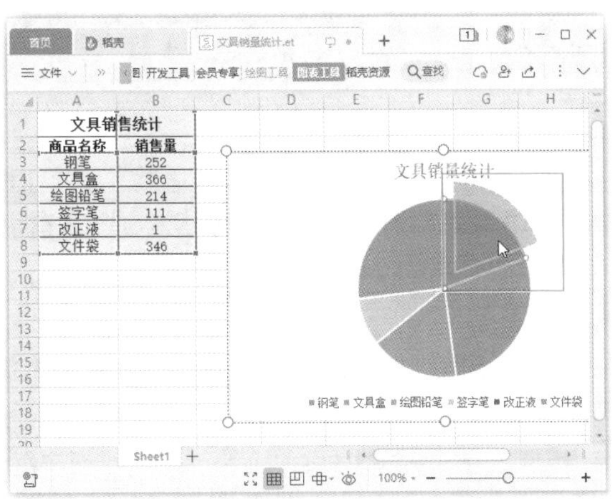

268　设置饼图的标签值类型

实用指数

★★★★★

扫一扫，看视频

使用说明

在饼图中，默认显示的数据标签是具体数值。而饼图一般是为了查看各项数据的占比，通常需要将数值设置成百分比形式，并显示出对应的数据项名称。

解决方法

设置数据标签类型的具体操作方法如下。

步骤 01　❶选择图表；❷单击图表右侧出现的【图表元素】按钮；❸在弹出的下拉菜单中选中【数据标签】复选框，即可在图表中显示出数据标签；❹单击该选项后的下拉按钮；❺在弹出的下拉菜单中选择数据标签的位置，这里选择【数据标签内】选项，如下图所示。

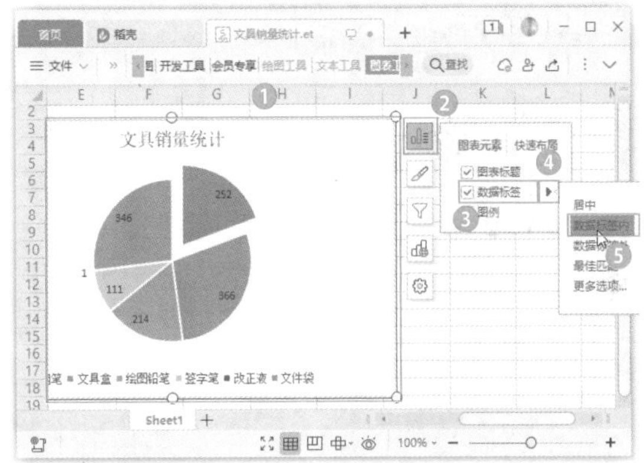

温馨提示

单击【图表工具】选项卡中的【添加元素】下拉按钮，在弹出的下拉菜单中选择【数据标签】命令，在弹出的下级菜单中也可以选择数据标签的位置。

步骤 02　❶选择添加的数据标签；❷单击图表右侧的【设置图表区域格式】按钮，如下图所示。

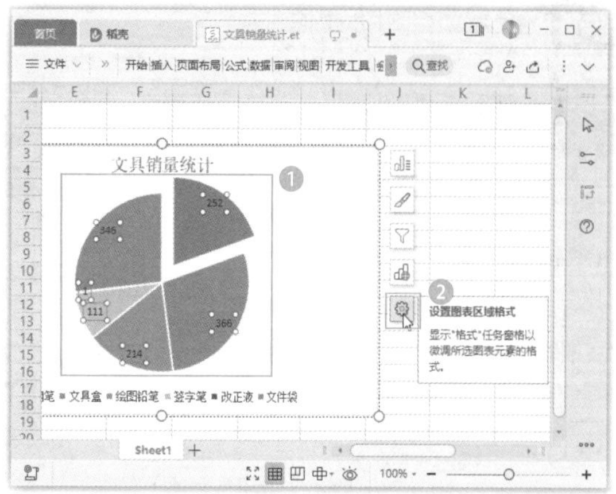

步骤 03 显示出【属性】任务窗格，❶单击【标签选项】选项卡下的【标签】按钮 ；❷在【标签选项】栏中选中【类别名称】和【百分比】复选框，取消【值】复选框的选中状态，如下图所示。即可看到图表中的数据标签以百分比形式进行显示，并显示出了对应的数据名称。

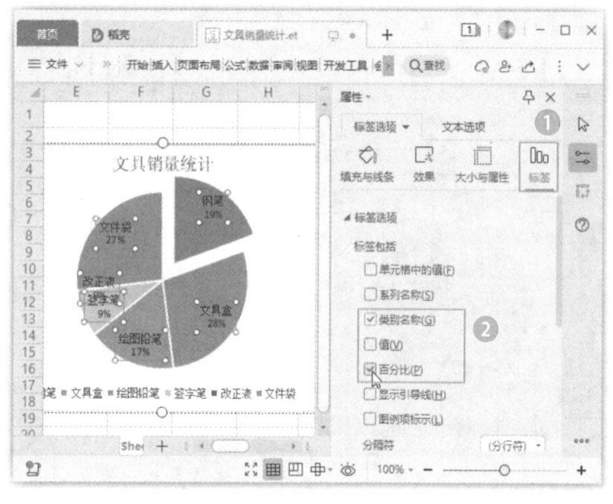

温馨提示

在数据标签上右击，在弹出的快捷菜单中选择【设置数据标签格式】命令，也可以显示出【属性】任务窗格。

269 让饼状图中接近 0% 的数据隐藏起来

扫一扫，看视频

实用指数
★★☆☆☆

使用说明

在制作饼图时，如果其中某个数据的占比靠近零值，那么在饼图中不能显示色块，但会显示一个值“0%”的标签，看着比较难看，显示的意义也不大。

解决方法

要在饼状图中让接近0%的数据隐藏起来，具体操作方法如下。

❶选择图表中的“0%”数据标签；❷显示出【属性】任务窗格，单击【标签选项】选项卡下的【标签】按钮 ；❸在【数字】栏中的【类别】下拉列表框中选择【自定义】选项；❹在【格式代码】文本框中输入“[<0.01]"";0%”；❺单击【添加】按钮，如下图所示。可看见图表中接近0%的数据自动隐藏起来了。

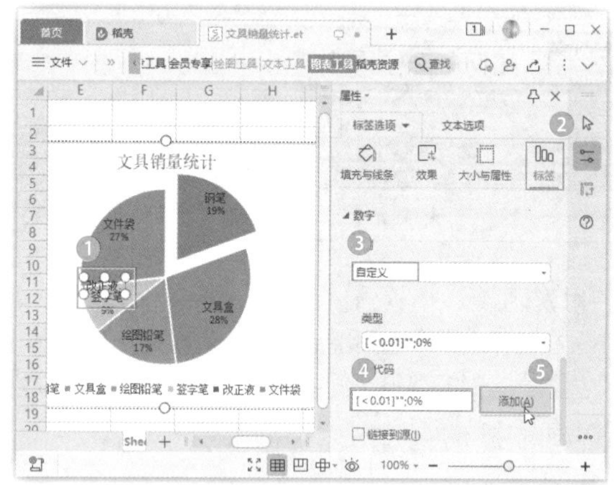

知识拓展

在本例中输入的代码“[<0.01]"";0%”表示当数值小于0.01时不显示。

270 将隐藏的数据显示到图表中

扫一扫，看视频

实用指数
★★★☆☆

使用说明

若在编辑工作表时将某部分数据隐藏了，则创建的图表也不会显示这些数据。此时，可以通过设置让隐藏的工作表数据显示到图表中。

解决方法

要将隐藏的数据显示到图表中，具体操作方法如下。

步骤 01 打开素材文件（位置：素材文件\第10章\电商平台销售业绩图表.et），❶选择图表；❷单击【图表工具】选项卡中的【选择数据】按钮，如下图所示。

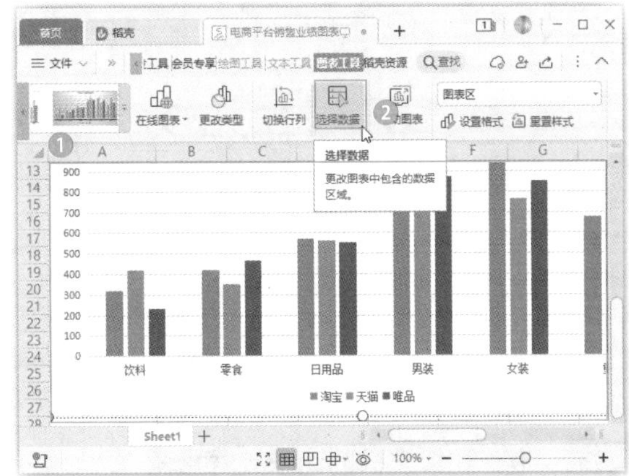

步骤 02　打开【编辑数据源】对话框，❶单击【高级设置】按钮；❷在展开的界面中选中【显示隐藏行列中的数据】复选框；❸单击【确定】按钮，如下图所示。

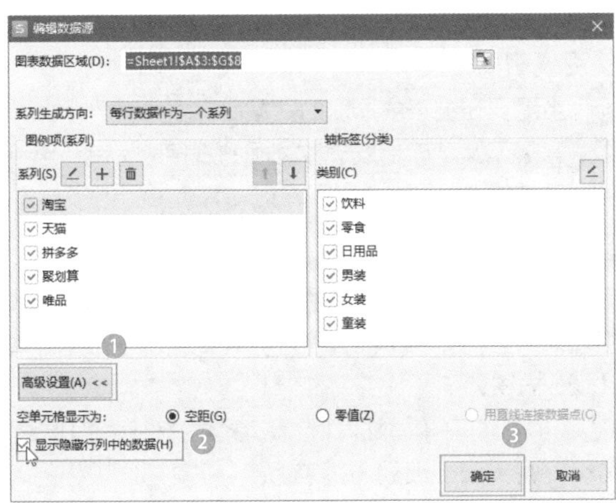

步骤 03　返回工作表即可看到图表中显示了隐藏的数据，如下图所示。

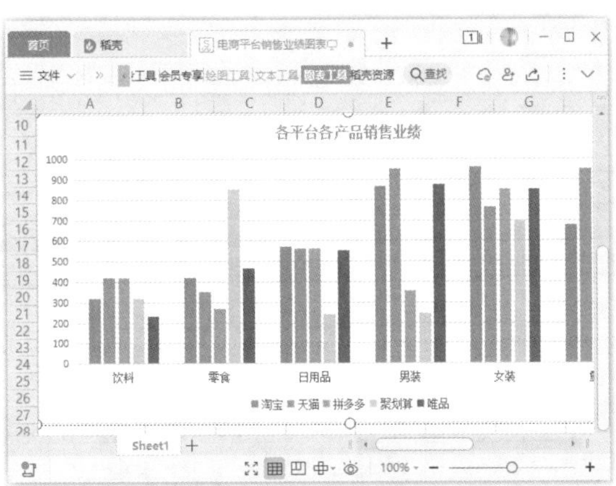

271　切换图表的行列显示方式

实用指数
★★★★★

扫一扫，看视频

使用说明

创建图表时，系统默认的数据系列和数据分类可能会划分错误，这时需要通过对图表统计的行列方式进行切换来调整，以便更好地查看和比较数据。

解决方法

切换图表的行列显示方式的具体操作方法如下。

步骤 01　❶选择图表；❷单击【图表工具】选项卡中的【切换行列】按钮，如下图所示。

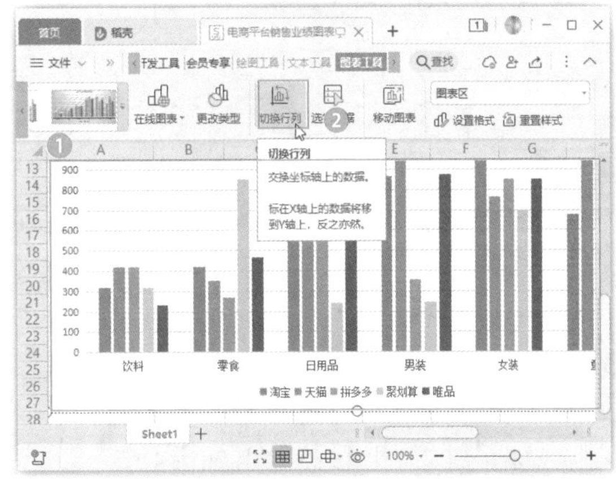

步骤 02　通过上述操作，即可切换图表行列显示方式，效果如下图所示。这样更方便对比每个平台的整体销量情况。

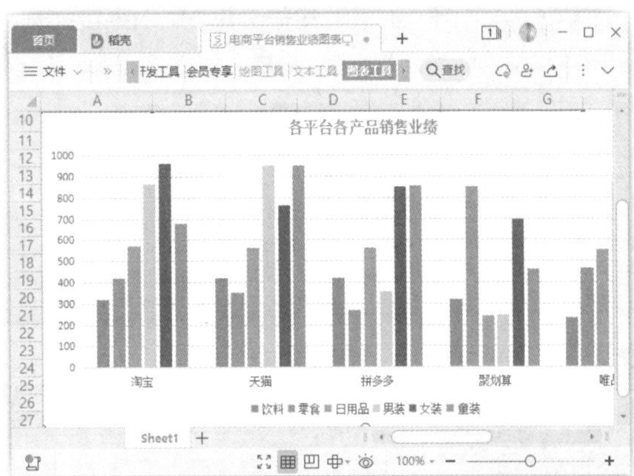

272 如何将图表移动到其他工作表

扫一扫，看视频

实用指数
★★★☆☆

使用说明

默认情况下，创建的图表会显示在数据源所在的工作表内，根据操作需要，也可以将图表移动到其他工作表。

解决方法

要将图表移动到新建的工作表中，具体操作方法如下。

步骤 01 ❶选择图表；❷单击【图表工具】选项卡中的【移动图表】按钮，如下图所示。

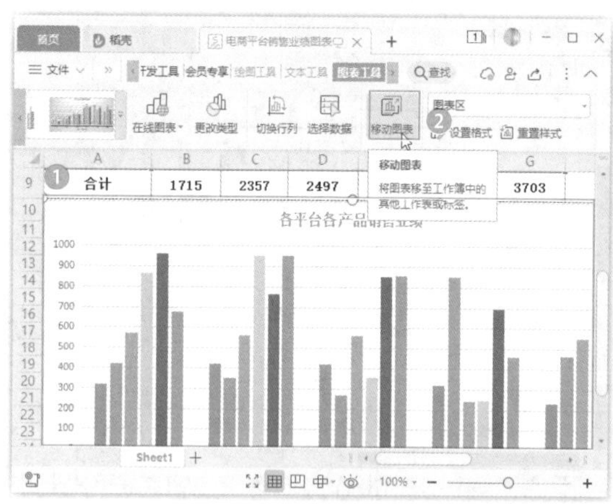

步骤 02 打开【移动图表】对话框，❶选择图表位置，这里选中【新工作表】单选按钮，并在右侧的文本框中输入新工作表的名称；❷单击【确定】按钮，如下图所示。

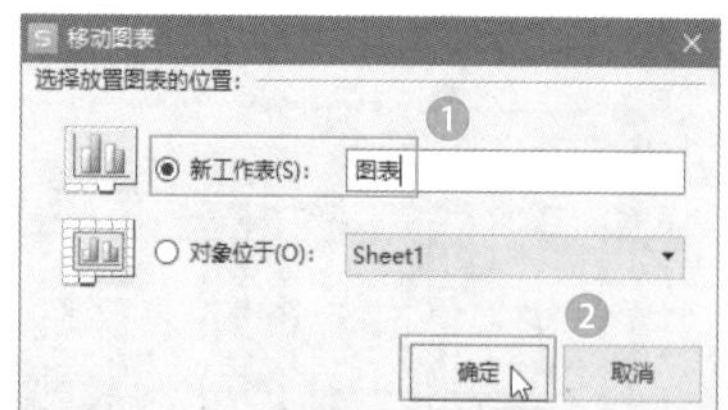

步骤 03 通过上述操作后，即可新建一个名为【图表】的工作表，并将图表移动至该工作表中，如下图所示。

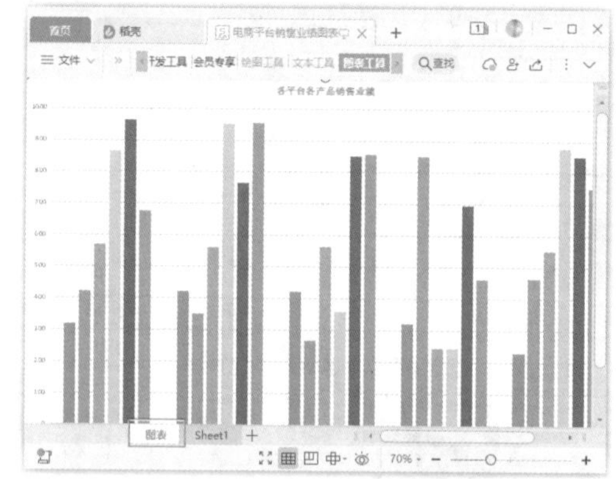

273 制作可以选择的动态数据图表

扫一扫，看视频

实用指数
★★★★☆

使用说明

当需要在图表中展示的数据比较多，分开用几个图表来展示又不容易发现数据间的规律时，就可以制作成动态的数据图表。

解决方法

例如，要将各分公司的销售数据制作成动态的数据图表，方便查看不同月份各分公司的销售数据，具体操作方法如下。

步骤 01 打开素材文件（位置：素材文件\第10章\各分公司月销售业绩动态图表.et），❶复制原表格的表头数据，这里将A2:F2单元格区域中的数据复制到空白处；❷选择A18单元格，作为可变动数据存放的位置；❸单击【数据】选项卡中的【有效性】按钮，如下图所示。

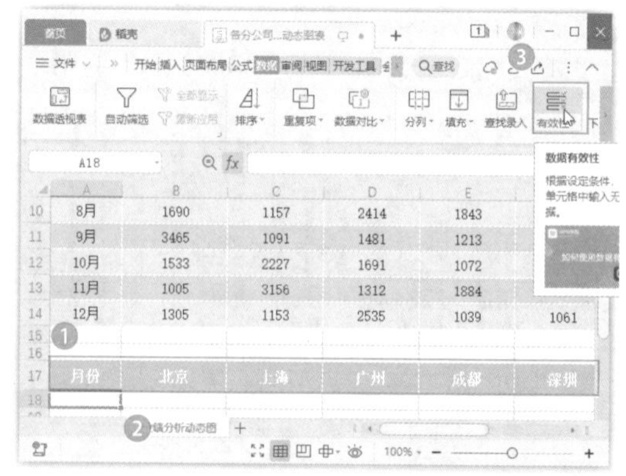

步骤 02 打开【数据有效性】对话框，❶在【设置】

选项卡的【允许】下拉列表框中选择【序列】选项；❷在【来源】文本框中设置工作表中的A3:14单元格区域；❸单击【确定】按钮，如下图所示。

步骤 03 ❶在B18单元格中输入公式“=VLOOKUP($A18,$A$3:$F$14,COLUMN(),0)”；❷向右拖动填充控制柄，复制公式到C18:F18单元格区域，如下图所示。

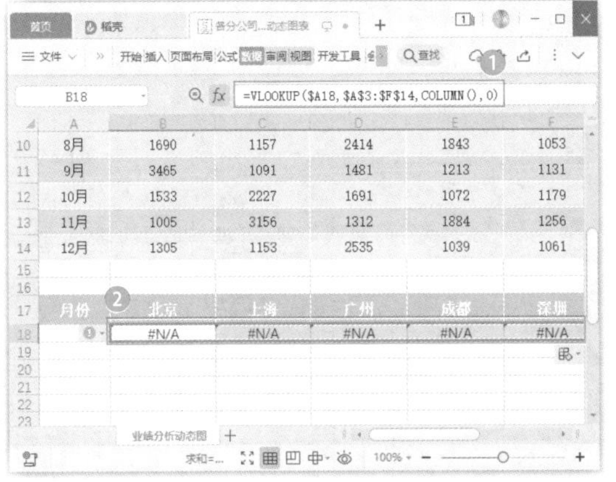

温馨提示

该公式的作用是根据A18单元格中的内容返回对应行的该列数据。

VLOOKUP函数可以在某个单元格区域的首列沿垂直方向查找指定的值，然后返回同一行中的其他值。语法结构为：VLOOKUP((lookup_value,table_array,col_index_num,range _lookup)，其中，lookup_value用于设定需要在表的第一行中进行查找的值；table_array用于设置要在其中查找数据的区域；col_index_num是在查找之后要返回的匹配值的列序号；range_lookup为可选参数，用于指明函数在查找时是精确匹配，还是近似匹配。如果该参数是FALSE，函数就查找精确的匹配值；如果这个函数没有找到精确的匹配值，就会返回错误值“#N/A”。COLUMN函数用于返回指定单元格引用的列号。语法结构为：COLUMN ([reference])，其中，reference为可选参数，表示要返回其列号的单元格或单元格区域。

步骤 04 ❶单击A18单元格右侧的下拉按钮；❷在弹出的下拉列表中选择任意选项，检测设计的公式是否能正确返回不同月份各城市的销售数据，如下图所示。

步骤 05 ❶选择A17:F18单元格区域中的任意单元格；❷单击【插入】选项卡中的【全部图表】按钮；❸在弹出的下拉列表中单击【柱形图】选项卡；❹在下方选择【免费】选项；❺在右侧选择一个柱形图样式，如下图所示。

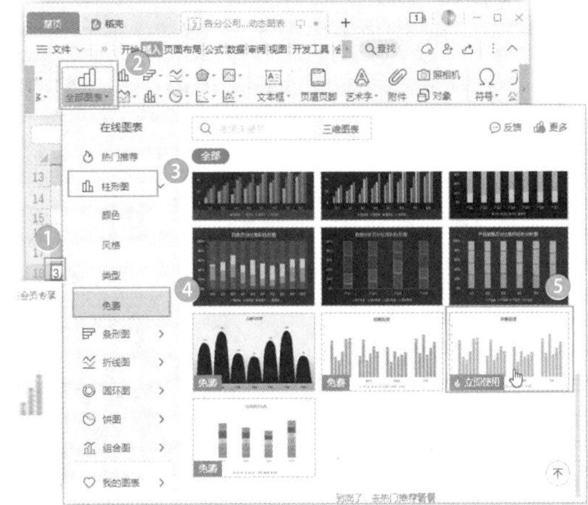

步骤 06 经过第5步操作，即可插入一个图表，并显示当前选择的月份的相关数据。❶单击A18单元格右侧的下拉按钮；❷在弹出的下拉列表中选择其他选项，查看图表动态显示数据的效果，如下图所示。

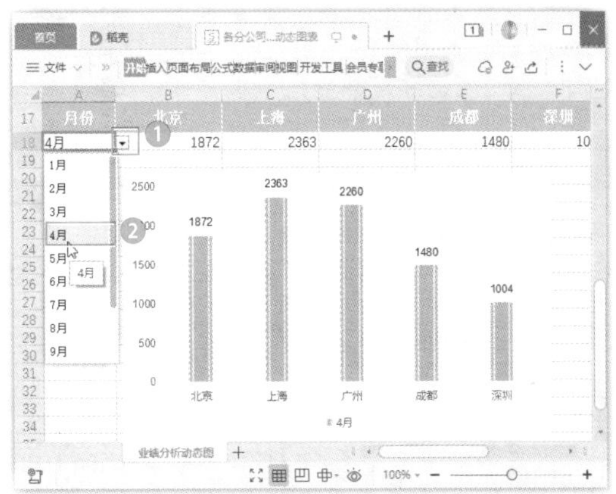

274 突出显示折线图表中的最大值和最小值

扫一扫，看视频

使用说明

为了让图表数据更加清楚明了，可以通过设置，在图表中突出显示最大值和最小值。

解决方法

在折线图中突出显示最大值和最小值的具体操作方法如下。

步骤 01 打开素材文件（位置：素材文件\第10章\员工培训成绩表.et），❶在工作表中创建两个辅助列，并将表头命名为【最高分】【最低分】；❷选择C3单元格，输入公式“=IF(B3=MAX($B$3:$B$11),B3,NA())”，按Enter键得出计算结果；❸利用填充功能向下复制公式，判断出该列数据的最大值，如下图所示。

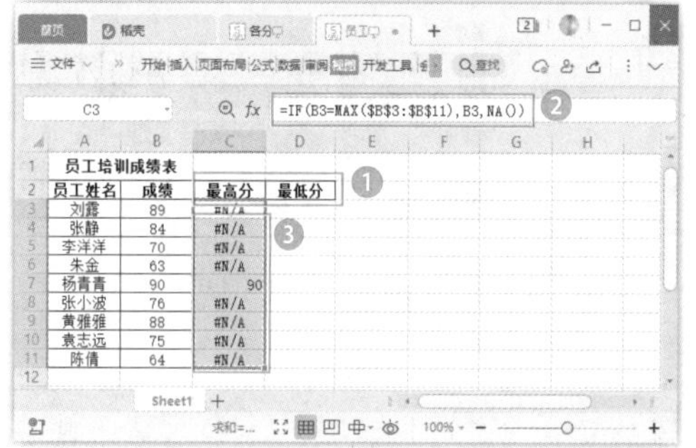

步骤 02 选择D3单元格，❶输入公式“=IF(B3=MIN($B$3:$B$11),B3,NA())”，按Enter键得出计算结果；❷利用填充功能向下复制公式，判断出最小值，如下图所示。

步骤 03 ❶选择A2:D11单元格区域；❷单击【插入】选项卡中的【插入折线图】按钮；❸在弹出的下拉列表中选择【带数据标记的折线图】选项，如下图所示。

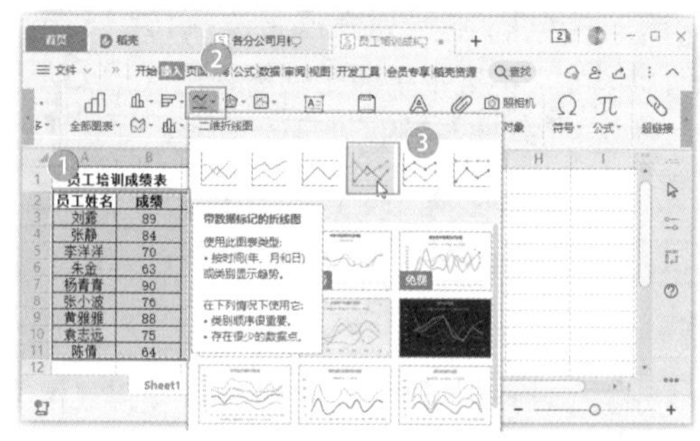

步骤 04 ❶在图表中选中最高数值点；❷单击【图表元素】按钮；❸在弹出的下拉菜单中单击【数据标签】选项后的下拉按钮；❹在弹出的下拉菜单中选择【更多选项】命令，如下图所示。

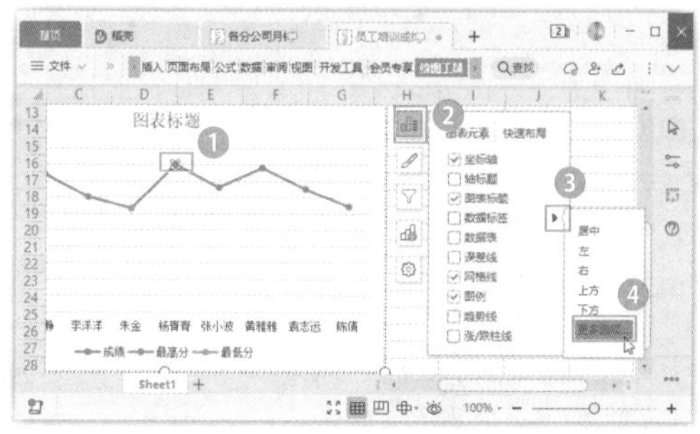

步骤 05 显示出【属性】任务窗格，❶单击【标签选项】选项卡下的【标签】按钮；❷在【标签选项】栏中选中【系列名称】和【值】复选框，如下图所示。

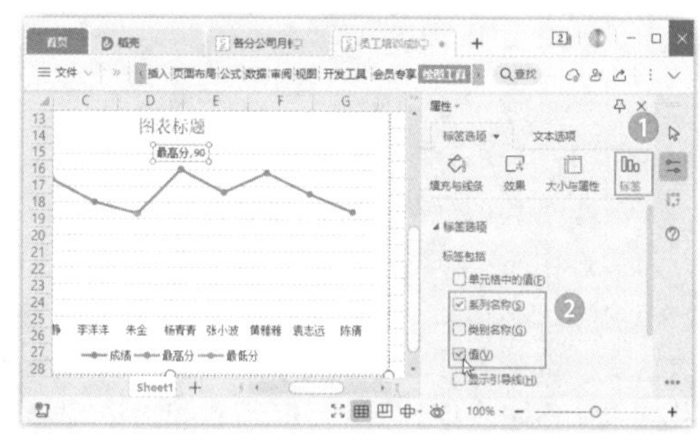

步骤 06 参照上述操作方法，将最低数值点的数据标签在下方显示出来，并显示出系列名称，如下图所示。

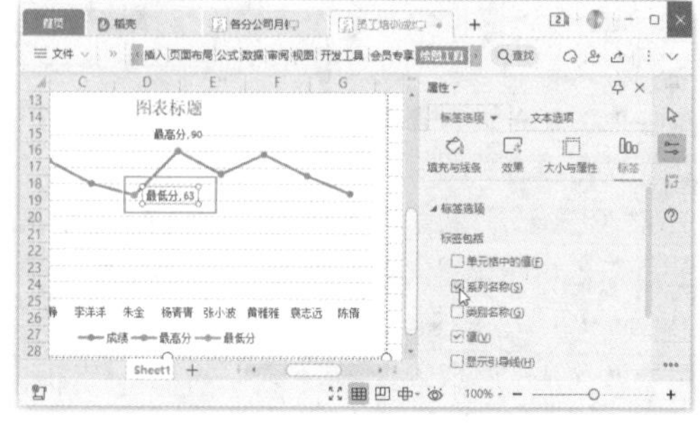

275　在图表中添加趋势线

实用指数
★★★★☆

扫一扫，看视频

使用说明

创建图表后，为了能更加直观地对系列中的数据变化趋势进行分析与预测，可以为数据系列添加趋势线。

解决方法

为数据系列添加趋势线的操作方法如下。

步骤 01　打开素材文件（位置：素材文件\第10章\化妆品销售统计表.et），❶选择图表；❷单击【图表工具】选项卡中的【添加元素】按钮；❸在弹出的下拉菜单中选择【趋势线】命令；❹在弹出的下级菜单中选择趋势线的类型，这里选择【线性】，如下图所示。

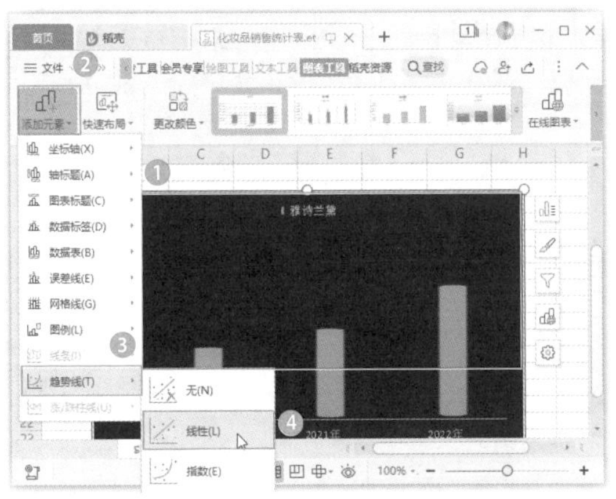

步骤 02　返回工作表即可看到图表中已经添加了线性趋势线，如下图所示。

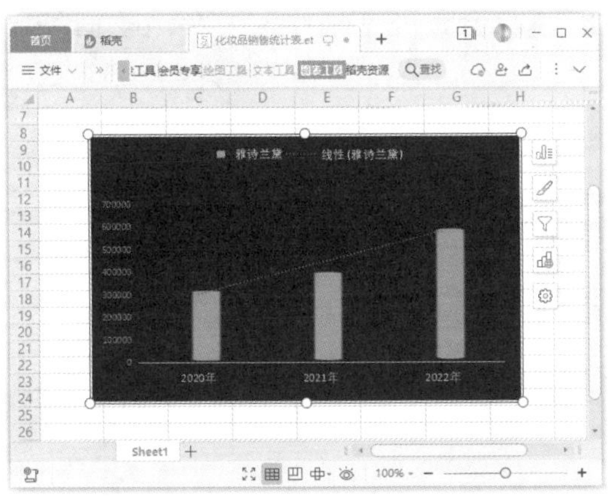

276　更改趋势线类型

实用指数
★★★☆☆

扫一扫，看视频

使用说明

添加趋势线后，还可根据需要更改趋势线的类型。

解决方法

例如，要将线性趋势线更改为线性预测趋势线，具体操作方法如下。

步骤 01　❶选择图表；❷单击【图表元素】按钮；❸在弹出的下拉菜单中单击【趋势线】选项后的下拉按钮；❹在弹出的下拉菜单中选择需要更改的趋势线类型，这里选择【线性预测】命令，如下图所示。

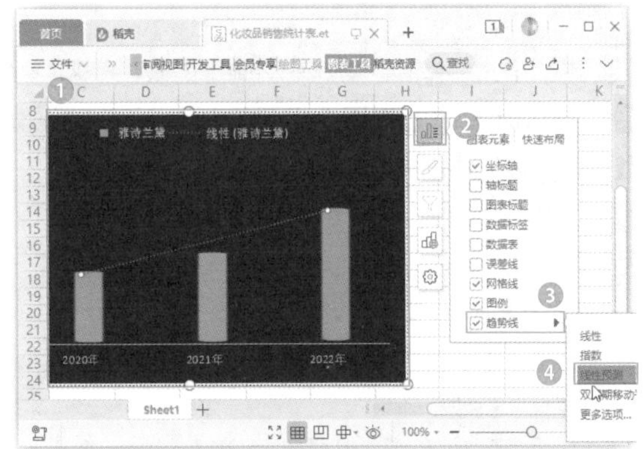

步骤 02　返回工作表即可看到设置后的效果，如下图所示。

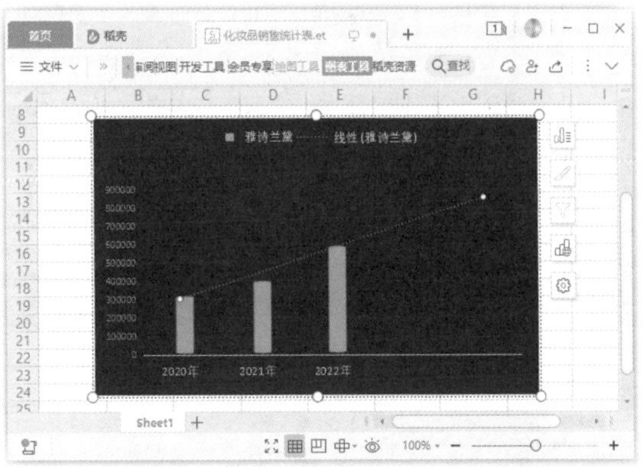

第 11 章 数据透视表和数据透视图应用技巧

在WPS表格中，数据透视表和数据透视图具有强大的分析功能。当表格中有大量数据时，利用透视表可以多角度查看、提取、对比分析和分类总结数据，最终提取出有效的信息并形成最终决策。数据透视图可以更加直观地查看数据。

下面是数据透视表和数据透视图使用中的常见问题，请检测你是否会处理或已掌握。

√ 创建的数据透视表是如何实现多角度查看数据的？可以在一个数据透视表中实现多种效果的查看吗？
√ 创建数据透视表后，如果发现原始数据选择出错了，应该如何修改？
√ 如果数据源中的数据发生了改变，数据透视表中的数据能不能随之更改？
√ 使用切片器筛选数据方便又简单，如何将切片器插入数据透视表？
√ 为了更直观地查看数据，能否使用数据透视表中的数据创建数据透视图？
√ 创建数据透视图后，能否在数据透视图中筛选数据？

希望通过本章内容的学习，能帮助你解决以上问题，并学会WPS表格数据透视表和数据透视图的操作技巧。

11.1　数据透视表的应用技巧

数据透视表可以从数据库中产生一个动态的汇总表格，从而可以快速对工作表中大量的数据进行分类汇总分析。下面就来介绍数据透视表的相关操作技巧。

277　快速创建数据透视表

实用指数
★★★★★

扫一扫，看视频

使用说明

数据透视表具有强大的交互性，通过简单的布局改变，可以全方位、多角度、动态地统计和分析数据，并从大量的数据中提取有用信息。

数据透视表的创建非常简单，只需要连接到一个数据源并输入报表的位置即可。

解决方法

创建数据透视表的具体操作方法如下。

步骤 01　打开素材文件（位置：素材文件\第11章\电商平台销售数据.et），❶选择要作为数据透视表数据源的单元格区域中的任意单元格；❷单击【插入】选项卡中的【数据透视表】按钮，如下图所示。

步骤 02　打开【创建数据透视表】对话框，此时在【请选择要分析的数据】栏中自动设置了所选单元格所处的整个数据区域。❶在【请选择放置数据透视表的位置】栏中选择数据表要放置的位置，这里选中【新工作表】单选按钮；❷单击【确定】按钮，如下图所示。

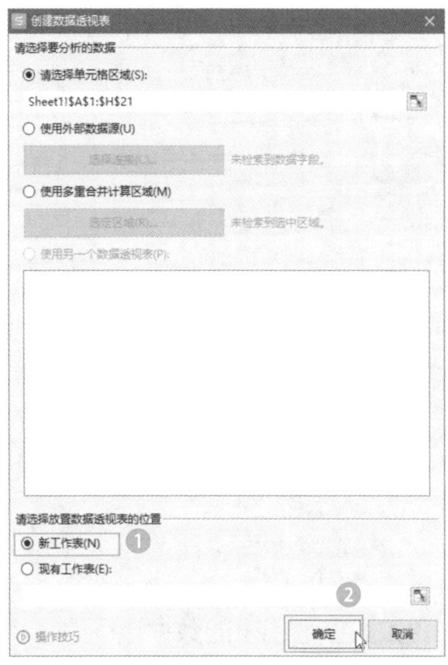

> **温馨提示**
>
> 若选择将数据透视表创建在与数据源相同的工作表中，可在【创建数据透视表】对话框中选中【现有工作表】单选按钮，并在下方的参数框中设置放置数据透视表的起始单元格。

步骤 03　此时将在新工作表中创建一个空白数据透视表，并自动打开【数据透视表】任务窗格。在【字段列表】栏中的列表框中选择需要添加到报表的字段，选中某字段名称的复选框，所选字段就会自动添加到数据透视表中，此时系统会根据字段的名称和内容判断将该字段以何种方式添加到数据透视表中。这里选中【时间】【店铺名称】【女装】复选框，如下图所示。

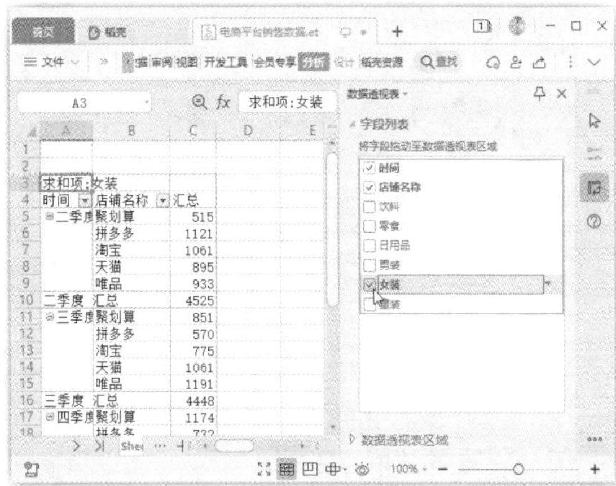

步骤 04　完成数据透视表的创建后，在数据透视表以外单击任意空白单元格，即可退出数据透视表的编

辑状态，如下图所示。

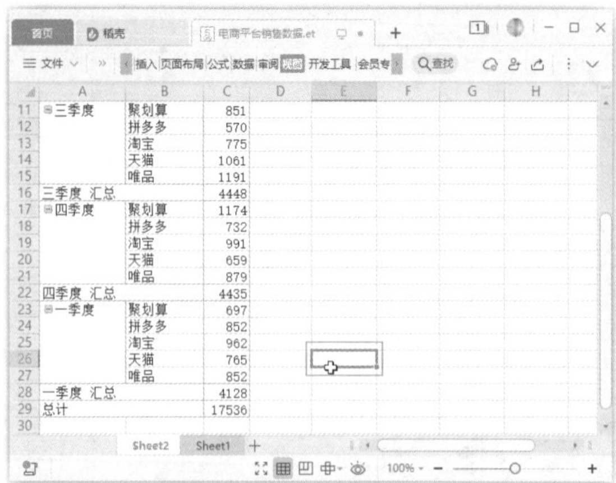

278 更改数据透视表的数据源

扫一扫，看视频

使用说明

创建数据透视表后，还可根据需要更改数据透视表中的数据源。

解决方法

对数据透视表的数据源进行更改的具体操作方法如下。

步骤 01 ❶选择数据透视表中的任意单元格；❷单击【分析】选项卡中的【更改数据源】按钮，如下图所示。

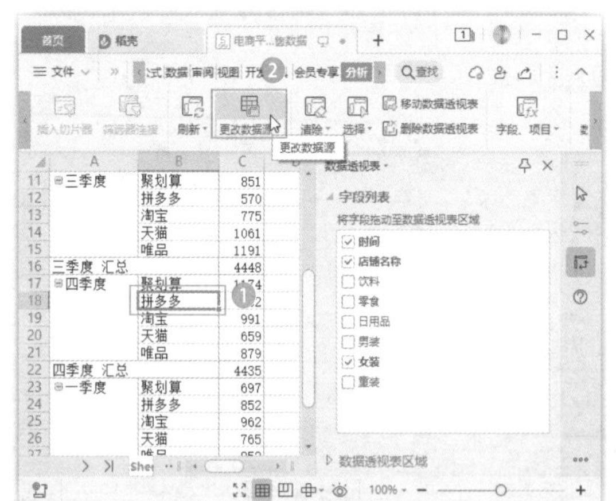

步骤 02 打开【更改数据透视表数据源】对话框，❶在【请选择单元格区域】参数框中设置新的数据源区域；❷单击【确定】按钮即可，如下图所示。

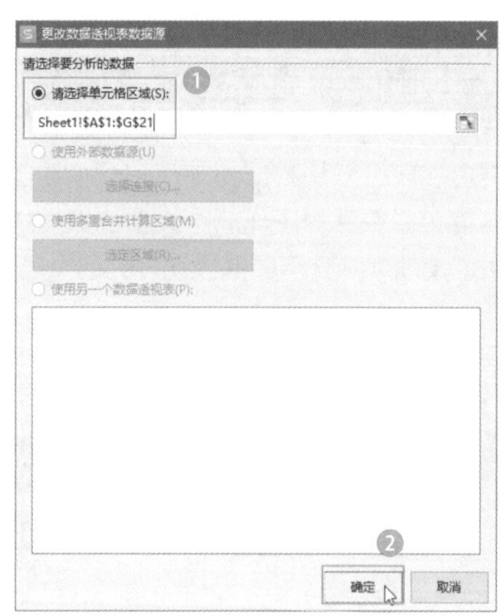

279 添加和删除数据透视表字段

扫一扫，看视频

使用说明

创建数据透视表后，可以根据需要添加或删除数据透视表字段。

解决方法

添加和删除数据透视表字段的具体操作方法如下。

❶选择数据透视表中的任意单元格；❷在【数据透视表】任务窗格下【字段列表】栏的列表框中选中需要添加的字段复选框即可添加字段，取消选中需要删除的字段复选框即可删除字段，如下图所示。

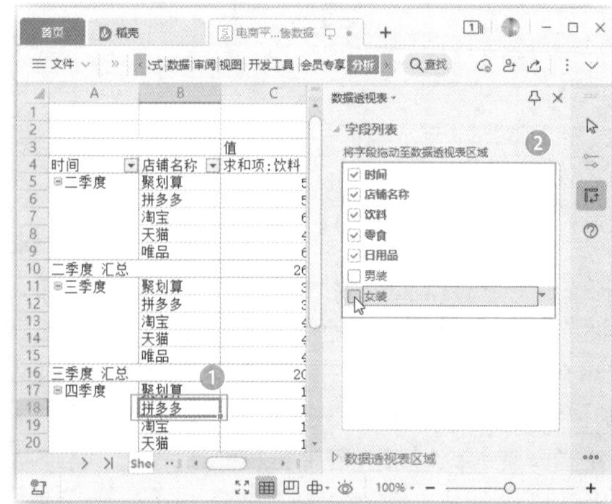

知识拓展

选择数据透视表中的任意单元格后，若没有自动打开【数据透视表】任务窗格，或无意间将该窗格关闭了，可单击【分析】选项卡中的【字段列表】按钮，将其重新显示出来。

280　查看数据透视表中的明细数据

实用指数

扫一扫，看视频

使用说明

在创建的数据透视表中会直接对数据进行汇总，查看数据时，若希望查看某一项的明细数据，也可以在新的工作表中显示出来。

解决方法

查看数据透视表中明细数据的具体操作方法如下。

步骤 01　❶选择要查看明细数据的项目，这里选择二季度的汇总数据项，并在其上右击；❷在弹出的快捷菜单中选择【显示详细信息】命令，如下图所示。

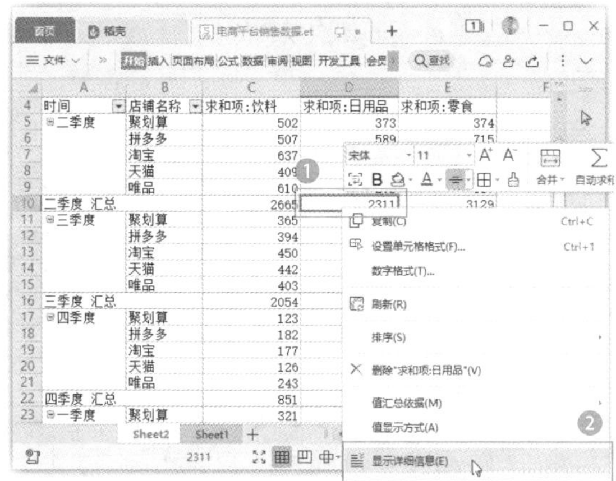

步骤 02　自动新建一张工作表，并在其中显示选择项目的全部详细信息，如下图所示。

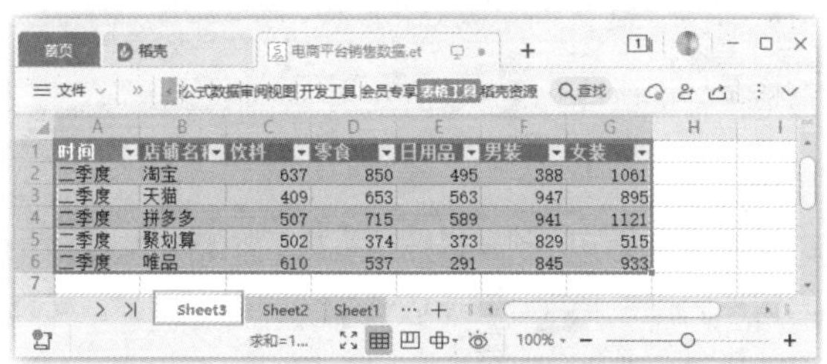

时间	店铺名称	饮料	零食	日用品	男装	女装
二季度	淘宝	637	850	495	388	1061
二季度	天猫	409	653	563	947	895
二季度	拼多多	507	715	589	941	1121
二季度	聚划算	502	374	373	829	515
二季度	唯品	610	537	291	845	933

281　如何更改数据透视表的字段位置

实用指数

扫一扫，看视频

使用说明

为数据透视表添加需要显示的字段时，系统会根据所选字段的名称和内容自动判断将该字段以何种方式添加到数据透视表中。但默认的设置不一定适合实际分析需求，可以再手动调整字段的放置位置，如指定放置到行、列或报表筛选器。需要解释的是，报表筛选器就是一种大的分类依据和筛选条件，将一些字段放置到报表筛选器，可以更加方便地查看数据。

解决方法

例如，要将数据透视表中的【时间】字段调整为报表筛选器，具体操作方法如下。

步骤 01　❶选择数据透视表中的任意单元格；❷在【数据透视表】任务窗格的【数据透视表区域】栏中选择【行】列表框中的【时间】字段选项；❸按住鼠标不放并将其拖动到【筛选器】列表框中再释放鼠标左键，如下图所示。

知识拓展

在【数据透视表】任务窗格的【字段列表】栏中的列表框中选择要添加的报表字段后，在其上右击，在弹出的快捷菜单中也可以选择要添加到的字段位置。在【数据透视表区域】栏中的各列表框中单击字段名称后的下拉按钮，在弹出的下拉菜单中也可以设置该字段的位置。

步骤 02　通过上述操作后，数据透视表中的【时间】

字段就调整为报表筛选器了，整个透视表变得更简洁清晰了，如下图所示。

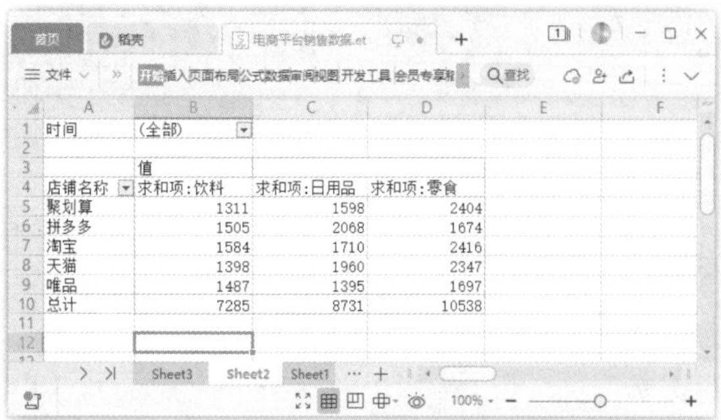

282 在数据透视表中筛选数据

扫一扫，看视频

使用说明

在数据透视表中，可以通过筛选功能筛选出需要查看的数据。

解决方法

例如，要在数据透视表中筛选出下半年饮料销售量最高的3项数据，具体操作方法如下。

步骤 01 ❶单击数据透视表中报表筛选器字段【时间】右侧的下拉按钮；❷在弹出的下拉列表中选中【选择多项】复选框；❸在列表框中选择要筛选的季度，如取消选中【一季度】和【二季度】复选框；❹单击【确定】按钮，如下图所示。

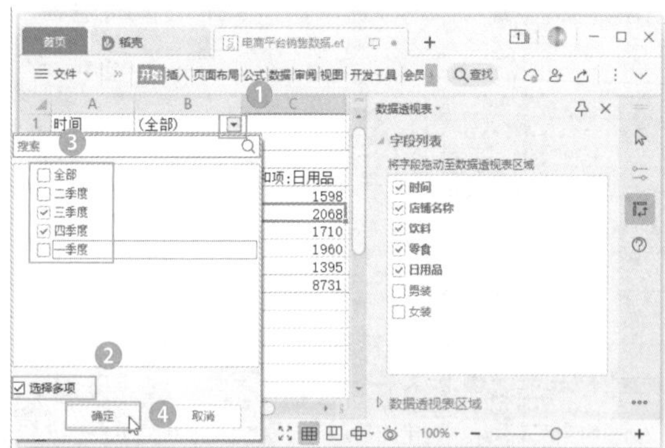

步骤 02 此时，数据透视表中将只显示三季度和四季度的销售数据。❶单击【店铺名称】右侧的下拉按钮；❷在弹出的下拉菜单中选择【值筛选】命令；❸在弹出的下级菜单中选择【前10项】命令，如下图所示。

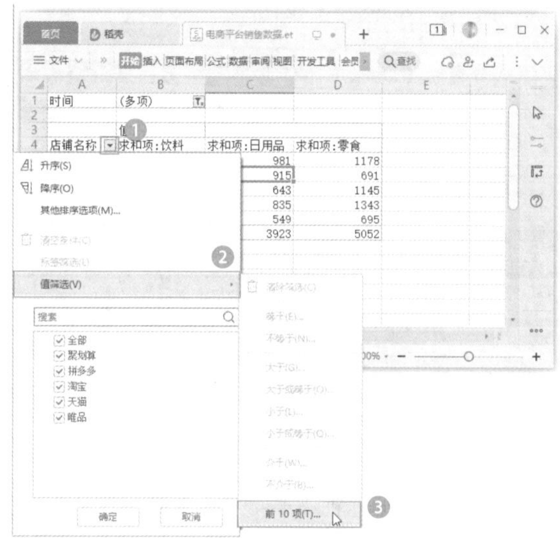

步骤 03 打开【前10个筛选(店铺名称)】对话框，❶设置筛选条件和依据；❷单击【确定】按钮，如下图所示。

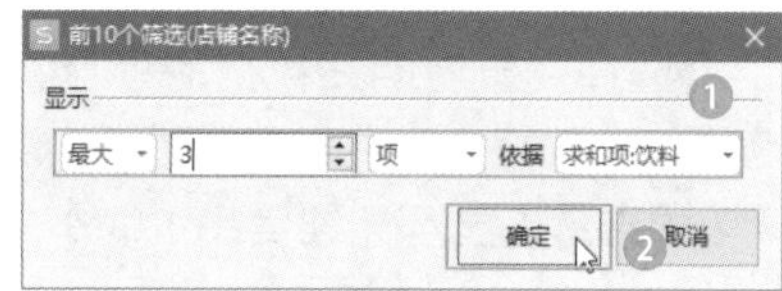

步骤 04 返回工作表即可看到数据透视表中只显示饮料销售量最高的3项数据的相关信息，如下图所示。

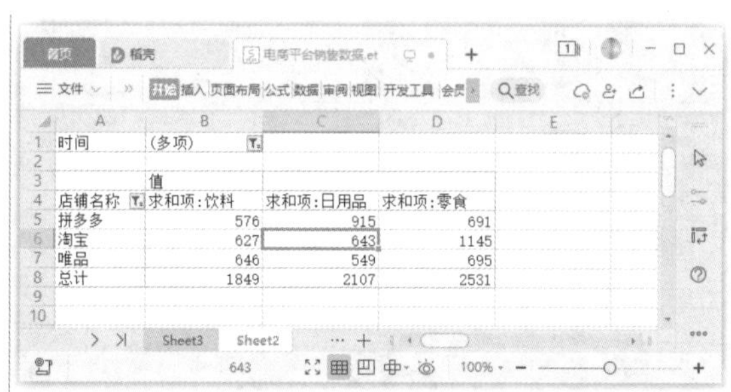

283 如何更新数据透视表中的数据

扫一扫，看视频

使用说明

默认情况下，创建数据透视表后，若对数据源中的数据进行了修改，数据透视表中的数据不会自动更新，此时就需要手动更新。

解决方法

例如，在工作表中对数据源中的数据进行修改，然后更新数据透视表中的数据，具体操作方法如下。

步骤 01 ❶选择Sheet1工作表；❷修改四季度天猫店的饮料销售数据为226，如下图所示。

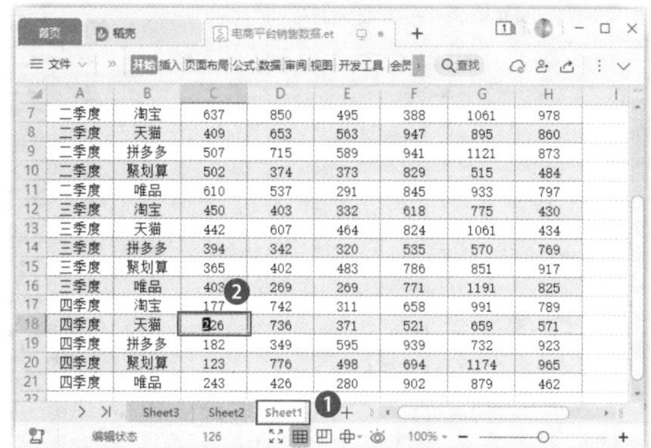

步骤 02 ❶选择数据透视表所在的Sheet2工作表；❷选择数据透视表中的任意单元格；❸单击【分析】选项卡中的【刷新】按钮；❹在弹出的下拉列表中选择【全部刷新】选项，如下图所示。

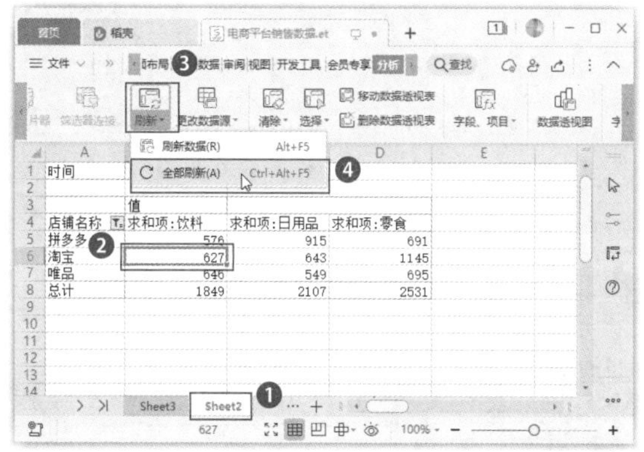

> **温馨提示**
>
> 单击【刷新】按钮后，在弹出的下拉列表中选择【刷新数据】选项，只会对当前数据透视表的数据进行更新；选择【全部刷新】选项，则可以对工作簿中所有透视表的数据进行更新。

步骤 03 数据透视表中的数据便可实现更新，如下图所示。

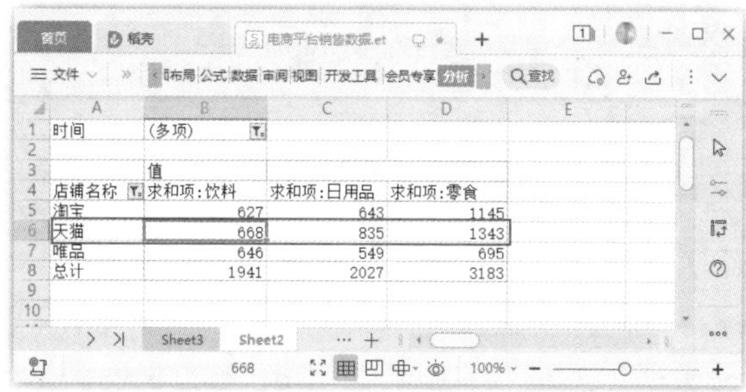

> **温馨提示**
>
> 如果对数据透视表的数据源进行了插入行列数据的操作，则必须先更改数据透视表的数据源，再进行刷新操作。

284　对数据透视表中的数据进行排序

实用指数
★★★★☆

扫一扫，看视频

使用说明

在数据透视表中，可以对相关数据进行排序，从而帮助用户更加清晰地分析和查看数据。

解决方法

在数据透视表中进行排序的具体操作方法如下。

步骤 01 打开素材文件（位置：素材文件\第11章\家电销售情况.et），❶选择要排序列中的任意单元格，这里选择【总计】列中的任意单元格，并在其上右击；❷在弹出的快捷菜单中选择【排序】命令；❸在弹出的子菜单中选择【降序】命令，如下图所示。

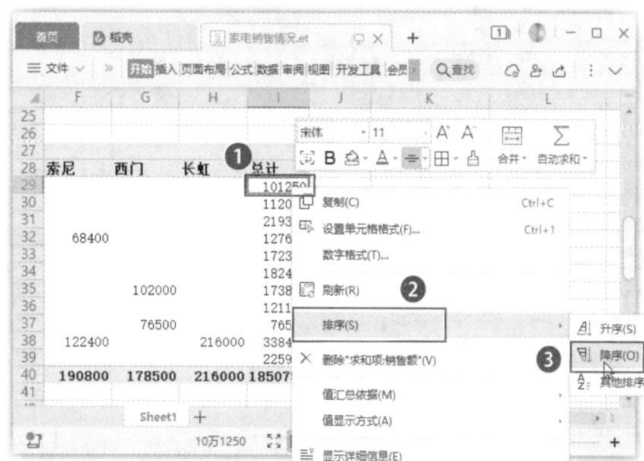

步骤 02 此时，数据透视表数据将以【总计】为关键字进行降序排列，如下图所示。

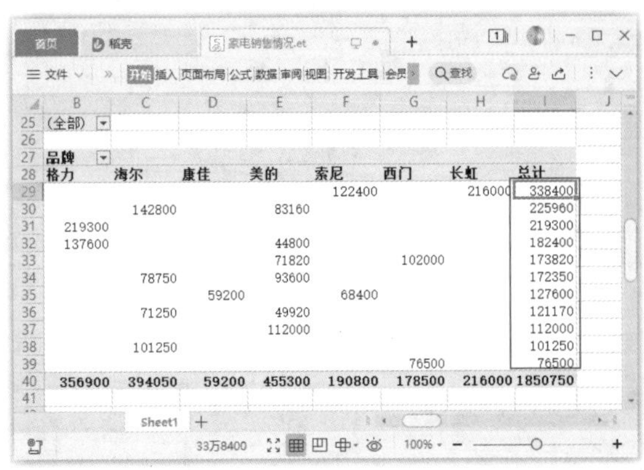

285 让数据透视表中的空白单元格显示为 0

扫一扫，看视频

实用指数

★★★☆☆

使用说明

默认情况下，当数据透视表单元格中没有值时会显示为空白，如果希望空白单元格中显示为0，则需要进行设置。

解决方法

让数据透视表中的空白单元格显示为0的具体操作方法如下。

步骤 01 ❶选择数据透视表中的任意单元格；❷单击【分析】选项卡中的【选项】按钮；❸在弹出的下拉菜单中选择【选项】命令，如下图所示。

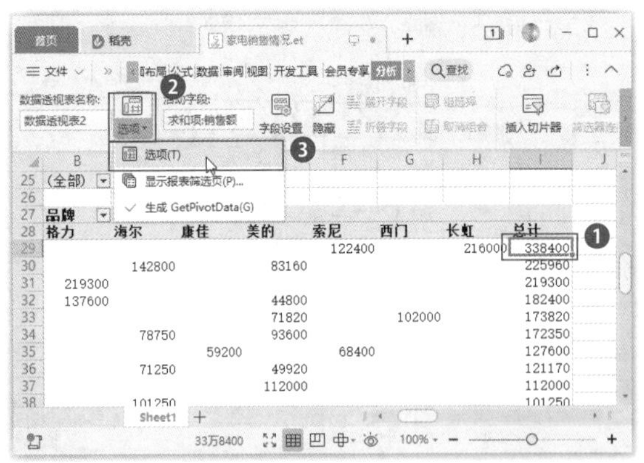

步骤 02 打开【数据透视表选项】对话框，❶在【布局和格式】选项卡的【格式】栏中选中【对于空单元格，显示：】复选框，在其后的文本框中输入0；❷单击【确定】按钮，如下图所示。

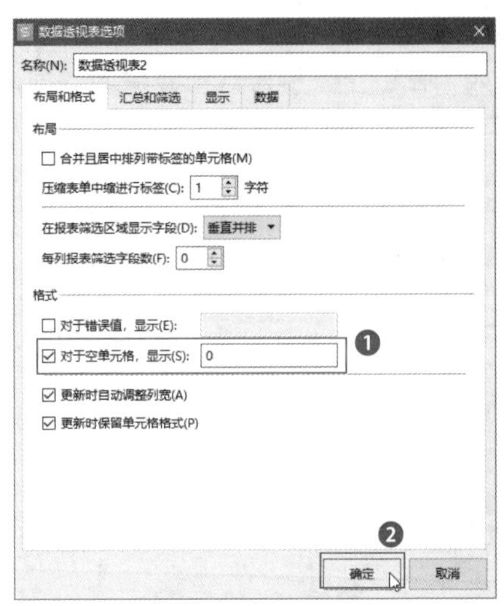

步骤 03 返回工作表即可看到数据透视表中的空白单元格已显示为0，如下图所示。

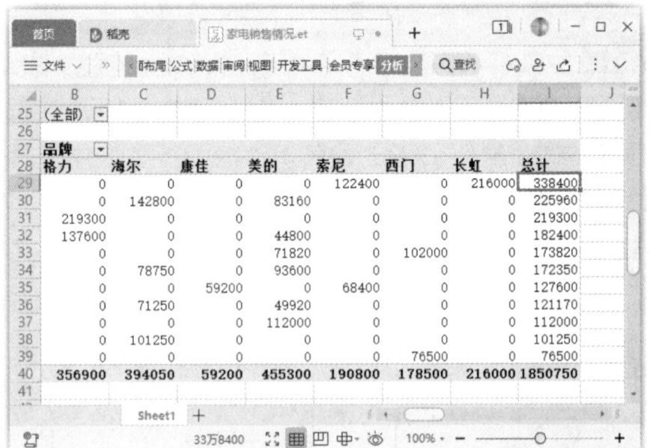

286 如何显示报表筛选页

扫一扫，看视频

使用说明

在创建透视表时，如果在报表筛选器中设置了字段，则可以通过报表筛选页功能显示各数据子集的详细信息，以方便用户对数据的管理与分析。

解决方法

显示报表筛选页的具体操作方法如下。

步骤 01 ❶选择数据透视表中的任意单元格；❷单击【分析】选项卡中的【选项】按钮；❸在弹出的下拉菜单中选择【显示报表筛选页】命令，如下图所示。

步骤 02　打开【显示报表筛选页】对话框，❶在列表框中选择筛选字段选项，这里选择【商品类别】选项；❷单击【确定】按钮，如下图所示。

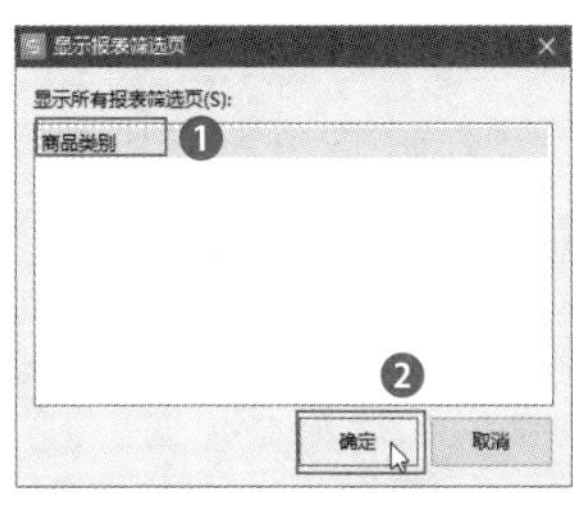

步骤 03　返回工作表，将自动以各商品类别为名称新建工作表，并显示相应的销售明细，如切换到【冰箱】工作表，可查看冰箱的销售情况，如下图所示。

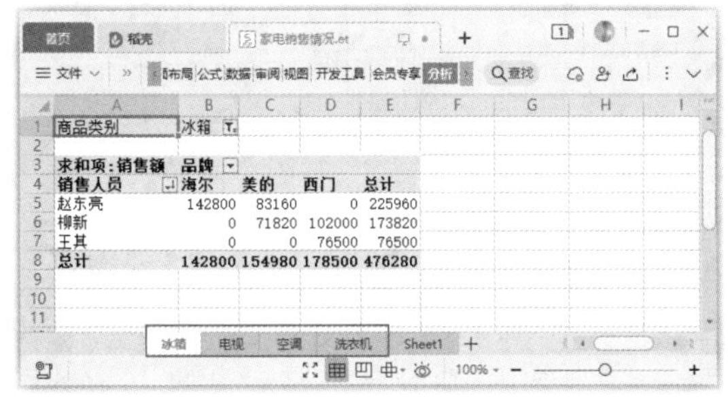

287　如何在每个项目之间添加空白行

实用指数

★★☆☆☆

扫一扫，看视频

使用说明

有时为了使数据透视表的层次更加清晰明了，会在各个项目之间使用空行进行分隔。

解决方法

在每个项目之间添加空白行的具体操作方法如下。

步骤 01　打开素材文件（位置：素材文件\第 11 章\奶粉销售情况.et），❶选择数据透视表中的任意单元格；❷单击【设计】选项卡中的【空行】按钮；❸在弹出的下拉列表中选择【在每个项目后插入空行】选项，如下图所示。

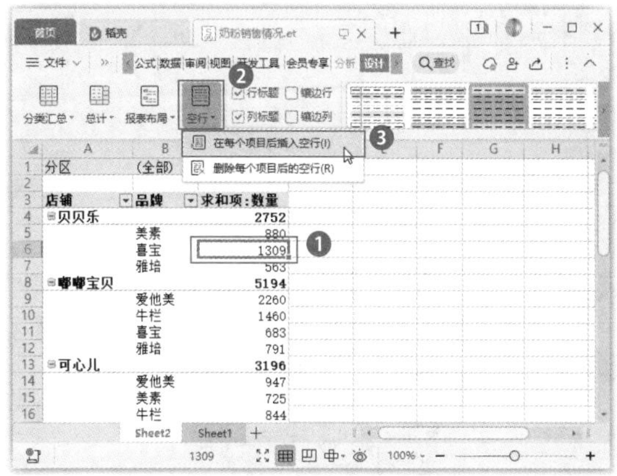

步骤 02　操作完成后，数据透视表中的每个项目后都将插入一行空行，如下图所示。

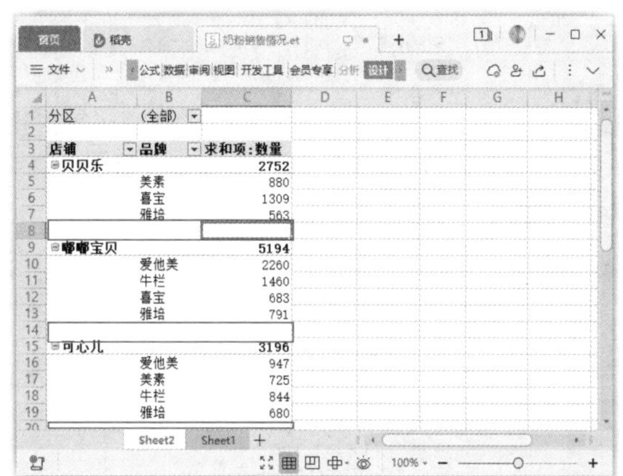

288　如何插入切片器

实用指数

★★★★★

使用说明

切片器是一款筛选组件，用于帮助用户快速在数据透视表中筛选数据。切片器的使用方法既简单，又方便。

解决方法

插入切片器的具体操作方法如下。

步骤 01　❶选择数据透视表中的任意单元格；❷单击

【分析】选项卡中的【插入切片器】按钮，如下图所示。

步骤 02　打开【插入切片器】对话框，❶在列表框中选择需要筛选的关键字，这里选中【店铺】【时间】【品牌】复选框；❷单击【确定】按钮，如下图所示。

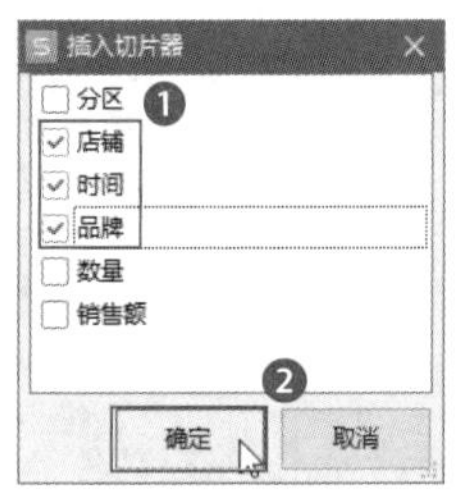

步骤 03　返回工作表即可看到已经插入了选择的3个切片器，按住鼠标将其拖动到空白位置即可，如下图所示。

289　使用切片器筛选数据

实用指数
★★★★★

使用说明

插入切片器后，便可以通过它来筛选数据透视表中的数据。

解决方法

使用切片器筛选数据的具体操作方法如下。

步骤 01　在【时间】切片器中选择需要查看的字段选项，这里选择【1月】选项，数据透视表中将只显示1月的相关数据，如下图所示。

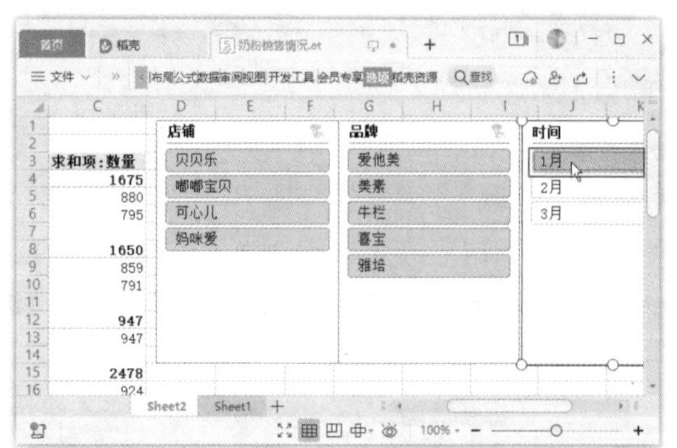

步骤 02　在【店铺】切片器中选择需要查看的字段选项，这里按住Ctrl键的同时选择【贝贝乐】和【嘟嘟宝贝】选项，即可筛选出这两个店铺1月的销售数据，如下图所示。

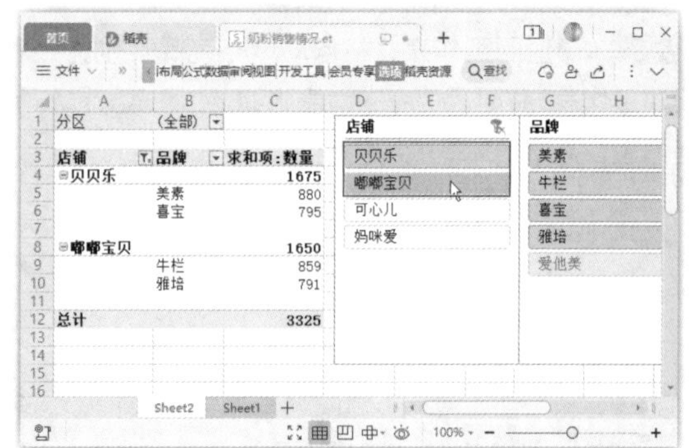

> **知识拓展**
>
> 在切片器中设置筛选条件后，右上角的【清除筛选器】按钮使会显示为可用状态，单击该按钮，可清除当前切片器中设置的筛选条件。

290　在多个数据透视表中共享切片器

实用指数
★★★★☆

使用说明

在WPS表格中，如果根据同一数据源创建了多个数据透视表，可以通过共享切片器让切片器中进行的筛选操作对多个连接到该切片器的数据透视表同时实现数据筛选，以便进行多角度的数据分析。

解决方法

例如，在奶粉销售表格中，根据同一数据源创建了3个数据透视表，显示了销售额的不同分析角度。现在要为这几个数据透视表创建一个共享的【分区】切片器，具体操作方法如下。

步骤 01 打开素材文件(位置：素材文件\第11章\奶粉销售情况2.et)，❶在任意数据透视表中选择任意单元格；❷单击【分析】选项卡中的【插入切片器】按钮，如下图所示。

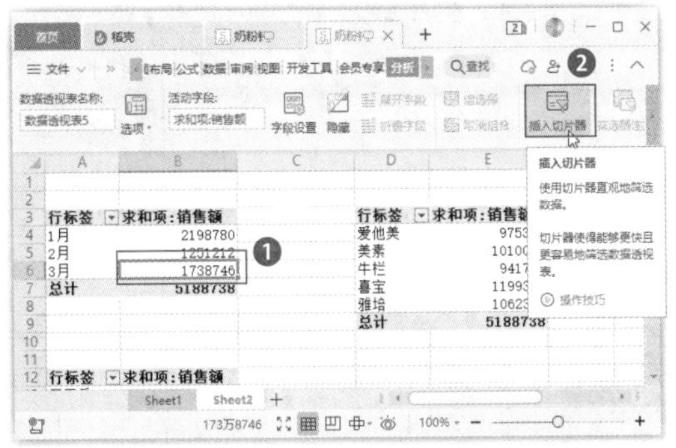

步骤 02 打开【插入切片器】对话框，❶选中要创建切片器的字段名复选框，这里选中【分区】复选框；❷单击【确定】按钮，如下图所示。

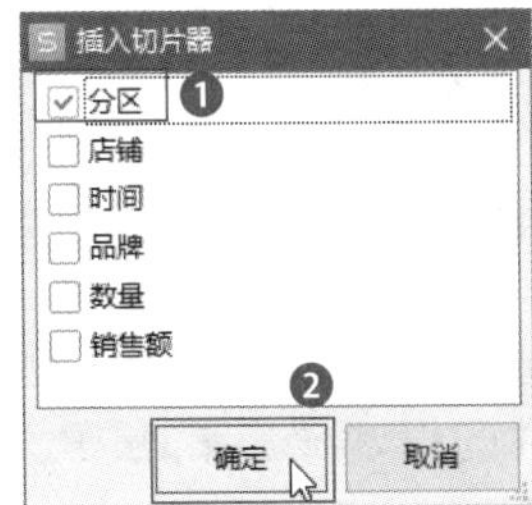

步骤 03 返回工作表，❶选择插入的切片器；❷单击【选项】选项卡中的【报表连接】按钮，如下图所示。

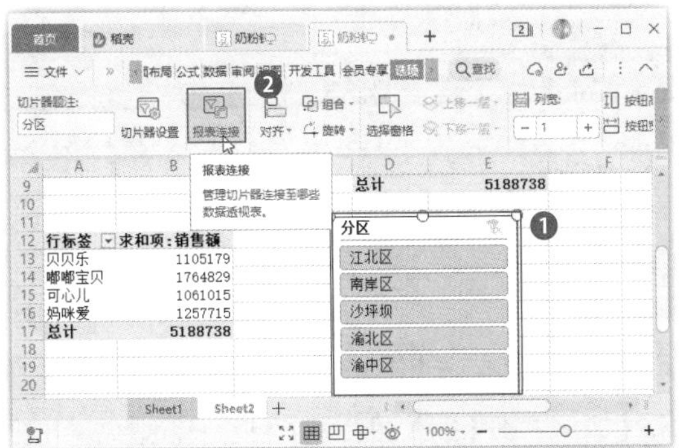

步骤 04 打开【数据透视表连接(分区)】对话框，❶选择要共享切片器的多个数据透视表选项前的复选框；❷单击【确定】按钮，如下图所示。

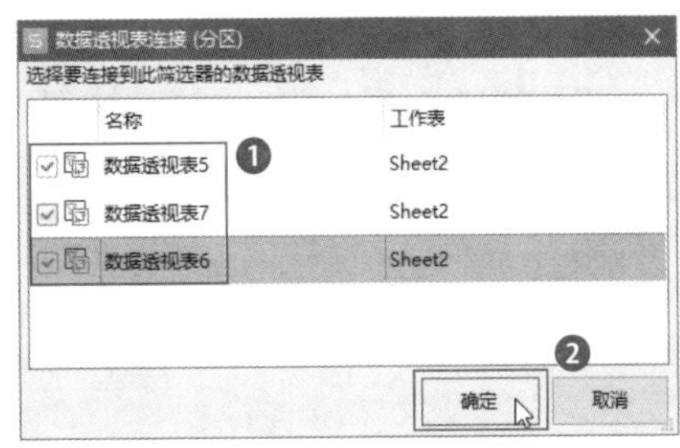

步骤 05 共享切片器后，在共享切片器中筛选字段时，被连接起来的多个数据透视表就会同时刷新。例如，在切片器中选择【江北区】选项，该工作表中共享切片器的3个数据透视表都同步刷新了，如下图所示。

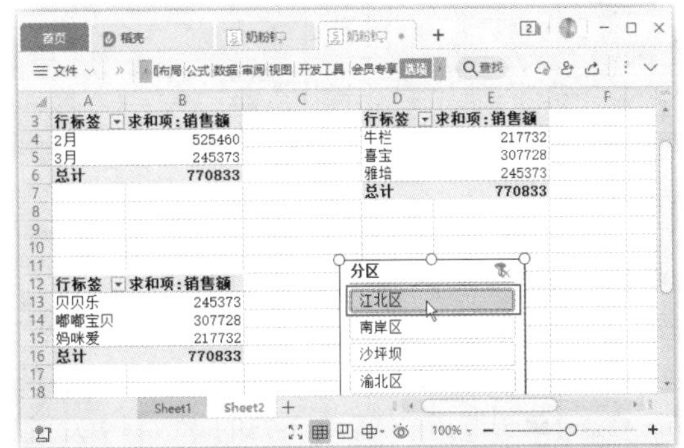

11.2 数据透视图的应用技巧

数据透视图是数据透视表的可视化应用，它以图表的形式将数据展示出来，从而可以非常直观地查看和分析数据，下面将为读者介绍数据透视图的相关使用技巧。

291 如何创建数据透视图

扫一扫，看视频

使用说明

要使用数据透视图分析数据，首先要创建一个数据透视图。数据透视图的创建方法与数据透视表的方法相似，首先需要连接到一个数据源，并输入透视图的位置，然后添加需要显示的字段数据即可。

解决方法

在工作表中创建数据透视图的具体操作方法如下。

步骤 01 打开素材文件（位置：素材文件\第11章\奶粉销售情况.et），❶选择数据区域中的任意单元格；❷单击【插入】选项卡中的【数据透视图】按钮，如下图所示。

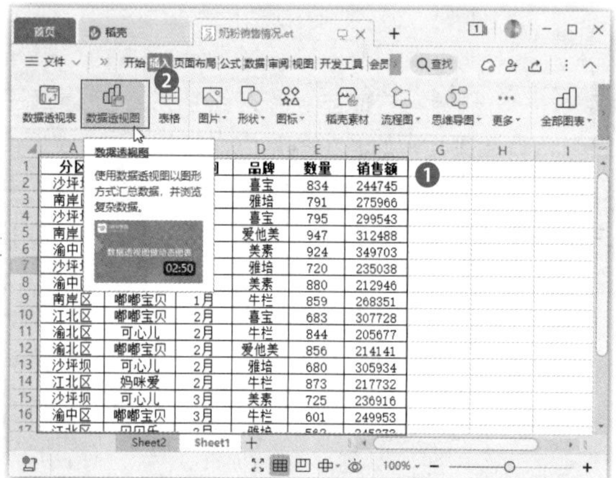

步骤 02 打开【创建数据透视图】对话框，此时在【请选择要分析的数据】栏中自动设置了所选单元格所处的整个数据区域。❶在【请选择放置数据透视表的位置】栏中设置数据透视图的放置位置，这里选中【现有工作表】单选按钮，然后在下方的参数框中设置放置数据透视图的起始单元格；❷单击【确定】按钮，如下图所示。

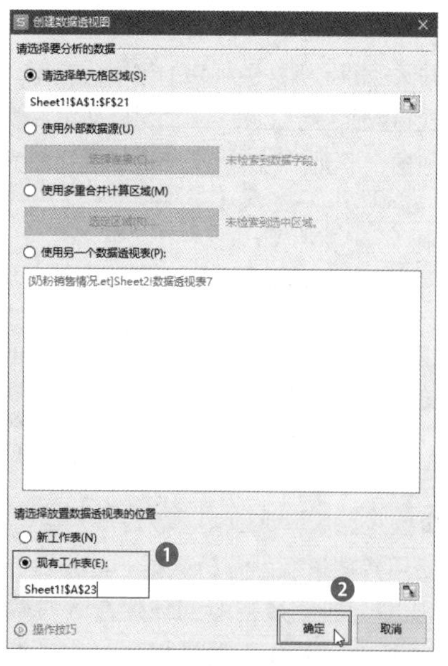

步骤 03 返回工作表即可看到工作表中创建了一个空白数据透视图，在【数据透视图】任务窗格的【字段列表】列表框中选择想要显示的字段即可，如下图所示。

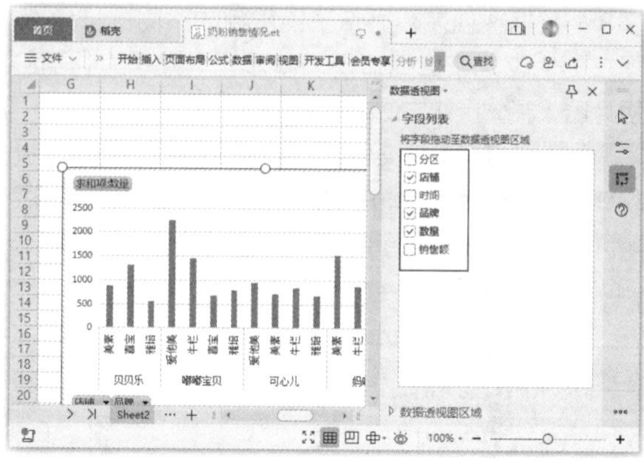

292 利用现有数据透视表创建数据透视图

扫一扫，看视频

实用指数
★★★★☆

使用说明

如果已经创建数据透视表对数据源进行了分析，为了更直观地表达数据关系，可以利用现有的数据透视表创建对应的数据透视图。

解决方法

在数据透视表的基础上创建数据透视图的具体操作方法如下。

步骤 01 ❶选择数据透视表中的任意单元格；❷单击【分析】选项卡中的【数据透视图】按钮，如下图所示。

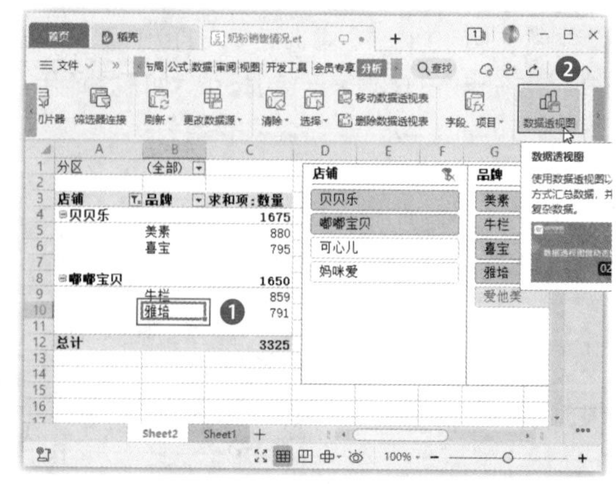

步骤 02 打开【插入图表】对话框，❶选择需要的图

表类型；❷选择需要的图表样式；❸单击【插入】按钮，如下图所示。

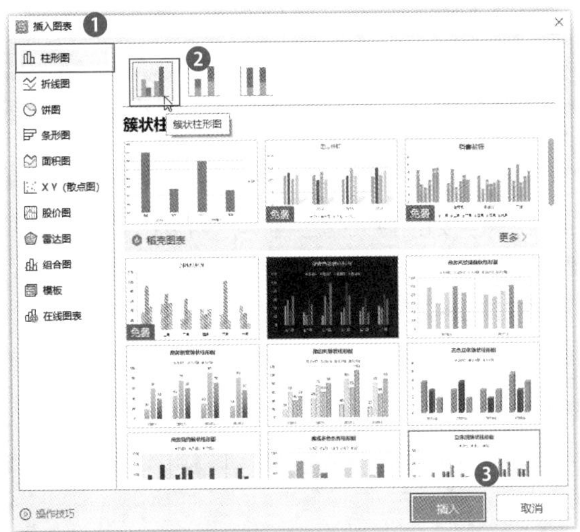

步骤 03　返回工作表即可看到根据所选图表样式创建的包含数据的数据透视图，如下图所示。

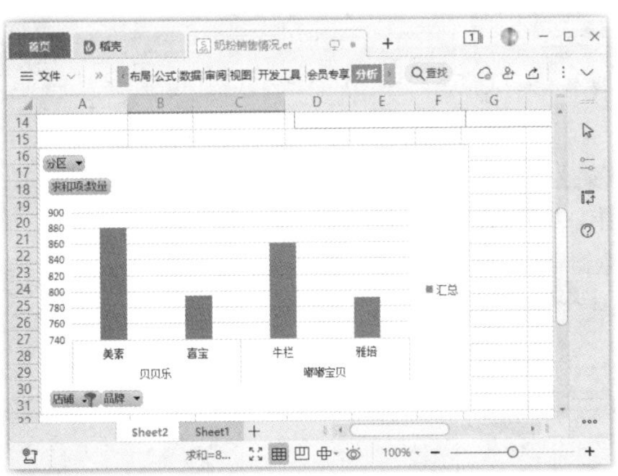

293　更改数据透视图的图表类型

使用说明

创建数据透视图后，还可以根据需要更改图表类型。

解决方法

例如，要将前面创建的柱形数据透视图更改为饼图类型，具体操作方法如下。

步骤 01　❶选择数据透视图；❷单击【图表工具】选项卡中的【更改类型】按钮，如下图所示。

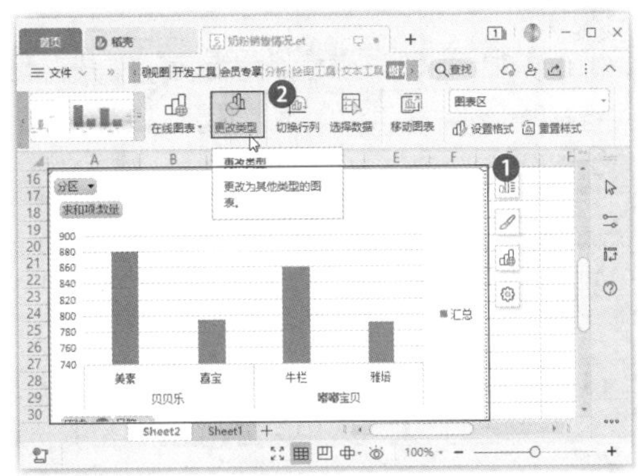

步骤 02　打开【更改图表类型】对话框，❶选择需要的图表类型，这里选择【饼图】选项；❷选择需要的图表样式；❸单击【插入】按钮，如下图所示。

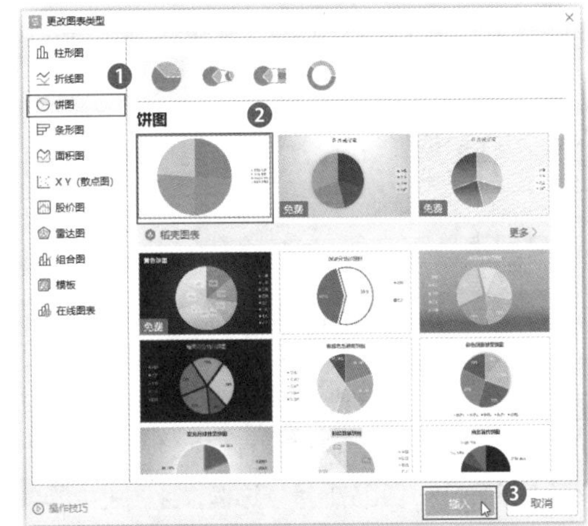

步骤 03　返回工作表即可看到数据透视图类型已经更改，如下图所示。

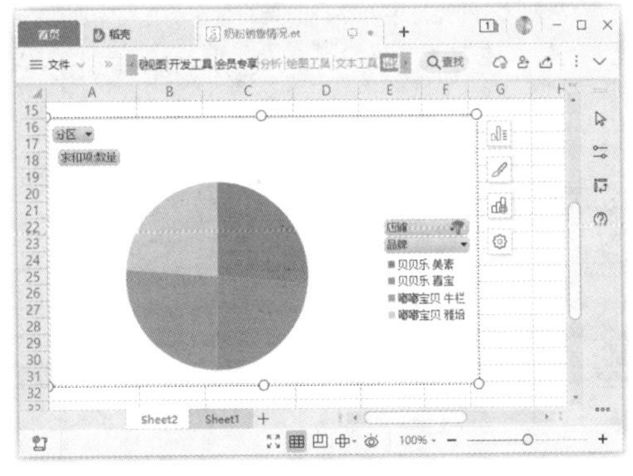

294　如何将数据标签显示出来

使用说明

创建数据透视图后，可以像编辑普通图表一样对其进行标题设置、显示/隐藏图表元素、设置纵坐标的刻度值等操作。

解决方法

例如，要将图表元素数据标签显示出来，具体操作方法如下。

步骤 01 ❶选择数据透视图；❷单击【图表元素】按钮；❸在弹出的下拉列表中单击【数据标签】选项右侧的下拉按钮；❹在弹出的下拉菜单中选择【更多选项】命令，如下图所示。

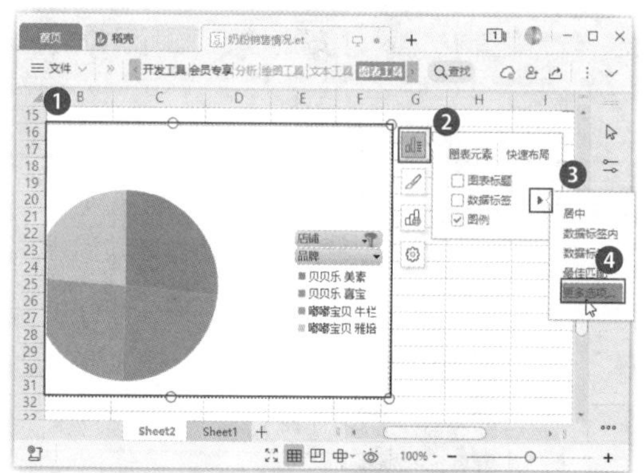

步骤 02 显示出【属性】任务窗格，❶单击【标签选项】选项卡下的【标签】按钮；❷在【标签选项】栏中选中【类别名称】和【百分比】复选框，让图表中的数据标签显示为类别名称和百分比值，如下图所示。

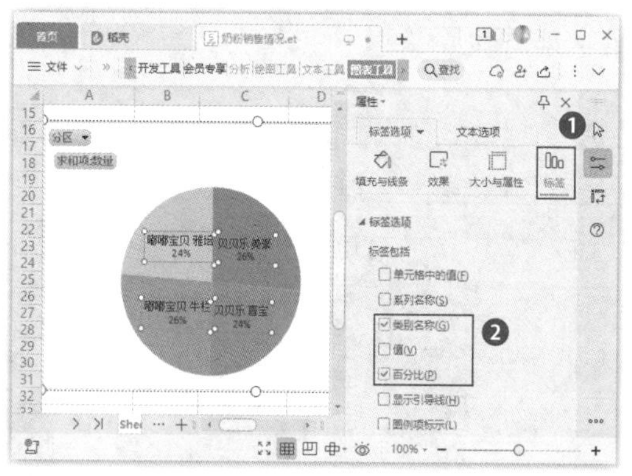

295 在数据透视图中筛选数据

扫一扫，看视频

实用指数
★★★★★

使用说明

创建好数据透视图后，可以通过筛选功能筛选出需要查看的数据。

解决方法

例如，要在数据透视图中仅显示品牌“爱他美”的相关数据，具体操作方法如下。

步骤 01 ❶单击数据透视图中的字段按钮，这里单击【品牌】按钮；❷在弹出的下拉列表中设置筛选条件，如在列表框中单击【爱他美】选项后的【仅筛选此项】按钮，如下图所示。

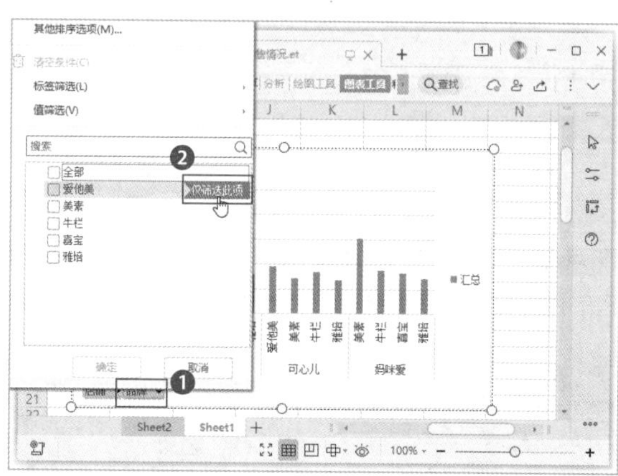

步骤 02 返回数据透视图即可看到设置筛选后的效果，如下图所示。

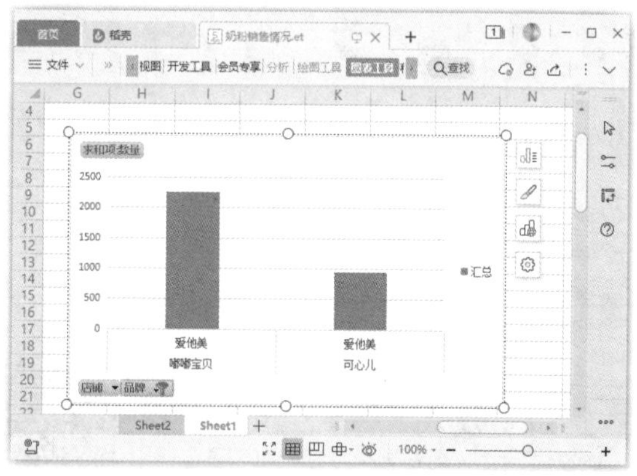

技能拓展

在字段按钮上右击，在弹出的快捷菜单中选择【隐藏图表上的所有字段按钮】命令可以隐藏所有的字段按钮。

第4篇 WPS演示文稿应用技巧篇

WPS演示是WPS Office 2019中的重要组件之一，主要用于演示文稿的制作和演示，被广泛应用于培训教学、宣传推广、项目竞争和总结会议等方面。想要使用WPS演示快速制作出精美绚丽的演示文稿，需要掌握WPS演示的一些使用技巧。

本篇将对WPS演示文稿的应用技巧进行讲解。通过本篇内容的学习，你将学会以下WPS演示办公应用的技能与技巧。

- 演示文稿的编辑技巧
- 演示文稿的布局、交互与动画设置技巧
- 幻灯片放映与输出技巧

第 12 章
演示文稿的编辑技巧

演示文稿看起来简单，但真正制作起来总觉得不太容易上手。使用WPS演示制作演示文稿时，必须要掌握演示文稿的基本操作技巧、编辑技巧和设计技巧，才能快速制作出符合要求的演示文稿，以提升工作效率。

下面是演示文稿使用中的常见问题，请检测你是否会处理或已掌握。

√ 想要制作总结报告类、答辩类和教学类演示文稿，但不知如何排版布局?
√ 演示文稿中应用的字体在没有安装该字体的计算机中显示效果不理想，如何处理?
√ 演示文稿中包含的幻灯片太多了，如何进行管理?
√ 想要统一演示文稿中的格式，使用什么方法最快捷呢?
√ 拖动幻灯片中的对象与其他对象进行对齐时，无论怎么拖动都差一点不能对齐，这是为什么?
√ 你知道在幻灯片中如何插入图片、表格、形状、音频、视频等对象吗?
√ 哪些设计技巧是制作演示文稿必须掌握的呢?

希望通过本章内容的学习，能帮助你解决以上问题，并学会更多演示文稿的制作技巧和编辑技巧。

12.1　演示文稿的基本操作技巧

在日常工作中，经常需要制作不同类型的演示文稿，为了提高制作效率，可以通过一些技巧或方法来快速完成。

296　使用总结助手快速制作总结汇报演示文稿

实用指数 ★★★★☆

扫一扫，看视频

使用说明

在制作总结汇报类演示文稿时，如果不知道如何对演示文稿中的幻灯片进行排版布局，可以通过WPS演示提供的总结助手来制作。

总结助手中提供了多个行业的总结模板，以供选择使用，但这些模板都必须是WPS会员才能使用。

解决方法

使用总结助手制作总结汇报类演示文稿的具体操作方法如下。

步骤 01　打开WPS演示，单击【特色功能】选项卡中的【总结助手】按钮，如下图所示。

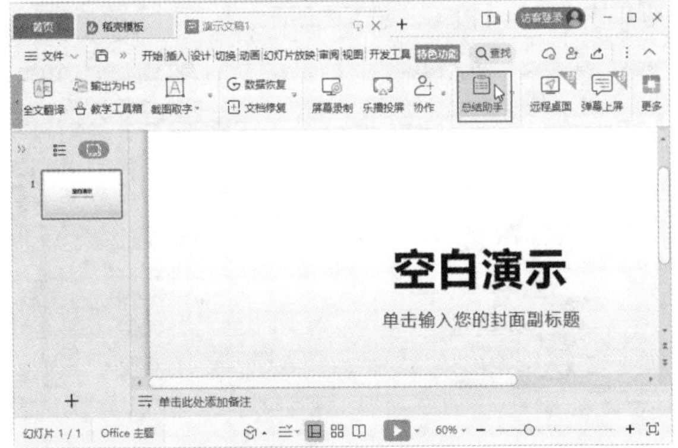

步骤 02　打开【总结助手】任务窗格，其中提供了这类演示文稿常见的不同幻灯片的模板。例如，要新建【经验总结】页幻灯片，可在【总结助手】任务窗格中单击【封面】右侧的下拉按钮 ，在弹出的下拉列表中选择【经验总结】选项，如下图所示。

步骤 03　【总结助手】任务窗格中将显示所选单页的模板，在所选模板上单击【下载模板】按钮，如下图所示。开始下载模板，下载完成后，即可新建该页幻灯片。

297　使用答辩助手快速制作答辩演示文稿

实用指数 ★★★★☆

扫一扫，看视频

使用说明

在制作答辩相关的演示文稿时，可以通过WPS演示提供的答辩助手快速对演示文稿进行排版布局。

解决方法

使用答辩助手制作答辩类演示文稿的具体操作方法如下。

步骤 01　单击【特色功能】选项卡中的【总结助手】按钮右侧的下拉按钮 ，打开【应用中心】对话框，选择【资源中心】选项，再在【资源中心】窗格中单击【答辩助手】按钮，如下图所示。

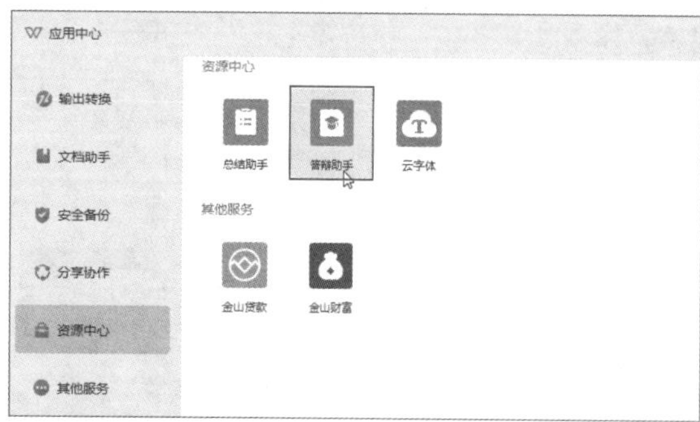

步骤 02　打开【答辩助手】任务窗格，其中提供了各种专业和各种风格的答辩类演示文稿模板，将鼠标光标移动到需要的模板上，单击【插入套装】按钮，如下图所示。

步骤 03　登录到账号，开始下载模板，下载完成后，将在当前演示文稿中新建模板中的幻灯片，如下图所示。

298 使用教学工具箱快速制作教学演示文稿

扫一扫，看视频

使用说明

教学工具箱是课件类演示文稿的制作能手，可以帮助用户快速制作出数学和语文等各种类型的教学演示文稿。

解决方法

例如，要使用教学工具箱制作语文相关的教学演示文稿，具体操作方法如下。

步骤 01　❶单击【特色功能】选项卡中的【教学工具箱】按钮；❷打开【教学工具箱】任务窗格，单击【语文】按钮，任务窗格中会显示语文相关的教学工具；❸单击选择需要的工具，如选择【汉字卡片】选项，即可开始下载工具，如下图所示。

步骤 02　下载完成后，❶在打开的对话框中的【请输入汉字】文本框中输入相应的汉字，如输入【鑫】；❷单击【添加】按钮，将显示出【鑫】汉字的卡片信息；❸单击【确定】按钮，如下图所示。

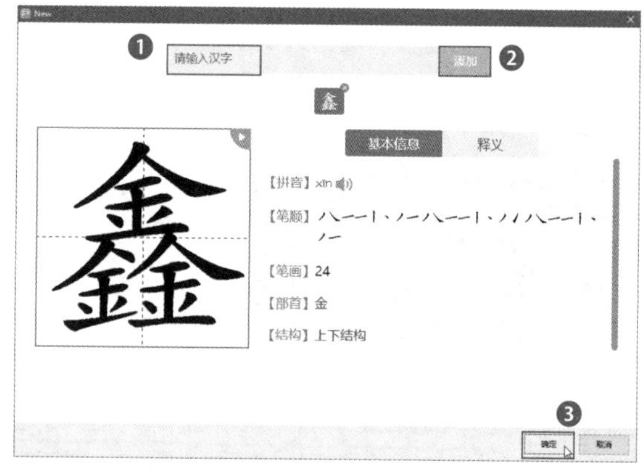

步骤 03　现在即可在演示文稿中新建关于汉字【鑫】的卡片幻灯片，如下图所示。

299　将 PDF 文件转换为演示文稿

扫一扫，看视频

使用说明

在制作演示文稿时，有时需要根据PDF文件中的内容进行制作，此时可使用WPS演示中提供的【PDF转PPT】功能将PDF文件转成演示文稿，然后再进行编辑加工。

解决方法

例如，要将“空调销售计划书.pdf”文件转成演示文稿，具体操作方法如下。

步骤 01　单击【特色功能】选项卡中的【PDF转PPT】按钮，打开【金山PDF转换】对话框，默认选择【转为PPT】选项卡，单击【添加文件】按钮，如下图所示。

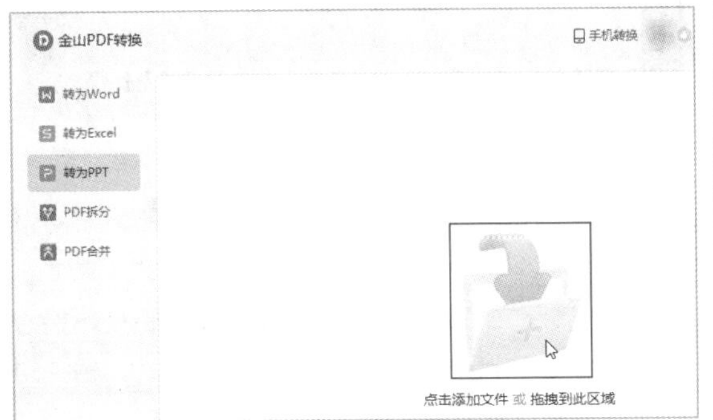

步骤 02　打开【PDF】对话框，❶在地址栏中选择PDF文件的保存位置；❷选择需要打开的PDF文件，这里选择“空调销售计划书”文件（位置：素材文件\第12章\空调销售计划书.pdf）；❸单击【打开】按钮，如下图所示。

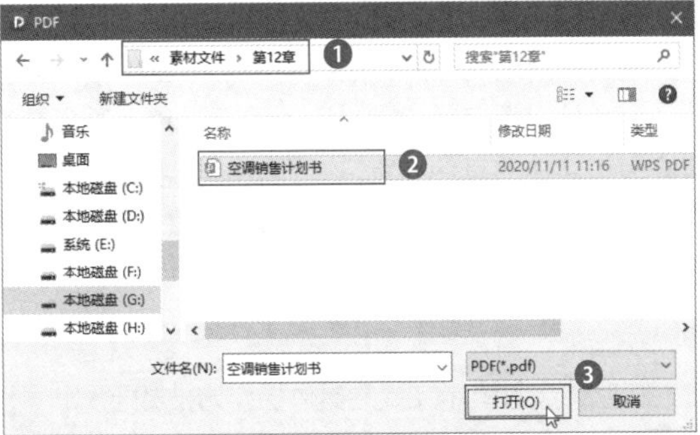

步骤 03　打开【金山PDF转换】对话框，其中显示了添加的PDF文件，单击【开始转换】按钮，如下图所示。

> **温馨提示**
>
> 在【金山PDF转换】对话框中单击【添加更多文件】按钮，可继续添加PDF文件，添加完成后，可对多个PDF文件同时进行转换。

步骤 04　开始对PDF文件进行转换，转换完成后，将直接打开转换的PPT文件，效果如下图所示。

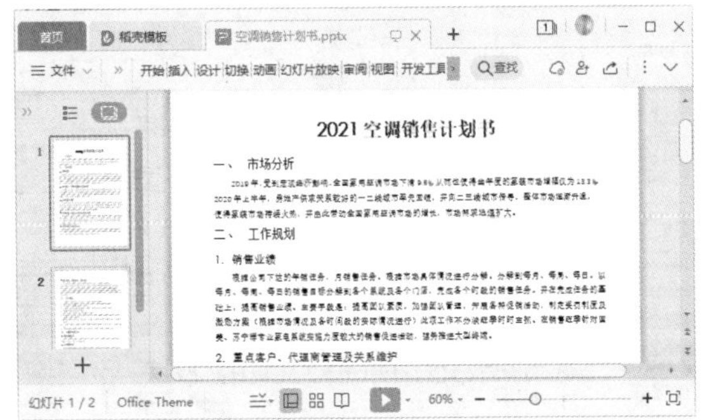

300　将字体嵌入演示文稿

扫一扫，看视频

使用说明

在制作演示文稿时，如果使用了计算机预设外的字体，最好在保存时将字体嵌入演示文稿，这样在没有安装该字体的其他计算机中播放时，才能以设置的字体进行显示，否则将以WPS演示默认的字体进行替换，降低演示文稿的显示效果。

解决方法

将字体嵌入演示文稿的具体操作方法如下。

步骤 01 ❶单击【文件】按钮；❷在弹出的下拉菜单中选择【选项】命令，如下图所示。

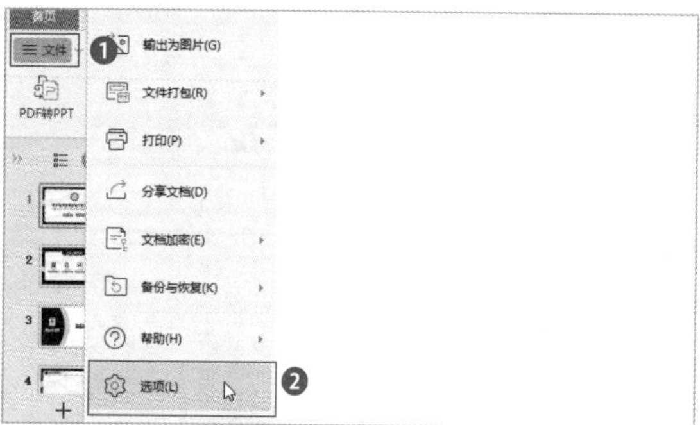

步骤 02 打开【选项】对话框，❶在左侧单击【常规与保存】选项卡；❷在右侧选中【将字体嵌入文件】复选框，默认会选中【仅嵌入文档中所用的字符(适于减小文件大小)】单选按钮；❸单击【确定】按钮，如下图所示。然后再对文件执行保存操作即可。

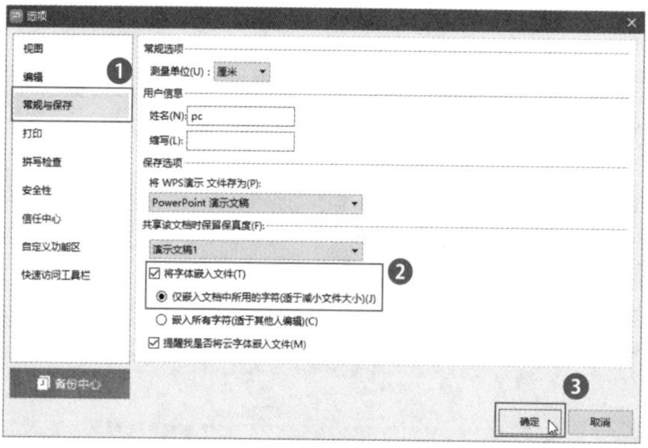

301 掌握演示文稿视图模式切换方法

扫一扫，看视频

实用指数
★★★☆☆

使用说明

WPS演示中提供了普通视图、幻灯片浏览视图、阅读视图和备注页视图4种演示文稿视图模式，在不同的视图模式中，可对演示文稿中的幻灯片进行不同的操作。

解决方法

切换到演示文稿所需视图模式的具体操作方法如下。

步骤 01 在【视图】选项卡中单击相应的视图切换按钮，如单击【阅读视图】按钮，如下图所示。

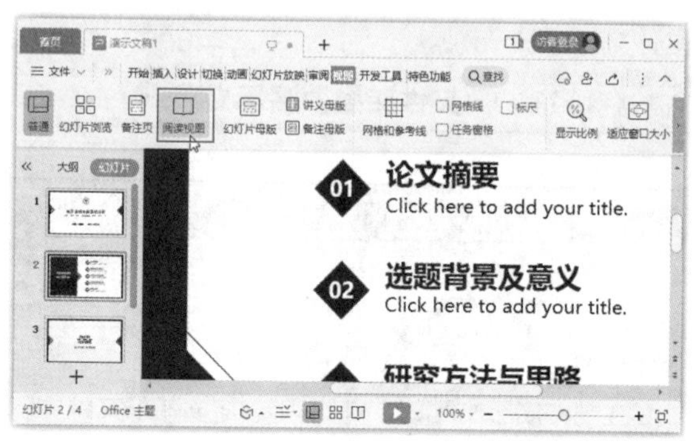

步骤 02 即可切换到阅读视图模式，在该视图模式下，将以窗口的形式播放演示文稿中的幻灯片，如下图所示。

12.2 演示文稿的编辑技巧

制作演示文稿时，掌握演示文稿的编辑技巧是必不可少的，主要包括对演示文稿中的幻灯片、各种对象等进行操作的技巧。

302 新建幻灯片

扫一扫，看视频

实用指数
★★★★★

使用说明

新建的演示文稿中默认只有一张幻灯片，根本不能满足演示文稿的需要，所以，还需要根据实际情况新建幻灯片。

解决方法

新建幻灯片的具体操作方法如下。

步骤 01 ❶单击【开始】选项卡中的【新建幻灯片】下拉按钮；❷在弹出的下拉列表中选择需要新建幻灯片的版式，将鼠标光标移动到需要的版式上，单击【立即使用】按钮，如下图所示。

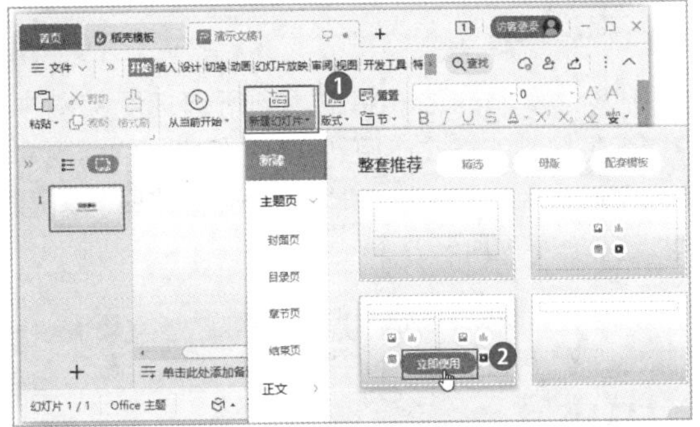

步骤 02 经过第1步操作后，即可在演示文稿所选幻灯片的后面新建一张所选版式的幻灯片，如下图所示。

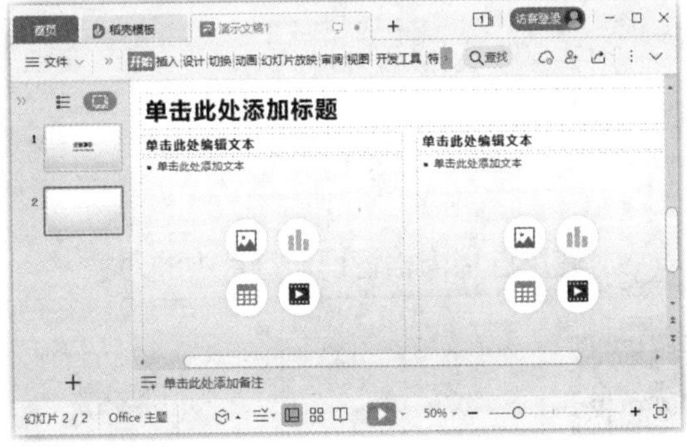

> **温馨提示**
>
> 在【新建幻灯片】下拉列表中单击【展开】按钮，可以获得更多新建的幻灯片版式。另外，在版式下方还提供了很多类型的幻灯片模板，登录到账户，单击需要使用的幻灯片模板即可插入。

303 更改幻灯片的版式

扫一扫，看视频

使用说明

版式是指幻灯片中包含的内容类型以及这些内容的布局和格式。在编辑幻灯片的过程中，若不满意当前幻灯片的版式，可以进行更改。

解决方法

更改幻灯片版式的具体操作方法如下。

❶选择需要更改版式的幻灯片；❷单击【开始】选项卡中的【版式】按钮；❸在弹出的下拉列表中选择需要的版式，如下图所示，就能将所选幻灯片的版式更改为选择的版式。

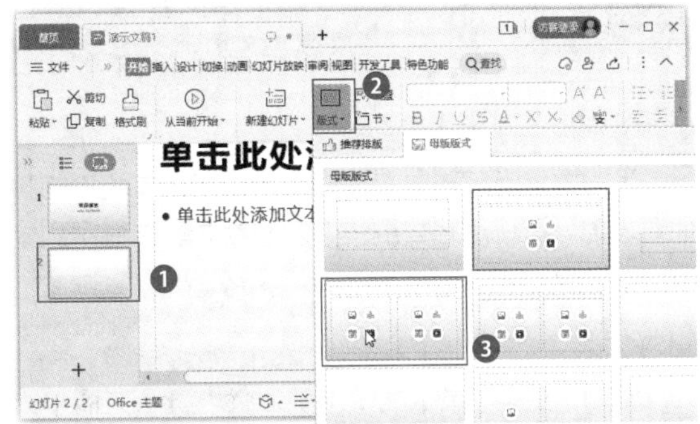

304 禁止在输入文本时自动调整文本大小

扫一扫，看视频

使用说明

在幻灯片中输入文本时，WPS演示会根据占位符的大小自动调整文本的大小。用户可根据操作需要，通过设置来禁止自动调整文本大小。

解决方法

禁止在输入文本时自动调整文本大小的具体操作方法如下。

❶打开【选项】对话框，单击【编辑】选项卡；❷在【键入时应用】栏中取消选中【根据占位符自动调整标题文本】和【根据占位符自动调整正文文本】复选框；❸单击【确定】按钮，如下图所示。

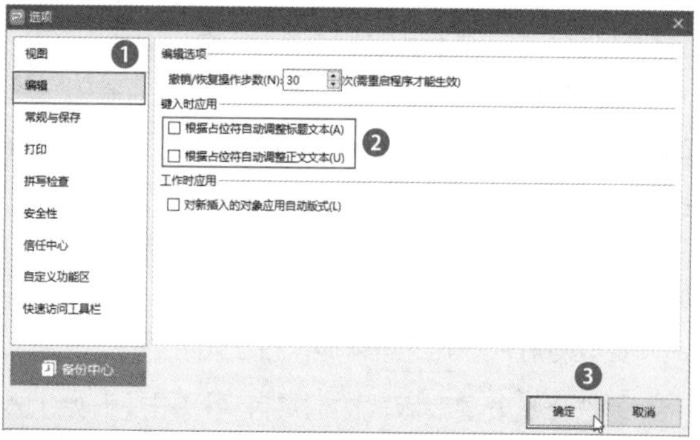

305 使用格式刷快速应用格式

扫一扫，看视频

实用指数

★★★★★

使用说明

当需要将当前对象的格式应用到演示文稿中的其他对象时，可使用格式刷快速复制格式，并应用到相应的对象中。

解决方法

例如，要将“员工礼仪培训.dps”演示文稿中第2张幻灯片的标题格式应用到第3张和第4张幻灯片的标题中，具体操作方法如下。

步骤 01 打开素材文件（位置：素材文件\第12章\员工礼仪培训.dps），❶选择第2张幻灯片中的标题文本；❷双击【开始】选项卡中的【格式刷】按钮，复制所选文本的格式，如下图所示。

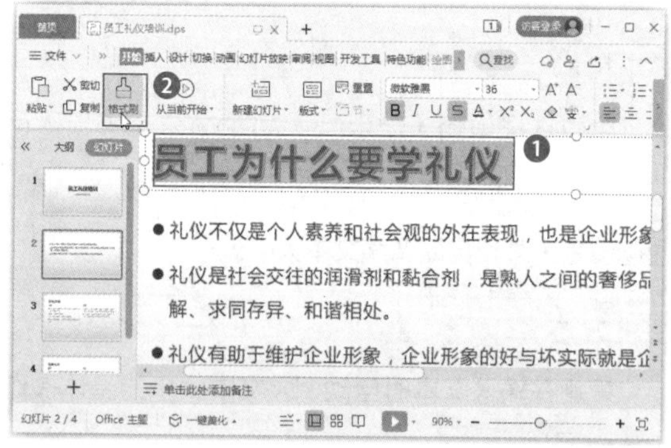

> **温馨提示**
>
> 单击【格式刷】按钮只能应用一次复制的格式，而双击【格式刷】按钮则可多次重复使用复制的格式。

步骤 02 此时鼠标光标将变成形状，拖动鼠标选择第3张幻灯片中的标题，如下图所示。

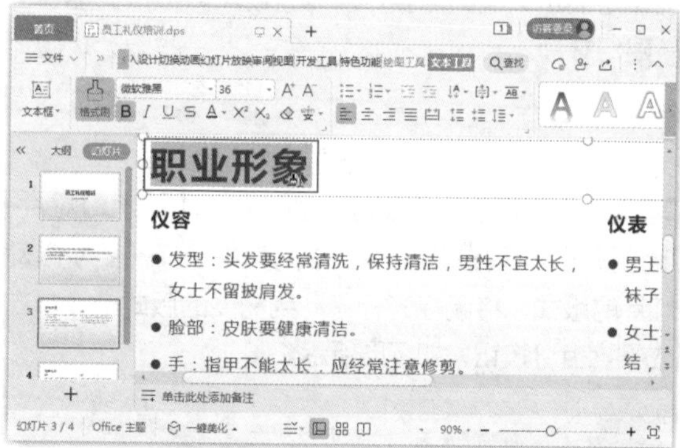

步骤 03 复制的格式将应用到所选标题文本中，❶继续将复制的格式应用到第4张幻灯片的标题中；❷当不再使用复制的格式时，单击【格式刷】按钮取消即可，如下图所示。

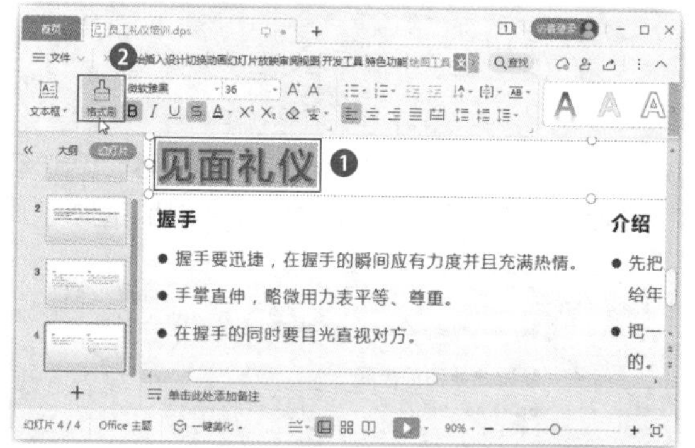

306 使用选择窗格管理幻灯片中的对象

扫一扫，看视频

实用指数

★★★★☆

使用说明

当一张幻灯片中放置的对象较多时，编辑这些对象时就不容易操作了，此时，可通过选择窗格对幻灯片中的对象进行选择、隐藏和调整排列顺序等操作，以便更好地管理幻灯片。

解决方法

通过选择窗格管理幻灯片对象的具体操作方法如下。

步骤 01 ❶单击【开始】选项卡中的【选择】按钮；❷在弹出的下拉列表中选择【选择窗格】选项，如下图所示。

步骤 02　打开【选择窗格】任务窗格，在列表框中显示了当前所选幻灯片中的所有对象，单击对象对应的选项，可在幻灯片中选择对应的对象，如下图所示。单击任务窗格中相应的按钮，可对选择的对象进行相应的操作。

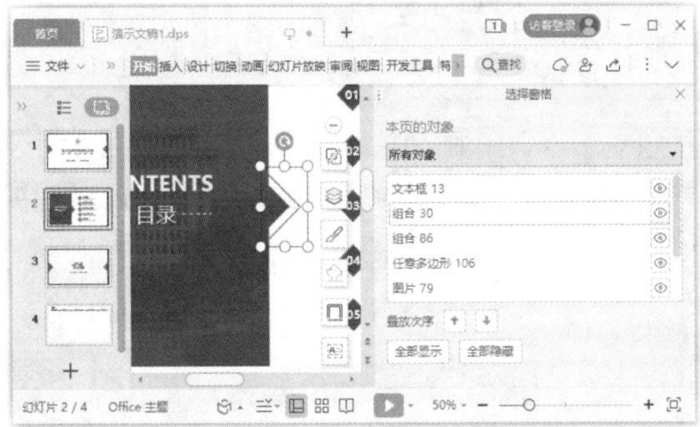

307　使用智能对齐功能快速对齐多个对象

扫一扫，看视频

使用说明

对齐是幻灯片排版布局中非常重要的一个原则。WPS演示中提供了智能对齐功能，通过该功能，可使多个对象快速按照一定的方式对齐排列。

解决方法

使用智能对齐功能快速对齐多个对象的具体操作方法如下。

步骤 01　❶选择幻灯片中的多个对象；❷在出现的工具栏中单击【智能对齐】按钮，如下图所示。

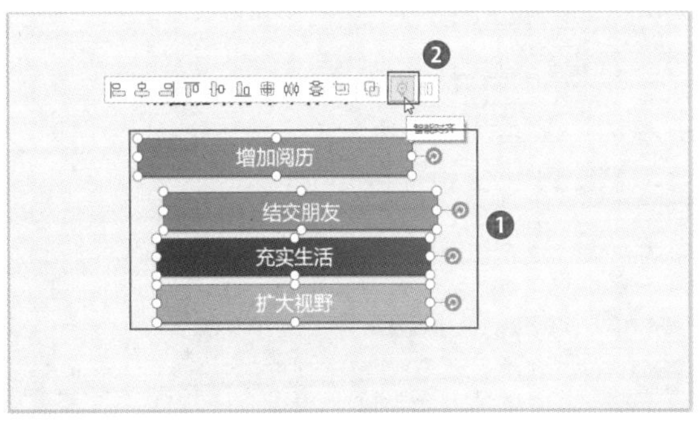

步骤 02　在打开的列表中选择智能对齐选项，如选择【分组右侧对齐】选项，则可参照所选对象中最右侧的那个对象来靠右对齐，如下图所示。

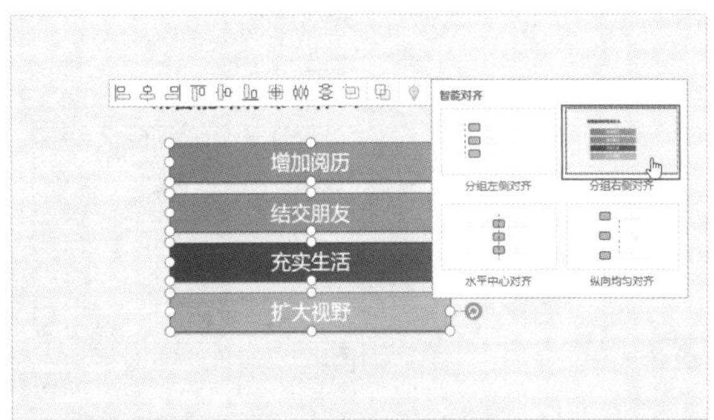

温馨提示

在工具栏中也有很多对齐按钮，单击相应的按钮，也可执行对齐操作。

308　批量在演示文稿中插入图片制作相册效果

扫一扫，看视频

使用说明

在制作图片型的演示文稿时，有时需要让一张图片占据一整张幻灯片，但一张张地插入非常浪费时间，此时就可以通过分页插图功能实现批量插入。

解决方法

例如，要将“装修风格”文件夹中的图片批量插入演示文稿，具体操作方法如下。

步骤 01　❶单击【插入】选项卡中的【图片】按钮；❷在弹出的下拉列表中单击【分页插图】按钮，如下图所示。

步骤 02　打开【分页插入图片】对话框，❶选择图片所保存的位置；❷按Ctrl+A组合键全选文件夹中的图片；❸单击【打开】按钮，如下图所示。

步骤 03　选择的所有图片将全部插入演示文稿，并且每张图片自动占据一页幻灯片，如下图所示。

309 将图片裁剪为形状

扫一扫，看视频

实用指数
★★★★☆

使用说明

裁剪幻灯片中的图片时，还可以根据需要将图片裁剪为形状，让图片效果更具新意。

解决方法

例如，要将幻灯片中的图片裁剪为圆形，具体操作方法如下。

步骤 01　打开素材文件（位置：素材文件\第12章\装修风格介绍.dps），❶选择第2张幻灯片中的第1张图片；❷单击【图片工具】选项卡中的【裁剪】下拉按钮 ；❸在弹出的下拉列表中选择需要的形状【圆】，如下图所示。

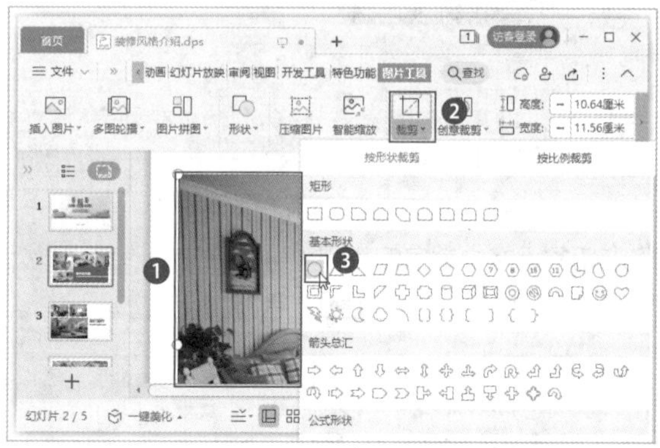

步骤 02　此时，图片将裁剪为圆形，并且图片处于裁剪状态，可通过拖动鼠标调整图片的裁剪范围，如下图所示。

步骤 03　裁剪完成后，在幻灯片其他位置单击即可完成图片的裁剪，如下图所示。

310 如何创意裁剪图片

实用指数 ★★★★★

扫一扫，看视频

使用说明

在WPS演示中还提供了创意裁剪功能，其中提供了更多样式的形状和效果。通过该功能可将图片裁剪为创意十足的图形，让图片更具设计感。

解决方法

例如，要将一张图片创意裁剪为个性图片，具体操作方法如下。

步骤01 打开素材文件（位置：素材文件\第12章\装修风格介绍.dps），❶选择第2张幻灯片中的第1张图片；❷单击【图片工具】选项卡中的【创意裁剪】按钮；❸在弹出的下拉列表中选择提供的一种裁剪效果，如下图所示。

步骤02 经过第1步操作后，图片将按照选择的效果进行裁剪，如下图所示。

311 巧用形状分割制作创意图片

实用指数 ★★★☆☆

扫一扫，看视频

使用说明

在WPS演示中，巧用形状来分割图片，也能制作出独具创意的图片效果。

解决方法

利用形状分割来制作创意图片的具体操作方法如下。

步骤01 ❶在幻灯片中绘制多个形状来布局，选择幻灯片中的所有形状；❷单击【绘图工具】选项卡中的【填充】下拉按钮；❸在弹出的下拉菜单中选择【图片或纹理】命令；❹在弹出的下级菜单中选择【本地图片】命令，如下图所示。

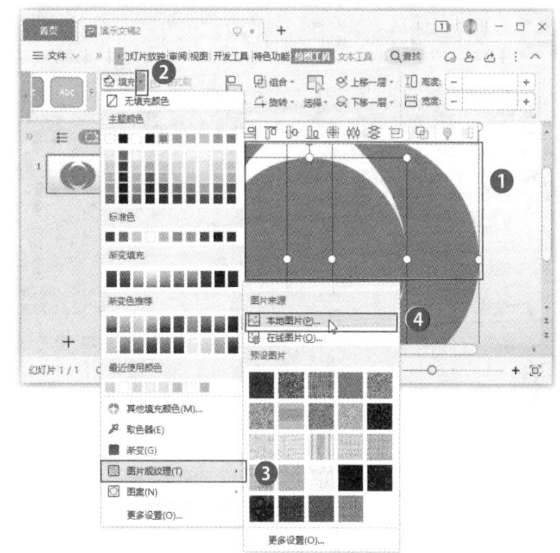

步骤02 打开【选择纹理】对话框，❶选择图片所保存的位置；❷选择需要的图片；❸单击【打开】按钮，如下图所示。

步骤 03 经过第2步操作后，选择的图片将填充到形状中，如下图所示。

温馨提示

若需要使用不同的图片来填充形状时，可选择单个形状使用图片填充。

312 快速制作多张图片的拼图效果

扫一扫，看视频

实用指数
★★★★☆

使用说明

在编辑幻灯片时，若想要将幻灯片中的多张图片按照一定的方式拼在一起，可使用图片拼图功能快速实现。

解决方法

制作图片拼图效果的具体操作方法如下。

步骤 01 ❶选择幻灯片中需要制作拼图效果的多张图片；❷单击【图片工具】选项卡中的【图片拼图】按钮；❸在弹出的下拉列表中选择提供的图片拼图效果，如下图所示。

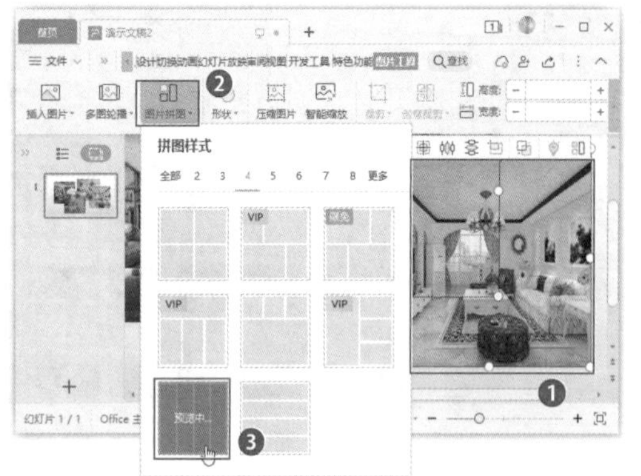

步骤 02 经过第1步操作后，将按照选择的拼图效果将所选图片拼接在一起，如下图所示。

313 如何压缩图片减小演示文稿的大小

扫一扫，看视频

实用指数
★★★☆☆

使用说明

如果演示文稿中插入的图片较多，保存时会增加文件的大小，影响传输速度，此时可以通过压缩图片的方式来减小文件大小。

解决方法

对演示文稿中的图片进行压缩的具体操作方法如下。

❶选择演示文稿中的任意图片，单击【图片工具】选项卡中的【压缩图片】按钮；❷打开【压缩图片】对话框，选中【文档中的所有图片】单选按钮，选中【压缩图片】和【删除图片的剪裁区域】复选框；❸单击【确定】按钮即可，如下图所示。

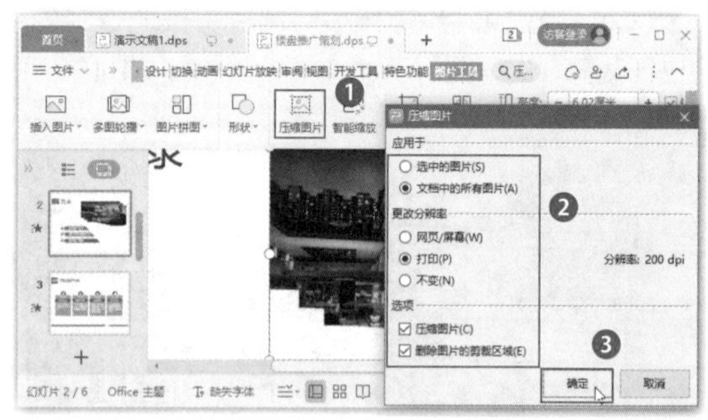

314 巧用合并形状功能制作创意图形

扫一扫，看视频

实用指数
★★★★☆

使用说明

当WPS演示中提供的形状不能满足幻灯片制作需要时，可以利用提供的合并形状功能将所选的多个形状合并成一个或多个新的几何形状。

解决方法

利用合并形状功能制作新形状的具体操作方法如下。

步骤01 ❶选择幻灯片中的多个形状；❷单击【绘图工具】选项卡中的【合并形状】按钮；❸在弹出的下拉列表中选择【结合】选项，如下图所示。

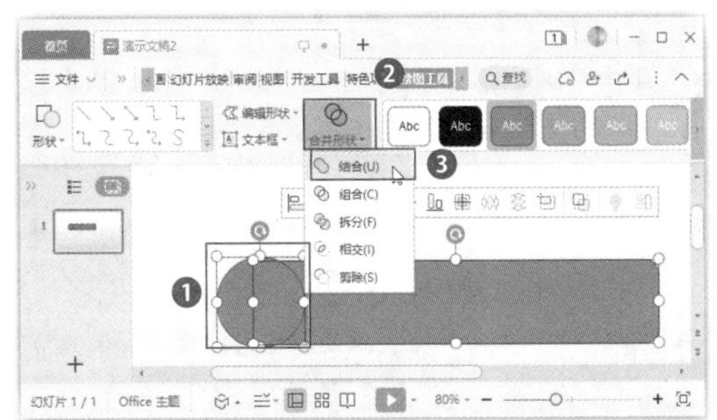

步骤02 现在即可将所选的两个形状重新合并成为一个新的形状，如下图所示。

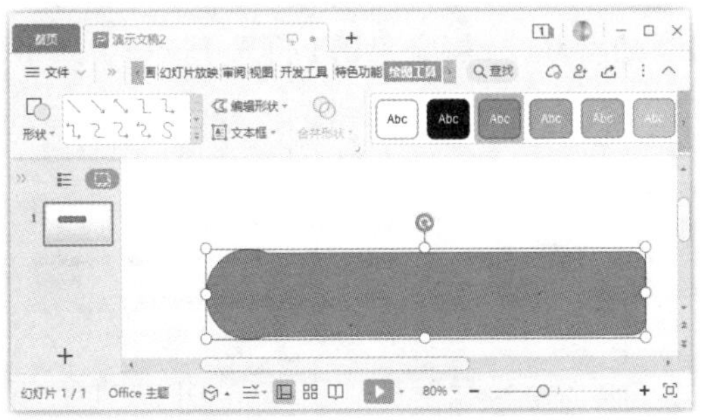

> **温馨提示**
>
> 【合并形状】下拉列表中的【结合】选项是指将所选的各个形状联合为一个整体；【组合】选项是指将所选的各个形状联合为一个整体，但原来各形状的重叠部分会被挖空，不予保留；【拆分】选项是指将所选的多个形状拆分成多个组成部分；【相交】选项是指只保留多个形状的重叠部分；【剪除】选项是指利用形状去修剪另一个形状。

315 如何将平面图转换成三维图

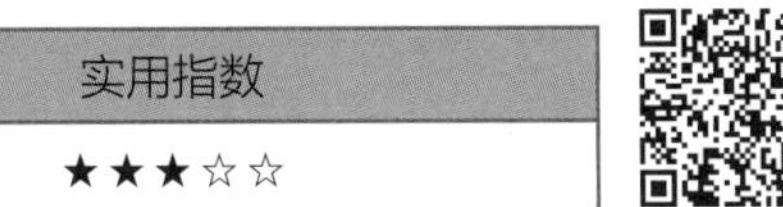

扫一扫，看视频

使用说明

在幻灯片中绘制的形状都是平面图，如果需要将平面图转换成三维图，就需要对形状的三维效果进行设置。

解决方法

将平面图转换成三维图的具体操作方法如下。

步骤01 ❶选择幻灯片中的形状；❷打开形状的【对象属性】任务窗格，单击【效果】按钮；❸单击展开【三维格式】栏，对深度、曲面图、材料、光照等属性进行设置，如下图所示。

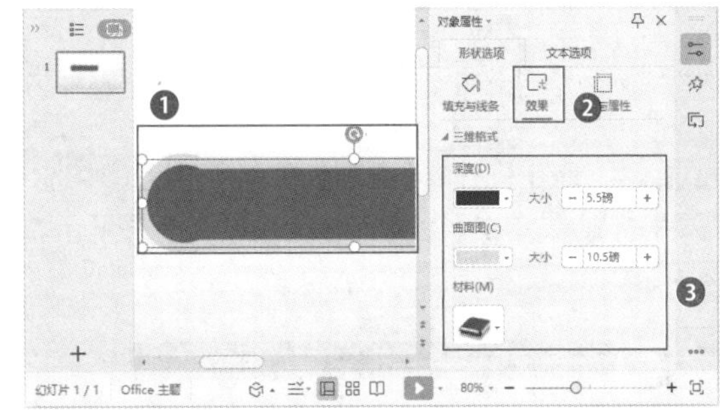

步骤02 单击展开【三维旋转】栏，对形状的旋转效果进行设置，如下图所示。

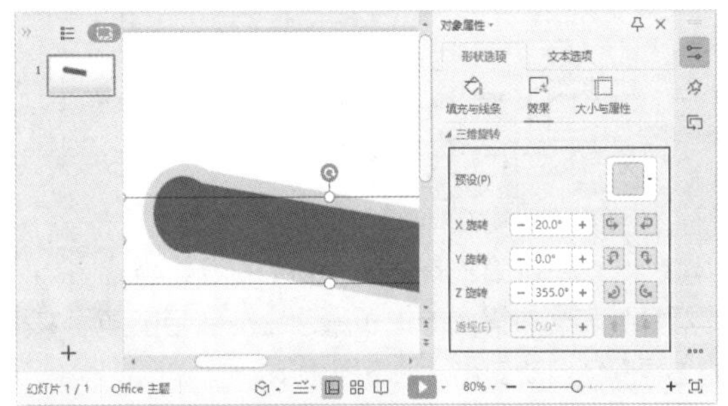

316 在幻灯片中插入带内容的表格

扫一扫，看视频

使用说明

在WPS演示中除了可以插入指定行列数的表格外，还可以插入带内容的表格，这样只需对表格内容进行修改，就能快速制作出需要的表格。

解决方法

在幻灯片中插入带内容表格的具体操作方法如下。

步骤01 ❶单击【插入】选项卡中的【表格】按钮；

❷在弹出的下拉列表的【插入内容型表格】栏中选择需要的表格类型，如选择【招聘汇总类】选项，如下图所示。

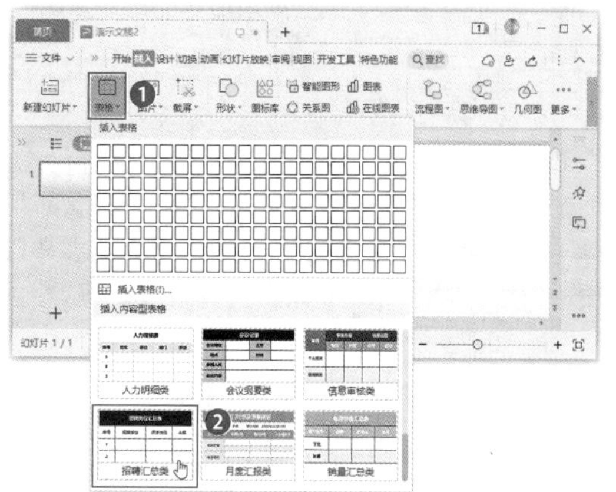

步骤 02　❶在打开的【招聘汇总类】对话框中选择需要的样式；❷单击【免费下载】按钮，如下图所示。

步骤 03　经过第2步操作，选择的表格样式将插入幻灯片，表格中采用的主题颜色会随着当前演示文稿的主题颜色自动变化，如下图所示。

317 在幻灯片中插入音频对象

扫一扫，看视频

实用指数
★★★☆☆

使用说明

制作演示文稿时，可以根据需要在幻灯片中插入音频文件，使幻灯片在播放时可以更加生动。

解决方法

例如，在“装修风格介绍.dps”演示文稿的第1张幻灯片中插入音频文件，具体操作方法如下。

步骤 01　打开素材文件（位置：素材文件\第12章\装修风格介绍.dps），❶选择第1张幻灯片；❷单击【插入】选项卡中的【音频】按钮；❸在弹出的下拉列表中选择【嵌入音频】选项，如下图所示。

步骤 02　打开【插入音频】对话框，❶选择需要插入的音频文件；❷单击【打开】按钮，如下图所示。

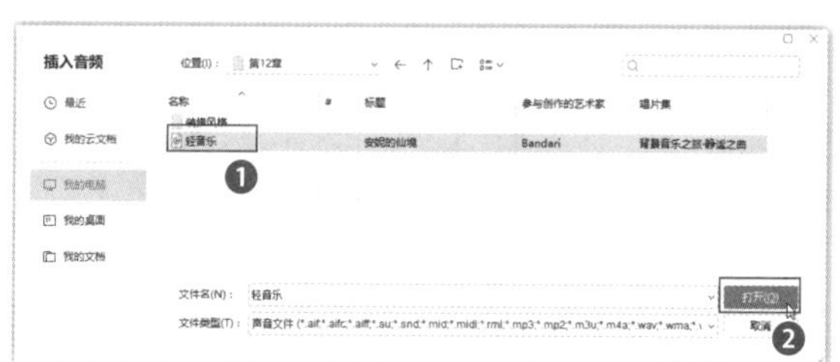

步骤 03　在幻灯片中插入音频文件，并显示代表音频文件的声音图标，如下图所示。

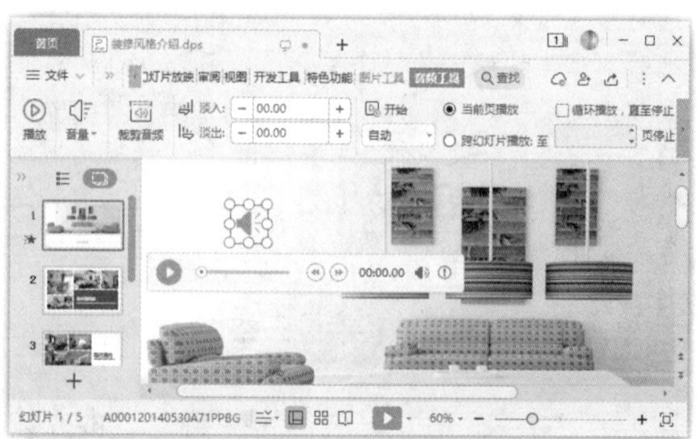

318 设置媒体文件的音量大小

实用指数

★★★☆☆

扫一扫，看视频

使用说明

在幻灯片中插入声音和视频后，可根据需要对音频和视频的播放声音大小进行设置。

解决方法

对幻灯片中音频的播放声音大小进行设置的具体操作方法如下。

❶在幻灯片中选择音频图标；❷在【音频工具】选项卡中单击【音量】按钮；❸在弹出的下拉列表中选择需要的选项即可，如下图所示。

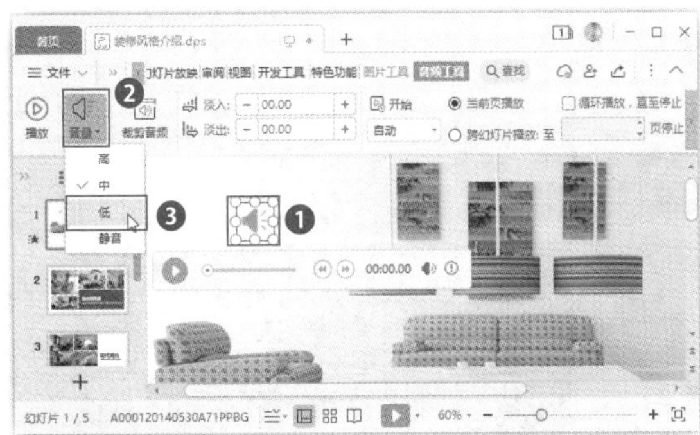

319 如何让背景音乐跨幻灯片连续播放

实用指数

★★★☆☆

扫一扫，看视频

使用说明

在放映演示文稿的过程中，进入下一张幻灯片时，若当前幻灯片中的音乐未播放完毕，并希望在下一张幻灯片中继续播放，可以使用跨幻灯片播放功能。

解决方法

设置音乐跨幻灯片连续播放的具体操作方法如下。

❶在幻灯片中选择声音图标；❷在【音频工具】选项卡中选中【跨幻灯片播放】单选按钮，在其后的数值框中还可以设置将该音乐跨越到哪张幻灯片，如下图所示。

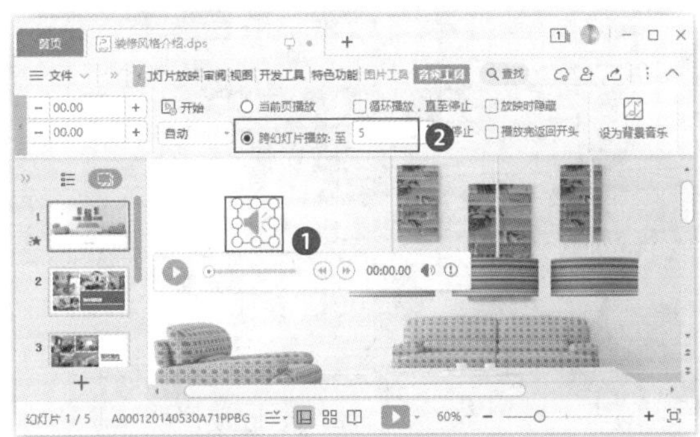

知识拓展

如果想让演示文稿中的音乐播放完成后又重复播放，可以在【音频工具】选项卡中选中【循环播放，直至停止】复选框。

320 裁剪插入的视频对象

实用指数

★★★☆☆

扫一扫，看视频

使用说明

在演示文稿中可以像插入音频文件一样插入视频文件。对于插入的视频，可以根据实际情况对视频的长短进行裁剪。

解决方法

对视频进行裁剪的具体操作方法如下。

步骤 01 ❶选择幻灯片中的视频图标；❷单击【视频工具】选项卡中的【裁剪视频】按钮，如下图所示。

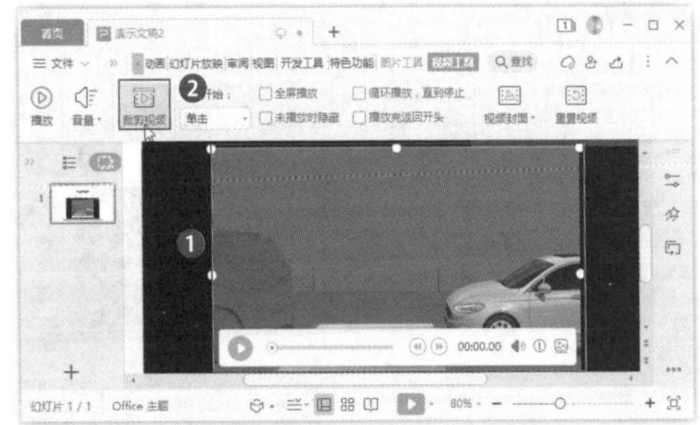

步骤 02 打开【裁剪视频】对话框，❶在【开始时间】数值框中输入裁剪视频的起始位置；❷在【结束时间】数值框中输入视频的结束位置；❸单击【确定】按钮，如下图所示。

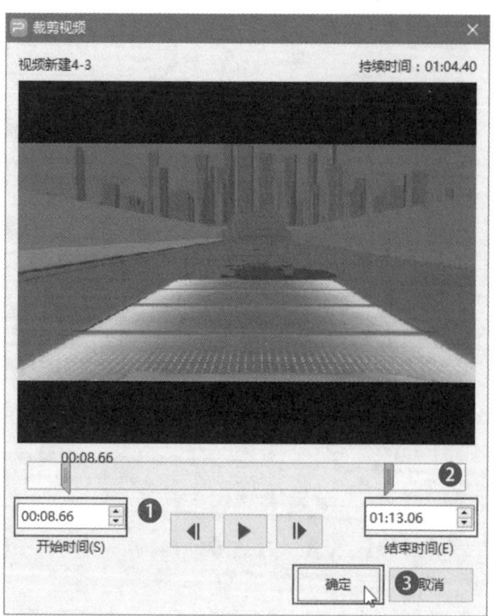

321 让视频全屏播放

扫一扫，看视频

使用说明

在放映幻灯片时，为了使幻灯片中的视频具有更佳播放效果，可以让视频全屏播放。

解决方法

设置视频全屏播放的具体操作方法如下。

❶在幻灯片中选择视频图标；❷在【视频工具】选项卡中选中【全屏播放】复选框，如下图所示。

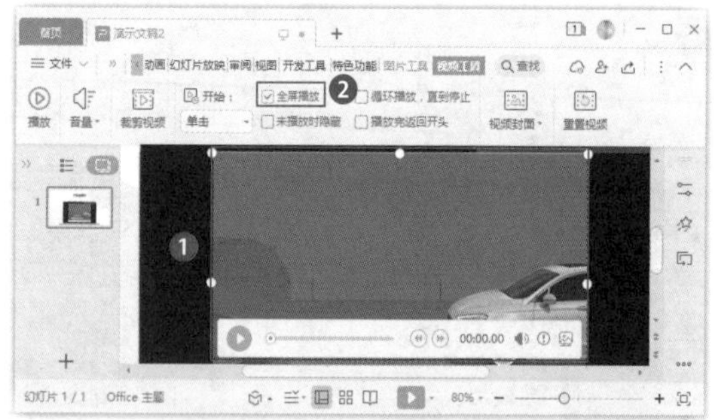

> **知识拓展**
>
> 如果对幻灯片中视频的设置效果不满意，可以单击【视频工具】选项卡中的【重置视频】按钮，使视频恢复到刚插入时的效果。

322 让插入的多媒体文件自动播放

扫一扫，看视频

使用说明

默认情况下，在演示文稿中插入多媒体文件后，放映时需要单击对应的图标才会开始播放。为了让幻灯片放映更加流畅，可以通过设置，让插入的媒体文件在幻灯片放映时自动播放。

解决方法

例如，要对插入的视频文件设置自动播放，具体操作方法如下。

❶在幻灯片中选择视频图标；❷在【视频工具】选项卡中的【开始】下拉列表框中选择【自动】选项，如下图所示。

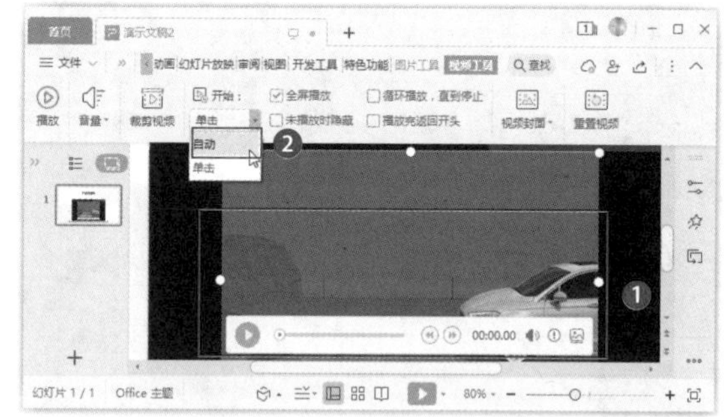

323 为影片剪辑添加引人注目的封面

扫一扫，看视频

使用说明

在幻灯片中插入视频后，其视频图标上的画面将显示为视频中的第一个场景，根据需要，也可以自定义设置显示的画面，从而让视频图标更加美观。

解决方法

例如，要为视频应用需要的样式，并设置美观的封面效果，具体操作方法如下。

步骤 01 ❶在幻灯片中选择视频图标；❷单击【视频工具】选项卡中的【视频封面】按钮；❸在弹出的下拉列表中选择【更多设置】选项，如下图所示。

步骤 02 打开【智能特性】任务窗格，单击【封面样式】选项将其展开，在下方会显示出提供的视频封面样式，在需要的视频封面样式上单击【免费下载】按钮，如下图所示。

步骤 03 ❶开始下载视频封面样式，并应用于视频图标中，在【编辑封面文字】文本框中输入封面需要显示的文字【羚锐A5】；❷在【字号】下拉列表框中选择20选项，如下图所示。

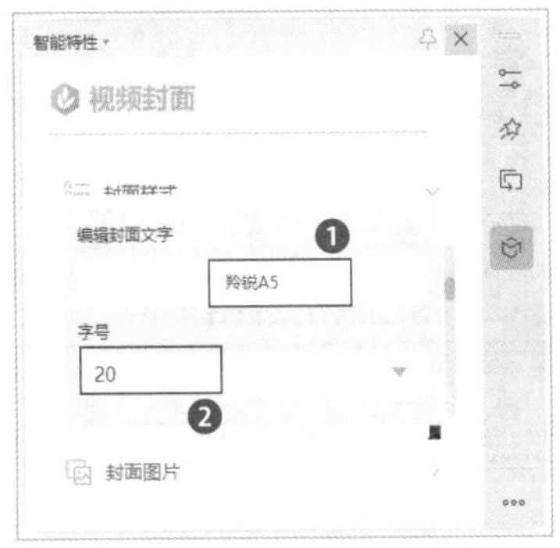

步骤 04 单击【封面图片】选项将其展开，单击【选择图片文件】按钮，如下图所示。

步骤 05 打开【选择图片】对话框，❶选择需要的图片【车】；❷单击【打开】按钮，如下图所示。

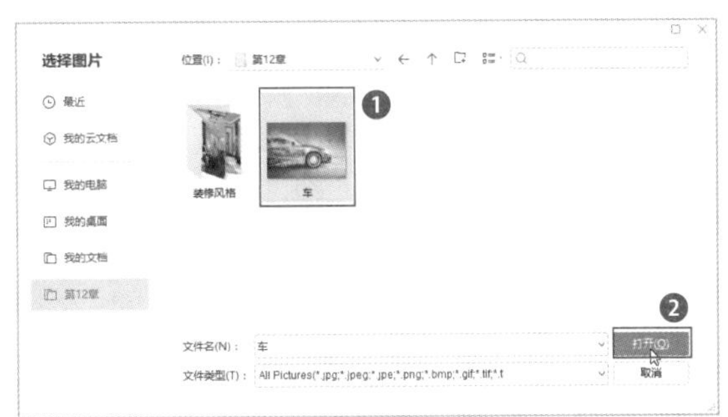

步骤 06 经过第5步操作，已经将选择的图片设置为视频图标封面，单击封面中的三角形按钮，可对视频进行播放，如下图所示。

324 插入 Flash 动画

实用指数
★★★☆☆

扫一扫，看视频

使用说明

除了可在幻灯片中插入视频和音频文件外，还可插入Flash动画。

解决方法

插入Flash动画的具体操作方法如下。

步骤 01 ❶单击【插入】选项卡中的【视频】按钮；❷在弹出的下拉列表中选择Flash选项，如下图所示。

步骤 02 打开【插入Flash动画】对话框，❶选择需要插入的Flash文件；❷单击【打开】按钮，如下图所示。

步骤 03 经过第2步操作，即可将选择的Flash文件插入幻灯片，单击【从当前幻灯片开始播放】按钮▶，如下图所示。开始放映该幻灯片，预览Flash动画的效果。

12.3 演示文稿的设计技巧

优秀的演示文稿需要精心策划和设计。不同的演示目的、不同的演示风格、不同的受众对象以及不同的使用环境决定了演示文稿的结构、配色、动画效果等。下面介绍演示文稿的设计技巧。

325 统一幻灯片内的文字

实用指数
★★★☆☆

使用说明

对幻灯片中的文字进行设计时，可以根据文字级别的不同设置不同的字体格式。但需要注意的是，同一幻灯片页面中，同级别的标题文字字体、字号和颜色需要保持一致。为了有更好的阅读体验，文字与背景色色差要大。

解决方法

在制作幻灯片文字内容时，应该遵循以下方法统一文字。

- 标题文字：在设置标题文字时，可以对不同层级的标题设置不同的字号大小，使阅读时更容易区分标题的层级关系。
- 叙述文字和注释文字：在设置叙述文字和注释文字时，应使用完全相同的字体格式。
- 强调文字：为了使强调文字更加突出，可以更改强调文字的颜色和粗细。

温馨提示

演示文稿中不宜使用过多的字体、配色等效果，否则会使演示文稿中的内容显得杂乱。

326 幻灯片内图片的选用

实用指数
★★★★☆

使用说明

图文搭配在演示文稿中占据了大量的比例，常用的演示文稿图片主要有4类，根据图片的类型特点与效果，操作方法也不同。

解决方法

常用的图片格式有以下几种。

- JPG：是演示文稿中最常用的图片，图片资源较丰富，像素文件体积小，但是JPG格式的图片精度固定，放大图片后其清晰度较差。
- GIF：一种公用性极强的动态位图，相对于JPG文件而言，该类文件较大，在一张图片内可存多幅图像，做出简单的动画效果，一般将其称为GIF动画。
- PNG：通常被称为PNG图标，这类图片的清晰度高、背景透明、文件较小，与演示文稿融合度高，放大后图片也较为清晰，常作为演示文稿中的点缀素材。
- AI：一种矢量图，可根据需要随意放大、缩小，通常由计算机绘制，类似格式还有EPS、WMF等。

327　幻灯片色彩的搭配

实用指数
★★★★☆

使用说明

观众在查看演示文稿时，首先感受是颜色，然后是版式，最后才是内容，所以，观众的阅读兴趣与幻灯片颜色搭配是否协调息息相关。

解决方法

颜色搭配主要有以下几种。

- 单色搭配：主要是指一种颜色与明暗颜色之间的搭配。例如，演示文稿为单色搭配，它的色调为红色，即为不同深浅的红色搭配而成。红色搭配会给人有活力、积极、热诚、温暖的感觉；而蓝色色调则会给人理性、冷静之感。
- 类比色搭配：使用多种相近色进行搭配，在色环图中，使用任意连续3种颜色或其中任意一种颜色的明暗色搭配。若喜欢冷色调，可以使用与之相邻的绿色进行搭配；若喜欢暖色调，则可以使用浅红、深红和橙色等进行搭配。
- 对比色搭配：将颜色色彩差异较大的颜色进行搭配，确定主色调后，使用与该色相对的颜色作为强调色。如选用浅蓝色为页面主色调，则使用与之相对的橙色为最佳；若使用黑色为主色调，为了使文字图形识别性较高，可设置文字为白色，重要信息则使用黄色。

温馨提示

除常规的冷暖单色搭配外，在制作单色搭配的幻灯片中还可以使用不同深浅的黑、白、灰组成的中色系，给人高雅、庄严、高贵之感。

328　幻灯片图文并存的设计技巧

实用指数
★★★☆☆

使用说明

图文版式的幻灯片是最常见的，所以，掌握图文排版的设计技巧非常重要。

解决方法

布局幻灯片图文时，主要有以下几种情况。

1. 小图与文字的编排

由于小图占据的空间较少，多数为文字，幻灯片版面容易失去平衡，此时就需要合理处理图片、文字和留白这三者之间的关系。

如下图所示，该页内容文字较多，图片并没有占据右边的所有空间，文字下方有留白。整个版面显得张弛有度，左侧的文字与右侧的图片比较平衡。

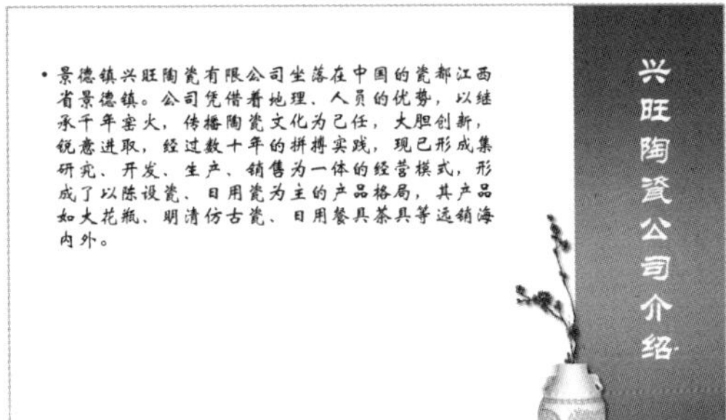

2. 中图与文字的编排

中图通常是指占据页面一半左右的图片，常规的编排方式根据图片的放置方向分为横向、纵向和不规则形状。横向图片出现的可能位置有上、中、下；纵向图片出现的可能位置有左、中、右；而不规则型则需要发挥更多的创意，根据具体问题进行具体分析。

如下图所示，幻灯片左侧放置标题和正文内容，右侧放置了图片。

芦苇海

芦苇海海拔2140米，海里芦苇丛生，随风舞动，是水鸟栖息的家园。在芦苇海中间有一条飘逸的水带，蜿蜒穿行于芦苇海中，把芦苇海平分成两半。这条水带有着美玉一般的光泽与色泽，所以被称为玉带河。传说这条美丽的玉带河是由九寨沟女山神沃诺色嫫的腰带所变幻而成的。

3. 大图与文字的编排

大图通常指页面以图为主，80%以上的页面区域由图片占据，而仅有很少的一部分空间用来放置文字。大图与文字的位置关系通常较为单一，文字只能出现在图以外的空白区域，如图片的左侧、右侧、上侧或下侧。

如下图所示，图片占据页面大部分区域，在下方留出了少部分区域用于文字的排版。

4. 全图与文字的编排

全图型幻灯片中，图片占据了整个幻灯片页面。如果图片背景颜色比较浅，或有大片空白的区域，可直接将文字添加在图片区域内，如下图所示。

如果图片中没有可以添加文字的位置，则可以在图片适当的位置插入一个矩形或文本框，将其填充为白色，然后为其设置恰当的透明度，再在其中输入文字。这样既可以不遮挡背景图片，又能使添加的文字清晰可读，如下图所示。

第 13 章 演示文稿的布局、交互与动画设置技巧

规划好演示文稿的内容后，还需要对演示文稿中的幻灯片进行排版布局，使演示文稿的整体效果更加美观。另外，还可以对幻灯片或幻灯片中的对象添加合适的动画效果，以增强幻灯片的趣味性及生动性，让演示文稿的播放效果更具吸引力。本章将对演示文稿的布局、交互和动画设置技巧进行讲解。

下面是演示文稿的布局、交互与动画设置中的常见问题，请检测你是否会处理或已掌握。

√ 同一个演示文稿需要用到多张幻灯片版式，在幻灯片母版中能不能进行设置呢？

√ 如何让公司的 Logo 出现在演示文稿所有幻灯片的相同位置上呢？

√ 演示文稿中的幻灯片太多，每张幻灯片都需要进行排版布局，真是太慢了，有没有什么方法可以快速对幻灯片中的内容进行排版布局呢？

√ 在幻灯片中单击某个对象，能不能跳转到指定的网站呢？

√ 为幻灯片中的同一对象添加动画效果时，为什么第 2 次添加的动画效果总是取代第 1 次添加的动画效果呢？

√ 为对象添加了动作路径，但动作路径的长短并不能满足需求，怎么办？

√ 如何快速制作出好看又有趣的数字动画效果呢？

希望通过本章内容的学习，能帮助你解决以上问题，并学会演示文稿更多的排版布局技巧以及交互和动画设计技巧。

13.1 演示文稿的排版技巧

无论制作什么类型的演示文稿，都需要排版布局，如何通过排版布局提升演示文稿的整体效果，提高工作效率，是很多演示文稿制作者头疼的问题。

329 设置演示文稿的页面尺寸

扫一扫，看视频

使用说明

演示文稿默认的幻灯片页面尺寸为宽屏(16:9)，若不能满足需要，可以进行设置。

解决方法

例如，将演示文稿中的幻灯片页面尺寸自定义为28×19，具体操作方法如下。

步骤 01 ❶单击【设计】选项卡中的【幻灯片大小】按钮；❷在弹出的下拉列表中选择【自定义大小】选项，如下图所示。

步骤 02 打开【页面设置】对话框，❶在【幻灯片大小】栏中的【宽度】和【高度】数值框中分别输入28和19；❷单击【确定】按钮，如下图所示。

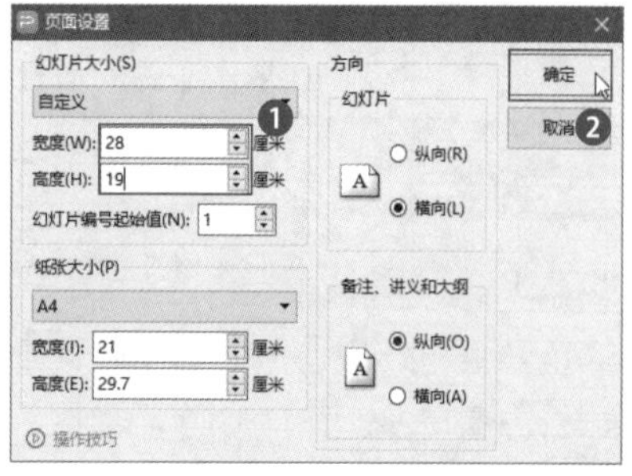

步骤 03 打开【页面缩放选项】对话框，单击选择合适的缩放选项，这里单击【确保适合】按钮，按比例缩小，如下图所示。

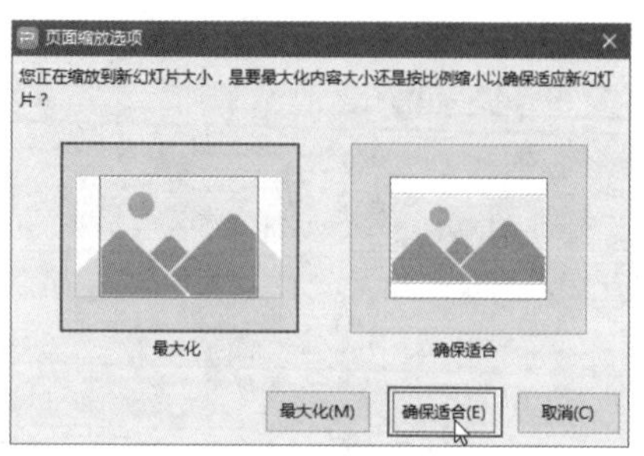

330 为幻灯片设置个性化的背景

扫一扫，看视频

使用说明

在演示文稿中，除了可以为幻灯片设置纯色背景外，还可以设置渐变填充、图片填充、图案填充和纹理填充等背景，用户可以根据需要自行选择。

解决方法

例如，要为“员工礼仪培训.dps”演示文稿中的幻灯片填充图案背景，具体操作方法如下。

步骤 01 打开素材文件(位置：素材文件\第13章\员工礼仪培训.dps)，❶单击【设计】选项卡中的【背景】下拉按钮；❷在弹出的下拉列表中选择【背景】选项，如下图所示。

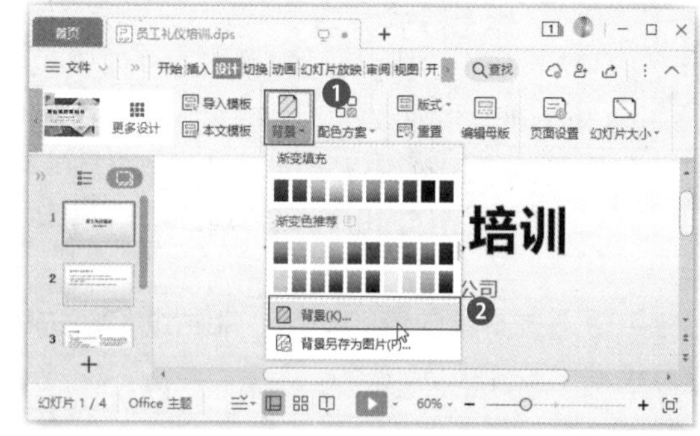

步骤 02 打开【对象属性】任务窗格，❶在【填充】栏中选择填充方式，这里选中【图案填充】单选按钮；❷在【填充】下拉列表框中选择图案选项；❸在【前景】下拉列表框中选择前景色；❹在【背景】下拉列表框中选择图案的背景色；❺单击【全部应用】按钮，如下图所示。

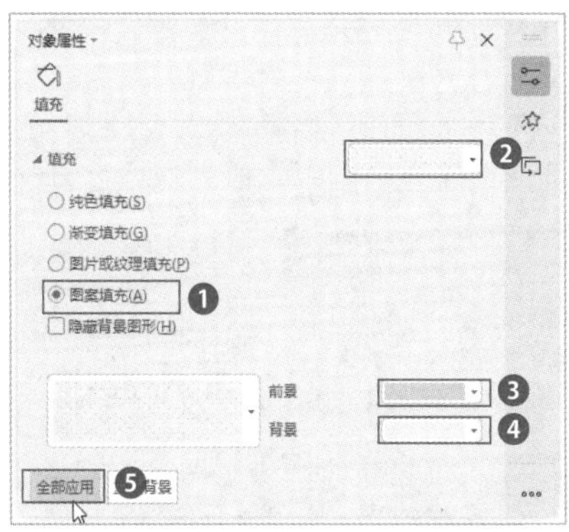

步骤 03　经过上步操作，即可将设置的图案填充效果应用于演示文稿中的所有幻灯片，如下图所示。

331　设置演示文稿的配色方案

扫一扫，看视频

使用说明

配色的好坏决定了演示文稿颜值的高低，当不知道如何配色时，可以通过配色方案快速更改整个演示文稿中各对象的配色。

解决方法

例如，要为“电话礼仪培训.dps”演示文稿应用内置的配色方案，具体操作方法如下。

步骤 01　打开素材文件（位置：素材文件\第13章\电话礼仪培训.dps），❶单击【设计】选项卡中的【配色方案】按钮；❷在弹出的下拉列表中选择【预设颜色】栏中的配色方案，如选择【奥斯汀】选项，如下图所示。

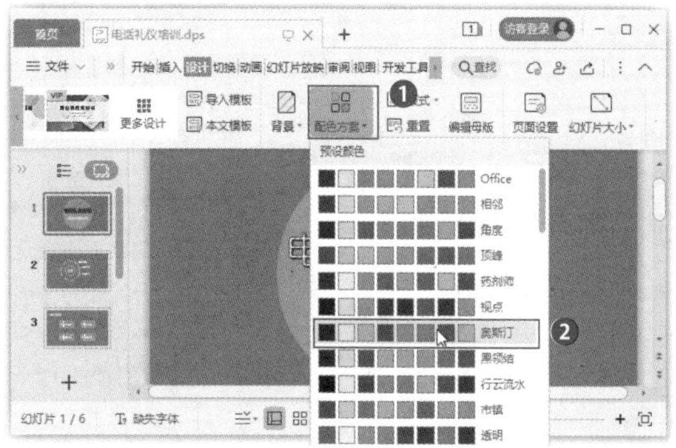

温馨提示

【配色方案】下拉列表的【颜色推荐】栏中提供的配色方案，需要成为WPS会员才能使用。

步骤 02　经过第1步操作，演示文稿中各对象的配色将应用选择的配色方案，如下图所示。

332　使用魔法棒为幻灯片快速变装

实用指数

★★★★★

扫一扫，看视频

使用说明

WPS演示中提供了“魔法”功能，通过该功能可快速更改演示文稿的整体效果，包括配色方案、背景效果、字体格式等。

解决方法

例如，要为“电话礼仪培训.dps”演示文稿变装，具体操作方法如下。

步骤 01　打开素材文件（位置：素材文件\第13章\电话礼仪培训.dps），单击【设计】选项卡中的【魔法】按钮，如下图所示。

步骤 02 开始变装，变装完成后可查看演示文稿的整体效果，如下图所示。

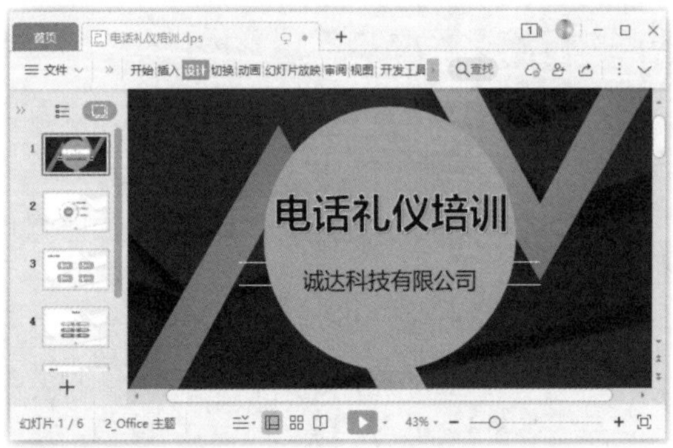

> **温馨提示**
>
> 使用“魔法”功能变装虽然不能自己选择，但是每单击【魔法】按钮一次，变装的效果将不相同。

333 使用幻灯片母版统一演示文稿风格

扫一扫，看视频

实用指数
★★★★★

使用说明

幻灯片母版用于控制演示文稿中各幻灯片的某些共有的格式（如文本格式、背景格式等）或对象。因此，当需要统一演示文稿的整体风格时，也可以通过幻灯片母版来快速实现。

解决方法

例如，利用幻灯片母版编辑“员工礼仪培训.dps”演示文稿，具体操作方法如下。

步骤 01 打开素材文件（位置：素材文件\第13章\员工礼仪培训.dps），单击【视图】选项卡中的【幻灯片母版】按钮，如下图所示。

步骤 02 进入幻灯片母版视图，❶选择第1张母版；❷选择标题占位符，在【绘图工具】选项卡的【填充】下拉列表中选择【橙色,着色4,深色25%】选项，如下图所示。

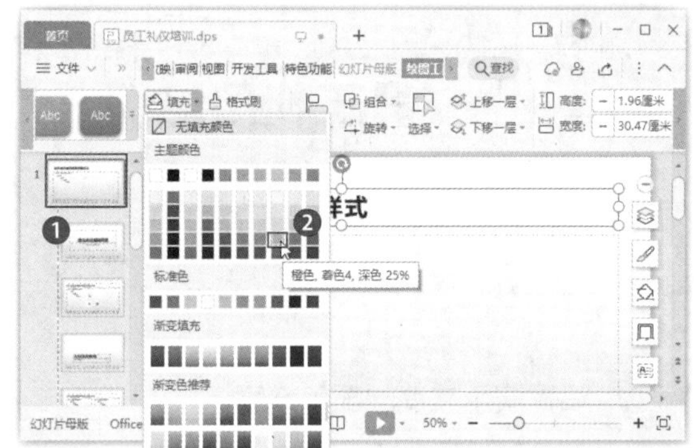

步骤 03 ❶单击【幻灯片母版】选项卡中的【背景】按钮；❷打开【对象属性】任务窗格，选中【纯色填充】单选按钮；❸在【填充】下拉列表框中选择【白烟,背景1,深色5%】选项；❹单击【幻灯片母版】选项卡中的【关闭】按钮，如下图所示。

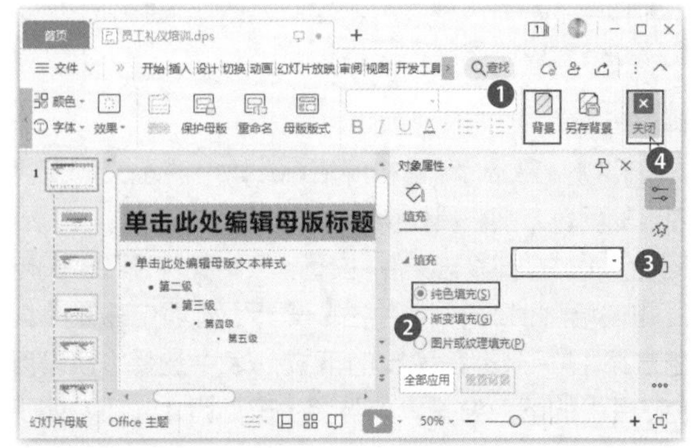

步骤 04 关闭幻灯片母版，返回到普通视图即可查看演示文稿的效果，如下图所示。

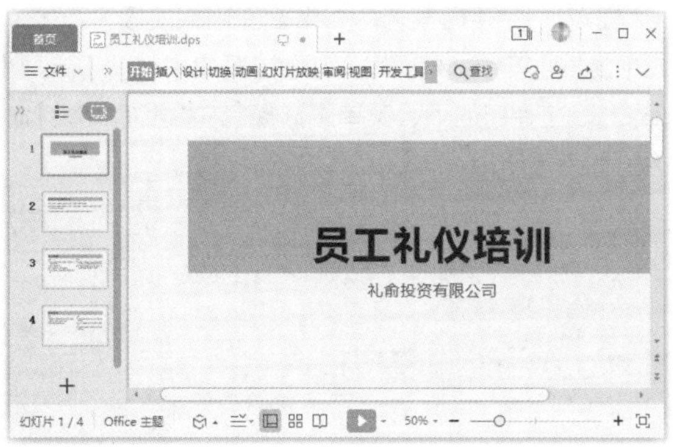

知识拓展

进入幻灯片母版后，可以发现有多个母版版式，很多母版版式都没有应用到演示文稿中。为了方便管理，可以将这些多余的母版版式删除。其方法是：选择未使用的母版版式，单击【幻灯片母版】选项卡中的【删除】按钮，删除选择的母版版式。

334　在幻灯片母版中设置主题

实用指数
★★★☆☆

扫一扫，看视频

使用说明

主题集合了颜色、字体和幻灯片背景等格式，通过为演示文稿应用主题，可快速且轻松地对演示文稿中的所有幻灯片设置具备统一风格的外观效果。

解决方法

在幻灯片母版中为演示文稿应用主题的具体操作方法如下。

步骤 01　进入母版视图，❶单击【幻灯片母版】选项卡中的【主题】按钮；❷在弹出的下拉列表中选择需要的土题，如选择【角度】选项，如下图所示。

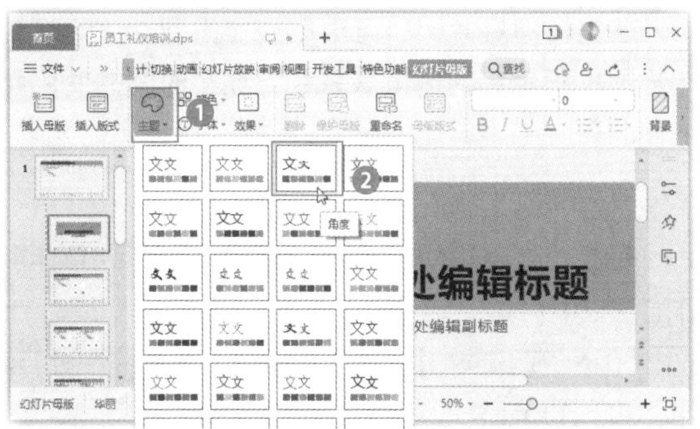

知识拓展

在【幻灯片母版】选项卡中单击【颜色】按钮，在弹出的下拉列表中可更改主题的颜色；单击【字体】按钮，在弹出的下拉列表中可更改主题中应用的字体。

步骤 02　为母版版式应用选择的主题，如下图所示。

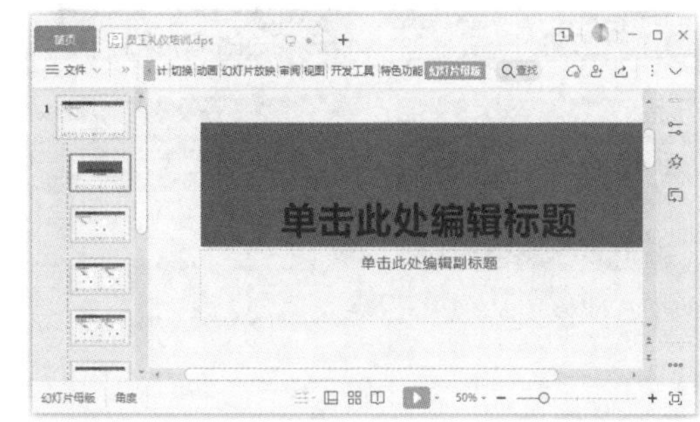

335　让公司的标志出现在每一张幻灯片的相同位置上

实用指数
★★★★☆

扫一扫，看视频

使用说明

在编辑演示文稿时，通常会在每张幻灯片的相同位置上添加公司的标志，如果逐一在每张幻灯片中添加就会非常麻烦，此时可以通过幻灯片母版快速解决。

解决方法

例如，在“年终工作总结.dps”演示文稿的每张幻灯片的相同位置添加公司标志，具体操作方法如下。

步骤 01　打开素材文件（位置：素材文件\第13章\年终工作总结.dps），❶进入幻灯片母版视图，选择第1张母版版式；❷在母版版式右下角插入logo.png图片文件，并将其调整到合适的大小和位置；❸单击【幻灯片母版】选项卡中的【关闭】按钮，如下图所示。

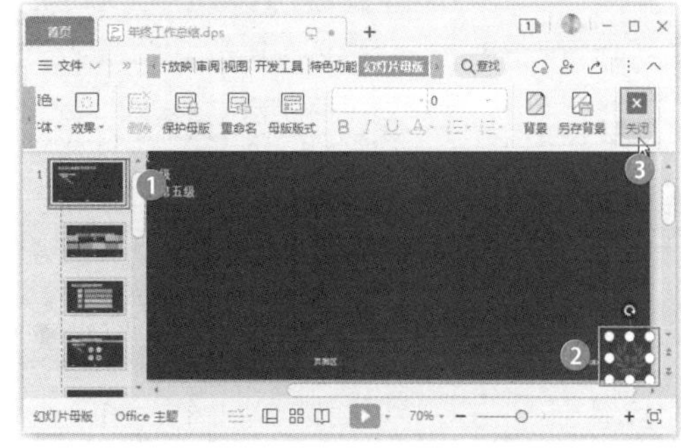

步骤 02 退出幻灯片母版视图，在幻灯片浏览视图中可看到每张幻灯片右下角都添加了公司标志的图片，如下图所示。

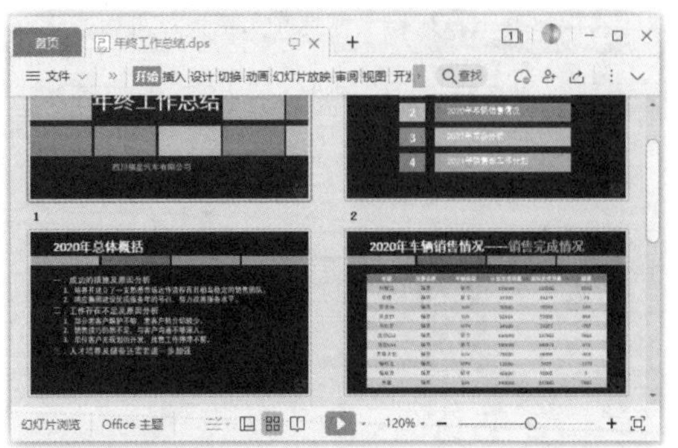

温馨提示

在幻灯片母版中添加的内容，只能在幻灯片母版中对该内容进行编辑和删除等操作。

336 将幻灯片母版保存为模板

扫一扫，看视频

使用说明

在幻灯片母版中设置了相应的样式后，如果希望之后可以继续使用该样式，可以将幻灯片母版保存为模板。

解决方法

将幻灯片母版保存为模板的具体操作方法如下。

步骤 01 ❶设置好幻灯片母版之后退出幻灯片母版编辑模式，按F12键打开【另存文件】对话框，设置文件名；❷在【文件类型】下拉列表中选择【Microsoft PowerPoint模板文件(*.potx)】选项；❸单击【保存】按钮，如下图所示。

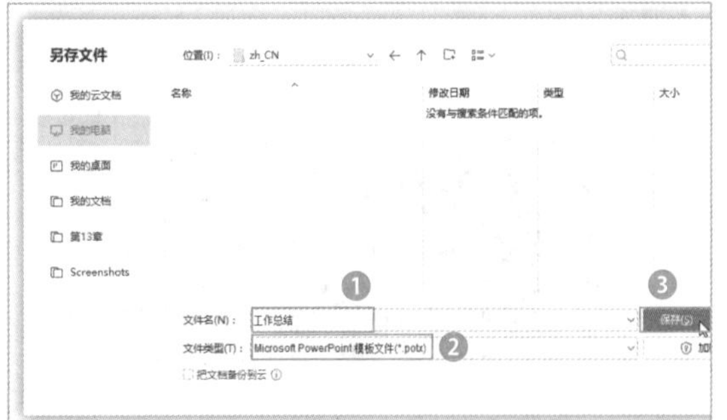

步骤 02 保存模板之后如果要使用该模板，❶可单击【文件】按钮；❷在弹出的下拉菜单中选择【新建】命令；❸在弹出的下级菜单中选择【本机上的模板】命令，如下图所示。

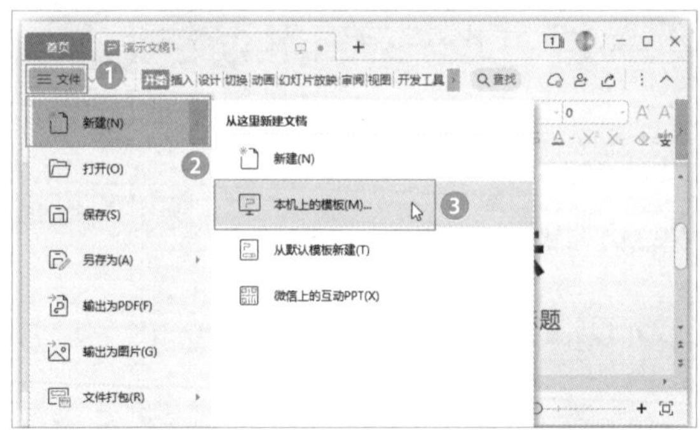

步骤 03 打开【模板】对话框，❶【常规】选项卡中将显示保存的模板，选择需要打开的模板；❷单击【确定】按钮，如下图所示，即可根据模板新建演示文稿。

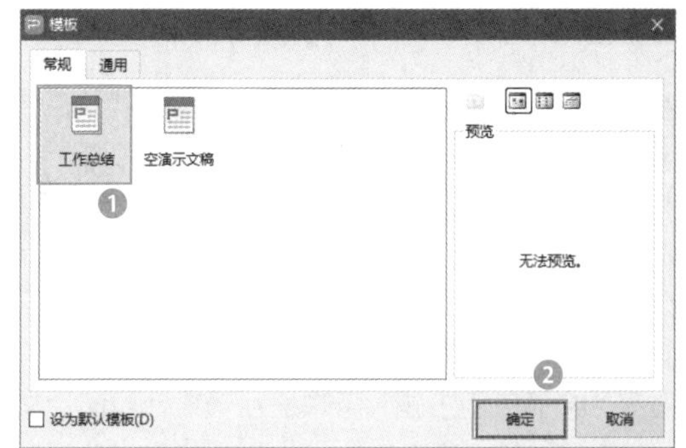

337 让幻灯片页脚中的日期与时间自动更新

扫一扫，看视频

使用说明

在编辑幻灯片时，可根据操作需要，让幻灯片中插入的日期和时间随着系统日期和时间的变化而变化。

解决方法

在幻灯片中插入自动更新的日期与时间，具体操作方法如下。

步骤 01 在【插入】选项卡中单击【日期和时间】按钮，如下图所示。

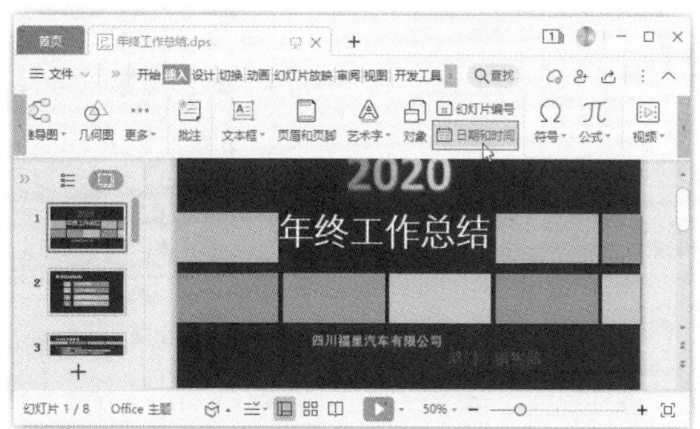

步骤 02 打开【页眉和页脚】对话框，❶在【幻灯片包含内容】栏中选中【日期和时间】复选框，自动选中【自动更新】单选按钮，在其下方选择需要的日期和时间格式；❷选中【标题幻灯片不显示】复选框；❸单击【全部应用】按钮，应用于除标题页幻灯片外的所有幻灯片中，如下图所示。

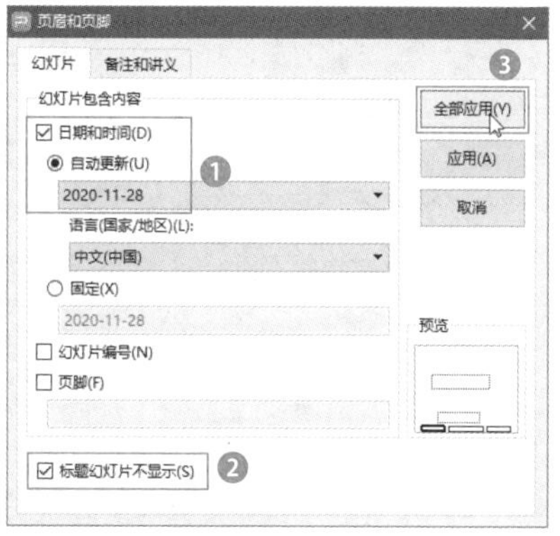

338 使用图文 AI 排版一秒搞定布局设计

扫一扫，看视频

使用说明

对于演示文稿新手制作者来说，排版布局并不容易。为了提高制作效率和提升演示文稿质量，对演示文稿进行排版布局时，可使用AI排版功能进行布局。

解决方法

使用AI排版布局幻灯片的具体操作方法如下。

步骤 01 ❶在左侧导航窗格中单击【新建幻灯片】按钮 +；❷打开【新建】对话框，在左侧单击【正文】选项卡，再选择【图文】选项；❸在【图片数量】栏中选择幻灯片包含的图片数量，如选择【3图】选项；❹在【版式布局】栏中选择图片在幻灯片中的排版布局，这里保持选择默认的【全部】选项；❺在右侧会显示出符合要求的幻灯片布局，在需要的版式上单击【立即下载】按钮，如下图所示。

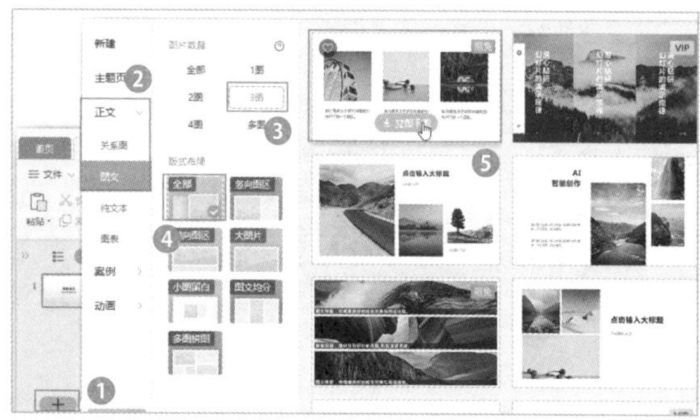

步骤 02 在演示文稿中将插入所选排版布局的幻灯片，如下图所示。然后对幻灯片中的图片和文字内容进行更改即可。

知识拓展

选择图片，在其上右击，在弹出的快捷菜单中选择【更改图片】命令，可将图片更改为需要的其他图片。

339 使用纯文本模板实现文本的一键排版

扫一扫，看视频

使用说明

在WPS演示中，除了可以对图文实现一键排版外，还可以对纯文本的幻灯片实现一键排版。

解决方法

对纯文本幻灯片实现一键排版的具体操作方法如下。

❶单击【新建幻灯片】按钮＋，打开【新建】对话框，在左侧单击【正文】选项卡，选择【纯文本】选项；❷在右侧将显示纯文本幻灯片布局的模板，在需要的模板上单击【立即下载】按钮即可插入，如下图所示。

340 快速插入关系图模板

扫一扫，看视频

实用指数

★★★★☆

使用说明

关系图可以清楚地展示各文本或各段落之间的关系，灵活使用关系图，可以使幻灯片中文本内容的结构更直观。

解决方法

例如，要在“产品性能优点.dps”演示文稿中插入关系图，具体操作方法如下。

步骤 01 打开素材文件（位置：素材文件\第13章\产品性能优点.dps），单击【插入】选项卡中的【关系图】按钮，如下图所示。

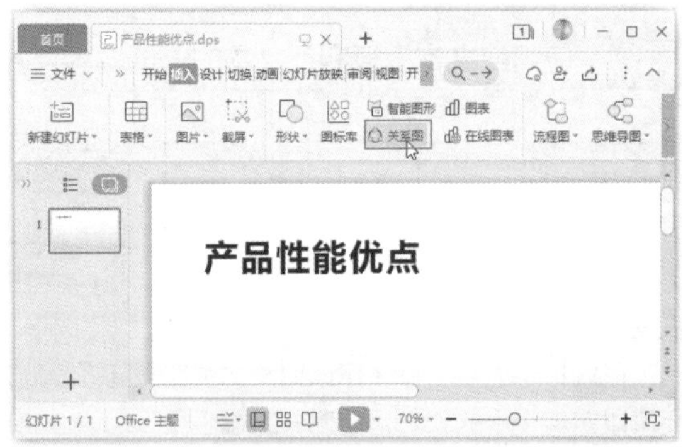

步骤 02 在打开的对话框中将显示WPS提供的一些在线关系图，在需要的关系图模板上单击【插入】按钮，如下图所示。

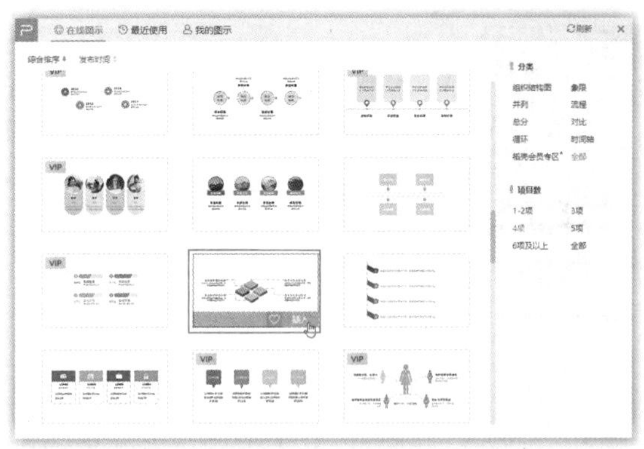

步骤 03 开始下载关系图，下载完成后，在所选幻灯片中插入关系图，然后对关系图中的文本内容进行修改，如下图所示。

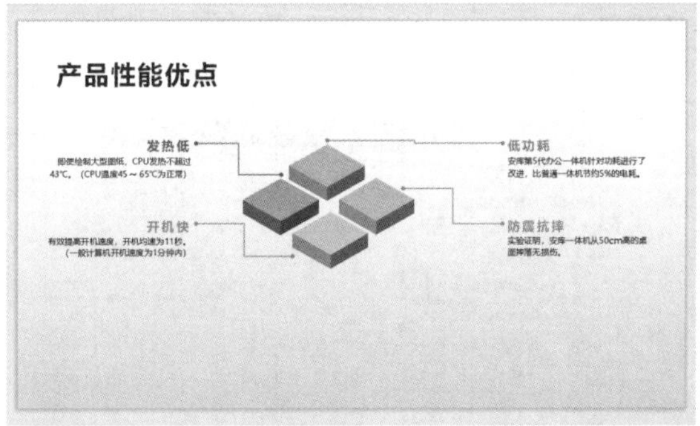

> **知识拓展**
>
> 选择插入的关系图模板后，会在关系图下方出现一个工具栏，在其中可以设置关系图的项数、颜色、样式、动画效果等。

341 让文本显示为更形象的图示

扫一扫，看视频

实用指数

★★★☆☆

使用说明

对于幻灯片中比较简短且具有一定关系的段落文本，可以将其转换为图示，使内容表达更形象、更直观。

解决方法

例如，要将“销售工作计划.dps”演示文稿中第3张幻灯片中的文本转化为图示，具体操作方法如下。

步骤 01 打开素材文件（位置：素材文件\第13章\销售工作计划.dps），❶选择第3张幻灯片中的内容占位符；❷单击【文本工具】选项卡中的【转换成图示】

按钮；❸在弹出的下拉列表中选择需要的图示，如下图所示。

步骤 02 现在即可将所选占位符中的文本转换为选择的图示，如下图所示。

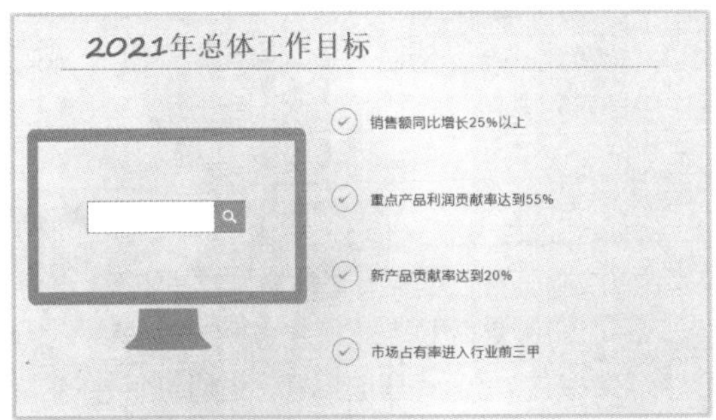

342 为视频添加版式效果

扫一扫，看视频

使用说明

对包含视频的幻灯片进行排版布局时，可以通过WPS演示提供的视频版式特效来快速制作带视频内容的幻灯片。

解决方法

例如，要在演示文稿中插入带视频版式的幻灯片，然后将幻灯片中的视频更改为需要的视频，具体操作方法如下。

步骤 01 ❶单击【新建幻灯片】按钮 +，打开【新建】对话框，在左侧单击【案例】选项卡，选择【特效】选项；❷在中间列选中【视频版式】复选框；❸在右侧将显示包含视频的幻灯片布局，在需要的幻灯片上单击【立即下载】按钮，如下图所示。

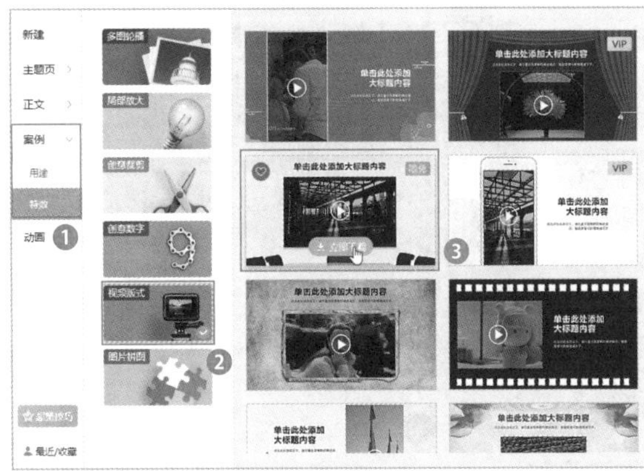

步骤 02 开始下载视频版式，下载完成后插入演示文稿中，选择视频，在其上右击，在弹出的快捷菜单中选择【更改视频】命令，如下图所示。

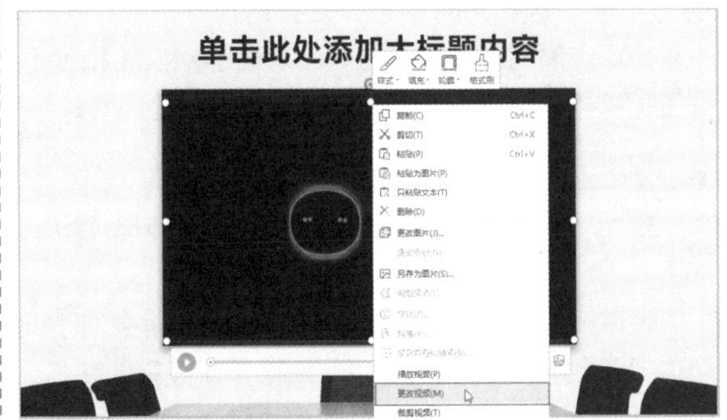

步骤 03 打开【更改视频】对话框，❶选择视频文件的保存位置；❷选择需要插入的【宣传片】视频文件；❸单击【打开】按钮，如下图所示。

步骤 04 将视频更改为选择的视频文件，更改标题占位符内容，如下图所示。

343 插入参考线和网格

扫一扫，看视频

使用说明

排版布局幻灯片内容时，可以借助网格线和参考线工具来排版对齐幻灯片中的内容。

解决方法

在幻灯片中插入参考线和网格线的具体操作方法如下。

❶单击【视图】选项卡中的【网格和参考线】按钮，打开【网格线和参考线】对话框，在其中选中【屏幕上显示网格】和【屏幕上显示绘图参考线】复选框，可在幻灯片中显示出网格和参考线，另外，在其中还可对对齐、网格和参考线等进行设置；❷完成后单击【确定】按钮显示出网格和参考线，如下图所示。

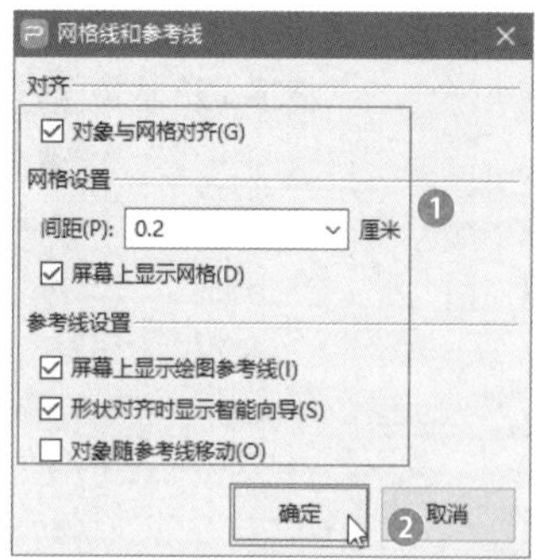

在【视图】选项卡中选中【网格线】复选框，也能在幻灯片中显示出网格。

13.2 交互式幻灯片的设置技巧

编辑幻灯片时，可通过设置超链接、设置单击某个对象时运行指定的应用程序等操作，创建交互式的幻灯片，以便在放映时可以从某一位置跳转到其他位置。下面介绍制作交互式幻灯片的技巧。

344 在当前演示文稿中创建超链接

扫一扫，看视频

使用说明

在编辑幻灯片时，可以通过对文本、图片、表格等对象创建超链接，链接位置可以是当前文稿、其他现有文稿或网页等。对某对象创建超链接后，放映过程中单击该对象可跳转到指定的链接位置。

解决方法

例如，要为“可行性研究报告.dps”演示文稿目录页中的文本添加超链接，具体操作方法如下。

步骤 01 打开素材文件（位置：素材文件\第13章\可行性研究报告.dps），❶选择第2张幻灯片中的“市场调查”文本；❷单击【插入】选项卡中的【超链接】按钮，如下图所示。

步骤 02 打开【插入超链接】对话框，❶在【链接到】栏中选择链接位置，如选择【本文档中的位置】选项；❷在【请选择文档中的位置】列表框中选择链接的目标位置【3.市场调查】；❸单击【确定】按钮，如下图所示。

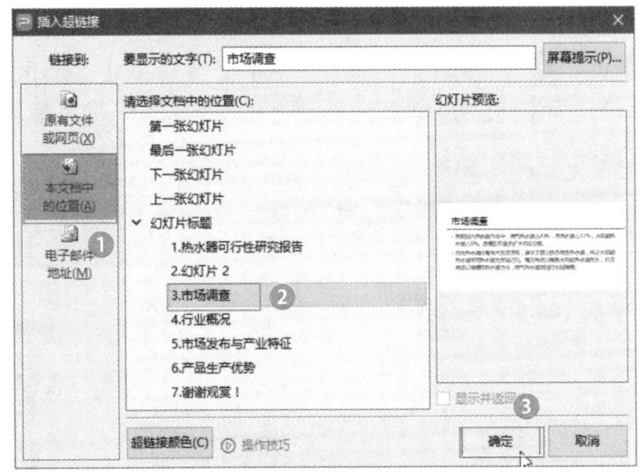

步骤 03　返回幻灯片即可看到所选文本的下方出现了下划线，且文本颜色也发生了变化，使用相同的方法为其他文本添加相应的超链接，如下图所示。

步骤 04　放映幻灯片时，当放映到此幻灯片时，将鼠标光标指向设置了超链接的文本，鼠标光标会变为手形状，此时单击该文本可跳转到指定的链接位置，如下图所示。

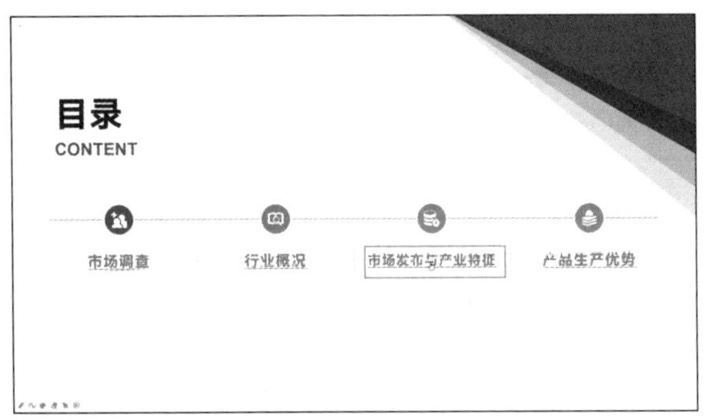

温馨提示

在【插入超链接】对话框中单击【超链接颜色】按钮，在打开的【超链接颜色】对话框中可设置超链接颜色和下划线。

345　如何修改与删除超链接

实用指数

★★★☆☆

扫一扫，看视频

使用说明

对于添加的超链接，如果有误，可以对其进行编辑，也可以直接删除超链接，然后重新添加。

解决方法

修改和删除超链接的具体操作方法如下。

❶选择已添加超链接的对象；❷在其上右击，在弹出的快捷菜单中选择【超链接】命令；❸在弹出的子菜单中选择【编辑超链接】命令，在打开的【编辑超链接】对话框中可重新设置，或选择【取消超链接】命令直接将其删除，如下图所示。

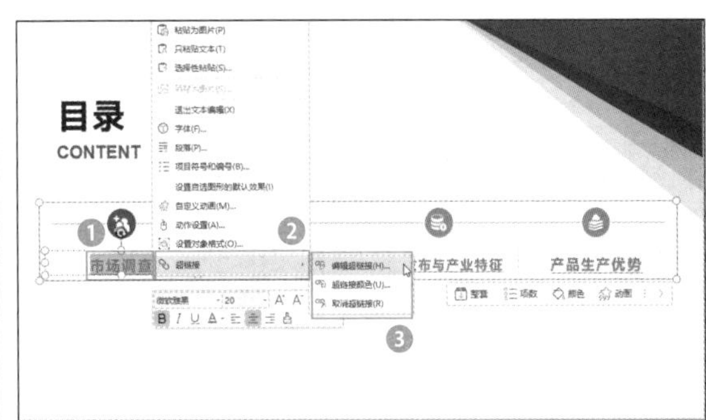

346　通过单击图片或文本跳转到网页

实用指数

★★★☆☆

扫一扫，看视频

使用说明

当需要通过单击幻灯片中的某个对象跳转到指定的网页时，也可通过添加超链接的方式来实现。

解决方法

例如，要为演示文稿目录页中的文本添加一个链接到网页的超链接，具体操作方法如下。

步骤 01　❶打开【插入超链接】对话框，在【链接到】栏中选择【原有文件或网页】选项；❷在【地址】文本框中输入网址；❸单击【确定】按钮，如下图所示。

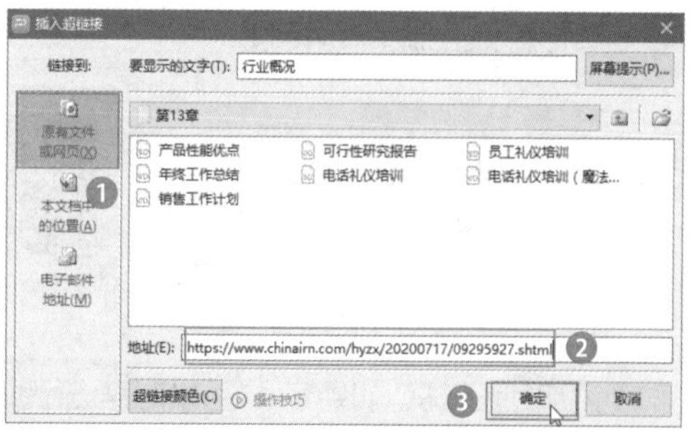

步骤 02 放映幻灯片时，单击添加网址超链接的对象，如下图所示，即可打开链接的网址。

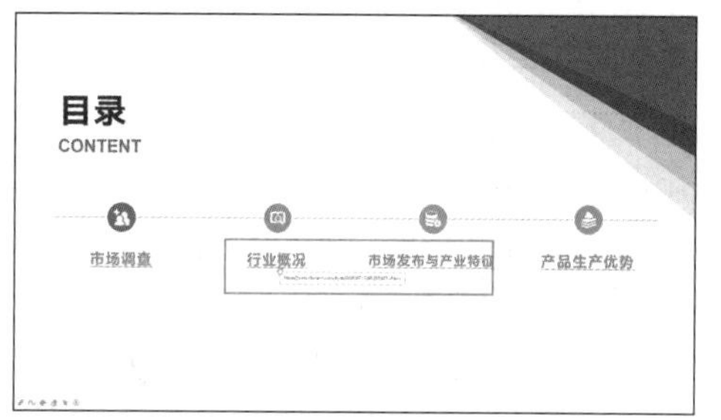

347 通过动作按钮创建超链接

扫一扫，看视频

实用指数 ★★★★★

使用说明

在演示文稿中除了通过添加超链接实现跳转外，还可通过添加动作按钮创建超链接。

解决方法

例如，要在“可行性研究报告.dps”演示文稿中添加动作按钮，具体操作方法如下。

步骤 01 打开素材文件(位置：素材文件\第13章\可行性研究报告.dps)，❶选择需要添加动作按钮的第3张幻灯片；❷单击【插入】选项卡中的【形状】按钮；❸在弹出的下拉列表中选择合适的动作按钮，如下图所示。

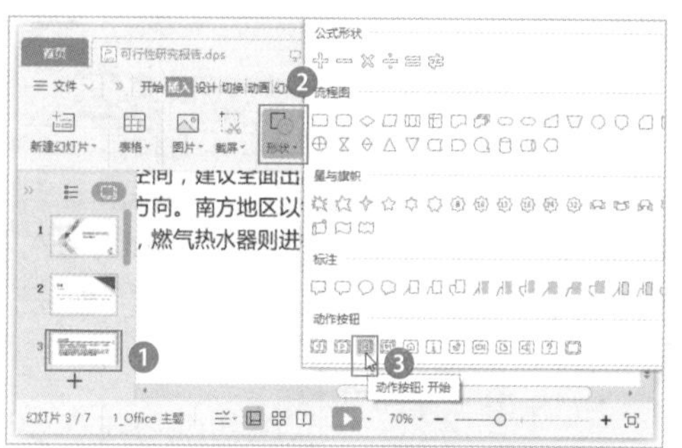

步骤 02 在幻灯片中按住鼠标左键并拖动绘制出该形状，❶绘制完成后自动打开【动作设置】对话框，单击【超链接到】单选按钮下方的下拉按钮；❷在弹出的下拉菜单中选择【幻灯片】命令，如下图所示。

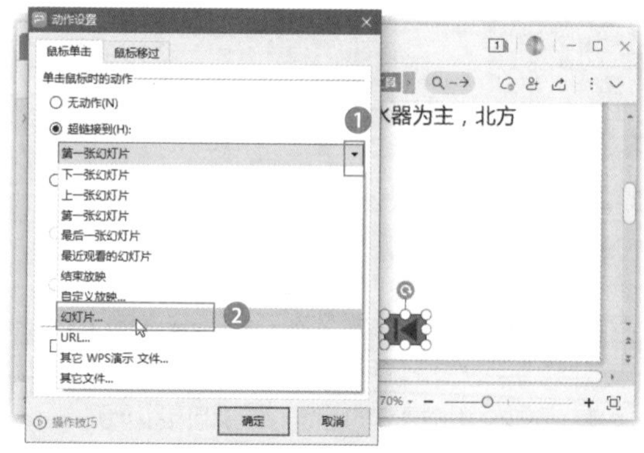

步骤 03 打开【超链接到幻灯片】对话框，❶选择需要链接到的幻灯片名称；❷单击【确定】按钮，如下图所示。

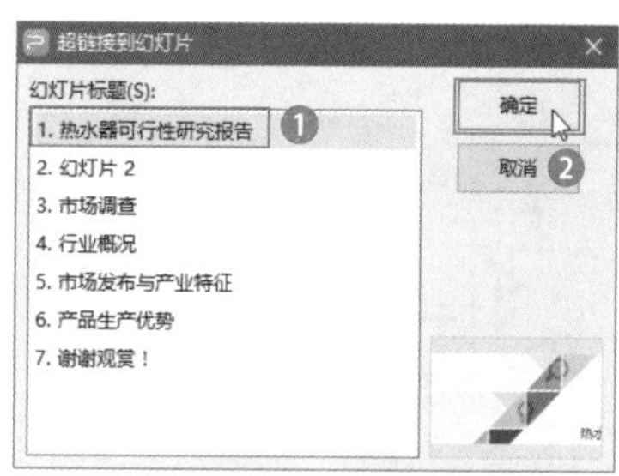

步骤 04 使用相同的方法添加代表上一张和下一张的动作按钮，如下图所示。放映幻灯片，单击绘制的这些动作按钮，可跳转到链接的幻灯片进行放映。

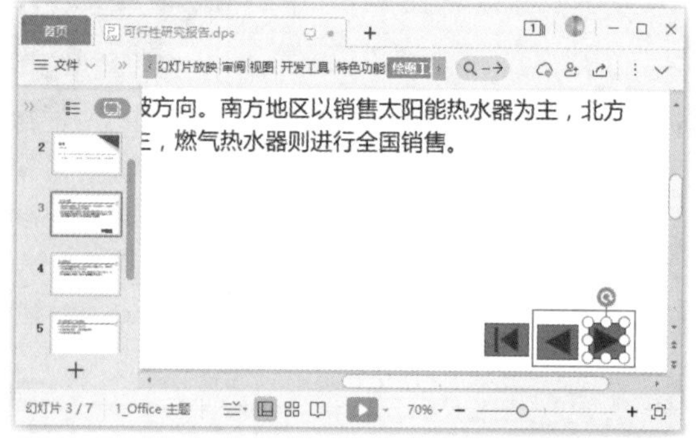

348 如何让鼠标经过某个对象时执行操作

扫一扫，看视频

实用指数 ★★★☆☆

使用说明

添加的超链接和动作按钮都是通过单击某个对象实现跳转的，用户也可以根据需要设置当鼠标经过某个对象时，执行相应的操作。

解决方法

例如，要设置鼠标经过文本时跳转到下一页，具体操作方法如下。

步骤 01 ❶在第2张幻灯片中选择“市场调查”文本；❷单击【插入】选项卡中的【动作】按钮，如下图所示。

步骤 02 打开【动作设置】对话框，❶单击【鼠标移过】选项卡；❷选中【超链接到】单选按钮，在下拉列表框中选择【下一张幻灯片】；❸选中【播放声音】复选框，在下拉列表框中选择需要的【抽气】声音效果；❹单击【确定】按钮，如下图所示。在放映幻灯片时，鼠标经过“市场调查”文本时，就会跳转到下一张幻灯片播放。

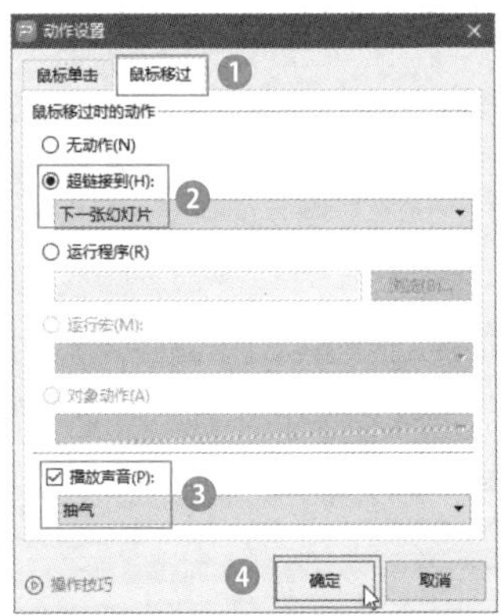

> **温馨提示**
>
> 在【动作设置】对话框的【超链接到】下拉列表框中选择【其他文件】选项，可打开【超链接到其他文件】对话框，在其中可选择某个文件链接到对象中，这样在放映幻灯片时，单击或经过对象时，就能打开链接到的文件。

13.3 演示文稿的动画设置技巧

动画可以让静止的内容动态展示，合理的动画效果会使演示文稿更加出彩。下面将对常用的动画设置技巧进行讲解。

349 如何为同一对象添加多个动画效果

扫一扫，看视频

使用说明

为了让幻灯片中对象的动画效果丰富、自然，可以对其添加多个动画效果。通过动画列表框添加动画效果时，则会把之前添加的动画效果替换掉。若要为同一个对象添加多个动画效果，则需要通过自定义动画功能实现。

解决方法

例如，要为演示文稿标题幻灯片中的标题添加多个动画效果，具体操作方法如下。

步骤 01 ❶选择需要添加动画的标题占位符；❷在【动画】选项卡的动画下拉列表框中单击【进入】栏中的【更多选项】按钮，如下图所示。

步骤 02 展开进入动画效果，在进入动画的【温和型】栏中选择【翻转式由远及近】选项，如下图所示。

步骤 03 保持对象的选中状态，❶在【动画】选项卡中单击【自定义动画】按钮；❷打开【自定义动画】任务窗格，单击【添加效果】按钮；❸在弹出的下拉列表中选择【强调】栏中的【更改字体】选项，如下图所示。

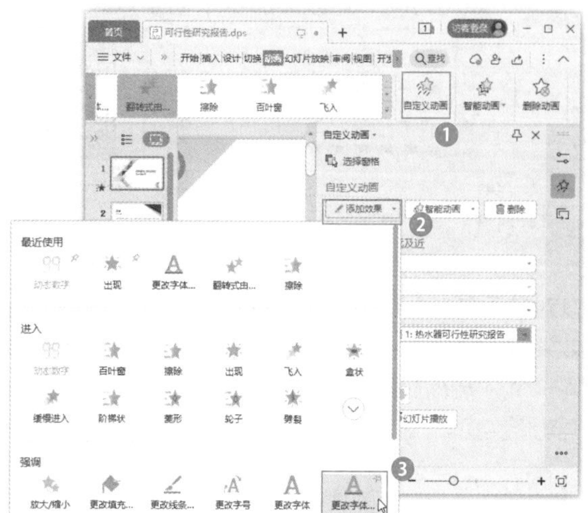

步骤 04 返回【自定义动画】任务窗格后，❶在【开始】下拉列表框中选择【之后】选项；❷在【字体颜色】下拉列表框中选择【其他颜色】选项，如下图所示。

步骤 05 打开【颜色】对话框，❶默认选择【自定义】选项卡，在颜色区域选择需要的颜色；❷单击【确定】按钮，如下图所示。

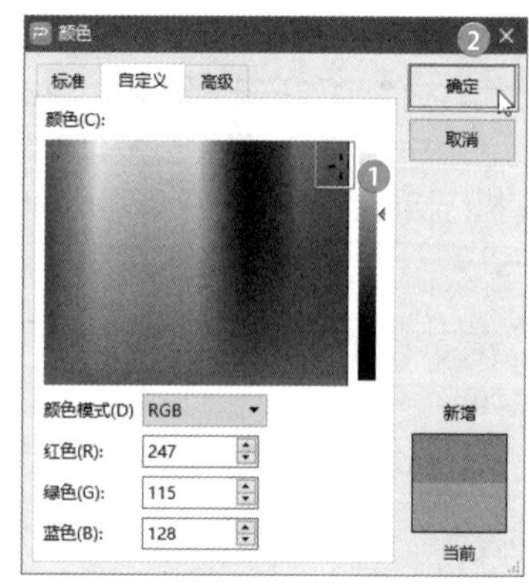

步骤 06 字体颜色将变成设置的颜色，并且在任务窗格下方显示添加的动画效果选项，如下图所示。

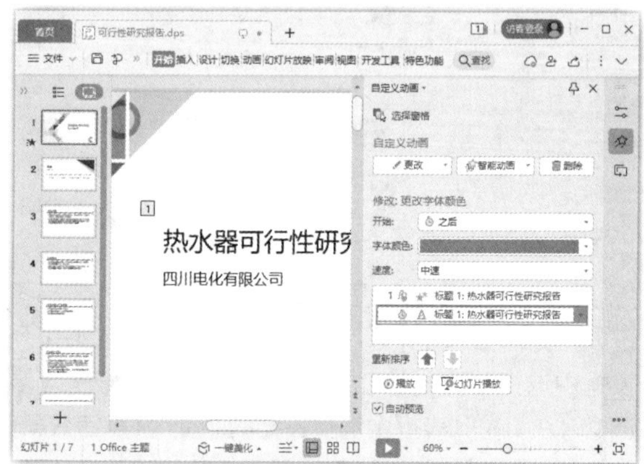

350 如何设定动画的路径

扫一扫，看视频

实用指数
★★★★☆

使用说明

为了让指定对象沿轨迹运动，可以为对象添加路径动画，WPS演示中提供了几十种动作路径，用户可以直接使用这些动作路径。

解决方法

例如，为演示文稿标题页幻灯片中的副标题添加动作路径，具体操作方法如下。

步骤 01 打开素材文件（位置：素材文件\第13章\可行性研究报告1.dps），选择需要添加动画的副标题占位符，在【动画】选项卡的动画下拉列表框中选择【动作路径】栏中的【向下弧线】选项，如下图所示。

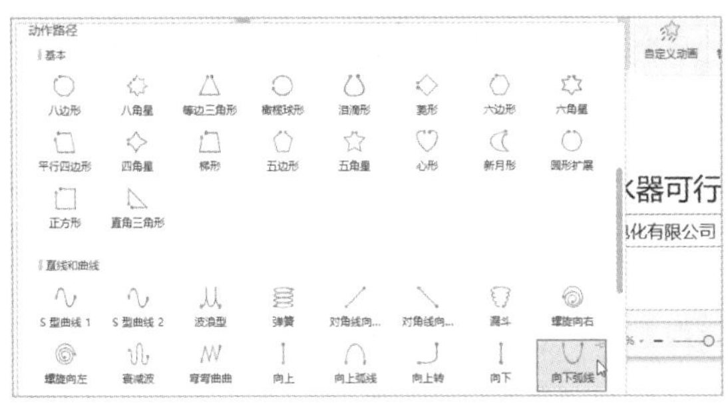

步骤 02 返回幻灯片即可预览设置路径动画后的效果，选择路径轨迹文本框，然后拖动轨迹文本框即可调整对象的运动路径，如下图所示。

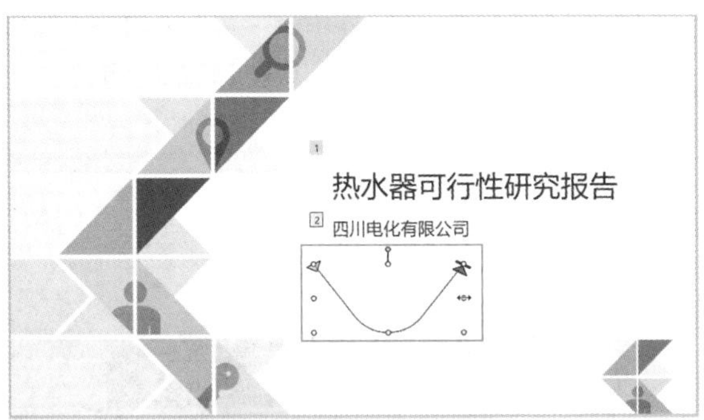

知识拓展

选择添加动画效果的对象，单击【动画】选项卡中的【删除动画】按钮，打开提示对话框，提示删除当前所选对象所有的动画，单击【是】按钮即可删除。

351 使用 AI 智能动画一键完成演示文稿的动画制作

扫一扫，看视频

使用说明

通过动画下拉列表框和自定义动画功能需要理解各种动画关系并逐个添加。而使用WPS演示提供的智能动画功能，一键就能为幻灯片中的所有图形元素智能添加动画。

解决方法

例如，要为演示文稿目录页中的图形智能添加动画，具体操作方法如下。

步骤 01 ❶选择“可行性研究报告1.dps”演示文稿第2张幻灯片中的目录内容；❷在【动画】选项卡中单击【智能动画】按钮，如下图所示。

步骤 02 打开【智能动画】列表框，显示提供的智能动画，在需要的动画选项上单击【免费下载】按钮，如下图所示。

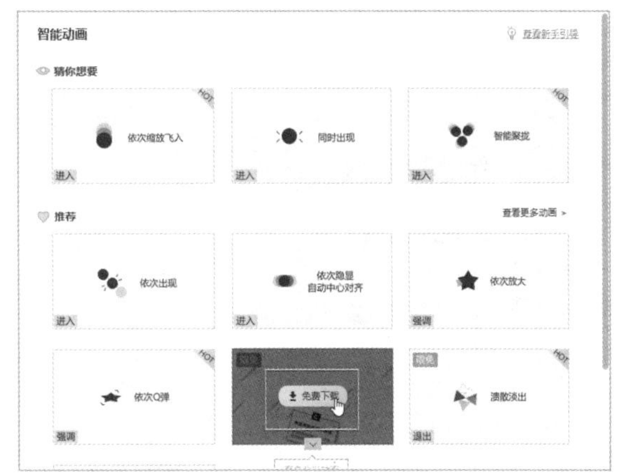

步骤 03 开始下载动画，并将动画应用到所选图形对象中，动画效果如下图所示。

352 使用动画触发器控制动画的播放

扫一扫，看视频

使用说明

触发器就是通过单击一个对象，触发另一个对象或动画的发生。在编辑幻灯片时，也可以通过触发器来控制动画的播放。

解决方法

下面将在“销售培训课件.dps”演示文稿中使用触发器来触发对象，具体操作方法如下。

步骤 01 打开素材文件（位置：素材文件\第13章\销售培训课件.dps），❶为要触发的对象添加【飞入】动画效果，在【自定义动画】任务窗格中将【方向】设置为【自顶部】；❷在动画效果选项上右击，在弹出的快捷菜单中选择【计时】命令，如下图所示。

步骤 02 打开【飞入】对话框，❶在【计时】选项卡中单击【触发器】按钮展开选项；❷选中【单击下列对象时启动效果】单选按钮，在其后的下拉列表框中选择单击的对象【文本框1119】；❸单击【确定】按钮，如下图所示。

步骤 03 经过第2步操作，即可在添加动画的对象前面添加触发器标记，使用相同的方法为该幻灯片中的其他同级文本添加触发器，单击【幻灯片播放】按钮，如下图所示。

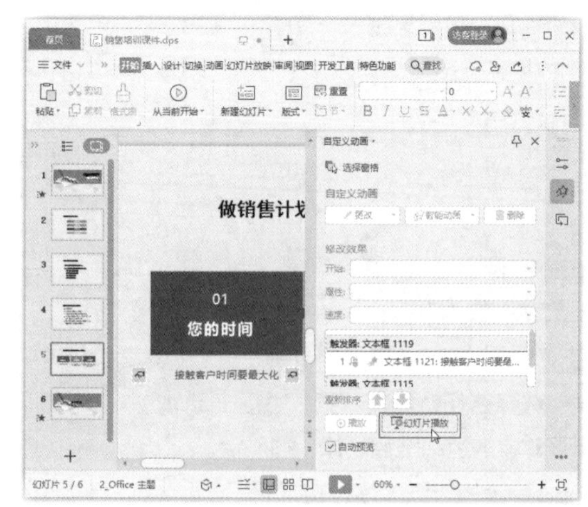

步骤 04 开始放映该幻灯片，单击【您的时间】文本，如下图所示。

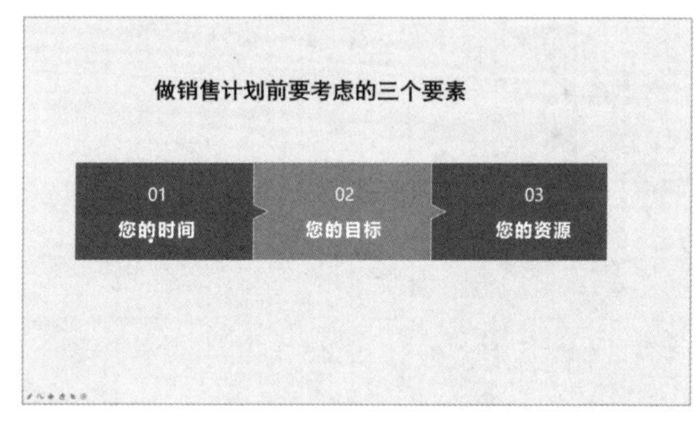

步骤 05 将触发对应文本的动画效果，单击【您的资源】文本，将触发对应的文本效果，如下图所示。

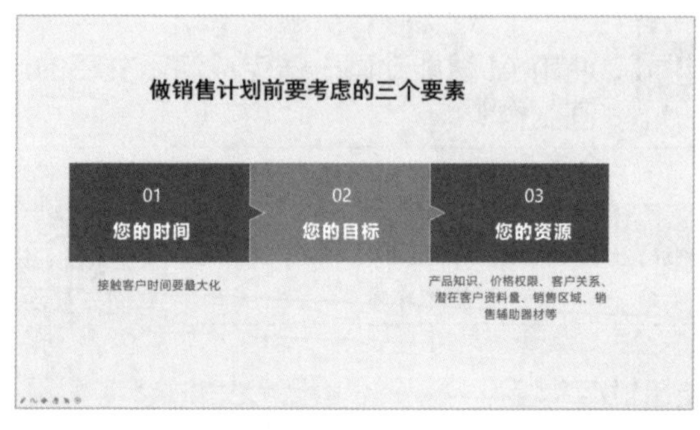

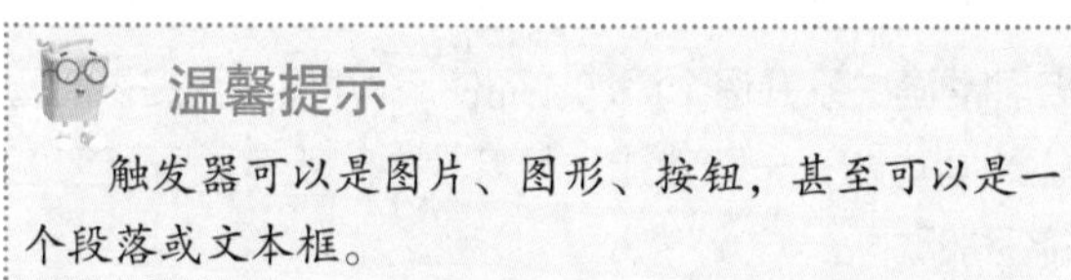

温馨提示

触发器可以是图片、图形、按钮，甚至可以是一个段落或文本框。

353 快速实现多图轮播

扫一扫，看视频

实用指数
★★★☆☆

使用说明

制作了含有多张图片的幻灯片，若要为这些图片设置多图轮播动画效果，可利用WPS演示提供的多图轮播特效快速实现。

解决方法

例如，在演示文稿中插入带多图轮播动画效果的幻灯片，具体操作方法如下。

步骤 01 ❶单击【新建幻灯片】按钮＋，打开【新建】对话框，在左侧单击【案例】选项卡，选择【特效】选项；❷在中间选中【多图轮播】复选框；❸在右侧会显示含多图轮播动画的幻灯片布局，在需要的幻灯片上单击【立即下载】按钮，如下图所示。

步骤 02 开始下载选择的幻灯片版式，下载完成后会插入演示文稿。单击【动画】选项卡中的【预览效果】按钮，可以预览幻灯片中图片的轮播动画效果，如下图所示。

> **知识拓展**
>
> 如果要保留幻灯片中的图片轮播动画效果，只需要像更改视频一样更改图片，不能直接删除图片，否则图片的效果和动画效果都将被删除。

354 快速插入动画图表

实用指数
★★★☆☆

扫一扫，看视频

使用说明

在制作含有图表的幻灯片时，通过图表模板既能为含有各种图表的幻灯片布局，而且这些图表还会自带动画，省去了手动布局和设置动画的麻烦。

解决方法

例如，要在演示文稿中插入带图表动画效果的幻灯片，具体操作方法如下。

步骤 01 ❶单击【新建幻灯片】按钮＋，打开【新建】对话框，在左侧单击【正文】选项卡，选择【图表】选项；❷在右侧显示出了含图表的幻灯片模板，在需要的幻灯片模板上单击【立即下载】按钮，如下图所示。

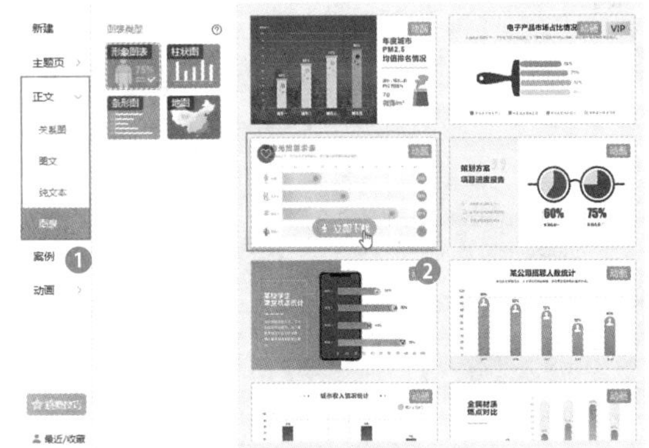

步骤 02 开始下载幻灯片版式，下载完成后会插入演示文稿，如下图所示。

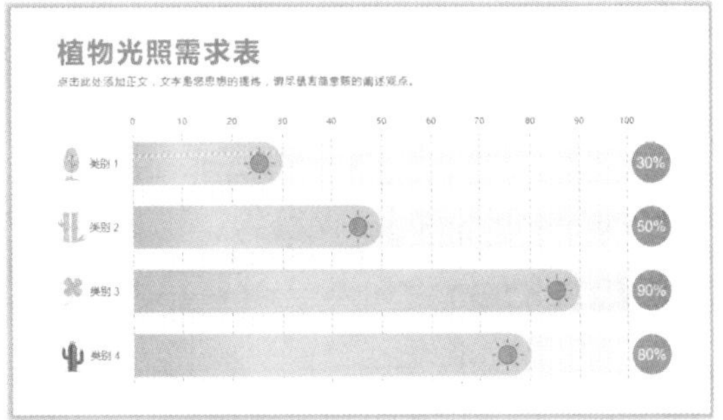

> **温馨提示**
>
> WPS普通用户下载的图表幻灯片模板中，图表没有动画，只有WPS会员下载下来的模板中图表才自带动画效果。

355 如何设置动态数字动画

扫一扫，看视频

实用指数

★★★★☆

使用说明

在制作演示文稿时，如果涉及数字的展示，可使用WPS演示提供的智能数字动画，使制作的演示文稿效果更炫酷。

解决方法

在演示文稿中使用智能数字动画效果的具体操作方法如下。

步骤 01 ❶单击【新建幻灯片】按钮 ＋，打开【新建】对话框，在左侧单击【动画】选项卡，选择【数字】选项；❷在右侧显示了含有数字动画的幻灯片模板，在需要的幻灯片模板上单击【立即下载】按钮，如下图所示。

步骤 02 开始下载模板，下载完成后会插入演示文稿，如下图所示，可在幻灯片中对数字的动画效果进行预览。

356 如何设置幻灯片的切换效果

扫一扫，看视频

使用说明

幻灯片的切换效果是指在幻灯片播放过程中，从一张幻灯片切换到另一张幻灯片时的效果、速度及声音等。对幻灯片设置切换效果后，可丰富放映时的动态效果。

解决方法

例如，要为"年终工作总结.dps"演示文稿中的幻灯片添加切换效果，并对切换选项、声音等进行设置，具体操作方法如下。

步骤 01 打开素材文件（位置：素材文件\第13章\年终工作总结.dps），❶选择第1张幻灯片；❷在【切换】选项卡的列表框中选择需要的切换效果，这里选择【抽出】选项，如下图所示。

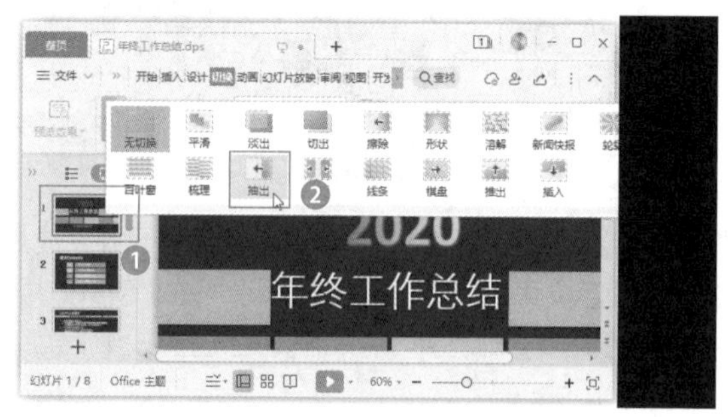

步骤 02 ❶单击【切换】选项卡中的【效果选项】按钮；❷在弹出的下拉列表中选择【从右】选项，如下图所示。

温馨提示

在WPS演示中，不同的切换效果对应不同的切换选项。

步骤 03　在【切换】选项卡的【声音】下拉列表框中可为当前幻灯片设置切换声音，这里选择【风铃】选项，如下图所示。

温馨提示

在【声音】下拉列表框中选择【来自文件】选项，会打开【添加声音】对话框，在其中可选择计算机中保存的声音，将其设置为幻灯片切换效果的声音。

步骤 04　❶在【切换】选项卡的【速度】数值框中设置切换效果的播放时间，如输入【01.00】；❷单击【应用到全部】按钮，如下图所示。

步骤 05　可将当前幻灯片的切换效果应用到该演示文稿的所有幻灯片中，如下图所示。

第 14 章 幻灯片放映与输出技巧

制作演示文稿的最终目的是满足在不同场合进行放映的需求，以使观众从中获取到有价值和需要的信息。因此，掌握演示文稿的放映和输出技巧是必不可少的。

下面是幻灯片放映与输出时的常见问题，请检测你是否会处理或已掌握。

√ 在会议上放映演示文稿时，选择哪种放映方式更合适?

√ 放映演示文稿时，能不能让演示文稿中的幻灯片按照固定的时间进行放映呢?

√ 在放映幻灯片中比较重要的内容时，想把它标记出来，应该怎么做呢?

√ 为了让演示文稿打开时自动播放，你知道如何设置吗?

√ 想将演示文稿以视频的形式进行播放，应该导出什么格式的文件呢?

√ 如何将多张幻灯片打印到同一张纸上呢?

√ 将演示文稿导出为哪种文件，能保护幻灯片上的内容不被修改呢?

希望通过本章内容的学习，能帮助你解决以上问题，并学会演示文稿的更多放映和输出技巧。

14.1 幻灯片的放映技巧

合理使用放映技巧可以让演示者更好地展示演示文稿中的内容，下面将介绍一些实用的演示文稿放映技巧。

357 快速从当前幻灯片开始放映

扫一扫，看视频

使用说明

在放映幻灯片时，当需要从当前选择的幻灯片开始进行放映时，可通过WPS演示提供的“从当前开始”功能来实现。

解决方法

例如，从演示文稿的第4张幻灯片开始放映，具体操作方法如下。

打开素材文件（位置：素材文件\第14章\年终工作总结.dps），❶选择第4张幻灯片；❷单击【幻灯片放映】选项卡中的【从当前开始】按钮，如下图所示。开始放映幻灯片，并从当前选择的幻灯片开始进行放映。

> **温馨提示**
>
> 按F5键可从演示文稿的第1张幻灯片开始进行放映；按Shift+F5组合键，将从当前幻灯片开始进行放映。

358 设置幻灯片的放映方式

扫一扫，看视频

使用说明

在实际放映过程中，演讲者可能会对放映方式有不同的要求，如放映类型、放映范围等，这时可通过设置来控制幻灯片的放映方式。

解决方法

设置幻灯片放映方式的具体操作方法如下。

在【幻灯片放映】选项卡中单击【设置放映方式】按钮，打开【设置放映方式】对话框，在其中可对放映类型、放映选项和放映范围等进行设置，设置完成后单击【确定】按钮即可，如下图所示。

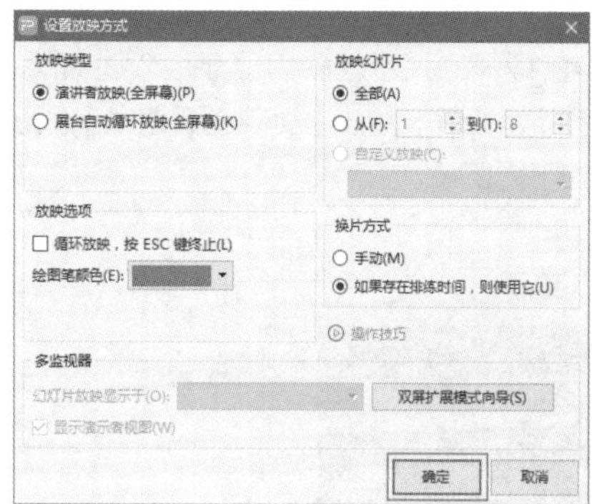

> **温馨提示**
>
> 在【放映选项】栏中选中【循环放映,按ESC键终止】复选框，可让演示文稿自动循环放映；在【换片方式】栏中若选中【手动】单选按钮，即使演示文稿有排练时间，也不会自动放映。

359 会议中演示文稿的正确打开方式

实用指数

★★★★☆

扫一扫，看视频

使用说明

WPS演示中提供了会议功能，不仅能够实现多人远程同步观看演示文稿，还可同步语音传输。只要有计算机和手机，随时随地都能开会。

解决方法

例如，要通过会议模式远程放映“年终工作总结.dps”演示文稿，具体操作方法如下。

步骤01 打开素材文件（位置：素材文件\第14章\年终工作总结.dps），单击【幻灯片放映】选项卡中的【会议】按钮，如下图所示。

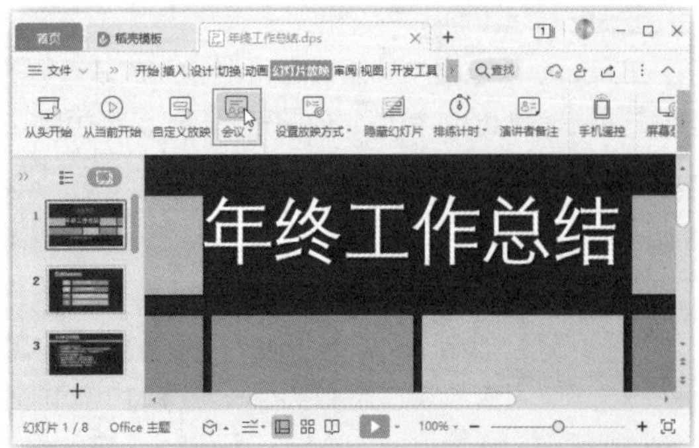

步骤 02 开始上传文档，上传完成后进入会议，❶在工具栏中出现一些可进行的操作，如单击【邀请】按钮；❷在打开的提示框中将显示会议的加入码、主持人、会议链接等，单击【复制邀请信息】按钮可进行复制，如下图所示。

步骤 03 将复制的邀请信息发送给参会人员，待参会人员进入后，即可对演示文稿进行演示，❶演示完成后单击【结束会议】按钮；❷在打开的提示框中单击【全员结束会议】按钮即可结束会议，如下图所示。

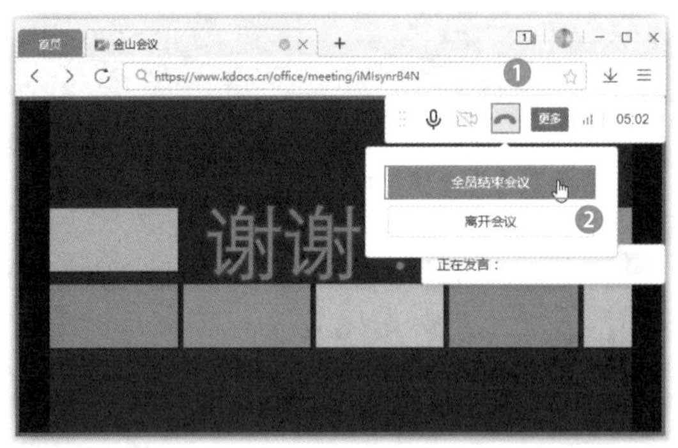

360 如何自定义幻灯片放映

扫一扫，看视频

使用说明

针对不同的场合或不同的观众群，演示文稿的放映顺序或内容也可能会随之变化，因此，放映者可以自定义放映顺序及内容。

解决方法

自定义幻灯片放映的具体操作方法如下。

步骤 01 打开素材文件（位置：素材文件\第14章\着装礼仪培训.dps），❶单击【幻灯片放映】选项卡中的【自定义放映】按钮；❷打开【自定义放映】对话框，单击【新建】按钮，如下图所示。

步骤 02 打开【定义自定义放映】对话框，❶在【幻灯片放映名称】文本框中输入自定义放映的名称；❷在【在演示文稿中的幻灯片】列表框中选择需要放映的幻灯片，单击【添加】按钮将其添加到右侧的列表框中；❸完成后单击【确定】按钮，如下图所示。

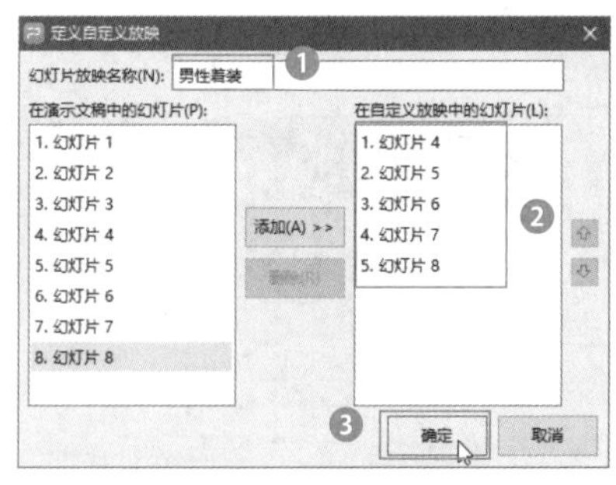

步骤 03 返回【自定义放映】对话框，单击【放映】按钮，如下图所示，将对自定义放映的幻灯片进行放映。

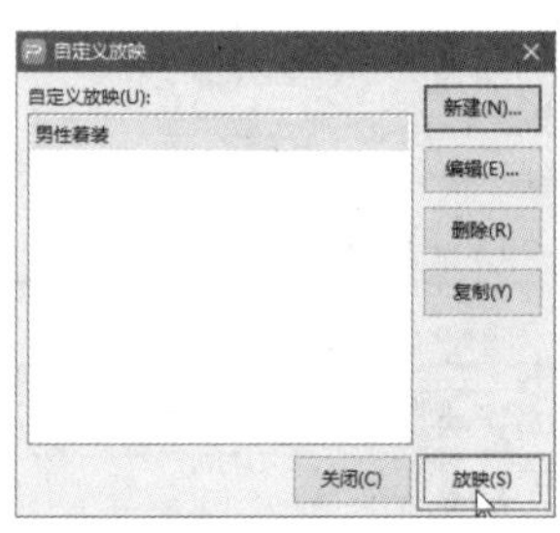

温馨提示

在【自定义放映】对话框的列表框中选择某个自定义放映方式，可对其进行编辑、删除、复制等操作。

361　隐藏不需要放映的幻灯片

扫一扫，看视频

使用说明

当放映的场合或者针对的观众群不同时，放映者可能不需要放映某些幻灯片，此时可通过隐藏功能将它们隐藏。

解决方法

隐藏需要放映幻灯片的具体操作方法如下。

❶在演示文稿中选择要隐藏的幻灯片；❷单击【幻灯片放映】选项卡中的【隐藏幻灯片】按钮，如下图所示。幻灯片的缩略图编号将以灰色底纹显示，且出现一条斜线。

362　如何在演示文稿中添加演讲者备注且不被放映显示

扫一扫，看视频

使用说明

演讲者备注是指演讲者为幻灯片添加的一些备注信息，观众看不到备注信息，但演讲者可以看到，这样可以在演讲过程中起到提示作用。

解决方法

例如，为幻灯片添加备注信息的具体操作方法如下。

❶选择需要添加备注的幻灯片；❷单击【幻灯片放映】选项卡中的【演讲者备注】按钮；❸打开【演讲者备注】对话框，在文本框中输入备注信息；❹单击【确定】按钮，如下图所示。

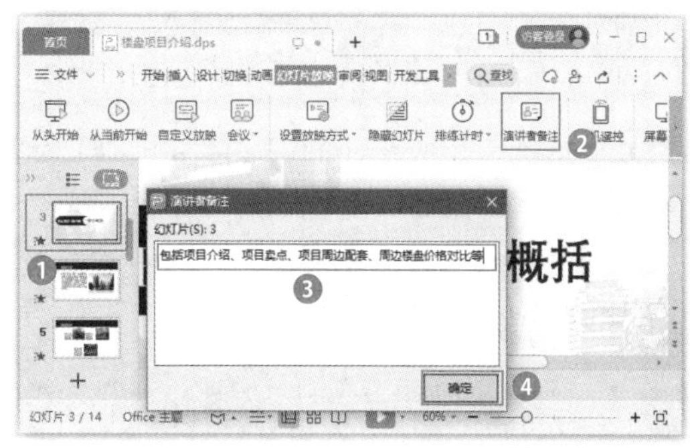

知识拓展

选择幻灯片，单击【视图】选项卡中的【备注页】按钮，进入备注页视图，在其中也可为选择的幻灯片添加备注信息。

363　让每张幻灯片按录制的时间放映

实用指数

★★★★☆

扫一扫，看视频

使用说明

在放映演示文稿时，可通过排练计时来录制每张幻灯片放映的时间。

解决方法

例如，要使用排练计时录制“楼盘项目介绍.dps”演示文稿的放映时间，具体操作方法如下。

步骤 01　打开素材文件（位置：素材文件\第14章\楼盘项目介绍.dps），单击【幻灯片放映】选项卡中的【排练计时】按钮，如下图所示。

> **温馨提示**
>
> 单击【排练计时】按钮是对演示文稿中的所有幻灯片放映时间进行录制，如果只需要录制某张幻灯片的放映时间，需单击【排练计时】下拉按钮▾，在弹出的下拉列表中选择【排练当前页】选项，则只会录制当前所选幻灯片的放映时间。

步骤 02 从头开始放映幻灯片，并同时出现【预演】工具栏录制幻灯片的放映，如下图所示。

步骤 03 录制完成后，单击切换到下一张幻灯片进行录制，录制完所有幻灯片后，会打开提示对话框，单击【是】按钮，对录制的时间进行保存，如下图所示。

步骤 04 保存后自动进入幻灯片浏览视图，在该视图中可查看每张幻灯片录制的时间，如下图所示。

364 在放映幻灯片时如何隐藏鼠标光标

扫一扫，看视频

实用指数
★★★☆☆

使用说明

在放映幻灯片的过程中，如果不需要使用鼠标进行操作，则可以通过设置将鼠标光标隐藏起来。

解决方法

设置放映时隐藏鼠标光标的具体操作方法如下。

❶在放映的幻灯片上右击，在弹出的快捷菜单中选择【指针选项】命令；❷在弹出的子菜单中选择【箭头选项】命令；❸在弹出的下级菜单中选择【永远隐藏】命令隐藏鼠标光标，如下图所示。

365 在放映幻灯片时如何暂停

扫一扫，看视频

实用指数
★★★★☆

使用说明

在放映幻灯片的过程中，中途需要休息或解答观众问题时，需要暂停幻灯片放映。

解决方法

在放映过程中暂停幻灯片放映的具体操作方法如下。

步骤 01 ❶在放映的幻灯片上右击，在弹出的快捷菜单中选择【屏幕】命令；❷在弹出的子菜单中选择屏幕颜色，如选择【黑屏】命令，如下图所示。

步骤 02　此时，幻灯片暂时停止播放，并且屏幕以黑屏方式显示，如下图所示。

知识拓展

在放映过程中，按W键，可以让屏幕以白屏显示；按B键，可以让屏幕以黑屏显示。暂停幻灯片放映后，若要继续播放，可以按Space键或Esc键。

366　在放映时如何跳转到指定幻灯片

扫一扫，看视频

使用说明

在放映过程中，通过快捷菜单可以跳转到指定要放映的幻灯片。

解决方法

在放映幻灯片时，跳转到指定幻灯片的具体操作方法如下。

❶在放映的幻灯片上右击，在弹出的快捷菜单中选择【定位】命令；❷在弹出的下级菜单中选择【按标题】命令；❸在弹出的下级菜单中选择定位的幻灯片，如选择【9优势及机会】命令，如下图所示。即可跳转到第9张幻灯片，并对该幻灯片进行放映。

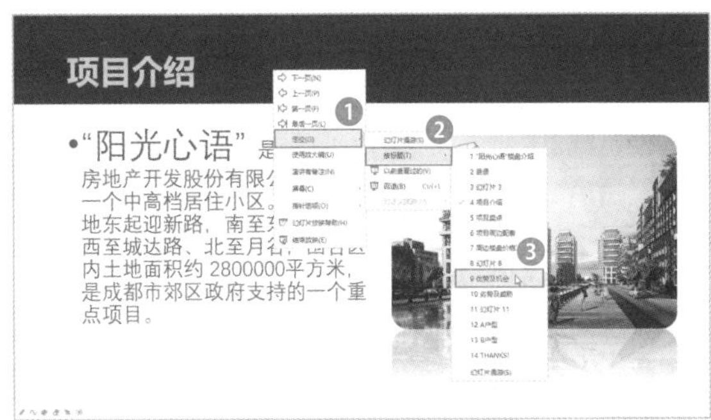

367　在放映时如何为重点内容做标记

扫一扫，看视频

使用说明

在放映幻灯片时，除了可以控制放映过程外，还可以对幻灯片进行勾画、添加标注等操作。

解决方法

例如，要为“着装礼仪培训.dps”演示文稿部分幻灯片中的内容添加标注，具体操作方法如下。

步骤 01　打开素材文件（位置：素材文件\第14章\着装礼仪培训.dps），按F5键从头开始放映幻灯片，放映到需要添加标注的幻灯片时，❶右击此幻灯片，在弹出的快捷菜单中选择【指针选项】命令；❷在弹出的下级菜单中选择所需的指针样式，如选择【水彩笔】命令，如下图所示。

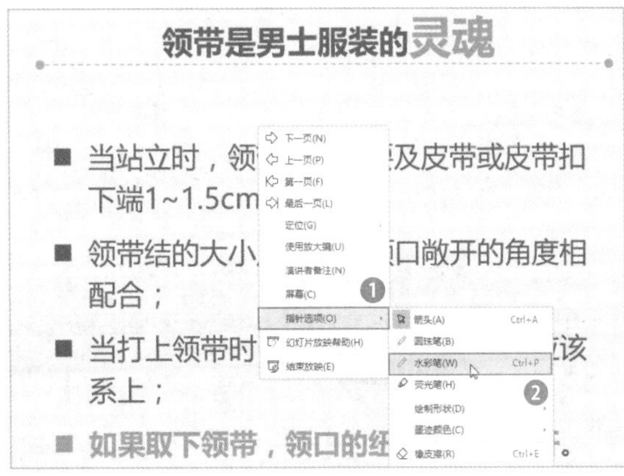

步骤 02　❶再次右击此幻灯片，在弹出的快捷菜单中选择【指针选项】命令；❷在弹出的子菜单中选择【墨迹颜色】命令；❸在弹出的颜色菜单中选择笔的颜色，如选择【紫色】，如下图所示。

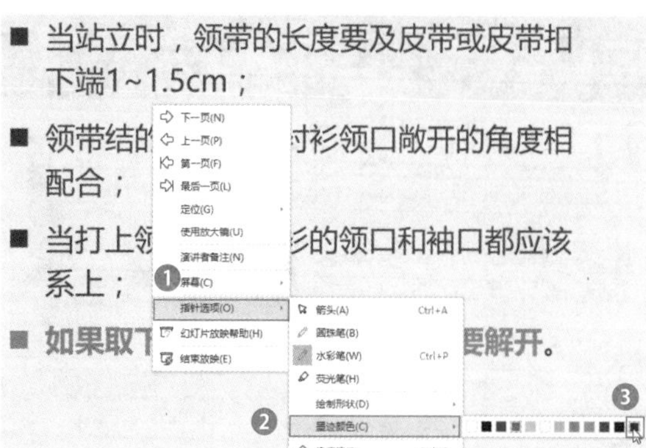

步骤 03 选择好笔形和笔的颜色后，按住鼠标左键不放，拖动鼠标在幻灯片中绘制标注，如下图所示。

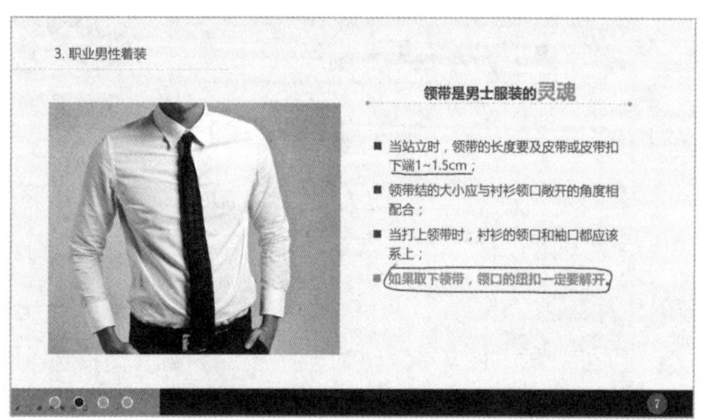

步骤 04 结束放映时，会弹出提示对话框询问是否保留墨迹，单击【保留】按钮保留墨迹，如下图所示。

步骤 05 返回普通视图即可看到为幻灯片中的重点内容添加的批注效果，如下图所示。

知识拓展

当不需要在幻灯片中添加的标注时，可以将其删除。其方法是：在普通视图中单击选择幻灯片中的标注，按Delete键删除。

368 如何在放映幻灯片时放大显示指定内容

扫一扫，看视频

实用指数
★★★☆☆

使用说明

在放映幻灯片时，对于一些重要的内容或数据信息，在演示时可以将其放大显示，以便观众能清晰地查看和快速接收重要内容。

解决方法

例如，在放映“年终工作总结.dps”演示文稿第4张幻灯片中的表格时，需要放大显示表格中的数据，具体操作方法如下。

步骤 01 打开素材文件（位置：素材文件\第14章\年终工作总结.dps），按F5键从头开始放映幻灯片，在第4张幻灯片上右击，在弹出的快捷菜单中选择【使用放大镜】命令，如下图所示。

车型	所属品牌	车辆类型	计
科瑞达	福星	轿车	
亚修	福星	轿车	
双龙S6	福星		
双龙S7	福星		
马拉罗	福星		
逸动CS3	福星		
逸动CS4	福星		
天腾大悦	福星	SUV	
福柯达	福星	MPV	
福瑞思	福星	轿车	
天翼	福星	SUV	

步骤 02 在右下角会出现一个小屏幕，拖动小屏幕中红色线框框住的区域，大屏幕中将放大显示红色框线内的内容，如下图所示。

车型	所属品牌	车辆类型	计划完成销量	实际完成
科瑞达	福星	轿车	115000	1165
亚修	福星	轿车	43200	4327
双龙S6	福星	SUV	70000	7014
双龙S7	福星	SUV	52864	5200
马拉罗	福星	MPV	34000	3320
逸动CS3	福星	轿车	130000	1379
逸动CS4	福星	轿车	100000	1005
天腾大悦	福星	SUV	70000	
福柯达	福星	MPV	11000	
福瑞思	福星	轿车	46000	

知识拓展

放大查看完表格中的数据后，按Esc键退出放大显示状态，恢复到默认的放映大小。

369 如何在放映时禁止弹出快捷菜单

扫一扫，看视频

使用说明

在放映幻灯片时，如果不小心按了鼠标的右键，则弹出的快捷菜单会影响观众观看。为了避免这种情况，可以通过设置禁止在放映时弹出快捷菜单。

解决方法

设置在放映时禁止弹出快捷菜单的具体操作方法如下。

打开【选项】对话框，❶在【视图】选项卡的【幻灯片放映】栏中取消选中【右键单击快捷菜单】复选框；❷单击【确定】按钮保存设置，如下图所示。

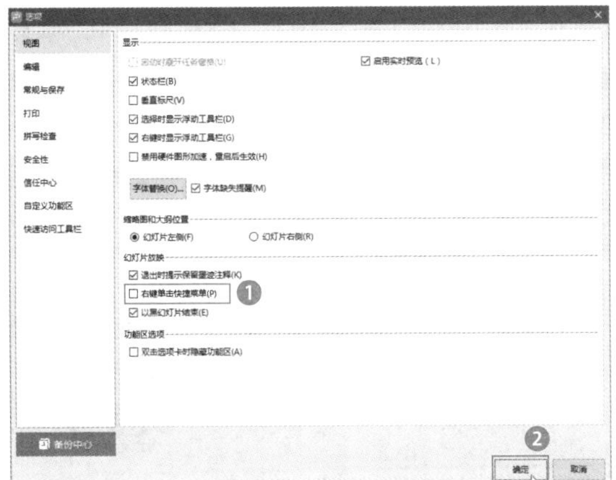

14.2 演示文稿的输出技巧

输出演示文稿时，为了满足不同的需要，可将演示文稿输出为不同格式的文件，下面讲解演示文稿的输出技巧。

370 如何将演示文稿制作成视频文件

扫一扫，看视频

使用说明

当需要将制作的演示文稿上传到某个视频网站或需要上传到企业网站以视频的形式进行播放时，可以将演示文稿输出为视频。

解决方法

例如，要将“年终工作总结.dps”演示文稿导出为视频文件，具体操作方法如下。

步骤 01 打开素材文件（位置：素材文件\第14章\年终工作总结.dps），❶单击【文件】按钮；❷在弹出的下拉菜单中选择【另存为】命令；❸在弹出的子菜单中选择【输出为视频】命令，如下图所示。

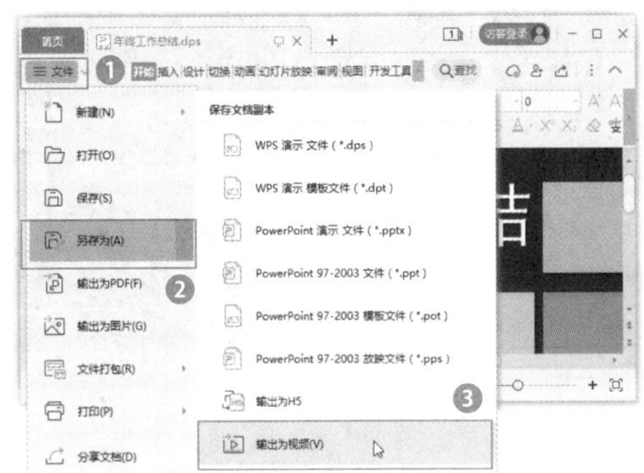

步骤 02 打开【另存文件】对话框，❶设置保存参数；❷单击【保存】按钮，如下图所示。

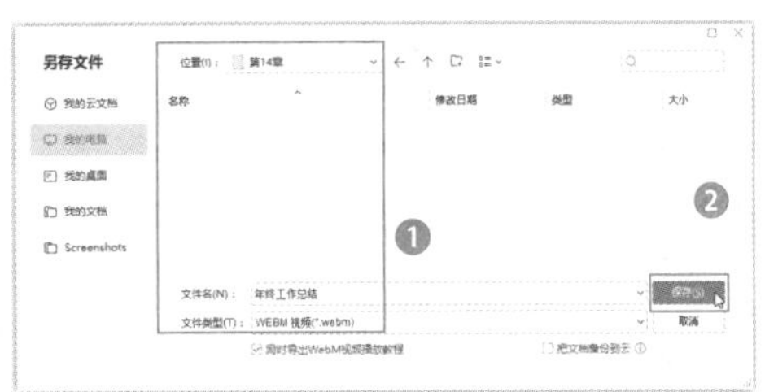

步骤 03 如果是第一次保存为视频，则会打开提示对话框，要求安装视频解码插件，❶选中【我已阅读】复选框；❷单击【下载并安装】按钮，如下图所示。

步骤 04 下载安装视频解码插件，完成后开始输出视频，输出完成后，在打开的提示对话框中将提示输

出视频完成，单击【打开视频】按钮，如下图所示。

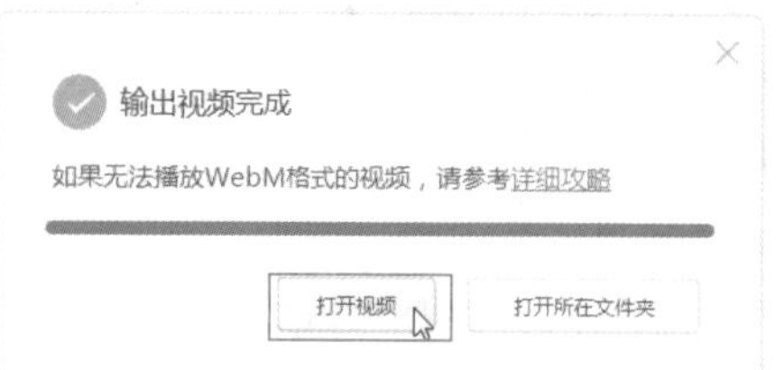

步骤 05 经过第4步操作后，即可使用视频播放器对导出的视频进行播放，如下图所示。

知识拓展

单击【文件】按钮，在弹出的下拉菜单中选择【另存为】命令，在弹出的子菜单中选择【转图片格式PPT】命令，打开【转图片格式PPT】对话框，对输出位置进行设置，然后单击【开始输出】按钮，即可将演示文稿输出为图片演示文稿。

371 将演示文稿保存为自动播放的文件

扫一扫，看视频

使用说明

查看演示文稿的放映效果时，需要先打开演示文稿，才能进行放映。如果将演示文稿另存为自动播放的文件，那么打开文件就能自动播放。

解决方法

将演示文稿保存为自动播放文件的具体操作方法如下。

❶按F12键，打开【另存文件】对话框，设置保存位置及文件名；❷在【文件类型】下拉列表中选择【Microsoft PowerPoint放映文件(*.ppsx)】选项；❸单击【保存】按钮即可，如下图所示。

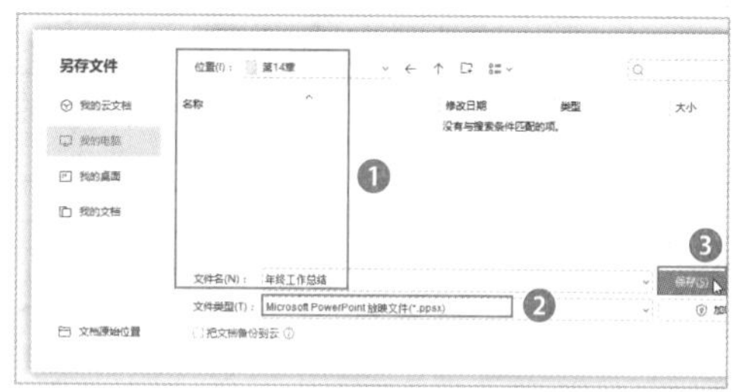

372 将演示文稿打包成文件或文件夹

扫一扫，看视频

使用说明

当演示文稿中包含有音频、视频等多媒体文件时，可以将演示文稿打包成压缩文件，这样可以保证在其他计算机上也能正常播放演示文稿中的这些文件。

解决方法

打包演示文稿的具体操作方法如下。

步骤 01 ❶单击【文件】按钮；❷在弹出的下拉列表中选择【文件打包】命令；❸在弹出的子菜单中选择打包项，这里选择【将演示文档打包成文件夹】选项，如下图所示。

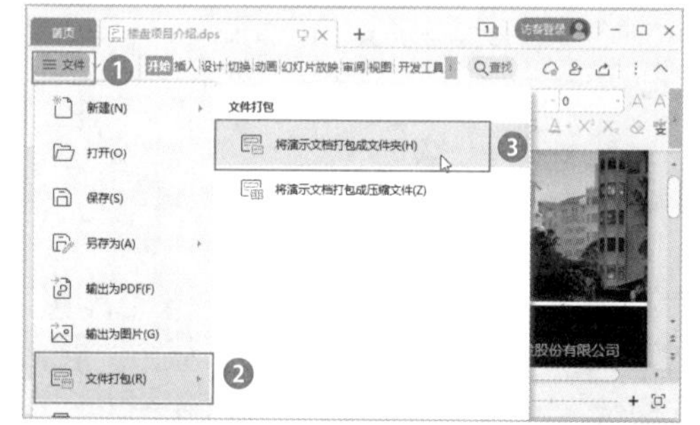

步骤 02 打开【演示文件打包】对话框，❶设置文件夹名称和位置；❷单击【确定】按钮，如下图所示。

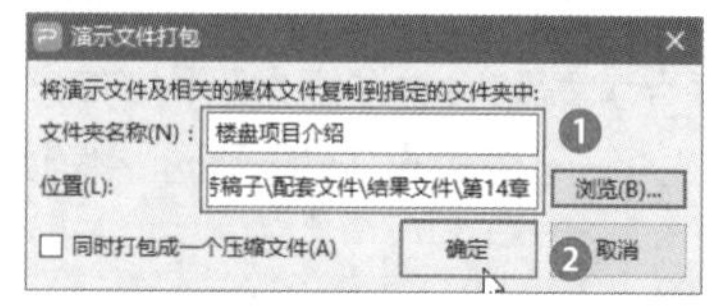

温馨提示

在【演示文件打包】对话框中选中【同时打包成一个压缩文件】复选框，可同时将演示文稿打包成文件夹和压缩文件。

步骤 03　开始打包演示文稿，打包完成后，打开【已完成打包】对话框，单击【打开文件夹】按钮，可打开文件夹，如下图所示。

373　将演示文稿保存为 PDF 格式的文档

扫一扫，看视频

使用说明

除了可以将演示文稿输出为视频外，还可以将演示文稿输出为PDF文件，这样能保证演示文稿中的内容不被修改。

解决方法

例如，将“年终工作总结.dps”演示文稿导出为PDF文件，具体操作方法如下。

步骤 01　打开素材文件(位置：素材文件\第14章\年终工作总结.dps)，❶单击【文件】按钮；❷在弹出的下拉菜单中选择【输出为PDF】命令，如下图所示。

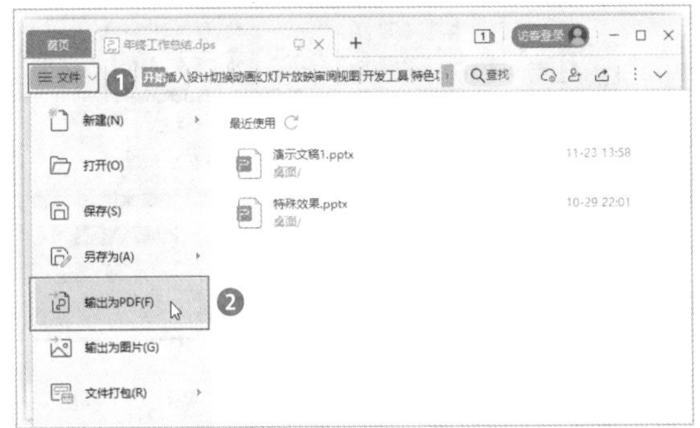

步骤 02　打开【输出为PDF】对话框，❶显示了当前打开的所有演示文稿名称，并默认选中需要导出为PDF的演示文稿，设置输出范围；❷设置导出的PDF文件的保存位置；❸单击【开始输出】按钮，如下图所示。

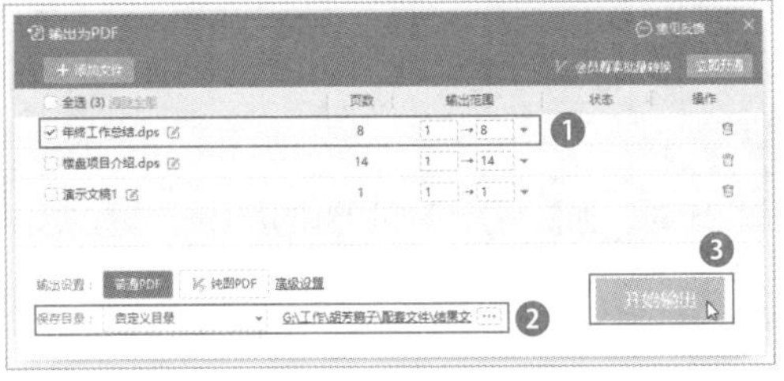

步骤 03　导出完成后，双击导出的PDF文件，即可将其打开，如下图所示。

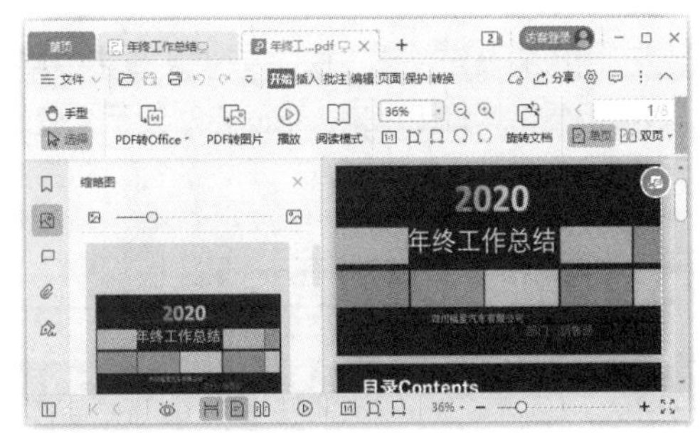

374　将演示文稿转换为图片文件

扫一扫，看视频

使用说明

将演示文稿转换成图片文件，既能保护幻灯片中的内容不被修改和盗用，也能在没有安装WPS的计算机上查看演示文稿中的内容。

解决方法

将演示文稿导出为图片文件的具体操作方法如下。

单击【文件】按钮，在弹出的下拉菜单中选择【输出为图片】命令，打开【输出为图片】对话框，❶在其中对输出方式、水印、页数、格式、质量、位置等进行设置；❷完成后单击【输出】按钮，如下图所示，即可将演示文稿按照设置的输出形式输出为图片文件。

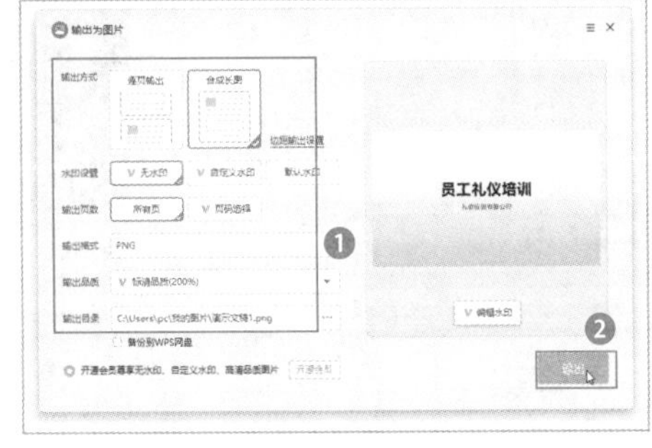

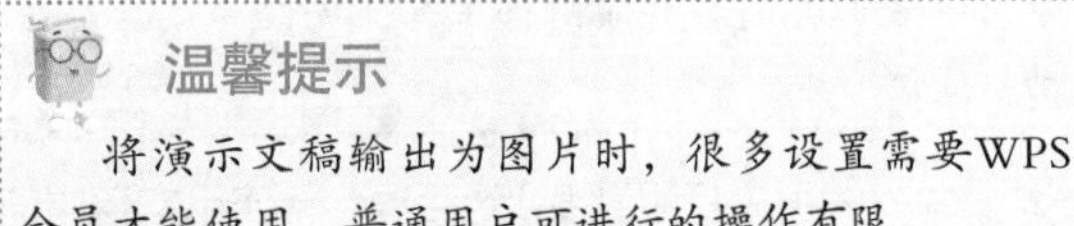

温馨提示

将演示文稿输出为图片时，很多设置需要WPS会员才能使用。普通用户可进行的操作有限。

14.3 演示文稿的打印技巧

对于制作的演示文稿，除了可放映查看效果外，还可根据需要将其打印出来。下面将对演示文稿的打印技巧进行介绍。

375 将多张幻灯片打印在一张纸上

扫一扫，看视频

使用说明

在打印演示文稿时，如果需要将演示文稿中要打印的所有幻灯片打印到一张纸上，可以通过WPS 演示提供的高级打印功能来实现。

解决方法

例如，要将“楼盘项目介绍.dps”演示文稿中需要打印的10张幻灯片打印到一张纸上，具体操作方法如下。

步骤 01 打开素材文件（位置：素材文件\第14章\楼盘项目介绍.dps），❶单击【文件】按钮；❷在弹出的下拉菜单中选择【打印】命令；❸在弹出的下级菜单中选择【高级打印】选项，如下图所示。

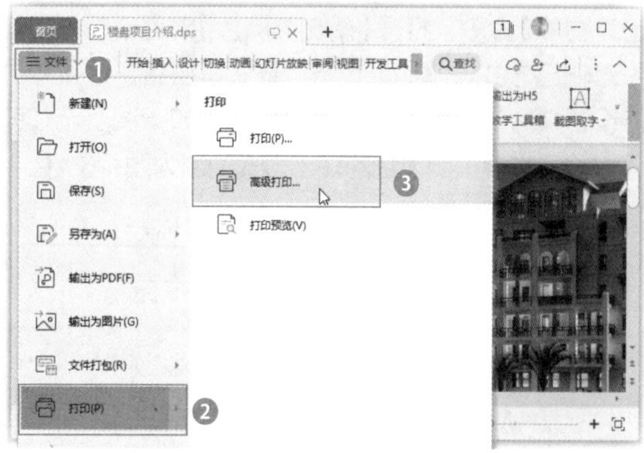

温馨提示

如果是第一次使用高级打印这个功能，则会提示要求安装WPS高级打印附件工具，安装完成后会自动打开该工具。

步骤 02 打开【打印进度】对话框，将演示文稿中的幻灯片发送到WPS高级打印工具中，如下图所示。

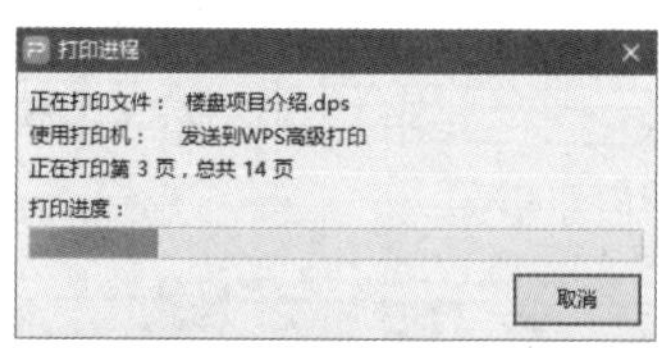

步骤 03 发送完成后，自动打开WPS高级打印窗口，并在左侧窗格中显示演示文稿中的所有幻灯片，❶取消选中第3、8、11和14张幻灯片，表示不打印这几张幻灯片；❷单击【页面布局】选项卡中的【自定义布局】按钮；❸在弹出的下拉列表中拖动鼠标选择幻灯片打印在纸张上的排列布局，如下图所示。

步骤 04 需要打印的幻灯片将按照选择的布局进行排列，单击【开始打印】按钮进行打印，如下图所示。

376 打印幻灯片时如何添加边框

扫一扫，看视频

使用说明

默认情况下，打印出来的幻灯片是没有边框的，如果是白色背景的幻灯片，打印在白色纸张上，不便于查看。所以，在打印幻灯片时，可以为幻灯片添加边框。

解决方法

打印时，为幻灯片添加边框的具体操作方法如下。

单击【文件】按钮，在弹出的下拉菜单中选择【打印】命令，在弹出的子菜单中选择【打印】选项，打开

【打印】对话框，❶选中【幻灯片加框】复选框；❷单击【确定】按钮即可，如下图所示。

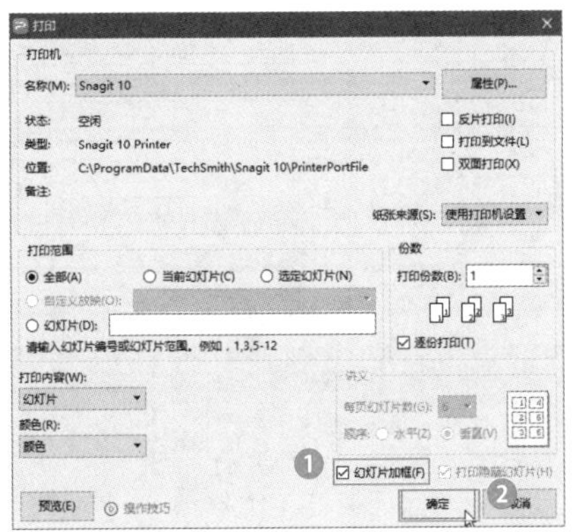

温馨提示

在【打印】对话框中可根据需要对打印机、打印范围、打印内容、打印份数等进行设置。

377 将演示文稿内容以讲义的形式打印出来

实用指数

★★★★☆

扫一扫，看视频

使用说明

将演示文稿中的内容以讲义的形式打印时，会在每一张幻灯片旁边留下空白，这样便于演讲者添加一些备注信息。

解决方法

将演示文稿内容以讲义形式打印出来的具体操作方法如下。

步骤 01 打开【打印】对话框，❶在【打印内容】下拉列表框中选择【讲义】选项；❷在【讲义】栏中设置【每页幻灯片数】和【顺序】；❸单击【预览】按钮，如下图所示。

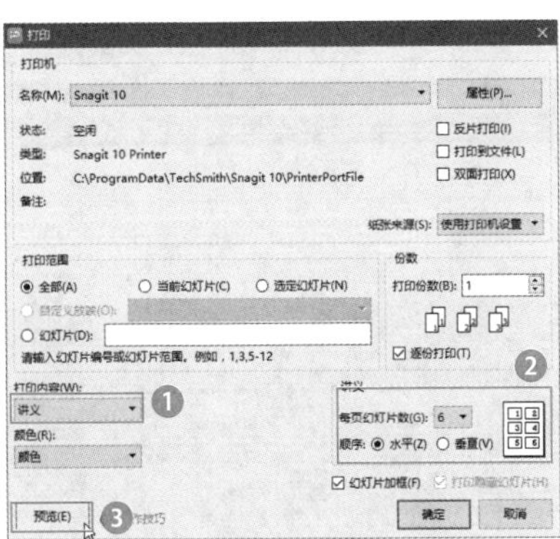

步骤 02 进入打印预览界面，在其中可对设置的打印效果进行查看，单击【直接打印】按钮进行打印，如下图所示。

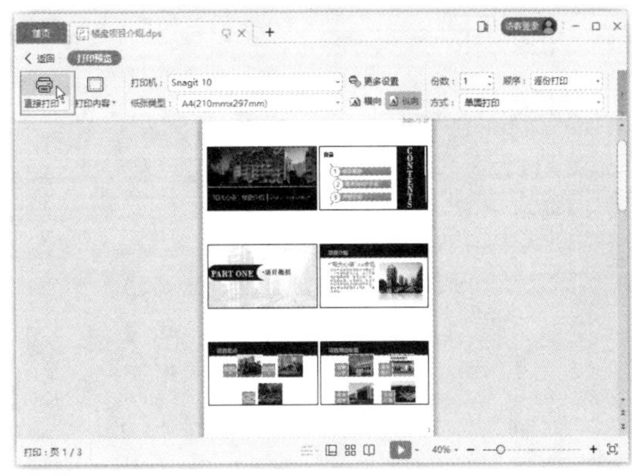

378 打印幻灯片的备注页

实用指数

★★★☆☆

扫一扫，看视频

使用说明

当需要将演示文稿中添加的备注信息打印出来时，就需要将打印内容设置为备注页。

解决方法

打印幻灯片备注页的具体操作方法如下。

打开【打印】对话框，❶在【打印内容】下拉列表框中选择【备注页】选项；❷单击【确定】按钮即可，如下图所示。

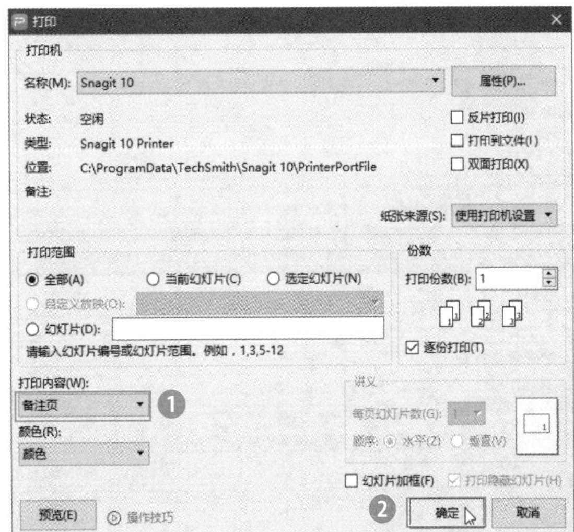

第5篇

WPS Office其他应用技巧篇

WPS Office 2019中除了包含日常办公中最常用的文字、表格、演示三大组件外，还新增了PDF、流程图、脑图、图片设计、表单等功能，这些功能在办公中的使用频率也很高，是办公中的好帮手。将它们融入一个软件，无疑会让你的工作更加便利，提高了工作的效率。而且，这些组件的操作方法都很简单，经过一定的学习后很多人都可以很快上手使用。本篇就来介绍WPS Office 2019中PDF、流程图、脑图、图片设计、表单的应用技巧，帮助你实现更多的工作需求。

通过本篇内容的学习，你将学会以下办公应用的技能与技巧。

- PDF的基本操作与编辑技巧
- 流程图的插入与编辑技巧
- 脑图的插入与编辑技巧
- 图片设计的相关技巧
- 表单的制作与分享技巧

第 15 章 WPS Office 的其他应用技巧

在日常办公中，除了文档、表格和演示文稿等常用文件外，你是否还经常接触PDF、流程图、思维导图呢？当今市场对每一个就职人员的职业要求越来越高。掌握的技能越多，综合能力就越强，可以选择的工作岗位也就越广泛。WPS Office 2019 中可以处理PDF、流程图、脑图、图片设计、表单等内容，掌握这些技巧，可以使你更好、更快地完成相关工作内容。

下面是日常办公中常见的问题，请检测你是否会处理或已掌握。

√ 别人传给你的 PDF 文件，知道如何编辑其中的文字、图片等内容吗？
√ 你知道有哪些方法可以提高 PDF 文件的安全性吗？
√ 可以像审阅文档一样，审阅 PDF 文件中的内容吗？
√ 简单的流程图，智能图形可以完成，那复杂的流程图如何在 WPS Office 2019 中完成呢？
√ 思维导图到底是如何绘制的？
√ 想要做一个专业的海报，需要找广告公司吗？在 WPS Office 2019 中能不能完成？具体是如何操作的呢？

希望通过本章内容的学习，能帮助你解决以上问题，并学会WPS Office更多的高效办公技巧。

15.1 PDF文件的使用技巧

PDF是Adobe公司设计的一种非常方便的文档格式，其设计目的是支持跨平台的多媒体集成的信息出版和发布，尤其是提供对网络信息发布的支持。所以，PDF文件格式与操作系统平台无关，在Windows、UNIX、Mac OS等操作系统中都是通用的。这一特点使它成为在Internet上进行电子文档发行和数字化信息传播的理想文档格式。

此外，PDF还具有许多其他电子文档格式没有的优点。PDF文件格式可以将文字、字型、格式、颜色及独立于设备和分辨率的图形图像等封装在一个文件中。对于普通读者而言，用PDF制作的电子文档具有纸版文档的质感和阅读效果，可以逼真地展现原文档面貌，显示大小且可以任意调节，给读者提供了个性化的阅读方式。随着各种各样的电子书阅读器的不断推出和发展，PDF已经在很多领域取代了传统的纸质媒体。越来越多的电子图书、产品说明、公司文件、网络资料、电子邮件都在使用PDF文件格式。PDF文件格式还可以包含超文本链接、声音和动态影像等电子信息，支持特长文件，其集成度和安全可靠性都较高。

WPS Office 2019中的PDF组件是北京金山办公软件股份有限公司出品的一款针对PDF格式文件阅读和处理的工具，它支持多种格式相互转换、编辑PDF文档内容、为文件添加注释等多项实用的办公功能。

在使用PDF文件时，用户就可以在WPS PDF中根据实际工作需要对文件进行一些基本操作。掌握PDF基本操作方面的技巧，可以有效地提高工作效率，如编辑PDF中的文字、图片，添加水印，设置页面布局，进行审阅批注等技巧。本节将介绍一些与PDF基本操作相关的技巧。

379 如何新建 PDF 文件

扫一扫，看视频

使用说明

由于PDF文件格式具有前面介绍的诸多优点，所以工作中经常使用该格式的文件进行分享和交流。

在制作PDF文件时，除了可以使用WPS文字、WPS表格、WPS演示文稿制作完成后转换为PDF格式外，使用WPS PDF还可以直接创建PDF文件。

解决方法

在WPS PDF中，如果要将某个文件新建为PDF文件，可以使用下列方法中的任意一种来完成。

方法一：

启动WPS Office 2019后，单击【新建】按钮，在上方单击【PDF】选项卡，进入PDF的新建界面，在【新建PDF】栏中可以看到提供了一个【从文件新建PDF】的选项，如下图所示。选择该选项，并在打开的对话框中选择需要创建为PDF文件格式的文件，再单击【打开】按钮，系统将根据所选文件开始新建PDF文件，新建完成后即可看到该文件新建为PDF文件的效果。

方法二：

如果有纸质文件需要新建为PDF文件，可以在PDF的新建界面中的【新建PDF】栏中选择【从扫描仪新建】选项，在打开的对话框中选择需要使用的扫描仪，并根据要扫描的对象进行设置，单击【预览】按钮，预览扫描效果，确认扫描效果后，单击【扫描】按钮开始扫描，如下图所示。完成扫描后，将根据扫描内容直接创建PDF文件。

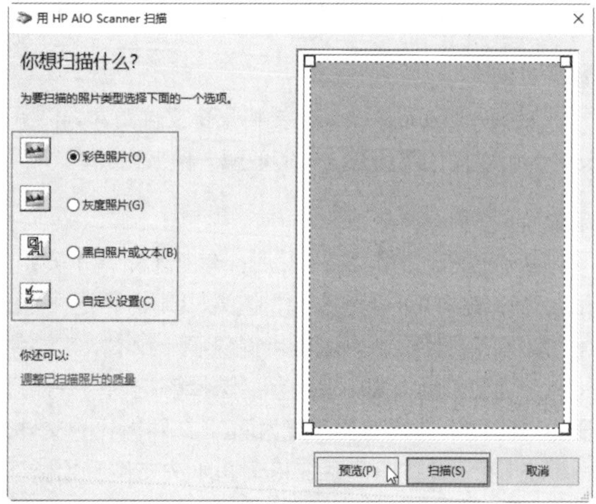

380 查看 PDF 文件的四种方法

扫一扫，看视频

实用指数 ★★★☆☆

使用说明

在WPS PDF中打开一个PDF文件后，如果仅仅需要查看文件内容，为避免无意间修改到内容，可以进入阅读模式查看。

解决方法

进入阅读模式查看PDF文件内容的方法有以下4种。

方法一：

单击【开始】选项卡中的【手型】按钮，此时将鼠标光标移动到PDF文件显示界面上并变为手型，按下鼠标左键并拖动，可以调整窗口中显示的PDF文件内容，如下图所示。

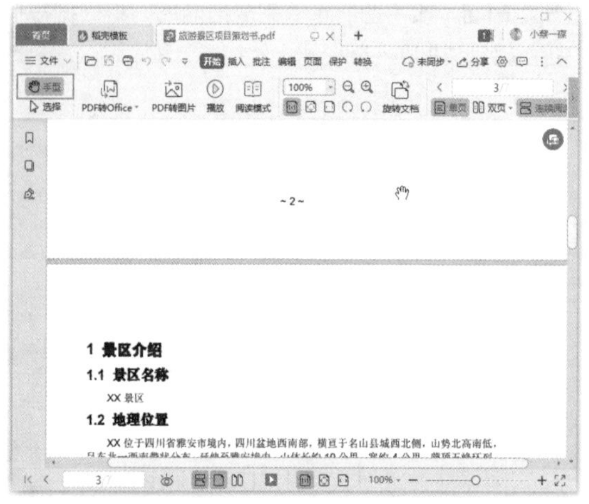

方法二：

单击【开始】选项卡中的【播放】按钮，将对文件进行全屏放映，背景为黑色。此时只需要单击鼠标即可依次向后翻页，完成查看后按Esc键退出即可。也可以通过单击界面右上角的各按钮，实现放大/缩小页面、向前/向后翻页、添加墨迹等，如果添加了墨迹，将会在退出全屏放映时打开提示对话框，询问是否保存墨迹到文件中，如下图所示。此功能类似于PPT的放映操作，这里不做详细讲解。

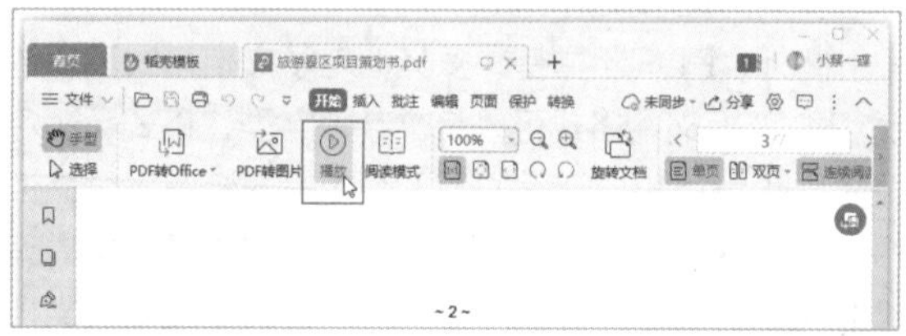

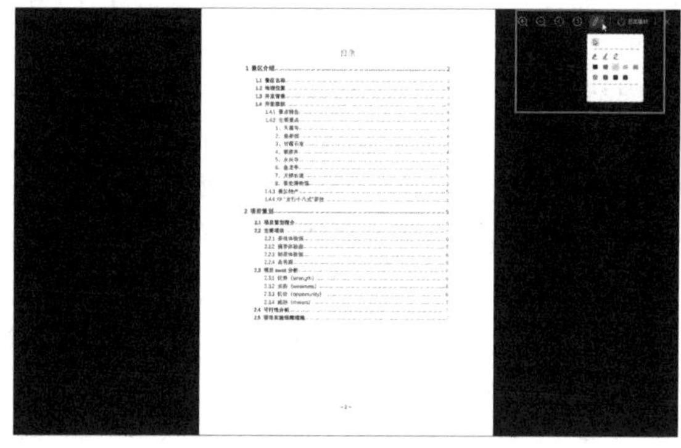

方法三：

单击【开始】选项卡中的【阅读模式】按钮，将进入阅读模式，此时鼠标光标将变为手型，可以通过鼠标快速调整窗口中显示的PDF文件内容。在阅读模式下单击【批注模式】按钮，可以快速切换到批注模式，方便对内容进行批注；单击【注释工具箱】按钮，还可以在窗口右侧显示出注释工具栏，其中提供了所有的注释工具，单击某个工具按钮，可以打开相应的设置任务窗格，能更便捷地添加各种批注。完成批注后单击右上角的【退出阅读模式】按钮，或按Esc键即可退出阅读模式，如下图所示。

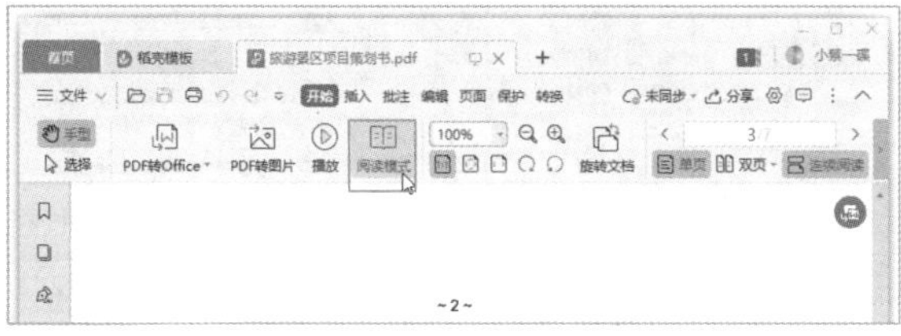

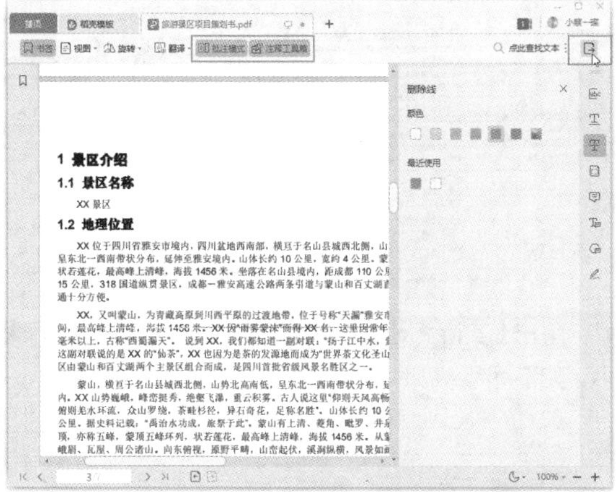

方法四：

❶单击【开始】选项卡中的【自动滚动】按钮；❷在弹出的下拉列表中选择【1倍速度】或【2倍速度】选项，将以1倍或2倍的速度自动向下滚动页面；选择【-1倍速度】或【-2倍速度】选项，将以1倍或2倍的速度自动向上滚动页面。不想再自动滚动页面时，按Esc键即可退出，如下图所示。

381 设置 PDF 文件显示比例的四种方法

扫一扫，看视频

使用说明

WPS PDF提供了多种修改PDF文件显示比例的方法，选择合适的方法可以让查看PDF文件变得更高效。

解决方法

设置PDF文件内容显示比例的方法有以下四种。

方法一：

单击【开始】选项卡的【显示比例】下拉列表框右侧的下拉按钮，在弹出的下拉列表中选择需要的百分比选项，便可以相应地显示比例显示文档内容，如下图所示。

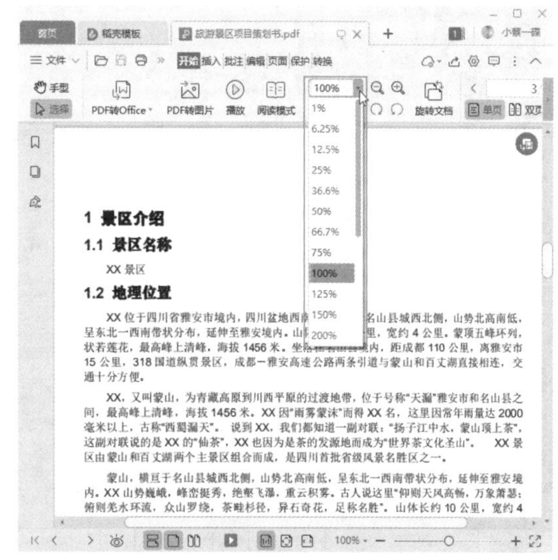

方法二：

单击【开始】选项卡中的【放大】按钮，可以逐步放大页面；单击【缩小】按钮，可以逐步缩小页面，如下图所示。

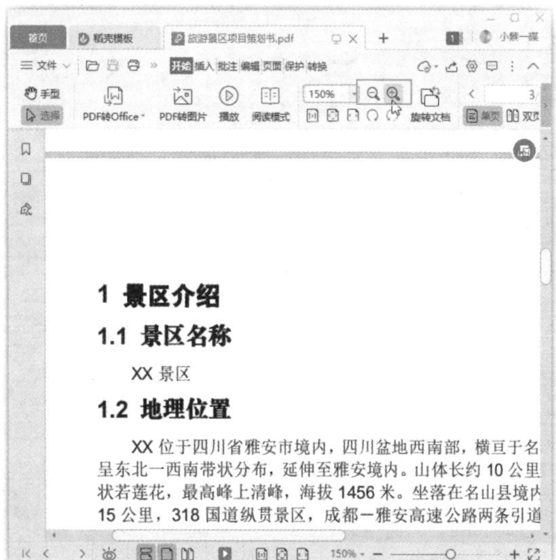

方法三：

单击状态栏中的【放大】按钮 +，可以逐步放大页面；单击【缩小】按钮 −，可以逐步缩小页面；拖动滑块可以快速地设置页面显示比例，如下图所示。

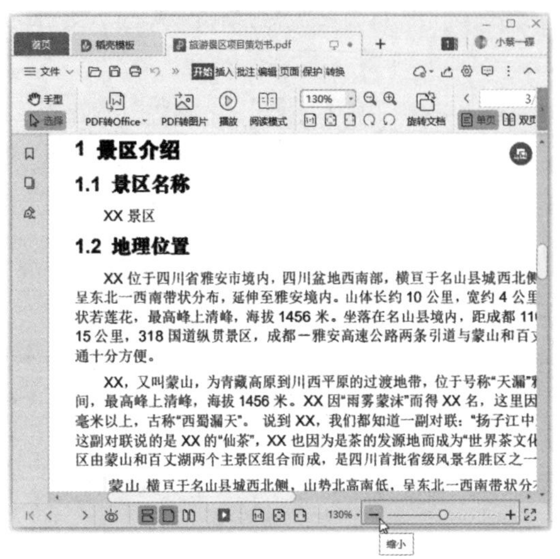

知识拓展

按住Ctrl键的同时滚动鼠标滚轮，可以快速放大或缩小页面。

方法四：

单击【开始】选项卡中的【适合页面】按钮，可以缩放比例为适合窗口显示大小，如下图所示。

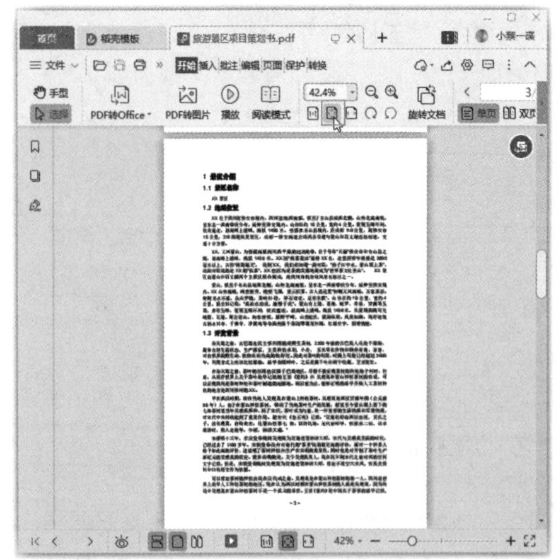

单击【适合宽度】按钮，可以缩放比例为页面适合窗口宽度，如下图所示。

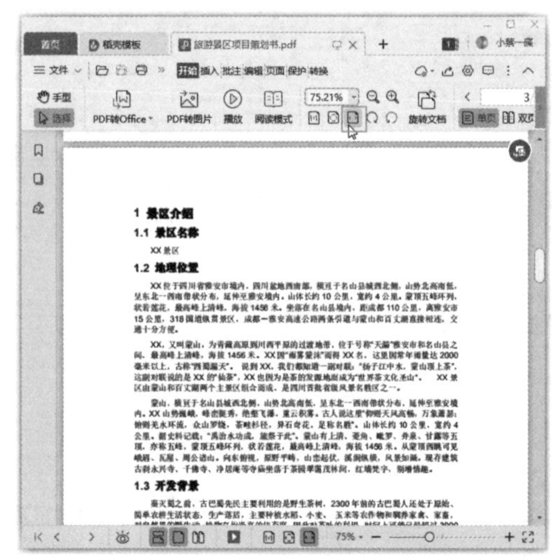

单击【实际大小】按钮，可以显示页面实际大小，如下图所示。

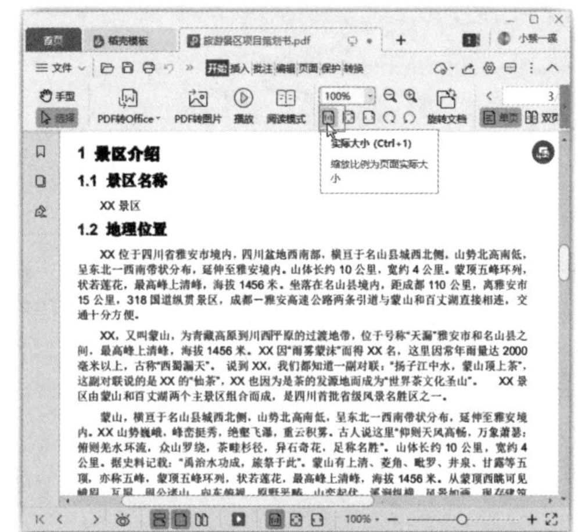

382 设置 PDF 文件的显示方式

扫一扫，看视频

实用指数
★★★☆☆

使用说明

WPS PDF中默认打开的PDF文件会以单页的形式连续排列，滚动鼠标即可查看前后页的内容。但有时候需要并排查看两页的内容，应该如何设置呢?

解决方法

为了配合纸质图书的阅读习惯，可以单击【开始】选项卡中的【双页】按钮，使PDF像纸质图书一样分为左右两页，如下图所示。

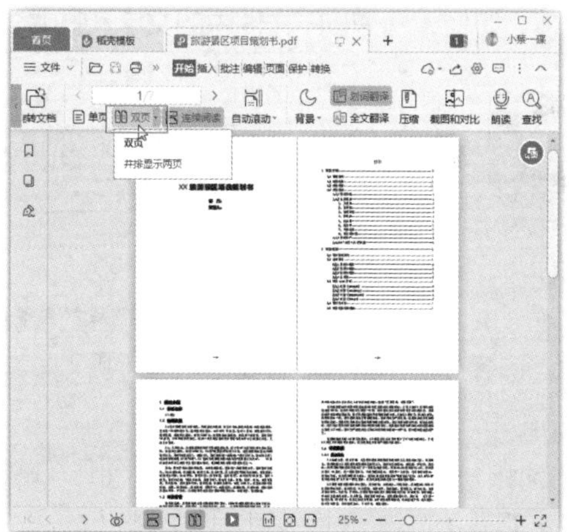

单击【双页】按钮，在弹出的下拉列表中选中【独立封面】选项，可以在双页显示PDF的同时，让首页独立显示为一页，如下图所示。

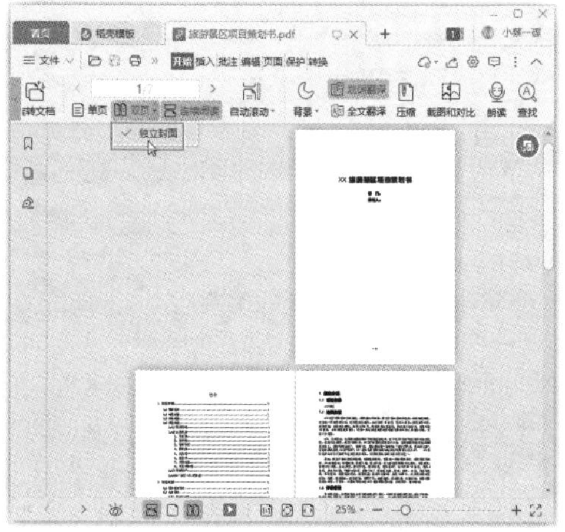

单击【单页】按钮，可以使PDF以单页效果显示，如下图所示。

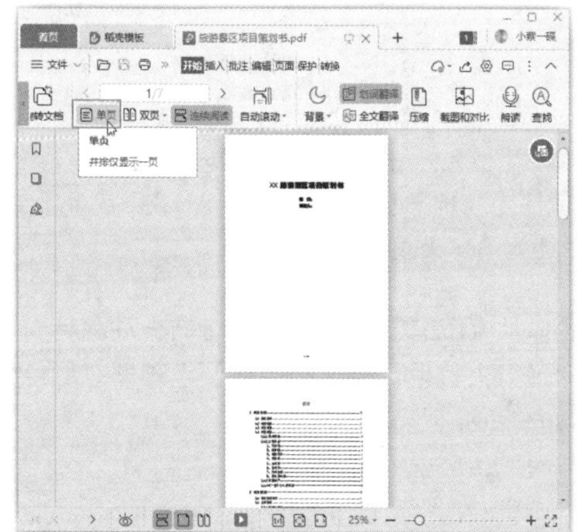

取消【连续阅读】按钮的按下状态，单页模式将只显示当前页的内容，双页模式将只显示当前两页的内容，其他页面都将被隐藏，如下图所示。

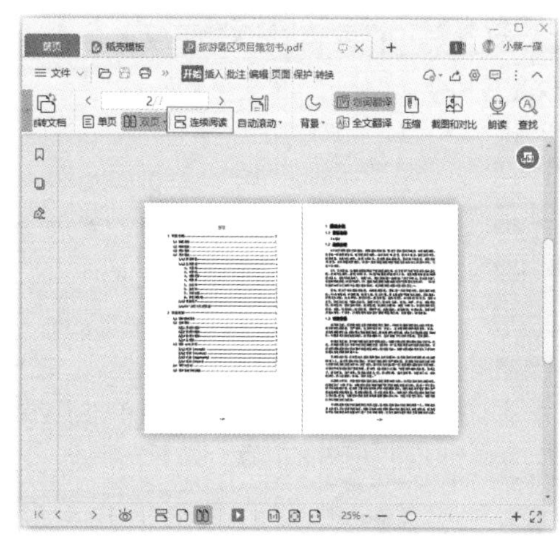

383 设置 PDF 文件的页面背景

实用指数
★★★★☆

扫一扫，看视频

使用说明

WPS PDF中默认打开的PDF文件背景颜色为白底灰框，为了更好地适应阅读环境，可以调整页面背景颜色。

解决方法

如果调整页面背景颜色，可以单击【开始】选项卡中的【背景】按钮，在弹出的下拉菜单中选择一种背景颜色即可，如下图所示。可以看到，其中提供了日间、夜间、护眼、羊皮纸4种模式，选择不同的选项即可快速查看不同页面背景的效果。

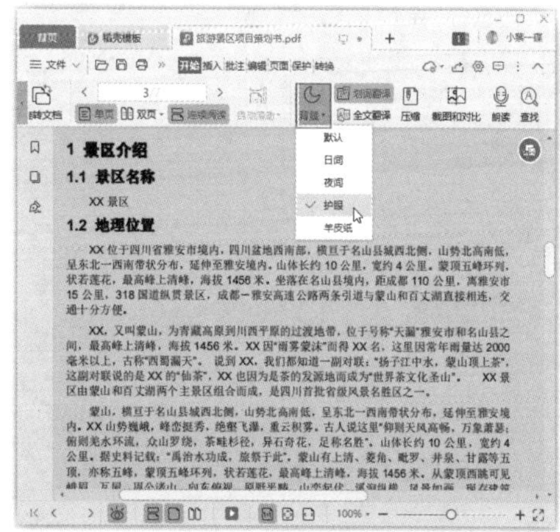

384 如何快速跳转到需要的页面

扫一扫，看视频

实用指数
★★★★★

使用说明

如果PDF文件包含很多页，有什么办法可以快速跳转到需要查看的页面呢？

解决方法

单击窗口左侧的【查看文档书签】按钮，在打开的【书签】任务窗格中会显示文档结构，单击相应的文字即可跳转到该内容所在的页面，如下图所示。

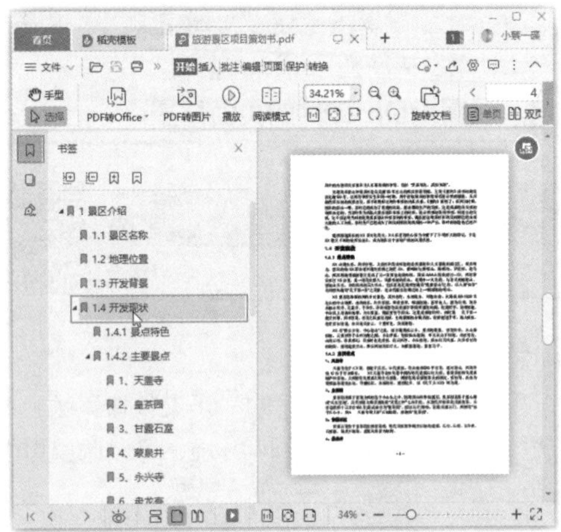

单击窗口左侧的【查看文档缩略图】按钮，在打开的【缩略图】任务窗格中会显示出各页面的缩略图，拖动上方的滑块，可以调整缩略图的显示比例。单击相应的缩略图即可跳转到该页面，如下图所示。

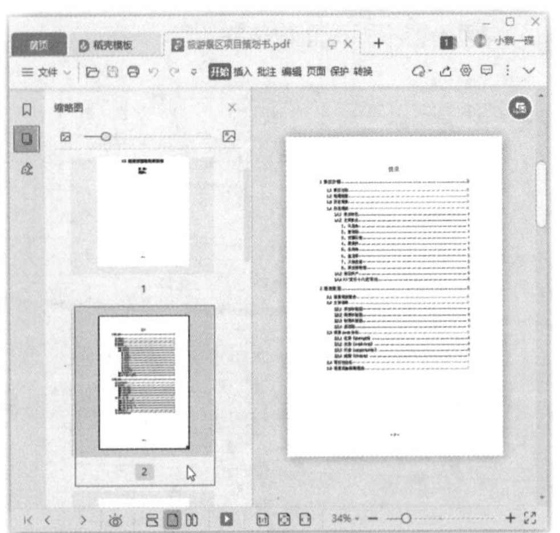

385 如何编辑 PDF 文件中的文字和图片

扫一扫，看视频

实用指数
★★★★☆

使用说明

在查阅PDF文件时，如果发现了某些错误或者不合理的内容，想要进行修改，该如何操作呢？

解决方法

例如，要删除PDF中的部分文字和图片，具体操作方法如下。

步骤 01 打开素材文件（位置：素材文件\第15章\感谢信.pdf），❶单击【批注】选项卡；❷单击【形状批注】按钮；❸在弹出的下拉菜单中选择【矩形】命令，如下图所示。

温馨提示

如果想真正修改PDF中的文字和图片，需要开通WPS会员功能。开通以后，选择PDF中的文字或图片，单击【编辑】选项卡中的【文字】或【图片】按钮，即可进入编辑模式。

步骤 02 ❶在需要删除的图片上方拖动鼠标光标绘制一个矩形；❷设置矩形的边框颜色和填充颜色为白色，如下图所示。

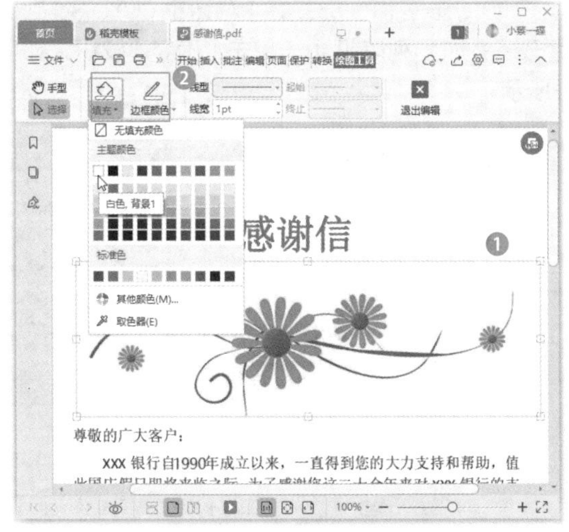

步骤 03 经过第2步操作，即可隐藏批注框下方的图片，使用相同的方法为需要删除的文字添加图形批注进行遮挡，如下图所示。

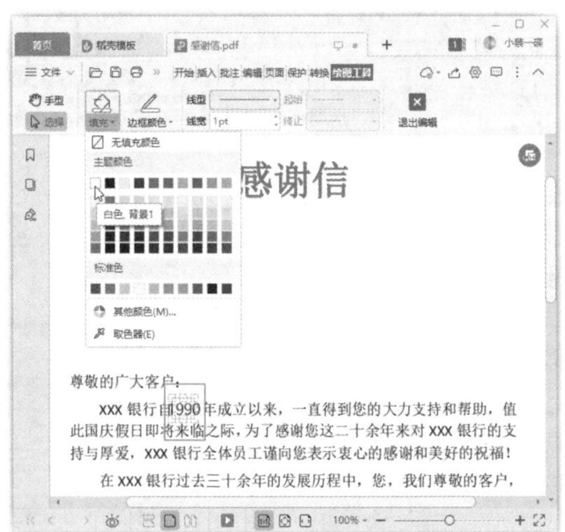

386 快速翻译 PDF 文件

扫一扫，看视频

使用说明

在工作中，经常需要将中文翻译为英文，或者将英文翻译为中文。如果想快速将PDF文件中的中文翻译为英文，应该如何操作呢?

解决方法

在查看PDF文件时，可以使用【划词翻译】功能，

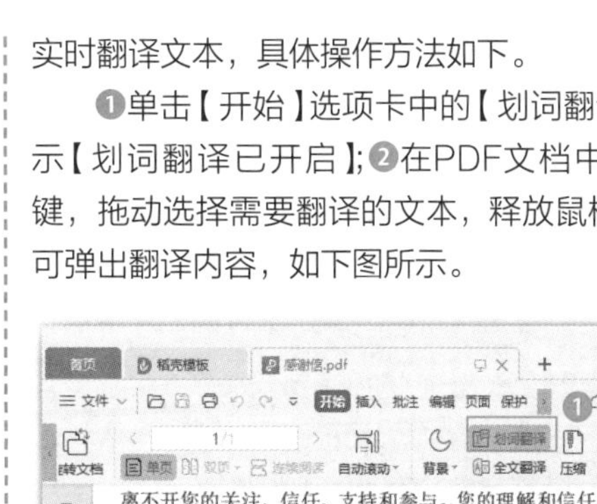

实时翻译文本，具体操作方法如下。

❶单击【开始】选项卡中的【划词翻译】按钮，提示【划词翻译已开启】;❷在PDF文档中按下鼠标左键，拖动选择需要翻译的文本，释放鼠标左键后，即可弹出翻译内容，如下图所示。

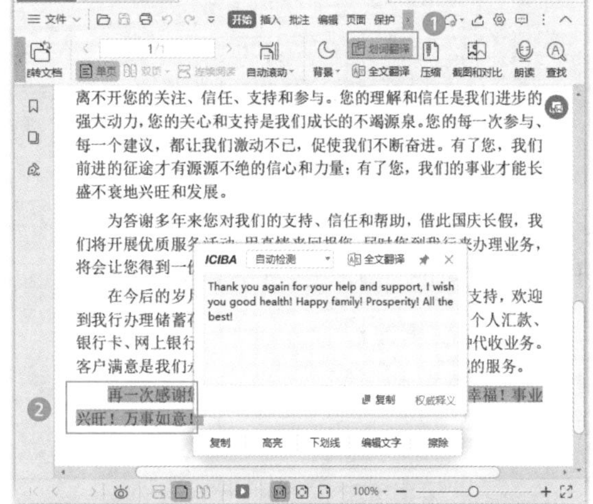

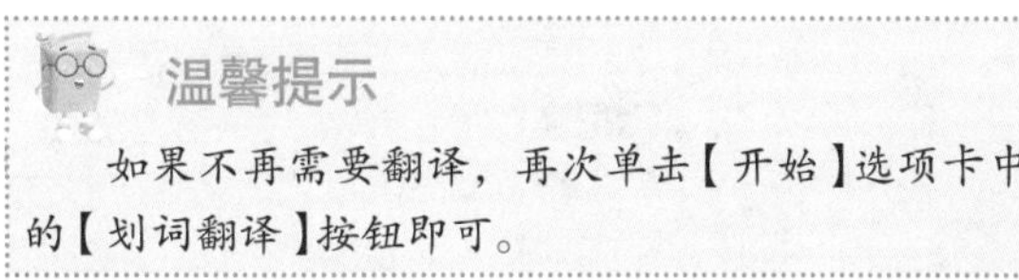

温馨提示

如果不再需要翻译，再次单击【开始】选项卡中的【划词翻译】按钮即可。

387 如何在 PDF 文件中插入签名

扫一扫，看视频

使用说明

签名可以让他人更容易识别文件的来源，也可以让文档更加专业。尤其是一些重要的合同、协议等文件保存为PDF格式后，一定要记得插入签名，具体如何操作呢?

解决方法

在PDF文件中插入签名的具体操作方法如下。

步骤 01 ❶单击【插入】选项卡;❷单击【PDF签名】按钮;❸在弹出的下拉列表中选择【创建签名】选项，如下图所示。

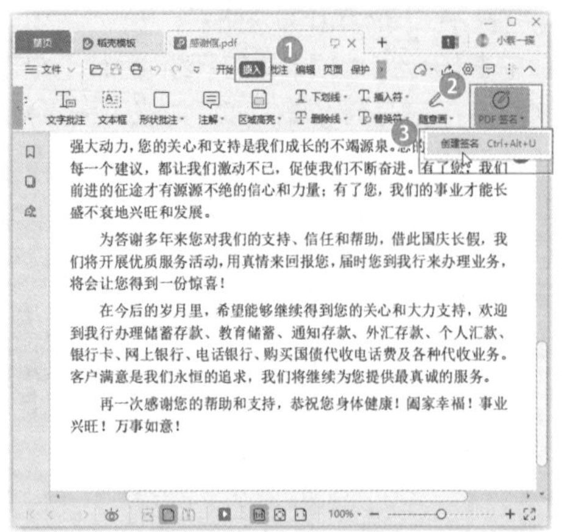

步骤 02 打开【PDF签名】对话框，在【图片】选项卡中单击【添加图片】按钮，如下图所示。

技能拓展

在【PDF签名】对话框中，单击【输入】选项卡，可以在右侧的【字体】下拉列表中选择一种字体，然后在文本框中输入需要的签名文本；单击【手写】选项卡，可以在右侧的下拉列表中设置字号，然后在文本框中用鼠标或手写板书写签名，完成后单击【确定】按钮，这样可以使手写签名更具个性。

步骤 03 打开【添加图片】对话框，❶选择“素材文件\第15章\签名.png”素材文件；❷单击【打开】按钮，如下图所示。

步骤 04 返回【PDF签名】对话框，可以看到图片已经添加到列表框中，单击【确定】按钮，如下图所示。

技能拓展

如果插入的签名图片是彩色的，想要制作成为黑白色的签名效果，可以在【PDF签名】对话框的【图片】选项卡中单击选中【黑白】按钮，将图片转换为黑白效果。

步骤 05 返回PDF文档，鼠标光标将变为签名的形状，在需要添加签名的位置单击鼠标，即可将签名添加到该位置，如下图所示。

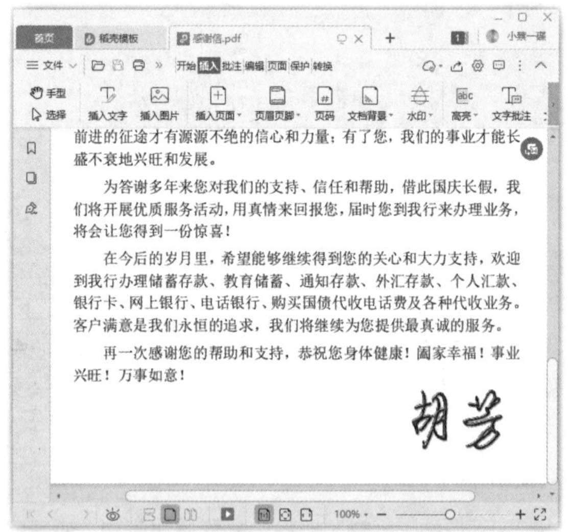

步骤 06 ❶选中签名，使用鼠标拖动四周的控制点调整签名的大小；❷完成后单击【嵌入文档】按钮，将签名嵌入PDF文档，如下图所示。操作完成后即可看到签名已经嵌入了PDF文档。

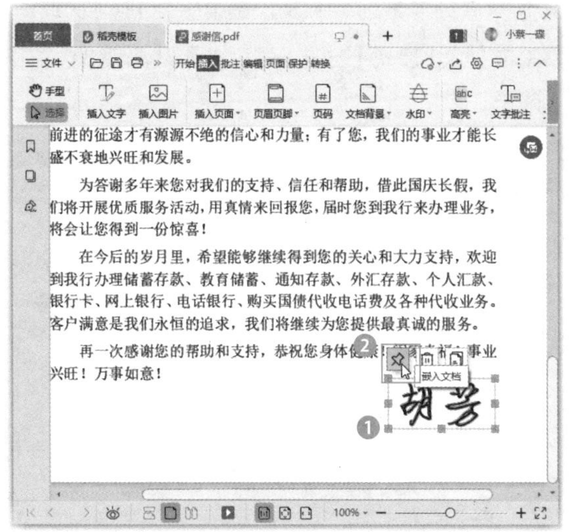

温馨提示

在PDF中设置过一次签名后，单击【插入】选项卡中的【PDF签名】按钮，在弹出的下拉列表中可以看到新添加的签名选项，选择该选项即可快速插入签名。

388 如何插入新的 PDF 页面

实用指数
★★★★☆

扫一扫，看视频

使用说明

在工作中，经常遇到已经完成好的文件需要进行内容填补扩充的情况，那如何在PDF文件中插入新的页面呢？

解决方法

例如，要在已经制作好的PDF文件后面插入其他文件的页面内容，具体操作方法如下。

步骤 01 打开素材文件（位置：素材文件\第15章\劳动合同.pdf），❶单击【页面】选项卡；❷单击【插入页面】按钮；❸在弹出的下拉菜单中选择【从文件选择】命令，如下图所示。

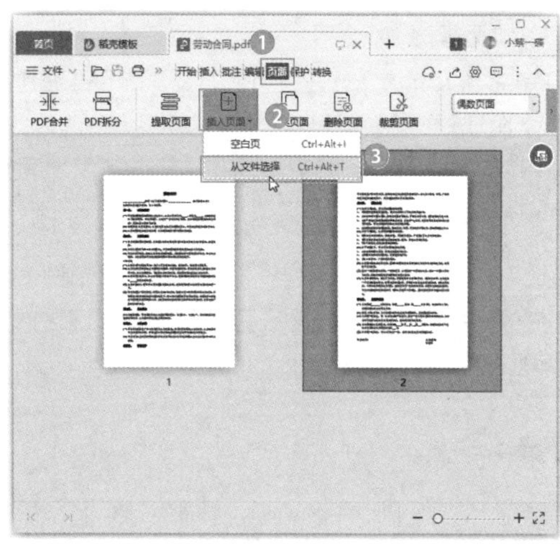

步骤 02 打开【打开】对话框，❶选择需要插入的"素材文件\第15章\保密条例.pdf"素材文件；❷单击【打开】按钮，如下图所示。

步骤 03 打开【插入页面】对话框，❶在【页面范围】栏中选中【全部页面】单选按钮；❷在【插入到】栏中选中【文档末尾】单选按钮；❸单击【确认】按钮，如下图所示。

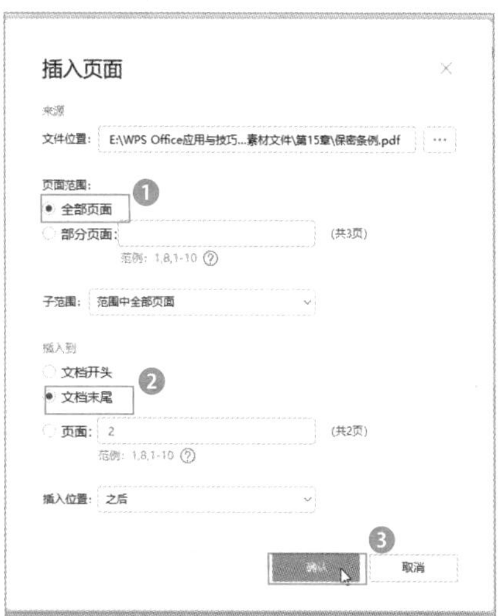

> **温馨提示**
>
> 在【插入页面】对话框的【页面范围】栏中选中【部分页面】单选按钮，可以设置插入页面的范围；在【插入到】栏中选中【页面】单选按钮，可以在后面的列表框中设置需要插入的位置。

步骤 04 经过第3步操作，即可将“保密条例.pdf”素材文件中的所有页面插入“劳动合同.pdf”素材文件的页面之后，如下图所示。

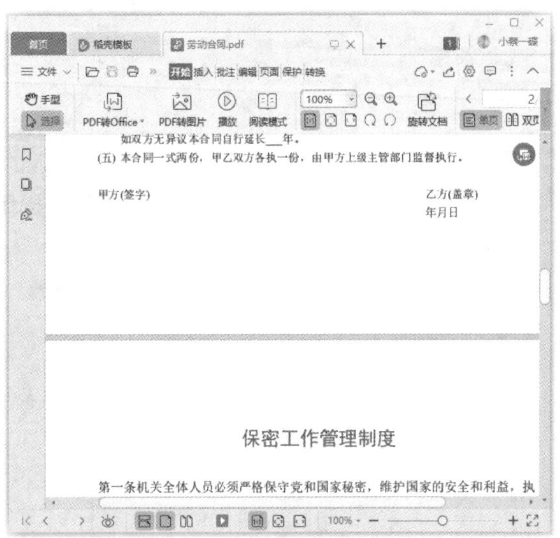

> **温馨提示**
>
> 单击【插入页面】按钮，在弹出的下拉菜单中选择【空白页】命令，可以在PDF文件中插入空白页面。

389 在 PDF 文件中添加批注

扫一扫，看视频

实用指数
★★★★★

使用说明

我们常使用WPS PDF阅读、编辑PDF文件，那么，为便于我们审阅和解读文件，可以在PDF文件中添加批注吗？

解决方法

WPS PDF提供了批注模式，进入批注模式后可以为PDF文件添加各种批注内容，具体操作方法如下。

步骤 01 打开素材文件（位置：素材文件\第15章\旅游景区项目策划书.pdf），❶单击【批注】选项卡；❷单击【批注模式】按钮，即可进入批注模式，如下图所示。

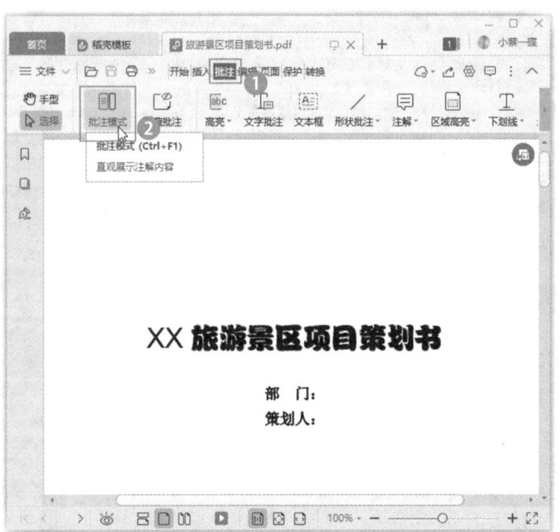

> **温馨提示**
>
> 再次单击【批注模式】按钮，即可退出批注模式。

步骤 02 ❶单击【注解】按钮；❷在弹出的下拉列表中为注解标志设置颜色，如下图所示。

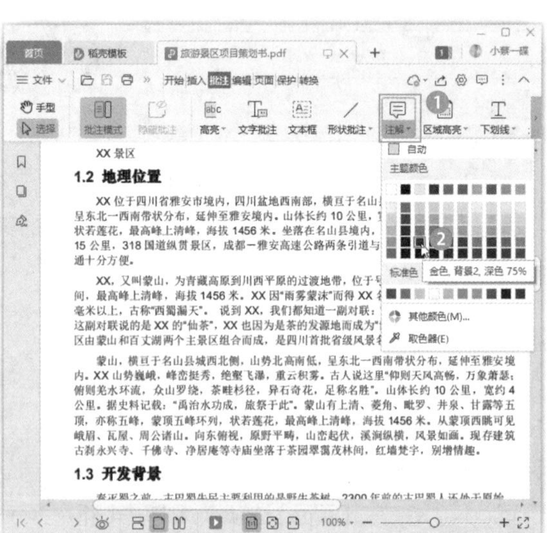

步骤 03 ❶此时鼠标光标将变为注解的形状，在需要添加注解的位置单击鼠标，即可在该位置插入注解；❷在右侧注释框中输入注释内容即可，如下图所示。

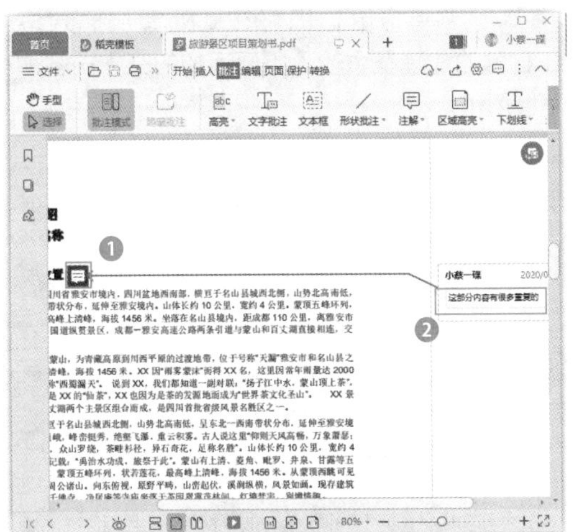

步骤 04　❶单击注释框右上角的展开按钮；❷在弹出的下拉菜单中选择【回复】命令，可以回复当前注释内容，如下图所示。

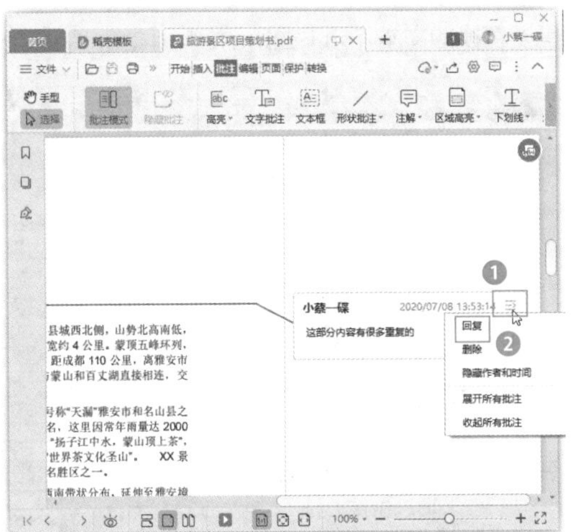

390　为 PDF 文件添加下划线、删除线、插入符和替换符

扫一扫，看视频

使用说明

在对PDF文件进行编辑时，可以像在纸质稿件中一样，通过符号标记重点内容、划掉要删除的内容或增加内容吗？

解决方法

我们在对PDF文件添加批注、修改内容时，可以在PDF文件中添加下划线、删除线、插入符和替换符，具体操作方法如下。

步骤 01　❶单击【批注】选项卡；❷单击【下划线】按钮；❸在弹出的下拉菜单中设置下划线的颜色，如下图所示。

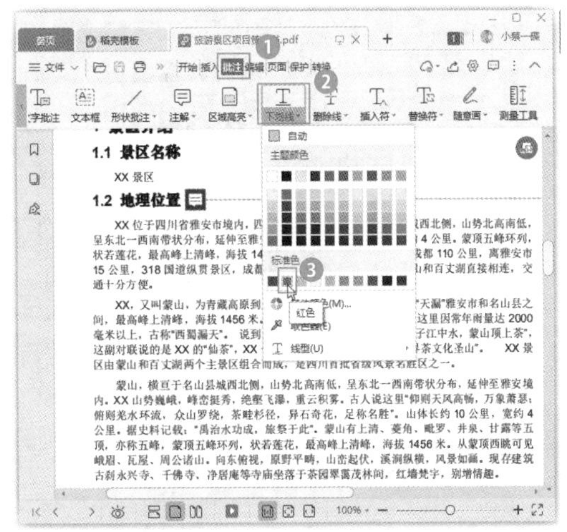

温馨提示

在【下划线】下拉菜单中选择【线型】命令，可以在弹出的子菜单中选择下划线为直线或波浪线，默认为直线。

步骤 02　按住鼠标左键并拖动鼠标光标选择需要添加下划线的内容，如下图所示。

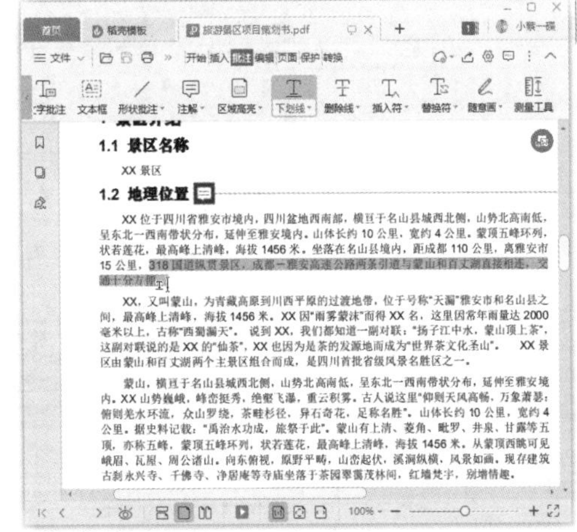

温馨提示

在PDF文件中完成下划线、删除线、插入符和替换符的添加后，再次单击相应的按钮或按Esc键可退出添加状态。

步骤 03 释放鼠标左键后即可对这些文本添加下划线效果。❶单击【删除线】按钮；❷在弹出的下拉菜单中设置删除线颜色，如下图所示。

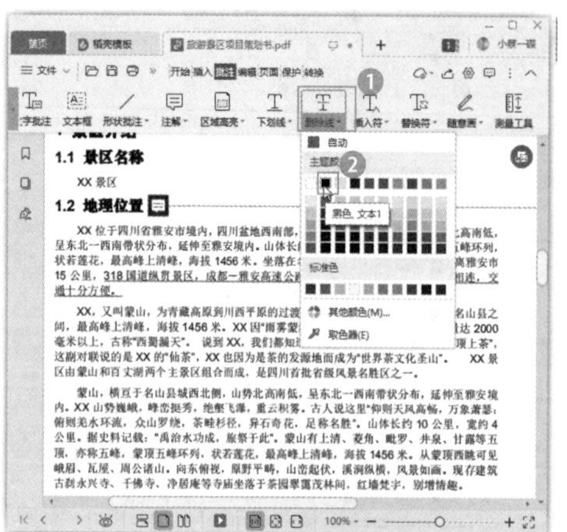

步骤 04 拖动鼠标光标选择需要删除的文本，即可为其添加删除线效果，如下图所示。

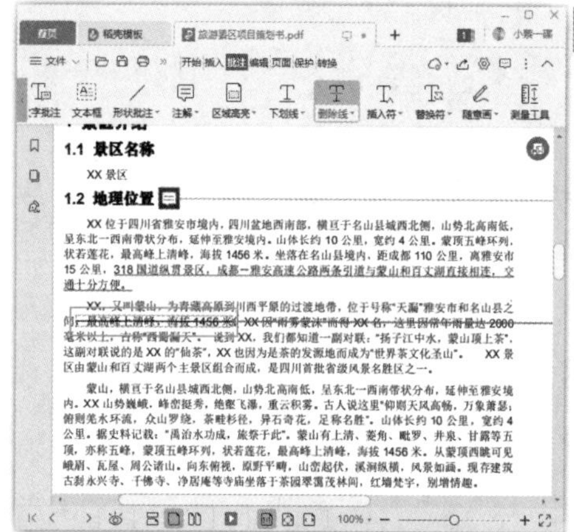

步骤 05 ❶单击【插入符】按钮；❷将鼠标光标移动到需要添加文本的位置，如下图所示。

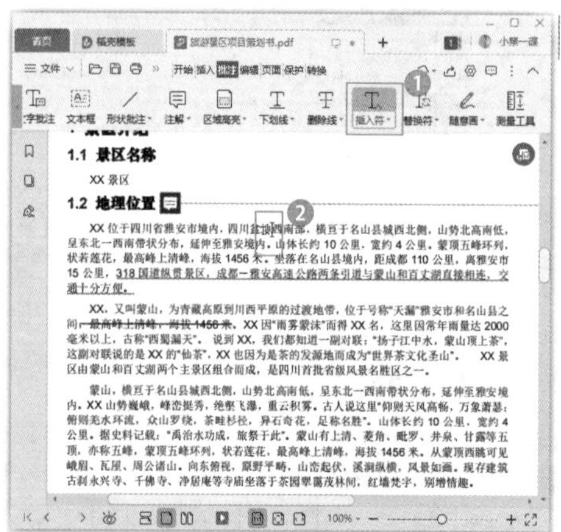

步骤 06 ❶单击鼠标即可在此处添加插入符号；❷在右侧的注释框中输入需要添加的文本内容即可，如下图所示。

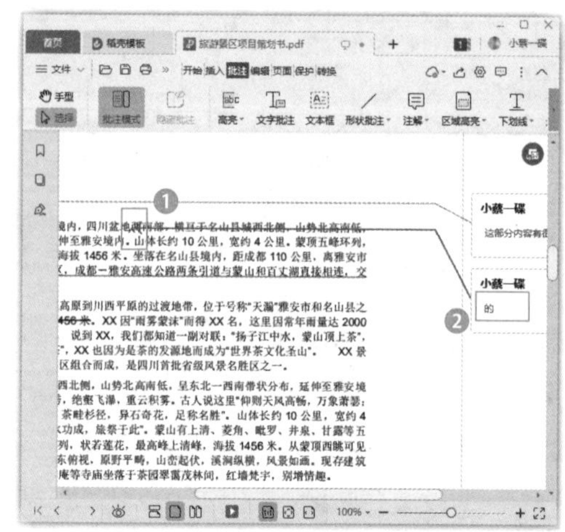

步骤 07 ❶单击【替换符】按钮；❷拖动鼠标光标选择需要替换的文本，如下图所示。

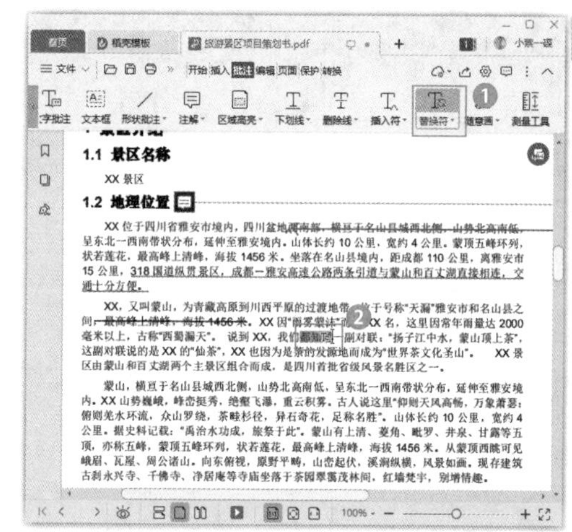

步骤 08 释放鼠标左键后，即可为选择的文本添加替换符号，在右侧的注释框中输入用于替换的文本内容即可，如下图所示。

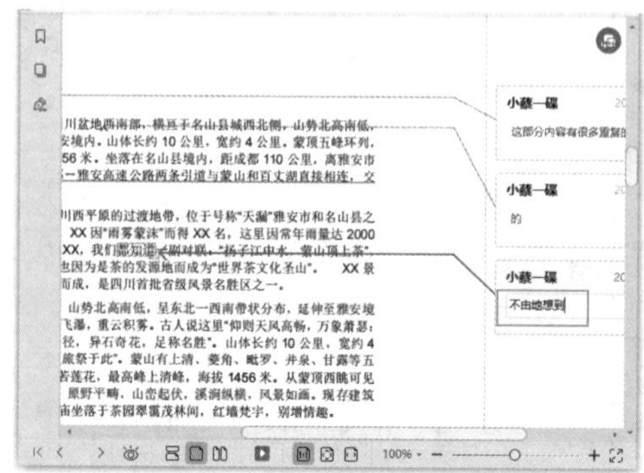

391 使用随意画功能随意添加线条批注

实用指数

★★★★☆

扫一扫，看视频

使用说明

我们在阅读PDF文件时，想要标注其中的部分内容，如何更灵活地在PDF文件中进行线条批注呢？

解决方法

使用WPS PDF中的随意画功能可以在PDF文件中随意画圈，对区域进行备注等。例如，要在文件中添加红色曲线批注线条，具体操作方法如下。

步骤 01 ❶单击【批注】选项卡；❷单击【随意画】按钮；❸在弹出的下拉菜单中选择【画曲线】命令；❹再次弹出【随意画】下拉菜单，并选择【不透明度】命令，在弹出的子菜单中设置线条的不透明度，如下图所示。

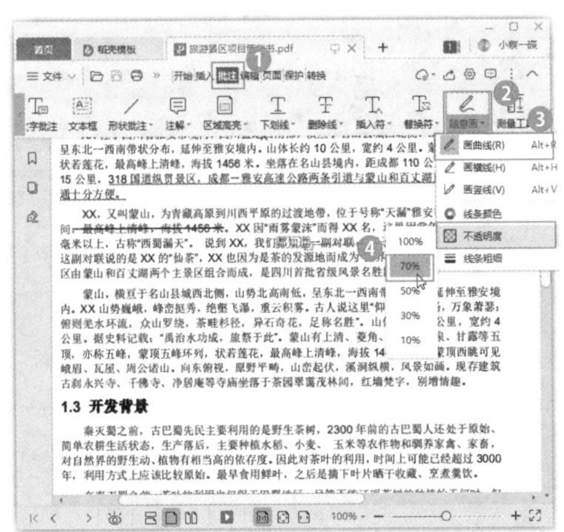

步骤 02 在PDF文件中拖动鼠标光标即可绘制相应的曲线，如下图所示。

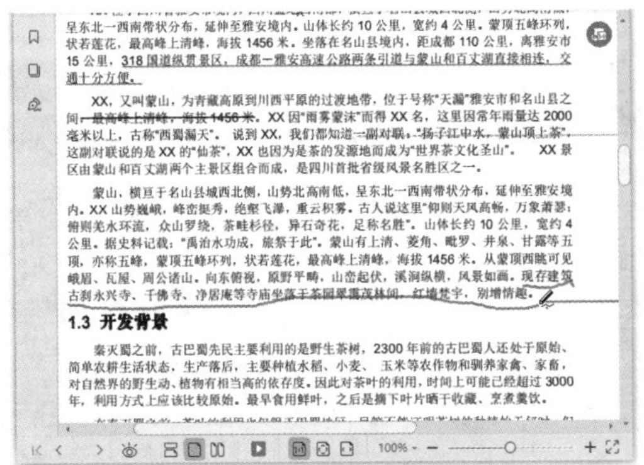

392 如何为 PDF 文件的内容设置高亮显示

实用指数

扫一扫，看视频

使用说明

在使用WPS PDF浏览PDF文件时，有时为了便于阅读记录，可以对PDF文件中的内容设置高亮显示。

解决方法

PDF文档中的重要内容可以设置高亮提醒。WPS PDF中提供了两种添加高亮显示效果的方法。

方法一：高亮 PDF 文本

如果要为文本设置高亮，具体操作方法如下。

步骤 01 ❶单击【批注】选项卡；❷单击【高亮】按钮；❸拖动鼠标光标选择需要被高亮显示的文本，如下图所示。

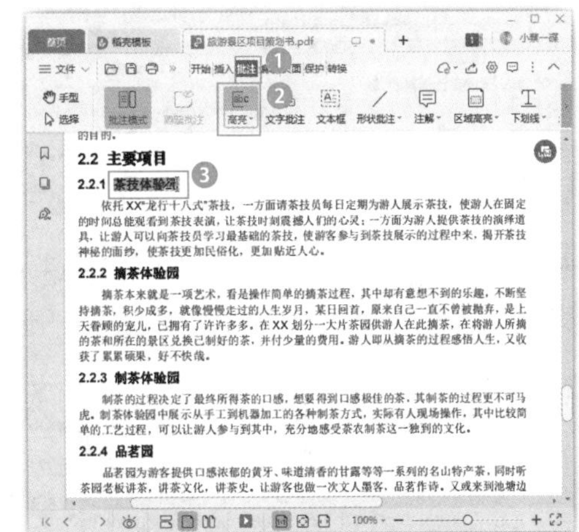

步骤 02 释放鼠标左键后，即可看到选择的文本被高亮显示了。使用相同的方法为其他文本设置高亮显示效果，如下图所示。

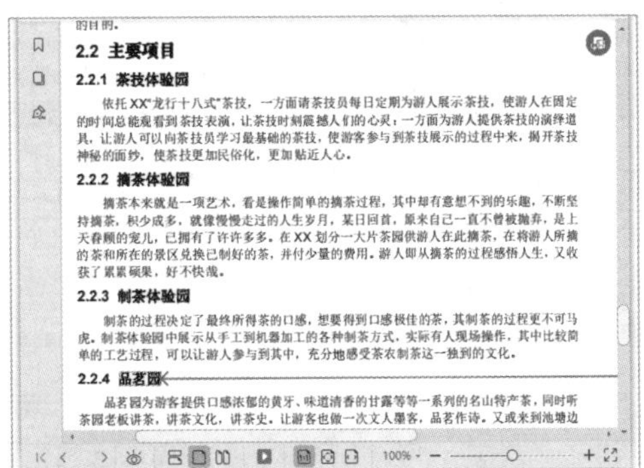

温馨提示

单击【高亮】按钮，在弹出的下拉菜单中也可以设置高亮的颜色。

方法二：高亮 PDF 区域

如果要高亮显示PDF中的部分区域，具体操作方法如下。

步骤 01 ❶单击【批注】选项卡；❷单击【区域高亮】按钮；❸拖动鼠标光标框选需要被高亮显示的区域，如下图所示。

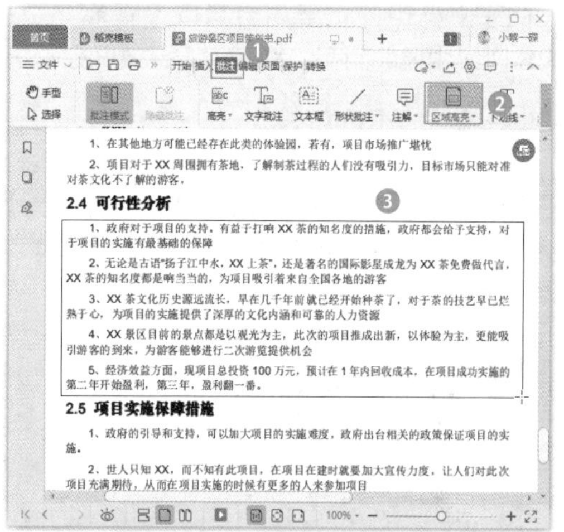

步骤 02 释放鼠标左键后，即可看到该区域已经高亮显示了，如下图所示。

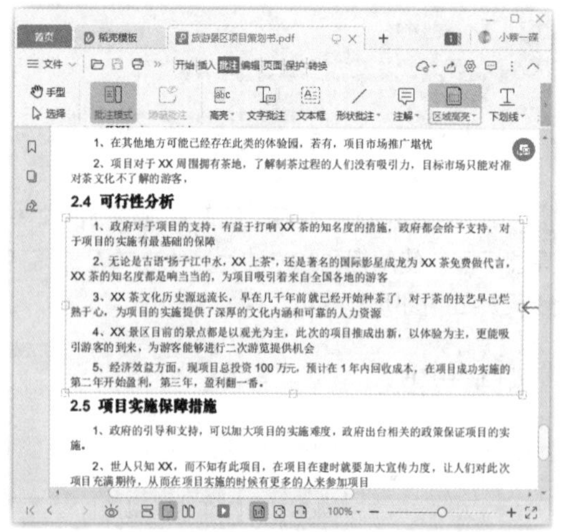

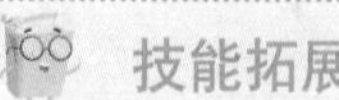

技能拓展

单击【插入】选项卡中的【高亮】或【区域高亮】按钮，也可以为文本或区域设置高亮效果。

393 将 PDF 文件转换为其他文件格式

扫一扫，看视频

实用指数
★★★★★

使用说明

PDF更利于统一格式传播，Word更便于编辑，因此收到PDF文件后，想要修改时，如何将PDF转换成Word呢?

解决方法

在PDF新建界面中，提供了一些有关PDF的推荐功能，在此处进行选择，可以快速将PDF转换为Word、Excel、PPT和图片等。

例如，要将PDF转换成Word，具体操作方法如下。

步骤 01 ❶在新建界面中单击【PDF】选项卡；❷单击【推荐功能】栏中的【PDF转Word】按钮，如下图所示。

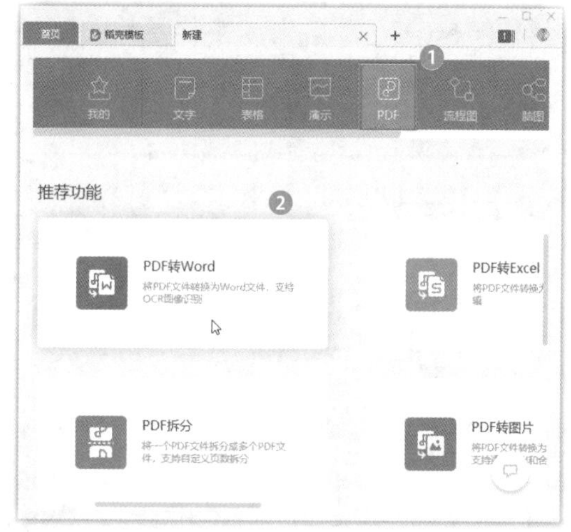

步骤 02 打开【金山PDF转Word】对话框，单击【添加文件】按钮，如下图所示。

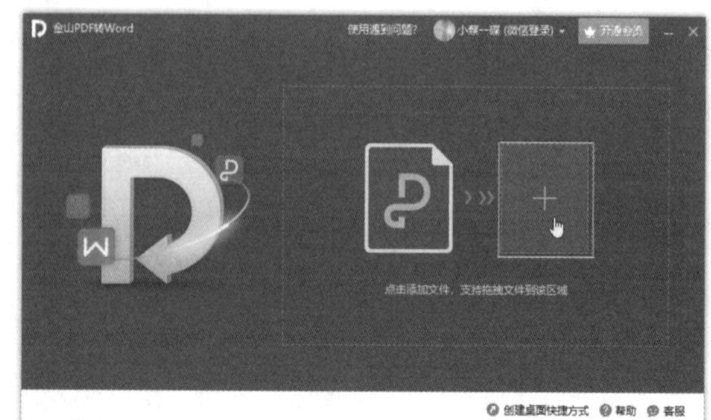

步骤 03 打开【打开】对话框，❶选择需要转换的“素材文件\第15章\劳动合同.pdf”素材文件；❷单击【打开】按钮，如下图所示。

步骤 04 返回【金山PDF转Word】对话框，❶在【操作页面范围】项下设置要转换的页码范围；❷在【输出目录】下拉列表框中选择【自定义目录】选项，并设置需要将转换后的文件保存的位置；❸单击【开始转换】按钮，如下图所示。

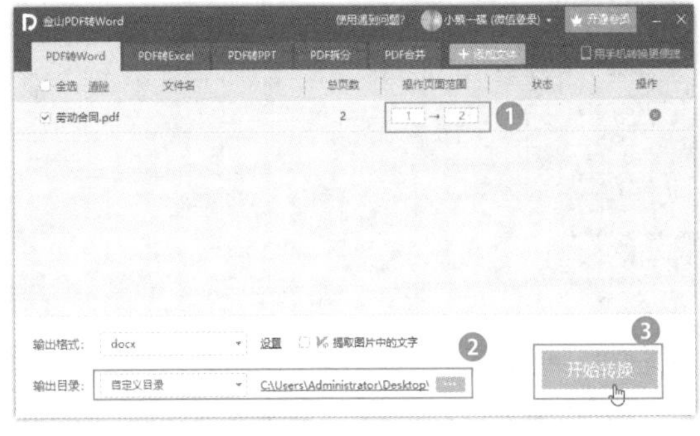

技能拓展

在打开的PDF文件编辑界面右上角会看到 图标，单击该图标，可以在界面右侧显示出【转为Word】【转为Excel】【转为PPT】【转为CAD】等按钮，单击也可以打开【金山PDF转Word】对话框。

步骤 05 经过第4步操作，即可将选择的PDF文件转换为Word。转换完成后，双击打开文件即可在WPS文字中查看文件效果，如下图所示。

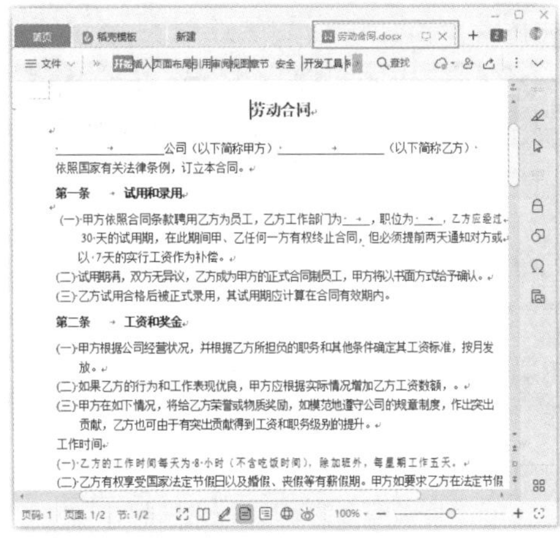

温馨提示

WPS只能免费转换5页PDF成为Word，要想使用完整的PDF转换Word功能，需要开通WPS会员。开通会员以后，还可以实现更多的操作，如编辑PDF中的文字和图片、在PDF中添加与删除水印、裁剪PDF页面、插入页眉页脚和页码等。

15.2 流程图的插入与编辑技巧

工作中有时会需要制作流程图，如制作工作流程、组织结构图等。使用WPS Office 2019可以方便地创建流程图。创建的流程图保存在云文档中，可以随时插入WPS的其他组件。本节将介绍一些与制作流程图基本操作相关的技巧。

394 手绘流程图的方法

实用指数
★★★★★

扫一扫，看视频

使用说明

WPS文字、表格和演示中都支持插入流程图，也可以在流程图的新建界面中单独创建。

WPS Office 2019提供了多种流程图模板，可以使用模板快速创建格式美观的流程图。如果没有自己想要的模板，也可以从零开始自行设计流程图。

解决方法

手动绘制流程图的具体操作方法如下。

步骤 01 ❶在新建界面中单击【流程图】选项卡；❷单击【新建空白图】按钮，如下图所示。

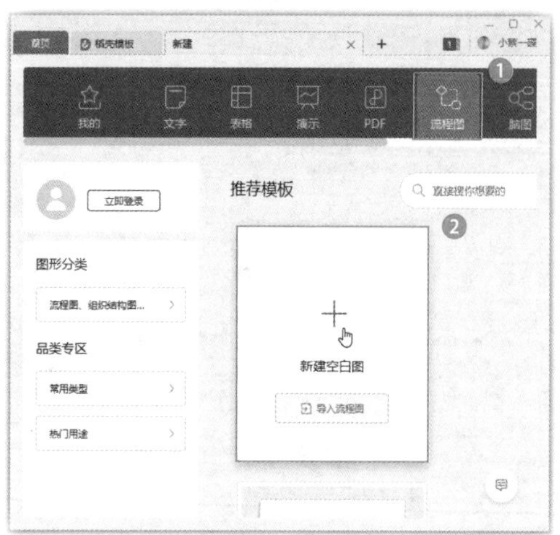

步骤 02　创建一个新的空白流程图，进入流程图编辑模式。将鼠标光标移动到左侧【Flowchart流程图】栏中的【开始/结束】图形上，如下图所示。

步骤 03　按下鼠标左键不放，将其拖动到合适的位置（在【导航】面板中可以看到编辑窗口在文档中的真实位置），然后松开鼠标左键，即可将图形添加到流程图中，如下图所示。

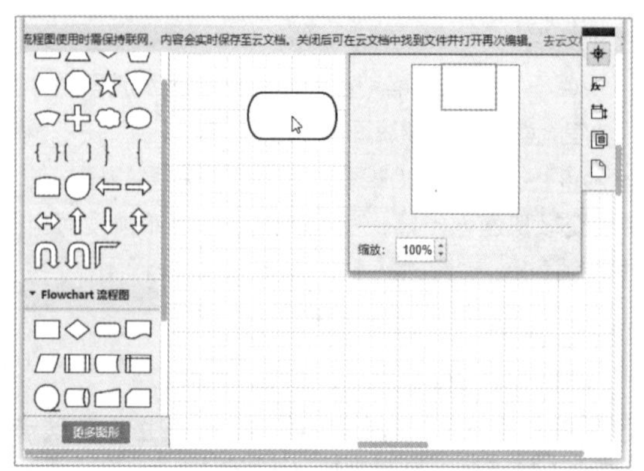

步骤 04　双击插入的图形，可以在其中输入文字，输入【开始】，输入完成后按Ctrl+Enter组合键确定内容的输入，如下图所示。

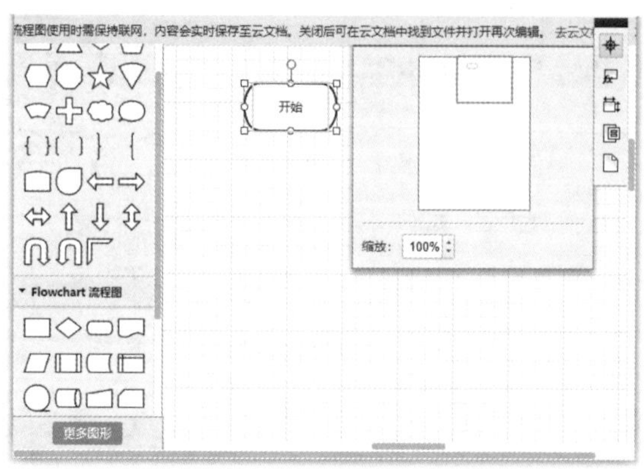

步骤 05　❶将鼠标光标放在图形边框下方，当鼠标光标呈十字形时，向下拖动鼠标到所需位置处，形成箭头连线；❷在弹出的列表框中选择下一步所需的图形，这里选择【流程】选项，如下图所示。

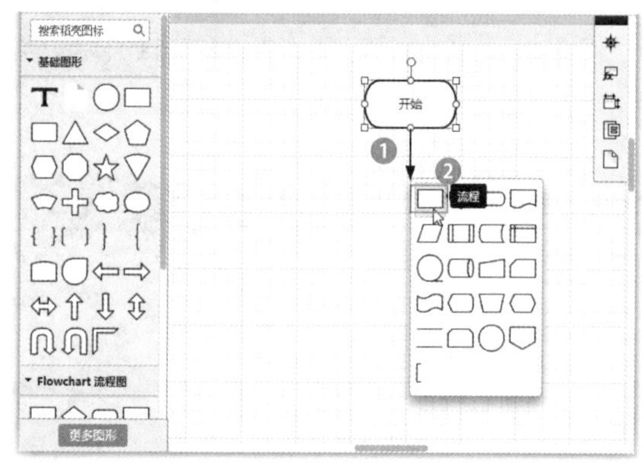

步骤 06　❶在插入的形状中输入文字，并按Ctrl+Enter组合键确认输入；❷将鼠标光标移动到形状的右下角，拖动调整形状到合适的大小，如下图所示。

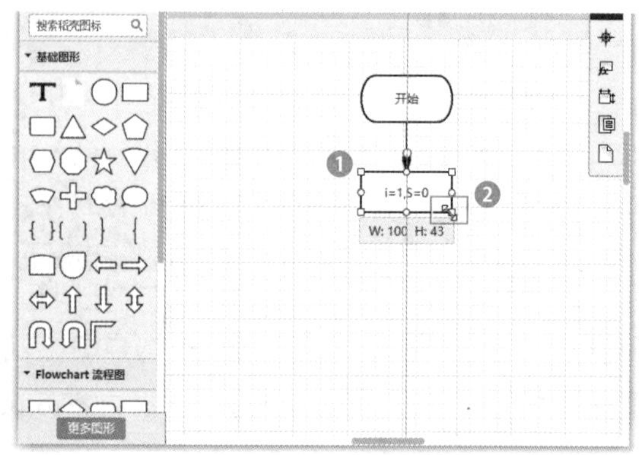

步骤 07　❶使用相同的方法绘制流程图的其他部

分;❷从左侧的【Flowchart流程图】栏中拖动绘制【流程】图形到已经绘制好的流程图右侧位置，如下图所示。

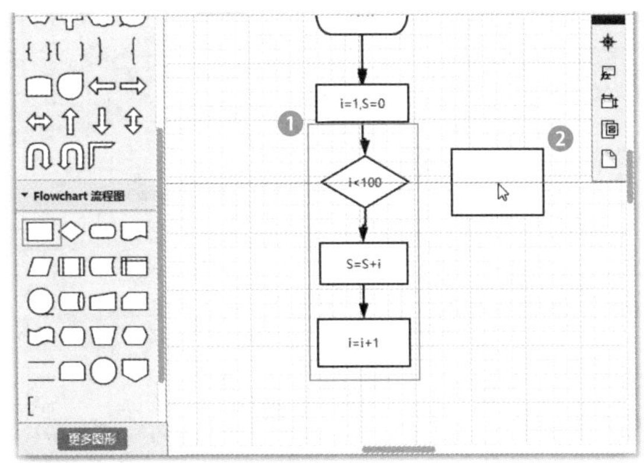

步骤 08 ❶在插入的形状中输入文字;❷使用相同的方法绘制流程图的其他部分;❸选中左侧流程图中的菱形图形，将鼠标光标定位到该图形右侧的顶点上，当鼠标光标变为十字形时，按下鼠标左键，如下图所示。

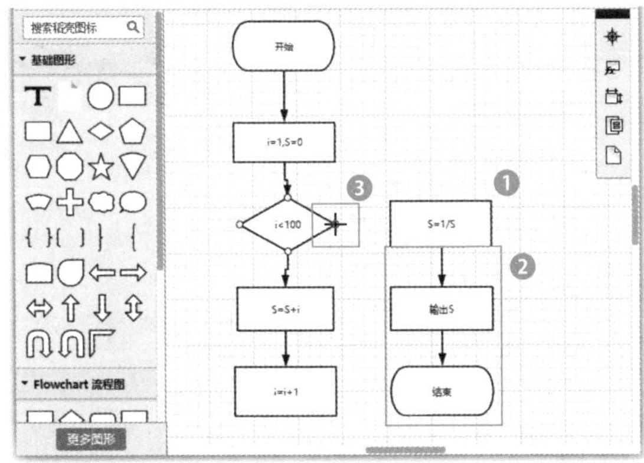

步骤 09 拖动鼠标到右侧流程图的第一个图形的左侧中间点上，如下图所示。

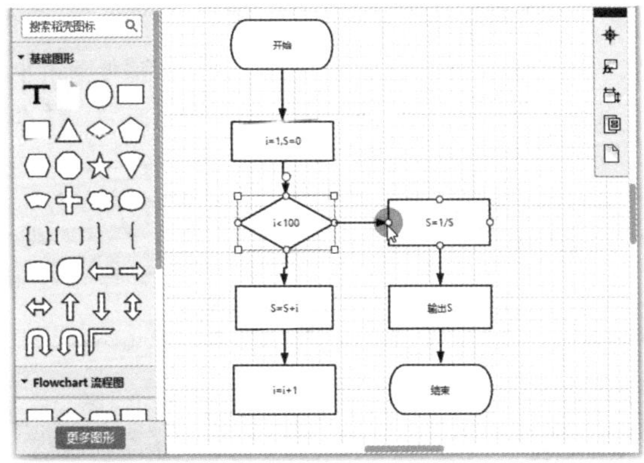

步骤 10 ❶松开鼠标左键，即可创建一条连接线;❷使用相同的方法为左侧的最后一个图形添加一条连接线到菱形图形左侧的顶点处，如下图所示。

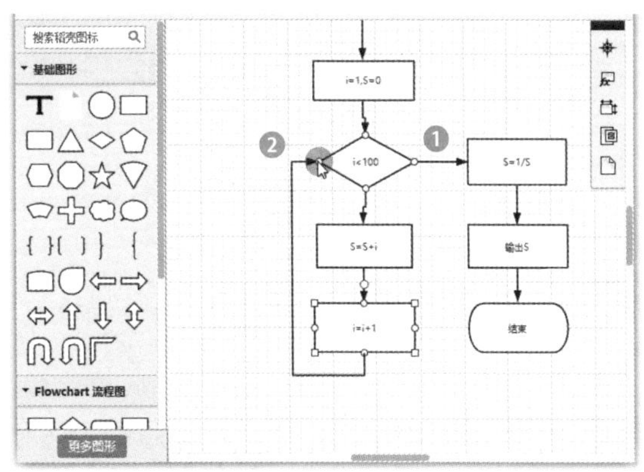

步骤 11 ❶从左侧的【Flowchart流程图】栏中拖动绘制【注释】图形到菱形右侧位置连线的上方;❷输入【否】，如下图所示。

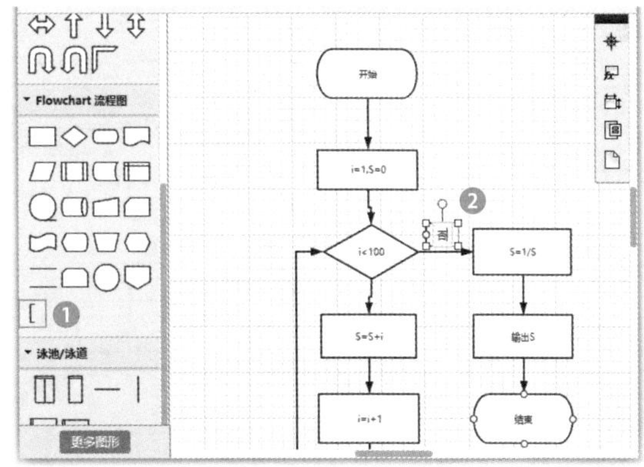

步骤 12 ❶单击【文件】按钮;❷在弹出的下拉菜单中选择【重命名】命令，如下图所示。

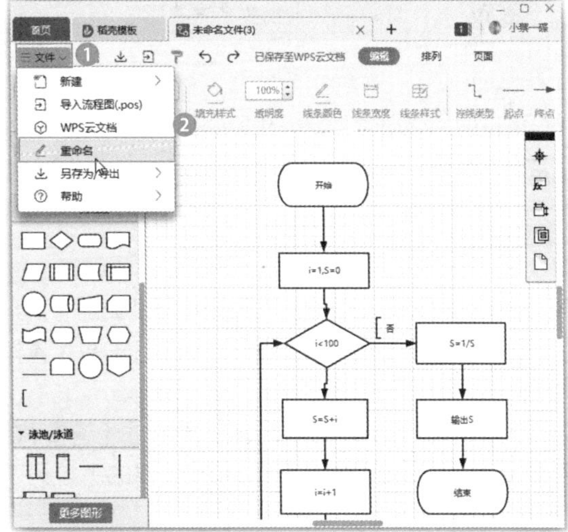

步骤 13 打开【重命名】对话框，❶在文本框中输入流程图名称；❷单击【确定】按钮，如下图所示。

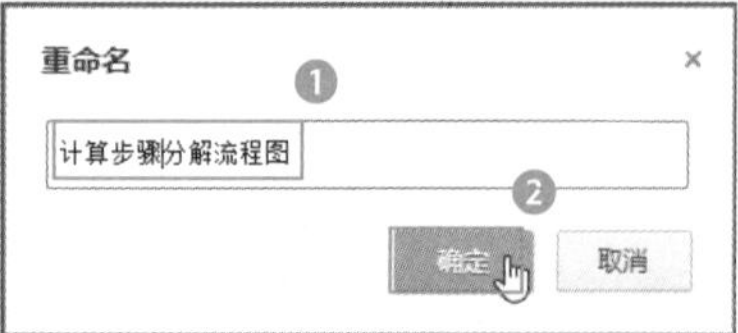

步骤 14 返回流程图即可看到文件名已经更改，如下图所示。

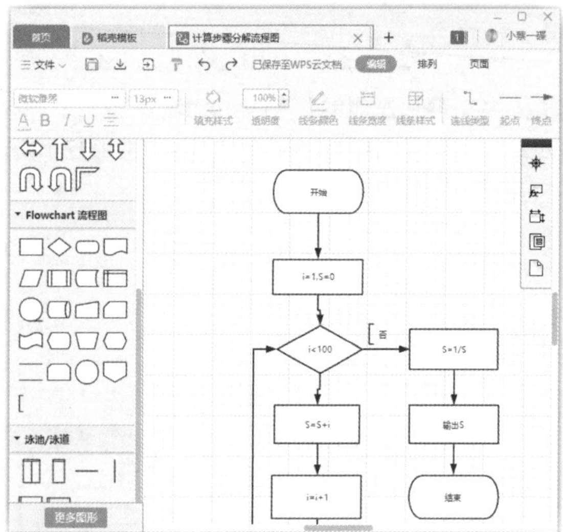

395 设置流程图中的连线类型

扫一扫，看视频

实用指数
★★★★★

使用说明

流程图中提供了三种连接形状的线条类型，分别是折线、弧线和直线，用户可以根据需要来设置连线效果。

解决方法

例如，放大之前制作的流程图后，发现部分形状之间的连线很不美观，将连线修改成直线的具体操作方法如下。

步骤 01 ❶选择需要修改的连线；❷单击【编辑】选项卡；❸单击【连线类型】按钮；❹在弹出的下拉列表中选择【直线】选项，如下图所示。

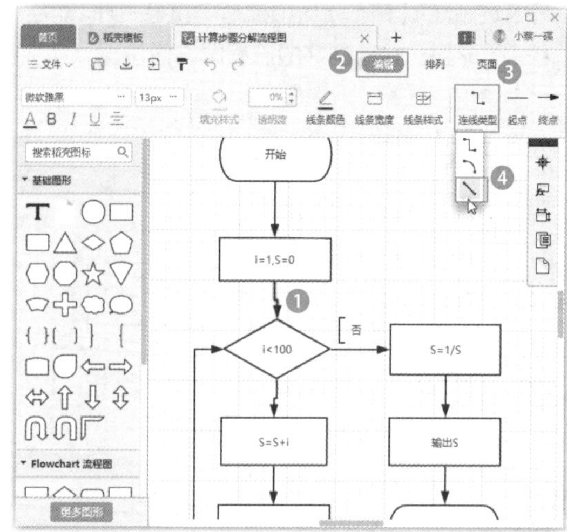

步骤 02 经过第1步操作即可将所选连线修改为直线，使用相同的方法将另一个连线修改为直线，如下图所示。

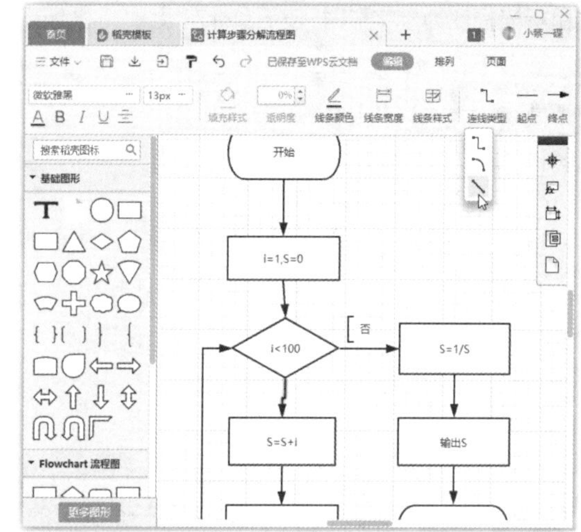

技能拓展

选择流程图中的连线后，单击【编辑】选项卡中的【线条颜色】【线条宽度】【线条样式】按钮，还可以设置连线的线条颜色、宽度和样式。单击【起点】和【终点】按钮，在弹出的下拉列表中可以选择一种起点或终点样式。

396 如何让流程图中的形状对齐

扫一扫，看视频

实用指数
★★★★☆

使用说明

在WPS流程图中拖动形状绘制流程图时，虽然会显示出对齐提示线，但形状经过大小调整后，难免会出现没有对齐的情况，此时应如何对齐呢？

解决方法

例如，在前面的流程图中将连线修改为直线后，明显发现直线不是垂直的，究其原因则是因为形状没有对齐。对齐左侧一列形状的具体操作方法如下。

❶按住Ctrl键的同时选择需要对齐的多个形状；❷单击【排列】选项卡；❸单击【图形对齐】按钮；❹在弹出的下拉菜单中选择【居中对齐】命令即可，如下图所示。

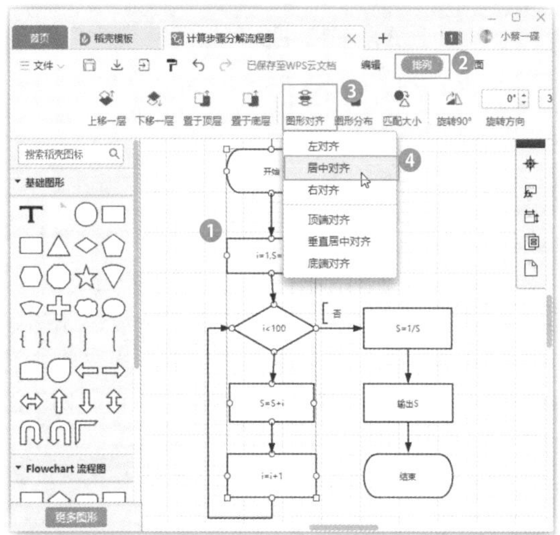

> **技能拓展**
>
> 在【排列】选项卡中，还可以设置形状的上下层排列关系、平均分布效果、旋转形状等。

397 如何更改流程图风格

实用指数
★★★★☆

扫一扫，看视频

使用说明

默认创建的流程图样式比较单一，都是黑框白底效果，文字都采用微软雅黑字体，想要制作个性化的流程图该如何操作呢？

解决方法

WPS流程图中提供了主题风格，可以快速美化流程图，也允许用户单独修改各图形的样式，包括填充、边框、内容字体、字号和颜色等。更改流程图风格的具体操作方法如下。

步骤 01 ❶选择流程图中的任意形状；❷单击【编辑】选项卡；❸单击【切换风格】按钮；❹在弹出的下拉列表中选择一种风格，如下图所示。

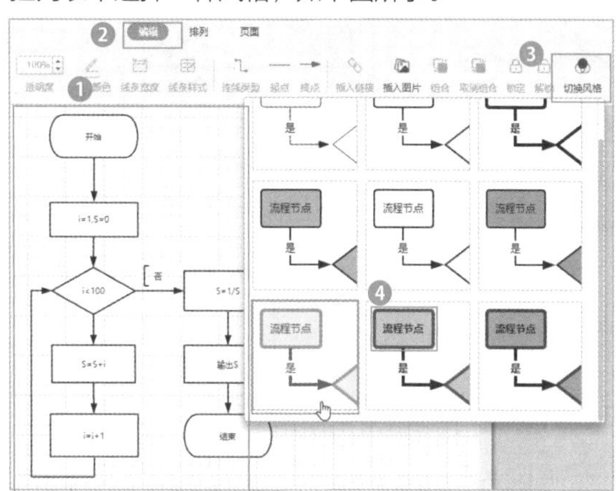

步骤 02 经过第1步操作即可快速更改整个流程图的效果。❶按Ctrl+A组合键全选整个流程图；❷单击【字号】列表框右侧的展开按钮；❸在弹出的下拉列表中选择需要的字号，如下图所示。

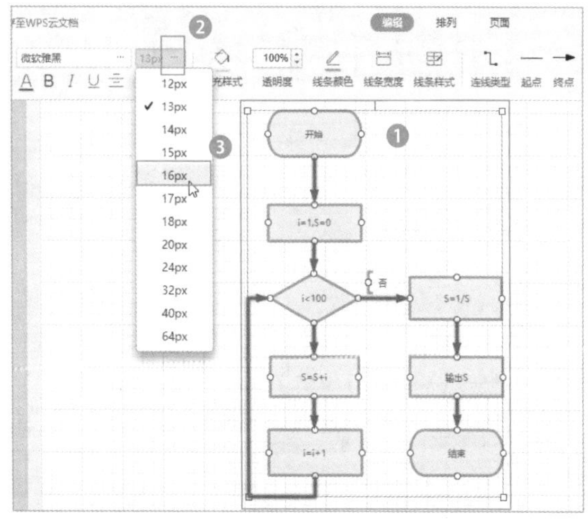

步骤 03 ❶按住Ctrl键的同时选择流程图中的多个形状；❷单击【字体】列表框右侧的展开按钮；❸在弹出的下拉列表中选择需要的字体样式，如下图所示。

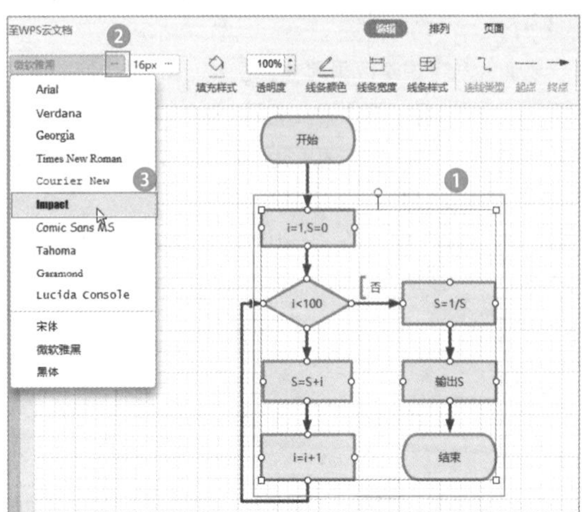

步骤 04 ❶选择流程图中作为判定的菱形形状；❷单击【填充样式】按钮；❸在弹出的下拉列表中选择需要为形状填充的颜色，如下图所示。

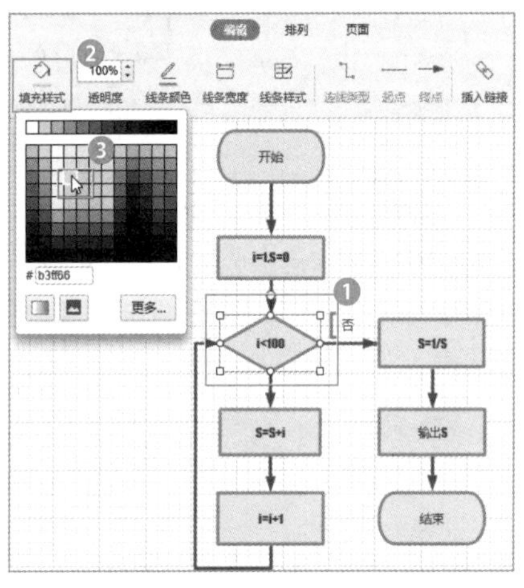

技能拓展

为流程图中的线条或图形设置好格式后，如果想为其他的线条或图形设置相同的格式，可以先选择已经设置好格式的线条或图形，然后单击快速访问工具栏中的【格式刷】按钮，再选择需要复制该格式的线条或图形，即可快速应用复制的样式。

398 锁定设置效果避免误操作

扫一扫，看视频

实用指数
★★★☆☆

使用说明

如果暂时不需要修改流程图中的某个形状效果时，为避免误操作，可以对其进行锁定。

解决方法

锁定流程图中形状和线条的具体操作方法如下。

步骤 01 ❶全选整个流程图；❷单击【编辑】选项卡中的【锁定】按钮，如下图所示。

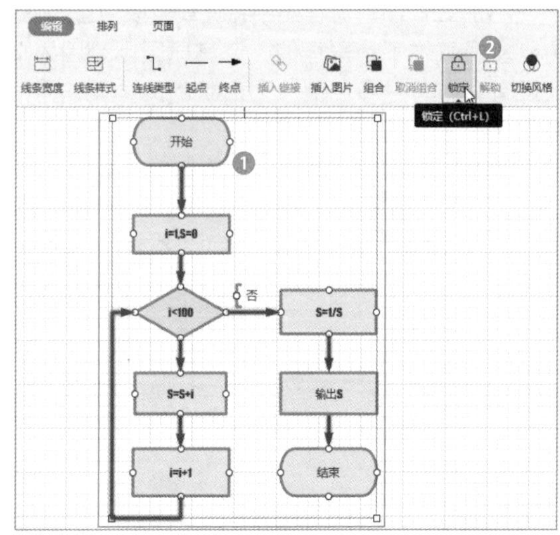

步骤 02 此时，流程图中的所有形状和线条都无法再进行编辑了，选择被锁定的形状和线条时，会看到其四周出现的 × 符号。要想继续编辑被锁定的形状或线条，必须先解锁。❶选择文本内容为“输出S”的形状；❷单击【解锁】按钮，如下图所示。

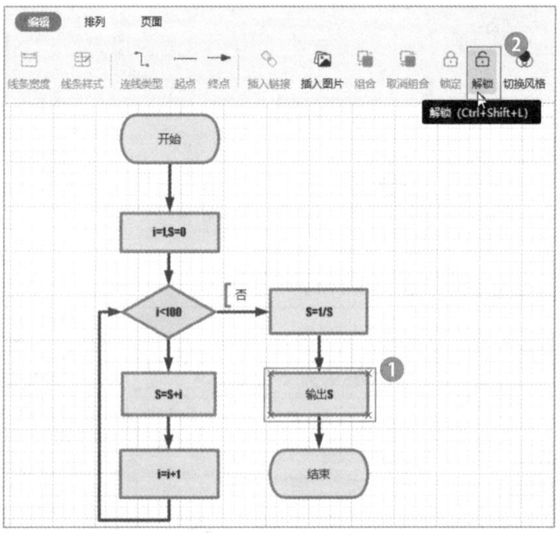

步骤 03 解锁图形后，便可以继续编辑图形。❶在解锁的图形上右击；❷在弹出的快捷菜单中选择【替换图形】命令，如下图所示。

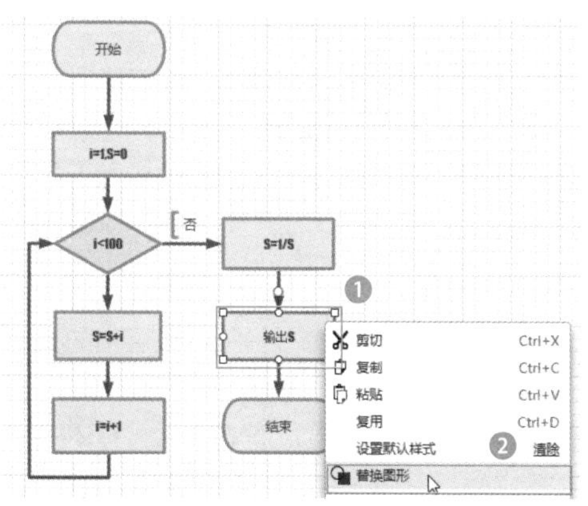

步骤 04 在弹出的列表框中选择需要替换为的图形，这里选择【数据】选项，如下图所示。

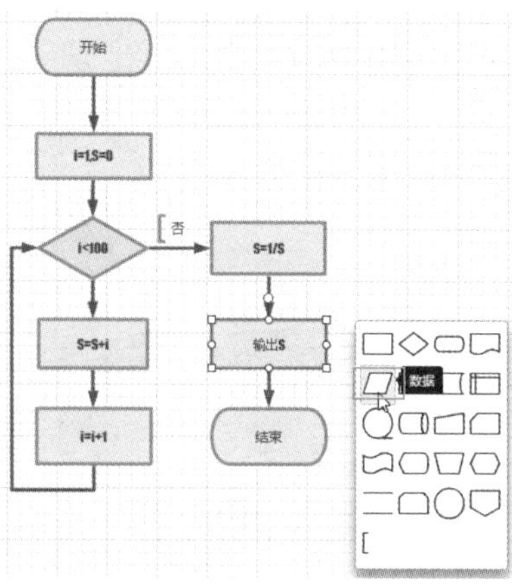

步骤 05 经过第4步操作，即可将选择的矩形形状替换为平行四边形，效果如下图所示。

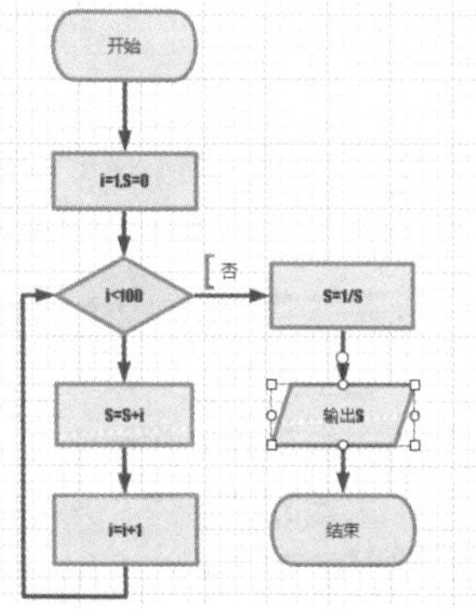

399 设置流程图的页面效果

扫一扫，看视频

使用说明

默认的流程图页面为白色、竖向、A4大小，如果要更改页面设置，该如何操作呢？

解决方法

为流程图设置页面效果的具体操作方法如下。

步骤 01 ❶单击【页面】选项卡；❷单击【页面大小】按钮；❸在弹出的下拉列表中选择需要的页面大小，这里选择A5（750×1050）选项，如下图所示。

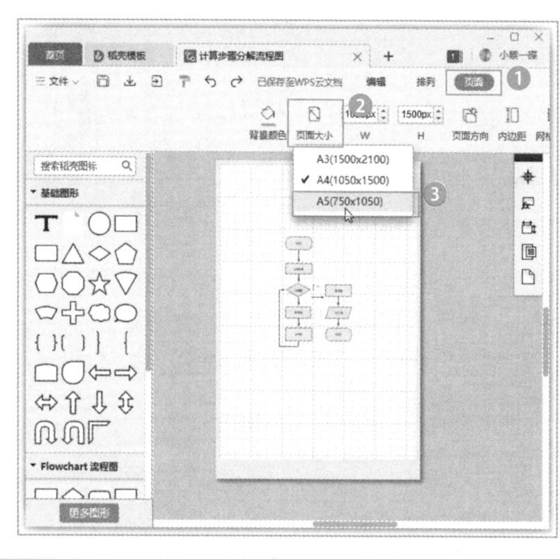

步骤 02 经过第1步操作，即可将流程图的页面大小修改为设置的A5大小。全选整个流程图，并将其拖动到页面的中心位置，如下图所示。

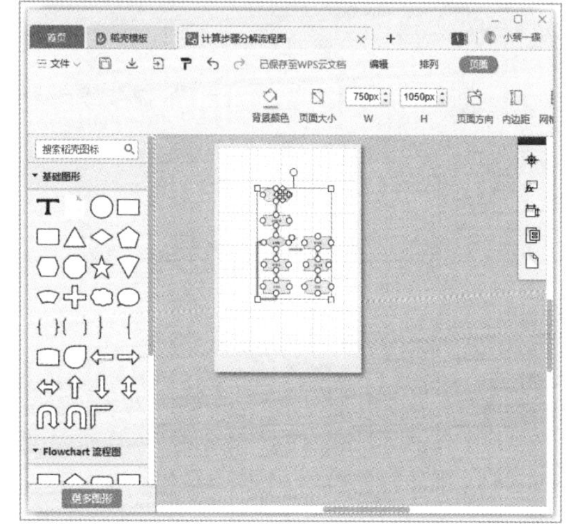

温馨提示

在【页面】选项卡的W和H数值框中输入像素大小，可以自定义流程图的页面大小。单击【页面方向】按钮，还可以设置页面的方向。

步骤 03 ❶单击【背景颜色】按钮；❷在弹出的下拉列表中选择一种背景颜色更改页面背景，如下图所示。

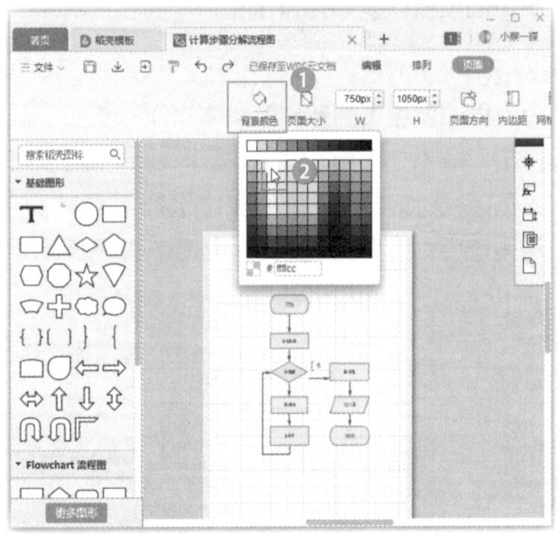

步骤 04 操作完成后，即可看到页面的背景颜色已经更改。❶单击【网格大小】按钮；❷在弹出的下拉列表中选择【无】选项，可以隐藏网格线，如下图所示。

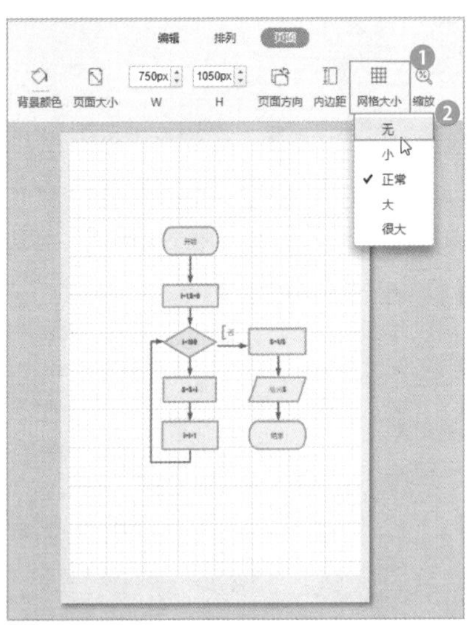

技能拓展

在流程图中，既可以插入图片作为补充说明，又可以将图片作为背景，美化流程图。单击【编辑】选项卡中的【插入图片】按钮，并设置需要插入的图片即可。

400 如何导出流程图

扫一扫，看视频

实用指数
★★★★★

使用说明

流程图自动保存到云文档中，并不是保存在本地硬盘中，方便用户在创建流程图之后，可以随时调用流程图。如果需要保存到本地硬盘中，该如何操作呢？

解决方法

WPS流程图中提供了多种流程图保存格式，其中，导出为POS和SVG格式文件是WPS会员的特权，普通用户只能导出为PNG、JPG、PDF格式文件。例如，要将制作好的流程图导出为JPG文件，具体操作方法如下。

❶单击【文件】按钮；❷在弹出的下拉菜单中选中【另存为/导出】命令；❸在弹出的子菜单中选择【JPG图片（*.jpg）】命令，如下图所示。随后在打开的对话框中设置文件保存的位置即可。

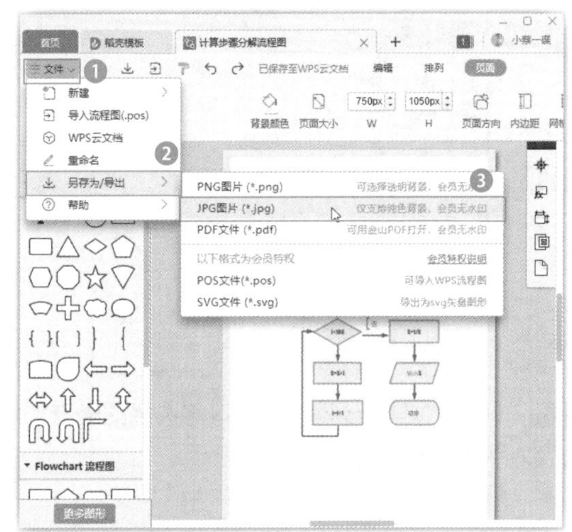

15.3 脑图的插入与编辑技巧

脑图又被称为思维导图，是表达发散性思维的有效图形思维工具。它虽简单却又很有效，运用图文并重的技巧，通常将中心主题放在最中间，然后由此中心向外发散出成千上万的关节点，并把各级主题的关系用相互隶属与相关的层级图表现出来，把主题关键词与图像、颜色等建立记忆链接。模拟了人脑的放射性思维方式，对日常生活和工作都能增添便利。

使用WPS Office 2019可以方便地创建脑图。与流程图相似，创建的脑图也保存在云文档中，可以随时插入WPS的其他组件。本节将介绍一些与脑图相关的操作技巧。

401 手绘脑图的方法

实用指数
★★★★★

扫一扫，看视频

使用说明

WPS Office 2019提供了多种脑图模板，可以快速创建格式美观的脑图，操作方法也比较简单，这里不再赘述。

解决方法

创建空白脑图的具体操作方法如下。

步骤 01 ❶在新建界面中单击【脑图】选项卡；❷单击【新建空白图】按钮，如下图所示。

步骤 02 经过第1步操作，即可创建一个新的空白脑图，进入脑图编辑模式。双击脑图中的节点，在其中输入需要的文本，如下图所示。

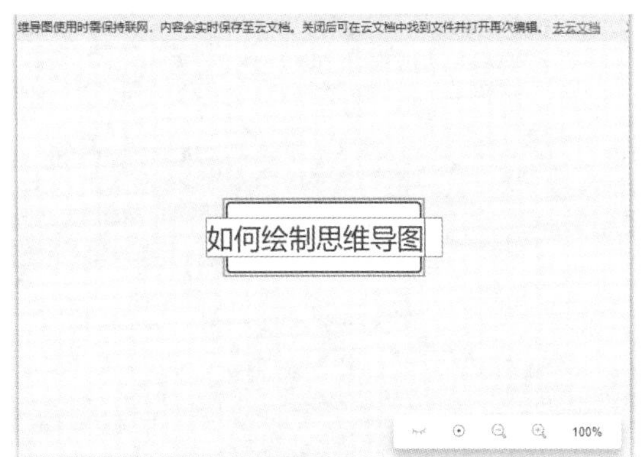

步骤 03 ❶选中节点；❷单击【插入】选项卡；❸单击【插入子主题】按钮，如下图所示。

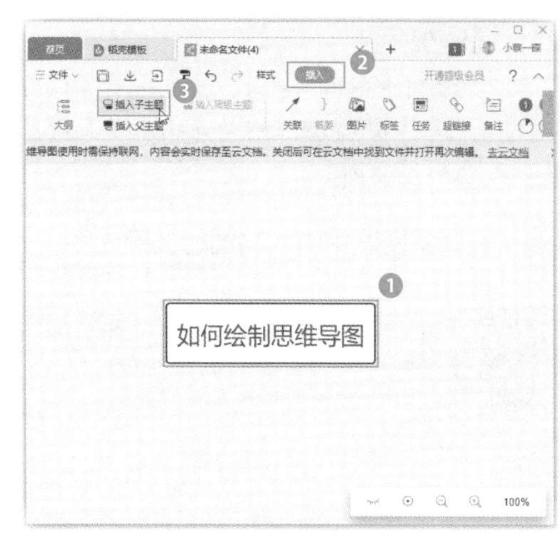

步骤 04 ❶在插入的子节点中输入文本，然后选中子节点；❷单击【插入】选项卡中的【插入同级主题】按钮，如下图所示。

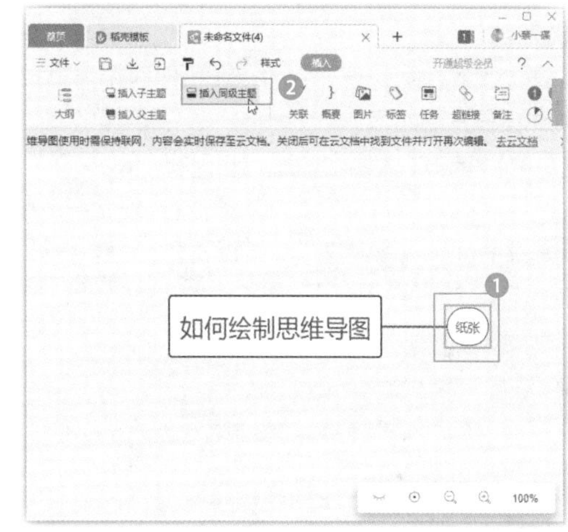

步骤 05 ❶在插入的同级节点中输入文本；❷使用相同的方法创建其他节点；❸以“如何绘制思维导图”为名重命名脑图，如下图所示。

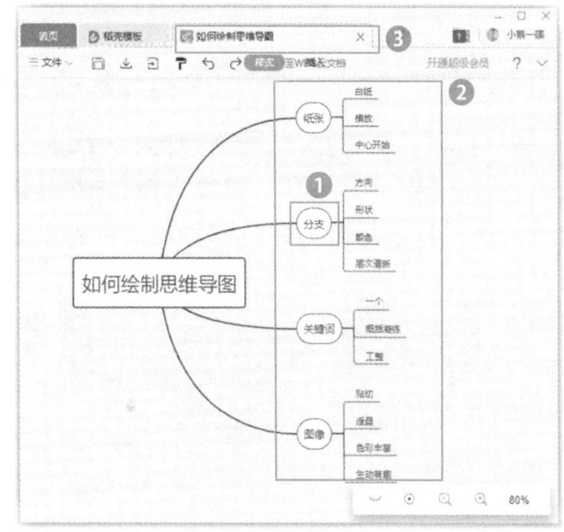

温馨提示

在WPS脑图中制作脑图时，按Enter键可以快速插入同级主题，按Tab键可以快速插入子主题，按Delete键可以删除主题。

402 在大纲视图中输入脑图的关键内容

扫一扫，看视频

实用指数
★★★☆☆

使用说明

刚开始使用思维导图的用户，可能还不习惯一边记录思考的内容，一边排列各图形位置。此时，可以像在文档中一样，使用大纲视图将所有内容先罗列出来，减少图形对思路的阻断。

解决方法

通过大纲视图完善“如何绘制思维导图”脑图内容的具体操作方法如下。

步骤 01 单击【大纲】按钮，如下图所示。

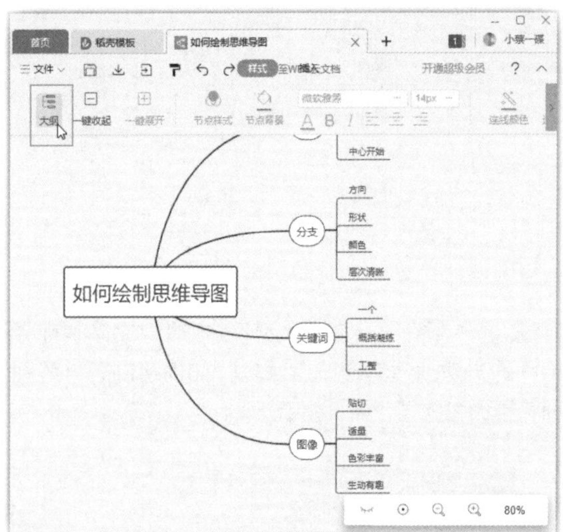

步骤 02 此时，会在窗口左侧显示出【大纲】任务窗格。❶选择需要定位的层级，这里选择【方向】文字；❷单击【插入】选项卡；❸单击【插入子主题】按钮，如下图所示。

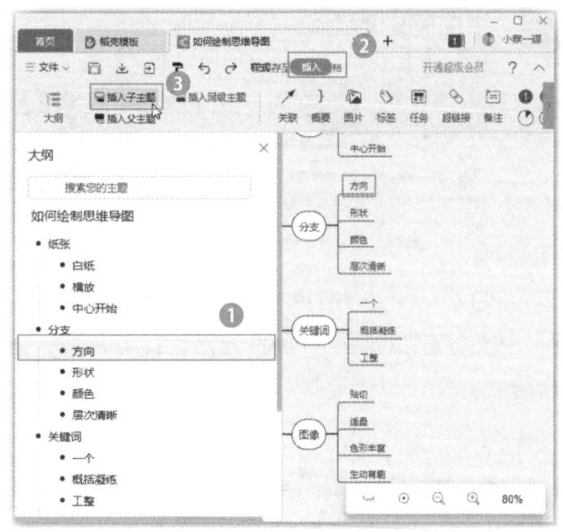

步骤 03 经过第2步操作，即可在所选文字下方插入一个子主题。输入该主题的内容，如下图所示。

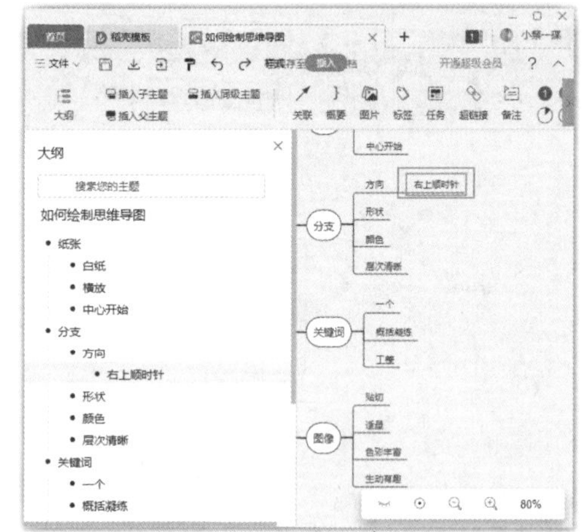

步骤 04 ❶选择【形状】文字；❷用相同的方法在其下方插入三个子主题，并输入各自的内容，如下图所示。

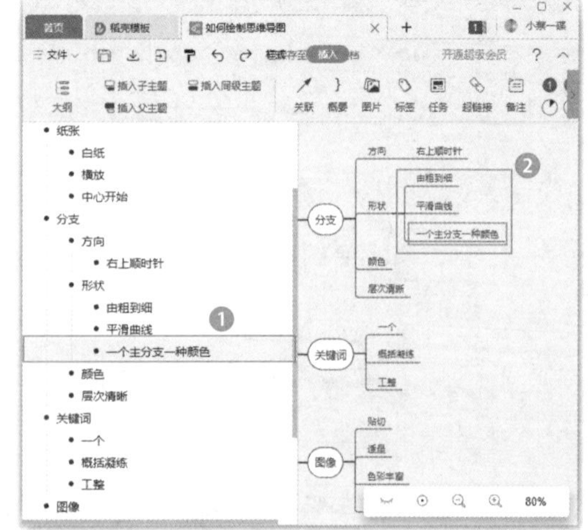

403 通过调整节点的位置改变脑图的整体布局

实用指数

★★★★★

扫一扫，看视频

使用说明

如果发现脑图中某个图形的放置位置出了错误，还可以通过调整节点的位置进行修改。

解决方法

通过调整节点的位置来改变脑图布局的具体操作方法如下。

步骤 01 ❶选择脑图中的【一个主分支一种颜色】节点；❷按住鼠标左键不放，将其拖动到【颜色】节点上方，当出现水平的橘黄色放置提示时释放鼠标左键，如下图所示。

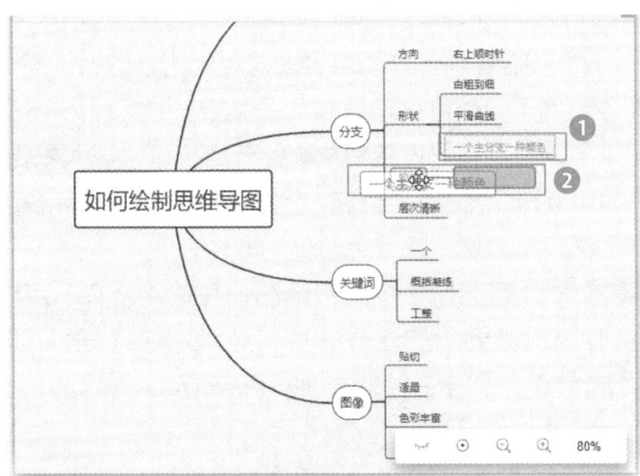

步骤 02 经过第1步操作，即可将【一个主分支一种颜色】节点移动到【颜色】节点的后方，形成隶属关系的层级图，如下图所示。

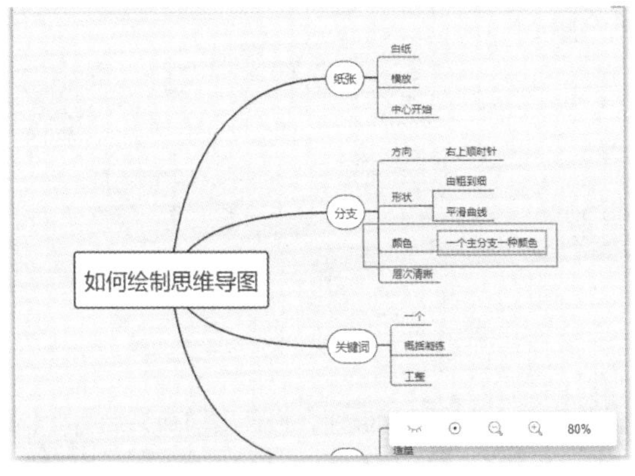

> **温馨提示**
>
> 当拖动鼠标移动节点到另一节点上方时，会出现斜上、水平和斜下3种橘黄色的放置提示。斜上或斜下放置提示代表将所选节点移动到当前节点的上面或下面，与之形成同级关系的层级图。

404 分层查看脑图中的内容

实用指数

★★★★☆

扫一扫，看视频

使用说明

如果脑图中的内容比较多，而且所分层级较为复杂，可以使用分层查看功能来查看脑图中的内容，暂时屏蔽掉一些无用的内容。

解决方法

要分层查看脑图中的内容，具体操作方法如下。

步骤 01 ❶在新建界面中单击【脑图】选项卡；❷在需要使用的模板文件上单击【使用该模板】按钮，如下图所示。

步骤 02 即可根据所选模板建立新的脑图文件，此时可以看到该脑图的全部内容。单击【样式】选项卡中的【一键收起】按钮，如下图所示。

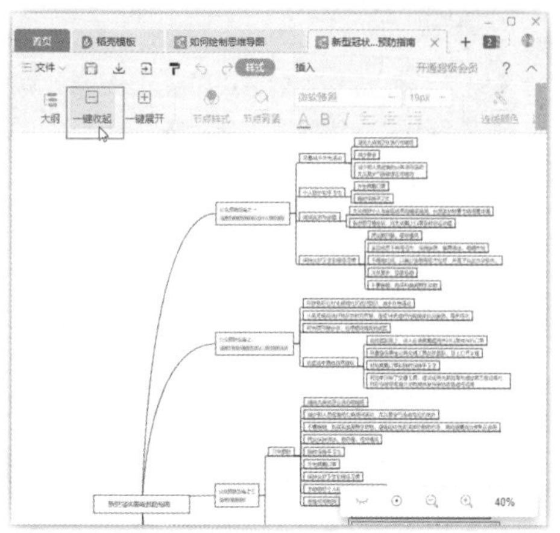

步骤 03 经过第2步操作，将隐藏脑图中的子节点，仅保留主节点和下一级的子节点，如果后续有隐藏节点，将会在子节点形状后方显示带圈的数字，表示隐藏了多少个节点。单击第一个子节点后的⑯图标，如下图所示。

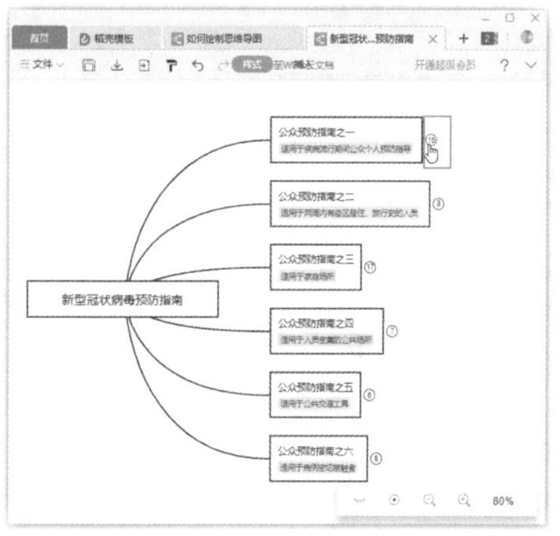

步骤 04 此时可显示出隐藏的16个子节点，如下图所示。

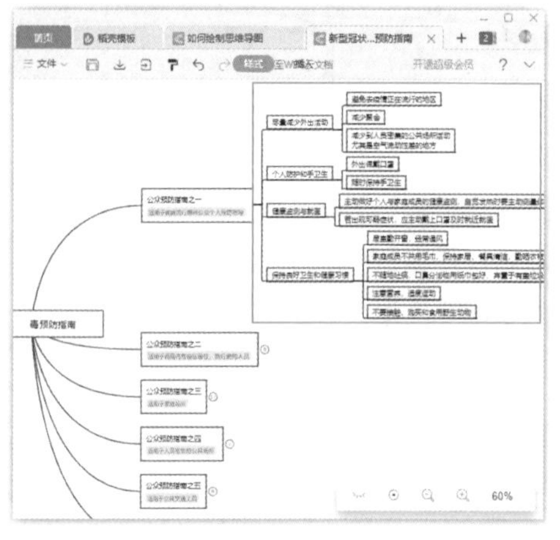

温馨提示

单击【样式】选项卡中的【一键展开】按钮，可以一次性展开所有隐藏的子节点。

405 完善脑图的各种细节处理

扫一扫，看视频

实用指数
★★★★☆

使用说明

制作脑图时，经常会发现有些节点之间存在着一定的关系，那么如何表示出这些关联内容呢？如何对某些节点进行概述呢？如何对某个插入相关图片或文字内容的节点进行补充呢？如何插入图标标注出不同的节点呢？

解决方法

WPS脑图将制作思维导图时可能出现的各种需求都考虑到了，而且这些操作几乎都能一键实现。例如，可以插入关联符号连接有关联的节点，可以插入概要、图片、标签、任务、备注、图标，还能插入超链接。下面通过一个例子来介绍具体的操作方法。

步骤 01 ❶创建一个空白脑图，并输入所有节点内容；❷选择需要添加注释的主节点；❸单击【插入】选项卡；❹单击【备注】按钮，如下图所示。

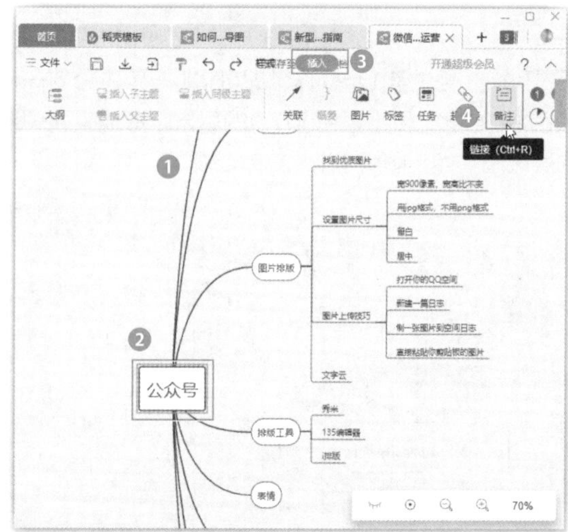

步骤 02 经过第1步操作，将在窗口右侧显示出【备注】任务窗格，❶在其中输入注释内容；❷完成注释输入后，单击右上角的【关闭】按钮 × 关闭该任务窗格，如下图所示。

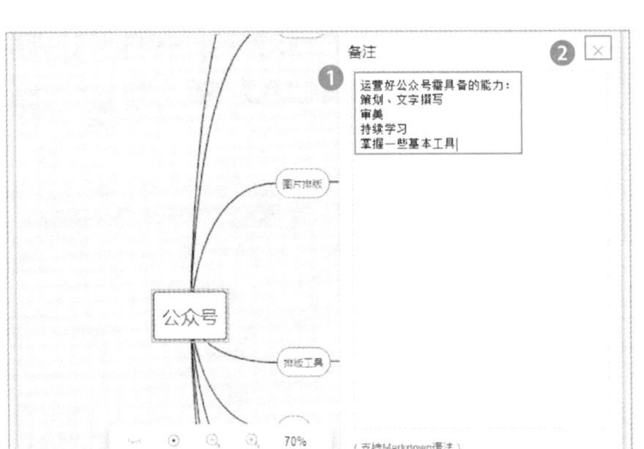

步骤 03　返回脑图即可看到主节点中文字的右侧添加了一个 ▤ 图标，将鼠标移动到该图标上方，将弹出注释框，在其中可以看到具体的注释内容，如下图所示。

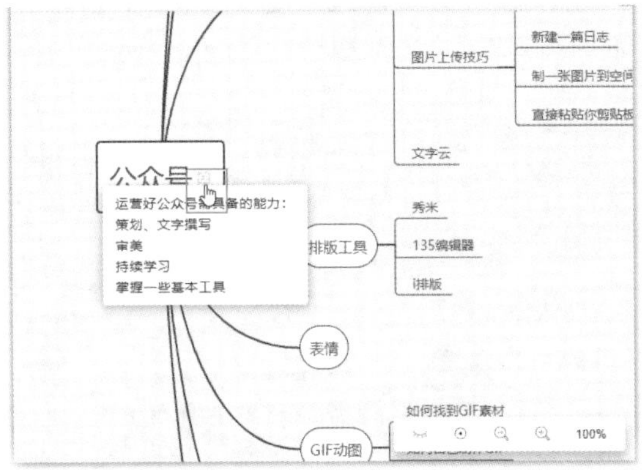

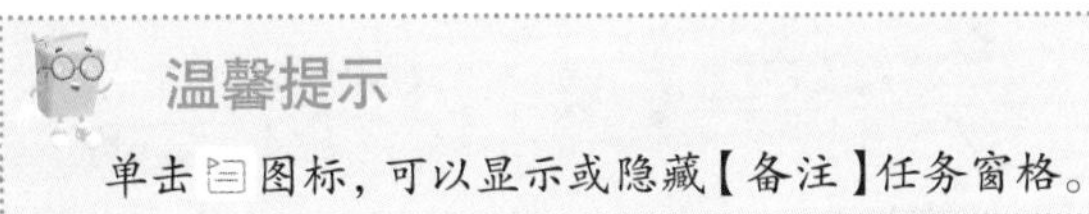

温馨提示

单击 ▤ 图标，可以显示或隐藏【备注】任务窗格。

步骤 04　❶选择需要插入图片的节点；❷单击【插入】选项卡中的【图片】按钮，如下图所示。

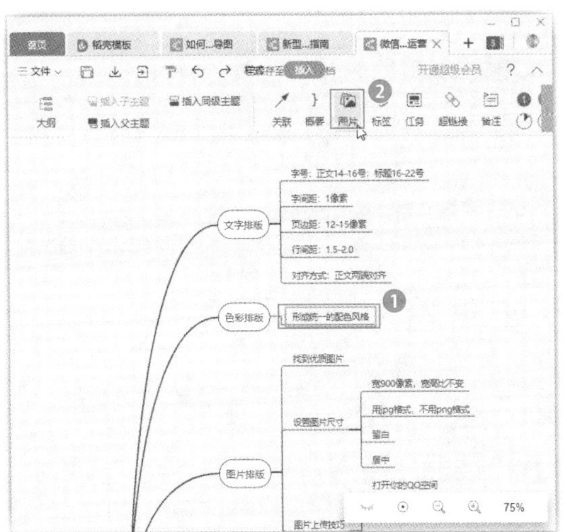

技能拓展

单击【插入】选项卡中的【任务】按钮，还可以为脑图添加任务。

步骤 05　❶在打开的界面中单击【本地上传】选项卡；❷单击【选择图片】按钮；❸在弹出的【打开文件】对话框中选择需要插入的图片；❹单击【打开】按钮，如下图所示。

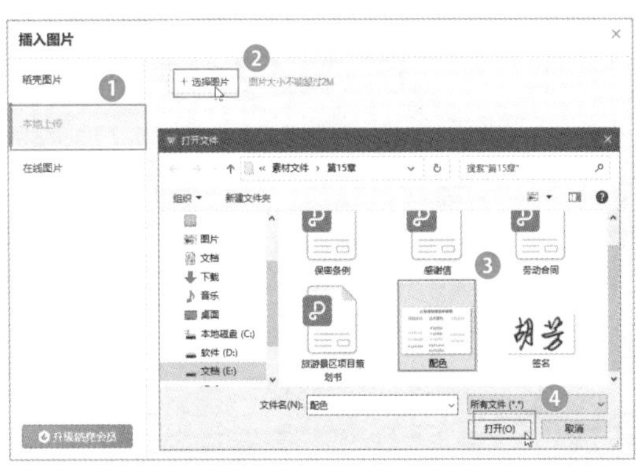

步骤 06　经过第5步操作，即可将选择的图片插入到所选节点中。将鼠标光标移动到图片的右下角，当其变为双向箭头形状时，拖动图片调整为合适大小，如下图所示。

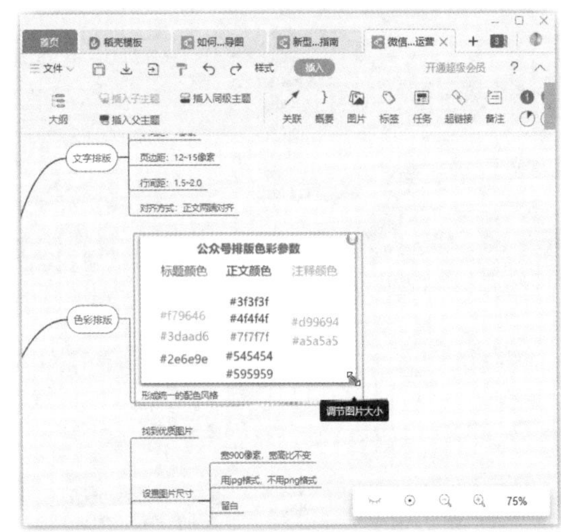

步骤 07　❶选择第一层的第一个子节点；❷单击【插入】选项卡中的【概要】按钮，如下图所示。

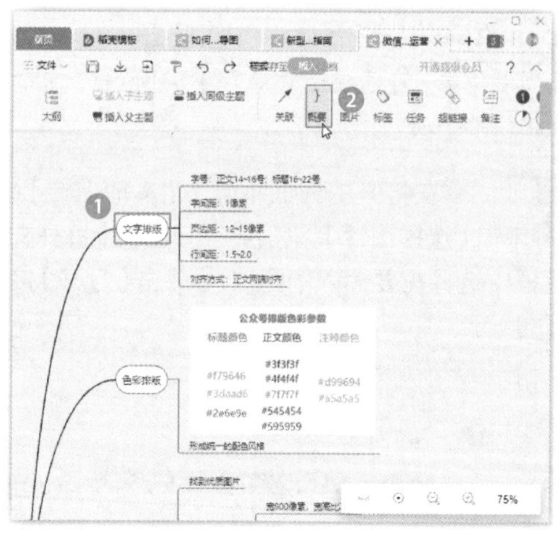

步骤 08　经过第7步操作，即可在所选节点包含的子节点右侧创建一个概要节点。在该节点中输入需要的文字内容即可，如下图所示。

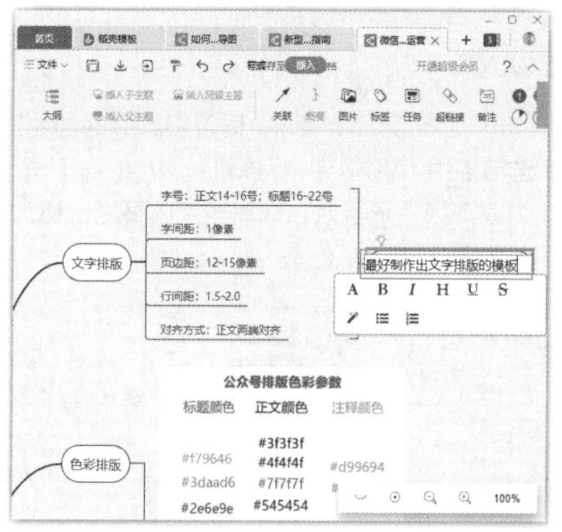

步骤 09　❶选择第一层的第一个子节点；❷单击【插入】选项卡中的图标 ❶，如下图所示。

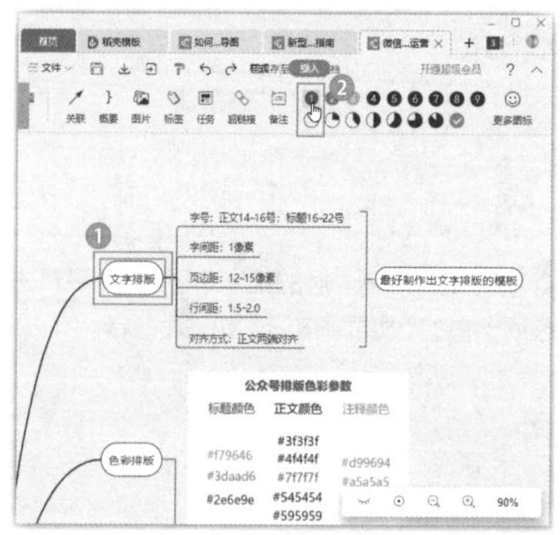

步骤 10　即可在所选节点中文字内容的前方插入图标 ❶。❶单击插入的图标 ❶；❷在弹出的下拉列表中选择灰色色块，修改图标的颜色为灰色，如下图所示。

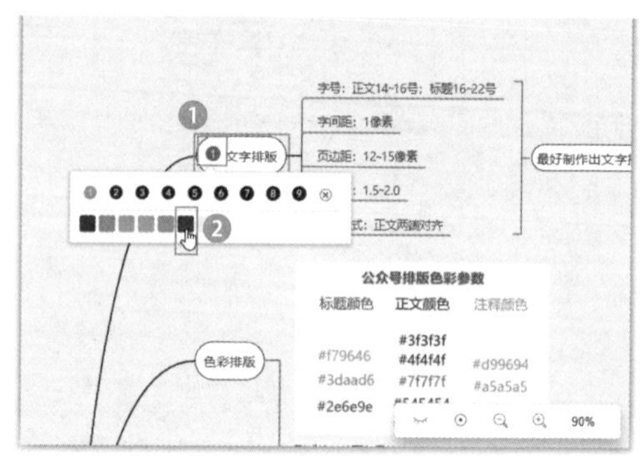

步骤 11　❶使用相同的方法为该层主题的各节点依次添加序列图标；❷选择该层主题的最后一个节点；❸单击【插入】选项卡中的【更多图标】按钮；❹在弹出的下拉列表框中选择图标 ⚑ ，如下图所示。

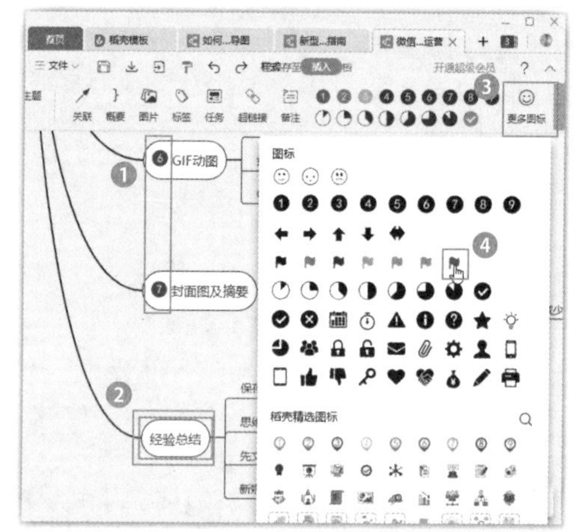

步骤 12　即可为所选节点添加图标 ⚑ 。❶选择需要插入标签的节点；❷单击【插入】选项卡中的【标签】按钮，如下图所示。

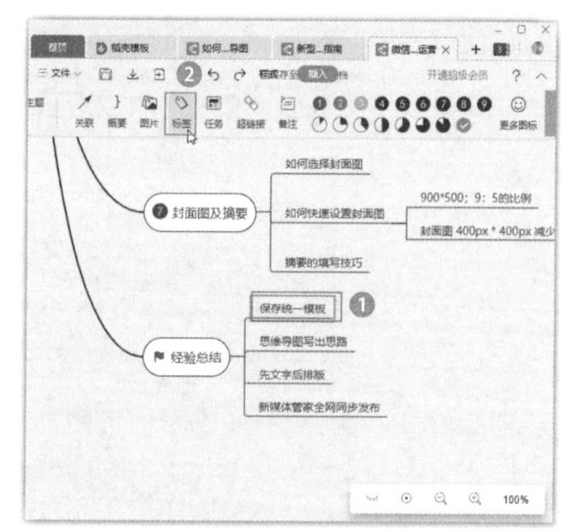

步骤 13　在所选节点下方弹出的面板中的文本框中输入需要添加的第一个标签内容，如下图所示。

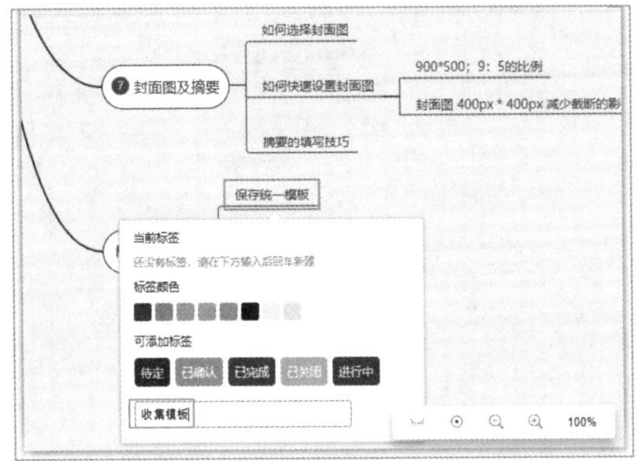

步骤 14　❶按Enter键即可添加标签到节点中；❷使用相同的方法为该节点添加第二个标签，如下图所示。

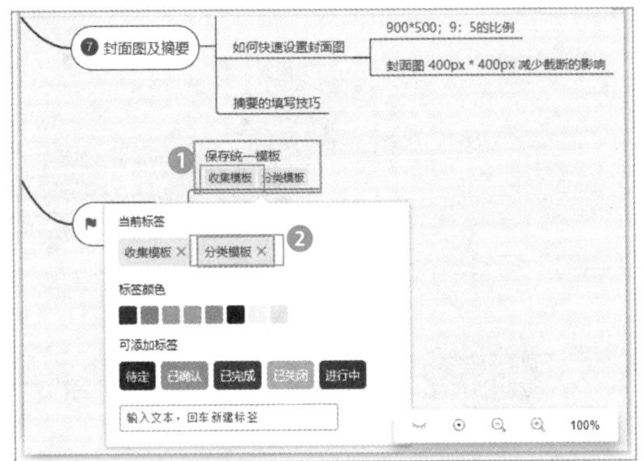

步骤 15　❶选择需要添加关联线的节点；❷单击【插入】选项卡中的【关联】按钮，如下图所示。

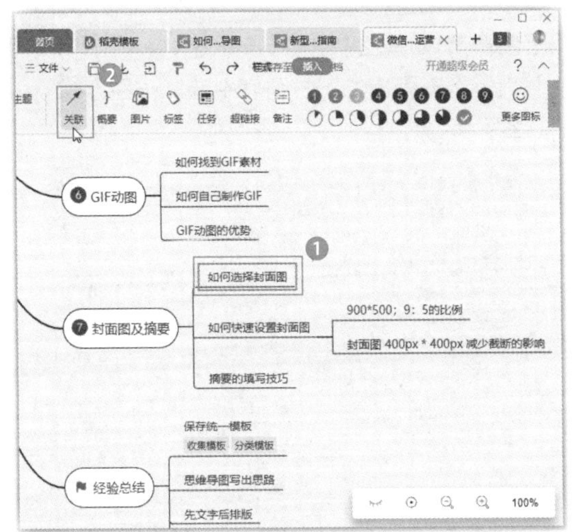

步骤 16　此时会从选择的节点处引出一根线条，拖动鼠标光标到具有关联的另一个节点处，如下图所示。

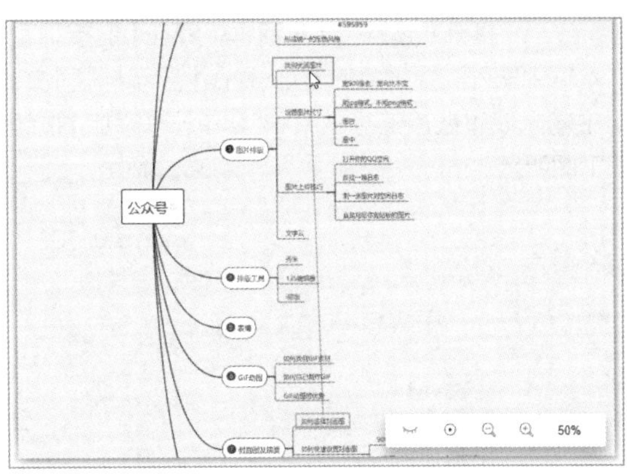

步骤 17　❶释放鼠标后，即可在选择的两个节点之间绘制一根带箭头的关联线；❷选择该关联线后，将鼠标光标移动到控制柄上，选择并拖动鼠标光标调整关联线为曲线，使线条从没有内容的地方经过，如下图所示。

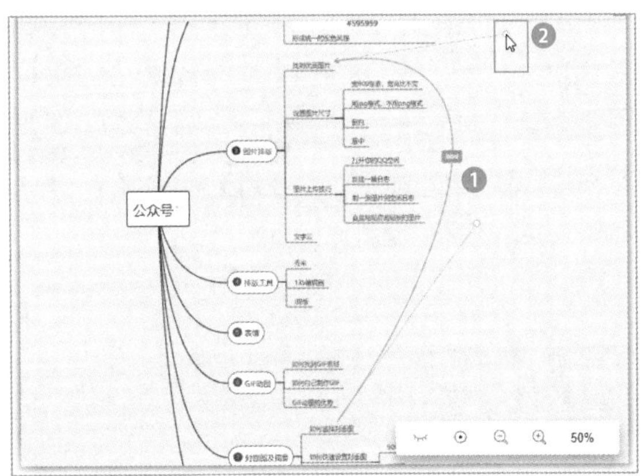

步骤 18　❶选择需要添加超链接的节点；❷单击【插入】选项卡中的【超链接】按钮，如下图所示。

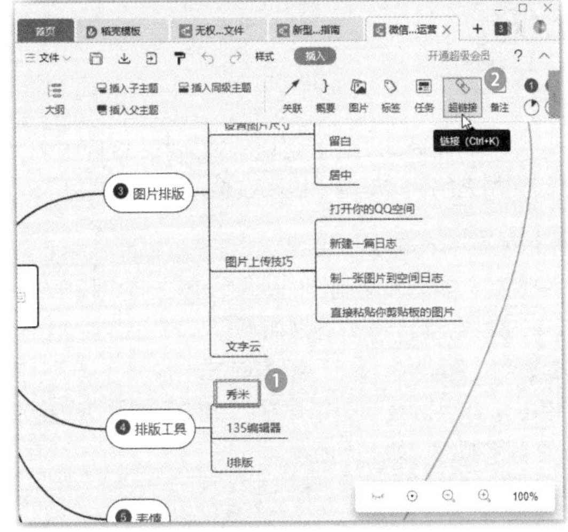

步骤 19 打开【超链接】对话框，❶在【链接地址】文本框中输入需要链接的网址；❷在【显示标题】文本框中输入该超链接的标题名称；❸单击【添加】按钮，如下图所示。

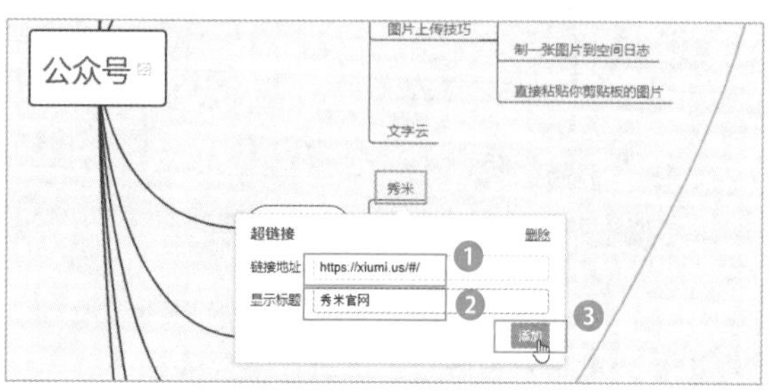

步骤 20 现在即可为该节点添加超链接，并在该节点中文字的后面添加图标。❶将鼠标光标移动到该图标上时，即可显示出该超链接的标题，单击即可跳转到链接的网站；❷使用相同的方法为下方的其他两个节点添加对应的超链接，如下图所示。

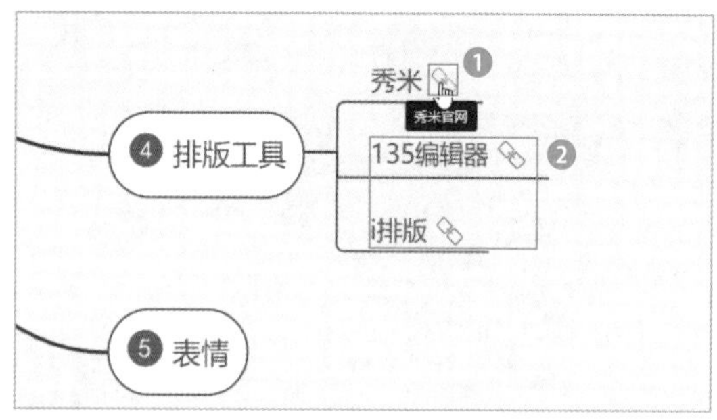

406 如何设置节点和连线效果

扫一扫，看视频

实用指数
★★★☆☆

使用说明

脑图制作完成后，还可以单独为其中的节点和连线设置填充色、边框色、线条效果、文本格式等。

解决方法

例如，要为刚刚制作的脑图设置主节点和第一层节点的效果，具体操作方法如下。

步骤 01 ❶选择主节点；❷单击【样式】选项卡；❸单击【节点背景】按钮；❹在弹出的下拉列表中选择一种背景颜色，如下图所示。

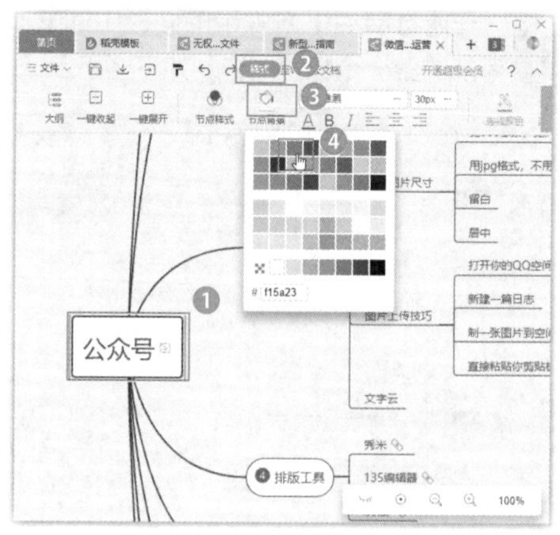

步骤 02 保持节点的选中状态，❶单击【粗体】按钮 B；❷单击【字体颜色】按钮 A；❸在弹出的下拉列表中选择一种字体颜色，如下图所示。

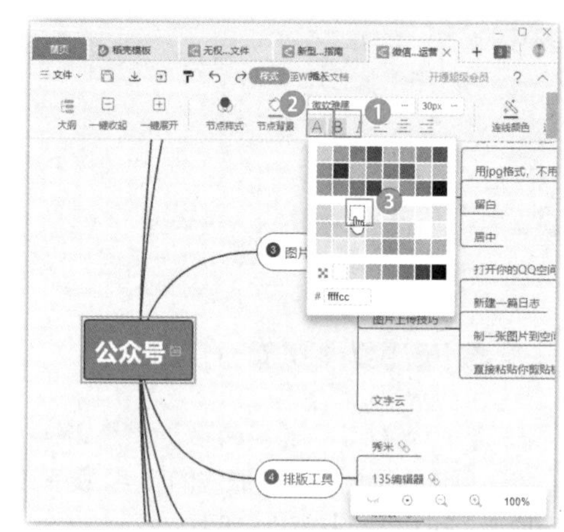

步骤 03 ❶选择第一层的第一个节点，并为其添加泥土色背景；❷单击【粗体】按钮 B；❸单击【连线颜色】按钮；❹在弹出的下拉列表中选择一种连线颜色，如下图所示。

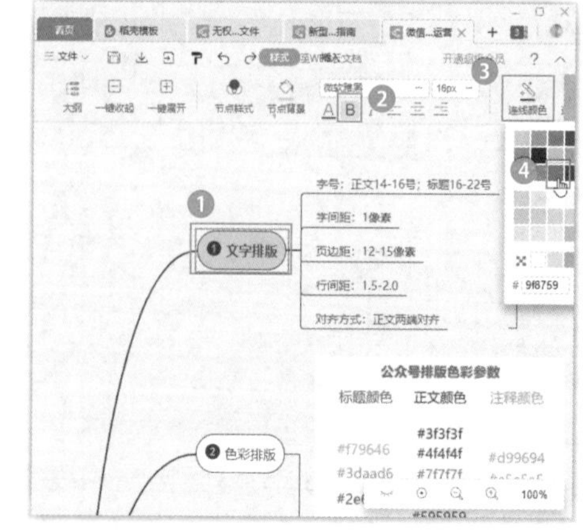

步骤 04 保持节点的选中状态，单击快速访问工具

栏中的【格式刷】按钮 ，如下图所示。

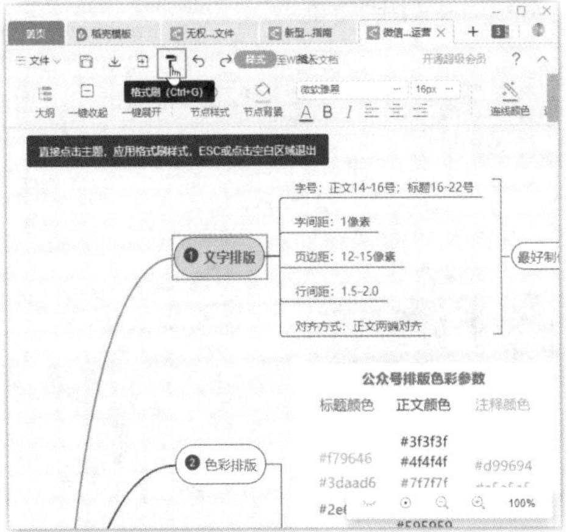

步骤 05　依次单击需要应用相同效果的节点，即可快速复制效果到这些节点上，如下图所示。

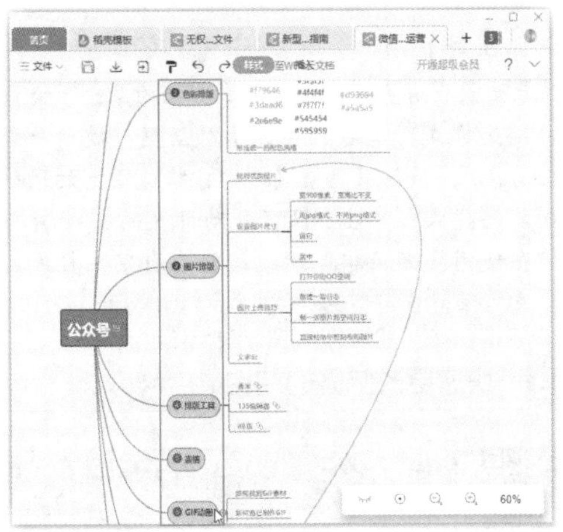

步骤 06　❶选择主节点；❷单击【圆弧边框】组中的按钮 ；❸单击【边框类型】按钮；❹在弹出的下拉列表中选择【双线】选项，如下图所示。

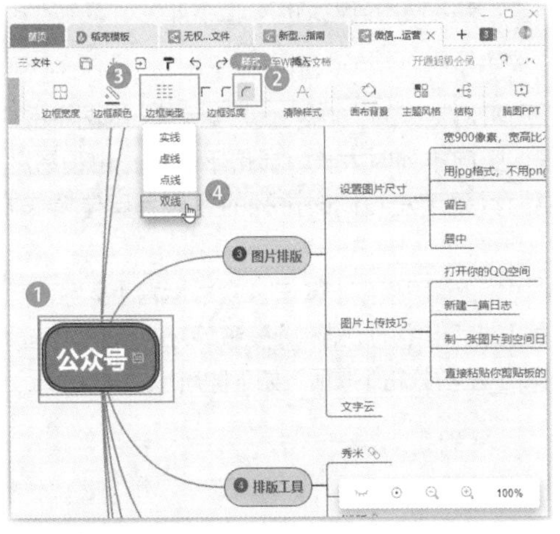

技能拓展

为脑图中的节点设置效果后，单击【样式】选项卡中的【清除样式】按钮，可以清除为该节点自定义的样式，恢复到系统默认的节点效果。

407　如何设置画布背景

实用指数
★★★☆☆

扫一扫，看视频

使用说明

如果对脑图的背景颜色不满意，应该如何修改呢？

解决方法

修改画布颜色的具体操作方法如下。

步骤 01　❶单击【样式】选项卡中的【画布背景】按钮；❷在弹出的下拉列表中选择一种颜色，如下图所示。

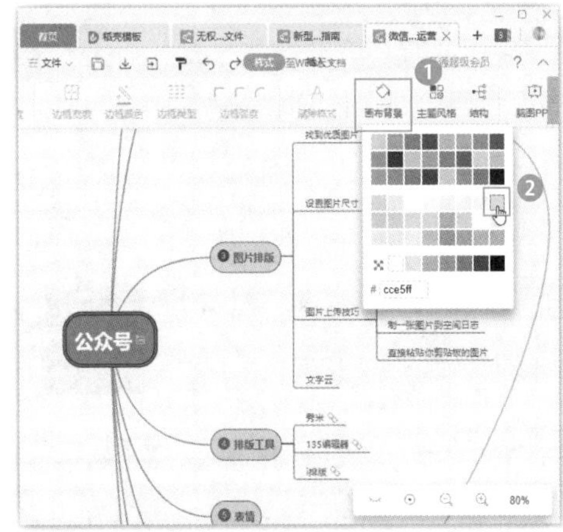

步骤 02　操作完成后即可看到脑图的背景颜色已经更改，如下图所示。

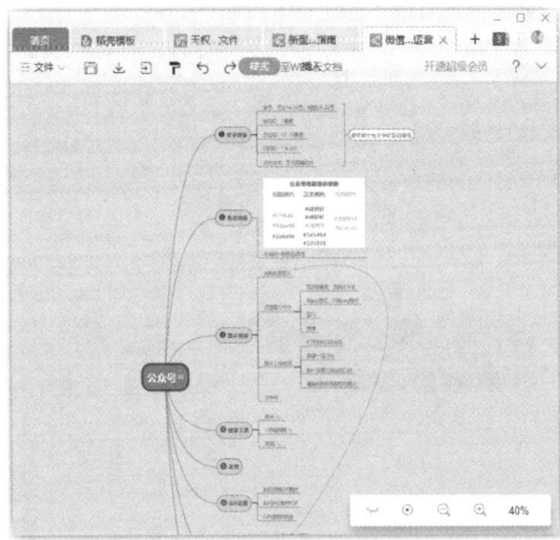

408 如何设置脑图的主题风格

扫一扫，看视频

使用说明

WPS脑图中提供了一些主题样式，使用这些主题样式可以快速美化脑图中的所有节点。同时，还提供了可以快速美化单个节点的节点主题。

解决方法

例如，要使用主题快速美化制作的“如何绘制思维导图”脑图，具体操作方法如下。

步骤 01 ❶切换到【如何绘制思维导图】文件；❷单击【样式】选项卡中的【主题风格】按钮；❸在弹出的下拉列表中选择一种主题样式，如下图所示。

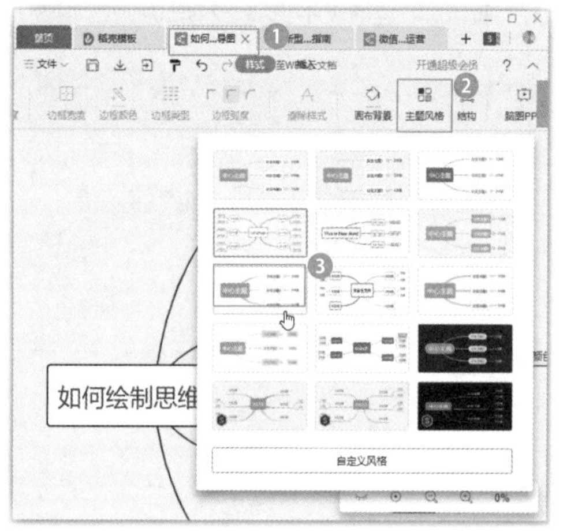

步骤 02 操作完成后即可看到脑图中的所有节点已经应用了所选的主题风格。❶选择主节点；❷单击【样式】选项卡中的【节点样式】按钮；❸在弹出的下拉列表中选择一种主题风格，如下图所示。

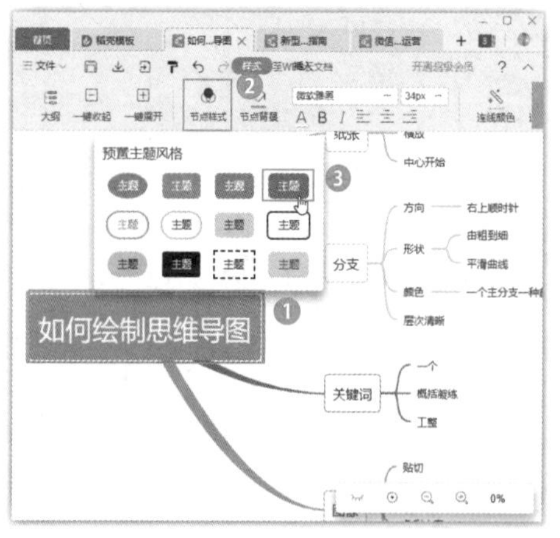

步骤 03 操作完成后即可看到已经为所选节点应用了主题样式，如下图所示。

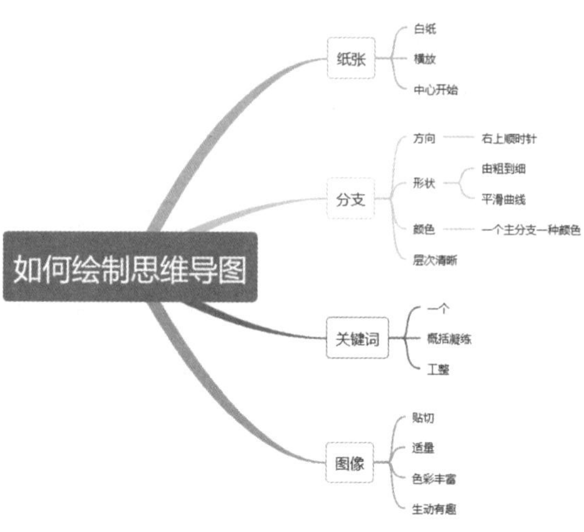

> **温馨提示**
>
> 为脑图应用主题风格之前，如果为某些节点设置过自定义样式，将会打开提示对话框，提示是否覆盖当前样式。单击【覆盖】按钮，将使用新的风格覆盖之前的样式；单击【保留手动设置的样式】按钮，可以在使用主题风格时跳过这些有自定义样式的节点，使其保留自定义的样式。

409 快速更改脑图的结构

扫一扫，看视频

实用指数

★★★★★

使用说明

WPS脑图中制作的思维导图默认采用左右分布的结构，如果要使用其他结构，应该如何设置呢？

解决方法

例如，制作的“微信公众号运营”脑图中的内容太多，竖向排列时太长，显得不美观，也不易浏览，想要为其采用左右同时排列的效果，具体操作方法如下。

步骤 01 ❶切换到【微信公众号运营】文件；❷单击【样式】选项卡中的【结构】按钮；❸在弹出的下拉列表中选择【左右分布】选项，如下图所示。

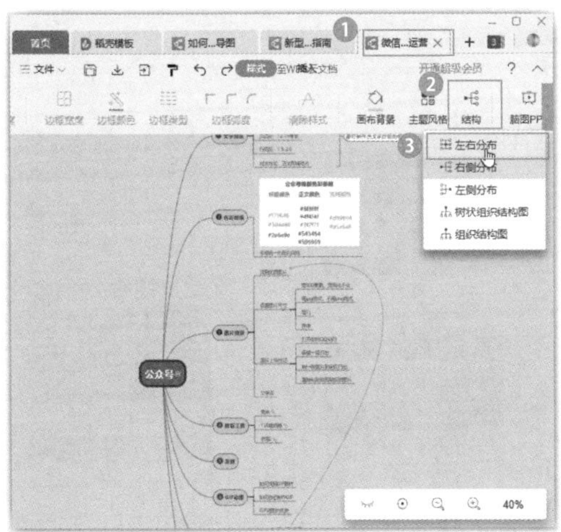

步骤 02 操作完成后即可看到脑图已更改为左右分布结构。此时自动调整的关联线效果不太美观，拖动关联线的控制柄适当进行调整，如下图所示。

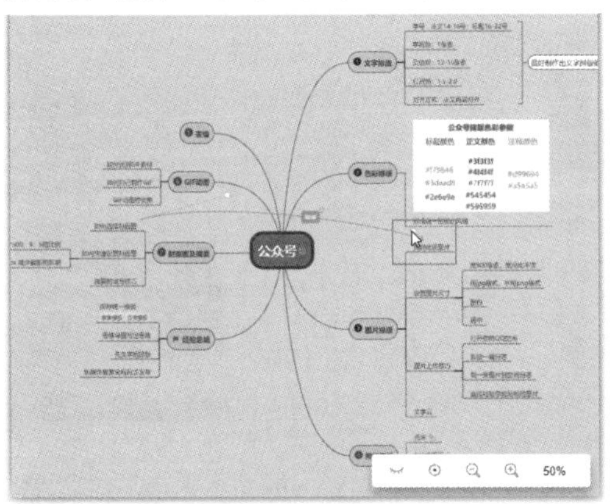

步骤 03 ❶单击【文件】按钮；❷在弹出的下拉菜单中选择【另存为/导出】选项；❸在弹出的子菜单中选择【PDF文件(*.pdf)】命令，将其保存为PDF文件，如下图所示。

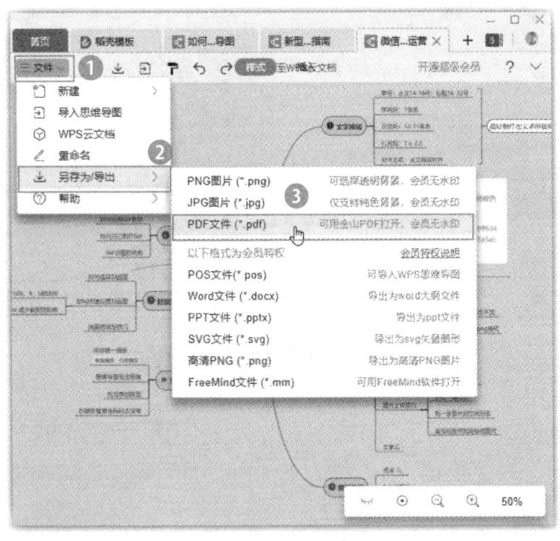

15.4 图片设计的技巧

在方案策划、活动宣传、朋友圈节日祝福、职场PPT等场景下，图片的视觉冲击力和感染力显然要比文字更好。可是专业的制图工具对于没有经验的小白来说，使用起来并非易事。

为此，WPS Office 2019中集成了实用、易上手的“图片设计”功能，该功能可以让所有初学者快速制作出海报、邀请函、祝福卡等。本节就来介绍图片设计的简单操作技巧。

410 从零原创图片的方法

实用指数
★★★★★

扫一扫，看视频

使用说明

WPS 图片设计中提供了丰富的素材资源，无论是背景图形、插图，还是基础的文字、图形，都可以通过鼠标拖曳放到编辑页面后直接使用。如果没有找到合适的内容，也可以上传自己的图片和素材，轻松完成一张精美图片的设计。

解决方法

例如，要使用WPS图片设计功能完成海报的制作，具体操作方法如下。

步骤 01 ❶在新建界面中单击【图片设计】选项卡；❷单击【新建空白画布】按钮，如下图所示。

步骤 02 打开【自定义尺寸】对话框，❶在【常用

尺寸】列表框中选择需要的画布大小，或者在数值框中输入具体的尺寸，这里选择【A3竖版297mm×420mm】选项；❷单击【开启设计】按钮，如下图所示。

步骤 03　进入图片设计的编辑模式，❶在窗口左侧单击【素材】选项卡；❷单击【图片】按钮，如下图所示。

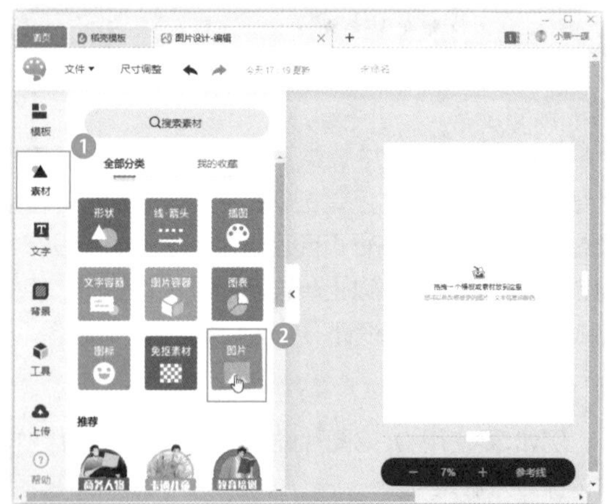

步骤 04　单击【城市风景】按钮，如下图所示。

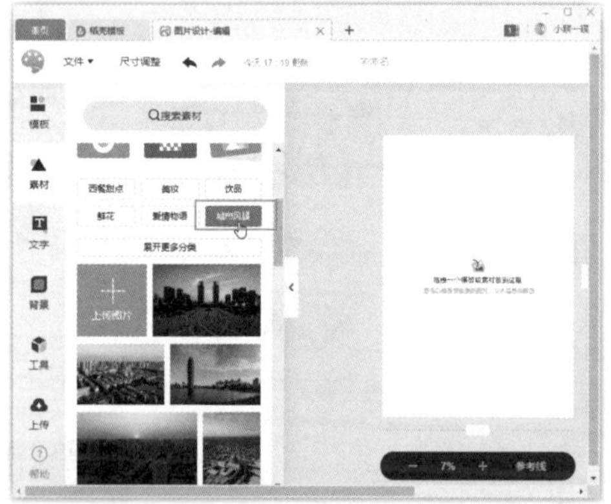

步骤 05　❶从系统提供的相关图片中选择一张图片作为海报的背景；❷拖动鼠标光标调整图片的大小，使其布满整个页面，如下图所示。

步骤 06　❶单击【文字】选项卡；❷单击【点击添加标题文字】选项，即可在海报上添加文字占位符，如下图所示。

步骤 07　❶更改占位符中的文本内容，并将其拖动到合适的位置；❷在【字体】下拉列表框中选择一种字体，如下图所示。

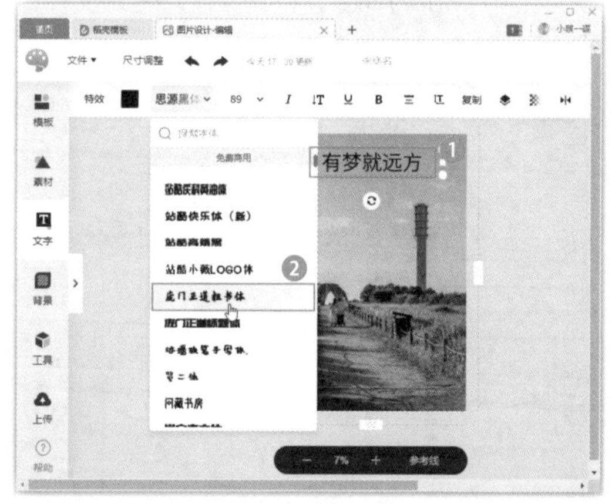

步骤 08　❶在【字号】下拉列表中选择合适的字号大小；❷单击按钮 IT；❸在弹出的下拉列表中拖动滑块调整字间距，如下图所示。

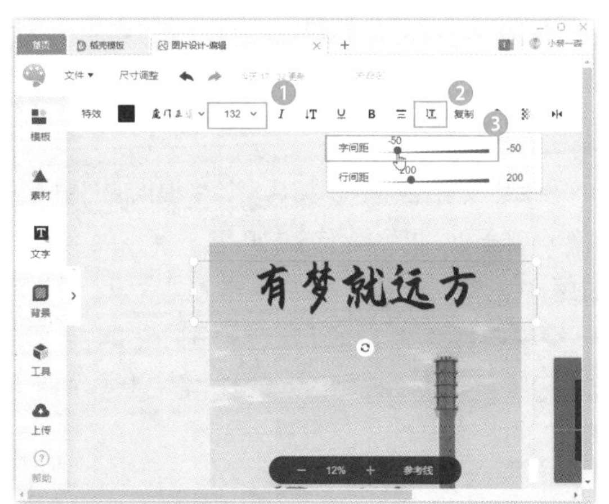

步骤 09 ❶单击按钮■；❷在弹出的列表框中设置【主题颜色】为白色选项，设置字体颜色为白色，如下图所示。

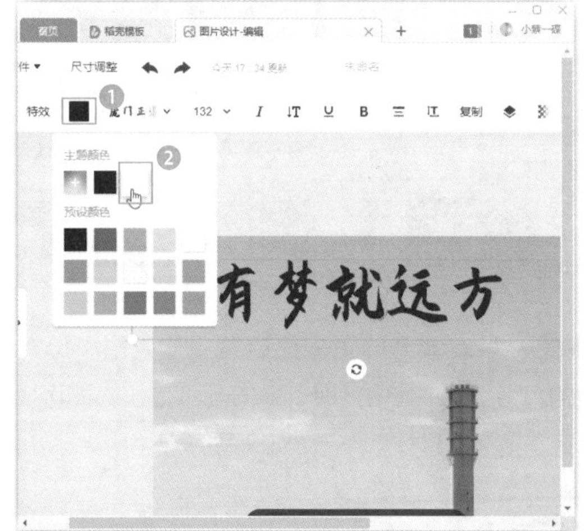

步骤 10 使用相同的方法在图片上插入另外两行文字并设置效果，完成后如下图所示。

步骤 11 ❶单击【素材】选项卡；❷单击【形状】按钮；❸单击【线条】按钮；❹在下方选择最简单的线条样式，即可将线条添加到海报中，如下图所示。

步骤 12 ❶将线条移动到海报中合适的位置；❷设置线条颜色为白色；❸单击按钮 ▙；❹在弹出的下拉列表中分别输入线条的宽度和高度值；❺复制线条到文字的下方，如下图所示。

411 快速打开最近设计的图片作品

实用指数
★★★★☆

扫一扫，看视频

使用说明

WPS 图片设计会自动保存用户最近设计的图片

作品，即使上次关闭前没有保存文件也不用担心找不回来。

解决方法

打开最近的图片设计作品，具体操作方法如下。

步骤 01 ❶在新建界面中单击【图片设计】选项卡；❷单击界面左侧的【我的设计】选项卡，即可在新界面中显示出最近的设计作品，如下图所示。

步骤 02 单击需要打开的作品缩略图即可打开对应的作品，如下图所示。

412 如何为图片添加丰富的素材

扫一扫，看视频

实用指数
★★★★☆

使用说明

WPS 图片设计中提供了海量的精美模板和素材，用户不仅可以根据图片的类型进行选择，而且可以结合使用场景（如营销海报、新媒体配图、印刷物料等）快速选取合适的模板和素材，而且这些模板和素材都允许用户再次修改，便于创作出更丰富的效果。

解决方法

例如，要结合WPS 图片设计中提供的各种素材制作一副插画，具体操作方法如下。

步骤 01 ❶在新建界面中单击【图片设计】选项卡；❷单击界面上方的【原创插画】超链接；❸单击【横版背景】栏右侧的【更多】超链接，如下图所示。

步骤 02 在展开的更多横版背景效果图中选择需要的背景图片，单击【使用该模板】按钮，即可根据选择的模板新建一个作品，如下图所示。

步骤 03 ❶在窗口左侧单击【素材】选项卡；❷单击【插图】按钮；❸选择需要插入的插图效果，如下图所示。

步骤 04 将插入的插图拖动到图片左下角，并拖动鼠标光标适当调整图片大小，如下图所示。

步骤 05 ❶在【素材】选项卡中单击【图片容器】按钮；❷单击【相框】按钮；❸选择需要插入的相框容器效果，如下图所示。

步骤 06 将插入的图片容器拖动到图片右上角，适当调整大小，如下图所示。

步骤 07 ❶在【素材】选项卡中单击【图片】按钮；❷单击【爱情物语】按钮；❸选择并拖动需要插入相框容器的图片，如下图所示。

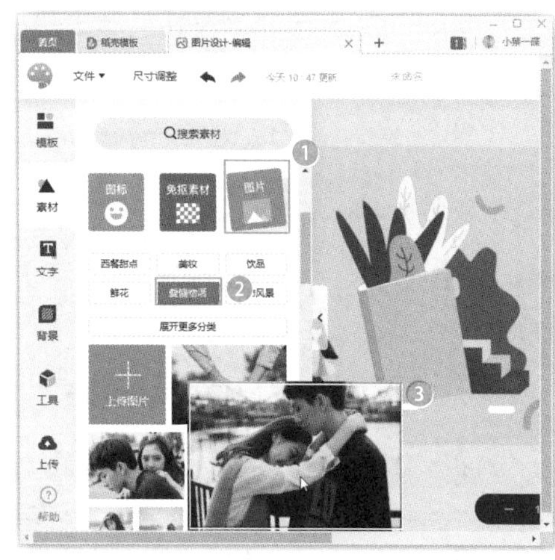

步骤 08 将图片拖动到相框容器上方，图片出现半透明状态时释放鼠标左键，即可将该图片添加到相框容器中，并根据容器形状自动进行裁剪，如下图所示。

步骤 09 ❶在【素材】选项卡中单击【免抠素材】按钮；❷单击【产品】按钮；❸选择需要插入的图片效果，即可将所选图片添加到作品中，如下图所示。

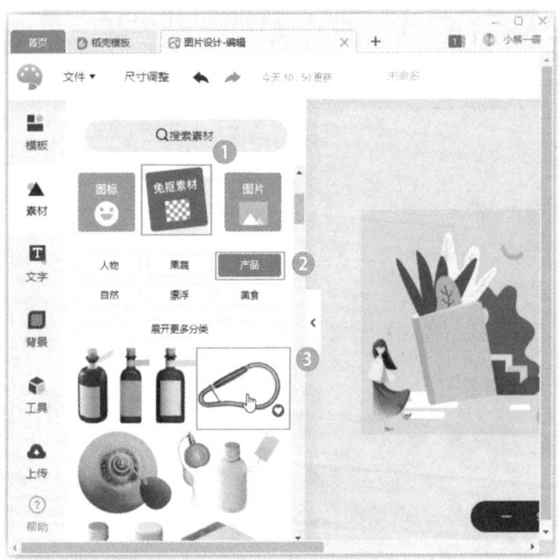

步骤 10 ❶拖动鼠标光标将其移动到相框左上角，调整到合适大小；❷将鼠标光标移动到按钮上，拖动调整图片到合适的旋转角度，如下图所示。

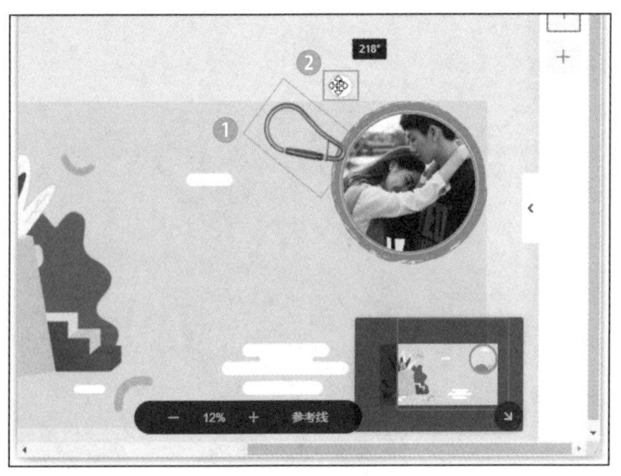

步骤 11 ❶单击【图片】按钮；❷单击【饮品】按钮；❸选择需要插入的图片，如下图所示。

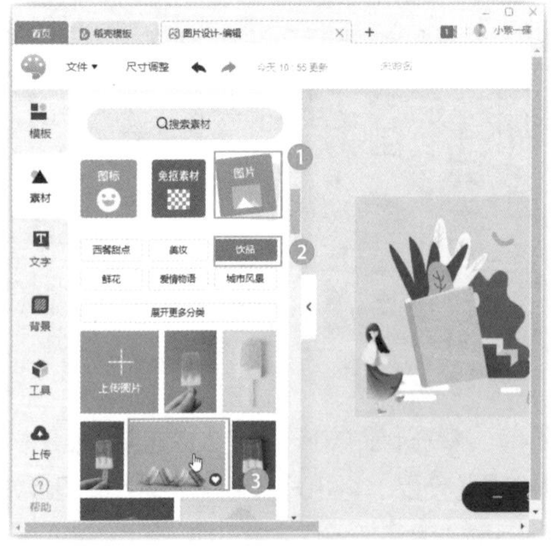

步骤 12 现在即可将图片插入作品，保持图片的选择状态，单击上方的【抠图】按钮，如下图所示。

步骤 13 打开抠图界面，❶单击【保留】按钮；❷在左侧原图上需要保留的位置拖动鼠标光标进行绘制，释放鼠标后系统会自动进行抠图，如下图所示。

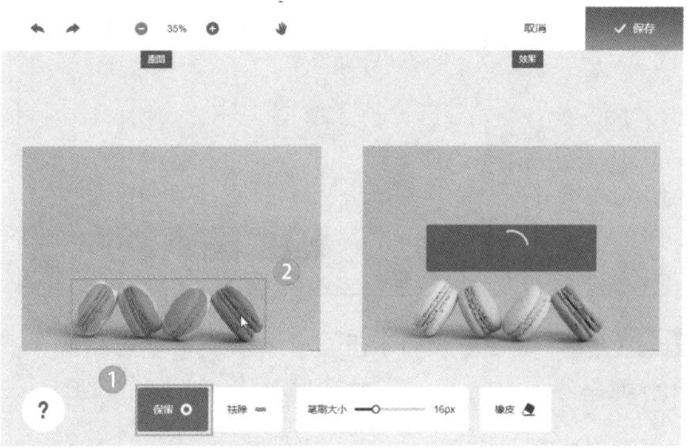

步骤 14 ❶单击【祛除】按钮；❷在左侧原图上需要删除的位置拖动鼠标光标进行绘制，释放鼠标后系统会自动进行抠图；❸对抠图效果满意后，单击【保存】按钮即可，如下图所示。

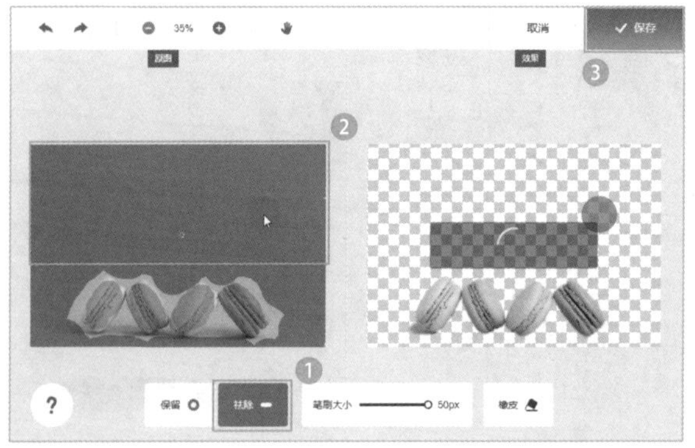

> **温馨提示**
>
> 在抠图界面中，单击上方的 ⊕ 或 ⊖ 按钮将同时放大/缩小原图和效果图。如果对执行的操作不满意，可以单击 ↶ 按钮撤销最近的操作。拖动下方【笔刷大小】中的滑块，可以调整绘制保留、删除和擦出时鼠标光标的大小。

步骤 15 抠图后发现图片周围存在一些蓝光，保持图片的选择状态，①单击上方的【滤镜】按钮；②在弹出的下拉列表框中选择【玫瑰】选项，如下图所示。

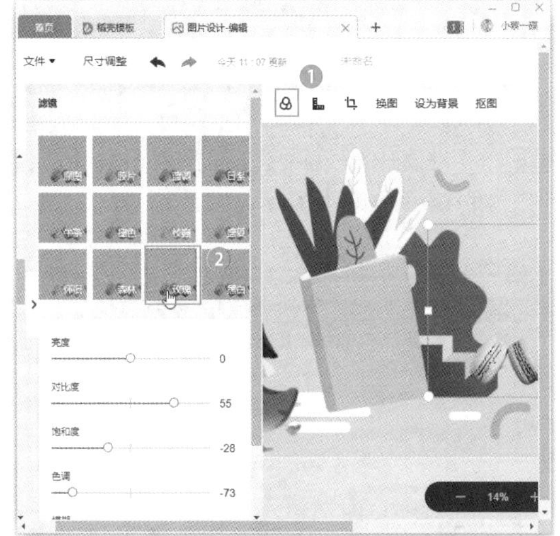

步骤 16 ①单击【形状】按钮；②在下面选择需要插入的心形，如下图所示。

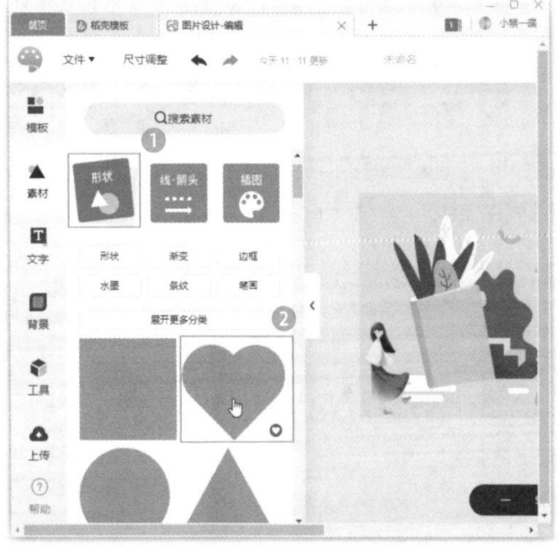

步骤 17 保持心形的选择状态，①单击上方的色块；②在弹出的下拉列表中选择桃红色，如下图所示。

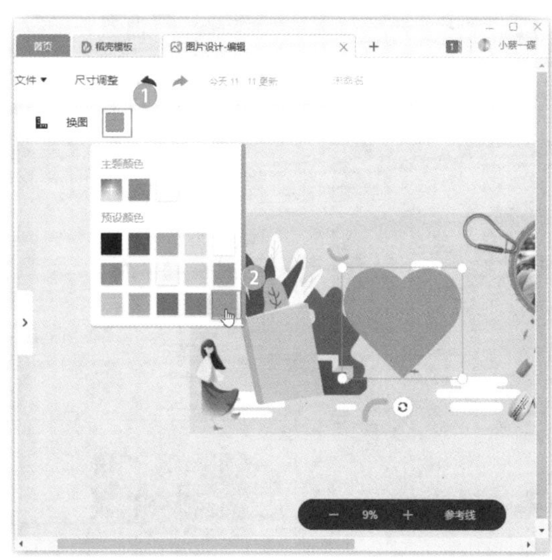

步骤 18 ①单击上方的【投影】按钮 ❑；②在弹出的下拉列表中设置合适的项目，调整形状的阴影效果；③单击【复制】按钮，如下图所示。

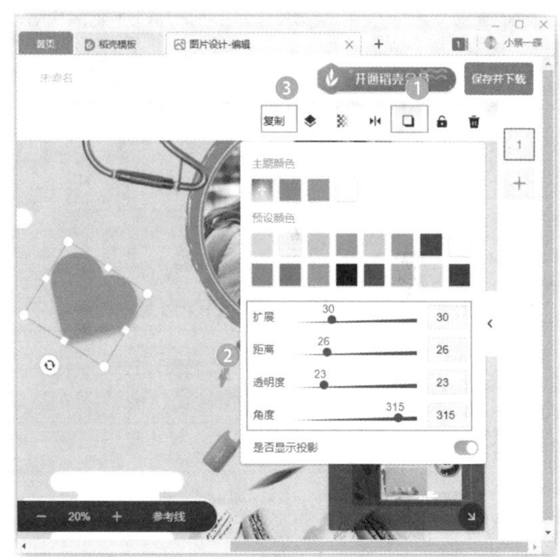

> **温馨提示**
>
> 选择图片、图形、图标等对象后，单击上方的相关按钮，还可以收藏对象、更换对象、设置图层位置、透明度、翻转和锁定编辑等。

步骤 19 ①拖动鼠标光标调整复制得到的心形的大小和位置；②选择之前制作的相框图片；③单击【投影】按钮 ❑；④在弹出的下拉列表中设置图片的阴影效果，如下图所示。

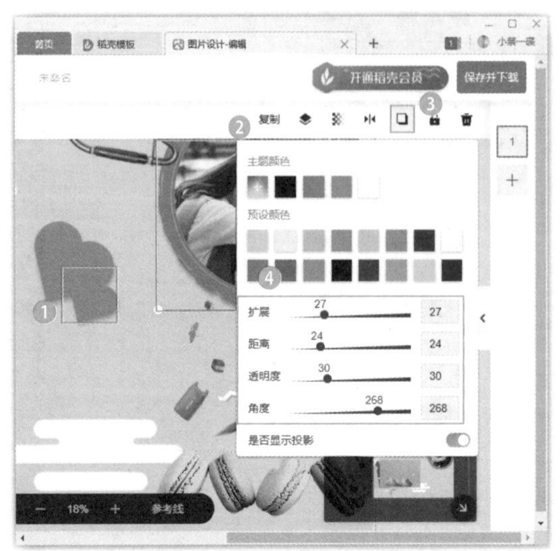

步骤 20　使用前面介绍的方法继续插入一些图形，完成后的效果如下图所示。

413　在图片中快速添加个性化的文字

扫一扫，看视频

实用指数
★★★★☆

使用说明

在图片设计中难免会遇到文字设计，通过前面案例的制作，我们知道可以在图片中输入文字，然后设置字体、字号、颜色等。有没有什么快捷方法快速制作更加个性的文字呢？

解决方法

例如，要制作多个公众号封面首图，具体操作方法如下。

步骤 01　❶在新建界面中单击【图片设计】选项卡；❷选择【公众号封面首图】选项，如下图所示。

步骤 02　在展开的界面中选择需要的图片，单击【使用该模板】按钮，如下图所示。

步骤 03　现在即可根据选择的模板新建一个作品，选择其中的文字，如下图所示。

步骤 04　❶更改为需要的文字内容；❷单击窗口右侧导航栏中的按钮 +，添加一个新页面，如下图所示。

步骤 05 ❶单击【文字】选项卡；❷在下方选择一种素材文字，如下图所示。

步骤 06 ❶使用相同的方法在作品中插入另一种素材文字；❷拖动文字四周的控制点，调整文字大小，并将其移动到合适的位置，如下图所示。

步骤 07 ❶添加一个新页面；❷在作品中插入一种素材文字，如下图所示。

步骤 08 ❶保持素材文字的选择状态；❷单击上方的【拆分组合】按钮，如下图所示。

步骤 09 现在即可将整个素材文字拆分为单个的组件，选择需要修改的文字，如下图所示。

步骤 10 输入需要修改为的文字，然后使用相同的

方法修改素材文字中的其他部分，完成后的效果如下图所示。

步骤 11 ❶添加一个新页面；❷单击【素材】选项卡；❸单击【文字容器】按钮；❹单击【多横幅】按钮；❺选择需要插入的文字容器效果，如下图所示。

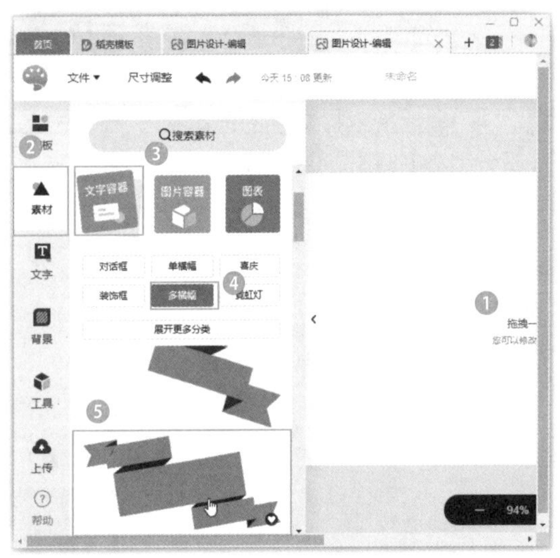

步骤 12 ❶单击【文字】选项卡；❷单击【点击添加副标题文字】选项，如下图所示。

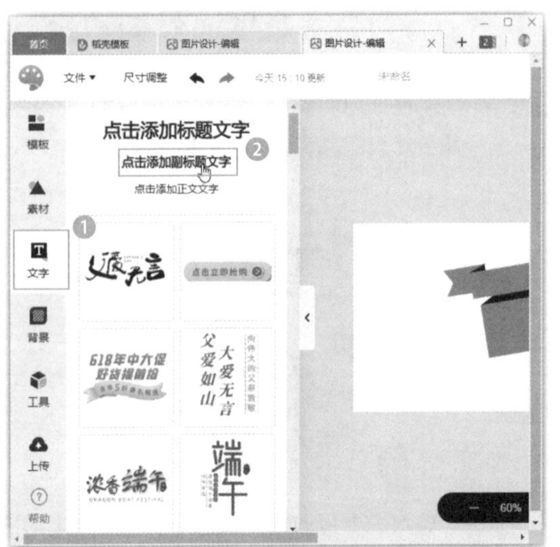

步骤 13 ❶在添加的文字占位符中输入需要的文本内容，并设置合适的字体格式，再将其进行旋转以符合文本容器的形状效果；❷单击上方的【特效】按钮；❸在打开的界面中选择一种特效，这里选择【切割】选项，如下图所示。

步骤 14 ❶添加一个新页面；❷单击【素材】选项卡；❸单击【图片容器】按钮；❹单击【汉字】按钮；❺选择需要插入的文字类图片容器效果，如下图所示。

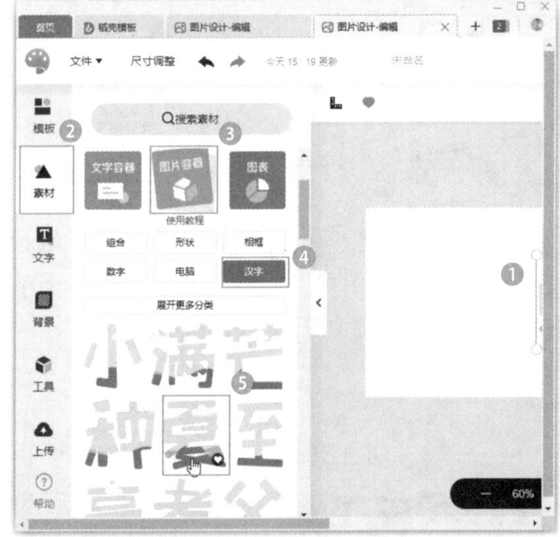

温馨提示

通过文字类图片容器添加的文字非常有限，使用前需要查看是否有相应文字的容器存在。通过素材文字修改文字内容获得文字效果时，需要注意前后的文字数量是否相同，若差距太大，效果会有变化。

步骤 15　❶单击【图片】按钮；❷单击【鲜花】按钮；❸选择并拖动需要插入图片容器的图片，如下图所示。

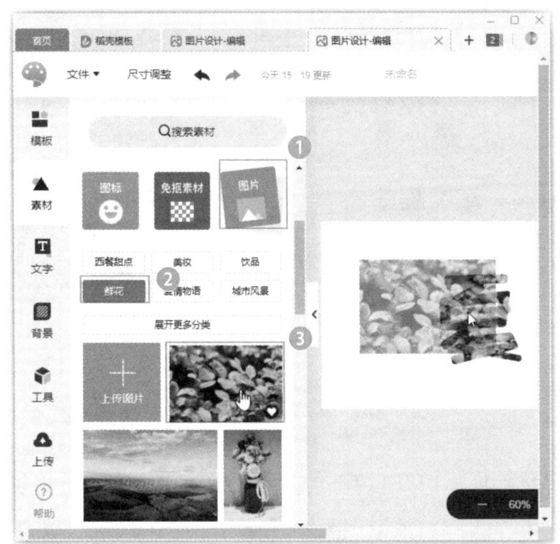

步骤 16　使用相同的方法添加另一个文字类图片容器，并为其填充同一个图片，完成后的效果如下图所示。

414　为图片换个背景

实用指数
★★★★☆

扫一扫，看视频

使用说明

在图片设计中，背景的选择决定了整个设计的基调，WPS 图片设计提供了快速更改背景的功能。

解决方法

例如，要为制作的公众号封面首图分别设计合适的背景，具体操作方法如下。

步骤 01　❶选择第2张公众号封面首图；❷单击【素材】选项卡；❸单击【饮品】按钮；❹选择需要插入的图片，如下图所示。

步骤 02　❶保持图片的选择状态；❷单击【设为背景】按钮，如下图所示。

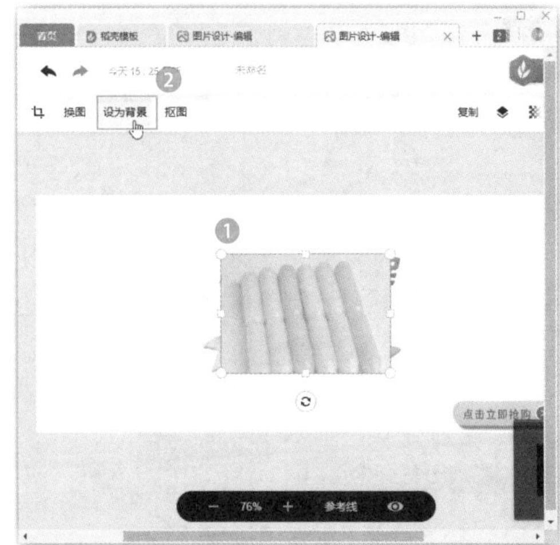

步骤 03　即可将该图片设置为整个作品的背景，单击导航栏中的按钮 3 ，切换到第3张公众号封面首图，如下图所示。

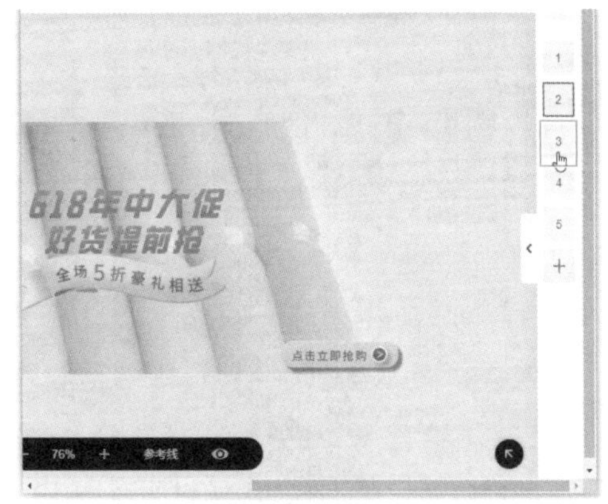

步骤 04 ❶单击【背景】选项卡；❷选择需要插入的背景图片，如下图所示。

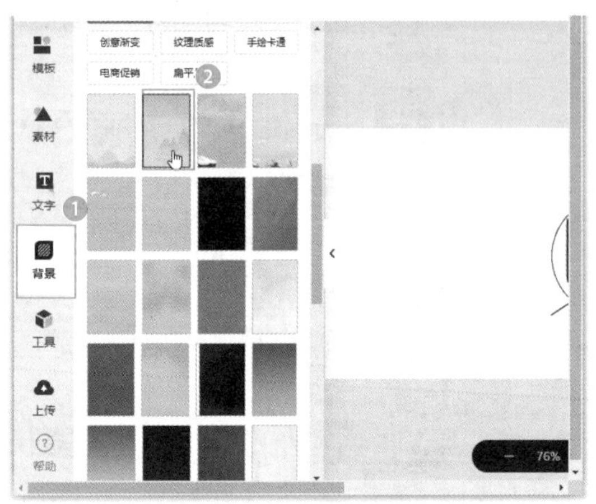

步骤 05 现在即可将该背景图片设置为整个作品的背景，单击导航栏中的按钮 ，切换到第4张公众号封面首图，如下图所示。

步骤 06 ❶单击【背景】选项卡；❷在【预设颜色】栏中选择一种颜色作为背景，这里选择黄色，如下图所示。

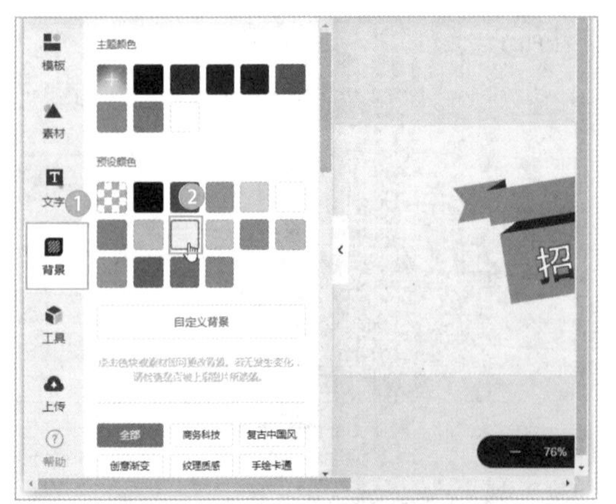

步骤 07 ❶切换到第5张公众号封面首图；❷单击【背景】选项卡；❸单击【自定义背景】按钮，如下图所示。

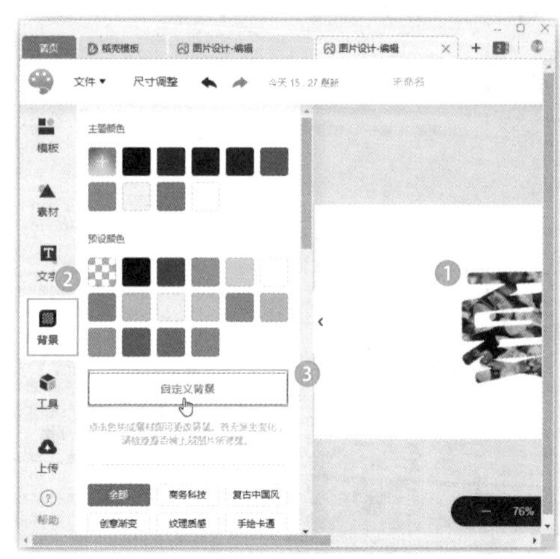

步骤 08 打开【打开文件】对话框，❶选择计算机中事先准备好的背景图片；❷单击【打开】按钮，如下图所示。

步骤 09 ❶调整图中文字的大小和位置，并将其选中；❷单击上方的【对齐】按钮 ；❸在弹出的下拉列表中选择【水平居中】按钮，如下图所示。

415 使用工具在图片中添加图表、表格或二维码

扫一扫，看视频

使用说明

有些图片在设计过程中还涉及图表、二维码、表格的制作，在WPS 图表设计中可以快速制作这些类型的图片。

解决方法

例如，要制作一个含有二维码的课程封面，具体操作方法如下。

步骤 01 ❶在新建界面中单击【图片设计】选项卡；❷单击【新媒体配图】超链接；❸单击【课程封面】栏右侧的【更多】超链接，如下图所示。

步骤 02 在展开的更多效果图中选择需要的图片，单击【使用该模板】按钮，即可根据选择的模板新建一个作品，如下图所示。

步骤 03 ❶修改图片中的内容；❷单击【工具】选项卡；❸单击【二维码】按钮；❹选择需要插入的二维码效果，如下图所示。

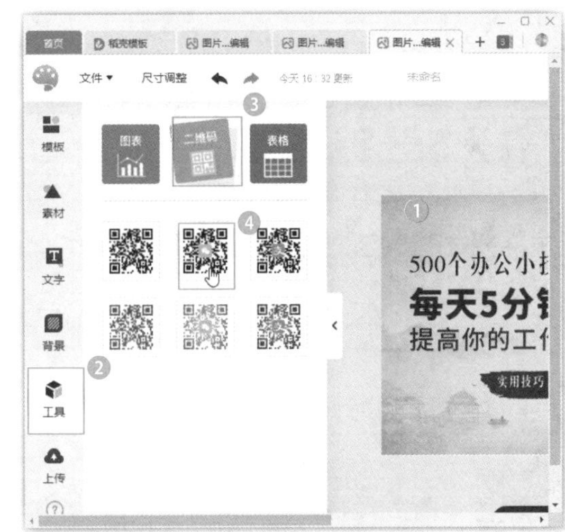

> **技能拓展**
>
> 在【工具】选项卡中单击【图表】或【表格】按钮，并在下方选择一种相应样式，可以在图片中添加对应的图表或表格，双击【图表】或【表格】按钮，还可以在左侧的界面中修改具体的数据来改变图表和表格中的内容。

步骤 04 在打开的【二维码】对话框中，单击【内容】选项卡，❶选择【微信公众号】选项；❷在【微信公众号ID】文本框中输入微信公众号ID，即可生成相应的二维码；❸单击【保存并使用】按钮，如下图所示。

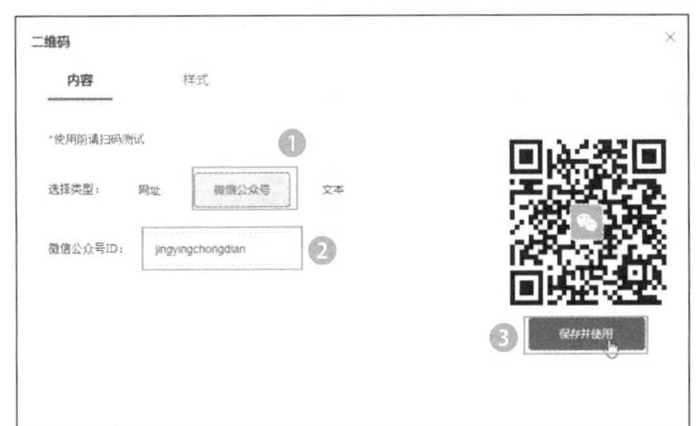

> **温馨提示**
>
> 在【二维码】对话框中单击【样式】选项卡，可以设置更多类型的二维码。二维码设置完成后，最好先扫码测试有没有出错。

步骤 05 现在即可添加设置的二维码到图片中，拖动鼠标调整到合适的大小和位置，完成后的效果如下图所示。

416 如何管理设计的图片

扫一扫，看视频

实用指数
★★★★☆

使用说明

通过WPS 图片设计制作的图片保存在云文档中，会实时进行保存。设计完成后，还可以修改文件的名称，复制、删除或下载文件等。

解决方法

例如，要对当前设计的图片进行管理，具体操作方法如下。

步骤 01 将鼠标光标定位到已经完成的作品界面上方的【未命名】文本框中，输入文件的名称即可对其重命名，如下图所示。

步骤 02 ❶单击【文件】按钮；❷在弹出的下拉菜单中选择【查看我的设计】命令，如下图所示。

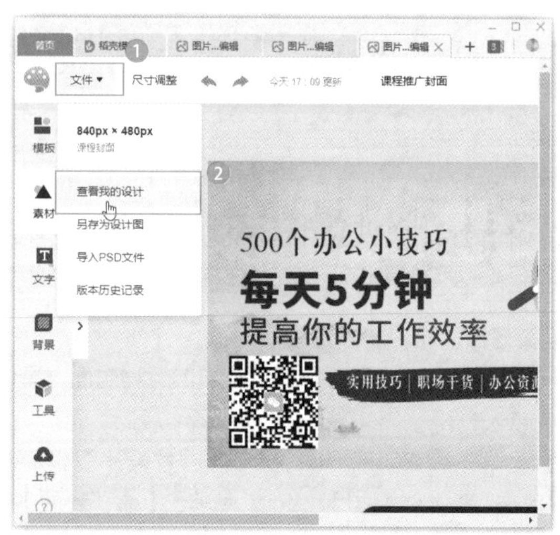

步骤 03 在【我的设计】页面中可以看到设计的所有图片，❶单击某个图片右上角的···按钮；❷在弹出的下拉菜单中选择【删除】命令，如下图所示。

步骤 04 在打开的【删除设计】对话框中单击【删除】按钮，即可删除相应的图片，如下图所示。

步骤 05 ❶单击某个图片右上角的···按钮；❷在弹出的下拉菜单中选择【重命名】命令，如下图所示。

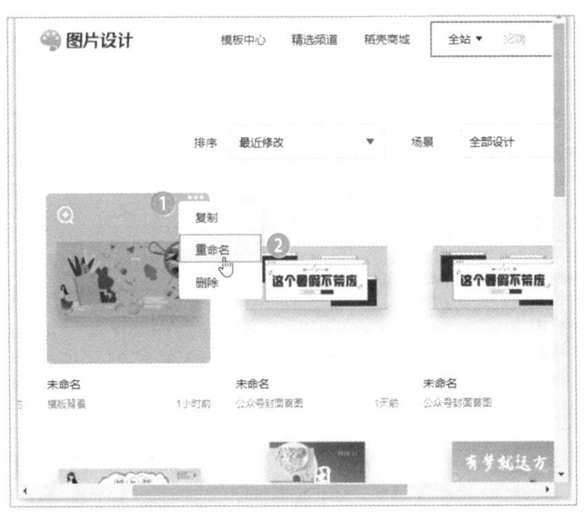

步骤 06　此时该图片的名称处于可编辑状态，❶输入需要的文件名；❷使用相同的方法修改其他文件的名称；❸如果要查看图片，单击该图片效果即可，如下图所示。

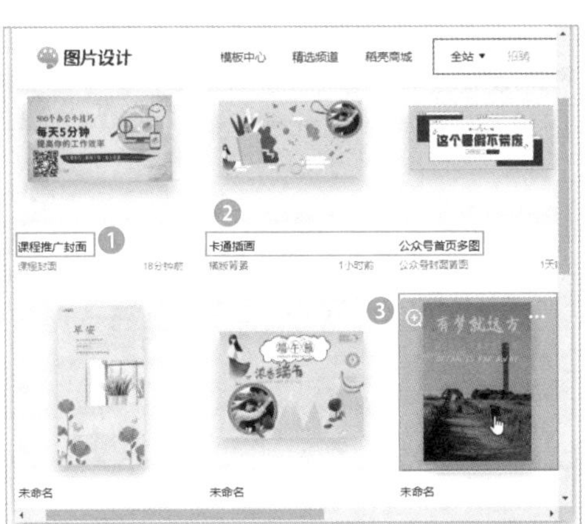

步骤 07　进入图片设计的编辑模式，❶单击【文件】按钮；❷在弹出的下拉菜单中选择【另存为设计图】命令，如下图所示。

步骤 08　打开【下载设计】对话框，❶选择文件需要保存为的类型；❷单击【下载图片】按钮，如下图所示。

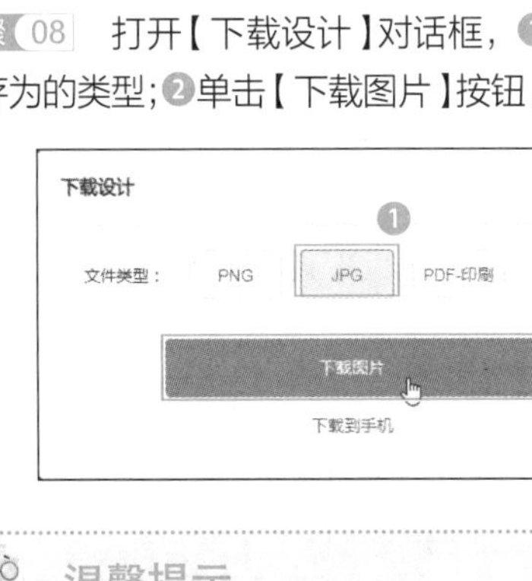

温馨提示

在图片设计的编辑模式下，单击窗口右上角的【保存并下载】按钮，可以快速打开【下载设计】对话框。WPS 图片设计不仅支持常见的PNG、JPG格式，还支持适合印刷的高质量格式PDF，让用户无论有何种用途，都能够确保不会因为图片变得模糊而影响表达效果，让用户的表达始终保持感染力。

步骤 09　稍后会打开【另存为】对话框，❶设置文件的保存路径和文件名；❷单击【保存】按钮，如下图所示。

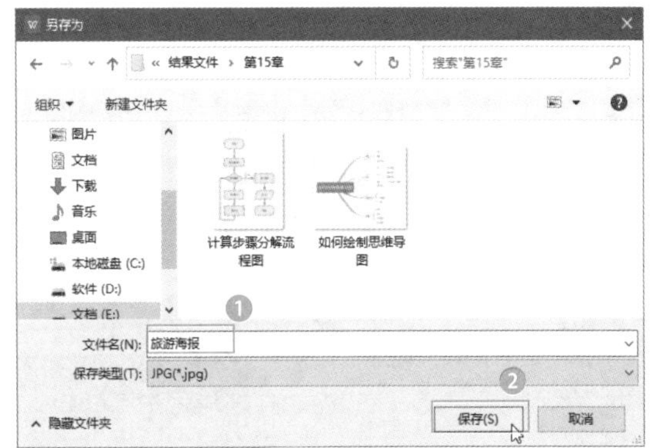

步骤 10　下载完成后会打开提示对话框，单击【关闭】按钮 × 即可，如下图所示。

15.5　表单的制作技巧

处在当今这个高速发展的信息时代，不管我们从事何种职业，身处哪个岗位，几乎都涉及数据收集及整理的工作，如收集用户问题反馈、组织活动报名、投票统计、销售数据统计以及学生/员工资料的收集等。

对于收集数据而言，常见的做法是先拟定收集的内容及格式，然后再手动整理汇总，整个过程费时费力，效率较低。使用WPS 表单可以帮助你高效地完成这类工作。本节就来介绍表单的相关操作技巧。

417 从零原创表单的方法

扫一扫，看视频

实用指数
★★★★☆

使用说明

使用WPS 表单可以将需要收集的数据问题方便地制作成表单。可以从零原创表单，也可以根据创建场景通过模板快速制作表单。

解决方法

例如，要从零创建一个活动报名表单，具体操作方法如下。

步骤 01 启动WPS Office 2019，单击左侧的【统计表单】按钮，如下图所示。

步骤 02 在新界面中单击【新建表单】按钮，如下图所示。

步骤 03 在新界面中单击【新建空白表单】按钮，如下图所示。

步骤 04 新建空白表单，❶单击【请输入表单标题】栏，在其中输入表单标题；❷单击【点击设置描述】栏，在其中输入表单内容的概述；❸单击【左对齐】按钮☰，如下图所示。

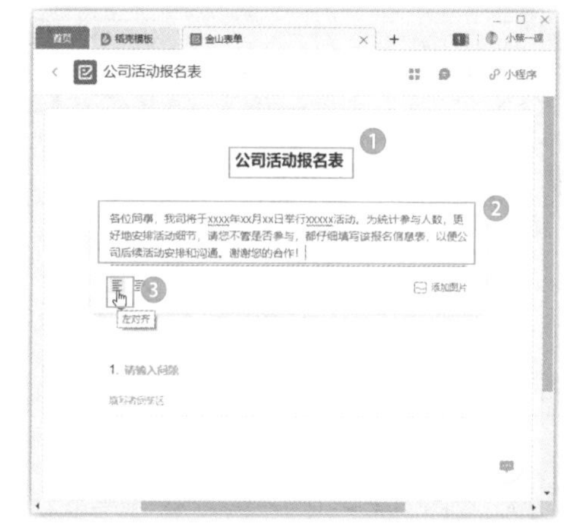

步骤 05 ❶选择第1个填空题项目，输入问题名称；❷在问题的下方选中【必填】复选框，如下图所示。

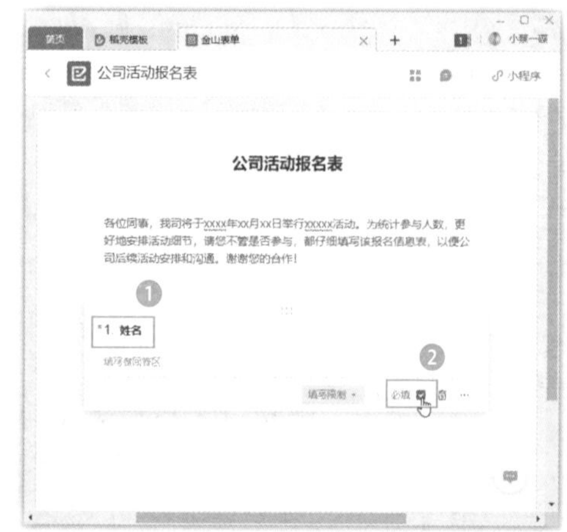

步骤 06 在左侧的【题目模板】栏中单击【手机号】按钮，在表单中将添加手机号项目，如下图所示。

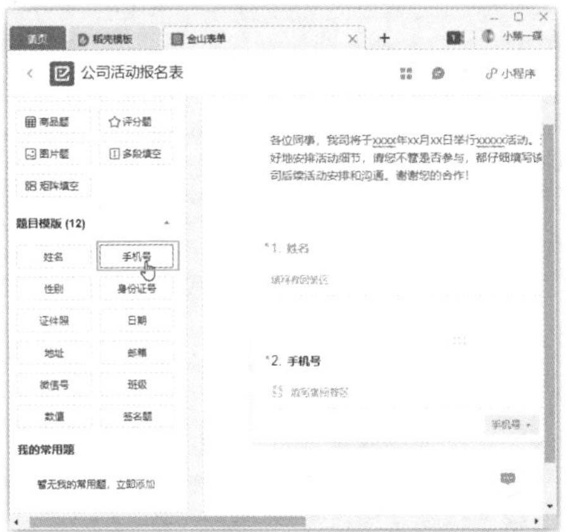

步骤 07 单击【添加题目】栏中的【填空题】按钮，在表单中添加填空题项目，如下图所示。

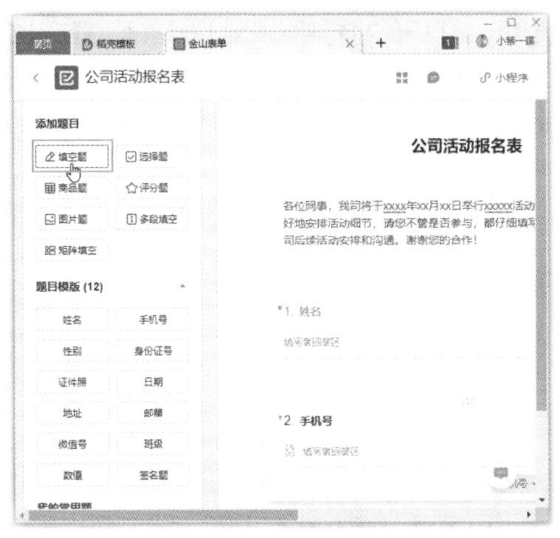

步骤 08 ❶输入问题名称；❷在问题的下方选中【必填】复选框，如下图所示。

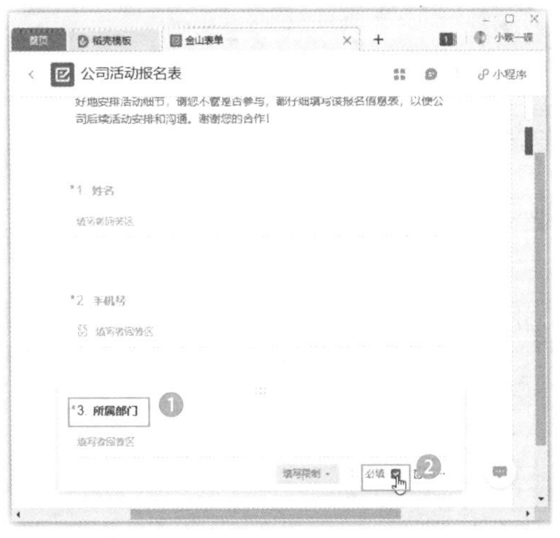

步骤 09 单击【添加题目】栏中的【选择题】按钮，在表单中添加选择题项目，如下图所示。

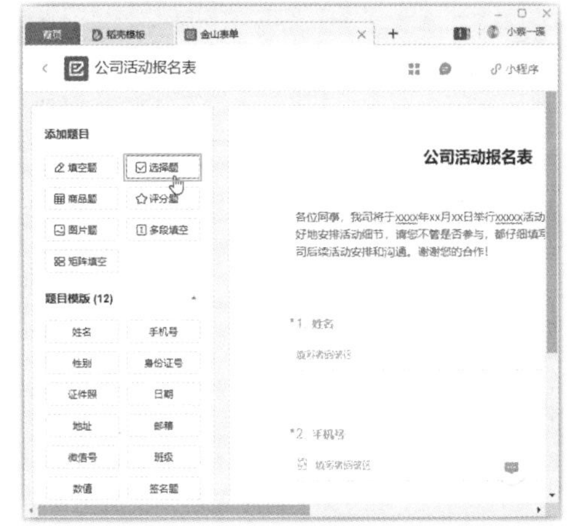

步骤 10 输入标题内容和选择项目，如下图所示。

步骤 11 在左侧的【添加题目】栏中单击【填空题】按钮，如下图所示。

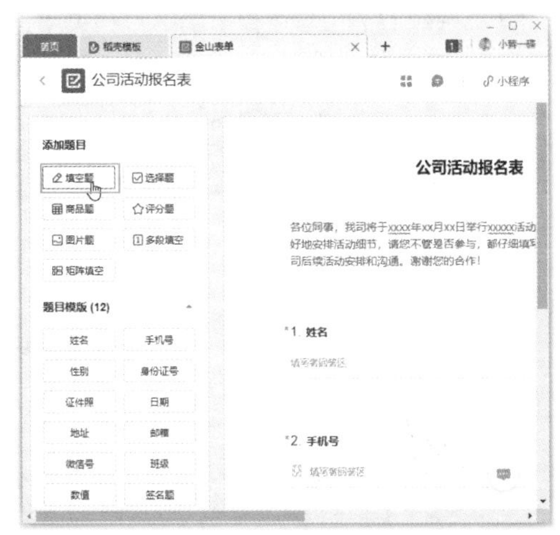

步骤 12 ❶在表单中为新添加的填空题项目输入问

题名称；❷选择第4个问题；❸单击【添加题目】栏中的【选择题】按钮，如下图所示。

步骤 13 ❶为新添加的选择题输入标题内容和选择项目；❷单击【添加选项】超链接，如下图所示。

步骤 14 ❶输入选择题添加的选择项目内容；❷使用相同方法再添加一个选项，并输入选择项目内容；❸单击【单选题】按钮；❹在弹出的下拉列表中选择【多选题】选项，将该题转换为多选题，如下图所示。

步骤 15 单击【选择数量限制】超链接，如下图所示。

步骤 16 打开【选择数量限制】对话框，❶在【最多选择】下拉列表框中选择2选项；❷在【最少选择】下拉列表框中选择1选项；❸单击【确定】按钮，如下图所示。

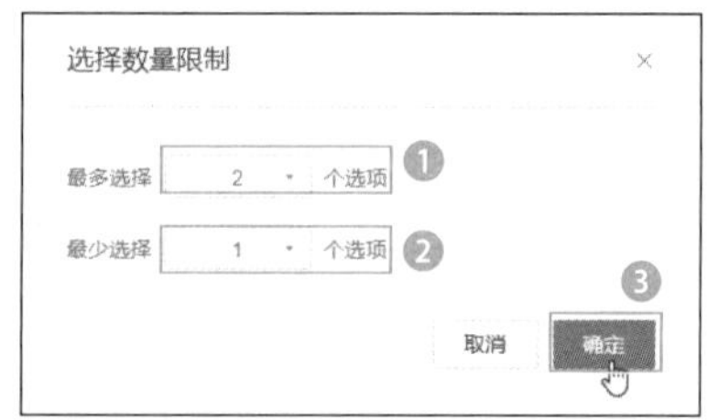

418 如何预览表单效果

扫一扫，看视频

使用说明

表单内容制作完成后，可以先查看其在计算机或手机上的显示效果，对有错漏的地方适当进行修改。

解决方法

预览表单效果的具体操作方法如下。

步骤 01 在表单编辑界面，单击右侧的【预览】按钮，如下图所示。

步骤 02　在打开的预览窗口中可以看到表单在计算机上显示的效果，单击按钮，如下图所示。

步骤 03　可查看表单在手机中的显示效果，如果确认无误，单击【完成创建】按钮；如果要返回修改，单击【继续编辑】按钮，如下图所示。

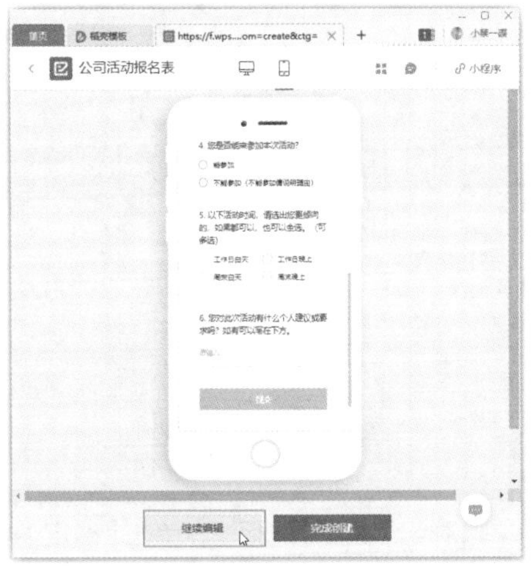

419　如何分享表单给其他人

实用指数
★★★☆☆

扫一扫，看视频

使用说明

WPS 表单支持以同一链接或小程序的形式发送给他人，以便他人快速按格式填写内容，不再需要逐个发送传统的表格文件。当被邀请者填写表单之后，还会反馈到发布者手中。

解决方法

分享表单给其他人的具体操作方法如下。

步骤 01　在表单编辑界面，单击右侧的【设置】栏，如下图所示。

步骤 02　打开【设置】对话框，❶在【表单状态】下拉列表框中选择【定时停止】选项；❷单击【设置截止时间】右侧的日历按钮，在展开的日历中设置结束日期；❸单击【选择时间】超链接，如下图所示。

步骤 03　❶在展开的时间设置区中设置结束时间；

❷单击【确定】按钮，如下图所示。

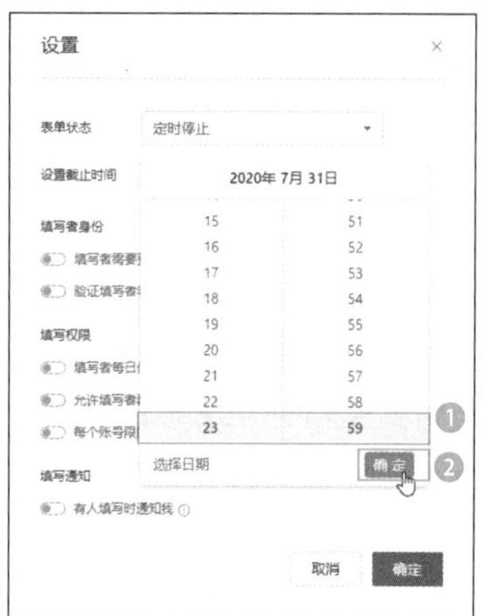

步骤 04　返回【设置】对话框，❶设置填写者身份和填写权限相关项目；❷单击【确定】按钮，如下图所示。

步骤 05　返回表单编辑界面，单击【完成创建】按钮，如下图所示。

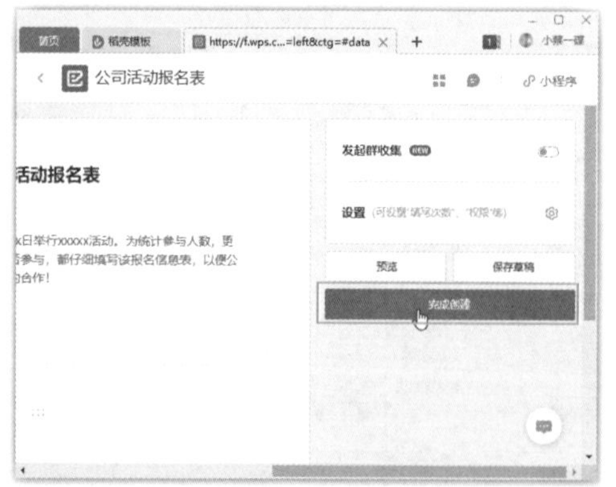

步骤 06　在打开的对话框中显示创建成功并生成邀请链接，单击【复制链接】按钮即可，如下图所示。

420　如何统计表单结果

扫一扫，看视频

实用指数
★★★★☆

使用说明

WPS 表单还支持以可视化图表形式呈现数据的收集结果，数据信息一目了然。如果需要对数据进行进一步的处理，也可以一键切换至传统的表格文件，高效快捷。

解决方法

统计表单结果的具体操作方法如下。

步骤 01　❶将邀请链接发送给填写人，当他人收到邀请的链接后，可以在计算机或手机上打开并直接进行填写；❷完成后单击【提交】按钮，如下图所示。

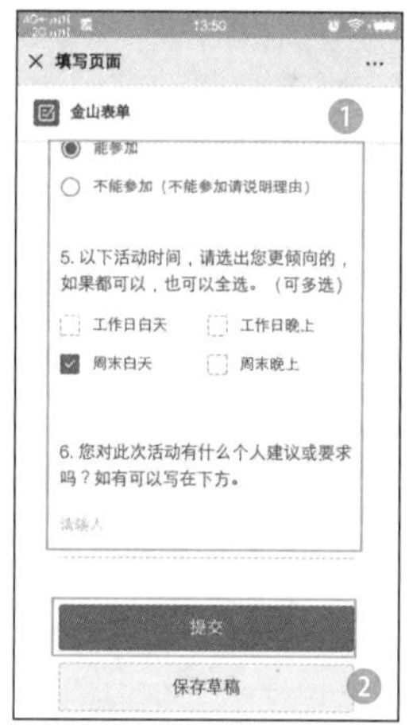

步骤 02　弹出【提交】对话框，单击【确定】按钮即可，如下图所示。

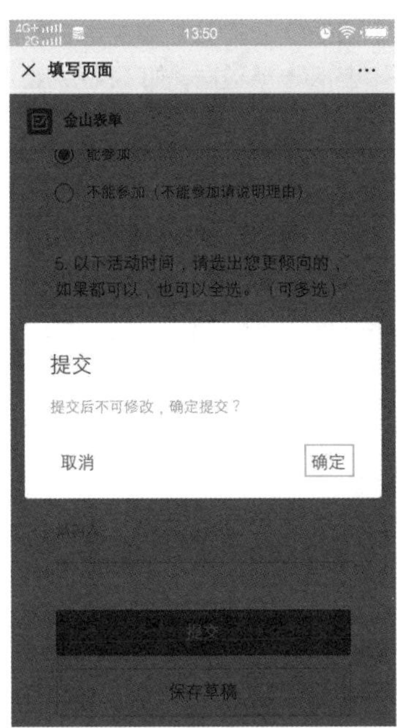

步骤 03 表单提交成功后会给出如下图所示的系统提示。

温馨提示

手机端用户要使用WPS表单时，通过微信搜索【WPS表单】小程序即可快速使用高效的表单服务，无须再到手机应用商店中下载体积较大的App。

步骤 04 他人填写表单之后，表单创建者可以启动 WPS Office 2019，在表单创建界面中找到自己创建的表单名称，双击将其打开，如下图所示。

步骤 05 在打开的表单中切换到【数据统计】选项卡，在下方即可看到表单填写的情况，如下图所示。

步骤 06 在有些可以统计的问题项目下方会出现【表格】【饼图】和【条形图】按钮，默认以表格内容汇总数据。这里，单击【饼图】按钮，如下图所示。

步骤 07 现在即可看到该项问题的统计数据显示为饼图（这里因为只收集到一条数据，所以饼图效果不佳）。单击右上角的【查看数据汇总表】按钮，如下图所示。

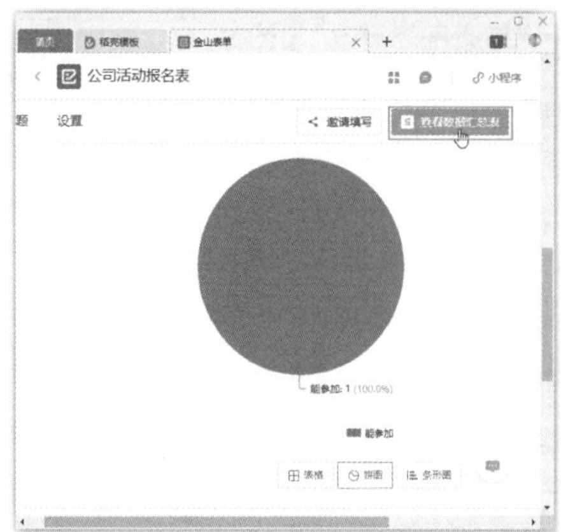

步骤 08　现在即可打开该表单的汇总表格，在其中可以看到具体的每一条数据，如下图所示。

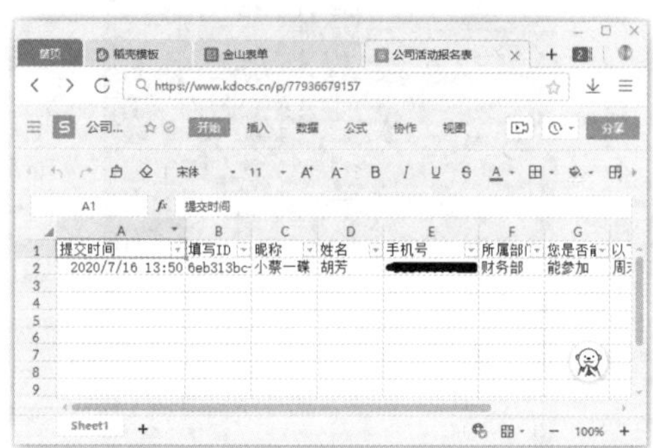